国家林业局普通高等教育“十三五”规划教材

基础生物学实验教程

周波 王德良 主编

中国林业出版社

图书在版编目（CIP）数据

基础生物学实验教程/周波，王德良主编．—北京：中国林业出版社，2016.10
国家林业局普通高等教育“十三五”规划教材
ISBN 978-7-5038-8771-0

Ⅰ.①基…　Ⅱ.①周…　②王…　Ⅲ.①生物学—实验—高等学校—教材　Ⅳ.①Q-33
中国版本图书馆 CIP 数据核字（2016）第 268009 号

国家林业局生态文明教材及林业高校教材建设项目

中国林业出版社·教育出版分社
策划编辑：肖基浒　吴　卉　　　　责任编辑：肖基浒
电　　话：(010) 83143555　　　　传　　真：(010) 83143561
E-mail：jiaocaipublic@163.com

出版发行　中国林业出版社（100009　北京市西城区德内大街刘海胡同 7 号）
E-mail：jiaocaipublic@163.com　电话：(010)83143500
http://lycb.forestry.gov.cn
经　　销　新华书店
印　　刷　北京市昌平百善印刷厂
版　　次　2016 年 10 月第 1 版
印　　次　2016 年 10 月第 1 次印刷
开　　本　850mm×1168mm　1/16
印　　张　30.75
字　　数　729 千字
定　　价　59.00 元

《基础生物学实验教程》编写人员

主　　编　周　波　王德良

参编人员　马英姿　王晓玲　邢伟一

晏毓晨　刘志祥　韩文军

梁文斌

前 言

实验教学既是培养人才的重要环节，又是锻炼学生动手能力的绝佳手段。生命科学是建立在实验基础上的一门科学，实验教学尤为重要。为了适应21世纪的大学人才培养模式和培养目标的需求，在总结了我们过去近20年生物学教学实践经验基础上，参照国内其他高校实验教学的成功经验，同时参考了大量国内高校的优秀教材编写体系，编写了这本《基础生物学实验教程》。

从夯实基础、提高素质、培养创新能力的教学目标出发，本教材以生物学实验的基本操作、基本技能和基本理论为载体，精选生物学各门课程的验证性实验、综合性实验、操作难度适宜的设计性实验以及创新性实验。此外，还编写了一定数量的自选性实验。在内容和实验项目设置上，既注重将生物学的基本原理贯穿始终，又兼顾农林高校的学科特色，同时还考虑了基础生物学各门课程间的融会贯通。

本教材由中南林业科技大学长期工作在理论教学和实验教学一线的教师共同编写而成，包含植物学、动物学、微生物学、生物化学、植物生理学、遗传学、动物生理学、细胞生物学、分子生物学、生物显微技术10门实验课程，共144个实验项目。每门课程的编写人员如下：

植物学：马英姿； 动物学：王德良；
微生物学：王晓玲； 生物化学：周波；
植物生理学：邢伟一； 遗传学：刘志祥；
动物生理学：晏毓晨； 细胞生物学：韩文军；
分子生物学：周波； 生物显微技术：梁文斌。

全书由周波完成统稿。

在教材的编写过程中得到了许多校内外同行专家、学者的大力支持与帮助，全体编写人员在此表示衷心的感谢。

由于编者水平有限，书中的缺点和错误在所难免，恳请各位同仁和读者多提宝贵意见，期待再版时予以更正！

编 者

2016年7月于长沙

目　录

第 *1* 篇

植物学实验

实验一 显微镜的使用和基本实验技术

【实验目的】

1. 了解显微镜的构造、使用和保养方法。
2. 了解实验材料的准备与保存方法。
3. 了解植物细胞的基本结构。
4. 学习临时装片法及材料的观察与绘图。

【实验器材】

1. 材料

洋葱鳞叶。

2. 器械

显微镜、镊子、载玻片、双面刀片、吸水纸、蒸馏水、番红或醋酸洋红、碘液。实验报告纸及绘图工具自备。

【实验步骤】

1. 显微镜的构造

一般光学显微镜的构造包括两大部分，即保证成像的光学系统和用以装置光学系统的机械部分(图1-1)。

1.1 机械部分

(1)镜座 显微镜的底座，支持整个镜体，使显微镜放置稳固。

(2)镜柱 镜座上面直立的短柱，支持镜体上部的各部分。

(3)镜臂 弯曲如臂，下连镜柱，上连镜筒，为取放镜体时手握的部位。镜臂的下端与镜柱连接处有一活动关节，称倾斜关节，可使镜体在一定范围内后倾，便于观察。

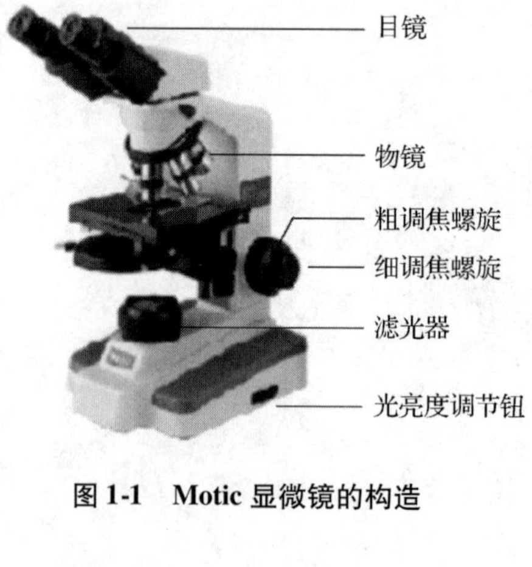

图1-1 Motic显微镜的构造

(4)镜筒 为显微镜上部圆形中空的长筒，其上端放置目镜，下端与物镜转换器相连，并使目镜和物镜的配合保持一定的距离，其作用是保护成像的光路与亮度。

(5)物镜转换器 接于镜筒下端的圆盘，可自由转动，盘上有3~4个螺旋圆孔，为安装物镜的部位。当旋转转换器时，物镜即可固定在使用的位置上，保证物镜与目镜的光线合轴。

(6)载物台 为放置玻片标本的平台，中央有一圆孔，用以通过光线。两旁装有压片夹或移动器，可固定玻片标本和移动玻片。

(7)调焦装置 为了得到清晰的物像，必须调节物镜与标本的距离，使其与物镜的工作距离相等，这种操作叫调焦。在镜臂两侧有粗、细调焦螺旋各一对，旋转时可使镜筒上升或下降。大的一对是粗调焦螺旋，调动镜筒的升降距离较大，旋转 1 周可使镜筒上下移动 2mm 左右。小的一对是细调螺旋，调动镜筒的升降距离很小，旋转 1 周可使镜筒上下移动 0. 1mm。在观察时先使用粗调焦螺旋找到清晰的目标，再用细调焦螺旋作精度调焦。

(8)聚光器调节螺旋 在镜柱的左侧或右侧，旋转时可使聚光器上下移动，以调节光线。

1. 2 光学部分

由成像系统和照明系统组成，成像系统包括物镜和目镜，照明系统包括反光镜和聚光器。

(1)物镜 这是决定显微镜质量的最主要的部件，安装在镜筒下的物镜转换器上，一般有 3 个不同放大倍数的物镜，即低倍(10 ×)、高倍(40 ×)、油镜(100 ×)。使用油镜时，必须在盖玻片和油镜之间滴加一滴香柏油，使油镜与香柏油接触，然后才能使用。

(2)目镜 安装在镜筒上端，它的作用是将物镜所成的像进一步放大，使之便于观察。其上刻有 5 ×、10 ×、16 × 等，表示不同的放大倍数，可根据当时的需要选择使用。目镜内的光栏上可装一段头发，在视野中形成一黑线，做成指针，可用它指示要观察的部位。

(3)反光镜 是个圆形的两面镜，一面是平面镜，能反光；另一面是凹面镜，兼有反光和汇集光线的作用，可根据光线的强弱选择使用。反光镜具有能转动的关节，可作各种方向的翻转，对准光源，将光线反射在聚光器上。

(4)聚光器 装在载物台下，由聚光镜(几个凸透镜)和虹彩光圈(可变光栏)等组成。它可将平行的光线汇集成束，集中在一点，以增强被检物体的照明。聚光器可以上下调节，用高倍镜时，视野范围小，则需上升聚光器；用低倍物镜时，视野范围大，可下降聚光器。

(5)虹彩光圈 装在聚光器内，位于载物台下方，拨动操纵杆，可使光圈扩大或缩小，借以调节通光量。

2. 使用显微镜的主要步骤和方法

2. 1 取镜和放置

按固定编号从柜中提取显微镜木箱，放在实验台上，用钥匙打开箱门，从中取出显微镜。取镜时应右手握住镜臂，左手平托镜座，保持镜体直立，不可歪斜。放置桌上时，动作要轻。一般应放在座位左侧，距桌边缘 5 ~ 6 cm 的地方，以便观察和防止掉落。特别禁止用手横提着显微镜走动，防止目镜从镜筒中滑出。

2. 2 对光

较先进的双筒显微镜一般都带有电源光源，直接打开光源即可，但一定要注意将光源由小到大进行亮度调整。如用单筒显微镜对光时，先把低倍物镜转到中央，对准载物台上的通光孔，然后从目镜向内注视，同时，用手转动反光镜，使镜面向着光源。在镜筒内可以看到一个圆形的、明亮的视野，此时再利用聚光镜或虹彩光圈调节光的强度，使视野内的光线既均匀、明亮又不刺眼。在对光的过程中，要体会反光镜、聚光镜和虹彩光圈在调节光线中的不同作用。

2. 3 低倍镜的使用

观察任何标本，都必须先用低倍镜，因为低倍镜的视野范围大，容易发现目标和确定要观察的部位。

(1)放置切片 先将载物台降下，把玻片标本放在载物台中央，用压片夹压住，再调节移动器使材料正对通光孔的中心。

(2)调节焦点 两眼从侧面注视物镜，并慢慢转动粗调螺旋，使载物台徐徐上升至距物镜玻片约5mm处。接着用双眼注视镜筒内，同时按反方向转动粗调螺旋，使载物台缓慢下降，直到看见清晰的物像为止(注意不可在调焦点时边观察边上升载物台，否则容易使物镜和玻片触碰，压坏物镜)。如果一次调节看不到物像，应重新检查材料是否在光轴上，重新移正材料，再重复上述操作过程，直到物像出现和清晰为止。

为了使物像更加清晰，此时可使用细调焦螺旋，轻微转动到物像最清楚时为止，但切忌连续转动多圈，以免损伤仪器的精确度。当细调焦螺旋向上或向下无法转动时，就是转到了极限，千万不能再硬拧，应重新调节粗调焦螺旋，把物镜与标本的距离稍稍拉开后，再反拧细调焦螺旋约10圈(因一般可动范围为20圈)。

(3)低倍镜的观察 焦点调好以后，可根据需要移动玻片，把要观察的部分移到最有利的位置上。找到物像后还可根据材料的厚薄、颜色、成像的反差强弱等是否合适再调节光的强度，如果太亮，可降低聚光器或缩小虹彩光圈，反之则升高聚光器或增大光圈。

2.4 高倍物镜的使用

在观察较小的物体或细微结构时使用。

(1)选好目标 由于高倍镜只能把低倍镜视野中心的一小部分加以放大，因此使用高倍镜前，应先在低倍镜中选好目标，将其移到视野的正中央；转动物镜转换器，把低倍镜移开，小心地换上高倍物镜，并使之合轴，即使其与镜筒成一直线。因高倍镜的工作距离很短，操作时要十分仔细，以防镜头碰击玻片。

(2)调准焦点 在正常情况下，当高倍镜转正之后，在视野中即可见到模糊的物像，只要略微调动细调焦螺旋，就可获得最清晰的物像。

(3)在换用高倍镜观察时，视野会变小变暗，所以要重新调节视野的亮度，此时可增强光源。

2.5 显微镜使用后的整理

观察完毕后，应将镜头转为低倍镜，再水平取下切片，取下时要注意勿使切片触及镜头。切片取下后，再转动物镜转换器，使物镜镜头与通光孔错开，上升载物台，使两个物镜位于载物台上通光孔的两侧。注意：此时一定要先将光源强度调至最小，再关掉电源，否则在下次使用时，打开电源后易将灯泡烧坏。最后将显微镜的专用袋罩上。

3. 显微镜操作练习

取一张永久切片，进行显微镜操作练习。观察完毕后，按要求整理和收藏好显微镜。

4. 洋葱鳞片叶表皮细胞结构的观察

(1)把载玻片、盖玻片擦干净，在载玻片的中央滴一滴水。

(2)取洋葱头新鲜的肉质鳞片，用镊子从其外表面撕下一条透明的、薄膜状的内表皮。用刀片切取3~5mm^2大小的一小块，置于载玻片上的水滴中，盖上盖玻片(盖盖玻片时，用镊子轻轻地夹住盖玻片一侧，先放下相对的一边，然后再慢慢地将整个盖玻片放下，以防产生气泡)。

（3）将装片置于显微镜下观察，先用低倍镜，可看到表皮由许多方形的“小格子”组成，每个小格子就是一个细胞。再换用高倍镜，观察一个典型的细胞结构，区别下列部分：

①细胞壁：包围在细胞的原生质体的外面，比较透明，因此只能看到细胞的侧壁。初看时，像两个相邻的细胞只有1层壁。但是调节细调焦螺旋和虹彩光圈时，就能发现这层细胞壁实际上是3层，即两侧为相邻两个细胞的细胞壁，中间是粘连两个细胞的中胶层（胞间层）。

②细胞质：为无色透明的胶状物，紧贴在细胞壁以内，被中央的大液泡挤成一薄层，仅细胞的两端较明显。当缩小光圈使视野变暗时，在细胞质中可以看见一些无色发亮的小颗粒，即白色体。

③细胞核：为扁圆形的小球体，由更为浓稠的原生质体组成，总是沉没在细胞质中。由于有中央大液泡的形成，所以细胞核和细胞质一样紧贴着细胞壁。有的细胞核贴近细胞的侧壁，只能看到某侧面，而不少的细胞核紧贴上面和下面的细胞壁，就可以看到它的宽面，此时可清楚地看到其内有1个或2个核仁，偶尔可见到3个。有时在撕取表皮时，细胞已破裂，细胞核与细胞质均流出，就无法看见。

一般细胞核包括三部分：核膜，包围在细胞核的外面；核质，充满整个细胞核；核仁，为核质中1~3个发亮的小颗粒。

④液泡：有一个或数个，位于细胞的中央，里面充满细胞液，所以比细胞质透明。液泡的多少是衡量细胞是否成熟的标志。

按上述要求观察活的洋葱表皮细胞后，取下制片，在盖玻片的一侧边缘滴加1滴碘液，再用吸水纸从相对的一侧吸水，使染料流入材料中，进行染色，此时细胞已被杀死，细胞质被染成浅黄色，细胞的各部分显示得较为清楚。

【注意事项】

1. 显微镜是精密仪器，使用时一定要严格按照规程进行操作。同时，显微镜的主要部件都是配套的，并已编号，不能互换，特别注意不要拿错镜头。

2. 要注意保持显微镜清洁，特别是光学部分。如果有灰尘，要用擦镜纸轻轻擦拭。若使用过油镜头，需用二甲苯擦拭干净镜头与聚光器上的香柏油。

3. 标本必须加盖玻片，制作带水或药液的玻片标本时必须擦净两边再观察，否则容易将药水蘸到镜头上。

4. 注意防潮。在观察时，显微镜上凝结的水珠（尤其在冬天观察时，人体呼吸出的水分常在显微镜上凝结成水珠），要及时用擦镜纸擦掉。显微镜要放在干燥处，镜箱内应放一袋蓝色硅胶干燥剂。

5. 如遇机件不灵、使用困难时，千万不要用力转动，更不要任意拆修，应立即报告指导老师，要求协助排除故障，以免造成损坏。

【实验报告】

1. 使用高倍镜观察切片时应注意哪些事项？

2. 绘制一个洋葱表皮细胞图，并标明各部分的结构。

实验二 细胞基本结构的观察

【实验目的】

1. 掌握细胞的基本结构。
2. 观察质体的形态。
3. 掌握细胞壁的构造；观察纹孔和胞间连丝的形态，并理解其功能。
4. 观察细胞中的贮藏物质——淀粉、脂肪、蛋白质等，在细胞中的分布情况及其形态特征。

【实验器材】

1. 材料

黑藻、红辣椒、毛竹幼茎或喜树皮孔永久片、大白菜、柿胚乳永久切片、杉木茎永久横切片、松木材三切面永久切片、马铃薯块茎、蓖麻种子、花生种子。

2. 器械

显微镜、镊子、载玻片、双面刀片、吸水纸、蒸馏水、番红或醋酸洋红、碘液。实验报告纸及绘图工具自备。

【实验步骤】

1. 质体的观察

1.1 叶绿体及细胞质运动现象

取一片黑藻茎尖嫩叶，放入载玻片的水滴中，盖上盖玻片，在高倍镜下观察。叶绿体浸没在细胞质中，紧贴细胞壁之内，有时以其宽面正对我们，即紧贴细胞的上壁或下壁，常呈扁圆形；有时则紧贴侧壁，我们看到的是其狭窄面。同时在黑藻叶片细胞里还可看到叶绿体随胞质运动，作一个或多个方向的流动(最宜温度在25℃左右)。

1.2 白色体

白色体是不含色素的质体，无色，多存在于植物体的幼嫩细胞或不见光的细胞中。取大白菜的幼叶或叶柄做徒手切片，或者撕取表皮，用蒸馏水装片置于显微镜下观察，在细胞质中无色的颗粒就是白色体。

1.3 有色体

有色体是仅含叶黄素和胡萝卜素的质体，由于二者比例不同，可呈黄色、橙色或橙红色，常存在于成熟的果肉细胞或黄红色的花瓣中。取新鲜红色辣椒，撕去表皮，取其果肉细胞，制成临时装片，在显微镜下观察，细胞质中的许多橙红色颗粒即有色体。如果细胞过于成熟，有色体的蛋白质解体，则呈不规则色素结晶。

2. 细胞壁结构及胞间连丝的观察

2.1　细胞壁的结构

取杉木茎横切片，找到被染成红色的部分，注意观察在红色壁上颜色的深浅不同。

(1)胞间层　位于两个相邻细胞的交界面上，主要成分为果胶质，在显微镜下折光性最强，加之被染成红色，故在两细胞间呈亮红色的一条线便是胞间层。

(2)初生壁　位于亮线的两侧，各有一条狭窄的黑线，便是它所在的位置。由于初生细胞壁极薄，因此与胞间层紧紧相连，无法截然分开。

(3)次生壁　在黑线初生壁的内侧，有一个稍厚的红色部分，它与细胞腔紧接。

2.2　胞间连丝

取柿胚乳细胞永久切片，在低倍镜下观察，可见到细胞壁明显增厚的细胞，其细胞腔很小，其内的原生质体被染上颜色或在制片过程中丢失而成为空腔。在相邻两细胞加厚的细胞壁上，选择胞间连丝清晰而比较集中的地方，转换高倍镜进行观察。那些微细的暗色细丝即为胞间连丝，它们把相邻两细胞的原生质体联系起来。

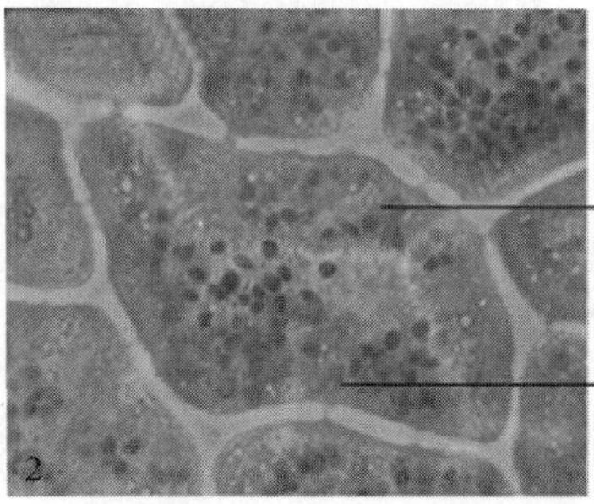

图 1-2　红辣椒果皮细胞图

(示细胞壁上的单纹孔及有色体)

3. 纹孔的观察

(1)单纹孔　撕取新鲜红辣椒的一小块表皮，用刀片刮去表皮以内的果肉细胞(也可沿辣椒表面切取表皮薄片)，然后以表皮的外切向壁朝上装片。先用低倍镜观察，选择薄而清晰的区域，然后换用高倍镜寻找呈念珠状的两相邻细胞的细胞壁，其上多处发生相对凹陷，即单纹孔对(图 1-2)。

(2)具缘纹孔　取松树木材三切面切片，在显微镜下观察。管胞是一个两头稍尖的长细胞，略呈梭形。可看到管胞壁上有显著的同心环状的具缘纹孔正面观，其中心最小的圈为纹孔腔腔底的界限，中间的一环是裸子植物特有的纹孔塞的阴影。

4. 细胞内贮存物质的观察

(1)淀粉粒　用镊子从马铃薯块茎上刮取少量薄壁细胞，放入载玻片的水滴中，用解剖针将其分散，盖上盖玻片，置于显微镜下观察。可见到许多从细胞中挤出来的淀粉粒，其上以脐点为中心环绕着各层次轮纹(图 1-3)。加入碘液后，淀粉粒染成蓝色，轮纹更清楚。

(2)脂肪　取花生种子的子叶做徒手切片，挑选薄片放在载玻片上，用苏丹Ⅲ溶液染色数分钟，然后盖上盖玻片，在低倍镜下观察，可见细胞内染成红色的油滴。

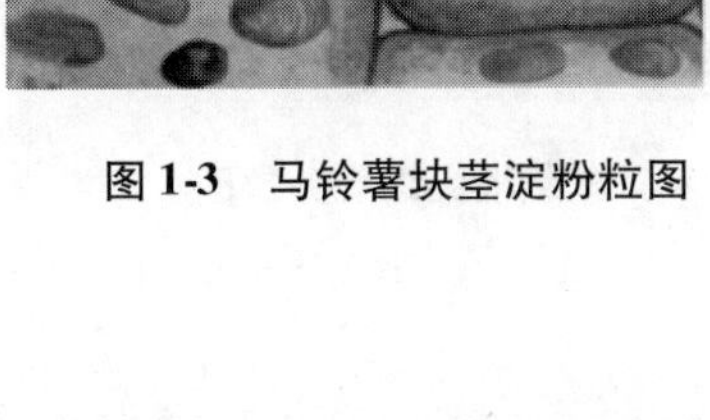

图 1-3　马铃薯块茎淀粉粒图

(3)贮藏蛋白质　用蓖麻种子胚乳做徒手切片，选取薄片放入盛有 100% 酒精的培养皿中洗涤数分钟，使切片中的脂肪溶解在酒精中。然后取出切片用蒸馏水装片，置于显微镜下观察。可以看到胚乳细胞内的糊粉粒，它由贮藏在液泡中的一种蛋白拟晶体、球蛋白体充填的无形胶体共同组成，如果在切片中加一滴碘液，其蛋白质会呈黄色。

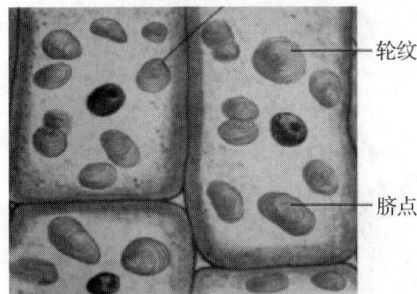

注意：在观察胞间连丝时，因胞间连丝为透明状，要将视野亮度适当调暗。

【实验报告】

1. 绘制柿胚乳两个细胞的胞间连丝图。
2. 绘制马铃薯块茎淀粉粒的形状。
3. 绘制红辣椒相邻两细胞间的单纹孔对细胞图。

实验三 有丝分裂过程的观察

【实验目的】

观察植物细胞增殖的主要方式——有丝分裂的全部过程。

【实验器材】

1. 材料

洋葱根尖有丝分裂永久制片、新鲜的洋葱根尖或蚕豆根尖。

2. 器械

显微镜、镊子、载玻片、双面刀片、吸水纸、蒸馏水、醋酸洋红或地衣红。实验报告纸及绘图工具自备。

【实验步骤】

1. 有丝分裂的观察

取洋葱根尖的永久制片，放在低倍镜下观察，首先找出生长点，生长点位于根冠之后，其细胞壁薄，原生质浓，细胞核大，细胞排列紧密，无明显的胞间隙。然后换用高倍镜仔细观察，可找出各个分裂时期的细胞(图 1-4)。

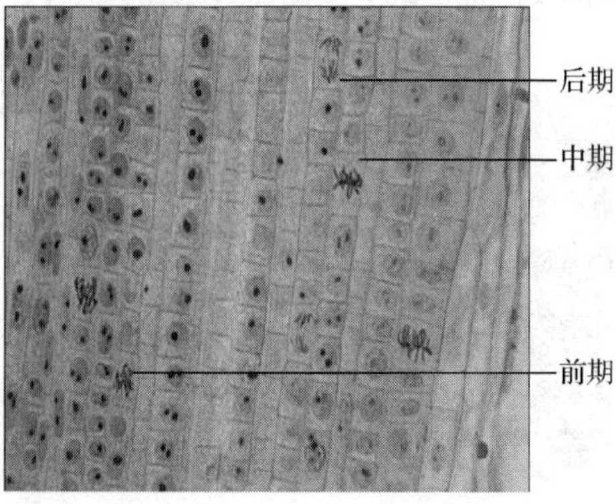

图 1-4 洋葱根尖细胞分裂图

(1)分裂间期 在切片上这个时期的细胞最多，核无明显的变化，核内染色质分布均匀，核膜、核仁均存在。

(2)前期 细胞由不分裂状态逐渐转变为分裂状态，细胞核内的染色质形成丝状或颗粒状的染体，在核膜内互相缠绕而似线团状。到前期结束时，形成具有一定数目的、外表光滑的染色体，每条染色体由两条互相平行且紧密贴近的染色单体组成。核膜、核仁消失，由纺锤丝开始形成纺锤体。

(3)中期 染色体移动同，排列在纺锤体赤道面上。纺锤体也完全形成。构成纺锤体的纺锤丝有两种情况：一种纺锤丝的一端与染色体着丝点相连，另一端则集中于极端，称为染色体牵丝；另一种纺锤丝并不与染色体相连，而是从一极直接伸到另一极，称为连续丝。染色体在染色体牵丝的牵引下，向着两极的中央移动，最后都排列在赤道面上。中期染色体的形态，通常作为每种染色体的基本形态。

(4)后期 每个染色体的着丝点分裂，两个染色单体彼此分离，在纺锤丝的牵引和着丝点的导向下，各自移向纺锤体的两端。

(5)末期 已分到两端的染色体逐渐积聚，并变模糊。随后核膜、核仁重新出现，逐渐进入间期核形态。新的细胞壁产生，两个新的子细胞形成，恢复到间期核的形态。

2. 徒手压片观察

压片的制作：取经过固定离析的洋葱根尖或蚕豆根尖一个，放在干净的载玻片上。用镊子将根尖压裂，滴上2滴醋酸洋红或地衣红染色，放置几分钟后再盖上盖玻片。用铅笔上的橡皮头，对准盖玻片下的材料在盖玻片上轻轻敲击，使材料压成均匀的、单层细胞的薄层。用吸水纸吸去溢出的药液，即可在显微镜下检查，此时可以看到许多离散的细胞。如果此时细胞核的染色质或染色体的颜色还不是暗红色，可取下压片标本，手持载玻片在酒精灯上微微加热，其温度以不灼手为度，有增进染色和使细胞伸展的效果。必要时可反复烘烤多次，如染色液烘干可再补加一滴，直至细胞核或染色体着色清晰为止。如果染色较深，可滴一滴45%醋酸进行分色。

压片观察：取自制压片在显微镜下观察，按照观察永久切片的方法和要点，找出各个分裂时期的细胞。

【实验报告】

绘出植物细胞有丝分裂各时期的简图。

实验四 植物组织

【实验目的】

1. 了解组织的基本类型及每类组织的特征和作用，从而进一步理解形态和生理机能的辩证统一。

2. 了解气孔器的结构和功能。

【实验器材】

1. 材料

白菜或迎春花叶片、红菜薹叶柄或蚕豆茎、马尾松椴树茎横切永久制片、南瓜茎横(纵)

切永久装片、马尾松木材切片、白栎茎或葡萄茎的离析切片、梨果肉、新鲜柑橘果皮、蒸馏水。

2. 器械

同实验三。

【实验步骤】

1. 保护组织

1.1　表皮

撕取白菜或迎春花叶片下一小块表皮，做成临时装片，放在显微镜下观察。可见表皮细胞形状不规则，细胞壁呈波状，彼此紧密嵌合，细胞的内含物透明，不含叶绿体。在表皮细胞之间可见一些成对的半月形的保卫细胞，以凹面相对，内壁之间形成的孔称为气孔，气孔和保卫细胞构成气孔器。表皮为初生的保护组织。

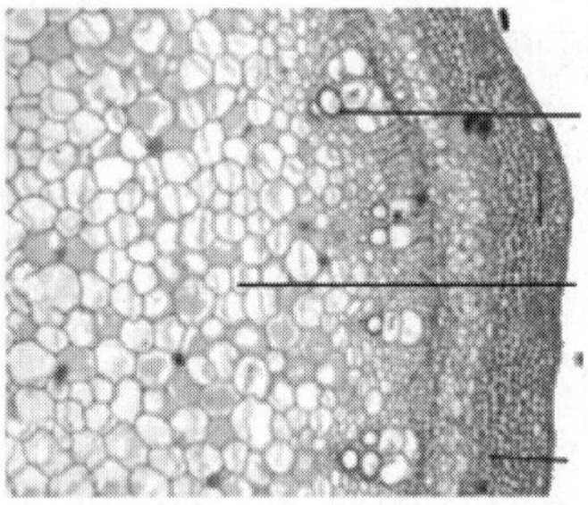

图 1-5　蓖麻茎初生构造
（示输导组织、薄壁组织、厚角组织）

1.2　周皮

取椴树茎横切面永久制片放在显微镜下观察，可见最外一层排列整齐的表皮细胞，呈长扁形，其外壁有较厚的角质层。再往内几层排列整齐的长砖形细胞是木栓组织，栓化后的细胞不易透水和透气，增强了保护机能(图 1-6)。木栓组织是木栓形成层向外进行切向分裂所产生的，属次生保护组织。木栓形成层以内，是木栓形成层向内进行切向分裂所产生的栓内层，由数层薄壁细胞组成。细胞内含叶绿体，所以颜色较深。周皮是次生保护组织。

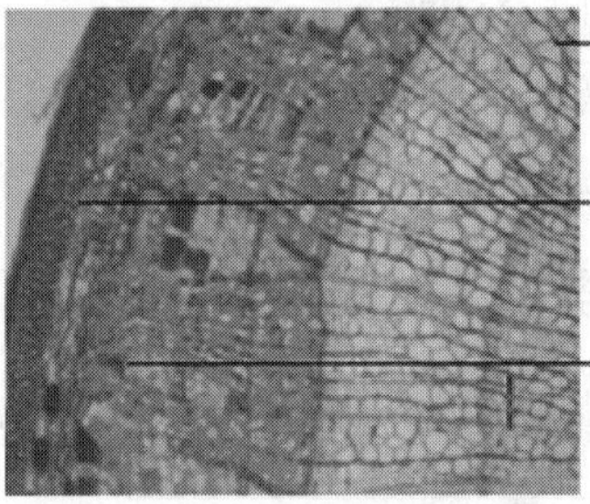

图 1-6　椴树茎构造
（示次生保护组织(周皮)、输导组织、机械组织）

2. 输导组织

（1）导管　取南瓜茎、葡萄茎观察 5 种类型的导管：环纹导管、螺纹导管、梯纹导管、网纹导管和孔纹导管。

（2）管胞　观察马尾松木材切片，管胞呈两端尖斜的长梭状细胞，胞壁上有具缘纹孔。

（3）筛管和伴胞　取南瓜茎纵切制片在显微镜下观察。在韧皮部有筛管。筛管由许多筛管分子上下连接而成。在上下筛管的相接处，具有倾斜的横隔，这是筛板，上面的穿孔为筛孔。在筛管旁边，有比筛管小的薄壁细胞，内含原生质体及细胞核，这是伴胞(图 1-7)。

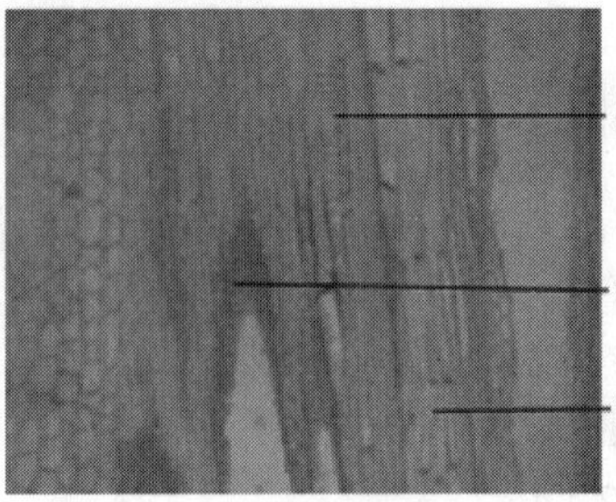

图 1-7　南瓜茎纵切构造
（示输导组织，螺纹导管、梯形导管、筛管）

3. 机械组织

（1）厚角组织　取葡萄茎横切面永久片，在显微镜下观察，可见表皮细胞下的许多细胞的角隅处特别增厚，此为厚角组织。

（2）厚壁组织

①纤维细胞：取白栎茎葡萄茎的离析制片在显微镜下观察，可见纤维细胞是一种两头尖的长梭形细胞，其细胞壁全部加厚。

②石细胞：用镊子取梨肉中坚硬如砂粒的部分少许，放在载玻片上，轻轻用镊子压平，放在显微镜下观察。可见有细胞壁增厚的细胞群，细胞腔很小，还可见分枝状的纹孔。

4. 薄壁组织

取红菜薹叶柄或蚕豆茎做横切徒手切片，用极稀的番红溶液（粉红色）装片，置显微镜下观察。中央部分的髓细胞或表皮以内的皮层细胞，均为典型的多面体，细胞间隙十分清晰，细胞壁薄，内含大液泡，有核，但相对较小。皮层细胞含叶绿体，能进行光合作用，髓部细胞含贮藏物质。

5. 分泌组织

分泌腔：取新鲜柑橘果皮，以平周方向做徒手切片（也可以径向切片）。蒸馏水装片观察，可以看到很多大小不一的空腔，腔底有透明的油滴，其芳香味就是这些油滴挥发的。这种空腔是溶生方式形成的分泌腔，细胞破裂后，细胞中形成的芳香油释放到了腔内。

【实验报告】

1. 绘制白菜叶或迎春花叶气孔器图。
2. 绘制各种类型的导管图。
3. 绘制梨果肉石细胞图。

实验五　根的形态结构

【实验目的】

1. 观察植物根尖的分区及细胞特点，并加深理解根的生理功能。
2. 了解侧根发生的部位及形成规律。
3. 观察根的次生结构，掌握其解剖特征并了解其形成过程。
4. 了解不同类型的根的初生结构和次生构造。

【实验器材】

洋葱根尖永久制片、蚕豆幼根永久切片、蚕豆老根永久切片、苦楝老根横切片、鸢尾根永久切片。

【实验步骤】

1. 根尖的构造

取洋葱根尖纵切片面永久片置于显微镜下观察，由尖端逐渐向上辨认各区，注意其细胞特点。

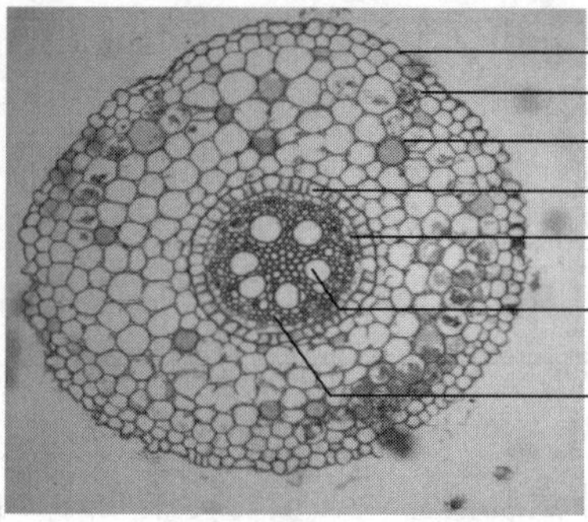

图1-8 洋葱根的横切图

（示初生构造）

(1)根冠　在根尖的最先端，全形如帽，套在生长点上，具有保护作用，为一群排列不整齐的薄壁细胞，外层细胞较大，内部细胞较小。其外部有些活细胞在根冠表面脱落，而在根冠的内部贴近生长点的一些细胞，形小而质浓，是特殊的分生组织，能为根冠不断生成新细胞。

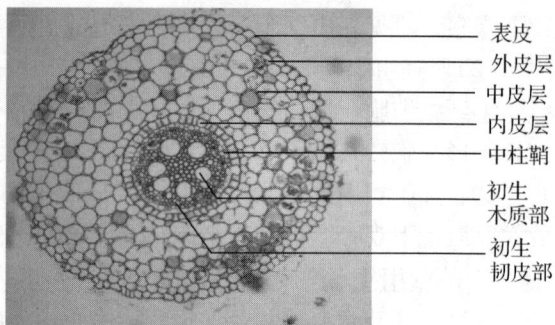

(2)分生区　在根冠内，长1~2mm，由排列紧密的小型多面体细胞组成，细胞壁薄、细胞核大、细胞质浓，属于分生组织(包括原分生组织和初生分生组织的主要部分)，细胞分裂能力很强。

(3)伸长区　位于分生区的上方，由分生区细胞分裂而来，长2~5mm。此区细胞一方面沿着长轴方向迅速伸长，另一方面逐步分化成不同的组织，向成熟区过渡。细胞内有明显的液泡，有的切片中能看到一种特别宽大的成串的细胞，这是正在分化的幼嫩导管的细胞。

(4)根毛区(成熟区)　在伸长区的上方，此区细胞的伸长已基本停止，并已分化成各种成熟的组织，表面密生根毛。根毛是表皮细胞外壁的突起物，含有细胞质和细胞核，壁很薄。此区是根的主要吸收部位，换用高倍镜观察，在中央部位可见已分化的成熟组织，环纹、螺纹导管比较清楚。

2. 根的初生构造

2.1 双子叶植物幼根的结构

在显微镜下观察蚕豆幼根永久切片。横切面最明显的结构是：由大而壁薄的细胞组成的皮层和中央的维管柱，最外层是根的表皮。在低倍镜下区分出表皮、皮层和维管柱三大部分后，转换高倍镜，由外向内详细观察。

(1)表皮　根的最外层生活细胞，由原表皮发育而成，细胞方形，细胞壁薄，无气孔，一部分表皮细胞外壁延伸成根毛。

(2)皮层　表皮以内维管柱以外的部分，最外一层靠近表皮排列紧密的细胞为外皮层。外皮层之内是大型的、排列疏松的薄壁细胞，间隙较大。皮层的最内一层为内皮层，细胞排列紧密，无胞间隙。内皮层细胞的径向壁和横向壁上部分初生壁增厚并木栓化，呈带状环绕周，称为凯氏带。在横切面上仅见其径向壁上有很小的增厚部分，常称凯氏点，往往被番红染成红色。

(3)维管柱　内皮层以内的各部分，包括中柱鞘和初生维管组织，有的还具有髓，由薄壁组织或厚壁组织组成。

①中柱鞘：是紧临内皮层的一层薄壁细胞，有时为多层，由原形成层发育而成，长期保

存分生能力。

②初生木质部：在切片中其导管常被染成红色，细胞壁厚，胞腔大，是输导水分和无机盐的组织。蚕豆根的初生木质部常为4~5原型，每束导管口径大小不一致。靠近中柱鞘的导管最先发育，口径小，是一些环纹和螺纹加厚的导管，叫原生木质部。分布近根的中心位置的导管口径大，分化较晚，为后生木质部，其导管着色往往浅淡，甚至不显红色。这种导管发育顺序的先后，说明根的初生木质部是外始式。

③初生韧皮部：位于初生木质部的两个辐射角之间，与木质部相间排列，由筛管、伴胞、韧皮纤维及韧皮薄壁细胞构成。其分化方式也为外始式，即原生韧皮部在外，后生韧皮部在内。

2.2　单子叶植物根的结构

单子叶植物的根与茎一样没有形成层的产生，因此，根的生长一般停留在初生生长阶段，不再加粗，仅有初生构造。

取鸢尾根横切面永久切片置于显微镜下观察，从外往内的结构层次为：表皮细胞(一层)→外皮层(靠外面的几层细胞)→皮层(由多层薄壁细胞组成)→内皮层(皮层的最内层)→维管束。

内皮层的特征是：细胞的径向壁、上下切向壁以及内切向壁显著木质化增厚，增厚的部分在横切面上为马蹄形，仅外切向壁保持薄壁状态。此外，在整个一圈内皮层中，有少数细胞的细胞壁仅有凯氏带增厚，这种细胞叫通道细胞，皮层与维管柱之间的水分和无机盐的运输由通道细胞完成。

内皮层里面是维管束，中柱鞘由一层细胞组成，木质部多原型，各束的棱脊部位为原生木质部，往内紧接着是口径很大的后生木质部，厚壁细胞，韧皮部位于各束原生木质部之间，与其相间排列。

3. 侧根的产生

取蚕豆侧根形成的永久切片置于显微镜下观察，位于初生木质部外围的中柱鞘细胞转变成分生组织，形成侧根生长点，经过平周或垂周分裂继续生长，依次突破主根的内皮层、皮层薄壁细胞、外皮层和表皮而插入土中，形成侧根。

蚕豆侧根发生的部位，是正对初生木质部处的中柱鞘细胞，三原型、四原型植物的根都是这种情况；如果是二原型植物的根，侧根正对着初生韧皮部或者初生韧皮部与初生木质部之间；多原型植物的根中，侧根是对着初生韧皮部的。

4. 根的次生结构

取苦楝或蚕豆老根永久切片置于显微镜下观察。从外向内逐层观察，区分出周皮、次生维管束和中央的初生木质部后，转用高倍镜仔细观察各部分的细胞结构。

(1)周皮　老根最外面的几层细胞，横切面呈扁方形，胞壁栓质化；径向壁排列整齐，常被染成棕红色，是没有胞核的死细胞，叫木栓层，是由木栓形成层细胞活动产生的次生保护组织。在木栓层内部，有一层被染成绿色的扁方形的薄壁活细胞，内有原生质体。有的细胞能见到细胞核，是木栓形成层，它是由中柱鞘细胞恢复分裂能力而形成的，形态比木栓层更扁一些。栓内层位于木栓形成层内侧，是2~3层较大的薄壁细胞，属于基本组织。

(2)初生韧皮部　已被挤坏，分辨不清。

(3) 次生韧皮部　在周皮之内被染成蓝绿色的部分，包括筛管、伴胞和韧皮薄壁细胞，其中夹杂有少量呈红色的韧皮纤维。在横切面上，韧皮薄壁细胞与筛管形态相似，常不易区分。

有许多韧皮薄壁细胞在径向壁上排列成行，呈放射状的倒三角形，是韧皮射线，起横向运输的作用。

(4) 次生木质部　在横切面上占主要部分，被染成红色，包括导管、管胞、木纤维和木薄壁细胞。其中，导管很容易辨认，是口径大、被染成红色而原生质体解体的死细胞。值得注意的是，有的幼嫩导管，由于木质化程度低，仅被染成淡红色。管胞和木纤维在横切面上口径均较小，可与导管区分开，一般也被染成红色，但二者之间不易辨别。

此外，还有许多被染成绿色的木薄壁细胞夹杂其中，排列整齐、呈径向放射状，这是木射线。木射线与韧皮射线常是相通的，合称维管射线。

(5) 维管形成层　位于次生木质部和次生韧皮部之间，是多层扁而长的薄壁细胞，被染成浅绿色。实际上形成层只是一层细胞，但由于分裂迅速，产生不久的细胞尚未分化成熟，在横切面上看到的只是多层扁平细胞组成的"形成层区"。

(6) 次生射线　在根的次生结构中，还存在有一种有定数的次生性射线。它是由正对着初生木质部束的维管形成层分裂产生的薄壁细胞，并沿着根的半径方向延长，呈辐射状排列。

(7) 初生木质部　在次生木质部内部，初生木质部仍保留在根的中心，呈星芒状。

【实验报告】

1. 绘制蚕豆根初生结构细胞图。
2. 绘制鸢尾根初生结构细胞图。
3. 绘制蚕豆根老根次生结构细胞图。

实验六　芽和茎的形态构造

【实验目的】

1. 了解叶芽和茎的构造。
2. 了解双子叶植物和裸子植物茎次生构造的特点和树干增粗的原理。
3. 掌握木材三切面的形态特征，正确识别年轮、心材、边材、环孔材、散孔材、早材和晚材。

【实验器材】

杉茎尖纵切面永久制片、蓖麻茎初生构造永久切片、菊芋茎初生构造永久切片、箭竹或毛竹茎横切面永久片、扁担杆茎次生构造永久切片、杉或松木材三切面永久切片、法国梧桐或苦楝木材三切面永久切片。

【实验步骤】

1. 叶芽的构造

取杉茎尖纵切面制片置于显微镜下观察。

生长锥：可见最顶端的一群小而排列紧密的细胞，外层排列整齐的为原套细胞，内部排列不整齐的为原体细胞。

叶原基：生长锥基部的侧生突起，以后生长分化形成幼叶包围生长点。

腋芽原基：在幼叶叶腋处的小突起，它将发展成腋芽。

幼叶：在芽的基部周围出现的带状细胞群，在整个芽之外，保护着内部的生长锥。

2. 双子叶植物茎的初生构造

取蓖麻茎或菊芋茎初生构造永久切片置于显微镜下观察。从外至内的结构为表皮、皮层和中柱。

(1)表皮　细胞排列整齐，外切向壁常角质化，表皮上有少量气孔。

(2)皮层　由厚角组织及薄壁组织构成，厚角组织在棱角处较多。外层薄壁细胞含叶绿体。

(3)中柱　为皮层以内的部分，中柱鞘不明显，包括维管束、髓和髓射线三部分。

①维管束：几乎连成一环，由初生韧皮部、初生木质部和束中形成层组成。木质部与韧皮部为内、外并列，二者中间为形成层。木质部近中部导管口径小，近韧皮部导管口径大，形成方式为内始式。

②髓射线：维管束之间有1~2个细胞宽的髓射线，连接皮层与髓的部分，具有横向运输的功能。

③髓：茎中央为薄壁细胞构成的髓部，比根部的发达。

3. 单子叶植物茎的构造

取箭竹或毛竹茎横切永久片观察，这是一类形态结构特殊的茎。它由表皮、基本组织、维管束和机械组织构成(图1-9)。其结构特点为：表皮之内为基本组织，维管束散生在基本组织中，无形成层。

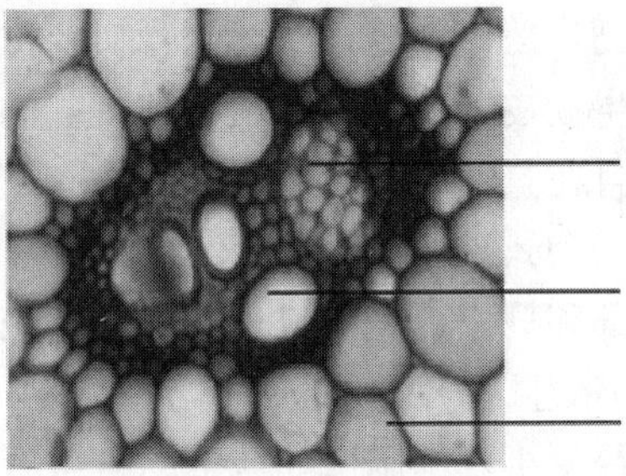

图1-9　毛竹茎维管束

(1)表皮　横切面为近方形的生活细胞，排列紧密，外壁角质层较厚。

(2)机械组织　竹类的机械组织比其他单子叶植物发达，发达程度因种而异，有下皮、维管束鞘和髓环带3种类型。

(3)基本组织　表皮以内，除维管束和机械组织外的薄壁细胞，均为基本组织。细胞壁薄、形大、近于等直径的多边形细胞有间隙，并具有内含物。在多年生单子叶植物中会出现木质化增厚现象。

(4)维管束　在整个单子叶植物中，维管束的排列有两种基本形式：在茎内排列成两圈，较小的一圈维管束靠近表皮，较大的一圈则分布于深处(如水稻)；许多维管束分散在整个基本组织中(如斑茅、竹)。

①木质部：明显分为原生木质部和后生部两部分。原生木质部由两个小型的环纹导管或螺纹组成，它们常在成熟过程中被拉破，形成腔隙；后生木质部由两个大的孔纹导管组成，口径大，染色深，非常明显。原生木质部和后生木质部在横切面上呈“V”字形排列，“V”字形的下半部是原生木质部，上半部是后生木质部。在木质部导管的周围，充满了木薄壁细胞和维管束鞘。

②韧皮部：位于木质部的外面，由一团十分明显的筛管和伴胞构成。筛管口径大，壁薄，近于等边形；伴胞口径较小，染色深，横切面略呈长方形，紧靠筛管细胞。

4. 双子叶植物茎的次生构造

取扁担杆茎次生构造永久切片观察。

(1)周皮　在表皮脱落的茎横面上，周皮是最外面几层细胞，由木栓层、木栓形成层和栓内层组成。

①木栓层：横切面上最外面几层细胞，排列较整齐，形状扁平，细胞壁栓质化加厚，是无核的死细胞。

②木栓形成层：由皮层靠近外层的薄壁细胞恢复分裂能力以后形成。细胞在横切面上呈扁平状，细胞质浓，只有一层细胞，由它向外分裂形成木栓层，向内分裂产生栓内层细胞。刚刚形成的木栓层细胞是活细胞，也是扁平状，与木栓形成层细胞较难区别。

③栓内层：紧靠木栓形成层之内，一般只有 1~2 层细胞。这两层细胞是具有细胞核的活细胞，细胞质很浓，往往被染成较深的颜色。

(2)皮层　位于周皮以内、维管柱以外，仅由数层薄壁细胞组成，被染成浅红色或蓝色。在树龄较大的树木内，次生构造是不包括皮层的，因它早已被耗尽。

(3)次生韧皮部　在形成层以外，细胞排列呈多个梯形块状，其底边靠近形成层。

纤维细胞的横切面是一堆堆被染成红色的厚壁细胞群，与纤维细胞间隔排列的是筛管、伴胞和韧皮薄壁细胞。一般筛管口径比较大，伴胞口径小。

初生韧皮部的位置在次生韧皮部的外面，细胞大多已破毁，只留下被染成红色的厚壁纤维，而且在具初生维管束的部位才有。

(4)形成层　在韧皮部和木质部之间。形成层细胞只有 1 层，但分裂的细胞还没有分化成木质部和韧皮部，所以这种扁平的细胞看上去有 4~5 层，排列整齐，壁薄，染色浅。

(5)次生木质部　在形成层内部，被染成显眼的红色，在横切面上占有面积最大。由于细胞直径大小及细胞壁厚薄不同，可看出年轮的界线。

(6)年轮　在多年生扁担杆的茎横切面上，可以清晰地看到木质部的多个同心环。在低倍镜下可观察到秋天形成层细胞分裂产生的木质部，细胞口径小，细胞壁厚，特别是木质部导管分子更明显，在制片中着色较深，这部分木质部称为晚材。春天形成的木质部细胞，导管口径大，细胞壁相对显得较薄，制片颜色较淡，这部分木质部称为早材。前一年的晚材和第二年的早材之间的界线非常明显，称为年轮线。两个年轮线之间即年轮。

(7)维管射线　在每个维管束内部，由木质部和韧皮部之间的横向运输的薄壁细胞组成，是多为 1 列细胞径向排列的细胞带，一般短于髓射线。位于韧皮部的称为韧皮射线；位于木质部的称为木射线，二者统称为维管射线。

(8)髓射线　由髓的薄壁细胞辐射状向外排列，经木质部时是 1～2 列细胞，至韧皮部后薄壁细胞变大并沿切向方向延长，呈倒梯形(喇叭口形状)。

(9)髓　位于茎中心，由薄壁细胞组成，所占茎横切面的比例很少。在髓的外围紧靠初生木质部，有多层排列紧密、体积较小的薄壁细胞，这些细胞含有丰富的储存物质，有的含黏液，制片中染色较深，称环髓带。

5. 木材三切面的解剖特征

取杉或松木材三切面永久切片、法国梧桐或苦楝木材三切面永久切片观察(图 1-10 至图 1-12)。

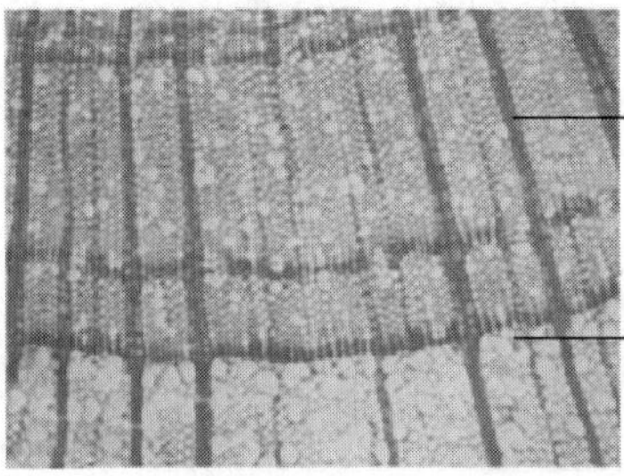

图 1-10　松茎横切面

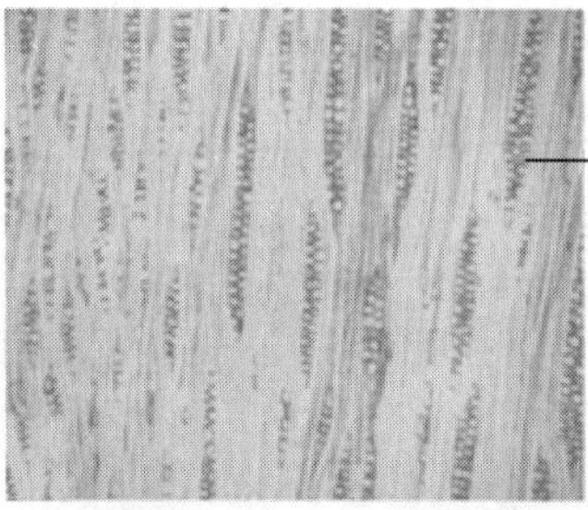

图 1-11　松茎弦切面

5.1　横切面

年轮呈同心圆排列，射线呈辐射状，两者相互垂直。在横切面上可以看到以下形态：年轮、心材与边材、木射线、环孔材与散孔材。

(1)年轮(或生长轮)　由早材(春材)和晚材(秋材)组成。取杉木材三切面，观察横切面部分。早材被染成浅红色，细胞口径大，壁相对较薄，细胞排列疏松。晚材细胞逐渐变小，壁也渐渐加厚，细胞排列紧密，被染成深红色。在前一年的秋材和第二年的春材之间，界线十分清楚，即年轮的分界线。

图 1-12　松茎径切面

(2)边材和心材　取木材圆盘标本，观察横切面上的年轮，有两种不同的颜色。靠近圆盘外围的若干层年轮，颜色较浅，即为边材；居于圆盘中心的若干层年轮，颜色较深，这是心材。

(3)木射线　在横切面上呈辐射状排列，与年轮垂直。观察木射线的长度、宽度和组成射线细胞的列数。

(4)环孔材与散孔材　早材的管孔(导管横切口)特别大，数量多，管孔常集成连续的轮状排列，叫环孔材；早材的管孔大小与晚材的差异不大，管孔不集中分布，而是均匀散布在早材和晚材中，叫散孔材。

5.2　径向切面(径切向面或半径切面)

(1)年轮　在该切面上呈纵向平行排列，构成木材的花纹。取木材圆盘标本，观察径向切面上年轮排列的形态特征。然后取杉木材三切面，用肉眼观察被染成红色的切片，可看到有宽窄不等、颜色深浅不同的相互平行的纵向条纹，即年轮。

(2) 木射线　与年轮或长轴细胞垂直，故横向排列。它由多层长方形的薄壁细胞组成，细胞的层数构成了射线的高度，高度因种而异。同型射线是指木射线细胞全部呈横卧方向排列。异型射线由两种排列方式不同的射线细胞组成，即在横卧射线的上下两端各排列一层直立的射线细胞。

5.3　切向切面（弦切面）

该切面是不通过茎中心所作的任意纵切面。其形态特征为：射线被横切，其切口呈外向纺锤形，纺锤形的射线与年轮或导管等长轴细胞彼此平行排列。在切向面上可测量木材各成分的细胞厚度、射线的高度和宽度，以及同型、异型、单列和同列。

先取木材圆盘标本进行该面特征观察，其年轮呈纵向排列的宽带状或"V"字形；然后取杉木材三切面，观察射线的横切口外形是否为纺锤形，是否与长轴细胞彼此平行排列。

【实验报告】

1. 绘制双子叶植物茎初生构造的部分图。
2. 绘制单子叶植物的一个维管束及部分基本组织图。

实验七　叶的形态与构造

【实验目的】

1. 观察双子叶植物叶、裸子植物叶和单子叶植物叶的解剖构造。
2. 掌握各类叶片内部结构特性的异同。

【实验器材】

大叶黄杨叶、黑松叶、夹竹桃叶和竹叶横切片。

【实验步骤】

1. 双子叶植物叶的构造

1.1　取大叶黄杨叶横切片（图 1-13），首先在低倍镜下分清上表皮、下表皮、叶肉和叶脉等部分的基本结构，然后转换高倍镜详细观察。

(1) 表皮　细胞在横切面上呈长方形，排列紧密，是生活细胞，外壁角质化，有角质层。在表皮细胞中还可观察到气孔。

(2) 叶肉　栅栏组织紧靠上表皮，细胞圆柱形，以细胞的长轴与表皮细胞垂直排列，并与表皮细胞紧密相连。栅栏组织的细胞排列紧密而整齐，细胞内含有很多叶绿体。海绵组织在栅栏组织和下表皮之间，细胞形状不太规则，常呈圆形、椭圆形等，细胞排列也没有规则，胞间隙以达，细胞内含叶绿体较少。

(3)叶脉　大叶黄杨叶的主脉(中脉)具有较大的维管束。主脉靠近上表皮的一面，是维管束的木质部；靠近下表皮的一面，是维管束的韧皮部。在上表皮与木质部之间及下表皮与韧皮部之间是均薄壁细胞。

侧脉越分越细，到达叶尖及叶片边缘的脉端仅剩下一个螺纹管胞。

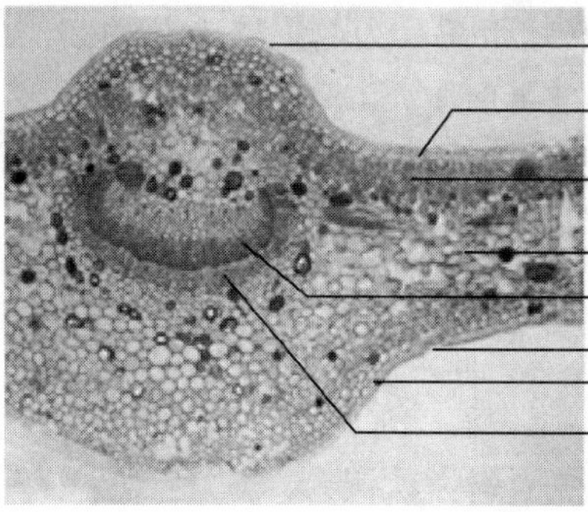

图 1-13　大叶黄杨叶横切面

1.2　取夹竹桃叶片做横切面徒手切片(或永久切片)，用少许番红装片观察。

(1)表皮　细胞壁厚，由此 2~3 层细胞组成复表皮，细胞排列紧密，靠外的细胞外壁角质层特别发达。下表皮也是复表皮，但层数比上表皮少，也有发达的角质层。一部分下表皮细胞构成下陷的窝，叫气孔窝，窝里的表皮细胞常特化成表皮毛，气孔位于表皮凹陷的气孔窝内。

(2)叶肉　表皮之间是叶肉细胞，靠近上表皮的是由多层细胞组成的栅栏组织，排列非常紧密，有时近下表皮也有栅栏组织；海绵组织层数也较多，叶肉细胞中常含簇晶。

(3)叶脉　夹竹桃的主脉很大，具有双韧维管束，这一特征只能在主脉观察到，主脉木质部和韧皮之间也有形成层细胞。

2. 裸子植物叶的解剖构造

取黑松叶横切片，观察裸子植物典型的旱生植物特性。

2.1　表皮

(1)表皮细胞　为叶片横切面的最外层细胞，形状近于方形。细胞壁全面加厚，细胞腔呈圆形的小腔，细胞排列紧密，角质层特别发达，在显微镜下呈半透明、折光较强的亮红点。由于叶片非扁平体，因此没有上下表皮之分。

(2)下皮层　紧贴表皮细胞之内的一至多层细胞，呈圆形，壁厚，在叶片的角隅处分布最集中。这种结构有利于叶片收缩成针状，大大提高机械强度，使叶片向空间很好地伸展，吸收更多的光线，有利于提高光合作用和气体交换能力。

(3)气孔器　由保卫细胞和副卫细胞组成，为了减少水分蒸腾，使气孔下陷于表皮。

2.2　叶肉

在下皮层之内，有许多外形似梅花状的薄壁细胞，其细胞壁向细胞腔内折，可以增大光合作用的面积。在叶肉组织内，分布着不同位置和数目的树脂道。树脂道按其分布可分为 4 种类型。

(1)外生树脂道　树脂道仅与下皮层相接。

(2)中生树脂道　分布于叶肉细胞中，不与内、外的皮层和下皮层相接。

(3)内生树脂道　仅与内皮层相接。

(4)横生树脂道　一端与下皮层相接，另一端与内皮层相接。

2.3　维管束

(1)内皮层　在叶肉的内部有一圈排成环的椭圆形薄壁细胞，在侧胞上能看到明显的凯氏点，内皮层富含淀粉粒。

(2)转输组织　为内皮层内部的多层细胞，由转输管胞和转输薄壁细胞(细胞内常凝聚有着色较深的蛋白质)组成。

(3)维管束　内皮层中央，有呈字形排列的两个维管束，其数目为分类的特征之一。

3. 单子叶植物叶的结构

取竹叶横切片置于显微镜下观察(图 1-14)。

(1)表皮　正面观为长方形的长轴细胞和短轴细胞(短轴细胞中有栓质细胞和硅质细胞)组成的表皮细胞，侧壁为锯齿状嵌合。在上表皮内有大型的泡状细胞，泡状细胞在横切面上的形态为大型细胞，排成扇形；长轴细胞的横切口为方形或近于方形；硅质细胞在表皮细胞中，折光最强；而栓质细胞多被染成红色，在横切面上形状最小，染色最深，排在表皮细胞之间。

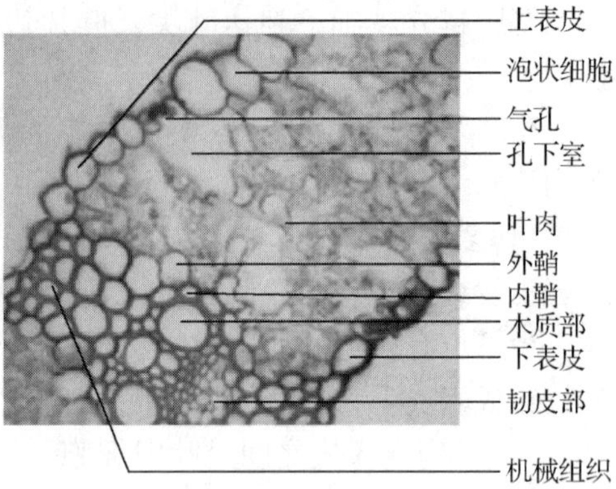

图 1-14　竹叶横切面

(2)叶肉　禾本科植物的叶肉无栅栏组织与海绵组织之分，因此单子叶植物的叶多为等面叶。叶肉细胞形状不一，呈长形、多边形、圆球形或不规则形，其壁向细胞腔内陷折叠，以扩大光合作用面积。

(3)叶脉　由于单子叶植物叶脉多属平行脉，因此横切面上每个脉均十分明显。叶脉的维管束鞘由外鞘和内鞘两层同心圆包围维管束，外鞘为薄壁细胞，内鞘为厚壁细胞，在维管束鞘的上下两端常有厚壁的机械组织连接。

【实验报告】

1. 绘制大叶黄杨叶构造的部分(包括主脉)图。
2. 绘制竹叶结构的部分图。

实验八　被子植物与裸子植物的有性生殖

【实验目的】

1. 观察花蕾横切面，了解花萼、花冠、雄蕊和雌蕊的排列方式。
2. 了解花药和子房的形态解剖特征及雌雄配子体的形成规律。
3. 了解大孢子叶球和小孢子叶球的构造与发育。

【实验器材】

油茶子房横切片、荠菜老胚切片、黄花横切片、百合花药切片、百合花粉装片、松雄球花和雌球花纵切片、松的花粉装片。

【实验步骤】

1. 被子植物花的组成

取黄花横切片，观察花萼、花冠、雄蕊和雌蕊的排列。

2. 花药的形态结构及花粉粒的发育形成

2.1　花药的形态结构

取百合花药横切面永久制片置于显微镜下观察(图 1-15)。

花药分为四室，即 4 个花粉囊，分为左右两半，中间以药隔相连。在药隔中央有一维管束。

(1)表皮细胞　药室最外面一层，表皮细胞之内为一层药室内壁(纤维层)，纤维层细胞发育到后期其细胞壁在垂周壁和内壁上出现不均匀的次生加厚条纹，这种结构有助于花粉囊的开裂。

(2)中间层　药室内壁里面的 3 层细胞，在花粉发育过程中，它被挤压破坏而消失，因此在成熟花药中看不到中间层。

(3)绒毡层　药室的最内层细胞。这层细胞比外层细胞大，原生质浓厚，液泡比较小，发育早期为单核，以后变成双核或多核。当花粉粒形成时，绒毡层解体，因此在成熟花药中看不到绒毡层。

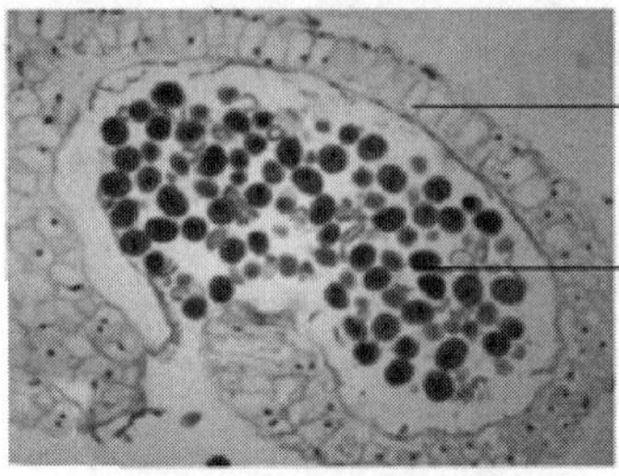

图 1-15　百合花药成熟的花粉粒

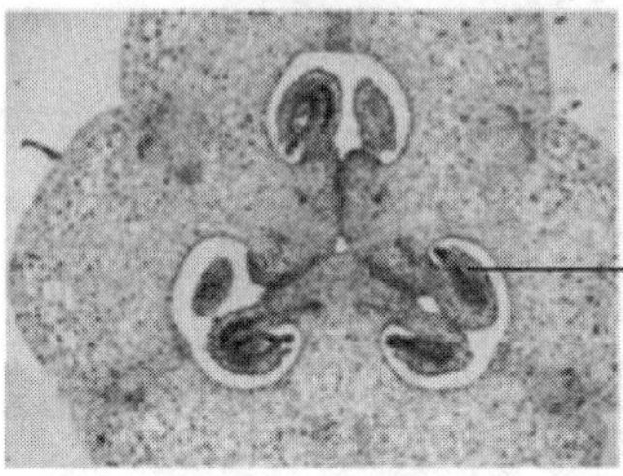

图 1-16　百合子房结构图

2.2　成熟的花粉粒形态

取百合花粉装片观察，可以看出二核花粉粒。

3. 子房的形态结构及胚囊的发育

3.1　子房的形态结构

取油茶子房横切片，从外至内观察，子房由子房壁、子房室、胚珠、胎座和维管束组成。

油茶的子房壁由内表皮、外表皮及两者之间大量的基本组织组成。基本组织内分布有维管束。油茶子房室内具倒生胚珠，在胚珠珠心内形成胚囊。油茶的胎座属中轴胎座。

3.2　胚囊的发育

通过对油茶子房横切面的观察，可以系统地看到雌配子体形成的过程：

①胚囊母细胞减数第一次分裂前期；

②胚囊母细胞减数分裂中期；

③减数分裂完全形成四分体；

④单核胚囊；

⑤二核胚囊；

⑥四核胚囊；

⑦八核胚囊（成熟胚囊）。

在观察八核胚囊时，应先掌握胚囊在子房室内的相对位置，珠孔朝向轴的中心，靠近珠孔的一端卵细胞居中，助细胞在卵细胞的两侧。靠近合点一端的 3 个细胞为反足细胞，在胚囊中部出现的两个细胞为极核。由于在切片过程中胚囊中的八个核不是都在一个平面上，因此很难在一个切片上恰好看到完整的八核胚囊，但可根据相对位置来确定胚囊的发育阶段。

4. 裸子植物大、小孢子叶球的构造与发育

4.1　大孢子叶球的构造

取松雌球花纵切片观察（图 1-17），在一条纵轴的两侧着生的叶状体为珠鳞，在珠鳞的背面托以小形的苞片；腹部的囊状物为胚珠，能看到胚珠各部分的结构，它由珠被、珠孔和珠心组成。

4.2　小孢子叶球的构造

取松雄球花（小孢子叶球）纵切片进行观察（图 1-18），在小孢子叶球轴的两侧片状体为小孢子叶，在其背面大的囊状物便是小孢子囊。囊内许多小孢子母细胞正处于减数分裂各时期。

为了识别雄配子体的形成，可取松花粉装片标本在高倍显微镜下观察，在一个花粉粒内能看到几个细胞。马尾松的花粉粒两侧具气囊，便于散粉用。

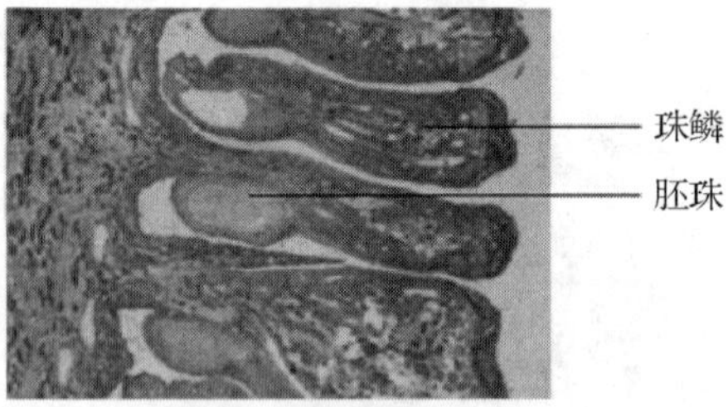

图 1-17　裸子植物雌球花

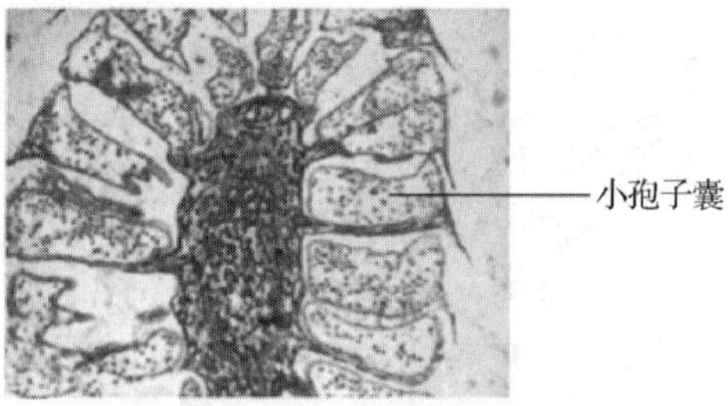

图 1-18　裸子植物雄球花

【实验报告】

1. 绘制百合子房的一部分结构图。
2. 绘制百合花药的一部分结构图。
3. 绘制裸子植物大孢子叶球纵剖面部分结构图。

实验九　果实的基本类型

【实验目的】

了解果实的结构，识别果实的主要类型。

【实验器材】

1. 材料

成熟果实：番茄、柑或橙、黄瓜、苹果、梨、桃或李、八角、向日葵、板栗、水稻、槭树、菜心或其他十字花科植物、草莓、番荔枝、桑、菠萝。

以上果实种类供参考，实际材料可根据季节及实验情况改变。

2. 器械

镊子、解剖针、放大镜、体视显微镜、手术剪刀。

【实验步骤】

取各种果实进行横切、纵切或用其他方法解剖观察，识别果实各部分的来源和结构特点，识别主要果实类型的特征。

1. 单果

单果是由一朵花的单雌蕊或复雌蕊的子房发育形成的果实。根据果皮及属物的质地不同，单果可分为肉质果和干果两类，每类再分为若干类型。

1.1　肉质果

(1)浆果　由单雌蕊或复雌蕊发育而成，外果皮多为膜质，中、内果皮均为肉质，多汁。

(2)核果　由单雌蕊或复雌蕊发育而成，外果皮薄，中果皮肉质肥厚，内果皮坚硬形成“核壳”，包围在1粒种子外面，形成果核。

(3)柑果　由复雌蕊具中轴胎座的多室子房发育而成，外果皮革质、有油囊，中果皮疏松、有维管束，内果皮膜质、分隔成瓣，在内果皮内表面生有许多肉质多汁的毛囊。

(4)瓠果　是由3心皮1室的下位子房发育而成的假果，花托和外果皮组成坚硬的果壁，中、内果皮及胎座均肉质化。

(5)梨果　是由花筒和具中轴胎座的子房共同参与发育而成的假果，花筒形成的果壁肉质发达，占大部分，外、中果皮肉质化，不太发达，内果皮纸质或革质。

1.2　干果

成熟时果皮干燥，分为果皮开裂的裂果和果皮不开裂的闭果两类。

1.2.1　裂果

(1)荚果　由单雌蕊的子房发育而成，成熟后果皮沿背缝线和腹缝线两边开裂，少数不开裂而成节荚。

(2)蓇葖果 由离心皮雌蕊发育而成，成熟时背缝和腹缝线一边开裂。角果：由 2 心皮的复雌蕊发育而成，成熟时沿背缝或腹缝线两边开裂，少数不开裂而成节荚。

(3)蒴果 复雌蕊子房发育而成，成熟时以各种方式开裂。

1.2.2 闭果

(1)瘦果 果实细小，内含 1 粒种子，果皮与种皮易分离。

(2)颖果 果实细小，内含 1 粒种子，果皮与种子愈合不易分离。

(3)坚果 果皮坚硬，内含 1 粒种子。

(4)翅果 果皮延伸成翅状。

(5)分果 由复雌蕊具中轴胎座的子房发育而成，成熟后各心皮沿中轴分离，但各心皮不开裂，各含 1 粒种子。

2. 聚合果

由 1 朵花的离心皮雌蕊群发育而成，许多小果集生在膨大的花托上。根据小果的果皮质地不同，可分为不同类型。

3. 聚花果

由 1 个花序发育形成(一般为肉穗花序)，花序内的小花无花柄，着生在花序轴上，花序轴往往肉质化膨大。

【实验报告】

把观察结果按下列表格形式完成实验报告(表 1-1)。

表 1-1 果实的主要类型

植物种类	果实类型		主 要 特 征	真果或假果
	肉质果	干果		
番茄	浆果		2 心皮，上位子房发育形成，成熟时中、内果皮及胎座均肉质化，肥厚多汁	真果

实验十　种子结构及萌发

【实验目的】

1. 掌握种子的基本形态结构和类型。
2. 学习种子萌发的方法，了解种子萌发形成幼苗的过程和幼苗类型。
3. 了解根尖外部形态，掌握根尖各分区的内部结构。

【实验器材】

显微镜、培养皿、刀片、镊子、解剖针、载玻片、盖玻片、碘—碘化钾溶液、1%番红染液、擦镜纸；菜豆种子、蓖麻种子、水稻或玉米的种子切片、玉米或水稻根尖纵切片。

【实验步骤】

1. 种子的结构和类型

种子是种子植物的繁殖器官，由种皮、胚和胚乳三部分组成。其中最重要的部分是胚，它由胚芽、胚轴、胚根及子叶四部分组成。种子植物器官的形成总是由种子在一定条件下萌发开始的，因此要了解植物器官的形成，必须首先了解种子的结构和种子萌发的过程。

(1)双子叶无胚乳种子的形态结构　可选用菜豆种子作为材料，于实验前2~3d将种子浸泡于清水中，让其充分吸胀与软化，以利于种子的解剖观察。

(2)双子叶有胚乳种子的形态结构　可选用蓖麻种子作为实验材料。

(3)单子叶植物有胚乳种子的形态结构　选用玉米和水稻籽粒作为材料，于实验前2~3d置于清水中浸泡。这些籽粒从形态发生来看，是由子房发育而来的，应为果实。它的果皮薄，和种皮愈合在一起不易分开，内含1粒种子。在种子纵切面上，可见种皮以内为胚乳，胚位于种子基部一侧(水稻)或下端基部胚乳中(玉米)。

2. 种子的萌发

2.1　实验材料的准备

准备健全及具有发芽能力的种子(已度过休眠期)。此外，种子萌发还需要充足的水分、适当的温度和氧气。

2.2　材料处理

学生以小组为单位在实验前1周，将要观察的玉米、菜豆、水稻的种子挑选后浸泡2~3d，使其充分吸胀，然后插入土壤松软的花盆中，并浇入适当的水。学生每天轮流进行观察和记载。

2.3　观察记录

观察不同种子的萌发过程和萌芽时的出土类型，记录种子的发芽率、发芽势、发芽指数等参数。

3. 根尖外部形态及分区内部结构观察

根是植物的营养器官之一，有固着植物体、吸收、输导等功能，而根的生长、吸收等靠根尖来完成。

3.1　根的外部形态

(1) 材料的培养　在实验前 5～7d 将水稻吸胀，置于垫有潮湿滤纸的培养皿内并加盖，以维持一定的湿度。然后将培养皿放在恒温箱中，温度保持 20～25℃，待幼根长到 2～3 cm 时即可作为实验观察材料。

(2) 根外部形态的观察　将根尖放在体视显微镜下，观察从根毛区到根最尖端的部分，包括根冠、分生区、伸长区、根毛区。

3.2　根的内部结构观察

观察玉米或水稻根纵切片，观察根尖各组成部分的细胞形状。

【思考题】

1. 什么是种子？种子基本结构由哪些部分组成？各有什么功能？
2. 根尖可分为几个区？各区细胞的结构特点和生理功能有什么不同？
3. 绘制根尖分区轮廓图，并标出各部分的名称。
4. 以菜豆种子和玉米种子为例，比较双子叶植物和单子叶禾本科植物种子结构的异同。
5. 统计玉米、菜豆、水稻等种子的发芽参数，以表格形式记录，并对结果进行总结与讨论。

实验十一　种子植物的形态描述

【实验目的】

1. 掌握种子植物形态观察和描述的基本方法。
2. 熟悉观察植物的基本步骤。
3. 熟悉种子植物形态描述的基本术语。

【实验器材】

1. 材料

已制好的种子植物标本，或有花、果的新鲜植物标本。

2. 器械

放大镜、体视显微镜、尖头镊子、解剖针、刀片、铅笔。

【实验步骤】

对照植物学教材中形态描述有关的内容，取上述植物标本，按下列步骤观察、记录和绘图。

1. 对所描述的植物进行认真细致的系统观察，做好记录并绘制有关结构图

（1）首先根据植物茎的性质　确定植物是属于草本植物、木本植物还是其他类型。

（2）在确定植物的类型后　从根开始观察，判断根系属于直根系还是须根系，以及根是否有变态类型，如有的话，还须区分是哪类变态。

（3）观察茎的生长习性　判断茎属于直立茎、平卧茎、缠绕茎、攀缘茎、匍匐茎中的哪一类；再观察茎是否有变态类型，如有的话，还须区分是哪类变态。

（4）观察叶　首先判断是单叶还是复叶，如为复叶则需判断复叶的类型；再依次从叶序、托叶、叶形、叶尖、叶基、叶缘、叶裂形状、脉序等对叶进行形态描述，再观察叶是否有变态类型，如有的话，还须区分是哪一类变态。

（5）观察花　单生花可直接观察，花序则需先判断其类型。一朵花的组成，应由外向内逐层进行解剖（必要时借助放大镜或体视显微镜）观察。在解剖花的同时，还要注意各组成部分在花中的排列位置及相互关系。

①花萼：先看萼片是否结合，然后记录萼片的数目，再描述萼片的颜色、形状及附属物等。

②花冠：剥去花萼，观察花冠的形态、是否结合，然后记录花瓣的数目，再描述花瓣的颜色、形状及附属物等。同时还要观察花蕾，看花瓣在花芽中的排列方式。

③雄蕊：剥去花瓣，观察花药之间是否结合、花丝之间是否结合，然后记录雄蕊的数目，再观察其排列方式及长短，同时观察花药的着生方式和开裂方式等。

④雌蕊：剥去雄蕊，观察并记录雌蕊的数目，判断雌蕊的类型；然后观察子房和花托的关系，判断子房位置的类型，再通过柱头、花柱和子房的外部形态及解剖结构等的观察，判断组成雌蕊的心皮数目、心皮结合情况、子房室的数目、胎座的类型以及胚珠类型等。

（6）观察果实　先通过果皮及其附属部分成熟时的质地和结构来判断果实的类型，再观察记载果实的形状、大小、颜色、毛被以及表面附属物的特征等。

（7）观察种子　可通过纵剖面和横剖面观察种子的结构组成特点。

2. 用科学的形态术语对所观察的植物体进行归纳和总结

对一种植物的完整描述，其顺序大体上按照植物的习性、根、茎、叶、花序、花、果实、种子、花期、产地、生境、分布和用途等以文字进行描述。以下以牵牛的描述作为示例：

牵牛 *Pharbitis nil*（L.）Choisy

一年生草本，全株有刺毛。茎细长，缠绕，有分枝。单叶，互生，无托叶，叶片心形，通常 3 裂至中部，中间裂片长卵圆形而渐尖，两端裂片底部宽圆，掌状叶脉。花序有花 1 ~ 3 朵；苞片 2，细长；花萼 5 裂，裂片狭披针形，外面有毛；花冠漏斗形，长 5 ~ 7cm，蓝色或淡紫色，管部白色；雄蕊 5，不伸出花冠外，花丝不等长、基部稍阔、有毛；心皮 3，子房 3 室，每室有 2 个胚珠；中轴胎座。蒴果球形，种子 5 ~ 6 颗，无毛。花期 7 月~9 月。

原产美洲，全国大部分地区有栽培，除供观赏外，主要供药用。种子有黑褐色和米黄色两种，中药称“黑丑”和“白丑”，富含牵牛苷成分，具泻下、利尿、消肿、驱虫等功效。

【思考题】

怎样判断一朵花的雌蕊是由多少个心皮组成的？

【实验报告】

系统观察并描述 1 份标本，绘制出所观察标本的花、果实的各组成部分形态图。

实验十二　不同生境下植物叶片形态结构的比较观察

【实验目的】

1. 了解植物叶片的形态结构是怎样适应不同生态环境的。
2. 熟悉徒手切片方法。

【实验器材】

1. 材料

不同生长环境条件下植物的叶片。

2. 实验试剂

番红。

3. 器械

放大镜、解剖镜、显微镜、尖头镊子、解剖针、刀片。

【实验步骤】

叶是植物的重要器官，具有光合作用和蒸腾作用两大生理功能。蒸腾作用是根系吸收水分的动力之一，植物根系吸收的矿物质主要随着蒸腾液流上升并转运到植物体的其他部位。另外，蒸腾作用也能降低叶片的表面温度，从而使叶在强烈的日光照射下，不至于因温度过度升高而受损伤。但蒸腾作用会消耗很多植物体内的水分，因而植物根系吸收的水分和叶片蒸腾作用消耗的水分之间需达到一个等量的状态，即水分平衡状态。植物在长期的进化过程中，逐渐形成了防止水分过度散失的结构，如叶表面的角质层、密生茸毛、气孔下陷或形成气孔窝、叶片内储水组织发达等，都是保持水分、减少水分蒸腾的适应特征。植物生活于不同的生态环境中，其叶片的适应性结构不同，形态变化也较大。

1. 不同生境叶片的形态

观察不同生境植物叶片的形态，用放大镜或在解剖镜下仔细观察叶片的表面，画简图记录。

2. 不同生境叶片的结构

取上述植物的叶片，做徒手切片，制成临时装片在显微镜下观察并绘图。根据观察结果完成表 1-2。

表 1-2　不同生境植物叶片形态结构比较

植物名称	叶形、大小	厚度、质地	气孔密度	表皮附属物	叶肉细胞	栅栏组织	海绵组织	生长环境

【思考题】

同样是水生植物，沉水植物、浮水植物、挺水植物的叶片结构是否相似，为什么？

【实验报告】

论述植物叶片对不同环境适应的形态结构特点。

实验十三　不同植物茎形态结构的比较观察

【实验目的】

1. 掌握木本植物与草本植物茎的形态结构的异同。
2. 了解植物茎的形态结构是如何适应不同生态环境的。

【实验器材】

1. 材料

生长于陆地和水中的空心莲子草的茎、一串红等唇形花科植物的茎、芹菜等伞形花科植物的茎、木本植物的幼枝及二年生（三年生）的枝条、不同生长环境下草本植物的茎。

2. 实验试剂

番红。

3. 器械

放大镜、解剖镜、显微镜、尖头镊子、解剖针、刀片。

【实验步骤】

茎是植物重要的营养器官，主要起输导和支持作用。茎是植物体物质运输的主要通道。

根从土壤中吸收的水和无机盐通过茎输送到地上各部分，同时茎将叶制造的有机物传输到根和植物体其他部分，供植物利用或贮藏。茎支持着叶和枝条，使它们有规律地分布，以获得充分的阳光和空气，进行光合作用，并使花、果实处于适当的位置，以利于传粉以及果实、种子的生长。在长期进化过程中，植物逐渐形成导管、管胞、筛管与伴胞、筛胞等输导组织，在被子植物中还出现了机械组织以利于更好地执行支持功能。由于植物生长的环境不同，茎的适应性结构也有所不同，形态也有所变化。

1. 木本植物与草本植物茎的形态结构观察

观察不同的木本和草本植物茎的形态，并制作临时装片观察其结构，比较其异同并记录。

2. 不同植物茎的形态变化

观察一串红等唇形花科植物和芹菜等伞形花科植物，注意它们的茎的形态与其他常见植物相比有什么不同。制作临时装片观察其结构，注意它们的茎的结构与其他常见植物相比有什么不同。思考这些变化有什么适应意义。

3. 同种植物不同生境条件下的形态结构比较

制作水生、陆生环境下空心莲子草茎的临时装片，观察它们的结构，注意它们的异同点，思考这些不同有何适应意义。

【思考题】

同一种植物生长在不同的环境条件下，茎的形态结构有什么变化？这些变化有什么适应意义？

【实验报告】

1. 比较木本双子叶植物与草本双子叶植物茎形态结构的异同。
2. 比较草本双子叶植物与单子叶植物茎形态结构的异同。

实验十四 被子植物常见代表科的观察

【实验目的】

1. 通过代表植物的观察，了解被子植物不同类型的形态特征、结构以及生活史特点，进而了解其在植物界进化过程中所处的位置。

2. 识别被子植物的常见种类，学习观察和鉴定被子植物的基本方法，了解其经济利用价值。

【实验器材】

1. 材料

下列被子植物的新鲜标本，尽量带花、果等，可根据实际情况改变。

(1)荷花玉兰(*Magnolia grandiflora* Lima)、含笑[*M. figo*(Lour.)Spreng.]等木兰科植物。

(2)荠菜(*Capsella bursa-pastoris* Medik)、蔊菜(*Rorippa indica* Hiem.)、油菜(*Brassica campestris* Linn.)等十字花科植物。

(3)南瓜[*Cucurbita moschata*(Duch.)Poir.]、黄瓜(*Cucumis sativus* Linn.)等葫芦科植物。

(4)山茶(*Camellia japonica* Linn.)、油茶(*C. oleifera* Abel.)、茶[*C. sinensis* (Linn.) O. Ktze.]等山茶科植物。

(5)木槿(*Hibiscus syriacus* L.)等锦葵科植物。

(6)月季(*Rosa chinensis* Jacq.)、榆叶梅(*Amygdalus triloba* Lindl.)等蔷薇科植物。

(7)刺槐(*Robinia pseudoacacia* L.)、槐树(*Sorphora japonica* L.)等蝶形花科植物。

(8)柚(*Citrus maxima* Metrr.)、柑橘(*C. reticulata* Blance)等芸香科植物。

(9)番茄(*Lycopersicon esculentum* Mill.)、白英(*Solanum lyratum* Thunb.)等茄科植物。

(10)菊芋(*Helianthus tuberosus* L.)、向日葵(*H. annuus* Linn.)、黄鹌菜[*Youngia japonica* (Linn)DC.]、野苦荬(*Sonchus arvensis* Linn.)等菊科植物。

(11)牵牛花(*I. nil* Roth.)、甘薯[*I. batatas*(L.)Lam.]等旋花科植物。

(12)百合(*Lilium brownii* var. *viridulum* Bak.)等百合科植物。

(13)水仙(*Narcissus tazetta* L. var. *chinensis* Roem.)、君子兰(*Clivia miniata* Regel)等石蒜科植物。

(14)水稻(*Oryza sativa* Linn.)等禾本科植物。

(15)香附子(*Cyperus rotundus* Linn.)等莎草科植物。

2. 器械

体视显微镜、解剖针等。

【实验步骤】

1. 双子叶植物纲

1.1　离瓣花植物

1.1.1　木兰科(Magnoliaceae)

观察含笑植物：常绿小乔木，叶倒卵形或倒卵状椭圆形，叶柄较短，有托叶，托叶脱落后茎上留有托叶环痕，此为木兰科主要识别特征之一；花梗细长，花被片质厚带肉质，淡黄色，边缘染有紫色；雄蕊多数，分离，心皮多数，分离；聚合果，无毛。

1.1.2　十字花科(Cruciferae)

取荠菜、蔊菜、油菜植株观察：1 年生草本植物；总状花序，花两性，花萼 4，花瓣 4，十字形排列；雄蕊 6(4 长 +2 短)，特称为 4 强雄蕊；子房上位，2 心皮构成侧膜胎座，中间有假隔膜。荠菜的果实为短角果，蔊菜、油菜的果实为长角果。

1.1.3　葫芦科(Cucurbitaceae)

取南瓜和黄瓜等具花果的葫芦科植物体观察：草质藤本，有卷须，叶互生，掌状分裂；花单性，萼片、花瓣各 5 片，合瓣或离瓣；雄蕊 5，花药折叠；子房下位，3 心皮合生，侧膜胎座，胚珠多数，瓠果。

1.1.4　茶科(Theaceae)

取油茶、山茶、茶等带花枝条观察：木本，单叶革质，常绿，无托叶；萼片、花瓣各 5

片，雄蕊多数；蒴果。

1.1.5 锦葵科(Malvaceae)

取木槿植物观察：木本，叶互生，叶片3裂，无毛，基出3大脉，具不规则锐齿；花粉红色或白色，单生，具副萼5片，全缘，花萼5齿裂；单体雄蕊，花丝合生成筒状着生于花冠基部，包被着子房和花柱；心皮5，花柱分枝5，中轴胎座；蒴果。

1.1.6 蔷薇科(Rosaceae)

取月季带花枝条观察：枝有皮刺，羽状复叶互生，具托叶；周位花，花部5基数；雄蕊多数，离生，心皮多数，离生，着生于凹陷的壶状花托上；子房上位；聚合瘦果。

比较蔷薇科的4个亚科的植物，观察花萼、花瓣、雄蕊、雌蕊的数目，雄蕊着生的部位，心皮的数目，分离还是结合，子房上位还是下位，比较花托的类型。

1.1.7 蝶形花科(Fabaceae，Papilionaceae)

取刺槐带花的枝条观察：叶为一回羽状复叶，托叶变态为刺，叶枕发达；花两侧对称，蝶形花冠，花瓣下降覆瓦状排列，二体雄蕊(9枚合生，1枚单生)，子房上位；荚果。

比较豆目三科的其他植物，即含羞草科、云实科和蝶形花科。常见的代表种各取：含羞草、紫荆、花生等，比较观察它们的异同。

1.1.8 芸香科(Rutaceae)

取柑橘具花枝条及果实观察：常绿小乔木或灌木，枝通常有刺，单身复叶(芸香科特有)，革质，互生，叶柄有狭翅，有透明腺点，含挥发油；花小，白色；子房上位，8~14室合生，雄蕊基部常合生成多束，果实为柑果。

1.2 合瓣花植物

1.2.1 茄科(Solanaceae)

取番茄或白英具花的枝条及果实观察：叶互生，无托叶；花两性，整齐，辐射对称，常单生、簇生或顶生聚伞花序，花萼钟状，具5齿裂；宿存，常于开花后增大，花冠轮状，连合具5浅裂，雄蕊5，着生于花冠基部，与花冠裂片同数互生；子房上位，2心皮组成，2室，或为假隔膜隔成3~5室，中轴胎座，胚珠多数，浆果。

1.2.2 旋花科(Convolvulaceae)

取牵牛花或甘薯植株观察：草本，茎蔓生或缠绕，具乳汁；叶互生，单叶，偶复叶，无托叶，花整齐，常两性，5基数，花单生叶腋或聚伞花序腋生；花冠为漏斗状；雄蕊和花柱内藏，解剖开花冠，可见有5枚雄蕊着生于花冠管基部；子房上位；蒴果。

1.2.3 菊科(Compositae，Asteraceae)

(1)管状花亚科植物的观察 取向日葵或菊芋的植株和头状花序观察：草本，全株具硬毛，叶下部常对生，上部的互生，叶宽卵形，基部心形，外缘具齿，具3主脉；头状花序，单生，花序外面有多数苞片组成的总苞，花序边缘是舌状花，中央为管状花。各取1朵花解剖观察：舌状花为无性花，注意观察有无雌雄蕊和花瓣合生的痕迹；管状花，花瓣结合呈管状，4~5裂，雄蕊4~5个，着生在花冠上，花丝分离，花药合生，瘦果。

(2)舌状花亚科植物的观察 取黄鹌菜或野苦荬具花植物观察：草本，具乳汁；头状花序外有2层总苞，花序中所有花为两性舌状花，有5个裂瓣；雄蕊花药连合，雌蕊柱头2裂，子房下位；瘦果具长喙，生一丛细长的冠毛。

2. 单子叶植物纲

一般单子叶植物主根不发达，常为须根系，茎内维管束散生或轮状排列，无形成层，只有初生组织；叶脉常为平行脉或弧形脉；花各部常为 3 基数；种子的胚中常具 1 枚顶生子叶（或盾片）。

2.1　百合科（Liliaceae）

取百合带花植株观察：多年生草本，具鳞茎，茎直立；叶椭圆状披针形，互生；花大，白色，下垂，花被 2 层各 3 片，均呈花瓣状；雄蕊 6 枚，排列两轮；子房上位，3 心皮，3 室，中轴胎座；蒴果。

2.2　石蒜科（Amaryllidaceae）

取水仙或君子兰植株观察：多年生草本，常具鳞茎或根状茎，叶细长，基出；花两性，常成伞形花序，生于花茎顶上，下有膜质苞片 1 至数枚成总苞，花被花瓣状，裂片 6，分为 2 轮；花丝分离或连合成筒；子房下位，3 心皮，3 室，中轴胎座，蒴果。

注意比较百合科与石蒜科的主要区别。

2.3　禾本科（Liliaceae）

取水稻植株观察：1 年生草本；茎秆具节与节间，注意茎上的叶片及叶鞘、叶舌、叶耳的形状。水稻的花适应风媒传粉，花被极度退化，圆锥花序，小穗具柄，每一小穗含 3 朵小花，只有 1 朵花发育，颖片退化，只有残留的痕迹。在小穗基部可看到 2 个鳞片状的外稃，它是 2 朵退化花的外稃，其他部分均已退化。发育花的外稃大而硬，成船形，外稃和内稃间有 2 个浆片，含 6 枚雄蕊，1 个雌蕊（具 2 个羽毛状柱头）；颖果。

2.4　莎草科（Cyperaceae）

取香附子植物观察：多年生草本，有细长的根状茎和椭圆形、坚硬、黑褐色的块茎（入药）。茎为三棱形、实心、无节，叶三列互生于茎的基部，叶鞘闭合，长侧枝聚伞花序，基部有数片叶状总苞片。取 1 个小穗，在体视显微镜下观察，可见许多颖片排在小穗的两侧，颖片红褐色，每片颖片腋内有 1 朵两性花。仔细观察花的组成部分：花被退化，花内无浆片，雄蕊 3 枚，雌蕊柱头 3 裂，子房上位，果为小坚果。

注意比较莎草科与禾本科的主要区别。

【实验报告】

1. 绘图说明水稻小穗及花的基本结构。
2. 用花图式说明苏木科与蝶形花科的花冠的主要区别。
3. 比较百合科与石蒜科、禾本科与莎草科的主要区别。

第 2 篇

动物学实验

实验一 动物组织的制片及观察

【实验目的】

1. 掌握动物组织平铺片等临时装片和涂片的一般制作方法。
2. 掌握动物 4 类基本组织的结构特点及结构与机能的密切关系。

【实验内容】

制备和观察蛙的肠系膜平铺片、肌肉组织分离片、血涂片；制片观察、示范、演示动物 4 类组织的玻片标本。

【实验器材】

1. 材料

活蛙，蝗虫浸泡标本，动物各组织的玻片标本，多媒体教学软件。

2. 药品

0.7% 生理盐水、1% 硝酸银溶液、甘油、香柏油、0.1% 亚甲基蓝、甲醇、姬姆萨染液、蒸馏水、乙醚。

3. 器械

显微镜、电脑、投影仪、屏幕、解剖器具、蜡盘、载玻片、染色缸、玻片架。

【实验步骤】

1. 制片与观察

1.1 单层扁平上皮

制作蛙的肠系膜平铺片　将活蛙置于放有乙醚棉球的倒置烧杯内，使之被麻醉致死。将蛙仰卧于蜡盘中，以大头针固定四肢。剪开腹部皮肤和腹壁，用镊子取下小肠处肠系膜少许，0.7% 生理盐水洗净后放于载玻片上，用解剖针挑开，展平晾干。加滴 1% 硝酸银溶液于肠系膜上将其覆盖，立即置于日光下 3～5min，或灯光下 10～15min。肠系膜变为浅褐色时，倾去载玻片上染液，用蒸馏水冲去残留染液，加入 1～2 滴甘油，盖上载玻片。

单层扁平上皮表面观 将上述制片置于显微镜下，观察肠系膜的间皮细胞和肠系膜内毛细血管的内皮细胞，均为单层上皮。先在低倍镜下观察标本最薄的部分，可见黄色或淡黄色背景下显现出黑色波形线，这是细胞间的边界。

高倍镜观察，可见细胞为多边形，细胞边缘锯齿状，相邻细胞彼此镶嵌。细胞核扁圆形，无色或淡黄，位于细胞中央。

1.2 肌肉组织

骨骼肌装片的制作与观察　用尖头镊子取蝗虫浸制标本胸部一小片肌肉，置于载玻片水滴中。用解剖针仔细分离肌纤维。用0.1%亚甲基蓝染色，加盖玻片后置于显微镜下观察。先在低倍镜下观察，可见骨骼肌为长条形肌纤维，纤维间有染色较淡的结缔组织。高倍镜下单个纤维呈圆柱形，表面有肌膜，肌膜内侧有许多染成蓝紫色的细胞核。缩小光圈，可见到纤维内有纵行细丝状肌原纤维，肌原纤维上有明暗相间的横纹，即明带、暗带。

观察猫骨骼肌横切片　先用低倍镜，再用高倍镜观察，可见肌纤维呈多边形或不规则圆形，外有肌膜，细胞核卵圆形，紧贴肌膜内侧。肌原纤维呈小红点状，在肌浆内排列不均匀，所以在横切面上呈现小区。

1.3　神经组织

取兔脊髓横切片观察。

(1)肉眼观察　切片中央为蝴蝶状灰质，中心一孔为中央管，灰质较狭一端为后脚，较宽为前脚。包围在灰质周围的颜色较淡部分为白质。

(2)低倍镜观察　将玻片置于显微镜下，灰质前脚移至视野中央，观察神经元。前脚内有许多较大突起细胞，即脊髓前脚运动神经元。神经元胞体上的突起包括树突和轴突，可根据轴突基部的轴丘处染色较浅来识别轴突。选择一个胞体较大、突起较多的神经元，移至视野中央。

(3)高倍镜观察　核大，呈囊泡状，居细胞中央，核内有染色较深的核仁。

1.4　血液组织

1.4.1　蛙血涂片标本制备

解剖蛙，剪开心包膜，暴露心脏，用注射器吸取血液，滴一滴在载玻片右端，注意血滴不要过大；将另一载玻片置于第一载玻片血滴左缘，稍向右移，接触血滴，使血液散布在两玻片之间。将推片以45°角迅速向左推进，使玻片上留下均匀血膜。摇动涂有血膜的玻片，使之尽快干燥。晾干后的血涂片放入盛有甲醇的染色缸，固定3~5min。将固定的血涂片平放与玻片架上，滴加姬姆萨染液8~10滴，染色15~30 min。然后在染色玻片一端用自来水细流冲去染液，斜立血涂片于空气中，晾干后置于显微镜下观察。

1.4.2　人血涂片标本观察

(1)红细胞　数量最多，小而圆，无细胞核，中央部分着色淡。

(2)白细胞　慢慢移动标本，观察各种白细胞。数量比红细胞少，但胞体大，细胞核明显，易与红细胞区分。

(3)嗜酸性粒细胞　数量较少。较中性粒细胞略大，胞质中有大小一致的粗大圆形质粒。核紫色，分两叶。

(4)嗜碱性粒细胞　数量极少。胞质中分散着许多大小不等的深蓝紫色颗粒。核形状不定，圆形或分叶，也染成紫色，但染色略浅。

(5)淋巴细胞　数量较多，分中小型。小淋巴细胞核球形，占体积极大部分，染成深蓝紫色。胞质极少，只一薄层，呈淡蓝色。中淋巴细胞胞质比小淋巴细胞多，核圆形或卵圆形。

(6)单核细胞　数量少，为血液中最大的细胞。胞质淡灰蓝色，核多呈肾形或马蹄形，常在细胞一侧，着色比淋巴细胞核浅。

(7)血小板　形状不规则的细胞小体，周围部分为灰蓝色，中央有细小紫色颗粒，常聚集成群，分布于红细胞之间。高倍镜下只能看到成堆紫色颗粒，油镜下才能看见浅蓝色的胞质。

【思考题】

1. 绘制下图之一并注明图中各部分名称：单层扁平上皮、3 种肌肉组织、一个多极神经元。

2. 在组织切片标本上如何区别各种类型结缔组织和神经细胞？

3. 在血液细胞形态结构上，蛙、鸡与哺乳动物有什么不同？

4. 试述血液涂片的制作要点。

实验二　蛙的早期胚胎发育

【实验目的】

1. 通过观察，了解蛙胚在正常发育条件下，从受精卵到神经胚的发育过程中形态和内部结构的变化。

2. 了解脊椎动物早期胚胎发育各阶段形态构成的特点。

【实验内容】

1. 从受精卵到神经胚期蛙胚的外形观察。

2. 蛙神经胚横切面玻片标本的观察。

【实验器材】

1. 材料

从受精卵到神经胚期蛙胚的浸制标本、蛙神经胚各阶段的横切面玻片标本。

2. 器械

体视显微镜、显微镜、眼科镊、培养皿、凹玻片、滴管、细毛笔、滤纸、水。

【实验步骤】

1. 蛙胚外形观察

1.1　受精卵

用滴管取一受精卵于凹玻片中，置于体视显微镜下，用细毛笔拨动卵，以便观察（以下观察同此）。受精卵圆形，外裹胶膜，胶膜已吸水膨大。卵表面呈黑色的部分称动物半球，乳白色部分称植物半球。分别取各发育时期蛙胚放在滤纸上，用眼科镊轻轻滚动胚胎，以清除胚外胶膜，再移入培养皿内的水中，以备观察。

1.2　卵裂

用滴管分别取 2～32 细胞的蛙胚于凹玻片中，置于体视显微镜下观察蛙受精卵的卵裂过程。蛙的卵裂为不等全裂。第1次卵裂为经裂，首先在动物极出现一小凹，逐渐扩展成沟状，称卵裂沟，卵裂沟继续向植物极延伸，将受精卵分裂为大小相同的2个细胞(分裂球)。第2次仍为经裂，分裂面与第1次分裂面垂直，分成大小相同的4个分裂球。第3次卵裂为纬裂，分裂面位于赤道面上方，与前2次分裂面垂直，共分裂成上下8个分裂球。第4次分裂为经裂，由2个分裂面将8个分裂球分为16个分裂球。第5次分裂为纬裂，由2个分裂面将上、下2层8个分裂球分成4层，每层8个分裂球，共32个分裂球。

1.3　囊胚

第6次分裂后进入囊胚早期。分别取囊胚早期和晚期的蛙胚于凹玻片中，在体视显微镜下观察外形。注意动物半球细胞与植物半球细胞在大小、数目上的不同，比较囊胚和受精卵体积的大小。

1.4　原肠胚

分别取囊胚晚期、原肠早期、中期和晚期的蛙胚于凹玻片内，于体视显微镜下观察原肠作用中胚孔的形成过程。可见在囊胚晚期，胚胎在赤道下方内陷产生一弧形的浅沟，浅沟上方为一隆起的黑边，称为背唇。随着原肠早期蛙胚的发育，背唇向两侧扩大，形成环状的隆起，此两侧称为侧唇，侧唇向腹面继续延伸相遇形成腹唇。由背唇、侧唇、腹唇围成的环形孔称胚孔。在原肠晚期蛙胚表面可看到胚孔逐渐缩小，被乳白的卵黄细胞充塞，称为卵黄栓。

1.5　神经胚

分别取神经板期、神经褶期、神经管期蛙胚于凹玻片内，于体视显微镜下观察蛙胚整个胚体和胚孔前方背部的形态变化。

原肠期末，胚体保持球状。观察神经板期蛙胚，其胚体开始伸长，胚孔缩小，在胚孔前方背部细胞增厚，形成前宽后窄马蹄形的神经板。而神经褶期蛙胚神经板两侧缘细胞加厚隆起，向背方突出形成神经褶，两褶之间下陷形成神经沟。神经管期蛙胚体伸长，神经褶在背方向前伸长，同时向背中线合拢。

2. 蛙神经胚玻片标本的观察

2.1　神经板期蛙胚横切片观察

在低倍显微镜下，神经板期蛙胚横切面近似圆形。胚胎背中部的外胚层厚而平坦，此即神经板，神经板腹面中央是脊索。脊索两侧是中胚层，脊索腹面的腔为原肠腔。

2.2　神经褶期蛙胚横切片观察

神经板两侧细胞加厚向背方隆起，形成神经褶，中央下陷形成神经沟，其余部分与神经管期相似。

2.3　神经管期蛙胚横切片观察

胚胎背中央的管即神经管。神经管与其背方的外胚层表皮已分开。神经管腹面的实心细胞团是脊索，位于脊索两侧的是中胚层，两侧中胚层已出现空腔(体腔)。在脊索腹面的腔是原肠腔。

【思考题】

1. 根据实验观察，思考蛙胚原肠形成中胚胎细胞的运动情况。
2. 蛙胚的神经管是怎样形成?

实验三　蛔虫与环毛蚓的比较

【实验目的】

1. 学习解剖蠕虫的一般方法。
2. 通过蛔虫的解剖与观察，了解假体腔动物的一般特征。
3. 通过环毛蚓的解剖与观察，了解环节动物门的一般特征。
4. 通过对蛔虫与环毛蚓的比较，了解环节动物的进步性特征，以及动物形态、器官系统构造与机能逐渐演化发展和完善的进化过程。

【实验内容】

1. 观察蛔虫的外形内部解剖和横切面玻片标本。
2. 观察环毛蚓的外形内部解剖和横切面玻片标本。
3. 蛔虫和环毛蚓外形和内部结构的比较。

【实验器材】

1. 材料

猪蛔虫浸制标本及横切面玻片标本，环毛蚓浸制标本及横切面玻片标本。

2. 器械

放大镜、体视显微镜、解剖用具、蜡盘、大头针、载玻片、烧杯、滴管、清水。

【实验步骤】

两人一组，每人以一种材料为主进行操作。两人配合，边操作边交互观察比较。

1. 蛔虫的外形和内部构造

1.1　外形

取雌、雄蛔虫浸制标本，用清水冲洗、浸泡、除去药液后置蜡盘中，用肉眼和放大镜观察。虫体细长圆筒形，前端稍钝圆，后端稍尖；体表光滑，有许多细横纹。身体前端至后端有 4 条细长白线。前端中央有口，口周围有 3 片唇，背侧一片为背唇，其上有 2 个乳突，腹侧两片腹唇各有 1 个乳突。腹面前端距腹唇 2 mm 处有一排泄孔，但不易看清。雌雄异型。雌虫较粗大，后端不易弯曲，在近后端腹面 2 mm 处有一横裂肛门，体前端腹面三分之一处有缢陷，为雌性生殖孔。雄虫较小，后端向腹面弯曲，雄性生殖孔与肛门合一，称泄殖孔，常有两根交接刺从泄殖孔伸出。

1.2　内部解剖和观察

将蛔虫腹面向下置于蜡盘中。左手轻按虫体，右手用解剖针从虫体前端偏背中线处小心划开体壁直至体末端，镊子拉开两侧体壁，用大头针将体壁固定在蜡盘中，加清水没过虫体，用解剖针将虫体分离。

(1)消化系统　为一直管，口后接肌肉质咽，咽后为扁管状肠，肠后端为直肠，末端为肛门。

(2)生殖系统　雌雄异体，用解剖针分离消化系统周围的生殖系统，边分离边观察。

①雄虫：生殖器官为一细长管状结构。体中部近前端管的游离端细长弯曲部分为精巢，精巢延续为输精管，管后是膨大的贮精囊，贮精囊连细直射精管，射精管进入泄殖腔，由泄殖孔通体外。泄殖腔背方有一交接刺囊，内有一对交接刺。

②雌虫：生殖器官为 2 条细长的管。体中部后端管的游离端最细部分为卵巢，渐渐加粗而半透明的一段是输卵管，管后较粗大，呈白色部分是子宫。两子宫会合成一短阴道，阴道末端的生殖孔开口于体侧腹面三分之一处。

1.3　横切面玻片标本的观察

取蛔虫横切片，置于低倍镜下观察。

1.3.1　体壁

由角质层、表皮层、肌肉层组成。最外层为角质层，是一层无细胞结构的膜，其内侧是表皮层，细胞界限不分明，仅可见颗粒状细胞核及纵行纤维。表皮层向内增厚形成 4 条纵行体线，位于身体腹面与背面的两条为腹线和背线，其内侧膨大呈圆形，内含背神经和腹神经，腹神经比背神经粗。侧线位于体两侧，内侧各有一圆孔即排泄管。表皮层以内是肌肉层，较厚，被体线分为 4 个部分，每部分由纵肌细胞组成。细胞基部含横行细纤维，染色较深，为收缩部，有收缩机能；端部泡状，深入假体腔，成为原生质部。

1.3.2　肠

假体腔中横切面呈较大的扁圆形的管，管壁由单层柱状上皮细胞组成。

1.3.3　假体腔

为肠与体壁间的空隙，腔内除肠管外，充满生殖器官。雌虫假体腔中管径最小，形似车轮，中央有轴，细胞呈放射状排列的为卵巢；管径较粗，内有卵细胞的为输卵管；管径最粗，内有明显腔的是子宫。雄虫假体腔中染色较深，管径小的是精巢；染色较浅，管较粗，内有颗粒状精细胞的是输精管；管径大，有明显腔的是贮精囊。

2. 环毛蚓的外形和内部构造

取环毛蚓浸制标本，清水洗去药液，置蜡盘上，用肉眼和放大镜观察。

2.1　外形

身体圆长，由多体节组成，体节间有节间沟。除首尾两节，各节中部有一圈刚毛。身体分前后端、背腹面。性成熟个体有隆肿带一端为前端，前端第 I 节为围口节，腹面中央是口，环带位于第 XIV ~ XVI 节。体末端纵裂开口是肛门。背部颜色较暗，用手挤压会有液体从背部背孔流出。腹面 V ~ IX 节间沟两侧有 2 ~ 4 对横裂状受精囊孔，在环带的第 I 节腹中线有雌性生殖孔，第 XVIII 节腹面两侧各有一个雄性生殖孔。

2.2　内部解剖和观察

用剪刀沿身体背面中线偏右处剪开体壁，用镊子在身体前三分之一处掀开体壁，可见体表节间沟处有隔膜把体腔分为小室。将体壁向两侧展开，用大头针钉在蜡盘上。用清水没过环毛蚓，依次观察。

2.2.1 消化系统

体腔中间一条直管，从前至后依次为：口腔—II～III 节；咽—IV～V 节，梨形，肌肉发达；食道—VI～VIII 节，细长形；嗉囊—IX 节前部，不明显；砂囊—IX～X 节，球状或桶状；胃—XI～XIV 节内，细长管状；肠—XV 节后，直通肛门。

2.2.2 循环系统

闭管式，经福尔马林固定后血管呈黑紫色。观察主要部分：

①背血管：位于消化管背线的一条长血管。

②心脏：连接背腹血管的环血管，共4对，分别在第 VII、IX、XII、XIII 节内。

③腹血管：消化管腹面的一条略细的血管，从第 X 节起有分支到体壁。

④神经下血管：位于腹神经索下面的一条很细的血管。

⑤食道侧血管：位于体前端消化管两侧的一对较细的血管。

2.2.3 生殖系统

雌雄同体。

(1)雄性生殖器官

①精巢囊：2对，位于第 X、XI 节内，每囊内包含1个精巢和1个精漏斗。用解剖针戳破精巢囊，用水冲去囊内物，在体视显微镜下可见精巢囊前方内壁上有小白点状物，即精巢；囊内后方皱纹状的结构，即精漏斗，由此向后通出输精管。

②贮精囊：2对，位于第Ⅺ、Ⅻ节内，紧接在精巢囊之后，呈分叶状，大而明显。

③输精管：细线状，两侧的前后输精管各会合成1条，向后通到第 XⅧ节处，和前列腺管会合，由雄性生殖孔通出。

④前列腺：发达，呈大的分叶状，位于第 XVIII 节及其前后的几节内。

(2)雌性生殖器官　用体视显微镜和肉眼观察。

①卵巢：1对，在第Ⅻ节的前缘，紧贴于Ⅻ/XIII 节隔膜的后方，腹神经索的两侧，呈薄片状。

②卵漏斗：1对，位于Ⅻ/XⅣ 隔膜之前，腹神经索的两侧，呈喇叭状，后接输卵管。

③输卵管：1对，极短，穿过隔膜在第 XIV 节腹神经索腹侧汇合后，由雌孔通出。

④受精囊：2～4对，在Ⅵ/Ⅶ～Ⅷ/Ⅸ隔膜的前方或后方，每一受精囊由梨状坛、坛管和一盲管组成。坛管开口于受精囊孔，盲管末端为纳精囊。

2.2.4 神经系统

用解剖针和镊子小心剥除口腔和咽周围的肌肉后观察。

①脑：白色，在第Ⅲ节内，咽的背面，由双叶神经节构成。

②围咽神经：脑的两侧，绕过咽穿入腹侧。

③咽下神经节：两侧围咽神经在咽下方汇合处的神经节，可用镊子将咽向背后掀起再观察。

④腹神经索：链状，由咽下神经节从前向后通出，每体节内有一略膨大的神经节，每神经节发出神经分支到体壁和内脏器官。可将肠管移去后观察。

3. 横切面玻片标本的观察

3.1　体壁

体表为一薄层非细胞构造的角质膜，其内侧为表皮层，主要由单层柱状上皮细胞组成。表皮之内是体壁肌内层，可分为外层较薄的环肌和内层较厚的纵肌。紧贴于纵肌层之内的是由扁平细胞构成的壁体腔膜。有时可见到刚毛自体壁伸出体表。

3.2　肠

位于横切面中央。肠壁最内层由单层社状上皮组成，紧贴于肠上皮外的是肠壁肌肉层，可分为内环肌和外纵肌。肠壁最外层是一层脏体腔膜(黄色细胞)。若切片标本是环毛蚓自盲肠以后横切面，则可见肠壁背面下凹形成一槽，称盲道。

3.3　真体腔

为体壁和肠壁之间的腔，壁体腔膜和脏体腔膜即为真体腔的体腔膜。体腔内，在肠的背面有一背血管，腹面有一腹血管，腹血管下面有一神经索，神经索下面有一神经下血管。

【思考题】

1. 根据实验观察，列表比较蛔虫和环毛蚓在外形、体壁、消化管及体腔等结构上的异同点。

2. 根据蛔虫和环毛蚓的对比，说明无脊椎动物消化管结构和机能的演变，及其真体腔形成的关联。

3. 为什么说环节动物是高等无脊椎动物?

实验四　螯虾(或日本沼虾)和棉蝗的比较

【实验目的】

1. 了解节肢动物高度发展与广泛适应性的主要特征；甲壳类适应水生生活的主要特征；昆虫适应陆生生活的主要特征。

2. 通过螯虾与棉蝗的比较解剖，进一步认识动物体结构适应于其机能，动物与环境的统一及动物的整体性。

3. 学习虾类和一些昆虫的一般解剖方法。

【实验内容】

1. 螯虾(或日本沼虾)的外形观察和内部解剖。

2. 棉蝗的外形观察和内部解剖。

3. 螯虾(或日本沼虾)和棉蝗的比较解剖。

【实验器材】

1. 材料

雌、雄螯虾(或日本沼虾)和雌、雄棉蝗的新鲜浸制标本。

2. 器械

显微镜、放大镜、解剖器具、解剖盘、载玻片、盖玻片、培养皿、甘油、0.1% 亚甲基蓝、清水。

【实验步骤】

两人一组，每人以 1 种材料为主进行操作，两人配合，边操作边交互观察比较。

1. 螯虾(或日本沼虾)的外形观察和内部解剖

将浸制标本用清水冲洗、浸泡，除去药液后放入解剖盘内，进行以下实验。

1.1 外形

螯虾身体分为头胸部和腹部，体表被以坚硬的几丁质外骨骼，深红色或红黄色，随年龄而不同。

1.1.1 头胸部

由头部(6 节)与胸部(8 节)愈合而成，外被头胸甲，头胸甲约占体长的一半。头胸甲前部中央有一背腹扁的三角形突起，称额剑，其边缘有锯齿(日本沼虾的额剑侧扁，上下缘具齿)。头胸甲的近中部有一弧形横沟，称颈沟，为头部和胸部的分界线。颈沟以后，头胸甲两侧部分称鳃盖，鳃盖下方与体壁分离形成鳃腔。额剑两侧各有一个可自由转动的眼柄，其上着生复眼，用刀片将复眼削下一薄片，置载玻片上加甘油制成封片，于显微镜下观察其形状与构造。

1.1.2 腹部

螯虾的腹部短而背腹扁(日本沼虾的腹部长而侧扁)，体节明显为 6 节，其后还有尾节。各节的外骨骼可分为背面的背板、腹面的腹板及两侧下垂的侧板。观察体节间如何连接。尾节扁平，腹面正中有一纵裂缝，为肛门。

1.1.3 附肢

除第 1 体节和尾节无附肢外，螯虾共 19 对附肢，即每体节 1 对。除第 1 对触角是单枝型外，其他都是双枝型，但随着生部位和功能的不同而有不同的形态结构。

观察时，左手持虾，使其腹面向上。首先注意各附肢着生位置，然后右手持镊子，由身体后部向前依次将虾左侧附肢摘下，并按原来顺序排列在解剖盘或硬纸片上。摘取附肢时，用镊子钳住其基部，垂直拔下。如附肢粗大，可用剪刀剪开其基部与体壁的连接后再拔下，但要注意附肢的完整性，不能损伤内部器官。再用放大镜自前向后依次观察。

(1) 头部附肢 共 5 对。

①小触角：位于额剑下方。原肢 3 节，末端有 2 根短须状触鞭(日本沼虾小触角基部外缘有一明显的刺柄，外鞭内侧尚有一短小的附鞭)。触角基部背面有一凹陷容纳眼柄，凹陷内侧丛毛中有平衡囊。

②大触角：位于眼柄下方，原肢 2 节，基节的基部腹面有排泄孔。外肢呈片状，内肢成

一细长的触鞭。

③大颚：原肢坚硬，形成咀嚼器，分为扁而边缘有小齿的门齿部和齿面有小突起的臼齿部；内肢形成很小的大颚须，外肢消失。

④小颚：2对。原肢2节，薄片状，内缘具毛(日本沼虾原肢内缘具刺)。第1对小颚内肢呈小片状，外肢退化；第2对小颚内肢细小，外肢宽大叶片状，称颚舟叶。

(2) 胸部附肢　共8对，原肢均2节。

①颚足：3对。第1对颚足外肢基部大，末端细长，内肢细小。外肢基部有一薄片状肢鳃。第2、3对颚足内肢发达，分5节(日本沼虾第3对颚足内肢分3节)，屈指状，外肢细长。足基部都有羽状的鳃。3对颚足和头部附肢大颚、小颚参与虾口器的形成。

②步足：5对。内肢发达，分5节，即座节、长节、腕节、掌节和指节，外肢退化。前3对末端为钳状，第1对步足的钳特别强大，称螯足；其余2对步足末端呈爪状(日本沼虾前2对步足末端为钳状，其中第2对特别大，尤其是雄虾)。试分析各步足的功能。雄虾的第5对步足基部内侧各有1雄生殖孔，雌虾的第3对步足基部内侧各有1雌生殖孔。注意各足基部鳃的着生情况。

(3) 腹部附肢(腹肢)　共6对，第1~5对称腹肢，第6对称尾肢或尾足。

①腹肢：共5对，不发达，为游泳足。原肢2节。前2对腹肢，雌雄有别。雄虾第1对腹肢变成管状交接器，雌虾的退化；雌虾第2对腹肢细小，外肢退化(日本沼虾第1对腹肢的外肢大，内肢很短小；第2对腹肢的内肢有一短小棒状内附肢，雄虾在内附肢内侧有一指状突起的雄性附肢)。第3、4、5对腹肢形状相同，内、外肢细长而扁平，密生刚毛(日本沼虾的内、外肢呈片状，内肢具内附肢)。

②尾肢：1对。内外肢特别宽阔，呈片状，外肢比内肢大，有横沟分成2节(日本沼虾外肢外缘有1小刺)。尾肢与尾节构成尾扇。

1.2　内部结构

1.2.1　呼吸器官

用剪刀剪去螯虾头胸甲的右侧鳃盖，即可看到鳃。结合已摘下的左侧附肢上鳃的着生情况，在原位用镊子稍作分离，并观察鳃腔内着生在第2对颚足至第4对步足基部的足鳃、体壁与附肢间关节膜上的关节鳃和着生在第1对颚足基部的肢鳃。观察螯虾各种鳃的数目(日本沼虾第1、2对颚足各有1个肢鳃，自第2对颚足至第5对步足各有1个足鳃，共9对鳃)。

观察呼吸系统后，用镊子自头胸甲后缘至额剑处，仔细地将头胸甲与其下面的器官剥离，再用剪刀自头胸甲前部两侧到额剑后剪开并移去头胸甲。然后用剪刀自前向后，沿腹部两侧背板与侧板交界处剪开腹甲，用镊子略掀起背板，观察肌肉附着于外骨骼内的情况，最后小心地剥离背板和肌肉的联系，移去背板。

1.2.2　肌肉

呈束状并往往成对分布。用眼科镊取少许肌肉，参照实验三制片，置于显微镜下观察。

1.2.3　循环系统

为开管式，主要观察心脏和动脉。

(1)心脏　位于头胸部后端背侧的围心窦内，为半透明、多角形的肌肉囊，用镊子轻轻撕开围心膜即可见到。用放大镜观察，在心脏的背面、前侧面和腹面，各有1对心孔。也可在观察血管后，将心脏取下置于培养皿内的水中，再在放大镜下观察。

(2)动脉　细且透明。用镊子轻轻提起心脏，可见心脏发出 7 条血管。由心脏前行的动脉有 5 条，即：由心脏前端发出 1 条眼动脉，在眼动脉基部两侧发出 1 对触角动脉，在触角动脉外侧发出 1 对肝动脉。由心脏后端发出 1 条腹上动脉，在腹部背面，沿后肠(1 条贯穿整个腹部的略粗的管道)背方后行到腹部末端。在胸腹交接处，腹上动脉基部，心脏发出 1 条弯向胸部腹面的胸直动脉。剪去第 4、5 对步足处胸部左侧壁，用镊子将该处腹面肌肉轻轻向背方掀起，即可见到胸直动脉通到腹面，达神经索腹方后，再向前后分为 2 支，向前的 1 支为胸下动脉，向后的 1 支为腹下动脉。螯虾和棉蝗动脉的复杂程序是否相同?

1.2.4　生殖系统

虾为雌雄异体。摘除心脏，即可见到虾的生殖腺。

(1)雄性　精巢 1 对，位于围心窦腹面。白色，呈 3 叶状，前部分离为 2 叶，后部合并为 1 叶。每侧精巢发出 1 条细长的输精管，其末端开口于第 5 对步足基部内侧的雄生殖孔。

(2)雌性　卵巢 1 对，位于围心窦腹面，性成熟时为淡红色或淡绿色，浸制标本呈褐色。颗粒状，也分为 3 叶，前部 2 叶，后部 1 叶，其大小随发育时期不同而有很大差别。卵巢向两侧腹面发出 1 对短小的输卵管，其末端开口于第 3 对步足基部内侧的雌生殖孔。在第 4、5 对步足间的腹甲上，有一椭圆形突起，中有一纵行开口，内为空囊，即受精囊。

1.2.5　消化系统

用镊子轻轻移去生殖腺，可见其下方左右两侧各有 1 团淡黄色腺体，即为肝脏。剪去一侧肝脏，可见肠管前接囊状的胃。胃可分为位于体前端的壁薄的贲门胃(透过胃壁可看到胃内有深色食物)和其后较小、壁略厚的幽门胃。剪开胃壁，观察贲门胃内由 3 个钙齿组成的胃磨及幽门胃内刚毛着生的情况。

用镊子轻轻提起胃，可见贲门胃前腹方连有一短管，即食管，食管前端连接由口器包围的口腔。幽门胃后接中肠，中肠很短，1 对肝脏即位于其两侧，各以 1 条肝管与之相通。中肠之后即为贯穿整个腹部的后肠，后肠位于腹上动脉腹方，略粗(透过肠壁可见内有深色食物残渣)，以肛门开口于尾节腹面。

1.2.6　排泄系统

剪去胃和肝脏，在头部腹面大触角基部外骨骼内方，可见到 1 团扁圆形腺体即触角腺。这是成虾的排泄器官，生活时呈绿色，故又称绿腺，浸制标本常为乳白色，它以宽大而壁薄的膀胱伸出的短管开口于大触角基部腹面的排泄孔。

1.2.7　神经系统

除保留食管外，将其他内脏器官和肌肉全部除去，小心地沿中线剪开胸部底壁，便可看到身体腹面正中线处有 1 条白色索状物，即为虾的腹神经链，它由 2 条神经干愈合而成。用镊子在食管左右两侧小心地剥离，可找到 1 对白色的围食管神经。沿围食管神经向头端寻找，可见在食管之上，两眼之间有一较大的白色块状物，为食管上神经节或脑神经节。围食管神经绕到食管腹面与腹神经链连接处有一大白色结节，为食管下神经节。自食管下神经节，沿腹神经链向后端剥离，可见链上还有多个白色神经节。

2. 棉蝗的外形观察和内部解剖

将浸制标本用清水冲洗、浸泡，除去药液后置于解剖盘内。

2.1 外形

棉蝗一般体呈青绿色，浸制标本呈黄褐色。体表被有几丁质外骨骼。身体可明显分为头、胸、腹3个部分。雌雄异体，雄虫比雌虫小。

2.1.1 头部

位于身体最前端，卵圆形，外骨骼愈合成一坚硬的头壳。头壳的正前方为略呈梯形的额，额下连一长方形的唇基；额的上方为头顶；头的两侧部分为颊；头顶和颊之后为后头。头部具有下列器官：

(1) 眼 棉蝗具有1对复眼和3个单眼。

①复眼：椭圆形，棕褐色，较大，位于头顶左右两侧。用刀片自复眼表面切下一薄片，置载玻片上，加甘油制成封片，于显微镜下观察复眼组成。

②单眼：形小，黄色。1个在额的中央，2个分别在两复眼内侧上方，3个单眼排成1个倒“品”字形。

(2)触角 1对，位于额上部两复眼内侧，细长呈丝状，由柄节、梗节及鞭节组成，鞭节分许多亚节。

(3)口器 典型的咀嚼式口器。左手持蝗虫，使其腹面向上，拇指和食指将其头部夹稳，右手持镊子自前向后将口器各部分取下，摘取方法同螯虾(同时注意观察口器各部分着生的位置)，依次放在载玻片上，用放大镜观察其构造。

①上唇：1片，连于唇基下方，覆盖着大颚，可活动。上唇略呈长方形，其弧状下缘中央有一缺刻；外表面硬化，内表面柔软。

②大颚：为1对坚硬棕黑色的几丁质块，位于颊的下方，口的左右两侧，被上唇覆盖。两大颚相对的一面有齿，下部的齿长而尖，为切齿部；上部的齿粗糙宽大，为臼齿部。

③小颚：1对，位于大颚后方、下唇前方。小颚基部分为轴节和茎节，轴节连于头壳，其前端与茎节相连。茎节端部着生2个活动的薄片，外侧的呈匙状，为外颚叶，内侧的较硬，端部具齿，为内颚叶。茎节中部外侧还有1根细长具5节的小颚须。

④下唇：1片，位于小颚后方，成为口器的底板。下唇的基部称为后颏，后颏又分为前后2个骨片，后部的称亚颏，与头部相连，前部的称颏。颏前端连接能活动的前颏，前颏端部有1对瓣状的唇舌，两侧有1对具3节的下唇须。

⑤舌：位于大、小颚之间，为口前腔中央的1个近椭圆形的囊状物，表面有毛和细刺。

2.1.2 胸部

头部后方为胸部，胸部由3节组成，由前向后依次称前胸、中胸和后胸。每胸节有1对足，中、后胸背面各有1对翅。

(1)外骨骼 为坚硬的几丁质骨板，背部的称背板，腹面的称腹板，两侧的称侧板。

①背板：前胸背板发达，从两侧向下扩展成马鞍形，几乎盖住整个侧板，后缘中央伸至中胸的背面；其背面有3条横缝线向两侧下伸至两侧中部，背面中央隆起呈屋脊状。中、后胸背板较小，被两翅覆盖。用剪刀沿前胸背板第3横缝线剪去背板后部，将两翅拨向两侧，即可见中、后胸背板略呈长方形，表面有沟，将骨板划分为几块骨片。

②腹板：前胸腹板在两足间有一囊状突起，向后弯曲，指向中胸腹板，称前胸腹板突。中、后胸腹板合成1块，但明显可分；每腹板表面有沟，可将骨板分成若干骨片。

③侧板：前胸侧板位于背板下方前端，为1个三角形小骨片。中、后胸侧板发达，其表面均有1条斜行的侧沟，将侧板分为前后两部分。

胸部有2对气门，1对在前胸与中胸侧板间的薄膜上，另1对在中、后胸侧板间的中足基部的薄膜上。

(2) 附肢　胸部各节依次着生前足、中足和后足各1对。前、中足较小，为步行足；后足强大，为跳跃足。各足均由基节、转节、腿节、胫节、跗节、前跗节等6肢节构成。胫节后缘有2行细刺，末端还有数枚距。注意刺的排列形状与数目。跗节又分3节，第1节较长，有3个假分节，第2节很短，第3节较长，跗节腹面有4个跗垫。前跗节为1对爪，两爪间有一中垫。

(3)翅　2对。有暗色斑纹，各翅贯穿翅脉。前翅着生于中胸，革质，形长而狭，休息时覆盖在背上，称为覆翅。后翅着生于后胸，休息时折叠而藏于覆翅下面。将后翅展开，可见其宽大，膜质，薄而透明，翅脉明显，注意观察其脉相。

2.1.3　腹部

与胸部直接相连，由11个体节组成。

(1)外骨骼　几丁质外骨骼较柔软，只由背板和腹板组成，侧板退化为连接背、腹板的侧膜。雌、雄蝗虫第1~8腹节形态构造相似，在背板两侧下缘前方各有1个气门。在第1腹节气门后方各有1个大而呈椭圆形的膜状结构，称听器。第9、10节背板较狭，且相互愈合。第11节背板形成背面三角形的肛上板，盖着肛门。第10节背板的后缘、肛上板的左右两侧有1对小突起，即尾须，雄虫的尾须比雌虫大；两尾须下各有1个三角形的肛侧板。腹部末端还有外生殖器。

(2)外生殖器

①雌虫的产卵器：雌虫第9、10节无腹板，第8节腹板特别长，其后缘的剑状突起称导卵突起，导卵突起后有1对尖形的产卵腹瓣(下产卵瓣)；在背侧肛侧板后也有1对尖形的产卵瓣，为产卵背瓣(上产卵瓣)，产卵背瓣和腹瓣构成产卵器。

②雄虫的交配器：雄虫第9节腹板发达，向后延长并向上翘起形成匙状的下生殖板，将下生殖板向下压，可见内有一突起，即阴茎。

2.2　内部解剖

左手持蝗虫，使其背部向上，右手持剪刀剪去翅和足。从腹部末端尾须处开始，自后向前沿气门上方将左右两侧体壁剪开，剪至前胸背板前缘；再在虫体前后端两侧体壁已剪开的裂缝之间，剪开头部与前胸间的颈膜和腹部末端的背板。剪开体壁时，剪刀尖向上翘，以免损伤内脏。将蝗虫背面向上置于解剖盘中，用解剖针自前向后小心地将背壁与下方的内部器官分离，最后用镊子将完整的背壁取下。依次观察下列器官系统：

2.2.1　循环系统

为开管式。观察取下的背壁，可见腹部背壁内面中央线上有1条半透明的细长管状构造，即心脏。心脏按节有若干略膨大的部分，为心室。心脏前端连1细管，即大动脉。心脏两侧有扇形的翼状肌。

2.2.2　呼吸系统

自气门向体内，可见许多白色分枝的小管分布于内脏器官和肌肉中，即为气管；在内脏背面两侧还有许多膨大的气囊。气囊有何作用？用镊子撕取胸部肌肉少许，或剪取一段气管，放在载玻片上，加水制成水封片，置于显微镜下观察，可看到许多小管，其管壁内膜有几丁质螺旋纹。螺旋纹有何作用？昆虫所需氧气如何输送到组织细胞？为什么说昆虫的气管是动物界的一种高效呼吸器官？

2.2.3　生殖系统

棉蝗为雌雄异体异形，实验时可互换不同性别的标本进行观察。

（1）雄性生殖器官

①精巢：位于腹部消化管的背方，1 对，左右相连成一长椭圆形结构，仔细观察，可见由许多小管即精巢管组成。

②输精管和射精管：精巢腹面两侧向后伸出 1 对输精管，分离周围组织可看到，两管绕到消化管腹方汇合成 1 条射精管，射精管穿过下生殖板，开口于阴茎末端。

③副性腺和贮精囊：射精管前端两侧有一些迂曲细管，即副性腺。仔细将副性腺的细管拨散开，还可看到 1 对贮精囊，通入射精管基部。观察时可将消化管末段向背方略挑起以便寻找，但勿将消化管撕断。

（2）雌性生殖器官

①卵巢：位于腹部消化管的背方，1 对，由许多自中线斜向后方排列的卵巢管组成。

②卵萼和输卵管：卵巢两侧有 1 对略粗的纵行管，各卵巢管与之相连，此即卵萼，是产卵时暂时贮存卵粒的地方，卵萼后行为输卵管。沿输卵管走向分离周围组织，并将消化管末段向背方略挑起，可见两输卵管在身体后端绕到消化管腹方汇合成 1 条总输卵管，经生殖腔开口于产卵腹瓣之间的生殖孔。

③受精囊：自生殖腔背方伸出一弯曲小管，其末端形成一椭圆形囊，即受精囊。

④副性腺：为卵萼前端的一个弯曲的管状腺体。

2.2.4　消化系统

消化管可分为前肠、中肠和后肠。前肠之前有由口器包围而成的口前腔，口前腔之后是口。用镊子移去精巢或卵巢后进行观察。

①前肠：自咽至胃盲囊，包括口后一短肌肉质咽、咽后的食道、食道后膨大囊状的嗉囊和嗉囊后略细的前胃。

②中肠：又称胃，在与前胃交界处有 12 个呈指状突起的胃盲囊，6 个伸向前方，6 个伸向后方。

③后肠：包括与胃连接的回肠，回肠之后较细小、常弯曲的结肠和结肠后部较膨大的直肠。直肠末端开口于肛门，肛门在肛上板下面。

④唾液腺：1 对，位于胸部嗉囊腹面两侧，色淡，葡萄状，有 1 对导管前行，汇合后通入口前腔。

2.2.5　排泄器官

为马氏管，着生在中、后肠交界处。将虫体浸入培养皿内的水中，用放大镜观察，可见马氏管是许多细长的盲管，分布于血体腔中。比较螯虾和棉蝗的排泄器官的不同点。

2.2.6　神经系统

用剪刀剪开两复眼间头壳，剪去头顶和后头的头壳，保留复眼和触角；再用镊子小心地除去头壳内的肌肉，即可见到：

①脑：位于两复眼之间，为淡黄色块状物。

②围食道神经：为脑向后发出的 1 对神经，到食道两侧；用镊子将消化管前端轻轻挑起，可见围食道神经绕过食道后，各与食道下神经节相连。

除留小段食道外，将消化管除去；再除去腹隔和胸部肌肉，然后观察。

③腹神经链：为胸部和腹部腹板中央线处的白色神经索，由两股组成，在一定部位合并成神经节，并发出神经通向其他器官。

【思考题】

1. 通过实验，总结甲壳类具有哪些适应水生生活的形态结构和生理特征。
2. 通过实验，总结昆虫具有哪些适应陆生生活的形态结构和生理特征。
3. 根据实验观察，初步说明节肢动物为什么能成为动物界种类最多、分布最广的一类动物。
4. 总结实验，说明动物体的结构适应于其机能，及动物体的整体性。
5. 试述节肢动物附肢的多样性与其生活环境和生活方式的联系。

实验五 昆虫和其他节肢动物的分类

【实验目的】

1. 学习昆虫分类的基本知识，初步学会检索表的使用和制作方法。
2. 了解昆虫纲各重要目的主要特征，认识常见的代表种类及重要的经济昆虫。
3. 认识肢口纲、蛛形纲及多足纲的常见代表。

【实验内容】

1. 观察昆虫不同类型的口器、翅、足和触角。
2. 观察昆虫的变态类型。
3. 由教师指定数种昆虫，根据它们的形态特征，按检索表的顺序检索，鉴定它们属于哪个目。并记录此昆虫的形态特点。
4. 肢口纲、蛛形纲及多足纲代表动物示范。

【实验器材】

1. 材料

各种昆虫成虫的干制针插标本或浸制标本；部分卵块、幼虫和蛹的浸制标本；并在实验前根据教师指定的日期，到野外或在校园内采集数种昆虫，供鉴定昆虫练习用。

2. 器械

显微镜、解剖镜、放大镜、镊子、解剖针。

【实验步骤】

用检索表对昆虫进行分类之前，须了解昆虫常用的重要分类特征(如口器、翅、足和触角等)的基本构造及其变化情况，并通过仔细观察，才可对昆虫各特征所属类型作出正确判断。使用检索表时，应避免选错检索途径；检索到标本所属目之后，还必须与该目的特征进行全面对照，以确定检索结果是否正确。

1. 观察昆虫不同类型的口器

(1)咀嚼式　如蝗虫的口器。

(2)嚼吸式　如蜜蜂的口器，由以下几个部分组成。

①上唇：为一横薄片，内面着生刚毛。

②上颚：1 对，位于头的两侧，坚硬，齿状，适于咀嚼花粉颗粒。

③下颚：1 对，位于上颚的后方，由棒状的轴节、宽而长的基节及片状的外颚叶组成，并有一 5 节的下颚须。

④下唇：位于下颚的中央。有一三角形的亚颏和一粗大的颏部。颏部的两侧有 1 对 4 节的下唇须，颏部的端部有一多毛的长管，称中唇舌，其近基部有 1 对薄且凹成叶状的侧唇舌，端部还有一匙状的中舌瓣。

(3)刺吸式　如蚊的口器，各部分都延长为细针状。

①上唇：较大的 1 根口针，端部尖锐如利剑。

②上颚：最细的 2 根口针。

③下颚：1 对，由分 4 节的下颚须及由外颚叶变成的口针组成，口针端部尖锐，具齿。

④舌：1 根，较宽，细长而扁平。

⑤下唇：1 根，长而粗大，多毛，呈喙状，可围抱上述口针。

(4)舐吸式　如家蝇的口器。上下颚均退化，仅余 1 对棒状的下颚须；下唇特化为长的喙，喙端部膨大成 1 对具环沟的唇瓣。喙的背面基部着生一剑状上唇，其下紧贴一扁长的舌，两相闭合而成食物道。

(5)虹吸式　如蝶蛾类的口器。上颚及下唇退化，下颚形成长形卷曲的喙，中间有食物道。下颚须不发达，下唇须发达。

2. 观察昆虫不同类型的触角

(1)刚毛状触角　鞭节纤细似一根刚毛。如蜻蜓、蝉的触角。

(2)丝状触角　鞭节各节细长无特殊变化(如蝗虫)，或细长如丝，如蟋蟀的触角。

(3)念珠状触角　鞭节各节圆球状。如白蚁的触角。

(4)锯齿状触角　鞭节各节的端部有一短角突起，因而整个触角形似锯条。如芫菁的触角。

(5)栉齿状触角　鞭节各节的端部有一长形突起，因而整个触角呈栉(梳)状。如一些甲虫、蠼类雌虫的触角。

(6)乙羽状(双栉状)触角　鞭节各节端部两侧均有细长突起，因而整个触角形似羽毛。

如雄家蚕蛾的触角。

(7)膝状触角 鞭节与梗节之间弯曲成一角度。如蚂蚁、蜜蜂的触角。

(8)具芒触角 鞭节仅一节，肥大，其上着生有一根芒状刚毛。如蝇类的触角。

(9)环毛状触角 鞭节各节基部着生一圈刚毛。如雄蚊、摇蚊的触角。

(10)球杆状触角 鞭节末端数节逐渐稍稍膨大，似棒球杆。如蝶类的触角。

(11)锤状(头状)触角 鞭节末端数节突然膨大。如露尾虫、郭公虫的触角。

(12)鳃状触角 鞭节各节具一片状突起，各片重叠在一起时似鳃片。如金龟子的触角。

3. 观察昆虫不同类型的足

(1)步行足 各节都细长，适于步行。如蜚蠊的足。

(2)捕捉足 如螳螂的前足。基节长、大；腿节发达，腹缘有沟，沟两侧具成列的刺；胫节腹缘也具两列刺，适于捕捉与把握食物。

(3)开掘足 如蝼蛄的前足。各节粗短强壮；胫节扁平，端部有 4 个发达的齿。跗节 3 节，极小，着生在胫节外侧，呈齿状。

(4)游泳足 如松藻虫的后足。胫节和跗节都扁平呈桨状，边缘具成列的长毛，适于游泳。

(5)抱握足 如雄龙虱的前足。跗节分 5 节，前 3 节变宽，并列呈盘状，边缘有缘毛，每节有横走的吸盘多列；后两节很小，末端具 2 爪。

(6)携粉足 如蜜蜂的后足。各节均具长毛，胫节端部扁宽，外面光滑而凹陷，边缘有成列长毛，形成花粉篮；跗节分 5 节，第一节膨大，内侧具有数排横列的硬毛，可梳集黏着在体毛上的花粉；胫节与跗节相接处的缺口为压粉器。

(7)跳跃足 如蝗虫的后足。腿节膨大，胫节细长而多刺，适于跳跃。

(8)攀缘足 如虱的足。胫节腹面具一指状突，可与跗节和爪合抱以握持毛发或织物纤维。

4. 观察昆虫不同类型的翅

(1)膜翅 薄而透明，膜质，翅脉清晰可见。如蜂类的翅。

(2)革翅(有时又称复翅) 革质，稍厚而有弹性，半透明，翅脉仍可见。如蝗虫的前翅。

(3)鞘翅 角质，厚而坚硬，不透明，翅脉不可见。如金龟子的前翅。

(4)半鞘翅 基半部厚而硬，鞘质或革质，端半部膜质。如蝽类的前翅。

(5)平衡棒 后翅特化成棒状或匀状。如蚊、蝇的后翅。

(6)鳞翅 膜质，表面密被由毛特化而成的鳞片。如蛾、蝶的翅。

(7)缨翅 膜质，狭长，边缘着生成列缨状毛。如蓟马的翅。

(8)毛翅 膜质，表面密被刚毛。如石蚕蛾的翅。

5. 观察昆虫不同类型的变态(示范)

(1)无变态 如衣鱼的幼虫与成虫，除身体较小和性器官未成熟外，无其他大的差别。

(2)有变态

① 渐变态：如蝗虫。从幼虫生长发育到成虫，除翅逐渐成长和性器官逐渐成熟外，没有其他明显差别。这种幼虫称为若虫。生活史中没有蛹的阶段。

②半变态：如蜻蜓。幼虫在外形和生活习性上都与成虫不同：幼虫生活在水中，有临时

器官；成虫生活于陆地，临时器官消失。这种幼虫称稚虫。生活史中也无蛹期。

③ 完全变态：如蚕。幼虫与成虫各方面完全不同。在变成成虫前，要经过不食不动的蛹期。

6. 昆虫纲各目的检索

6.1 昆虫检索表的使用方法

在检索表中列有1、2、3……等数字，每一数字后都列有2条对立的特征描述。拿到要鉴定的昆虫后，从第1查起，2条对立特征中哪一条与所鉴定的昆虫一致，就按该条后面所指出的数字继续查下去，直到查出“目”为止。例如，若被鉴定的昆虫符合第1中“有翅”一条，此条后面指出数号是23，即再查第23；在第23中“有1对翅”与所鉴定的标本符合，就再按后面指出的数字24查下去；直到查到后面指出目的名称为止。

昆虫(成虫)分目检索表

1. 翅无，或极退化 …………………………………………………………………………… (2)
　翅2对或1对 ……………………………………………………………………………… (23)
2. 无足，幼虫状，头和胸愈合，内寄生于膜翅目、半翅目及直翅目等昆虫内，仅头胸部露出寄主腹节外 ……………………………………………………………………… 捻翅目(Strepsiptera)
　有足，头和胸部不愈合，不寄生于昆虫体内 ……………………………………………… (3)
3. 腹部除外生殖器和尾须外有其他附肢 ………………………………………………………… (4)
　腹部除外生殖器和尾须外无其他附肢 ………………………………………………………… (7)
4. 无触角；腹部12节，第1~3节各有1对短小的附肢 ………………………… 原尾目(Protura)
　有触角，腹部最多11 ……………………………………………………………………… (5)
5. 腹部最多6节，第1腹节具腹管，第3腹节有握弹器，第4腹节有一分叉的弹……… 弹尾目(Collembola)
　腹部多于6节，无上述附肢，但有成对的刺突或泡 ………………………………………… (6)
6. 有1对长而分节的尾须或坚硬不分节的尾铗，无复眼 ……………………… 双尾目(Diplura)
　除1对尾须外，还有1条长而分节的中尾丝，有复眼 ……………………… 缨尾目(Thysanura)
7. 口器咀嚼式 ……………………………………………………………………………… (8)
　口器刺吸式或舐吸式、虹吸式等 …………………………………………………………… (18)
8. 腹部末端有1对尾须或尾铗 ………………………………………………………………… (9)
　腹部无尾须 ……………………………………………………………………………… (15)
9. 尾须呈坚硬不分节的铗状 ……………………………………………… 革翅目(Dermaptera)
　尾须不呈铗状 ……………………………………………………………………………… (10)
10. 前足第1跗节特别膨大，能纺丝……………………………………………… 纺足目(Embidina)
　前足第1跗节不特别膨大，不能纺丝 ……………………………………………………… (11)
11. 前足捕捉足 …………………………………………………………………… 螳螂目(Mantodea)
　前足非捕捉足 ……………………………………………………………………………… (12)
12. 后足跳跃足 …………………………………………………………………… 直翅目(Orthoptera)
　后足非跳跃足 ……………………………………………………………………………… (13)
13. 体扁，卵圆形，前胸背板很大，常向前延伸盖住头部…………………………… 蜚蠊目 (Blattaria)
　体非卵圆形，头不为前胸背板所盖 ………………………………………………………… (14)
14. 体细长杆状……………………………………………………………………… 竹节虫目(Phasmida)
　体非杆状，社会性昆虫 ……………………………………………………………… 等翅目(Lsoptera)
15. 跗节3节以下 ……………………………………………………………………………… (16)

跗节 4～5 节 …………………………………………………………………………………………… (17)
16. 触角 3～5 节，寄生于鸟类或兽类体表 ………………………………………… 食毛目(Mallophaga)
触角 13～15 节，非寄生性…………………………………………………………………… 啮虫目(Corrodentia)
17. 腹部第 1 节并入后胸，第 1 节和第 2 节之间紧缩成柄状 ……………………… 膜翅目(Hymenoptera)
腹部第 1 节不并入后胸，第 1 节和第 2 节之间不紧缩为柄状 ………………… 鞘翅目（Coleoptera)
18. 体表密被鳞片，口器虹吸式……………………………………………………………… 鳞翅目(Lepidoptera)
体表无鳞片，口器刺吸式、舐吸式或退化 ………………………………………………………… (19)
19. 跗节 5 节 ……………………………………………………………………………………………… (20)
跗节最多 3 节 ………………………………………………………………………………………… (21)
20. 体侧扁(左右扁) …………………………………………………………………… 蚤目(Siphonaptera)
体不侧扁 ……………………………………………………………………………………… 双翅目(Diptera)
21. 跗节端部有能伸缩的泡，爪很小 …………………………………………………… 缨翅目(Thysanoptera)
跗节端部无能伸缩的泡 ……………………………………………………………………………… (22)
22. 足具 1 爪，适于攀附在毛发上，外寄生于哺乳动物……………………………………… 虱目(Anoplura)
足具 2 爪，如具 1 爪则寄生于植物上，极不活泼或固定不动，体呈球状、介壳状等，常被蜡质、胶质等分泌物 ………………………………………………………………………………… 同翅目(Homoptera)
23. 翅 1 对 ……………………………………………………………………………………………… (24)
翅 2 对 ……………………………………………………………………………………………… (32)
24. 前翅或后翅特化成平衡棒 ………………………………………………………………………… (25)
无平衡棒 ……………………………………………………………………………………………… (27)
25. 前翅形成平衡棒，后翅大…………………………………………………………… 捻翅目(Strepsiptera)
后翅形成平衡棒，前翅大 …………………………………………………………………………… (26)
26. 跗节 5 节 …………………………………………………………………………… 双翅目(Diptera)
跗节仅 1 节 ………………………………………………………………………… 同翅目(Homoptera)
27. 腹部末端有 1 对尾须 ……………………………………………………………………………… (28)
腹部无尾须 …………………………………………………………………………………………… (30)
28. 尾须细长而分节(或还有 1 条相似的中尾丝)，翅竖立背上 ……………………… 蜉蝣目(Ephemerida)
尾须不分节，多短小，翅平覆背上 ………………………………………………………………… (29)
29. 跗节 5 节，后足非跳跃足，体细长如杆或扁宽如叶……………………………… 竹节虫目(Phasmida)
跗节 4 节以下，后足为跳跃足 …………………………………………………… 直翅目(Orthoptera)
30. 前翅角质，口器咀嚼式 …………………………………………………………… 鞘翅目(Coleoptera)
翅为膜质，口器非咀嚼式 …………………………………………………………………………… (31)
31. 翅上有鳞片………………………………………………………………………… 鳞翅目(Lepidoptera)
翅上无鳞片 ………………………………………………………………………… 缨翅目(Thysanoptera)
32. 前翅全部或部分较厚，为角质或革质，后翅膜质 ………………………………………………… (33)
前翅与后翅均为膜质 ………………………………………………………………………………… (40)
33. 前翅基半部为角质或革质，端半部为膜质 ………………………………………… 半(异)翅目(Hemiptera)
前翅基部与端部质地相同，或某部分较厚但不如上述 ………………………………………………… (34)
34. 口器刺吸式 ………………………………………………………………………… 同翅目(Homoptera)
口器咀嚼式 …………………………………………………………………………………………… (35)
35. 前翅有翅脉 …………………………………………………………………………………………… (36)
前翅无明显翅脉 ……………………………………………………………………………………… (39)

36. 跗节 4 节以下，后足为跳跃足或前足为开掘足 …………………………………………… 直翅目(Orthoptera)
跗节 5 节，后足与前足不同上述 …………………………………………………………………… (37)
37. 前足捕捉足 ……………………………………………………………………………… 螳螂目(Mantodea)
前足非捕捉足 ………………………………………………………………………………………… (38)
38. 前胸背板很大，常盖住头的全部或大部分 ………………………………………………… 蜚蠊目(Blattaria)
前胸背板很小，头部外露，体似杆状或叶片状 ……………………………………… 竹节虫目(Phasmida)
39. 腹部末端有 1 对尾铗，前翅短小，不能盖住腹部中部 ……………………………… 革翅目(Dermaptera)
腹部末端无尾铗，前翅一般较长，至少盖住腹部大部分 ……………………………… 鞘翅目(Coleoptera)
40. 翅面全部或部分被有鳞片，口器虹吸式或退化 ………………………………………… 鳞翅目(Lepidoptera)
翅上无鳞片，口器非虹吸式 …………………………………………………………………………… (41)
41. 口器刺吸式 ……………………………………………………………………………………………… (42)
口器咀嚼式、嚼吸式或退化 …………………………………………………………………………… (44)
42. 下唇形成分节的喙，翅缘无长毛 ……………………………………………………………………… (43)
五分节的喙，翅极狭长，翅缘有缨状长毛 ………………………………………………… 缨翅目(Thysanoptera)
43. 喙自头的前方伸出 …………………………………………………………………… 半(异)翅目(Hemiptera)
喙自头的后方伸出 ………………………………………………………………………… 同翅目(Homoptera)
44. 触角极短小，刚毛状 ………………………………………………………………………………… (45)
触角长而显著，非刚毛状 ……………………………………………………………………………… (46)
45. 腹部末端有 1 对细长多节的尾须(或还有 1 条相似的中尾须)，后翅很小 ……………………………
……………………………………………………………………… 蜉蝣目(Ephemerida 或 Ephemeroptera)
尾须短而不分节，后翅与前翅大小相似 ……………………………………………………… 蜻蜓目(Odonata)
46. 头部向下延伸呈喙状 ……………………………………………………………………… 长翅目(Mecoptera)
头部不延长呈喙状 ……………………………………………………………………………………… (47)
47. 前足第 1 跗节特别膨大，能纺丝 ……………………………………………………… 纺足目(Embidina)
前足第 1 跗节不特别膨大，也不能纺丝 ………………………………………………………………… (48)
48. 前、后翅几乎相等，翅基部各有一条横的肩缝，翅易沿此缝脱落 ………………………… 等翅目(Lsoptera)
前、后翅无肩缝 ………………………………………………………………………………………… (49)
49. 后翅前缘有 1 排小的翅钩列，用以和前翅相连 ……………………………………… 膜翅目(Hymenoptera)
后翅前缘无翅钩列 ……………………………………………………………………………………… (50)
50. 跗节 2~3 节 …………………………………………………………………………………………… (51)
跗节 5 节 ……………………………………………………………………………………………… (52)
51. 前胸很大，腹端有 1 对尾须 ……………………………………………………………… 毛翅目(Plecoptera)
前胸很小如颈状，无尾须 …………………………………………………………………… 啮虫目(Corrodentia)
52. 翅面密被明显的毛，口器(上颚)退化 …………………………………………………… 毛翅目(Trichoptera)
翅面上无明显的毛，毛仅着生在翅脉与翅缘上，口器(上颚)发达 …………………………………… (53)
53. 后翅基部宽于前翅，有发达的臀区，休息时后翅臀区折起，头为前口式 ………… 广翅目 (Megaloptera)
后翅基部不宽于前翅，无发达的臀区，休息时也不折起，头为下口式 ……………………………… (54)
54. 头部长；前胸圆筒形，也很长，前足正常。雌虫有伸向后方的针状产卵器 ……… 蛇蛉目(Raphidiodea)
头部短；前胸一般不很长，如很长时则前足为捕捉足(似螳螂)。雌虫一般无针状产卵器；如有，则弯在背上向前伸 ……………………………………………………………………… 脉翅目(Neuroptera)

6.2　常见昆虫的识别

下面介绍常见昆虫各目主要识别特征及重要种类。

6.2.1　无翅亚纲(Apterygota)

原始无翅，无变态，腹部具有与运动有关的附肢。

(1)缨尾目　中、小型，体长而柔软，裸露或覆以鳞片。咀嚼式口器。触角长，丝状。腹部末端具 3 根细长尾丝。如石蛃、衣鱼。前者多生活于石块及落叶下面的潮湿环境中，后者常见于室内抽屉、衣箱或书籍堆中。

(2)弹尾目(Collembola)　微小型，体柔软。触角 4 节。腹部第 1、2、4 节上分别着生有黏管(腹管)、握弹器和弹器，能跳跃。如跳虫。

6.2.2　有翅亚纲(Pterygota)

通常有翅，有变态，腹部无运动附肢。

(1)直翅目　大或中型昆虫。头属下口式；口器为标准的咀嚼式；前翅狭长，革质；后翅宽大，膜质，能折叠藏于前翅下面；腹部常具尾须和产卵器；发音器和听器发达；发音以左右翅相摩擦或以后足腿节内侧刮擦前翅而成；渐变态。蝗虫、蝼蛄、油葫芦和中华蚱蜢等。

(2)蜚蠊目　咀嚼式口器，复眼发达，触角丝状；翅 2 对，也有的不具翅，前翅革质，后翅膜质，静止时平叠于腹上；足适于疾走；渐变态。如各种蜚蠊和地鳖虫。

(3)螳螂目　体细长，咀嚼式口器，触角丝状；前胸发达，长于中胸和后胸之和；翅 2 对，前翅革质，后翅膜质，静止时平叠于腹上；前足适于捕捉；渐变态。如螳螂。

(4)等翅目　体乳白色或灰白色，咀嚼式口器；翅膜质，很长，常超出腹末端，前后翅相似且等长，故名。渐变态。本目是多态性、营群居生活的社会性昆虫。每一群中由 5 种类型成员组成，即长翅型的雌雄繁殖蚁，短翅或无翅型的辅助繁殖蚁，和不孕型的工蚁和兵蚁。如各种白蚁，是非热带、亚热带和温带地区的主要害虫。

(5)虱目　体小而扁平，刺吸式口器；胸部各节愈合不分，足为攀缘式，渐变态。为人畜的体外寄生虫，吸食血液并传播疾病。如体虱。

(6)蜻蜓目　咀嚼式口器，触角短小刚毛状，复眼大；翅两对，膜质多脉，前翅前缘端有一翅痣；腹部细长；半变态。如蜻蜓、豆娘。

(7)半(异)翅目　体略扁平；多具翅，前翅为半鞘翅；口器刺吸式，通常 4 节，着生在头部的前端；触角 4 节或 5 节；具复眼。前胸背板发达，中胸发达的小盾片为其明显的标志；身体腹面有臭腺开口，能散发出类似臭椿的气味，故又名椿象。渐变态。如二星蝽、梨蝽、稻蛛缘蝽、三点盲蝽、绿盲蝽、猎蝽、臭虫。

(8)同翅目　口器刺吸式，下唇变成的喙，着生于头的后方。成虫大都具翅，休息时置于背上，呈屋脊状。触角短小，刚毛状或丝状。体部常有分泌腺，能分泌蜡质的粉末或其他物质，可保护虫体。渐变态。如蝉、叶蝉、飞虱、吹棉介壳虫、蚜虫、白蜡虫等。

(9)脉翅目　口器咀嚼式；触角细长，丝状、念珠状、栉状或棒状；翅膜质，前后翅大小和形状相似，脉纹网状。全变态，卵常具柄。如中华草蛉、大草蛉等。

(10)鳞翅目　体表及膜质翅上都被有鳞片及毛，口器虹吸式；复眼发达。完全变态，幼虫为毛虫型。该目常分为两个亚目。

①蝶亚目：触角末端膨大，棒状；休息时两翅竖立在背上；翅颜色艳丽，白天活动。如

风蝶、菜粉蝶等。

②蛾亚目：触角形式多样，丝状、栉状、羽状等；停息时翅叠在背上呈屋脊状；多夜间活动。如黏虫、棉铃虫、二化螟、家蚕、蓖麻蚕、柞蚕等。

(11)鞘翅目　口器咀嚼式；触角形式变化极大，丝状、锯齿状、锤状、膝状、鳃片状等。前翅角质，厚而坚硬，停息时在背上左右相接成一直线。后翅膜质，常折叠藏于前翅下，脉纹稀少。中胸小盾片小，三角形，露于体表。完全变态。如金龟子、天牛、叩头虫、黄守瓜、瓢虫等。

(12)膜翅目　体微小至中型，体壁坚硬；头能活动；复眼大；触角丝状、锤状或膝状；口器一般为咀嚼式，仅蜜蜂科为嚼吸式；前翅大、后翅小，皆为膜翅，透明或半透明，后翅前缘有1列小钩，可与前翅相互连结。前翅前缘有一加厚的翅痣。腹部第1节并入胸部，称并胸腹节(propedeon)，第2节多缩小成腰状的腹柄(pedeon)；末端数节常缩入，仅可见6~7节。产卵器发达，多呈针状，有螫刺能力。完全变态。如姬蜂、赤眼蜂、叶蜂、蜜蜂、胡蜂、蚂蚁等。

(13)双翅目　只有1对发达的前翅，膜质，脉相简单；后翅退化为平衡棒；复眼大；触角丝状、念珠状、具芒状、环毛状；口器刺吸式、舔吸式。完全变态，幼虫蛆形。如蚊、蝇、虻等。

7. 示范

7.1　代表种

昆虫纲各重要目的常见代表及重要经济昆虫。

7.2　生知史标本

几种重要经济昆虫的生活史标本。

7.3　鲎

属肢口纲，体坚硬，形似瓢，分为头胸部、腹部及尾剑3个部分。头胸部呈马蹄形，背面隆起，腹面凹陷，不分节，有6对附肢；腹部略似六角形，两侧有活动的刺，也有6对附肢；呼吸器官书鳃由书页状的薄片组成，位于后5对腹肢的外肢节内侧。

7.4　圆网蛛

属蛛形纲蜘蛛目，壳多糖外骨骼硬度不大；身体明显分为头胸部和腹部。头胸部不分节，有6对附肢，前端背面有单眼8个。腹部也不分节，近圆形。呼吸器官为书肺及气管，书肺孔为1对横裂缝，位于腹部前端腹面两侧。腹部末端有3对纺绩突起。

7.5　蝎

属蛛形纲蝎目，体褐色，可分为头胸部和腹部。头胸部短，具头胸甲，有眼3对，附肢6对。腹部较长，又可分为宽大的前腹部和狭长的后腹部；腹部分节明显，腹部末端膨大为尾刺，内有毒腺。

7.6　螨

属蛛形纲蜱螨目，体细小，椭圆形。头胸部与腹部完全愈合而不分节，具4对步足。螯肢和脚须向体前端突出形成假头。

7.7　马陆

属多足纲，体呈圆筒形或背腹略扁平，可分为头部和躯干部。触角1对，细长。体节多，除前 4 节和末节外每体节具 2 对足。

7.8 蜈蚣

属多足纲，体扁平，常由 22 节组成，分为头部和躯干部。躯干部第 1 节具附肢 2 对，其余各节具附肢 1 对；第 1 对附肢基部愈合，末节变为毒爪，附肢内有毒腺。

【思考题】

1. 将所鉴定昆虫的主要特征列表记录下来。表应包括下列各项：虫名、标本编号、口器、翅、足、触角和其他主要特征以及名目等。

2. 根据鉴定的昆虫，制作一个简单的昆虫纲名目检索表。

实验六 无脊椎动物的采集、培养与固定保存

【实验目的】

了解并逐步掌握常见无脊椎动物的标本采集、制作和保存方法。

【实验内容】

1. 草履虫、水螅的采集与培养。
2. 涡虫的采集与培养。
3. 河蚌的采集与固定保存。
4. 蛔虫的采集与固定保存。
5. 蚯蚓的采集与固定保存。
6. 节肢动物的采集与固定保存。

【实验器材】

1. 材料

草履虫。

2. 器械

体视显微镜、吸管、培养箱。

【实验步骤】

1. 草履虫的采集与培养

1.1 采集

草履虫多生活在湖沼、池塘、水田以及城市生活用水的下水沟中，以细菌、藻类和其他腐败的有机物为食。在水底沉渣表面浮有灰白色絮状物的有机物质丰富的水中，有大量草履

虫。将广口瓶系上绳，沉入水底连同沉渣一起捞起。

1.2　培养

常用稻草培养液。取10s稻草，剪成3 cm长的小段，用水清洗后，加入1 000 mL水，煮沸约20 min，注意补充蒸发的水分，冷却过夜。接入野外采集的水样，培养5 d左右(视接种量和室温而定)。可见在培养液的表面有一层浮膜，周缘有白色的环带，这是草履虫在聚集觅食。此时，此处草履虫密度大且较纯，用滴管吸取，可直接用于一般的教学实验。

为保持草履虫快速繁殖的理想环境，培养液应保持pH 6.5~7.0(可加入1%碳酸氢钠)；也可加入少量小麦粉、玉米粉、昆虫尸体、肝脏碎片等，以维持草履虫的密度。

1.3　纯培养

由于外采水样除含有草履虫外，还有钟形虫、眼虫、轮虫和藻类等其他小生物；又由于稻草培养液是以在沸水中未死的杂细菌孢子萌发和环境中的杂菌在稻草液中繁殖后，作为草履虫的食物来培养草履虫，在此过程中也会滋生一些其他小生物；因此，做研究实验须将草履虫与其他小生物分离，进行纯培养。

1.4　分离草履虫

常用方法是在体视显微镜下，用毛细吸管逐个吸取草履虫，放在经过滤和高压灭菌的草履虫生活过培养水中清洗。反复吸取并更换清洗液2~3次即可去除杂物，得到纯的草履虫。将稻草培养液经0.1 MPa灭菌20 min，冷却后按无菌要求操作，接种已确定种类的细菌(如产气杆菌)，置于27℃培养。当稻草培养液由较清澈变为混浊时，及时接种已纯化的草履虫，并置于25℃培养。几天后可得到大量纯草履虫。如只取1个草履虫并按上述方法培养，可获得由1个草履虫繁殖的纯种群。

2. 水螅的采集与培养

2.1　采集

水螅一般生活在污染少、水草丰富、清澈缓流的湖塘和小河中，以水蚤、剑水蚤等为食。水螅喜附着在水草的茎叶和水底的石块上，在水中身体伸展时体色较淡，遇刺激或离水时会收缩成浅灰褐色的小粒状体，紧黏在附着物上，仔细观察才能看见。水蚤和水草肉眼易见，是寻找水螅的标志。采集时将水螅连同水草和水带回实验室，放入玻璃容器中，静置数小时，水螅体舒展开后即清晰可见。

2.2　培养

培养水螅应用清洁的湖塘水。如用自来水培养，须把自来水放置几天，经阳光直接曝晒的更好。将水螅连同水草放入培养缸的水中。培养温度以15~20℃为适宜，超过30℃不利于其生长；过低则繁殖缓慢或停止。每周投食活水蚤1~2次。如欲加速繁殖，应增加投食量。当水螅体上的芽体有3个左右时，投食量为适宜。注意及时用虹吸管吸走水底的死水蚤、沉渣和一些陈旧缸水，再补充新水。如欲获得带精巢或卵巢的水螅，可把水温降到8℃左右，停止投食，水螅体壁上会长出精巢或卵巢。

长期保种培养水螅最好是建1个小生态系统。使用较大的培养缸(容水量80 L或更大)，注入净水并置于窗下，每日直射光照控制2 h即可。取一瓦钵装入菜园土，种上水草后放入培养缸。引入细菌、藻类、原生动物、轮虫、螺和水蚤，再将水螅接种进去。在这一相对平衡的生态系统中，只需对食物链进行调整性管理。水草翠绿、水质清亮、活水蚤数量稳定、水螅体态正常则为适宜状态。越夏过冬要注意养护，夏天应把培养缸放在通风阴凉处，保持水清洁，减少水螅密度，保种越夏。冬天水螅因有性生殖，胚胎落到水底，注意不要吸去底层残渣。翌年春天胚胎会发育成小水螅。该系统一般不用换水，只需补足挥发的水分。

3. 涡虫的采集与培养

3.1　采集

涡虫喜生活在较清澈、流动的溪流和水沟中，以小型蠕虫、甲壳类动物及昆虫的幼虫等为食。涡虫避强光，昼间潜伏于石块、落叶下。发现有涡虫时，可将新鲜动物肝脏(或肌肉)切成小块，系上细绳吊放入水中。1~2 h 后会诱来较多的涡虫附着在肝脏上，提起诱饵放入装有水的广口瓶中，涮下涡虫。可同时在附近多设几处诱饵，采集更多涡虫。

3.2　培养

培养涡虫最好是用洁净的池塘水、井水和泉水，如用自来水培养，须把自来水放置几天，经阳光直接曝晒的更好。培养缸内可放些瓦块、卵石，以便于涡虫隐蔽。涡虫喜欢的水温是 16~18℃，温度过高时会自行解体，所以夏季应特别注意降温。食物以动物肝脏或肌肉、熟蛋白等为主。如需涡虫加快生长，可每周投食 3 次；如保种，则 2 周或更长时间投食 1 次。注意每次投食几小时后应将剩余的食物移出，以免水质变坏。换水时间视水质的清浊来定。当缸水有点混浊时，用毛笔将缸内的水旋转搅动，使沉渣泛起、涡虫卷缩下沉，倾去上部陈水，再充进新水。如用稍大些的培养缸，种植少量水生植物，会有利于保护水质。

4. 蛔虫的采集与固定保存

4.1　采集

蛔虫寄生在人、畜、禽等动物体内。猪蛔虫是寄生于猪小肠中的蛔虫，形态和寄生于人体内的蛔虫十分相似，常被用作实验材料。一般到屠宰场进行采集，从猪小肠中取出蛔虫，用水稍冲洗，放入冰瓶带回实验室。

4.2　固定保存

方法一：用 0.7 % 生理盐水洗净蛔虫，再放入 30%~50% 乙醇溶液中，慢慢加热至 60~70℃，将蛔虫杀死并使虫体伸直，然后用 70 % 乙醇固定，最后保存在含 5 % 甘油的 75%~80% 乙醇中。

方法二：向洗净的蛔虫体内注射含 2 % 甘油的 70 % 乙醇溶液，注射量以使虫体伸直即可。然后将虫体平放在瓷盘中，用 10 % 福尔马林溶液固定过夜，最后保存于 5% 的福尔马林溶液中。

5. 蚯蚓的采集与固定保存

5.1　采集

蚯蚓生活在腐殖质丰富的土壤中，以腐烂的植物和土壤为食。蚯蚓白天穴居泥土内，夜间到地面上摄食，粪便排在地面上。一般在树林、草丛、菜园等土壤肥沃潮湿处和蚓粪多的地方能挖掘到蚯蚓。大雨过后因土壤渗水过多，蚯蚓会爬行于地面，即能拾得。

5.2　固定保存

将蚯蚓洗净后，浸于水中，逐滴加入 95% 乙醇，至乙醇浓度达到 8%~10% 为止。待数分钟蚯蚓全部麻醉后，移入 50%、70% 和 95% 的乙醇内各浸 1 d。最后保存于 80% 乙醇或 5% 福尔马林溶液中。如为个体较大的种类，应在麻醉后立即注射福尔马林乙醇混合液(4% 福尔马林 12 份、95% 的乙醇 30 份、甘油 2 份及水 60 份）再保存。

6. 河蚌的采集与固定保存

6.1　采集

河蚌生长在湖、塘、河底的淤泥中，用带铁丝网兜的耙从水底捞取，夏季可潜入水底摸取。从市场或珍珠养殖场也可买到。

6.2　固定保存

河蚌洗去污泥，放在清水中养几天后，放入温水中并徐徐加热，河蚌壳会张开，蚌足慢慢从壳缝中伸出，继续加热到 50℃，再放到 50%～70% 的乙醇中固定几天。然后固定保存于 10% 福尔马林溶液或 90% 的乙醇中。如个体较大，应向内脏团中注射 10% 福尔马林固定液。如欲保持贝壳的光泽，最好用 90% 乙醇固定保存。

7. 螯虾的采集与固定保存

7.1　采集

螯虾喜穴居在田沟、池塘和溪流中，属底栖动物。可用动物内脏和肌肉等诱捕。

7.2　固定保存

为防止螯虾附肢脱落，应将螯虾放入密闭的容器中，用乙醚或氯仿麻醉。也可浸于 10% 乙醇中麻醉。麻醉完全后，最好向螯虾体内注射含 2% 甘油的 70% 乙醇溶液或 10% 福尔马林溶液，固定保存于 70%～80% 乙醇中或 10% 甘油与 7% 福尔马林（1∶1）的混合液中。

8. 昆虫的采集与固定保存

8.1　采集用具

（1）采集网　依各种昆虫生活的场所、取食方式和个体大小等不同，应采用不同的网。

①捕网：用来捕捉能飞善跳的昆虫。网袋用轻便通风的纱布制成，直径约 30 cm，袋深约 65 cm，略呈圆锥形，底部稍圆，开口可做成结扎的，便于取虫。网柄长约 1 m。

②扫网：主要适用于草丛中扫荡隐藏在枝叶下的昆虫。网袋要用较结实的布制作，直径和袋深比捕网略小，其他与捕网基本相同。

（2）水网　用来捕捉水生昆虫。网袋需用坚固不怕浸水的尼龙、亚麻或金属纱制作，且要根据虫体大小选取不同孔径的纱。网袋直径约 30 cm，袋底做成平底或瓢形底，网柄要适当放长。

（3）毒瓶　用来收集和迅速杀死昆虫，常用 500 mL 玻璃广口瓶做成。简便方法是在瓶底铺 1 层脱脂棉，再铺 2 层滤纸，采集之前倒入适量乙醚、乙酸乙酯或三氯甲烷，盖紧盖子备用。因这几种试剂易挥发，要注意及时添加，以保持麻醉效果。如用氰化钾（或氰化钠）毒虫，应将其（约 50s）置于瓶底，上面铺 1 层锯末，浇上石膏浆，待其稍硬化时用针扎些小孔。面上再铺一层滤纸，待石膏完全干后，盖好盖子备用。氰化钾（或氰化钠）有剧毒，使用时应特别小心。制作毒瓶时也可用捣碎的植物组织，如桃仁、桃树皮和肉桂树等，效果可行，且经济安全。

（4）诱虫灯　利用夜间多种昆虫特别是蛾类的趋光性来进行诱捕。要求诱虫灯光的射程远，诱来的昆虫落进灯下的容器中不易逃脱，或使昆虫停息在白色的幕布上任人捕捉。

（5）其他　采集袋、采集箱、采集伞、白色的幕布、挖土工具、折好的三角纸袋、镊子、剪刀、小刀、放大镜、玻璃指管、毛笔、记录本、标签纸、记录笔、70% 乙醇等。

8.2　采集方法

昆虫种类繁多，分布很广，生活习性各异。要先掌握昆虫的有关知识，了解昆虫生活的时间、地点和环境，才能确定采集方法。

(1)网捕法　是最常用的采集方法，对蝶、蝗虫、蜜蜂和蜻蜓等善于飞翔的昆虫可用捕网。使用时先把飞虫兜入网内，然后迅速把网口转叠以封住网口，再将已打开盖子的毒瓶送到网底，把虫赶入瓶内。有底部开口的网，可打开结扎，将虫送入毒瓶中。具蛰刺的蜂类入网后，应用镊子、毒虫夹取虫，或先隔着网将虫弹晕后再放入毒瓶中。对栖息在杂草、灌木丛中的昆虫，应采用较结实的扫网。使用时边上下左右摆动扫网，边向前移动网，将昆虫集中到网底连同碎枝叶一起倒入毒瓶中，待虫被毒死后再倒出挑选。采集水生昆虫时，应根据虫体的大小和所处水域环境，选用用途不同的水网捕虫。

(2)诱虫法　利用许多昆虫有趋光性的特点，在夜间用诱虫灯诱捕。利用昆虫的趋食性，把马粪、杂草、糖渣、酒糟堆放在田间，能引诱地老虎、蝼蛄等。把糖、醋、蜜、酒等有甜酸发酵气味的浆液涂洒在木板、草堆上或用腐肉、烂瓜果，能引诱蛾、蝇等多种昆虫。还可利用昆虫的趋化性、趋异性等，有选择性的诱捕某种昆虫。

(3)击落法　针对许多昆虫有假死性的特点，或当昆虫专心取食时，趁其不备猛然震动寄主植物，昆虫会被击落下来。配合使用采集伞、网和布单效果更好，可采集到梨步曲、槐尺蠖等鳞翅目幼虫和金龟子、象甲及一些半翅目种类。有的昆虫虽不会被击落，但受震动后会爬动或解除拟态而被发现。

(4)搜寻法　许多昆虫能发出声音，有些昆虫会在生活的地方留下种种踪迹，如被啃食的植物叶片、排泄物、虫瘿等。据此可在附近的植物上、泥土中、砖石下或树洞里等昆虫可能栖居的地方，搜索到多种昆虫。注意要将捕到的昆虫投入毒瓶里杀死。毒死的昆虫不应在毒瓶中久放，以免虫体变色。鳞翅目昆虫不能和其他昆虫混放，以免弄坏翅和鳞片。瓶里可放些纸条以减少虫体摩擦。毒死的昆虫应分别包在三角纸包里，要注明昆虫名称、采集地点、时间和采集人姓名等。

(5)固定保存　微小的昆虫，如小蜂类、蚊类、蚜虫以及鳞翅目和鞘翅目的幼虫等，可直接放入 70% 乙醇中保存。昆虫的成虫大都制作成干燥标本保存。如用于解剖，需做成浸制标本。一般是将昆虫直接投入 70% 乙醇中杀死固定，1 ~ 2 d 后移入同浓度的新乙醇或 5% 福尔马林溶液中保存。虫体较大的，需向体内注射 5% 福尔马林溶液。

如需昆虫内部组织得到较好的固定，可采用 15 份 80% 乙醇、5 份福尔马林和 1 份冰醋酸的混合液保存。如需在一定时间内保护昆虫的体色，可采用 5 mL 冰醋酸、5 g 白糖、5 mL 福尔马林和 100 mL 蒸馏水的混合液保存。

【注意事项】

1. 注意不同类型的标本使用的固定保存方法。
2. 配置固定液和使用毒瓶时注意安全。

【思考题】

1. 试述不同无脊椎动物标本的制作区别。
2. 总结标本制作和保存的注意事项。

实验七　鱼的系列实验

【实验目的】

1. 通过观察鲤鱼或鲫鱼的外形和内部构造，了解硬骨鱼类的主要特征和适应于水生生活的形态结构特征。

2. 学习利用年轮推测鱼类年龄的方法，掌握鱼类活体采血技术、硬骨鱼的一般测量方法及解剖方法。

【实验内容】

1. 鲤鱼的外形观察和内部解剖。
2. 观察鲫鱼年轮并鉴定年龄。
3. 鲤鱼一般测量和采血方法。
4. 示范硬骨鱼类的骨骼系统。

【实验器材】

1. 材料

活鲤鱼(或鲫鱼)，以体重 2.0 kg、2 龄以上为宜。

2. 器械

体视显微镜、解剖盘、解剖用具、培养皿、载玻片、刷子、胶布、棉球、直尺、灭菌注射器(5 mL)、针头(5~6 号)、试管、肝素(或其他抗凝剂)。

【实验步骤】

1. 外形(图 2-1)

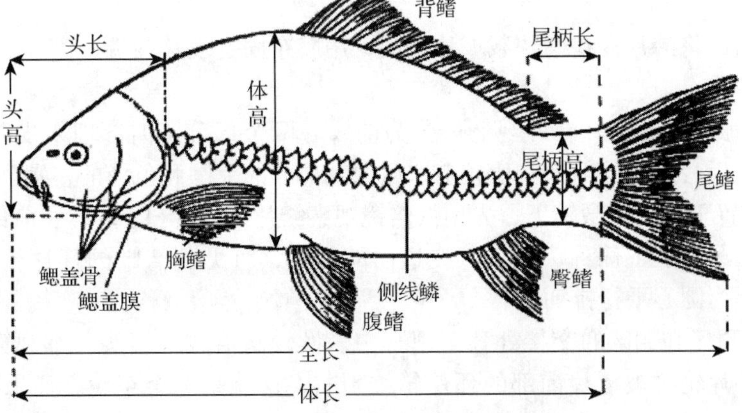

图 2-1　鲤的外形与各部分长度的测量

鲤鱼体纺锤形，略侧扁，背部灰黑色，腹部近白色。身体可区分为头部、躯干部和尾部 3 个部分。

1.1 头部

自吻端至鳃盖骨后缘为头部。口位于头部前端（口端位），两侧各有 2 条触须（鲫鱼无触须）。吻背面有鼻孔 1 对，用解剖针从鼻孔探入，眼 1 对，位于头部两侧，形大而圆，无眼睑。眼后头部两侧为宽扁的鳃盖，鳃盖后缘有膜状的鳃盖膜，籍此覆盖鳃孔。

1.2 躯干部和尾部

自鳃盖后缘至肛门为躯干部；自肛门至尾鳍基部最后一枚椎骨为尾部。躯干部和尾部体表被以覆瓦状排列的圆鳞，鳞外覆有一薄层表皮。用手抚摸鱼体表，躯体两侧从鳃盖后缘到尾部各有 1 条由鳞片上的小孔排列成的点线结构，此即侧线，被侧线孔穿过的鳞片称侧线鳞。体背和腹侧有鱼鳍，背鳍 1 个，较长，约为躯干的 3/4；臀鳍 1 个，较短；尾鳍末端凹入，分成上下相称的两叶，为正尾型；胸鳍 1 对，位于鳃盖后方左右两侧；腹鳍 1 对，位于胸鳍之后、肛门之前，属腹鳍腹位；肛门紧靠臀鳍起点基部前方，紧接肛门后有 1 个泄殖孔。

2. 硬骨鱼的一般测量和常用术语

详见实验八，鱼类分类。

3. 年轮的观察

生长的周期性是鱼类的一个特点。鱼类通常在春季和夏季生长很快，进入秋季生长转缓，冬季甚至停止生长。这种周期性不平衡的生长，也同样反映在鱼的鳞片或骨片上，具体是指鳞片表面形成的一圈一圈的环片，这种反映在鳞片或骨片上的周期性变化可作为鱼年龄鉴定的基础。这里着重介绍鳞片的年轮和鉴定年龄的方法。

各种鱼类鳞片形成环片的具体情况不同，因而年轮特征也不同，大多数鲤科鱼类的年轮属切割型。这类鱼鳞片的环片在同一生长周期中的排列都是互相平行的，但与前后相邻的生长周期所形成的排列环片具不平行现象，即切割现象，这就是 1 个年轮。

3.1 摘取鳞片

选择 1 条鲜活、体表完整无伤的鲫鱼，取鱼体侧线和背鳍前半部之间的鳞片。摘取时用镊子夹住鳞片的后缘，不要伤及前缘。

3.2 清洗

立即将鳞片放入盛有温水的培养皿中，用刷子轻轻洗去污物，再用清水冲洗干净。

3.3 装片

自然晾干后，将鳞片夹在两块载玻片中间，用胶布固定玻片两端。

3.4 观察

(1)先用肉眼观察，鳞片在外观上可分为前、后两个部分，前部埋入皮肤内，后部露在皮肤外，并覆盖后一鳞片的前部。比较前、后两个部分的范围和色泽的差别。

(2)将玻片置于体视显微镜下，先用低倍镜观察鳞片的轮廓（图 2-2）。前部是形成年轮的区域，又称为顶区。上下侧称为侧区。在透明的前部，可见到清晰的环片轮纹，它们以前、后部交汇的鳞焦为圆心平行排列。

(3)将鳞片顶区和侧区的交接处移至视野中，换较高倍数的镜头仔细观察，可见某些彼此平行的数行环片轮纹被鳞片前部的环片轮纹割断，这就是 1 个年轮。如果是较大的个体，

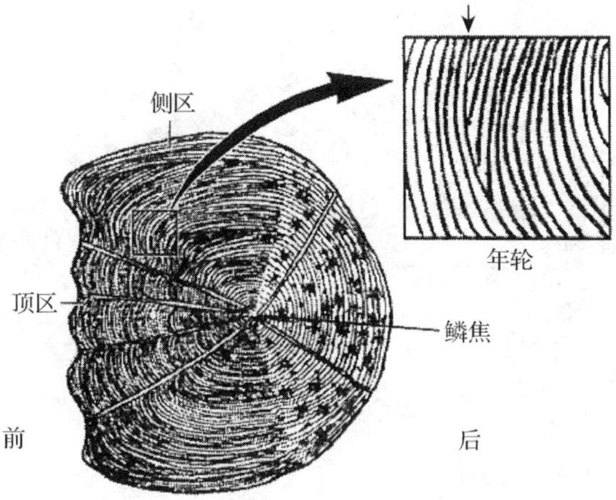

图 2-2　鲫的鳞片与年轮

在鳞片上会相应存在数个年轮。

(4)依据年轮出现的数目，推算出该鱼的年龄。

4. 鱼体量动脉(或尾静脉)采血

4.1　取灭菌干燥的 5 mL 注射器和 5 号(或 6 号)针头，吸取少量抗凝血剂(肝素等)润湿针管。

4.2　将鱼体腹部朝上，用解剖刀刮去臀鳍后的鱼鳞，用干布擦去该部位的水分。

4.3　持注射器在鱼体尾部臀鳍后约 5mm 处针头与鱼体垂直进针，当手感针尖从两相邻尾椎骨的脉刺间穿过，抵达椎体时，即到达尾动脉(或尾动脉)。进针后，将针头向前后、左右试探，当感觉针头刺入较软的陷窝时即可。抽取血液使之进入针管内，抽血速度不宜太快或太慢，以防溶血。抽血完毕后，将针头从鱼体内垂直退出。

4.4　取下针头，将注射器管口紧靠 1 个干燥试管的内壁，将血液缓慢注入试管内。若针筒内最后剩有带泡沫的血，则不要注入试管以防溶血。及时用自来水冲洗注射器和针头。除此方法外，还可以从鳃血管和腹大动脉等处采血。

5. 内部解剖与观察

将活鲤鱼置于解剖盘上，使其腹部向上，用手术刀在肛门前与体轴垂直方向剪一小口。使鱼侧卧，左侧向上，自肛门前的开口向背方剪到脊柱，沿侧线下方向前剪至鳃盖后缘，再沿鳃盖后缘剪至下颌，这样可将左侧体壁肌肉揭起，使心脏和内脏暴露。注意揭开左侧体壁时，首先将体腔膜与体壁分开，以使内脏器官与体壁分开时不致被损坏。用棉花拭净器官周围的血迹和组织液，置于盛水的解剖盘内观察。

5.1　原位观察

在胸腹腔前方、最后 1 对鳃弓的腹方有一小腔，为围心腔，它借横隔与的腹腔分开。心脏位于围心腔内，心脏背上方有头肾。在胸腹腔里，脊柱腹方是白色囊状的鳔，覆盖在前、后鳔室之间的三角形暗红色组织为肾脏的一部分。鳔的腹方是长形的生殖腺，在成熟个体中，雄性为乳白色的精巢，雄性为黄色的卵巢。胸腹腔腹侧盘曲的管道为肠管，在肠管之间的肠系膜上，有暗红色、散漫状分布的肝胰脏，体积较大、在肠管和肝胰脏之间的 1 个细长红褐

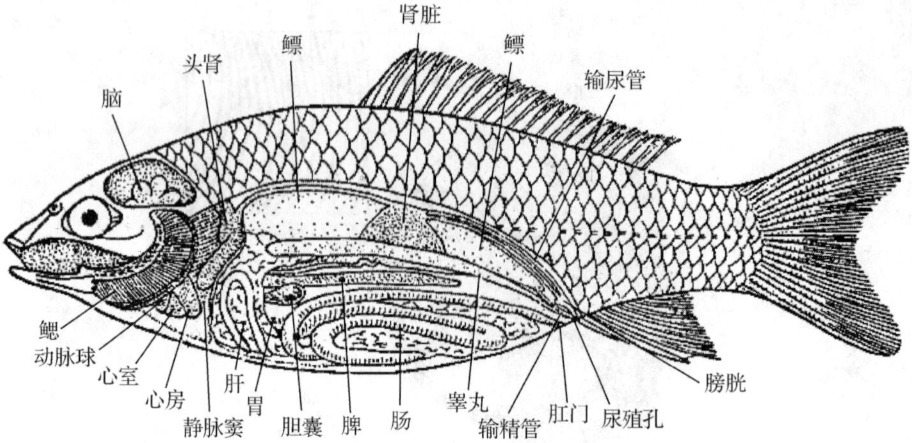

图 2-3　鲤鱼的内脏解剖

色的器官为脾脏(图 2-3)。

5.2　生殖系统

由生殖腺和生殖导管组成。

(1)生殖腺　生殖腺外包有极薄的膜。雄性有 1 对精巢，性未成熟时往往呈淡红色，性成熟时呈纯白色，呈扁长囊状；雄性有 1 对卵巢，性未成熟时为淡橙黄色，呈长带状，性成熟时呈微黄红色，呈长囊形，几乎充满整个腹腔，内有许多小型卵粒。

(2)生殖导管　生殖腺表面的膜向后延伸的短管，即输精管或输卵管。左右输精管或输卵管在后端汇合后通入泄殖窦，泄殖窦以泄殖孔开口于体外。

观察完毕后，移去左侧生殖腺，以便观察消化器官。

5.3　消化系统

包括口腔、咽、食管、肠和肛门组成的消化管及肝胰脏和胆囊等消化腺体。此处主要观察食管、肠、肛门和胆囊。

(1)食管　肠管最前端接于食管，食管很短，其背面有鳔管通入，并以此为食管和肠的分界点。

(2)肠　用圆头镊子将盘曲的肠管展开。肠为体长的 2～3 倍，肠的前 2/3 段为小肠，局部为大肠，最后一部分为直肠，直肠以肛门开口于臀鳍基部前方。但肠的各部外形区别不太明显。

(3)胆囊　为一暗绿色的椭圆形囊，位于肠管前部右侧，大部分埋在肝胰脏内。掀起肝脏，从胆囊的基部观察胆管如何通入肠前部。

观察完毕后，移去消化管和肝胰脏，以便观察其他器官。

5.4　鳔

为位于腹腔消化管背方的银白色胶质囊。从头后一直伸展到腹腔后端，分前后 2 室，后室前端腹面发出一细长的鳔管，通入食管背壁。

观察完毕后，移去鳔，以便观察排泄器官。

5.5　排泄系统

包括肾脏、输尿管和膀胱。

(1)肾脏 紧贴腹腔背壁正中线两侧，1 对，为红褐色狭长形器官，在鳔的前、后室相接处，肾脏扩大使其宽度最大。每个肾的前端体积增大，向左右扩展，进入围心腔，位于心脏背方，为头肾，是拟淋巴腺。

(2)输尿管 每个肾最宽处各通出 1 个细管，即输尿管。输尿管沿腹腔背壁后行，在近末端处两管汇合通入膀胱。

(3)膀胱 两输尿管后端汇合后稍扩大形成的囊即为膀胱，其末端开口于泄殖窦。用镊子分别从臀鳍前的 2 个孔插入，观察它们进入直肠或泄殖窦的情况，由此可在体外判断肛门和泄殖孔的开口。

5.6 循环系统

主要观察心脏，血管系统从略。

心脏位于两个胸鳍之间的围心腔内，由 1 心室、1 心房和静脉窦等组成。

(1)心室 淡红色，其前端有一个白色、壁厚的圆锥形小球体，为动脉球，自动脉球向前发出 1 条较粗大的血管，为腹大动脉。

(2)心房 位于心室的背侧，暗红色，薄囊状。

(3)静脉窦 位于心房背侧面，暗红色，壁很薄，不易观察。

5.7 口腔和咽

将剪刀伸入口腔，剪开口角，除掉鳃盖，以暴露口腔和鳃。

(1)口腔 口腔由上、下颌包围而成，颌无齿，口腔背壁由厚的肌肉组成，表面有黏膜，腔底后半部有一个不能活动的三角形舌。

(2)咽 口腔之后为咽部，其左右两侧有 5 对鳃裂，相邻鳃裂间生有鳃弓，共 5 对。第 5 对鳃弓特化成咽骨，其内侧着生咽齿。咽齿与咽背面的基枕骨腹面角质垫相对，能压碎食物。

5.8 鳃

鳃是鱼类的呼吸器官。鲤鱼的鳃由鳃弓、鳃耙、鳃片组成，鳃隔退化。

(1)鳃弓 位于鳃盖内部、咽的两侧，共 5 对。每对鳃弓内缘凹面生有鳃耙。第 1 ~ 4 对鳃弓外缘并排长有 2 列鳃片，第 5 对鳃弓没有鳃片。

(2)鳃耙 为鳃弓内缘凹面上成行的三角形突起。第 1 ~ 4 对鳃弓各有 2 行鳃耙，左右互生，第 1 鳃弓的外侧鳃耙较长。第 5 鳃弓只有 1 行鳃耙。

(3)鳃片 薄片状，鲜活时呈红色。每个鳃片称半鳃，长在同一鳃弓上的两个半鳃合称全鳃。剪下 1 个全鳃，放在盛有少量水的培养皿内，置于体视显微镜下观察。可见每个鳃片由许多鳃丝组成，每个鳃丝两侧又有许多突起状的鳃小片，鳃小片上分布着丰富的毛细血管，是气体交换的场所。横切鳃弓，可见 2 个鳃片之间有退化的鳃隔。

5.9 脑

从两眼眶下剪，沿体长轴方向剪开头部背面骨骼，再在两纵切口的两端间横剪，小心地移去头部背面骨骼，用棉球吸去银色发亮的脑脊液，脑便显露出来。从脑背面观察：

(1)端脑 由嗅脑和大脑组成。大脑分为左右 2 个半球，呈小球状，位于脑的前端，其顶端各伸出 1 条棒状的嗅柄。嗅柄末端为椭圆形的嗅球，嗅柄和嗅球构成嗅脑。

(2)中脑 位于端脑之后，较大，受小脑瓣所挤而偏向两侧，各成半月形突起，又称视叶。用镊子轻轻托起端脑，向后掀起整个脑，可见在中脑位置的颅骨有 1 个陷窝，其内有一个白色近圆形小颗粒，这是内分泌腺脑垂体。用小镊子揭开陷窝上的薄膜，可取出脑垂体，用于其他研究。

(3) 小脑 位于中脑后方，为一圆形球体，表面光滑，前方伸出小脑瓣突入中脑。

(4) 延脑 是脑的最后部分，由 1 个面叶和 1 对迷走叶组成。面叶居中，其前部被小脑遮蔽，只能见到其后部；迷走叶较大，左右成对，在小脑的后两侧。延脑后部变窄，连接脊髓。

6. 鲤鱼骨骼标本示范(图 2-4)

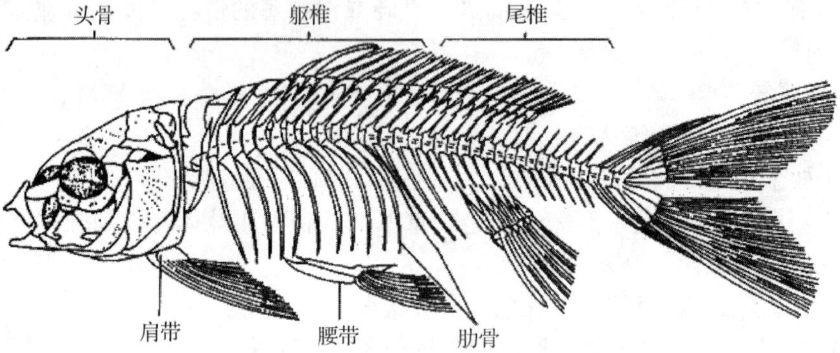

图 2-4 鲤的骨骼

【思考题】

1. 记录鱼体外形测量的各项数据。
2. 根据原位观察，绘制鲤鱼的内部解剖图，注明各器官的名称。
3. 试述鱼类适应于水生生活的形态结构特征。
4. 试述采血过程中防止溶血的注意事项，并说明理由。

实验八 鱼纲分类

【实验目的】

1. 了解鱼类各主要目的特征。
2. 认识常见的和有经济价值的鱼的种类。
3. 学习鱼纲的分类方法。

【实验内容】

1. 鱼类的测量方法及常用术语。
2. 鱼纲分类：国内常见目和代表种的识别。

【实验器材】

1. 材料

鱼类代表种的浸制标本。

2. 器械

解剖盘、解剖器、测量尺。

【实验步骤】

外部形态和构造是鱼类的分类依据之一，因此必须了解有关术语和测量方法。要爱护标本，不得随意破坏；必须观察某些内部结构时，需在教师的指导下进行。

1. 鱼类的一般测量和常用术语

(1)全长　自吻端至尾鳍末端的长度。

(2)体长　自吻端至尾鳍基部的长度。

(3)体高　躯干部最高处的垂直高度。

(4)头长　自吻端至鳃盖骨后缘(不包括鳃膜)的长度。

(5)躯干长　自鳃盖骨后缘至肛门的长度。

(6)尾长　由肛门至尾鳍基部的长度。

(7)吻长　自上颌前端至眼前缘的长度。

(8)眼径　眼的最大直径。

(9)眼间距　两眼间的直线距离。

(10)口裂长　自吻端至口角的长度。

(11)眼后头长　自眼后缘至鳃盖骨后缘的长度。

(12)尾柄长　自臀鳍基部后端至尾鳍基部的长度。

(13)尾柄高　尾柄最低处的垂直高度。

(14)颊部　眼的后下方和鳃盖骨的中间部分。

(15)颏部　下颌与鳃膜着生地方之间的部分。

(16)峡部　颏部的后方，分隔两鳃腔的部位。

(17)喉部　鳃膜与胸鳍之间的部分。

(18)腹部　躯干腹面。

(19)胸部　喉部后方、胸鳍基底之前。

(20)鳞式　侧线鳞数 = 侧线上鳞数/侧线下鳞数

(21)侧线鳞数　从鳃盖上方直达尾部的一条带孔的鳞的数目。

(22)侧线上鳞数　从背鳍起点斜列到侧线鳞的鳞数。

(23)侧线下鳞数　从臀鳍起点斜列到侧线鳞的鳞数。

(24)鳍条和鳍棘　鳍由鳍条和鳍棘组成。鳍条柔软而分节，末端分支的为分支鳍条，末端不分支的为不分支鳍条。鳍棘坚硬，由左右两半组成的鳍棘为假棘，不能分为左右两半的鳍棘为真棘。

(25)鳍式　一般用 D 代表背鳍，A 代表臀鳍，C 代表尾鳍，P 代表胸鳍，V 代表腹鳍。

用罗马数字表示鳍棘数目，用阿拉伯数字表示鳍条数目。鳍式中的半字线代表鳍棘与鳍条相连，逗号表示分离，罗马字或阿拉伯字中间的一字线表示范围。

(26)喷水孔　软骨鱼类两眼后方的开孔，与咽相通，由胚胎期第一对鳃裂退化而来。

(27)眼睑和瞬膜　鱼类无真正的眼睑，头部的皮肤通过眼球时，可以变为一层透明的薄膜。鲻鱼的眼睑具脂肪，称脂眼睑。某些鲨鱼眼周围的皮肤皱褶可形成活动的眼睑，称瞬膜。

(28)鳍脚　软骨鱼类的雄鱼，在腹鳍内侧延长形成的交配器官，有软骨支持。

(29)脂鳍　在背鳍后方的一个无鳍条支持的皮质鳍。

(30)口的位置　硬骨鱼类根据口的所在位置和上下颌的长短，可分为口前位、口下位及口上位。

①口前位：口裂向吻的前方开口，如鲤鱼。

②口下位：口裂向腹面开口，如鲟科的鱼。

③口上位：口裂向上方开口，如翘嘴红鲌。

(31)腹棱　指肛门到腹鳍基前的腹部中线隆起的棱，或到胸鳍基前的腹部中线隆起的棱，前者称腹棱不完全，后者称腹棱完全。

(32)棱鳞　指某些鱼类的侧线或腹部呈棱状突起的鳞。

(33)腋鳞　胸鳍的上角和腹鳍外侧，有扩大的特殊的鳞片。

(34)尾鳍的类型　硬骨鱼类的尾鳍外形多样，具体参见教科书相关插图。

2. 鱼纲分类

2.1　软骨鱼类

2.1.1　板鳃亚纲(Elasmobranchi)

鳃隔发达，有 5~7 个外鳃孔，具盾鳞、泄殖腔，有些具喷水孔。

板鳃亚纲总目的检索表

1(2)眼侧位；鳃裂开口于头的两侧；胸鳍正常，与体侧和头不愈合 ……………… 鲨形总目(Selachomorpha)

2(1)眼上位；鳃裂开口于头的腹面；胸鳍与头和体侧愈合 ……………………………… 鳐形总目(Batomorpha)

鲨形总目的检索表

1(2)鳃裂 6~？个；背鳍 1 个 ………………………………………………………… 六鳃鲨目(Hexanchiformes)

2(1)鳃裂 5 个；背鳍 2 个

3(6)具臀鳍

4(5)鳍前方具一硬棘 ………………………………………………………… 虎鲨目(Heterodontiformes)

5(4)鳍前方无硬棘 ………………………………………………………… 真鲨目(Carcharhiniformes)

6(3)臀鳍；硬棘或有或无 ………………………………………………………… 角鲨目(Squaliformes)

(1)六鳃鲨目　扁头哈那鲨(*Notorhrchus platycephalus*)——体呈长梭形，头部宽扁。每则有 7 个鳃孔。尾鳍长，上尾叶窄，下尾叶宽。体背灰色，有黑色小斑点，腹面白色。

(2)真鲨目　眼具瞬膜或瞬褶。路氏双髻鲨(*Sphyrna lewini*)——头部的额骨向左右两侧突出，似榔头。头呈“丁”字形，眼位于头侧突起的两端。喷水孔消失。鼻孔端位。

(3)角鲨目　背鳍 2 个，鳃裂 5~6 个，位于胸鳍基底前方。短吻角鲨(*Squalus brevirostris*)——头宽扁。鼻孔小。喷水孔很大，肾形。眼中大，长椭圆形，无瞬膜。

鳐形总目的检索表

1(4)头侧与胸鳍之间无大型发电器
2(3)尾粗大，具尾鳍；背鳍2个；无尾刺 …………………………………………………… 鳐形目(Rajiformes)
3(2)尾部一般细小呈鞭状，尾鳍一般退化或消失；背鳍1个或无；常具尾刺……… 鲼形目(Myliobat formes)
4(1)头侧与胸鳍之间有大型发电器…………………………………………………… 电鳐目(Torpedinlformes)

(4)鳐形目　犁头鳐(*Rhinobatosg ranulatus*)——吻长而平扁，三角形突出。喷水孔较小，位于眼后。鼻孔狭长，距口很近。口乎横，唇褶发达。

(5)鲼形目　赤虹(*Dasyatisa kajei*)——体盘平而阔。吻宽而短，前端钝。无背鳍和臀鳍，腹鳍小。尾细长呈鞭状，具尾刺，有毒。

(6)电鳐目　电鳐(*Narcine* sp.)——体盘圆形，宽度大于长度。在头侧与胸鳍间具发达卵圆形发电器。眼小，突出。喷水孔边缘隆起。腹鳍前脚圆钝，背鳍1个，尾鳍宽大。

2.1.2　全头亚纲(Holocephali)

鳃裂4对，外被一膜状鳃盖，后具一总鳃孔。体表光滑无鳞。背鳍2个，鳍棘能竖立。无喷水孔。胸鳍很大，尾细长。雄性除鳍脚外，另具一对腹前鳍脚和一个额鳍脚。如黑线银鲛(*Chinaeara phantasma*)。

扁头哈那鲨

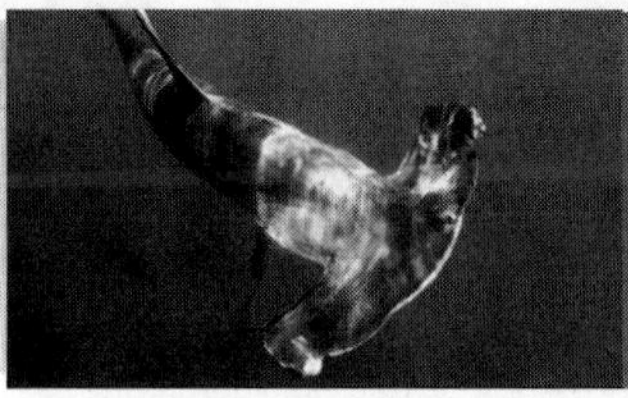
锤头双髻鲨

短吻角鲨

犁头鳐

赤虹

电鳐

黑线银鲛

2.2　硬骨鱼类

2.2.1　辐鳍亚纲(Actinopterygii)

各鳍有真皮性的辐射状鳍条支持。体被硬鳞、圆鳞或栉鳞，或裸露无鳞。种类极多，实验时可根据具体情况选择观察。

辐鳍亚纲主要目的检索表

1(2)体被硬鳞或裸露；尾为歪形尾 …………………………………………………… 鲟形目(Acipenseriformes)
2(1)体被圆鳞、栉鳞或裸露；尾一般为正形尾
3(6)体呈鳗形

4(5)左右鳃孔在喉部相连为一；无偶鳍，奇鳍也不明显 …………………………… 合鳃目(Sgmbranchiformes)
5(4)左右鳃孔不相连；无腹鳍 ……………………………………………………… 鳗鲡目(Anguimformes)
6(3)体不呈鳗形
7(24)背鳍无真正的鳍棘
8(21)腹鳍腹位，背鳍 1 个
9(12)上颌口缘常由前颌骨和上颌骨组成
10(11)无脂鳍；无侧线 ………………………………………………………………… 鲱形目(Clupeiformes)
11(10)一般有脂鳍，有侧线 …………………………………………………………… 鲑形目(Salmoniformes)
12(9)上颌口缘一般由前颌骨组成
13(20)体具侧线
14(19)侧线正常，沿体两侧后行
15(16)通常两颌无牙，具咽喉齿；无脂鳍 ……………………………………………… 鲤形目(Cypriniformes)
16(15)两颌具牙；一般具脂鳍
17(18)体被骨板或裸露无鳞；具口须 ………………………………………………… 鲶形目(Suuriformes)
18(17)体被围鳞；无口须 ……………………………………………………………… 灯笼鱼目(Myctophiformes)
19(14)侧线位低，沿腹缘后行 ………………………………………………………… 颌针鱼目(Beloniformes)
20(13)体无侧线 ……………………………………………………………………… 鳉形目(Cyprinodontiformes)
21(8)腹鳍亚胸位或喉位；背鳍 2~3 个
22(23)体侧有一银色纵带；腹鳍亚胸位；背鳍 2 个，第一背鳍由不分支鳍条组成 …… 银汉鱼目(Atheriniformes)
23(22)体侧无银色纵带；腹鳍亚胸位或喉位；背鳍 1~3 个 ………………………………… 鳕形目(Gadiformes)
24(7)背鳍一般具棘
25(42)胸鳍基部不呈柄状；鳃孔一般位于胸鳍基底前方
26(27)吻延长，通常呈管状，边缘无锯齿状喙 ………………………………………… 棘鱼目(Gasterosteiformes)
27(26)吻不延长成管状
28(41)腹鳍一般存在，上颌骨不与前颌骨愈合
29(34)腹鳍具 1~17 鳍条
30(31)萌颌无牙；体被圆鳞 ……………………………………………………………… 月鱼目(Lampridiformes)
31(30)两颌具牙
32(33)尾鳍主鳍条 18~19；臀鳍一般具 3 鳍棘 ……………………………………… 金眼鲷目(Beryciformes)
33(32)尾鳍主鳍条 10~13；臀鳍一般具 1~4 鳍棘 …………………………………… 海鲂目(Zeiformes)
34(29)腹鳍一般具一鳍棘，5 个以上鳍条
35(36)腹鳍腹位或亚胸位，2 个背鳍分离很远 ………………………………………… 鲻形目(Mugiliformes)
36(35)腹鳍胸位；背鳍 2 个，接近或连接
37(40)体对称，头左右侧各有一眼
38(39)第二眶下骨不后延为一骨突，不与前鳃盖骨相连 ……………………………… 鲈形目(Perciformes)
39(38)第二眶下骨后延为一骨突，与前鳃盖骨相连 …………………………………… 鲉形目(Scorpaeniformes)
40(37)成体体不对称，两眼位于头的左侧或右侧 ……………………………………… 鲽形目(Pleuronectiformes)
41(28)腹鳍一般不存在，上颌骨与前颌骨愈合 ………………………………………… 鲀形目(Tetrodontiformes)
42(25)胸鳍基部呈柄状，鳃孔位于胸鳍基底后方 ……………………………………… 鮟鱇目(Lophiiformes)

(1)鲟形目 体呈纺锤形，口腹位，歪形尾，体裸露或被5行硬鳞，仅尾上具背鳍，吻发达。

中华鲟鱼(*Acipenser sinensis*) 体被5行硬鳞，口前具4条触须，背鳍位于腹鳍后方，有喷水孔。

(2)鲱形目 背鳍1个，腹鳍腹位，各鳍均无硬棘。体被圆鳞，无侧线。

鳓鱼(*lisha elongata*) 体长而宽，很侧扁；腹缘有锯齿状棱鳞。口上位，下颌突出。臀鳍基长，腹鳍很小，偶鳍基部有腋鳞。圆鳞薄而易脱落。为重要的经济鱼类。

鲥鱼(*Macrura reevesii*) 体呈长椭圆形，腹部有锐利棱鳞；口前位，上颌边缘中央部有显著的缺刻。具脂眼睑，尾深叉形。腹鳍小，偶鳍基部具腋鳞。为名贵鱼类。

鳀鱼(*Engraulis japonica*) 体细长，腹部圆。无棱鳞，口裂大，上颌长于下颌。腋部有一长鳞，约与胸鳍等长，尾鳍基部每侧有两个大鳞；产于我国沿海，数量十分丰富。

冈鲚(*Coilia mystus*) 体侧扁而长，向尾端逐渐变细，腹棱鳞显著；上颌骨后延到胸鳍基部；臀鳍长并与尾鳍相连，胸鳍上部具6个游离的丝状鳍条；为我国的名赞鱼类。

(3)鲑形目 体形和特征与鲱形目相似，常有脂鳍，具侧线。

大麻哈鱼(*Oncorhynchus keta*) 口大，口裂斜，齿尖锐。背鳍后具一脂鳍。吻端突出并微弯曲，头后逐渐隆起，直至背鳍基部。体被小圆鳞，为贵重经济鱼类。

香鱼(*Plecoglossus altivelis*) 体窄长而侧扁。头小，吻端向下垂，形成吻钩，口闭时，恰置于下颌的凹内。头部无鳞，体上密被细小的圆鳞。侧线发达，脂鳍和臀鳍的后基相对。

大银鱼(*Salausc acutzceps*) 体细长，半透明，前部圆而后部侧扁。体光滑，仅雄鱼臀鳍基部有1行鳞。臀鳍大，基部长，脂鳍与臀鳍基末端相对。

(4)鳗鲡目 体呈棍棒状，现存种类无腹鳍，鳃孔狭窄，背鳍与臀鳍无棘，很长，常与尾鳍相连。

鳗鲡(*Anguilla japomea*) 体延长成圆筒状，有胸鳍，奇鳍彼此相连，鳞退化。

(5)鲤形目 背鳍1个，腹鳍腹位。各鳍无真正的棘，具假棘。体被圆鳞或裸露。鳔有管，具韦伯氏器。多数种类具咽齿而无颌齿，多数为淡水鱼类。

青鱼(*Mylopharyngodon piceus*) 体长而略呈圆筒形，背部、体侧及偶鳍呈青黑色。头部稍扁平。口端位，无触须，下咽齿，呈臼齿状。

草鱼(*Ctenopharyngodon idellus*) 体延长，腹部圆。体呈茶黄色，腹部灰白。下咽齿侧扁且具槽纹，呈梳状。

鲢鱼(*Hypophtalmichthys molitrix*) 体侧扁，从胸部到肛门之间有发达的腹棱。眼小，位置很低。体呈银白色，无斑纹。下咽齿1行，平扁成杓形。鳃耙呈海绵状并互相连接，鳞小。

鳙鱼(*Aristichthys nobilis*) 背部体色较暗，具不规则的黑色斑点。腹棱不完全，仅自腹鳍基部至肛门前。胸鳍大，头大而润。下咽齿1行，鳃耙细密但互不相连，鳞小。

鲤鱼(*Gyprinus carpio*) 体高而侧扁，腹部圆。背鳍与臀鳍中最长的棘后缘有锯齿。口部有两对触须。下咽齿3行，内侧的齿呈臼齿形。尾鳍深叉形。

鲫鱼(*Carassius auratus*) 体侧扁，背部隆起且较厚，腹部圆。背鳍与臀鳍中最长的棘后缘有锯齿。口部无触须。下咽齿1行，侧扁。尾鳍分叉浅。

团头鲂(*Megalobrama pekinensis*) 体侧扁，整体轮廓呈长菱形。腹棱自腹鳍基部至肛门。头短而小，口小，端位。背鳍具棘，臀鳍无棘。下咽齿 3 行，齿端呈小钩状。

泥鳅(*Misgurrnus anguillicaudatus*) 体延长呈圆筒形，体侧有不规则的黑色斑点。头小，口下位，口须5对。尾柄侧扁而薄。鳍片细小，深陷皮内。

(6)鲇形目 身体裸露无鳞片。有触须数对。一般有脂鳍。胸鳍和背鳍常有一强大的鳍棘。

鲇鱼(*Parasiluru sasotus*) 身体在腹鳍前较圆胖，以后渐侧扁。口大而宽阔。须 2 对，其中上颌须较长。背鳍很小，呈丛状，臀鳍长，后端与尾鳍相连。

(7)颌针鱼目 胸鳍位置偏于背方，鳍无棘，侧线位低，接近腹部。

颌针鱼(*Tylosurus ariastomella*) 体细长侧扁，躯干部背腹缘直，几互相平行。口裂很长，两颌向前延长成喙。圆鳞薄而小，排列不规则。背鳍位于尾部。

燕鳐鱼(*Cypselurus rondeletii*) 体略呈梭形，吻短，眼大。圆鳞很大，胸鳍发达，展开时可在水面上滑翔。腹鳍大，尾鳍分叉，下叶较长。体背面青黑色，下部银白。

(8)鳕形目 体被圆鳞，各鳍均无棘，鳔无管，腹鳍喉位；为渔业的重要捕捞对象。

鳕鱼(*Gadus macrocephalus*) 体长形，稍侧扁；体被小圆鳞；头大，口前位，颏部有一短须；3 个背鳍，2 个臀鳍，尾鳍截形；为海洋底栖的肉食性鱼类。

(9)棘鱼目 吻大多延长成管状，口前位。许多种类体被骨板。背鳍、臀鳍及胸鳍鳍条均不分支。背鳍 1~2 个，第一背鳍常为游离的棘组成。

海马(*Hippocampus japonicus*) 体侧扁，全身被有环状骨板。头与躯干成直角，尾呈四棱形，可卷曲。鳃孔呈裂缝状。无尾鳍，背鳍基部隆起。

(10)鲻形目 体被圆鳞或栉鳞。有 2 个分离的背鳍，第一背鳍由鳍棘组成，第二背鳍由一棘和若干鳍条组成，腹鳍由一棘 5 个鳍条组成。

鲻鱼(*Mugil cephalus*) 体呈长椭圆形；眼大，眼睑发达；臀鳍具 8 条分叉的鳍条；体两侧有几条暗色纵条纹；无侧线；为沿海地区的港养对象。

(11)合鳃目 体形似鳗。背、臀、尾鳍连在一起，鳍无棘，无偶鳍。左右鳃裂移至头的腹面，连在一起成一横缝。

黄鳝(*Monopters alba*) 体呈圆筒形，光滑无鳞，体黄褐色；鳃孔在腹面连合为一横裂；无胸鳍和腹鳍，背、臀、尾鳍均退化；为常见淡水食用鱼类。

(12)鲈形目 腹鳍胸位或喉位。背鳍 2 个，第一背鳍通常由鳍棘组成。体被栉鳞，鳔无管。主要为海产鱼类，种类繁多。

鳜鱼(*Siniperca chuatsi*) 体侧扁而背部隆起，体黄褐色有斑点，头大口大，下颌突出，有锐齿。鳞为栉鳞，腹鳍胸位，背鳍前方有 12 条硬棘，臀鳍有 3 条硬棘，鳃盖骨后部有 2 棘。

真鲷(*Pagrosomus major*) 体呈淡红色，具斑点，体侧扁，背面隆起度大；头大；上颌前端具“犬牙”4 个，两侧为“臼齿”2 列，下颌前具“犬牙”1 个，两侧“臼齿”2 列。为名贵鱼类。

带鱼(*Trichiurus haumela*) 体银白色，无鳞，体长呈带状，尾部末端为细鞭状；口大，下颌长于上颌；背鳍很长，臀鳍鳍条退化或由分离的短棘组成，腹鳍退化。两颌牙齿强大而尖锐。

(13)鲽形目　成鱼身体不对称，两眼移至同一侧，鳍一般无棘，无鳔，背鳍和臀鳍通常很长，腹鳍胸位或喉位，营底栖生活；仔鱼左右对称，眼位于两侧。产量大，为重要经济鱼类。

木叶鲽(*Pleuronichthys cornutus*)　两眼均在体右侧。体呈卵圆形，头小，吻短。眼大而突出，眼间距窄。口小。腹鳍对称。

半滑舌鳎(*Cynoglossus semilaevis*)　体侧扁呈舌状，有眼的一侧有3条侧线，延伸至头部相接，被栉鳞；无眼的一侧被圆鳞；口小，左右不对称；吻部延长成钩突状，包覆下颌；无胸鳍，无眼的一侧无腹鳍。

(14)鲀形目　体形较短，上颌骨与前颌骨愈合形成特殊的喙，背鳍与臀鳍相对。鳃孔小。有些种类有气囊，能充气；一般无腹鳍，存在时为胸位。

河鲀(*Fugu* spp.)　体椭圆形，前部钝圆，尾部渐细；口小，端位，唇发达，上下颌各有1对板状门牙；鳃孔为一弧形裂缝，位于胸鳍的前方；体表密生小棘；背鳍位置靠后，与臀鳍相对，无腹鳍，尾鳍后端平截：体背灰褐色，腹面白色，体侧稍带黄褐色。

(15)鮟鱇目　鳔无管，胸鳍适应底栖爬行，下面的辐状鳍条常延长且末端扩大，腹鳍喉位，第一背鳍变成特殊的诱引器官，诱捕食饵。

中华鲟

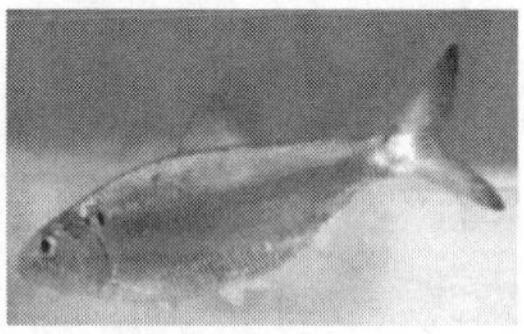
鲥鱼

大麻哈鱼

鳗鲡

团头鲂

鲇鱼

颌针鱼

鳕鱼

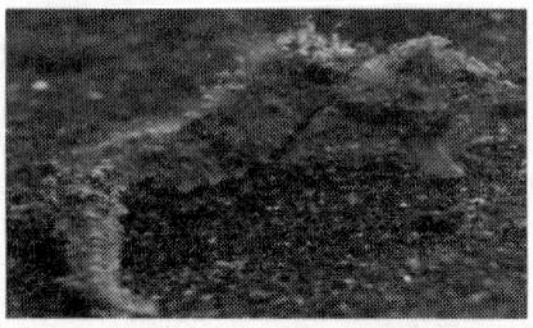
海马

鲻鱼

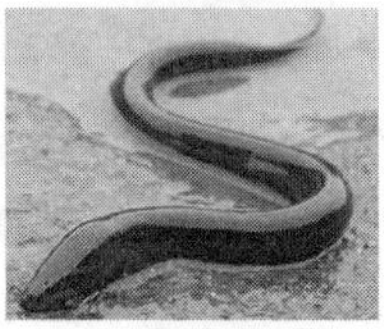
黄鳝

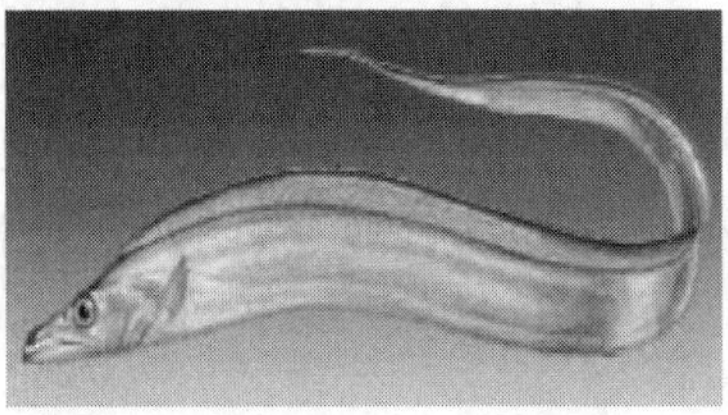
带鱼

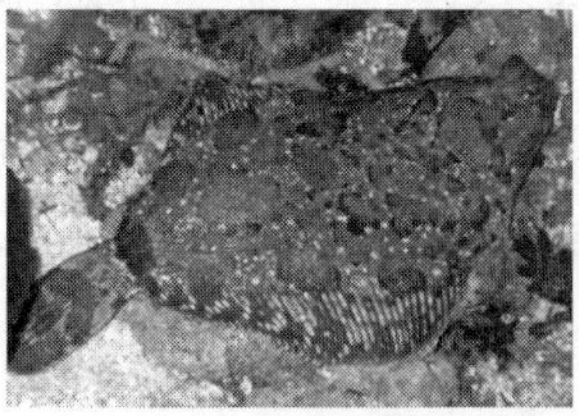
木叶蝶

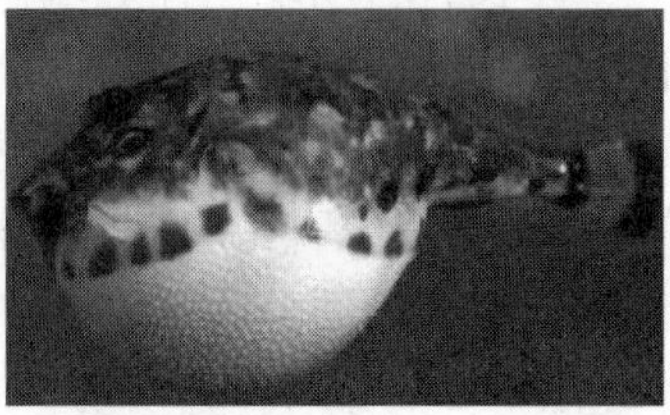
河鲀

【思考题】

1. 记录所观察鱼的主要特征。
2. 编写所观察的鲤形目中代表鱼类的检索表。

实验九　两栖纲和爬行纲分类

【实验目的】

1. 了解两栖纲和爬行纲目及重要科的特征。
2. 认识两栖纲和爬行纲常见及有重要经济价值的种类。
3. 学习使用检索表进行分类鉴定的方法。

【实验内容】

1. 具有代表性及常见的两栖纲、爬行纲动物的识别。
2. 鉴定术语及测量方法。

【实验器材】

1. 材料

两栖纲和爬行纲代表种的浸制标本、剥制标本。

2. 器械

放大镜、解剖镜、解剖针、镊子、解剖盘、直尺、卡尺。

【实验步骤】

实验所用的浸制和剥制标本绝大多数已改变原有色彩，为使学生更好地认识动物的真实形态，可播放有关视频和幻灯片。

1. 两栖动物的分类

1.1　两栖类的外部形态和量度

1.1.1　*无尾两栖动物*

体长：自吻端至体后端。头长：自吻端至颌关节后缘。头宽：左右颌关节间的距离。吻长：自吻端至眼前角。鼻间距：左右鼻孔间的距离。眼间距：左右上眼睑内缘之间的最窄距离。上眼睑宽：上眼睑最宽处。眼径：眼纵长距。鼓膜宽：最大直径。前臂手长：自肘后至第三指末端。后肢全长；自体后正中至第四趾末端。胫长：胫部两端间的距离。足长：自内跖突近端至第四趾末端。

1.1.2　*有尾两栖动物*

体长：自吻端至尾末端。头长：自吻端至颈褶。头宽：左右颈褶的直线距离。吻长：自吻端至眼前角。眼径：与体轴平行的眼径长。尾长：自肛门后缘自尾末端。尾高：尾最高处的距离。

1.2　国内有尾目分科检索

国内的有尾目各科检索表

1. 眼小，无眼睑；犁骨齿一长列，与上颌齿平行呈弧形；沿体侧有纵肤褶 …… 隐鳃鲵科(Cryptobranchidae)
   具眼睑，犁骨齿不呈长弧形；沿体侧无纵肤褶 …… 2
2. 犁骨齿呈二短列或"U"字型 …… 小鲵科(Hynobiidae)
   犁骨齿呈"人"形 …… 蝾螈科(Salamandridae)

大鲵

东方蝾螈

极北小鲵

大鲵(*Andras davidianus*)　属隐鳃鲵科，又名娃娃鱼。是我国珍贵保护动物，为现存最大的有尾两栖动物，最长可达180 cm。头平坦，吻端圆，眼小，口大，体侧有纵肤褶，尾侧扁，四肢短而粗壮。生活时为棕褐色，背面有深色大黑斑。

极北小鲵(*Salamandrella keyserlingii*)　属于小鲵科。体较小。皮肤光滑，体侧的肋沟往下延伸至腹部。指、趾数均为4枚，无蹼。尾长短于头体长。

东方蝾螈(*Cynqs orientalis*)　属蝾螈科。头扁，吻钝，吻棱显著。四脚较长而纤弱，指、趾末端尖出，无蹼。尾略短于头体长。体背粗糙，具小疣粒。腹面朱红色，杂以棕黑色斑纹。全长不到10 cm。

1.3　国内无尾目分科检索

我国常见种类的分科检索

1. 舌为盘状，周围与口腔黏膜相连，不能自如伸出 …… 盘舌蟾科(Dlscoglossidae)
   舌不成盘状，舌端游离，能自如伸出 …… 2
2. 肩带弧胸型 …… 3
   肩带固胸型 …… 5
3. 上颌无齿；趾端不膨大；趾间具蹼；耳后腺存在；体表具疣 …… 蟾蜍科(Bufonidae)
   颌具齿 …… 4
4. 趾端尖细，不具黏盘；耳后腺存在 …… 锄足蟾科(Pelobatidae)
   趾端膨大，成黏盘状，耳后腺缺，大部分树栖性 …… 雨蛙科(Hylidae)
5. 上颌无齿；趾间几无蹼；鼓膜不显 …… 姬蛙科(Microhylidae)
   颌具齿；趾间具蹼；鼓膜明显 …… 6
6. 趾端形直，或末端趾骨呈"T"字形 …… 蛙科(Ranidae)
   趾端膨大呈盘状，末端趾骨呈"Y"字形 …… 树蛙科(Rhacophoridae)

东方铃蟾(*Bomtnina orientalis*) 盘舌蟾科。鼓膜不存在；瞳孔三角形。体背有刺疣，上具角质细刺；背面呈灰棕色，有时为绿色；腹面具黑色、朱红色或橘黄色的花斑。

大蟾蜍(*Bufo bufo*) 蟾蜍科。体长一般在 10 cm 以上。体粗壮；皮肤极粗糙，全身分布有大小不等的圆形疣；耳后腺大而长。体色变异很大。

中国雨蛙(*Hyla chinensis*) 又名华雨蛙，属雨蛙科。体细瘦，皮肤光滑。肩部具三角形黑斑，第 3 趾的吸盘大于鼓膜。生活时为绿色。体侧和股的前后缘均具有黑斑。

北方狭口蛙(*Kaloula borealis*) 姬蛙科。皮肤厚而光滑，头和口小；吻圆而短，鼓膜不显。前肢细长，后脚粗短，趾间无蹼。

金线侧褶蛙(*Pelophylax plancyi*) 蛙科。背面具侧皮褶。足跟不互交，大腿后面具明显的白色纵纹。生活时背面绿色，背侧褶和鼓膜棕黄色。

黑斑侧褶蛙(*Pelophylax nigromaculata*) 蛙科，俗称青蛙。背面具侧皮褶。足跟不互交。但大腿后面不具白色纵纹。生活时背面为黄绿色或棕灰色，具不规则的黑斑。背面中央有 1 条宽窄不一的浅色纵纹。背侧褶处黑纹浅，为黄色或浅棕色。

棘胸蛙(*Paa spinosa*) 蛙科，我国特有的大型蛙种；雄性体长 90 mm，前臂粗壮，胸腹部布满刺疣，疣上有刺。

棘腹蛙(*Paa boulengeri*) 蛙科，我国特有的大型蛙种；有时同区域分布，刺疣只在腹部有分布。

中国林蛙(*Rana chinensis*) 蛙科。背面具侧皮褶。两后肢细长，两足跟可互交。两肋无明显黑斑。在鼓膜处有黑色三角形斑。体背及体侧具分散的黑斑点。四肢具清晰的横纹。

牛蛙(*Rana catesbeiaha*) 蛙科。体型特大，体长可达 10~20 cm。背棕色，皮肤较光滑。鼓膜大。产于北美洲，很多国家引入进行人工养殖。

东方铃蟾

大蟾蜍

中国雨蛙

北方狭口蛙

金线蛙

黑斑侧褶蛙

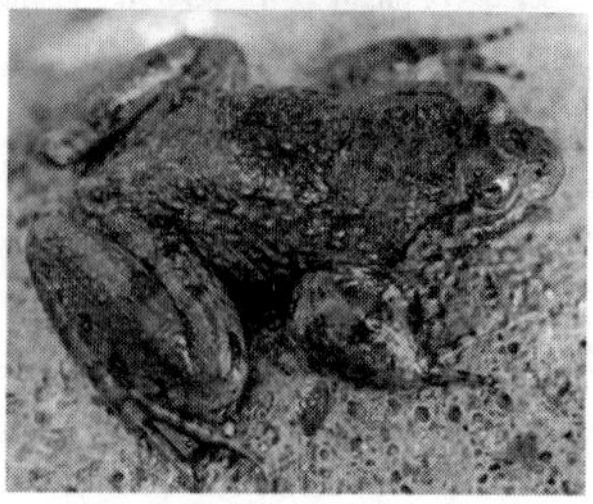
棘腹蛙

棘胸蛙

中国林蛙

牛蛙

2. 爬行纲的分类

现存的爬行动物，可分为喙头目、龟鳖目、有鳞目及鳄目。喙头目仅见于新西兰，其余各目检索如下。

2.1　龟鳖目(Chelonia)

龟鳖目体被背腹甲。大多为水生，但在陆上产卵。

我国常见科的检索

1. 附肢无爪；背甲无角质甲，而被以软皮，并具有6行纵棱；形大；海产……… 棱皮龟科(Dermochelyidae)
   附肢至少各具1爪；背甲纵棱最多3条，或不具棱 ……………………………………………… 2
2. 体外被以角质甲 ……………………………………………………………………………… 3
   体外被以革质皮 ……………………………………………………………… 鳖科(Trionychidae)
3. 附肢呈桨状；趾不明显，仅具1~2爪；形大；海产海龟科(Cheloniidae)
   附肢不呈桨状；趾明显，具4~5爪；非海产 …………………………………………………… 4
4. 头大；尾长，腹甲与缘甲间具缘下甲 …………………………………… 平胸龟科(Platysternidae)
   头小；尾短，腹甲与缘甲相接，无缘下甲 ………………………………………… 龟科(Testudinidae)

棱皮龟(***Dermochelys coriacea***)　Ⅱ级保护动物；属棱皮龟科。无爪，背甲无角质板，具7纵棱。

玳瑁(***Eretmochelys imbricata***)　Ⅱ级保护动物；属海龟科。吻侧扁，上颌钩曲；前额鳞两对，背甲共13块，缘甲的边缘具齿状突；幼时背面甲板呈覆瓦状排列。前肢有2爪。

金龟(***Chinemys reevesii***)　又名乌龟、草龟，属龟科。头颈后部被以细颗粒状的皮肤；背甲有3个脊状隆起。指、趾间全蹼。

鳖(***Trionyx sinensis***)　又名甲鱼、团鱼，属鳖科。背腹甲不具角质板，被以革质皮肤，背腹甲不直接相连，具肉质裙边。

2.2　有鳞目(Squamata)

此目后分为蜥蜴目和蛇目，主要区别见表2-1：

表2-1　蜥蜴目和蛇目的主要区别

特　征	蜥蜴目	蛇　目
附肢	大都存在	大都退化
眼	通常具动性眼睑	不具动性眼睑

（续）

特　征	蜥蜴目	蛇　目
下颌骨	左右互相固着	左右以韧带相连
鼓膜鼓室和咽鼓管	通常存在	均不发达
胸骨	有	无
尾长	尾长大于头体长	尾长短于头体长

蜥蜴目（Lacertiformes）我国常见科检索

1. 头部背面无大型成对的鳞甲 ………… 2
　头部背面有大型成对的鳞甲 ………… 5
2. 趾端端大；大多无动性眼睑 ………… 壁虎科（Gekkonidae）
　趾侧扁；有动性眼睑 ………… 3
3. 舌长，呈二深裂状；背鳞呈粒状；体形大 ………… 巨蜥科（Varanidae）
　舌短，前端稍凹；体形适中或小 ………… 4
4. 尾上具 2 个背棱 ………… 异蜥科（Xenosauridae）
　尾不具棱或仅有单个正中背棱 ………… 鬣蜥科（Agamidae）
5. 无附肢 ………… 蛇蜥科（Anguidae）
　有附肢 ………… 6
6. 腹鳞方形；股窝或鼠蹊窝存在 ………… 蜥蜴科（Lacertidae）
　腹鳞圆形；股窝或鼠蹊窝缺 ………… 石龙子科（Scincidae）

壁虎（*Gekko japonicus*）　又名守宫、多疣壁虎，属壁虎科。为原始的蜥蜗类，趾端具由鳞片构成的吸盘，瞳孔垂直，不具活动眼睑，身体被以小颗粒状的角质鳞。

中国石龙子（*Eumeces chinensis*）　属石龙子科。体形中等，四肢发达。体鳞圆而光滑，前后肢具 5 指（趾），尾基部粗壮。鼓膜下陷，耳孔明显。

2.3　蛇目（Serpentiformes）

此亚目包含很多种类，在我国南方的种类和数量均很多。

我国常见科检索

1. 头、尾与躯干部的界限不分明：眼在鳞下，上颌无齿；身体的背、腹面均被有相似的圆鳞；尾非侧扁 ………… 盲蛇科（Typhlopidae）
　头、尾与躯干部界限分明；眼不在鳞下；上下颌具齿，鳞多为长方形 ………… 2
2. 上颌骨平直；毒牙存在时恒久竖起 ………… 3
　颌骨高度大于长度；具有能竖起的管状毒牙 ………… 蝰蛇科（Viperidae）
3. 颏沟存在 ………… 4
　颏沟缺 ………… 钝头蛇科（Amblycephalidae）
4. 前方上颌牙不具沟 ………… 5
　前方上颌牙具沟 ………… 7
5. 后肢退化为距状爪；头部背面被以大多数细鳞 ………… 蟒科（Boidae）
　后肢无遗留；头部背面被以少数大型整齐的鳞片 ………… 6
6. 额鳞后缘与成对顶鳞相接触 ………… 游蛇科（Colubridae）
　额鳞后缘与单个形大的枕鳞相接触；背鳞较大，15 行 ………… 闪鳞蛇科（Xenopelddae）
7. 尾圆形 ………… 眼镜蛇科（Elapidae）
　尾侧扁 ………… 海蛇科（Hydropiidae）

蟒(***Python molurus***)　属蟒科。是一种大型无毒蛇，身体背面和侧面具大斑纹。有明显的残留后肢痕迹。

蝮蛇(***Agkistrodon halys***)　属蝰蛇科。体呈灰色，具大的暗褐色菱形斑纹。眼与鼻孔间具颊窝。头上有大而成对的鳞片。尾骤然变细。毒蛇。

火赤链蛇(***Dinodon rufozonatum***)　属游蛇科。背面为黑红交错的横斑；腹面橙黄。

黑眉锦蛇(***Elaphe taeniurus***)　属游蛇科。体青绿色；背面有 4 条黑色纵纹，腹部具明显黑斑；两眼后方有黑条纹。

眼镜蛇(***Naja naja***)　属眼镜蛇科。背鳞不扩大，尾下鳞双行；颈部能扩大，背面呈现眼状斑。毒蛇。

银环蛇(***Bungarus multicinctus***)　属眼镜蛇科。前沟牙毒蛇。背面黑色，间以白色横斑。

金环蛇(***Bungarus fasciatus***)　属眼镜蛇科。前沟牙毒蛇。背面为黄黑相间的宽斑。

尖吻蝮(***Agkistrodon acutus***)　又名五步蛇，属蝰蛇科。主要特征为吻尖上曲。颊窝明显。背面灰褐色，有菱形方斑。毒蛇。

竹叶青(***Trimeresurus stejnegeri***)　属蝰蛇科。头顶被以细鳞(无大型对称鳞)。头呈三角形，颈细。周身绿色。毒蛇。

2.4　鳄目(Grocodiliai)

体被大型坚甲；体形较大；尾部强而有力；雄性具单一交配器官。

扬子鳄(***Alligator sinensis***)　吻钝圆；下颌第 4 齿嵌入上颌的凹陷内。皮肤具角质方形大鳞。前肢 5 指，后肢 4 趾。

棱皮龟

玳瑁

金龟

鳖

壁虎

中国石龙子

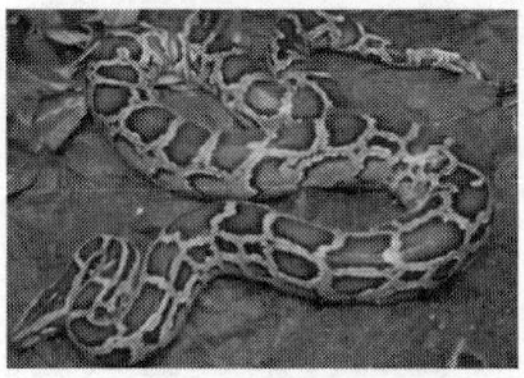

蟒

蝮蛇

赤链蛇

黑眉锦蛇

眼镜蛇

银环蛇

金环蛇

尖吻蝮

竹叶青

扬子鳄

【思考题】

总结两栖纲和爬行纲各目的分类特征，并掌握其中 1 ~ 2 点识别特征。

实验十　家鸽的外形和内部解剖

【实验目的】

1. 学习鸟类血液采集的一般方法。
2. 学习鸟类的一般解剖方法。
3. 通过家鸽外形和内部构造的观察，了解鸟类适应于飞翔生活的一般特征。

【实验内容】

1. 家鸽的翼根静脉和心脏取血。
2. 家鸽的内部解剖。

【实验器材】

1. 材料

活家鸽、家鸽整体骨骼标本。

2. 器械

解剖盘、常用解剖器具、试管架、已灭菌注射器(5 mL)和针头(5 号和 6 号)、试管、干棉球、75% 酒精棉球、脱脂棉、纱布。肝素或其他抗凝剂、乙醚(或氯仿)、水。

【实验步骤】

1. 血液采集

1.1　翼根静脉取血

(1)取 5 mL 注射器，装上 5 号针头，吸取少量肝素润湿针头备用。

(2)将鸽腿用绳子扎紧，展开一侧翅膀，露出腋窝部。拔去该部位的羽毛，便可见明显的翼根静脉。以 75% 酒精棉球消毒该部位的皮肤，然后用左手拇指和食指压迫此静脉向心端，使血管扩张。

(3)右手持注射器，针尖斜面向上，沿离心方向平行刺入翼根静脉，慢慢抽取血液。取血完毕，将针头平行退出血管，用干棉球轻压止血。

(4)取下针头，注射器管口紧靠干燥的试管内壁，将血液缓缓注入试管内。

(5)采血完毕，及时用清水冲洗注射器和针头。

1.2　心脏取血

(1)用绳子扎紧鸽腿和鸽翅。以纱布或棉花蘸取热水润湿左侧胸部的羽毛和皮肤，拔去相应于心脏部位的羽毛。

(2)将鸽的左体侧向上横卧于解剖盘内，头向右侧固定。

(3)触摸心搏，确定心脏位置。消毒该部位皮肤，在与胸骨最突出点平行、距该突出点2 cm左右处，刺入连有注射器的6号针头，抽取血液。

(4)(5)操作同1.1的。

2. 外部形态观察

家鸽身体呈纺锤形，体外被羽，具流线形的外廓。身体可分为头、颈、躯干、尾、附肢等部分。头部圆形，前端为长形角质喙，上喙基部有一隆起的软膜即蜡膜，蜡膜下方两侧各有一裂缝状外鼻孔。眼大，有可活动的眼睑及半透明的瞬膜。耳位于眼的后下方，已有外耳道形成，耳孔被耳羽掩盖。颈长，活动性大。躯干卵圆形，不能弯曲。附肢2对，前肢特化为翼；后肢下端部分被以角质鳞。趾4个，趾端具爪，三前一后为常态足。尾缩短成小的肉质突起，其背面两侧突起的皮下有尾脂腺，尾基腹面有泄殖腔孔。

按形态结构可将羽分为3种类型：①正羽，即覆盖在体外的大型羽片；②绒羽，位于正羽下面，松散似绒；③纤羽(毛羽)，外形如毛发，拔去正羽和绒羽后即可见到。

3. 内部解剖

3.1　处死实验动物

可选择以下3种方法之一。

(1)一手握住家鸽双翼并紧压腋部，另一手以拇指和食指压住蜡膜，中指托住颏部，使鼻孔与口均闭塞，使其窒息而死。

(2)将鸽的整个头部浸入水中，使其窒息而死。

(3)用少量脱脂棉浸以乙醚或氯仿缠于鸽喙，使其麻醉致死。

3.2　解剖

将鸽背位置于解剖盘中，用水打湿腹侧羽毛，一手压住皮肤，另一手顺向拔去颈、胸和腹部的羽毛。用手术刀沿龙骨突起切开皮肤，切口前至嘴基，后至泄殖腔孔前缘。用刀柄分离腹面的皮肤和肌肉，向两侧拉开皮肤，即可看到气管、食管、嗉囊和胸大肌。

沿龙骨两侧和叉骨边缘小心切开胸大肌，留下肱骨上端肌肉止点处，下面即露出胸小肌，用同样方法把它切开。试牵动胸大肌和胸小肌，了解其机能。用骨剪沿着胸骨与肋骨连接处剪断肋骨，同时也剪断乌喙骨与叉骨连接处，再向后剪开腹壁，直至泄殖腔孔前缘。将胸骨与乌喙骨等揭去，此时可首先看清几对气囊和内脏器官的自然位置。

3.3　内脏构造观察

3.3.1　消化系统

包括消化管和消化腺两部分。

(1)消化管

①口腔：剪开口角观察。口内无齿，顶部有一纵裂，内鼻孔开口于此。底部有舌，其前端呈箭头状，尖端角质化。口腔后部为咽。

②食管：为咽后一薄壁长管，沿颈腹面左侧下行，在颈的基部膨大成嗉囊。

③胃：由腺胃和肌胃组成。腺胃又称前胃，上端与嗉囊相连，呈长纺锤形，掀开肝脏即可见。剪开腺胃观察，内壁上有许多乳状突，其上有消化腺开口。肌胃又称砂囊，为一扁圆形的肌肉囊。剖开肌胃，可见胃壁为很厚的肌肉壁，其内表面覆有硬的角质膜，呈黄绿色，胃内有许多砂石。

④十二指肠：在腺胃和肌胃交界处，由肌胃通出一小段呈"U"形弯曲的小肠。

⑤小肠：细长盘曲，最后与直肠相连通。

⑥直肠(大肠)：短而直，末端开口于泄殖腔。在直肠与小肠交界处，有1对豆状盲肠。

(2)消化腺

①胰脏：略展开十二指肠"U"形弯曲之间的肠系膜可见淡黄色的胰脏，分为背、腹、前3叶。由腹叶发出2条、背叶发出1条胰管通入十二指肠。

②肝脏：红褐色，位于心脏后方。分左右两叶，掀开右叶，在其背面近中央处伸出2条胆管，通入十二指肠。

此外，在肝胃间的系膜上有一紫红色、近椭圆形的脾脏，为造血器官。

3.3.2 呼吸系统

①外鼻孔：开口于蜡膜前下方。

②内鼻孔：位于口腔顶部中央纵行沟内。

③喉：位于舌根之后，中央的纵裂为喉门。

④气管：由环状软骨环支撑，向后分为左、右两支气管入肺。左、右支气管分叉处有一较膨大的鸣管，是鸟类特有的发声器。

⑤肺：左右两叶，淡红色，海绵状，紧贴在胸腔背方的脊柱两侧。

⑥气囊：膜状囊，分布于颈、胸、腹和骨骼的内部(可在剖开体腔后，从喉门插入玻璃管，吹入空气后结扎气管，以使气囊和肺胀大而便于观察)。

3.3.3 循环系统

①心脏：位于胸腔内。用镊子拉起心包膜，纵向剪开并除去心包膜，可见心脏呈圆锥形，前面褐红色的扩大部分是心房，后面颜色较浅的部分为心室。观察动、静脉系统后，取下心脏进行解剖，观察其内部构造。

②动脉系统：稍提起心脏，可见由左心室发出向右弯曲的右体动脉弓，它向前分出2支较粗的无名动脉。左右无名动脉又各分出2支动脉，向前的1支是颈总动脉，外侧的1支是锁骨下动脉。用镊子轻轻提起右侧的无名动脉，将心脏略往下拉，可见右体动脉弓转向背侧后，成为背大动脉。背大动脉沿脊柱后行，沿途发出许多血管分布到身体各处。再将左右无名动脉略提起，可见右心室发出的肺动脉分成左、右2支后，左肺动脉直接进入左肺，右肺动脉绕向背侧，从主动脉弯曲处后面进入右肺。

③静脉系统：体静脉由2条前大静脉和1条后大静脉构成，在左、右心房前方粗而短的静脉干为前大静脉，它由颈静脉、锁骨下静脉和胸静脉汇合而成，这些静脉多与同名动脉伴行，较容易看到。将心脏提起，可见2条前大静脉的后端都入右心房；后大静脉从肝脏伸出，在2条前大静脉之间进入右心房。肺静脉由每侧肺伸出，通常每侧肺有1条肺静脉，但有时有2条，都伸到前大静脉的背方，进入左心房。

3.3.4 泌尿生殖系统

除去消化管进行观察。

①泌尿器官：肾脏1对，紫褐色，长扁形；各分为3叶，贴附于体腔背壁，每肾发出一输尿管向后行，通入泄殖腔。无膀胱。

②泄殖腔：为消化、泌尿生殖系统最终汇入的 1 个共同腔。球形，以泄殖腔孔与外界相通。在泄殖腔背面有一黄色圆形盲囊，与泄殖腔相通，称腔上囊，是鸟类特有的淋巴器官。

③雄性生殖器官：睾丸 1 对，乳白色，卵圆形，位于肾脏前端。输精管由睾丸后内侧伸出，细长而弯曲，向后延伸与输尿管平行进入泄殖腔，在接近泄殖腔处膨大为贮精囊。睾丸和输精管之间有不明显的附睾。

④雌性生殖器官：右侧卵巢、输卵管退化。左侧卵巢位于左肾前端，黄色。卵巢后方附近有弯曲的输卵管，其前端为喇叭口，靠近卵巢，开口于腹腔，后端通入泄殖腔。

4. 骨骼系统

观察家鸽整体骨骼标本，了解鸟类骨骼系统大体结构和适应于飞翔生活的特点。

【思考题】

通过实验观察，归纳鸟类的哪些形态结构特征表现出对飞翔生活的适应。

实验十一　鸟纲分类

【实验目的】

1. 了解鸟类的主要类群及其特征，认识本地常见种类和有重要经济价值的鸟类。
2. 掌握鸟类的分类方法，学习使用检索表。

【实验内容】

常用鸟体测量术语、分类有关术语和分类检索。

【实验器材】

有关鸟类假剥制标本和陈列标本、卡尺、卷尺和放大镜。

【实验步骤】

要爱护实验标本，应轻拿轻放，不要扯动翅膀、腿等。分类检索中遇到形态特征观察的难点，可用挂图和幻灯片进行讲解。

1. 常用鸟体测量术语

(1)全长　自嘴端至尾端的长度(是未经剥制的量度)。

(2)嘴峰长　自嘴基生羽处至上喙先端的直线距离。

(3)翼长　自翼角(腕关节)至最长飞羽先端的直线距离。

(4)尾长　自尾羽基部至最长尾羽末端的长度。

(5)跗跖长　自跗中关节的中点，至跗跖与中趾关节前面最下方的整片鳞的下缘。

(6)体重　标本采集后所称量的重量。

2. 分类有关术语

2.1 翼

(1)飞羽 初级飞羽(着生于掌骨和指骨);次级飞羽(着生于尺骨);三级飞羽(为最内侧的飞羽,着生于肱骨)。

(2)覆羽 覆于翼的表、里两面,分为初级覆羽和次级覆羽(分大、中、小 3 种)。

(3)小翼羽 位于翼角处。

2.2 后肢

股、胫、跗跖及趾等部。

(1)跗跖部 位于胫部与趾部之间,或被羽,或着生鳞片。

鳞片的形状可分为:a. 盾状鳞:呈横鳞状;b. 网状鳞:呈网眼状;c. 靴状鳞:呈整片状。

(2)趾部 通常为 4 趾,依其排列不同可分为:a. 不等趾形(常态足):3 趾向前,1 趾向后;b. 对趾形:第 2、3 趾向前,1、4 趾向后;c. 异趾型:与不等趾型相似,但第 4 趾可转向后;d. 并趾型:似常态足,但前 3 趾的基部相连;e. 前趾型:4 趾均向前方。

(3)蹼 大多数水禽和涉禽具蹼,可分为:a. 蹼足:前趾间具发达的蹼膜;b. 凹蹼足:与蹼足相似,但蹼膜向内凹入;c. 全蹼足:4 趾间均有蹼膜相连;d. 半蹼足:蹼退化,仅在趾间基部存留;e. 瓣蹼足:趾两侧附有叶状蹼膜。

3. 分类检索

我国常见鸟类目别检索

1. 脚适宜游泳,蹼较发达 …… 2
   脚适宜步行,蹼不发达或缺 …… 5
2. 趾间具全蹼 …… 鹈形目(Pelecaniformes)
   趾间不具全蹼 …… 3
3. 嘴通常平扁,先端具嘴甲;雄性具交接器 …… 雁形目(Anseriformes)
   嘴不平扁;雄性不具交接器 …… 4
4. 翅尖长;尾羽正常;趾不具瓣蹼 …… 鸥形目(Lariformes)
   翅短圆;尾羽很短;前趾具瓣蹼 …… 䴙䴘目(Podicipediformes)
5. 颈和脚均较短;胫全被羽;无蹼 …… 8
   颈和脚均较长;胫的下部裸出;蹼不发达 …… 6
6. 后趾发达,与前趾在同一平面上;眼先裸出 …… 鹳形目(Ciconiiformes)
   后趾不发达或完全退化,存在时位置较他趾稍高;眼先常被羽 …… 7
7. 翅大都短圆,第 1 枚初级飞羽较第 2 枚短;趾间无蹼,有时具瓣蹼 …… 鹤形目(Gruiformes)
   翅大都形尖,第 1 枚初级飞羽较第 2 枚为长或等长(麦鸡属例外);趾间蹼不发达或缺 …… …… 鸻形目(Charadriiformes)
8. 嘴爪均特强锐而弯曲;嘴基具蜡膜 …… 9
   嘴爪平直或稍曲;嘴基不具蜡膜(鸽形目例外) …… 10
9. 蜡膜裸出;两眼侧位;外趾不能反转(鹗属例外);尾脂腺被羽 …… 隼形目(hlconiformes)
   蜡膜被硬须掩盖;两眼向前;外趾能反转;尾脂腺裸出 …… 鸮形目(Strigiformes)
10. 3 趾向前,1 趾向后(后趾有时缺少);各趾彼此分离(除极少数外) …… 15
    趾不具上列特征 …… 11
11. 足大都呈前趾型;嘴短阔而平扁;无嘴须 …… 雨燕目(Apodiformes)
    足不呈前趾型;嘴强而不平扁(夜鹰目例外);常具嘴须 …… 12
12. 足呈对趾型 …… 13
    足不呈对趾型 …… 14

13. 嘴强直呈凿状；尾羽通常坚挺尖出 …… 䴕形目(Piciformes)
　嘴端稍曲，不呈凿状；尾羽正常 …… 鹃形目(Cuculiformes)
14. 嘴长或强直，或细而稍曲；鼻不呈管状；中爪不具栉缘 …… 佛法僧目(Coraciiformes)
　嘴短阔；鼻通常呈管状；中爪具栉缘 …… 夜鹰目(Caprimulgiformes)
15. 嘴基柔软，被以蜡膜；嘴端膨大而具角质(沙鸡属例外) …… 鸽形目(Columbiformes)
　嘴全被角质，嘴基无蜡膜 …… 16
16. 后爪不较其他趾的爪为长；雄鸟常具距突 …… 鸡形目(Galliformes)
　后爪较其他趾的爪为长；无距突 …… 雀形目(Passeriformes)

4. 代表种类观察

依实验室准备的常见鸟类或经济鸟类标本，逐一观察下列各目鸟类和代表种：

4.1　鹈形目(Pelecaniformes)

较大型的鸟类，善游；4 趾间具全蹼；嘴强大具钩，喉部具发达的喉囊；飞的食鱼游禽。

鹈鹕(*Pelecanus roseus*)　体形很大，嘴平扁，喉囊大直达嘴的全长。

鸬鹚(*Phalacrocorax carbo*)　全身黑色，肩和翼具青铜色光泽。繁殖时期，头颈部杂有白色。

4.2　鹳形目(Ciconiiformes)

大中型涉禽。颈、嘴和腿均很长，趾细长，4 趾在同一平面上(鹤类的后趾高于前 3 趾)，趾基部有蹼相连(鹤类不具蹼)，眼先裸出。

科别检索

1. 中趾爪的内侧具栉缘 …… 鹭科(Ardeidae)
　中趾爪的内侧不具栉缘 …… 2
2. 嘴粗厚而侧扁，不具鼻沟 …… 鹳科(Ciconiidae)
　嘴呈匙状或筒状，鼻沟很长，几乎伸至嘴端 …… 鹮科(Threskiornithidae)

苍鹭(*Ardea cinerea*)　较大型的鸟类。头、颈白色，冠羽黑色，上体灰色，下体白色，但颈下部和胁部有黑色；胫的裸出部分较后趾长(不包括爪)。

4.3　雁形目(Anseriformes)

大中型游禽。嘴扁，边缘有栉状突起(可滤食)，嘴端具嘴甲；前 3 趾具蹼，翼上常有绿色、紫色或白色的翼镜。

绿头鸭(*Anas platyrhynchos*)　雌雄异色，雄鸭头、颈黑绿色，有金属光泽，颈下部有白环，胸部栗色，翼镜紫色，上下有白边，体羽大体灰褐色；雌鸭棕褐色。

豆雁(*Anser fabalis*)　上体褐色，羽毛大多具浅色羽缘，尾上覆羽部分白色，下体白色；嘴黑色，近先端有一黄斑，嘴比头短。

4.4　隼形目(Falconiformes)

猛禽，昼间活动。嘴弯曲，先端具利钩，便于捕食。脚强健有力，尖端有锐爪，为捕食利器，飞翔力强，视力敏锐。雌鸟较雄鸟体大。

科别检索

上嘴每侧有单个齿状突起；鼻孔圆形，中央有骨质突起 …… 隼科(Falconidae)
上嘴每侧有垂突或双齿突；鼻孔椭圆形，中央无骨质突起 …… 鹰科(Accipitridae)

红脚隼(*Falco vespertinus*)　是小型猛禽。雄鸟背羽灰色，翼下覆羽白色，腿脚红色；雌鸟稍大，下体多斑纹，腿脚黄色。

鸢(*Milvus migrans*)　全身大都暗褐色，翼下各具一白斑，高翔时更明显；尾羽呈叉状。

4.5 鸡形目(Galliformes)

适于陆栖步行，脚健壮，爪强钝，便于掘土觅食，雄性有距。上嘴弓形，利于啄食。翼短圆，不善飞翔。雄性色艳，雌雄易辨。

科别检索

鼻孔被羽；跗跖完全或局部被羽；无距；趾大都具栉状突 ……………………………… 松鸡科(Tetraonidae)
鼻孔裸露无羽；跗跖不被羽；雄常有距；趾不具栉状突 ……………………………………… 雉科(Phasianidae)

环颈雉(*Phasianus colchicus*) 雄鸟具有鲜明的紫绿色颈部，且有显著的白环纹，尾羽长，具横纹。雌鸟羽色不鲜艳，不具绿颈和白环纹，背面为灰色、栗紫和黑色相杂，尾羽不长。

鹌鹑(*Coturnix coturnix*) 体型小，头小翼短，通体褐色，杂以淡黄色斑。

4.6 鹤形目(Gruiformes)

除少数种类外，多为涉禽。腿、颈、喙多较长。胫下部裸出，后趾退化，如具后趾，则高于前 3 趾(4 趾不在同一平面上)。蹼大多退化，眼先大多被羽。

科别检索

1. 足仅具 3 趾 …………………………………………………………………………………………… 2
   足具 4 趾 ……………………………………………………………………………………………… 3
2. 体形大，翼长在 200 mm 以上，尾羽 16~18 枚，爪短扁如趾甲 ……………………………… 鸨科(Otididae)
   体形小，翼长在 100 mm 以下；尾羽 12 枚，爪小而弯曲 …………………………… 三趾鹑科(Turnicidae)
3. 头顶被羽，后趾几与前趾平置 ……………………………………………………………… 秧鸡科(Rallidae)
   头上有裸出部，后趾位置较前趾为高 ……………………………………………………………… 鹤科(Gruidae)

丹顶鹤(*Grus japonensis*) 身体高大，体羽大部分为白色；头顶皮肤裸露，朱红色，似肉冠状，故称丹顶鹤。

白骨顶(*Fulica atra*) 全身近黑色，头顶至嘴有一块白斑。趾具瓣蹼。

4.7 鸥形目(Lariformes)

体大多呈银灰色。前 3 趾间具蹼，翅尖长，尾羽发达。海洋性鸟类，其习性近于游禽。

银鸥(*Larus argentatus*) 体大，羽呈灰色，下体大都为白色，下嘴具红端。

4.8 鸽形目(Columbiformes)

陆禽。嘴短，基部大多柔软，鼻孔被蜡膜。腿、脚红色，4 趾位于一个平面上。

沙鸡(*Syrrhaptes paradoxus*) 体为沙灰色，背部杂以黑色横斑；腹部具黑斑；翼和尾均尖；嘴呈蓝灰色，跗跖和趾密被短羽，爪黑。

4.9 鹦形目(Psittaciformes)

第 4 趾向后转(对趾型)，攀禽；嘴基具蜡膜，坚强，端具利钩。

虎皮鹦鹉(*Melopsittacus undulatus*) 形小，羽色有黄、绿、蓝和白等色。

4.10 鹃形目(Cuculiformes)

对趾型。外形似隼，但嘴不具钩。攀禽。许多种类为寄生性繁殖。

大杜鹃(*Cuculus canorus*) 翼较长，翼缘白，具褐色横斑，腹部横斑较细。

4.11 鸮形目(Strigiformes)

足外趾向后转，呈对趾型，称转趾型；眼大向前，多数具面盘；耳孔大且具耳羽。嘴、爪坚强弯曲。羽毛柔软，飞行无声。夜行性猛禽。

长耳鸮(*Asio otus*) 耳羽长而显著；体背面羽橙黄色，具褐色纵纹和杂瘢，腹羽杂有横斑纹。

4.12 夜鹰目(Caprimulgiformes)

前趾基部并合，为并趾型；中趾爪具栉状缘，羽毛柔软，飞时无声；口宽阔，边缘具成排的硬毛状嘴须。体色与树干色同。夜行性攀禽。

夜鹰(***Caprimulgus indicus***) 嘴短阔，最外侧尾羽具白斑。体羽灰褐色，杂以黑色斑纹，似树皮色。

4.13 雨燕目(Apodiformes)

后趾向前转，称为前趾型；嘴短阔而乎扁，无嘴须；翼尖，善飞翔。小型攀禽。

楼燕(***Apus apus***) 又名北京雨燕。体形似家燕而稍大，翼窄而长，折叠时超过尾端。体羽黑褐色。

4.14 佛法僧目(Coraciiformes)

足呈并趾型。嘴长而直，有些种类的嘴弯曲。中小型攀禽。营洞巢。

翠鸟(***Alcedo dtthis***) 小型鸟，又称鱼狗。嘴长直；翼短形圆，耳羽锈红色，尾陷，体为翠蓝色。食鱼鸟类。

戴胜(***Upupa epops***) 嘴细长，向下弯曲，具扇形冠羽。体羽背部淡褐色，翼和尾为黑色而带有白色横斑。

4.15 鴷形目(Piciformes)

足为对趾型；嘴长直，形似凿；尾羽轴坚硬而富有弹性。中小型攀禽。

绿啄木鸟(***Picus canus***) 无羽冠，上体绿色，下体灰色，无纵纹；雄体头顶红色。

斑啄木鸟(***Picoides major***) 上体背面黑色带有白色斑点，腹部褐色，尾基腹面红色，雄体头后红色。

4.16 雀形目(Passeriformes)

为种类最多的一个目。鸣管、鸣肌复杂，善鸣啭，故又称鸣禽类。足趾 3 前 1 后，为离趾型；跗跖后缘鳞片多愈合为一块完整的鳞，称为靴状鳞。大多巧于营巢。

我国常见的雀形目鸟类约有 30 余科，可选看以下常见种类：

百灵(***Melanocorypha mongolica***) 翼长而尖，跗跖后缘覆以横列的盾状鳞。后爪长而稍直。

家燕(***Hirundo rustica***) 背羽黑色，具光泽。喉栗红色，腹部乳白色。尾长而分叉深。

红尾伯劳(***Lanius cristatus***) 喙似鹰嘴，头顶部淡灰色，贯眼纹黑色，眉纹白色。尾羽棕褐色。

黄鹂(***Oriolus chinensis***) 全身体羽金黄色。头上有一道宽阔黑纹，翼和尾大都黑色。

八哥(***Acridootheres cristatellus***) 全体羽毛黑色，有光泽，前额有 1 撮明显的冠羽。翼上的白色横斑飞翔时如“八”字。

秃鼻乌鸦(***Corvus frugilegus***) 体羽全部为黑色且具光泽。成鸟嘴基部无须。

喜鹊(***Pica pica***) 头为黑色，肩羽和两肋及腹部白色，其余体羽大部黑色而有光泽。

斑鸫(***Turdus naumanni***) 上体为棕栗色，腹部白色，眉纹棕白色。

画眉(***Garrulax canorus***) 眼圈白色，向后延伸成白色眉状。上体几乎是橄榄褐色。为著名笼鸟。

大山雀(***Parus major***) 头和胸黑色，颊白色，故名白脸山雀。腹面白色，中央贯以显著的黑色纵纹。

麻雀(***Passer montanus***) 头顶栗褐色，颊部有黑斑，背面黄褐色而有黑色纵纹，喉黑色，胸、腹白色。为各地留鸟。

鹈鹕

鸬鹚

苍鹭

绿头鸭

豆雁

红脚隼

鸢

环颈雉

鹌鹑

丹顶鹤

白骨顶

银鸥

沙鸡

虎皮鹦鹉

大杜鹃

长耳鸮

夜鹰

楼燕

翠鸟

戴胜

绿啄木鸟

斑啄木鸟

百灵

家燕

红尾伯劳

黄鹂

八哥

秃鼻乌鸦

喜鹊

斑鸫

画眉

大山雀

麻雀

【思考题】

就观察的标本，总结突胸总目中重要目的简要特征。

实验十二　家兔的外形和内部解剖

【实验目的】

1. 通过家兔外形和内部构造的观察，了解哺乳类的一般特征和进步性特征。
2. 掌握哺乳类一般解剖方法。

【实验内容】

1. 家兔的外形观察和内部解剖。
2. 哺乳类的皮肤系统和兔骨骼系统的示范。

【实验器材】

1. 材料

活家兔、兔皮肤切片标本、兔整体骨骼标本、兔脑浸制标本。

2. 器械

显微镜、解剖器具、木制兔笼、兔解剖台、20 mL 注射器、针头、烧杯、75% 乙醇消毒棉球、碘酒棉球、吸水纸、干棉球。肝素(或其他抗凝剂)、水。

【实验步骤】

1. 外部形态

家兔全身被毛，毛分针毛、绒毛和触毛(触须)。针毛长而稀少，有毛向；绒毛位于针毛下面，细短而密，无毛向；在眼的上下和口鼻周围有长而硬的触毛。体表被毛与其恒温机制有何联系？兔的身体可分为头、颈、躯干和尾 4 个部分。

1.1　头

呈长圆形，眼以前为颜面区，眼以后为头颅区。眼有能活动的上下眼睑和退化的瞬膜，可用镊子从前眼角将瞬膜拉出。眼后有 1 对长的外耳壳。鼻孔 1 对，鼻下为口，口缘围以肉质而能动的唇，上唇中央有一纵裂，将上唇分为左右两半，因此唇经常微微分开而露出门齿。

1.2　颈

头后有明显的颈部，但很短。

1.3　躯干部

躯干较长，可分为胸、腹和背部。背部有明显的腰弯曲。胸、腹部以体侧最后一根肋骨为界。右手抓住兔背皮肤，左手托住臀部使腹部朝上，可见雌兔胸腹部有 3～6 对乳头(以 4 对居多)，但幼兔和雄兔不明显。近尾根处有肛门和泄殖孔，肛门靠后，泄殖孔靠前。肛门两侧各有一无毛区，称鼠蹊部，鼠蹊腺开口于此，家兔特有的气味即此腺体分泌物。雌兔泄殖孔称阴门，阴门两侧隆起形成阴唇。雄兔泄殖孔位于阴茎顶端，成年雄兔肛门两侧有 1 对明显的阴囊，生殖时期睾丸由腹腔坠入阴囊内。

兔四肢在腹面，出现了肘和膝。前肢短小，肘部向后弯曲，具 5 指；后肢较长，膝部向前弯曲，具 4 趾，第 1 趾退化，指(趾)端具爪。

1.4　尾

短小，在躯干末端。

2. 内部解剖与观察

2.1　解剖方法

2.1.1　处死

一般采用空气栓塞法。将兔置于兔笼内，向兔耳缘静脉注入 10 ~ 20 mL 空气，使其缺氧而死。

兔耳外缘的血管是静脉，在静脉远端进针处剪毛，用酒精棉球消毒并使血管扩张。用左手食指和中指夹住耳缘静脉近心端，使其充血，并用左手拇指和无名指固定兔耳。右手持注射器(针筒内已抽有 10 ~ 20 mL 空气)将针头平行刺入静脉，刺入后再将左手食指和中指移至针头处，协同拇指将针头固定于静脉内，右手推进针栓，徐徐注入空气。若针头在静脉内，可见随着空气的注入，血管由暗红变白；如注射阻力大、血管未变色或局部组织肿胀，表明针头未刺入血管，应拔出重新刺入。注射完毕后，抽出针头，用干棉球按压进针处。随着空气的注入，兔经一阵挣扎后瞳孔放大，全身松弛而死。

2.1.2　解剖

将已处死的家兔背位置于解剖台上，展开四肢并用绳固定。用棉花蘸水润湿腹中线的毛，用剪毛剪沿腹中线剪去泄殖孔前至颈部的毛。* 剪下的毛浸入烧杯中的水里，以免满室飘散。左手持镊子提起皮肤，右手持手术剪沿腹中线自泄殖孔前至下颌底将皮肤剪开，再从颈部向左右横剪至耳廓基部，沿四肢内侧中央剪至腕和踝部。左手持镊子夹起剪开皮肤的边缘，右手用手术刀分离皮肤和肌肉。然后沿腹中线剪开腹壁，沿胸骨两侧各 1.5 cm 处用骨钳剪断肋骨。左手用镊子轻轻提起胸骨，右手用另一镊子仔细分离胸骨内侧的结缔组织，再剪去胸骨，此时可见家兔的胸腹腔由横膈膜分为胸腔和腹腔。观察胸腔和腹腔内各器官的正常位置，再剪开横隔膜边缘和第 1 肋骨至下颌连合的肌肉，使兔颈部及胸腔、腹腔内的脏器全部暴露。

2.2　消化系统

2.2.1　消化管

(1)口腔　沿口角两侧将颊部剪开，清除咀嚼肌，再用骨剪剪开两侧下颌骨与头骨的关节，将口腔全部揭开。口腔的前壁为上下唇，两侧壁是颊部，顶壁的前部是硬腭，后部是肌肉性软腭，软腭后缘下垂，把口腔和咽部分开。口腔底部有发达的肉质舌，其表面有许多乳头状突起，其中一些乳头内具味蕾。兔有发达的门齿而无犬齿，上颌有前后排列的 2 对门齿，前排门齿长而呈凿状，后排门齿小；前臼齿和臼齿短而宽，具有磨面。

(2)咽部　软腭后方的腔为咽部。近软腭咽处可见 1 对小窝，窝内为腭扁桃体。沿软腭的中线剪开，露出的空腔即鼻咽腔，为咽的一部分。鼻咽腔的前端是内鼻孔。在鼻咽腔侧壁上有 1 对斜行裂缝，为耳咽管孔，咽部背面通向后方的开孔是食道口，咽部腹面的开孔为喉门，在喉门外有 1 个三角形软骨小片为会厌软骨。

(3)食管 气管背面的 1 条直管，由咽部后行伸人胸腔，穿过横膈进入腹腔与胃连接。

(4)胃 囊状，一部分被肝脏遮盖。与食管相连处为贲门，与十二指肠相连处为幽门。胃的前缘称胃小弯，后缘称胃大弯。

(5)肠 分为小肠和大肠。小肠分为十二指肠、空肠和回肠；大肠分为结肠和直肠；大小肠交接处有盲肠。十二指肠连于幽门，呈“U”形弯曲。用镊子提起十二指肠，展开“U”形弯曲处的肠系膜，可见在十二指肠距幽门约 1 cm 处，有胆管注入；在十二指肠后段约 1/3 处，有胰管通入。空肠前接十二指肠，后通回肠，是小肠中肠管最长的一段，形成很多弯曲，呈淡红色。回肠是小肠最后一部分，盘旋较少，颜色略深。回肠与结肠相连处有一长而粗大发达的盲管，为盲肠，其表面有一系列横沟纹，游离端细而光滑，称蚓突。回肠与盲肠相接处膨大形成一厚壁的圆囊，称圆小囊(为兔所特有)。大肠包括结肠和直肠，结肠可分为升结肠、横结肠和降结肠 3 个部分，管径逐渐狭窄，后接直肠。直肠很短，末端以肛门开口于体外。

2.2.2 消化腺

(1) 唾液腺 4 对，分别为耳下腺、颌下腺、舌下腺和眶下腺。

①耳下腺(腮腺)：位于耳壳基部的腹前方，为不规则的淡红色腺体，紧贴皮下，似结缔组织。剥开该处的皮肤即可见。

②颌下腺：位于下颌后部的腹面两侧，为 1 对浅粉红色圆形腺体。

③舌下腺：位于近下颌骨联合缝处，为 1 对较小、扁平条形的淡黄色腺体。可用镊子将舌拉起，将舌根部剪开，使其与下颌离开，在舌根的两侧可找到。

④眶下腺：位于眼窝底部的前下角，呈粉红色。可剪去一侧眼球，用镊子从眼窝底部夹出此腺体(若夹出的为较大的白色腺体则为哈氏腺。另有一泪腺位于眼后角，呈肉色，形状不规则)。

(2) 肝脏 红褐色，位于横隔膜后方，覆盖于胃。肝有 6 叶，即左外叶、左中叶、右中叶、右外叶、方形叶和尾形叶。胆囊位于右中叶背侧，以胆管通十二指肠。

(3) 胰脏 散在十二指肠弯曲处的肠系膜上，为粉红色、分布零散而不规则的腺体，有胰管通十二指肠。另外，沿胃大弯左侧有一狭长形暗红褐色器官，即脾脏，是最大的淋巴器官。

2.3 呼吸系统

(1)鼻腔和咽 前端以外鼻孔通外界，后端以内鼻孔与咽腔相通，中央有鼻中隔将其分为左右两半。

(2)喉头 位于咽的后方，由若干块软骨构成。将连于喉头的肌肉除去，以暴露喉头。喉腹面为 1 块大的盾形软骨，是甲状软骨，其后方有围绕喉部的环状软骨。在观察完其他构造后，将喉头剪下，可见甲状腺前方有会厌软骨，环状软骨的背面前端有 1 对小型的杓状软骨，喉腔内侧壁的褶状物即声带。

(3)气管和支气管 喉头之后为气管，管壁由许多半环形软骨和软骨间膜构成。气管到达胸腔时，分为左右支气管进入肺。

(4)肺 位于胸腔内心脏的左右两侧，呈粉红色海绵状。

2.4　泄殖系统

2.4.1　排泄器官

肾脏1对，为红褐色的豆状器官，贴于腹腔背壁、脊柱两边，肾的前端内缘各有一黄色小圆形的肾上腺(内分泌腺)。除去遮在肾表面的脂肪和结缔组织，可看到肾门。由肾门各伸出一白色细管即输尿管，沿输尿管向后清理脂肪，注意其进入膀胱的情况。膀胱呈梨形，其后部缩小通入尿道。雌性尿道开口于阴道前庭，雄性尿道很长，兼作输精用。

取下1个肾，通过肾门从侧面纵剖开，用水冲洗后观察。外周色深部分为皮质部，内部有辐射状纹理的部分为髓质部，肾中央空腔为肾盂。髓质部有乳头状突起伸入肾盂，称肾乳头。输尿管则由肾盂经肾门通出。

2.4.2　雄性生殖器官

睾丸(精巢)1对，白色、卵圆形，非生殖期位于腹腔内，生殖期坠入阴囊内。若雄兔正值生殖期，则在膀胱背面两侧可找到白色输精管，沿输精管走向找到索状粉白色的精索(精索由输精管、生殖动脉、静脉、神经和腹膜褶共同组成)，用手提拉精索，将位于阴囊内的睾丸拉回腹腔进行观察。睾丸背侧有一带状隆起为附睾，由附睾伸出的白色细管即输精管。输精管沿输尿管腹侧行至膀胱后面通入尿道。尿道从阴茎中穿过(横切阴茎可见)，开口于阴茎顶端，在膀胱基部和输精管膨大部的背面有精囊腺。

2.4.3　雌性生殖器官

卵巢1对，椭圆形，淡红色，位于肾脏后外方，表面常有半透明的颗粒状突起。输卵管1对，为细长迂曲的管子，伸至卵巢的外侧，前端扩大呈漏斗状，边缘多皱褶呈伞状，称为喇叭口，朝向卵巢，开口于腹腔。输卵管后端膨大部分为子宫，左右2个子宫分别开口于阴道。阴道为子宫后方的一个直管，其后端延续为阴道前庭，前庭以阴门开口于体外。阴门两侧隆起形成阴唇，左右阴唇在前后侧相连，前连合呈圆形，后连合呈尖形。前连合处还有一个小突起，称阴蒂。

2.5　循环系统

2.5.1　心脏及其周围大血管

(1)心脏　位于胸腔中部偏左的围心腔中。仔细剪开围心膜(心包)，可见心脏近似卵圆形，前端宽阔，与各大血管连接部分为心底，后端较尖，称心尖。在近心脏中间有一围绕心脏的冠状沟，沟后方为心室，前方为心房。左右两室的分界在外部表现为不明显的纵沟。左右心房的外表分界不明显。

待观察动、静脉系统后，将心脏周围的大血管在距心脏不远处剪断，取出心脏，用水洗净。剖开心脏，仔细观察左心房、右心房和左心室、右心室结构以及血管与心脏四腔的连通情况，弄清各心瓣膜的位置和结构。

(2)体动脉弓　由左心室发出的粗大血管，发出后不久即向前转至左侧再折向后方，从而形成弓形。

(3)肺动脉　由右心房发出的大血管，发出后在两心房之间向左弯曲。清除围绕大动脉基部的脂肪，可见此血管分为左右两支，分别进入左右肺。

(4)肺静脉　由左右肺的根部伸出，在背侧入左心房。

左右前大静脉和后大静脉　在右心房右后侧汇合后，进入右心房。

2.5.2 动脉系统

由右、左心室发出的肺动脉、体动脉弓及其发出的分支动脉组成。体动脉弓基部发出冠状动脉，分布于心脏。体动脉弓向左弯转的弓形处向前发出3支动脉，自右至左分别为无名动脉、左总颈动脉和左锁骨下动脉。但不同个体的体动脉弓的分支情况有所不同。

(1)无名动脉 1条短而粗的血管，向前延伸不久即分成右总颈动脉和右锁骨下动脉。右总颈动脉沿气管右侧前行至下颌角处，分为内颈动脉和外颈动脉。内颈动脉绕向外侧背方，其主干进入脑颅，供应脑的血液，另一小分支分布于颈部肌肉。外颈动脉位置靠内侧，前行分成几个小支(不需细找)，供应头部、颜面部和舌的血液。右锁骨下动脉到达腋部时可成为腋动脉，伸入上臂后形成右肱动脉。

(2)左总颈动脉 分支与右总颈动脉相同。

(3)左锁骨下动脉 分支情况与右锁骨下动脉相同。

(4)背大动脉 体动脉弓向左弯折，沿胸腹腔背中线后行，称背大动脉。用镊子将心脏、胃、肠等移向右侧，主要的分支血管有：

(5)肋间动脉 背大动脉经胸腔分出的若干成对小动脉，沿肋骨后缘，分布于胸壁上。

(6)腹腔动脉 背大动脉进入腹腔后分出的第1支血管，其分支分布于胃、肝、胰、脾等器官。

(7)前肠系膜动脉 在腹腔动脉后方，其分支至肠的各部和胰脏等器官。

(8)肾动脉 1对，分别在前肠系膜动脉的前、后方，通入右、左肾。

(9)后肠系膜动脉 为背大动脉后段向腹右侧伸出的1支小血管，分布于降结肠和直肠。

(10)生殖动脉 1对，分布于雄性睾丸或雌性卵巢上。

(11)腰动脉 用镊子分离背大动脉后段两侧的结缔组织和脂肪，并用镊子托起，可见其背侧前后发出6条腰动脉，进入背部肌肉。

(12)总髂动脉 背大动脉后端分出的左右两支大血管，每支又分出外髂动脉和内髂动脉。外髂动脉后行进入后肢，在股部为股动脉。内髂动脉为内侧的较细分支，分布于盆腔脏器、臀部及尾部。

(13)尾动脉 用骨钳将耻骨合缝剪开，提起直肠，用镊子将腹主动脉末端托起，可见其近末端的背侧发出1条尾动脉伸入尾部。

2.5.3 静脉系统

除肺静脉外，主要有1对前大静脉和1条后大静脉，汇集全身的静脉血返回心脏。静脉血管外观上呈暗红色。

(1)前大静脉 分左右两支，汇集锁骨下静脉和总颈静脉血液，向后注入右心房。

①锁骨下静脉：分左右两支，与同名动脉伴行，收集来自前肢的血液。

②总颈静脉：1对，粗而短，分别由左右外颈静脉和左右内颈静脉汇合而成，外颈、内颈静脉与总颈动脉伴行。外颈静脉位表层，较粗大，汇集颜面部和耳廓等处的回心血液。内颈静脉位深层，较细小，汇集脑颅、舌和颈部的回心血。

③奇静脉：1条，位于胸腔的背侧，紧贴胸主动脉右侧。收集肋间静脉血液，在右前大静脉即将入右心房处，汇入右前大静脉。

(2) 后大静脉 收集内脏和后肢的血液回心脏，注入右心房，在注入处与左右前大静脉汇合。汇入后大静脉的主要血管有：

①肝静脉：来自肝脏的4~5条短而粗的静脉，在横膈后面汇入后大静脉。

②肾静脉：1对，来自肾脏，右肾静脉位置略高于左肾静脉。

③腰静脉：6条，较细小，收集来自背部肌肉的回心血液。

④生殖静脉：1对，来自雄体睾丸或雌体卵巢。右生殖静脉注入后大静脉；左生殖静脉注入左肾静脉。

⑤髂腰静脉：1对，较细，位于腹腔后端，分布于腰背肌肉之间，收集腰部体壁回心血液。

⑥外髂静脉：1对，收集后肢回心血液。

⑦内髂静脉：1对，收集盆腔背壁和股部背侧的回心血液。

(3) 肝门静脉　将肝各叶转向前方，其他内脏掀向左侧，把肝十二指肠韧带展开，使胃与肝远离，但不可将韧带撕裂。在此韧带里有一粗大静脉，即肝门静脉。肝门静脉收集胰、胃、脾、十二指肠、小肠、结肠、直肠、大网膜的血液，送入肝脏。

2.6　神经系统

2.6.1　交感神经

(1)颈部交感神经　在颈部气管两侧，总颈动脉背侧有2条神经，稍粗的是迷走神经，靠外侧；较细的是交感神经，靠内侧。沿颈部交感神经向前追索，每侧在喉头处附近有一长圆形灰红色的大神经节，为颈前神经节。沿颈部交感神经向后追索，在锁骨下动脉前方，有一扁平长圆形大神经节，为颈后神经节(在其前方尚有一较小的颈中神经节)，在其后方紧贴锁骨下动脉的后面为第1胸神经节。有时兔的颈后神经节与第1胸神经节合并，形成星状神经节，有神经分支围绕锁骨下动脉，形成锁骨下袢。

(2)胸部交感神经　由颈后神经节向后伸入胸腔。清除胸腔内器官，可见沿脊柱两侧各有1条白色线，即胸部交感神经干(链)，在每两肋骨之间的交感神经干上有一小的交感神经节。胸部后段交感神经干发出1条大内脏神经，该神经向后斜伸穿过横膈入腹腔，与腹腔神经节相连。

(3)腹部交感神经　将腹腔内脏推向右侧，可见在前肠系膜动脉的基部左边有一太阳神经丛。它是由膨大的腹腔神经节(靠血管的前方)和肠系膜前神经节(在血管的后方)，及联络二者的交通支合成的。如在神经节上滴几滴酒精和醋酸，使神经节发白，则较易于分清。由太阳神经丛发出的节后纤维分布在胃、肝、脾、肾上腺、生殖腺及大血管处。在后肠系膜动脉处稍前方，还有一较小的肠系膜后神经节，发出分支至结肠、膀胱等处。在腹腔后部，腰部交感神经干渐细，并向背面深处走行，约在第3尾椎骨处终止。

2.6.2　迷走神经

(1)颈部迷走神经　迷走神经与交感神经沿气管两侧并行。迷走神经向前行至靠近颅腔处有一卵圆形膨大，为迷走神经节。由每侧迷走神经节横向发出一短支，分布于喉头，称喉前神经；同时还发出一较细神经紧贴总颈动脉后行，称减压神经，仔细分离，可见它到达主动脉弓和心脏。迷走神经向后行，右侧迷走神经伸到右锁骨下动脉的腹面，发出右侧喉返神经，沿气管前伸至喉头。

(2)胸腔和腹腔内的迷走神经　左侧迷走神经在主动脉弓的后方发出左侧喉返神经，绕过主动脉弓，紧贴气管前行到喉头。左右迷走神经伸到肺根基部构成神经丛，叫肺丛，更伸到心脏，在主动脉和肺动脉基部形成心丛。迷走神经继续沿食管后行，穿过横膈入腹腔。在腹腔，迷走神经发出分支到胃、脾、肝、胰和肠管上。

【思考题】

1. 根据实验体会，总结家兔解剖和观察的操作要点。
2. 通过实验观察，归纳兔有哪些形态结构表现出哺乳类的进步性特征。

实验十三 哺乳纲分类

【实验目的】

1. 了解哺乳纲重要目和科的特征；学习使用检索表。
2. 认识常见的和有经济意义的种类。

【实验内容】

哺乳类鉴定术语和测量方法、标本检索与观察。

【实验器材】

供检索观察用哺乳类标本、卡尺、卷尺、放大镜和实体显微镜(观察啮齿类臼齿标本)。

【实验步骤】

要爱护实验标本，小心使用并轻拿轻放。

1. 哺乳类鉴定术语及测量方法

1.1 外部测量法

①体长：由头的吻端至尾基。

②耳长：由耳尖至耳着生处。

③尾长：由尾基至尾的尖端。

④后足长：后肢跗跖部连趾的全长(不计爪)。

此外，尚须鉴定性别，称量体重，并注意形体各部的一般形状、颜色(包括乳头、腺体、外生殖器等)及毛的长短、厚薄和粗细等。

1.2 头骨的测量法

①颅全长：颅骨长径部分两端长度。

②颅基长：枕髁至颅底骨前缘间的长度。

③基长：枕骨大孔前缘至门牙前基部或颅底骨前端的长度。

④眶鼻间长：额骨眶后突后缘至同侧鼻骨前缘间的距离。

⑤吻宽：左右犬齿外基部间的直线距离。

⑥颧宽：两颧外缘间的水平距离。

⑦眶间宽：两眶内缘间的距离。

⑧颅宽：脑颅部的最大宽度。

⑨听泡宽：位于枕髁前、听泡两外侧间的距离。

⑩齿隙长：上颌犬齿虚位最大距离。

2. 兽类标本的检索与观察

真兽亚纲为高等胎生种类，具有真正的胎盘，大脑发达。现存绝大多数属此亚纲。

我国常见目检索

1. 具后肢 …… 2
   后肢缺 …… 12
2. 前肢特别发达，并具翼膜，适宜飞行 …… 翼手目(Chiroptera)
   构造不适于飞行 …… 3
3. 牙齿全缺，身被鳞甲 …… 鳞甲目　(Pholidota)
   有牙齿，体无鳞甲 …… 4
4. 上下颌的前方各有 1 对发达的呈锄状的门牙 …… 5
   门牙多于 1 对，或只有 1 对且不呈锄状 …… 6
5. 上颌具 1 对门牙 …… 啮齿目(Rodentia)
   上颌具前后两对门牙 …… 兔形目(Lagomorpha)
6. 四肢末端指(趾)分明，趾端有爪或趾甲 …… 7
   四肢末端趾愈合，或有蹄 …… 10
7. 前后足拇趾与他趾相对 …… 灵长目(Primates)
   前后足拇趾不与他趾相对 …… 8
8. 吻部尖长，向前超出下唇很远。正中 1 对门牙通常显然大于其他各对 …… 食虫目(Lnsectivora)
   上下唇通常等长，正中 1 对门牙小于其余各对 …… 9
9. 体型呈纺锤状，适于游泳；四肢变为鳍状 …… 鳍足目(Pinnipedia)
   体型通常适于陆上奔走，四肢正常；趾分离，末端具爪 …… 食肉目(Carnivora)
10. 体型特别巨大，鼻长而能弯曲 …… 长鼻目(Proboscidea)
    体型巨大或中等，鼻不延长也不能弯曲 …… 11
11. 四足仅第 3 或第 4 趾大而发达 …… 奇蹄目(Perissodactyla)
    四足第 3、4 趾发达而等大 …… 偶蹄目(Artiodactyla)
12. 同型齿或无齿，呼吸孔通常位于头顶，多数具背鳍，乳头腹位 …… 鲸目(Cetacea)
    多为异型齿，呼吸孔在吻前端，无背鳍，乳头胸位 …… 海牛目(Sirenia)

3. 代表种类观察

3.1　食虫目(Carnivora)

小型兽类。四肢短，具五趾，有利爪；体被软毛或硬棘；吻细长突出，牙齿原始，适于食虫；外耳和眼较退化。大多为夜行性。

刺猬(*Erinaceus europaeus*)　体背被有棕、白相间的棘刺，其余部分具浅棕色深浅不等的细刚毛。齿式为 3 · 1 · 3 · 3/2 · 1 · 2 · 3。

缺齿鼹(*Mogera robusta*) 俗名鼹鼠。适于地下生活。体粗短，密被不具毛向的绒毛；眼小，耳壳退化；锁骨发达，前肢短健，掌心向外侧翻转，具长爪。齿式为3·1·4·3/3·0·4·3。

3.2 翼手目(Chiroptera)

前肢特化，适于飞翔。具特别延长的指骨。由指骨末端至肱骨、体侧、后肢及尾之间，着生有薄而韧的翼膜，藉以飞翔。第1指或第2指端具爪。后肢短小，具长而弯的钩爪；胸骨具胸骨突起；锁骨发达；齿尖锐。

东亚蝙蝠(*Vperitilio superans*) 体小型。耳较大，眼小，吻短，前臂长31~34 mm。体毛黑褐色。

3.3 灵长目(Primates)

大多数种类拇指(趾)与其他指(趾)相对；锁骨发达，手掌(跖部)具两行皮垫，利于攀缘，少数种类指(趾)端具爪，但大多具指(趾)甲。大脑半球高度发达；眼前视，视觉发达；嗅觉退化。

科别检索

1. 第2手指缩小，第2足趾具尖爪 ………… 懒猴科(Lorisidae)
   手指和足趾均具扁平的指(趾)甲 ………… 2
2. 前肢比后肢长 ………… 长臂猿科(Hylobatidae)
   前后肢等长，或前肢较短 ………… 猴科(Cercopithecidae)

猕猴(*Macaca mulatta*) 尾长约为体长的1/2。颜面和耳多呈肉色；胼胝红色，体毛棕黄色。

川金丝猴(*Rhinopithecus roxellanae*) 我国名贵特产种类，分布于川南、陕南及甘南的3 000m高山上。体被金黄色长毛；眼圈白色；尾长；无颊囊。

3.4 鳞甲目(Pholidota)

体外被覆角质鳞甲，鳞片间杂有稀疏硬毛；不具齿；舌发达；前爪极长。

穿山甲(*Manis pentadactyla*) 体背面被角质鳞片，鳞片间有稀疏的粗毛。头尖长，口内无齿舌细长，善于伸缩。主要食物为白蚁和蚂蚁。

3.5 兔形目(Lagomorpha)

为中小型草食类。上颌具有2对前后着生的门牙，后面1对很小，故又称重齿类。

草兔(*Lepus capensis*) 背毛土黄色，后肢长而善跳跃；耳壳长；尾短。

3.6 啮齿目(Rodentia)

种类和数量最多，分布遍及全球。体中小型。上下颌各具1对门牙，仅前面被有珐琅质。门牙呈凿状，终生生长；无犬牙(犬牙虚位)；嚼肌发达，适应啮咬坚硬物质。臼齿常为3/3。

科别检索

1. 臼齿列(Pm+m)等于或多于4/4 ………… 2
   臼齿列少于4/4 ………… 6
2. 臼齿列一般5/4，上颌第1前臼齿很小，有的仅生4齿，身体较小或中等，眶下孔很小，尾毛蓬松 …… 3
   臼齿列4/4，身体较大，眶下孔发达，尾毛不蓬松 ………… 4
3. 前后肢间有皮翼 ………… 鼯鼠科(Petauristidae)

前后肢间无皮翼 ………………………………………………………………… 松鼠科(Sciuridae)
4. 体被长硬刺 …………………………………………………………………… 豪猪科(Hystricidae)
体无长刺 ………………………………………………………………………………………… 5
5. 尾大而扁平，无毛而被鳞 ………………………………………………………… 河狸科(Castoridae)
尾甚退化 ……………………………………………………………………………… 豚鼠科(Caviidae)
6. 臼齿列 4/3 ………………………………………………………………………………………… 7
臼齿列 3/3 ………………………………………………………………………………………… 8
7. 后肢较前肢长 2~2.5 倍，后足具正常发达的五趾，内趾较短，尾端无长毛束，栖于林地或草地 …………
………………………………………………………………………………… 林跳鼠科(Zapodidae)
后肢较前肢长 4 倍，后足的 2 个侧趾甚退化或不存在，尾端常有长毛束，多栖于漠地 ……………………
……………………………………………………………………………………… 跳鼠科(Dipodidae)
8. 成体臼齿的咀嚼面呈条块状的孤立齿环，眼和耳均退化，尾短而无毛或仅有稀毛，适于地下生活 ………
………………………………………………………………………………… 竹鼠科(Rhizomyidae)
臼齿的咀嚼面不呈条块状的孤立齿环，眼和耳正常，尾长 ……………………………………………… 9
9. 第 1、2 上臼齿咀嚼面具 3 个纵行齿尖，每 3 个并列的齿尖又形成一横嵴 ………………… 鼠科(Muridae)
第 1、2 上臼齿咀嚼面的齿尖不排成 3 纵列 ………………………………………… 仓鼠科(Circetidae)

黄鼠(*Citellus dauricus*)　属松鼠科。体棕黄色，尾不具丛毛。

黑线仓鼠(*Cricetulus barabensis*)　属仓鼠科。体灰褐色，尾短，背中有 1 条黑色背纹；具颊囊。

小家鼠(*Mus musculus*)　属鼠科。体较小，门牙内侧有缺刻。

褐家鼠(*Rattus norvegicus*)　属鼠科。体较大，臼齿齿尖 3 列，每列 3 个。

三趾跳鼠(*Dipus sagitta*)　属跳鼠科。前肢极小。后足仅 3 趾，长而善跳跃。生活于荒漠地区。

银星竹鼠(*Rhizomys pruinosus*)　竹鼠科；尾裸露无毛；全身灰褐色，针毛毛尖银白色。

3.7　食肉目(Carnivora)

猛食性兽类。门牙小，犬牙强大而锐利；上颌最后 1 枚前臼齿和下颌第 1 枚臼齿特化为裂齿(食肉齿)；指(趾)端常具利爪，利于撕捕食物；脑和感官发达；毛厚密，且多具色泽。

科别检索

1. 体型粗壮，各足均具 5 趾 …………………………………………………………………………… 2
体型细长(獾例外)，后足仅 4 趾(鼬科、灵猫科 5 趾) ………………………………………………… 4
2. 体较小，尾长超过体长的一半，上臼齿宽度稍大于长度 ………………………… 浣熊科(Procyonidae)
体较大，尾短，最后的上臼齿最小的宽度约等于其最大酶长度的 1/2 ……………………………… 3
3. 吻短，体白色，四肢黑色 ………………………………………………………… 大熊猫科(Ailuropodidae)
吻长，全身黑色或棕色 ……………………………………………………………………… 熊科(Ursidae)
4. 四肢短，体形细长(獾较粗壮) ……………………………………………………………………… 5
四肢长，体形正常 …………………………………………………………………………………… 6
5. 身体一般较小。臼齿 1/2，上臼齿内缘较外缘宽 ……………………………………… 鼬科(Mustelidae)
身体一般较大。臼齿 2/2，或上臼齿内缘较外缘窄 ……………………………………… 灵猫科(Viverridae)
6. 头部狭长。爪较钝，不能伸缩。上臼齿具明显的齿尖 ……………………………………… 犬科(Canidae)
头部短圆。爪锐利，能伸缩。上臼齿无明显的齿尖 ………………………………………… 猫科(Felidae)

狐(*Vulpes vulpes*) 犬科。体长，面狭吻尖；四肢较短；尾长、大，超过体长的1/2，尾毛蓬松，端部白色。

黑熊(*Selenarctos thibetanus*) 熊科。吻部钝短，前肢腕垫大，与掌垫相连；胸部有规则的新月形白斑。

黄鼬(*Mustela sibirica*) 鼬科，俗称黄鼠狼。体型细长，四肢短。颈长、头小。尾长约为体长的1/2，尾毛蓬松。背毛为棕黄色冬毛颜色较浅而有光泽，夏季毛色较深。

獾(*Meles meles*) 鼬科，也称狗獾、欧亚獾。鼬科中较大型种类。体躯肥壮，四肢粗短。吻尖、眼小。耳、颈、尾均短。具黑褐色与白色相杂的毛色。头部有3条白色纵纹，中间1条自鼻尖达头顶。

豹猫(*Felis bengalensis*) 猫科。体型似家猫但稍大，尾较粗。眼内侧有两条白色纵纹，体毛灰棕色，杂有不规则的深褐色魔纹。

小灵猫(*Viverricula indica*) 灵猫科。全身棕黄，背部有5条纵纹或斑点，中央3条清晰，外侧2条时断时续；四足乌黑色，腹部灰黄色或灰白色，尾部有7~9个暗褐色环。

3.8 鳍脚目(Pinnipedia)

适于水中生活。体呈纺锤形，密被短毛。四肢鳍状，五趾间具蹼。尾短而夹于后肢间。

海豹(*Phoca vitulina*) 体肥，纺锤形。头圆，眼大，无外耳壳，嘴须长。成体背部苍灰色，杂有棕黑色斑点。

3.9 奇蹄目(Perissodactyla)

草原奔跑兽类。四肢的中指(中趾)即第3指(趾)发达，指(趾)端具蹄。门牙适于切草，犬牙形状似门牙，前臼齿与臼齿形状相似，嚼面有棱脊，有磨碎食物的作用。单胃。盲肠大。可观察马或驴。

3.10 偶蹄目(Artiodactyla)

第3、4趾(指)同等发达，故称为偶蹄，并以此负重(第2、5趾为悬蹄)。尾短；上门牙常退化或消失，有的犬牙形成獠牙，有的退化或消失，臼齿咀嚼面突起型很复杂，不同的科因食性不同而有变化。此目种类众多。

科别检索

1. 上下颌均具门齿，下犬齿强大而不呈门齿状，臼齿具丘状突(丘齿型)，头上无角 ………… 猪科(Suidae)
   仅下颌具门齿，下犬齿呈门齿状，臼齿具新月状脊棱(月齿型)，角或有或无 ………………………… 2
2. 臼齿低冠，上犬齿若存在时呈獠牙状，雄性大都具实角 ………………………… 鹿科(Cervidae)
   臼齿高冠，无上犬齿，雄性具虚角，雌性的角或有或无 ………………………… 牛科(Bovidae)

野猪(*Sus scrofa*) 猪科。体型似家猪，但吻部更突出。体被刚硬的针毛，背上鬃毛显著。毛色一般呈黑褐色。雄猪具獠牙，雌性獠牙不发达。幼猪躯体背面有6条淡黄色纵纹。多栖于灌木丛中、较潮湿的草地或森林中。

狍(*Capreolus capreolus*) 鹿科。四肢细长，尾短。雄性有角，短且分三叉。毛质粗脆，冬毛灰棕色，夏毛红棕色。臀部具白斑。

黄羊(*Procapra gutturoa*) 牛科。雌性不具角，四肢细而善奔跑。蹄窄、尾短。生活于草原和半荒漠地区。

刺猬

缺齿鼹

蝙蝠

猕猴

金丝猴

穿山甲

草兔

黄鼠

黑线仓鼠

小家鼠

褐家鼠

银星竹鼠

三趾跳鼠

狐

黑熊

黄鼬

獾

豹猫

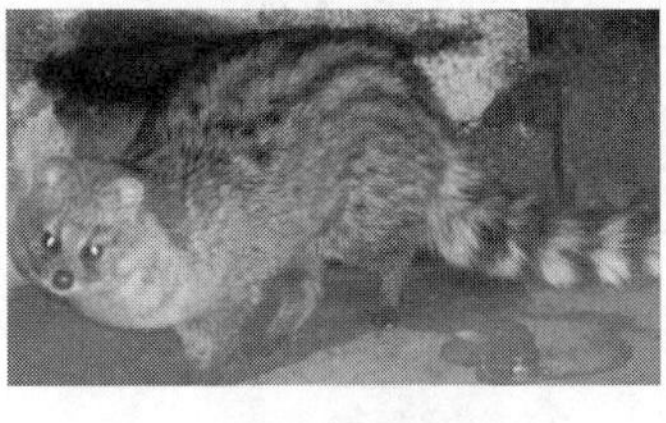

小灵猫

海豹

野猪

狍

黄羊

【思考题】

1. 总结真兽亚纲中主要目的特征。
2. 总结食肉目、啮齿目和偶蹄目中主要科的特征。

实验十四 动物标本的制作

【实验目的】

通过制作各类标本，掌握浸制标本、剥制标本以及骨骼标本的制作方法。同时提高学生的动手能力，丰富教学科研资料。

【实验原理】

将动物的整体浸制于保存液中，甚至将处理过的动物皮肤及皮肤衍生物或骨骼一同由躯体上剥离下来，制成标本，能使死亡的动物反映出其外部结构特征。

【实验内容】

1. 浸泡标本的制作。
2. 骨骼标本的制作。
3. 剥制标本的制作。

【实验器材】

1. 材料

各类待制作的标本。

2. 试剂

氢氧化钠、双氧水、乙醚、甲醛、滑石粉、砒霜膏。

3. 器械

注射器、解剖刀、剪刀、铁丝、棉花、针线、钳子。

【实验步骤】

1. 浸制标本的制作

采集到小型不易剥制的标本(如鱼、蛙、蛇、蜥蜴等)可用此法进行长期保存。先用水洗净其身上的脏物，将6%~8%的福尔马林液注入腹腔再整形，并用细线固定在适当宽度的玻璃板上，泡在10%福尔马林液中固定，3~4 d后移入5%福尔马林液的封闭器中长期保存。此法要求浸泡液将标本完全淹盖，标本一旦被固定变硬切不可暴露在空气中，否则标本干燥变形就不能再恢复原状了。另外，标本要避光，以使颜色保持较久。如用70%的酒精进行保存，可保持标本柔软，但不太经济。

2. 骨骼标本的制作

在骨骼标本制作之前，一定要对各种动物骨骼的数量、大体形状有较细致的了解，否则会在制作过程中遗失部分骨骼。一般分为5个步骤。

2.1　处理动物

多用乙醚麻醉探针破坏延脑或者打空气针法等。

2.2　剥除肌肉

(1) 水煮法　将去皮、内脏和大块肌肉的骨骼放入沸水中蒸煮，万不可过熟，否则会散架，具体时间因种而异，如鱼类只需水刚沸即可，而兽类要稍久一点。将蒸煮的骨骼移至解剖盘中，用镊子一点点地将肌肉夹干净，仅剩各骨骼间的肌腱。

(2) 腐烂法　将去皮、内脏和大块肌肉的骨骼埋入土中或浸泡在水中让其自行腐烂，当露出肌腱时移入解剖盘中冲洗或用刷子刷去骨上的残余肉渣。

(3) 蚁啃法　将标本放入1个有孔的盒中，埋入有蚂蚁出入的土中，一段时间后取出即可。

2.3　脱脂

常用曝晒法，即将去肉的骨架放在烈日下曝晒，直至骨头发白，无油透出为止。也可用0.5%~0.7%的KOH或NaOH溶液浸泡4d，再移出晒干水分即可。

2.4　漂白

将脱脂的骨骼轻轻移至2% H_2O_2 中，浸泡约1w，要经常检查，特别是低等动物，否则骨骼会变脆易断。

2.5　穿连装架

将漂白的骨骼轻轻用水洗净，然后晒干，用铁丝将骨骼穿连起来。一般铁丝从骨髓腔中穿过，大动物要先用钻子钻好孔再穿。当穿连好以后，用较粗的铁丝将骨架撑起，做成活的站立姿势。最后写出动物的名称，并将各骨头的名称标在一侧，以利于对照观察。

3. 剥制标本的制作

将皮较厚、个体较大的动物(如鸟、兽等)的皮剥下来，通过药物处理，内包假体而制成。

3.1　鸟类剥制标本的制作方法

3.1.1　剥皮

首先找到腹部的裸区，从龙骨后端将皮肤剪一个小口，但切勿剪穿腹壁，只需剪开薄薄的一层皮肤即可。然后沿此小刀口向后小心地剪开腹中线的皮肤，一直到泄殖腔前缘，用镊子夹住切口皮肤向两侧剥离。剥到后肢时(摆动足部可看到隐于皮肤内的部分随着摇动)，把各侧后肢的膝部从切口推开(图2-5)，找到膝关节，用剪刀剪断关节，去掉腿部和关节附近的肌肉，并撒上滑石粉，将后肢放回原处，继续往后剥离。将泄殖腔两侧的皮肤和肌肉分开，在泄殖腔前缘将直肠剪断，在下面找到尾椎骨，用剪刀剪断。处理尾部是剥制中较困难的地方，一不小心就容易将后部皮肤弄破，导致尾羽脱落。处理尾部后，用棉花塞住腹腔后端的孔，以免内脏弄脏羽毛。再以左手拿着剪断的躯体另一端，右手继续向前剥，此时要将皮里朝外，羽毛翻向内面，如脱袜子一样，并随时撒上滑石粉。当剥至肩关节时，先将一侧肩关节剪断，因为动脉遭到破坏，所以必须多撒滑石粉，然后剪断另一侧的肩关节，继续往颈部剥离。头部剥离也不难，但对于啄木鸟等头部很大的鸟要更小心。当枕骨出现后继续向前剥，要注意耳、眼部，用小剪沿眼眶剪断连着眼睑的皮肤，排出眼球，但不要弄破，以免剥离液流出。此时尽量将皮翻向前头(图2-6)，然后靠枕部将颈切断，留下头骨，使其与剥皮的躯干部分离，这时将标本放在一旁。

3.1.2 做装架

用铁丝做一个简单的装架(图2-7)。图中A为一小环钩，用来固定头骨；扭曲处B支持颈，长度与颈相等或略短；C用来支持躯干，尺寸可较原来的躯干部略小；D用来支持尾部，扭曲后剪断，只留1根。

3.1.3 清除和防腐

先清除皮肤上的残余肌肉和脂肪。小鸟前肢只需清理肱部，大鸟必须清理至桡尺骨，头

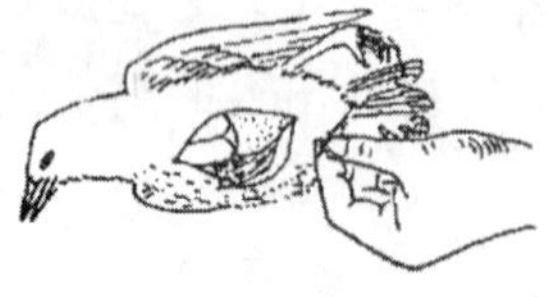

图2-5 从切口推出膝关节

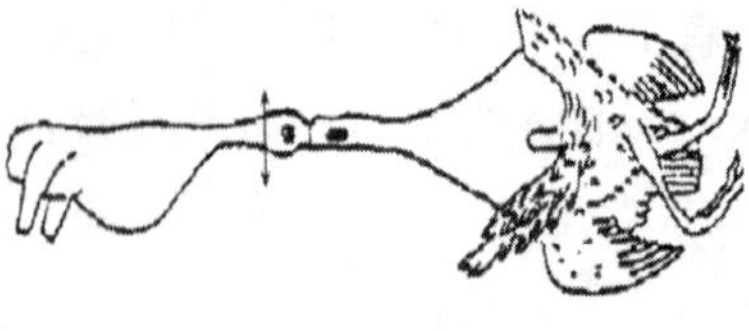

图2-6 已剥到喙基部的形状

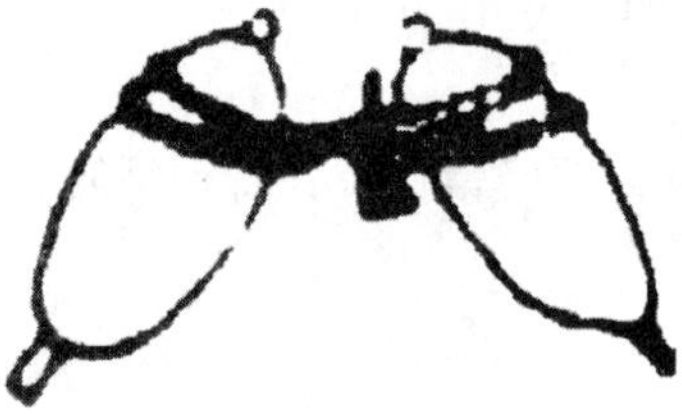

图2-7 装 架

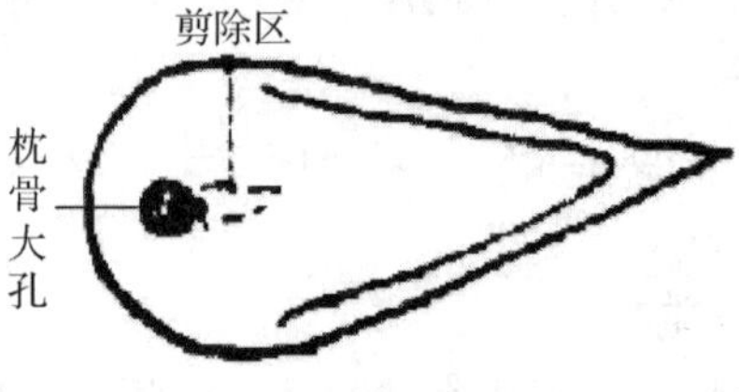

图2-8 鸟头骨安装架示意

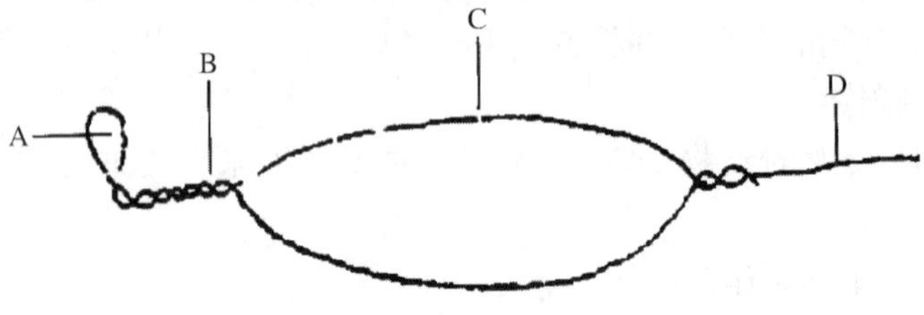

图2-9 肱 部

部侧从下颚至眼眶，枕部清除。原则上力求干净，必须小心，不要撕裂皮肤。清除以后，在头部腹面用剪刀顺口盖骨后方与枕骨孔后缘相连处剪 1 个三角形裂口(图 2-8)(够装架 A 伸入即可)，用镊子夹一小块棉花塞入裂口。将脑挤出去，一直到干净为止，清除结束以后，再在皮肤和骨骼上涂上砒霜膏。

3.1.4　装制

先取一小片棉花将四肢骨骼分别缠好，以代替清除的肌肉，然后放回原处。将做好的装架 A 从裂口插入枕孔钩住头骨，取一条棉花从 A 环中贯穿，随后继续往头骨脑腔中填塞棉花，以使之伸入钩结实地固定为止。同时做 1 个棉花球塞到眼眶里，之后将整个鸟的皮毛翻转过来。翻转头部时有些困难，需要细心而耐心。有时天气干燥，颈部失水过多，可适当用水润湿。头部回原后，整个剥去肌肉的鸟皮就完全出现了。整理四肢，用粗线将左、右趾部在一个平面上缚紧(图 2-9)，两肱骨的间距与鸟肩宽一致。将扎好的肱骨放在装架 B 的腹面，上面铺一层棉花，再将装架 D 在尾骨部分插入贯穿尾后端，在鸟腹部朝内填入棉花，棉花必须呈片状，切勿成团。第一条棉花用钳子填入颈部。在填塞过程中要随时检查，要求胸部丰满，腹部可稍低些，左右一致。不合规格的地方适当添减，最后用线缝合腹部剪口。

3.1.5　整形

这是最后一道工序，目的是使标本与原物相似而且美观。为了使翼部紧贴身上，可抹松身上的羽毛，用薄片棉花包住。如嘴张开，可用线缝上。要使后肢放在腹部中央，将胫骨插入体内棉花中，跗蹠和趾外露，留一段尾后端伸出的铁丝并折向前。此时将去皮的躯干剖开，辨别雌雄，并填入标签和记录卡。将标签用线系在左脚上，标本背部向下平放，放在通风处晾干。最后从残体中取出胃，剖开分析食性；或用指管固定编号，待有时间再分析。

3.2　兽类剥制标本制作方法

先将标本腹部朝上放在解剖盘内，从体后端剪开皮肤一直切至肛门(不宜过长)，将左右后肢横向切口，在膝关节处切断(图 2-10)，并剥离腹部肌肉，再将后专辑清理，在肛门前缘切断直肠。找到尾椎骨的基部，右手用镊子中央部夹稳尾椎基部，左手捏住尾基部翻出的皮肤，右手再用力渐渐地拉住尾椎，可将尾椎完整地拉出来(图 2-11)。之后像脱袜子一样，继续向前剥，方法与鸟类相同。在前肢处切断肘关节，至头部则用小刀贴近头骨剥离耳、眼和躯部的相连部分。最后取出头骨和躯干，剩下一张完整的皮毛。接着清理皮肤上的肌肉和脂肪，涂上砒霜膏，将头骨由颈部切下，略清理上面大的肌肉，注意不要拉断骨。装制方法：削一根细的圆竹签，根据小兽大小缠绕棉花，制成假体，将剩余的竹签去掉。用小片棉花缠绕四肢骨。另以尾部椎骨为标准，削 1 个与尾椎大小相同的竹签，涂上砒霜膏，伸入尾内作支架。竹签稍长于尾长，长出的部分插入假体，使尾固定。检查标本是否有不丰满处，如有，则填塞一些棉花。最后缝好切口，再取一张硬纸板，将后肢与尾缝上(图 2-12)。用线把头骨系在后肢左侧，标签系在后肢右侧，检查动物名称、标签和记录卡，将正常状态的标本放在桌上，将毛抹松，将前肢移到腹面，并把桡尺骨部分一端推入体内，使前肢固定(图 2-13)。

蝙蝠标本制作：蝙蝠与小型兽类的制作方法基本一致，但蝙蝠腹面的切口可转开在背面。另外，切断后肢应在髋臼处，前肢则在肩关节处。最后，将体背钉在硬纸板上(图 2-14)。

【思考题】

1. 叙述浸制标本和剥制标本的主要步骤。

2. 叙述制作标本时的注意事项。
3. 制作标本的意义是什么？
4. 标本制作技术如何改进？

图 2-10 推出膝关节和切断处

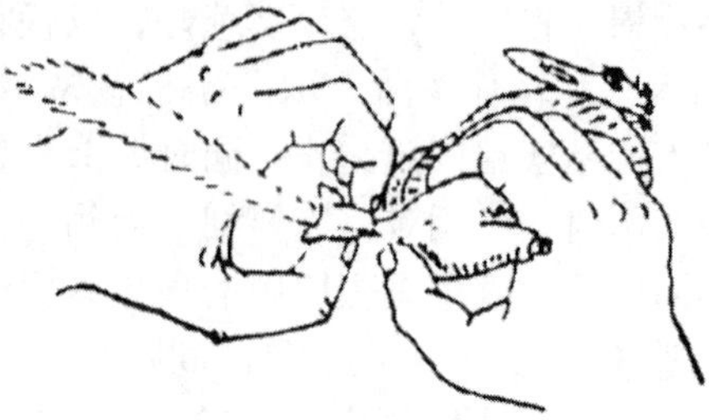

图 2-11 抽出尾椎骨

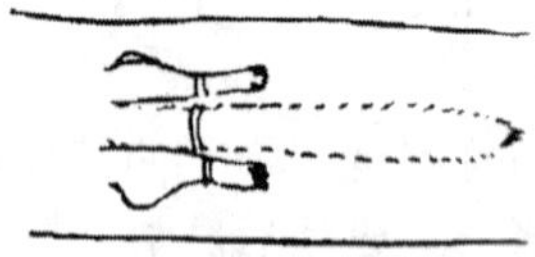

图 2-12 后肢、尾与硬纸板缝贴法

图2-13 正确制作的小啮齿类标本

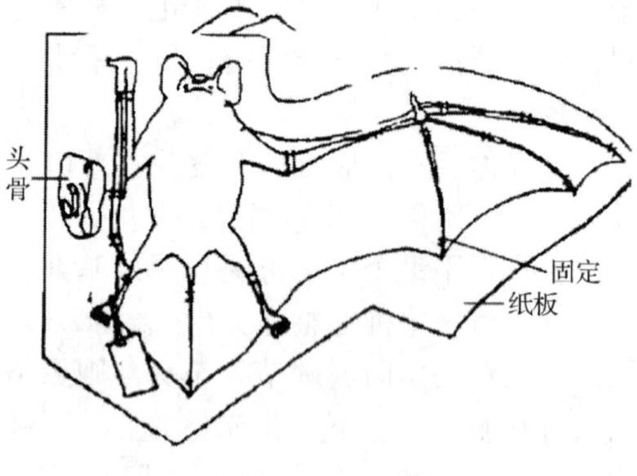

图 2-14 正确制作的蝙蝠标本

实验十五 脊椎动物的野外观察与调查

【实验目的】

1. 学会野外调查的基本方法。
2. 了解动物的生态环境。

3. 识别常见的野生动物踪迹。

【实验器材】

望远镜、GPS、照相机、记录本、笔、工具书。

【实验步骤】

自然界是一个丰富的知识宝库，作为一个生物学工作者，特别是动物学工作者，经常的野外工作是一个重要组成部分。只有通过观察和研究，才能发现各类动物及其与外界环境的紧密联系。通过观察，不仅可以认识动物的不同类型及其代表，而且能进一步根据外形、行为及活动痕迹等判断动物的种类。同时，统计观察到的数量，可以得出动物在不同地域群落的结构、优势、普通和稀有种类，从而了解它们与人类的经济利益的关系。

1. 注意事项

野外观察的效果在很多情况下取决于观察者的行动、注意力和警觉性。①观察过程中保持安静很重要。队伍不能拉得很长，要紧凑一些，更不要走在指导老师的前面；步履须稳健，防止发出水壶、锹铲的抨击声等声响。②观察者不能穿颜色鲜艳的衣物，要尽可能使衣服色调与环境协调，违反以上原则都将惊走动物。③在观察过程中，每个人都必须集中注意力，仔细倾听周围的动静，观察每个可疑的形迹，如动物的足迹、洞穴、呕吐物和粪便等。因此，不能只注意天空和树上，还要注意地面，遇到动物活动的痕迹应该详细地记录，能收集的就要收集起来，这些都将是重要的科学资料。④定点观察和研究鸟类的育雏、获食等方面的活动规律时，还必须进行隐蔽和伪装，否则会妨碍它们的正常活动，使获得的资料失去真实意义。

2. 观察记录

记录是野外工作中一个很重要的部分，在观察过程中必须将所遇到的一切现象和教师的讲解记录下来(两者必须区别标记)。记录必须用专用的记录本和黑色铅笔，在野外遇雨或受潮时其他笔所做的记录将消失，整理和总结时可用钢笔。

记录方式较多，各人采用方式也不一致，目的在于能记载观察到的现象，便于整理。但必须注意：任何一种记录都必须写明时间(年、月、日、时)、地点、外界环境(生境)、气象(天气、温度、风)以及海拔高度。现介绍几种记录方式如下：

(1)观察随笔　随笔是一种最普通的流水账记录方式，把观察过程中遇到的一切现象随时记录下来，如看到一种鸟，记载它的名称、地点、形态的野外标志和活动情况等。又如见到鸟巢，就必须记录记载是什么鸟的巢、巢的位置、巢的大小、筑巢材料以及有无卵。如有卵，则记录卵数、卵色、大小等。如采集的卵制成了标本，也须注明标本编号以便核对。

(2)观察日记　将观察随笔用日记形式做初步的整理，一般格式如下：1980. 5. 26。××山沟，海拔520 m，气温28 ℃，风速0. 8 m/s。

①内容：鸟类采集和观察。路线(图2-15)。

②小结：上午6:00~8:00，共采集到鸟类白脸山雀、白头鹎、画眉等15种，观察到鸟类黄鹂、伯劳等8种，共32种。其中以白头鹎和画眉最多，它们多在林缘灌木的乔木上活动。

还采集到爬行类赤链蛇、石龙子共2种。

注：小结繁简并不要求一致。如果有分种，专题日记和其他类型记录可以从简。

图 2-15　调查路线示意

(3)专题或分种日记　这种记录方式是在记录本上分种类或分问题计入有关部分，每次观察后将随笔中分散的理解整理归入，因此每一问题均需一定的页数以备填写。在科研调查中，这种记录能减轻材料整理工作，而且也利于对问题有一个清晰的概念。

(4)其他表格记录　包括标本采集记录表，食性分析记录等。自己规定内容，记录时按项目详细填写。

3. 掌握观察和独立工作的常用方法

野外实习是对脊椎动物各类群进行全面了解，这一点在实习中必须明确。但是目前因为没有生物站，学习地点常常受到条件的限制。如在山区大的水面生态环境就很缺乏，只能看到一些溪谷和水池的生境，以及这些地方栖息的动物群落。因此，野外实习的内容主要是鸟类爬行类、两栖类和兽类。

3.1　鸟类

3.1.1　生活习性

(1)栖息环境　各种动物所栖息的环境各不相同，观察中必须注意环境条件：如森林(针叶林、阔叶林、混交林等)、灌丛、草地、园圃、田野、住宅等，地形(平原、丘陵、高山、山谷)、海拔高度、河湖、溪谷等。

(2)栖止高度　树顶、树冠、灌木、草丛、地面或洞穴。

(3)活动情况　飞翔或奔走的姿态、速度、鸣叫音韵、鸣叫频率，单独、成对或集群活动，两性怎样区别？彼此的活动怎样？

(4)取食　取食何物，取食地和取食法，取食频率。

(5)种间关系　有何天敌，是否共栖。

(6)每天的生活周期　何时开始活动，何时回巢栖宿。活动与天气、温度、光照的关系。

(7)数量　某一环境中的数量，分布密度，一天中不同时间数量有无变化。

3.1.2　区间中种的组成

利用采集和观察，了解实习地点有哪些鸟，它们的分类地位，生态分布上的规律、数量等级，留鸟还是候鸟(可适当访问当地群众或猎户)，从而认识种的组成和特点。

3.1.3　食性

食性是生态学中的重要问题。根据食性可以了解个体活动的各个方面，并判断它们与农、林的关系。食性研究主要方法有下列几种：

(1)直接观察法　可借望远镜观察其取食何物。此法不够精确，做起来也不太容易，只能辅助食性研究。

(2)鸟胃剖析法　采集到鸟后，剖开它的胃(如有嗉囊也同样处理)，将内容物放在玻璃皿内，用水稀释，再把所含的食物成分加以鉴定，然后用量管分别计算出各类食物的体积(水位法，通常以 cc 为单位)。许多鸟类经过野外鉴定不一定完全正确，因此食物分析结果要与鸟的编号相同，以便日后查对。也可将鸟类胃的内容物称计重量，然后估算各类食物的百分比。此法也不够精确，仅在野外做区系调查时使用。

在分析食物时，如果遇到昆虫碎片和植物种子，一时查不出来，可进行编号并固定在75%酒精或5%福尔马林液中，待以后检索鉴定。有时遇到工作忙碌，也可将胃用砂布包好插上标签，固定在上述溶液中，用瓶盛妥，待以后鉴定。研究食性必须是全年的，同时每一时期应该有较多的数量，否则对鸟类的益害结论不够正确。

(3)雏鸟栓颈法　用1根细绒绳，将巢中雏鸟的脖子拴住，使其不能将食物吞下为度。不能过紧，否则会将雏鸟勒死(图2-16)。当亲鸟飞去以后，将雏鸟嘴中的食物取出检查，每次检查完后将绳子松开，并将食物喂给幼鸟。此法不仅可以了解雏鸟吃什么，而且可以知道亲鸟每次喂多少。通过整日观察，则可由育雏次数统计出雏鸟整天的食量。但拴颈时间不宜过长，一般以1~2 h为宜。

图2-16　雏鸟拴颈形成

3.1.4　数量统计

数量资料可以阐明鸟类在考查区的分布密度，从而推知彼此间种群消长关系和益害程度；同时，从数量还可以看出优势种类，提供迫切需要研究的对象。数量资料也可提供自然区划的根据。

数量统计常用下列两种方法：

(1)样方统计　选择典型地区进行。面积通常为10 000 m^2(100 m×100 m)，可视具体情况决定。将样方再划分为若干个小区，逐区仔细搜查，把发现的巢数记录下来，就可推算出考查地区鸟类的分布密度。

(2)路线统计　又叫样线或样带统计。选择地区必须有代表性，带的宽度因环境而异。主要是根据视野和听觉范围决定，一般以截距为准，长度多采用1 km，在线路上可根据自然环境分为若干地段，这样可分组进行统计。

统计时必须带记录本、铅笔、望远镜、高度计等。开始时只在笔记本上写明日期和统计时数，并画出表2-2所示的表格。

统计时间最好是早晨日出后1~3 h，天气晴暖无大风。统计季节以营巢期为重点，此时鸟类的生活基本稳定，活动区域也比较固定。其他季节也可进行。统计进行过程中必须专心、

表 2-2 观察鸟类统计表(时间 年 月 日 时至 时)地点

种名	水中	地上	草间	树上	空中	听到的

警觉，做到不重算、不漏算。一般只记录前方或左右侧的鸟类，不回头记录。进行统计时前进速度约为每小时 2~3 km，不快不慢，将观察或听到的鸟根据种名填入有关栏里，可用“正”字写法统计数量，鸟数多时可用“∞”符号或记约数。统计不能只做 1 次，必须在相似天气里连续进行 3~4 次。将几次统计结果总结，填入表 2-3。

表 2-3 观察鸟类统计表(时间 年 月 日 时至 时)地点

日期 种名	5月15日	5月16日	5月17日	6月5日	6月6日
大山雀					
画眉					

3.1.5 繁殖习性的观察

(1)巢期 在何处筑巢？用什么材料？材料由何处取得？巢的形状、大小怎样？结果怎样？需多少时间建成？雌雄是否都参加？营巢前亲鸟的发情、交尾情况及鸣音的变化等。

(2)卵期 卵的色泽、大小、重量、数目。卵每天产 1 个还是隔天 1 个？始卵和后卵的色泽、大小有无变化？每日产卵在什么时候？何时开始孵卵？是两性还是一方承担孵卵任务？孵卵期中亲鸟活动情况？与天气的关系？孵卵温度？何时孵化？孵化率？

(3)雏期 初孵出的雏鸟体重多少？体被绒羽还是裸露？睁眼还是闭眼？经过几天睁眼？每天喂雏次数、喂料种类？食物变化情况与体重和发育的关系？育雏是由雌鸟还是雄鸟担任？亲鸟觅食范围多大？雏鸟体重的增长和羽毛生长情况？离巢时间和离巢后习性如何？与亲鸟关系怎样？

以上食性和繁殖生态的观察，有些是在独立工作专题做的，需要时间较长。观察时必须小心隐藏，以免惊动目标，更不要用手过多地动巢和卵。即使要拿取，也需事先将手洗净，不要使卵和巢蘸上特殊气味，观察后按原状放回，否则许多鸟会因此放弃自己的巢。

3.2 哺乳类

哺乳类的观察研究要比鸟类困难得多。因为多数哺乳类野生动物是夜出性的，一般都是通过猎户获得标本和通过收购站统计数量了解区系种的组成，通过洞穴或生活痕迹了解其生活方式。近年来对小兽特别是啮齿类的研究已积累了很多经验，基本研究内容包括：居住地、隐蔽所、洞穴、巢窝、繁殖、数量、营养、迁徙、休眠，生物群落的状况，益害及与其作斗争及保护、招引的方式。具体内容应参阅专业文献，现仅介绍统计鼠类数量的常用方法。

(1)路线铗子法 又亦称铗日法，为普遍采用的一种方法，特别是在森林条件下。先在统计地段，将50个鼠铗按线路前后5 m的间距排列，每次统计时间为两个昼夜。每昼夜为早、晚两次检查，首次检查是先晚放铗子的第2天早晨，第2天是当天的傍晚。依此类推，放铗子后的第3天晚上取回铗子，这样折合就是100个铗子日，捕数就是捕获百分数。在浓密的森林中，每个铗子旁最好用小布条标记，避免丢失。

(2)鼠铗面积法　多用于日间活动的种类，也可以用来统计田野、城市的夜间活动鼠类。选择一定面积的土地(一般100 m^2)，先查明多少鼠洞，统计洞口数，再将洞口堵死(不要过紧)，第2天早晨将铗子放在被重新掘开的洞口，每次统计为1昼夜，分早、中、晚3次。第3次检查是次日早晨，所得数字即代表面积上小兽的分布密度，但也是相对指数。

(3)掘洞或灌水法　选取一定面积的统计地(一般为50～100 m^2)，先查明洞数并插上标号，然后依次用水灌入，当鼠蹿出时进行捕捉。灌水法有可能将小兽淹死在洞里，缺点较大。也可直接挖掘捕捉，挖洞能得到绝对指数和年龄、性别组成、巢窝洞道的结构，了解繁殖情况，符合生态学要求，但劳动量较大。不同种的老鼠要放在不同的袋子里，以免在分析寄生物时产生困难。活鼠不能放在一起，以免相互咬坏。

【思考题】

1. 回顾当天的调查内容，找出欠缺。
2. 复习归纳有关的分类知识。
3. 分析调查的野外意义是什么?
4. 野外调查应注意哪些事项?

实验十六　野生动物生境描述

【实验目的】

野生动物的管理、研究和保护，必须考虑直接影响动物行为的生境因子，并提供准确预见动物对生境变化反应的知识。在多数野生动物研究中，探索特定生境因素和物种存在状态比详尽描述生境结构更为重要。野生动物生境的价值与植物群落类型及其变异密切相关。只有掌握植物群落重要组成部分的基本调查技术，才能采集到最重要的供评估、检测，甚至调控野生动物生境变量的基础数据。除植被外，水源、矿盐地、渗漏区、岩洞和裸露岩层也可能是影响某些动物生存、分布和多度的关键因子。要求掌握描述和量化野生动物重要生境特性的技能。

【实验内容】

1. 某一地区生境的类型，用一般生境描述参数简要说明这些生境的类型。
2. 地表覆盖取样调查。

3. 测定对野生动物有重要关系的灌木/乔木密度。

【实验器材】

地区地图、卷尺、记录夹、铅笔、GPS仪、一个用于中点象限法(PCQ)的硬木十字架。

【实验步骤】

1. 生境类型及描述

1.1　参考书籍，了解我国所有现有的生境。

1.2　生境一般性描述需要掌握的内容。

(1)温度(热带、亚热带、温带)　平均温度，季节性温度变化。

(2)雨量　平均雨量，季节性雨量变化。

(3)地形　平主体地形(山谷、平原、高原)，一般地貌(高山、平地、丘陵)，坡度。

(4)高度　描述(低地、高地)，平均高度及高差变化。

(5)主要植被类型　森林类型(落叶、常绿、针叶林，阔叶)，开阔地(草地、稀树大草原)。

(6)重要的树、草种类　物种名录，物种密度，地表覆盖率。

(7)可用水源　总的供应形式(流水、积水)，到水源的距离，季节性变化。

(8)人类定居/蚕食　干扰的性质，影响面积和物种。

(9)自然扰动　严重性和类型(季节性洪水、干旱、火灾)，受影响面积和物种。

(10)已知的、对野生动物至关重要的生境特性。

①地质方面：盐窝、水塘、洞穴、裸露岩层、悬崖的存在与分布；

②植被方面：重要果实、禾本科植物或牧草、固有大树丛。

2. 地表覆盖取样调查

地表覆盖或“基底覆盖”是指地表植被覆盖率，它是野生动物生境的一个重要特性。火灾、伐木、放牧等因素都会造成基底覆盖的剧烈变化，可能引起水土流失等的生境退化。底层植被组成的变化，可能通过食物资源改变的方式影响相关的野生动物群落结构。常用的地表覆盖抽样调查法有：

2.1　点取样

可用来估计植被覆盖百分率和植被构成物种的比例，适用于地表植被稀疏地段。具体做法是：

①定义本地区适用的地表覆盖类别(如单子叶草本植物、双子叶草本植物，落叶、裸土、岩石)。

②对某些覆盖类别(如单子叶草本植物或双子叶草本植物)按其长势或是否被某种野生动物取食分成次级类别。

③用粉笔或刀在你的一只鞋尖处作点记号。

④在研究地点设置一组样线，使其能代表该取样地区。然后在每条样线走固定距离(不少于50步)。

⑤依植被的相对疏密程度，每2步(密)或每4步(疏)记录一次鞋尖标记点下(或最近)的

植株(排除由鞋子压倾过来的)。

⑥在数据表上填写观察结果，并根据所定义的覆盖类别计算覆盖率。

⑦如果植被过于浓密而不便于行走，此法不可用。

2.2　面取样

适用于地表植被浓密的地区。

①定义本地区适用的地表覆盖类别(如单子叶草本植物、双子叶草本植物，落叶、裸土、岩石)。

②制作一个面积为 $1m^2$ 的圆形或方形样框(如果植被密度高，样框可小一些)。

③在选定区域设置一组样线，使其有代表性。

④开始走样线，并随机将样框投掷到地上。

⑤逐一记录样框中各覆盖类别是否出现(不是每种类别的个体数)，及其是否被野生动物啃食过。最后估计样框中的覆盖率。

⑥走过固定距离，到达下一样点，重复投掷样框和取样，有至取得适宜的样本数。

⑦汇总各取样地面上得到的数据。

3. 测定对野生动物重要的灌木/乔木密度

运用测定木本植物密度的中心象限法(PCQ)。要点如下：

①准备卷尺(30m)、罗盘和木质十字架(2 cm×4 cm×60 cm，图 2-17)各 1 个。

②拟定要取样的植物种类。

③用一幅大比例尺地图，设置一批样线，使其代表整个生境或研究地区。

④沿着样线，按等间隔(如每隔 30 或 50 步，具体依植被密度确定)放置十字架。

⑤在十字架划定的 4 个象限中，分别测量中心点到最近的取样植株的距离。如果 30 m 内无取样植株，记为 0。如果取样类别包括不同的植物种类，记下植物的名称，以得到物种组成和密度数据(图 2-18)。

⑥经由计算中心点到植株的平均距离，计算物种密度(见下例)。

【例】在 50 个样点中，累加测量距离为 300 m。由于每个样点有 4 个数据，因此中心点到植株平均距离(d)为 300/(50×4)或 1.5 m。

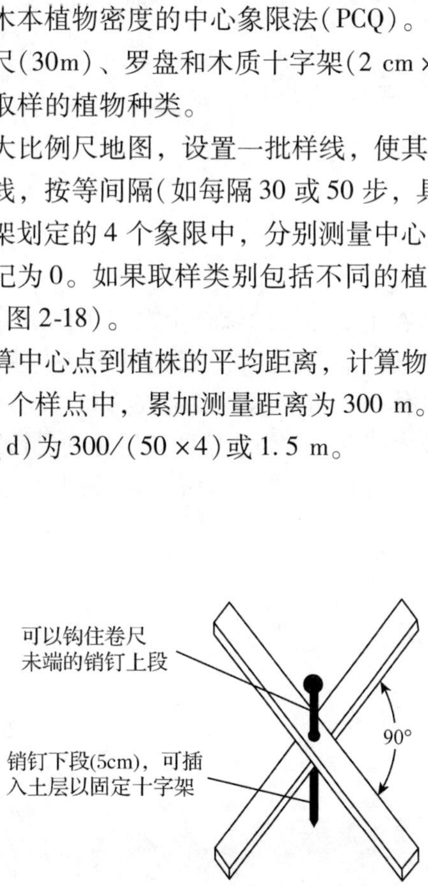

图 2-17

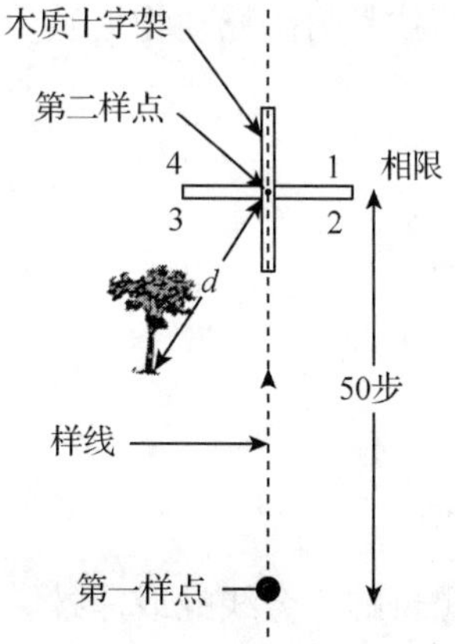

图 2-18

$$密度 = \frac{1}{d^2} = \frac{1}{1.5^2} = 0.44$$

即密度为 0.44 植株/m^2。

⑦如果记录植物种类，还可以得到物种出现的频率数据。在上例中，若在共 200 个测量数据中，某植物物种出现了 50 次，则出现率为 25%。

【思考题】

1. 写出估计的存在于国内的所有生境类型。尽可能用一般生境描述参数，简要说明这些生境类型。

2. 列举仅在单一生境中生存的 5 种动物；再列举在多种生境类型中活动的 5 种动物。这两类动物有什么差别?

实验十七 蛙的催情和人工受精

【实验目的】

1. 了解生殖、生理等方面的基础理论。
2. 掌握蛙的催情和人工繁殖技术。

【实验原理】

自然界中，蛙在繁殖季节的性成熟个体在生活环境的综合生态因子作用下，通过神经—体液调节机制，由脑垂体前叶分泌促性腺激素，作用于性腺，促进性细胞成熟和排放。据此，人工注射蛙脑垂体提取液或促性腺激素于蛙体内，可加速性细胞成熟和排放，此为催情。根据成熟精子和卵子的生理特性，采取相应技术措施，人为使精卵相遇达到受精，即人工受精。催情和人工受精技术为研究动物繁殖生理、发育机理、繁育良种、扩大生产等方面奠定了理论和实践基础。

【实验内容】

1. 蛙的催情。
2. 蛙的人工受精。

【实验器材】

1. 材料

性成熟的黑斑蛙、金线蛙或泽蛙。

2. 器械

根据实验需要自行准备。

【实验步骤】

1. 蛙的催情

1.1　脑垂体的获取与保存

用断头法剪下蛙的头颅，洗涤血液。将小剪刀从枕骨大孔的两侧插入颅腔，并剪开颅骨，打开颅底，在脑的腹面可见到一个粉红色粒状小体，即脑垂体。用小镊子轻轻取下脑垂体，剔去垂体上的白色条状体(垂体的中间部)。取出的垂体可暂存于冰箱内备用，也可放入盛有丙酮的小瓶中脱脂脱水 12 h，取出晾干，再放入小瓶中密封，并置于干燥器内长期保存。

1.2　脑垂体注射液的制备和用量

取暂存于冰箱的新鲜垂体或干燥垂体 3~5 个置于研钵内，加入 0.1~0.2 mL 0.65% 生理盐水或任氏液，充分研磨，使促性腺激素溶于水中。此溶液可用来催情。随着季节不同，注射剂量也不同，愈接近生殖季节，用量愈少。在生殖季节，每只雌蛙需注射 3~5 个垂体提取液，雄蛙注射量可酌情减半(根据雄蛙成熟情况，也可不作催情处理)。

1.3　激素注射液的制备和用量

用灭菌的注射器吸取一定量的 0.65% 的生理盐水，注入促黄体素释放激素和绒毛膜促性腺激素的安瓶内，配成所需浓度。按蛙体大小每只注射促黄体素释放激素 3~5ps 和绒毛膜促性腺激素 20~30IU，雄性剂量减半(或不作催情处理)。

1.4　催情

选择性成熟的蛙放入培养缸中，温度 18~20℃。用注射器将制备好的脑垂体注射液或促性腺激素注射液注入蛙腹腔内。注射时将腹部皮肤和肌肉拉起，以免进针过深而损伤内脏器官。注射 24~48 h 后，将蛙从培养缸内取出，检查雌蛙能否挤出卵(方法见后)。如果能挤出卵，则催情成功；若不见有卵排出，则需追加注射剂量以催情。

2. 人工受精

2.1　精子悬浮液的制备

将性成熟或经催情的雄蛙处死，剖开腹腔，取出黄色精巢，放入培养皿中。用眼科剪将精巢剪碎，再加入适量 0.65% 的生理盐水，即可制得精子悬浮液。

2.2　卵子制备

用左手握住催情后即将产卵的雌蛙，腹部向上，用右手拇指反复多次由前向后轻轻挤压腹部，卵即可由泄殖腔孔流出。把挤出的卵收集到培养皿内，加入制备好的精子悬浮液，摇匀，使精、卵充分接触。10~15min 后加入清水，搅拌后即可完成受精。把受精卵移入盛有清水的培养皿中，待受精卵的胶膜吸水膨胀后，换 1 次清水，以供给充足的氧气。如果受精成功，在 1 h 内卵的黑色动物半球转向上，培养皿水面呈现一片黑色。也可在体视显微镜下观察卵是否开始卵裂。以后每天换水 1~2 次，直到孵化成小蝌蚪。

【思考题】

1. 叙述蛙的催情和人工受精的操作要点。
2. 催情的原理是什么？

第 3 篇

微生物学实验

实验○ 微生物学实验基本操作技术

一、棉塞的制作

棉塞的作用有两个：防止杂菌污染和保证通气良好。因此，棉塞质量的优劣对实验结果有较大的影响。要求棉塞形状、大小、松度与试管口(或三角瓶口)完全适合。过紧会妨碍空气流通，操作不便；过松则达不到滤菌的目的(制作过程如图3-1所示)。塞上棉塞时，应使棉塞长度的1/3在试管口外，2/3在试管口内。

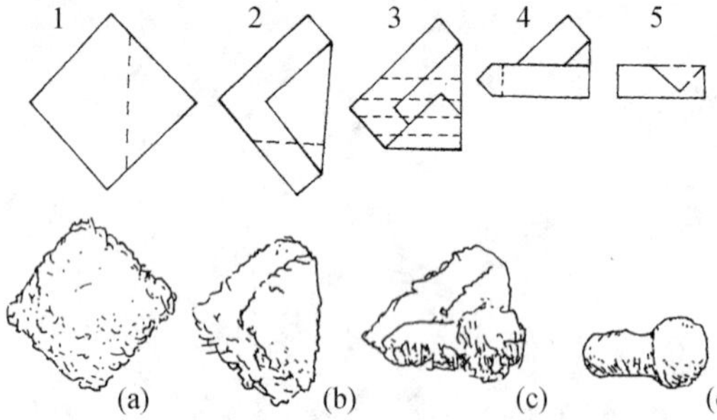

图3-1 棉塞制作过程

此外，在微生物实验和科研中，往往要用到通气塞。通气塞是用几层纱布(一般8层)相互重叠而成(图3-2)，或在两层纱布间均匀铺一层棉花而成。这种通气塞通常加在装有液体培养基的三角烧瓶口上。

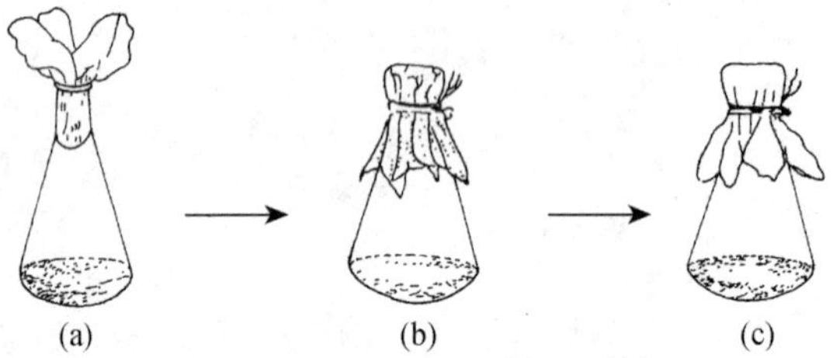

图3-2 通气塞

(a)配制时纱布塞法 (b)灭菌时包牛皮纸 (c)培养时纱布翻出

二、玻璃器皿的清洗

1. 不能用有腐蚀性的化学试剂，也不能使用比玻璃硬度大的物品来擦拭玻璃器皿；新的玻璃器皿应用2%的盐酸溶液浸泡数小时，用水充分洗净。

2. 用过的器皿应立即洗涤。

3. 不能直接将强酸、强碱、琼脂等能腐蚀、阻塞管道的物质倒在洗涤槽内，必须倒在废液缸内。

4. 含有琼脂培养基的器皿可先将培养基刮去，或用水蒸煮，至培养基融化后倒出，然后用洗洁精清洗。凡遇有传染性材料的器皿，应经高压蒸汽灭菌后再进行清洗。

5. 一般的器皿可以用去污粉、肥皂或洗洁精清洗，油脂很多的器皿应先将油脂擦去。沾有煤膏、焦油及树脂等物质的器皿，可用浓硫酸、40% 氢氧化钠或用洗液浸泡；沾有蜡或有油漆物的器皿，可加热使其熔融后揩去，也可用有机溶剂（苯、二甲苯、汽油、丙酮等）揩去。

6. 载玻片或盖玻片要先擦去油垢再清洗干净，然后在稀的洗液里浸泡 2 h，用清水冲净，最后用蒸馏水冲洗，晾干后浸于 95% 酒精中保存备用。

7. 洗涤后的器皿应达到玻璃壁能被水均匀润湿再无条纹和水珠。

三、玻璃器皿的包装

1. 培养皿的包装

常用旧报纸紧紧包裹培养皿，1 包 7～10 套，包好后干热或湿热灭菌。如果将培养皿放入金属筒内进行干热或湿热灭菌，则不必用纸包。金属筒有一圆筒形的带盖外筒，里面放一个装培养皿的带底框架（图 3-3），此框架可自圆筒内提出，以便装取培养皿。

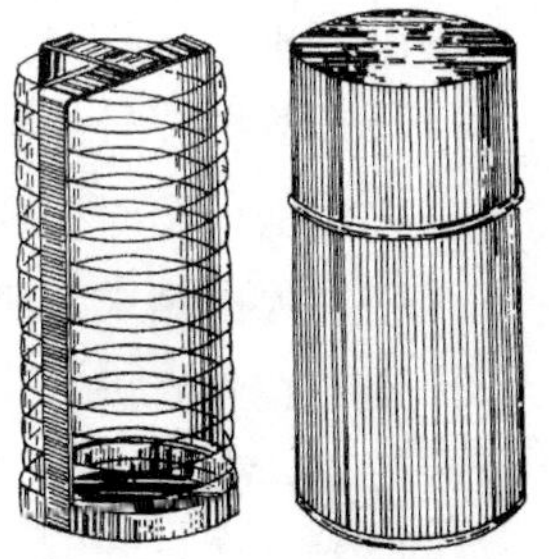

(a)　　(b)

图 3-3　培养皿金属灭菌筒

（a）内部框架　（b）带盖外筒

2. 移液管的包装

准备好干燥的移液管，在距粗头顶端约 0.5 cm 处塞入约 1.5 cm 长的棉花，以免使用时将杂菌吹入其中，或不慎将微生物吸出管外。棉花要松紧适当（过紧，吹吸液体太费力；过松，吹气时棉花会下滑），接着按图 3-4 方法包扎，将移液管集中在一起，用一张大报纸包好，进行干热或湿热灭菌。

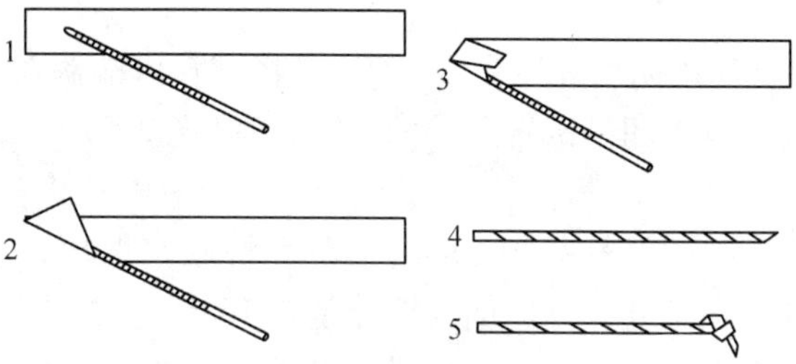

图 3-4　移液管的包扎方法和步骤

3. 试管和三角瓶的包扎

将试管管口和三角瓶瓶口塞上棉花塞或硅胶塞后，用双层报纸包好。试管较多时，一般 7 个一包用双层报纸包扎。

四、灭菌设备操作技术

1. 上海申安 LDZX－50KBS 灭菌锅的使用（图 3-5）

（1）打开电源和开关，检查水位显示灯，视水位显示灯状况添加适量水（高水位时不必加水；低水位时视情况而定；缺水时必须加水；无显示时视情况而定）。

（2）加入灭菌物品（注意：物品不能过于密集，否则会影响灭菌效果）。

（3）将锅盖旋到灭菌锅正上方密封处（注意：用手提着锅盖缓慢旋至正上方，不要触及密封圈以免造成密封圈破损，也不要将锅盖旋得太高，否则锅盖无法归位至正上方）。

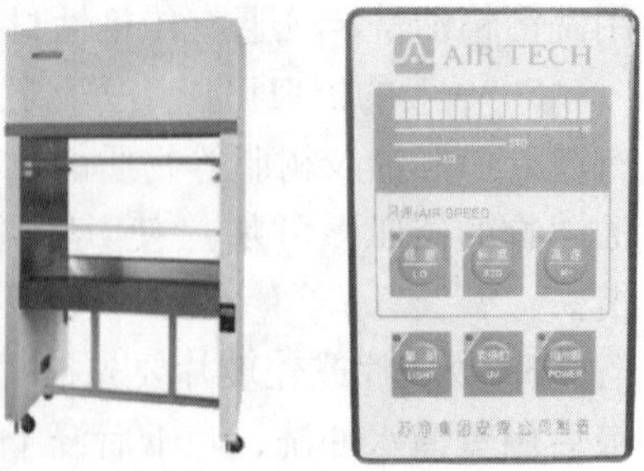

图3-5 LDZX－50KBS灭菌锅

（4）按待灭菌物品的要求，设定温度和时间。

（5）进入工作状态后，查看排气（水）阀，将阀门旋至排气处。

（6）待有大量白色蒸汽产生时，关闭排气阀，关闭后锅内温度持续上升（注意：使用高压蒸汽灭菌锅灭菌时，灭菌锅内冷空气的排除是否完全极为重要）。

（7）灭菌结束，压力降至“0”时，打开排气阀，气体排尽后方可开盖，利用锅内温度烤干棉塞和纱布后再出物。

2. BCM－1300A超净工作台的使用

（1）依次打开电源开关和工作开关，紫外灯照射20 min、开启鼓风机运转10 min后方可进行实验操作。

（2）将紫外灯切换到照明灯（鼓风机保持运转），打开玻璃门（玻璃门开启幅度不能过高，以不超过下巴为宜），手臂进入操作台前先点燃酒精灯，再用75%的酒精棉球擦净工作面，并对手进行消毒。

（3）操作应在工作台中央无菌区域进行（尽量不要讲话）。

（4）操作完毕后熄灭酒精灯，清理工作台。离开前，关闭工作台工作开关和电源开关。

五、斜面培养基制备及倒平板技术

1. 搁置斜面

将灭菌的试管培养基冷至55℃左右（以防斜面冷凝水太多），将试管口端搁在移液管或其他高度合适的器具上。搁置的斜面长度以不超过试管总长的1/2为宜（图3-6）。

2. 倒平板

培养基冷至55℃左右时，右手持装有培养基的三角瓶，左手将瓶塞取出，瓶口对着火焰。左手持培养皿将皿盖在火焰旁打开一条缝，迅速倒入培养基约15 mL（图3-7）。加盖，轻轻晃动培养皿，使培养基均匀分布在培养皿底部，然后平置于桌面上，冷却凝固后即为平板。

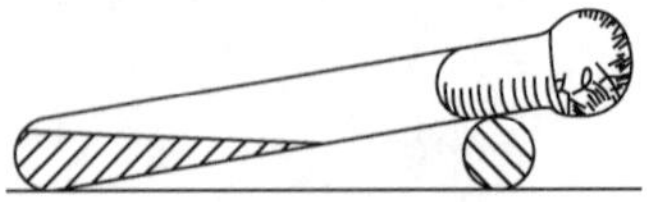
图3-6 试管搁置斜面

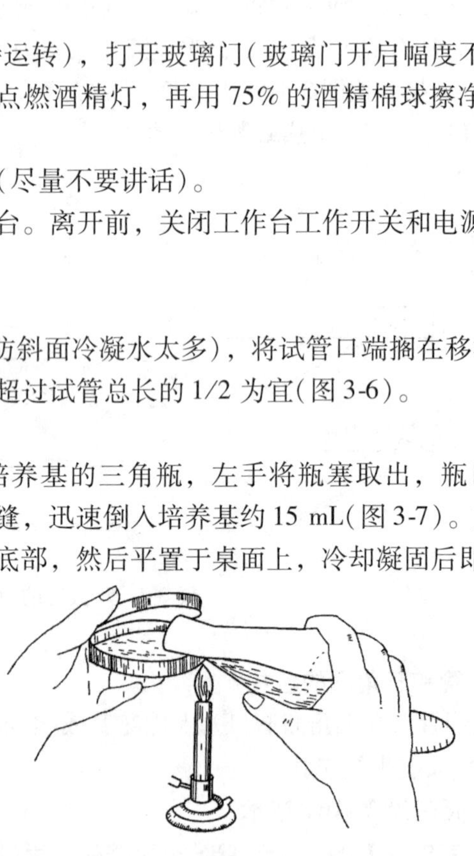
图3-7 倒平板

实验一　培养基的制备及灭菌

【实验目的】

1. 了解配制培养基的原理，并掌握配制的一般方法和步骤。
2. 学习高压蒸汽灭菌锅的使用方法。

【实验原理】

培养基是人工配制各种营养物质供微生物生长繁殖的基质，用以培养、分离、鉴定、保存各种微生物或积累代谢产物。自然界中微生物种类繁多，营养类型多样，加上实验和研究的目的不同，所以培养基的种类很多。但无论何种培养基，均应含有水分、碳源、氮源、能源和无机盐等。不同微生物对 pH 值要求不一样，所以配制培养基时，还应根据不同微生物的要求，将培养基调到合适的 pH 值范围。

【实验器材】

1. 试剂

牛肉膏、蛋白胨、NaCl、琼脂粉、10% NaOH、马铃薯、蔗糖等。

2. 器械

台秤、烧杯、三角烧瓶、量筒、漏斗、试管、透气试管塞、玻璃棒等、pH 试纸(pH5.4～9.0)、牛角匙、牛皮纸、棉花、棉线等。

【实验步骤】

1. 配制牛肉膏蛋白胨培养基(培养细菌用)

(1)配方　牛肉膏 0.5 g，蛋白胨 1 g，NaCl 0.5 g，琼脂粉 2 g，自来水 100 mL，pH 7.2。

(2)称药品　取一个干净烧杯，先称取牛肉膏和蛋白胨。牛肉膏常用玻璃棒挑取，放在小烧杯或表面皿中称量，用热水(计量体积)溶化后倒入烧杯；也可放在称量纸上称量后直接放入水中，这时如稍微加热，牛肉膏便会与称量纸分离，立即取出纸片。蛋白胨易吸潮，称取时动作要快。将称好的 NaCl 加入水中，然后补足 100 mL 水，在烧杯上做好水位记号。

(3)加热溶解　将烧杯放在石棉网上，用文火加热并不断搅拌以防液体溢出。加入琼脂后，将烧杯置于电炉上边搅拌边加热，至琼脂完全融化后停止搅拌，补足水分至 100 mL(水需预热)。注意控制火力，不要使培养基溢出或烧焦。

(4)调节 pH　初配好的牛肉膏蛋白胨培养液是偏酸性的，因此要用 pH 试纸(或 pH 电位计、氢离子浓度比色计)测试培养基的 pH 值。如不符合需要，用 10% NaOH 调 pH 至 7.0～7.2。为避免过酸或过碱，应边缓慢加入 NaOH 边搅拌，并不时用 pH 试纸测试。

(5)分装　按实验要求，将配制的培养基分装入试管或三角瓶内。分装时可用三角漏斗，以免培养基蘸在管口或瓶口上造成污染(图3-8)。

分装量：固体培养基约为试管高度的1/5，灭菌后制成斜面，分装入三角瓶内以不超过其容积的一半为宜；半固体培养基以试管高度的1/3为宜，灭菌后垂直待凝。

(6)加棉塞　培养基分装完毕后，在试管口或三角烧瓶口上塞上棉塞、泡沫塑料塞或试管帽，以阻止外界微生物进入培养基造成污染，并保证有良好的通气性能。

(7)包扎　加塞后，将全部试管用麻绳或橡皮筋捆好，再在棉塞外包一层牛皮纸(有条件的实验室可用市售的铝箔代替牛皮纸)，防止灭菌时冷凝水润湿棉塞。外面再用一条麻绳或橡皮筋扎好，用记号笔注明培养基名称、组别和配制日期。

(8)灭菌　将上述培养基在0.103MPa，121℃下高压蒸汽灭菌20min。

(9)搁置斜面　将灭菌的试管培养基冷至50℃左右(以防斜面上冷凝水太多)，将试管口端搁在玻璃棒或其他高度合适的器具上。搁置的斜面长度以不超过试管总长的一半为宜(图3-9)。

(10)无菌检查　将灭菌培养后的培养基放入37℃的恒温箱中培养24~48h，以检查灭菌是否彻底。

2. 配制马铃薯蔗糖琼脂培养基

(1)配方　马铃薯20 g，蔗糖1 g，琼脂粉2 g，水100 mL。

(2) 将马铃薯洗净去皮后切成0.5 cm^3的小块，加水煮沸0.5h。用6层纱布滤去薯块，滤液计量体积后补足水量，加入琼脂加热熔化，再加入蔗糖，待完全溶解后补足失水，趁热分装，塞好试管塞进行高压灭菌。

(3) 马铃薯蔗糖琼脂培养基略带酸性，培养真菌时无需调节pH，培养细菌时则需调节pH至中性。

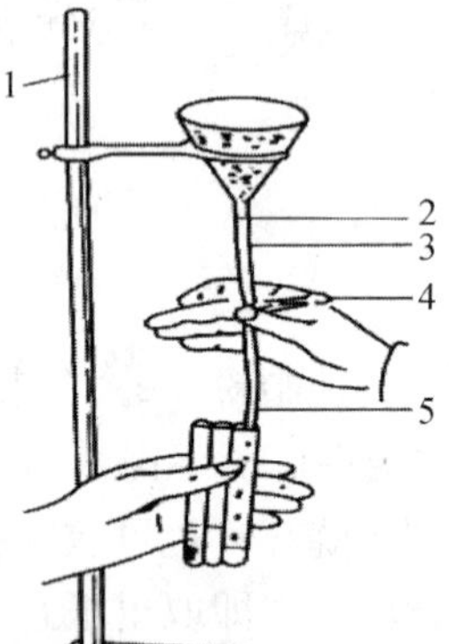

图3-8　培养基漏斗分装装置

1. 铁架；2. 漏斗；3. 乳胶管；4. 弹簧夹；5. 玻管

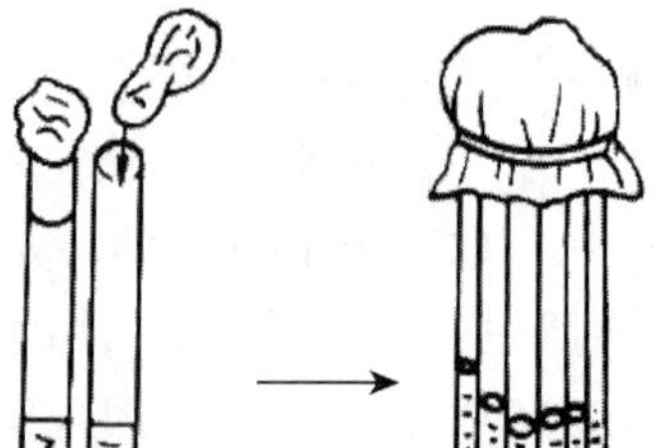

图3-9　琼脂培养基装管法

【注意事项】

1. 在灭菌过程中，应注意排净锅内冷空气，否则影响灭菌效果。由于高压蒸汽灭菌要使用温度高达120℃、2个大气压的过热蒸汽，操作时必须严格按照操作规程操作，否则容易发生意外事故。

2. 灭菌分装后剩余比较多的培养基时，可塞好锥形瓶塞，包好牛皮纸放入冰箱保存。

3. 清洗实验仪器时，有琼脂的培养基不能倒入下水道，必须倒入垃圾桶。

【实验结果】

你配制出来的培养基是哪种？状况如何？有没有感染微生物？配制过程中有哪些地方要特别注意？

【思考题】

1. 牛肉膏蛋白胨培养基除了能培养细菌外还能培养真菌和放线菌吗？为什么？
2. 湿热灭菌为什么比干热灭菌更有效？

实验二 干热和湿热灭菌——玻璃器皿和培养基的灭菌

【实验目的】

1. 了解各种灭菌方法的操作步骤。
2. 掌握高压蒸汽灭菌技术。
3. 并熟悉玻璃器皿的包扎方法。

【实验器材】

pH试纸、培养皿、试管、移液管、锥形瓶、烧杯、量筒、培养基分装器、高压蒸汽灭菌锅、酒精灯、纱布、棉花、牛皮纸(或报纸)、玻璃棒、天平、牛角匙、记号笔。

【实验步骤】

1. 玻璃器皿的洗涤和包装

1.1 洗涤

玻璃器皿在使用前必须洗涤干净。培养皿、试管、锥形瓶等可用洗衣粉加去污粉洗刷，并用自来水冲净。移液管可先用洗液浸泡，再用水冲洗干净。洗刷干净的玻璃器皿自然晾干或放入烘箱中烘干、备用。

1.2 包装

1.2.1 移液管包装

将干燥的移液管的吸端用细铁丝塞入少许棉花，构成1~1.5 cm长的棉塞，以防细菌吸入口中，并避免将口中细菌吹入管内。棉塞要松紧适宜，吸时既能通气，又不致使棉花滑入管内。将塞好棉花的移液管的尖端，放在4~5 cm宽的长纸条的一端，移液管与纸条约成30°夹角。折叠包装纸包住移液管的尖端，用左手将移液管压紧，在桌面上向前搓转，纸条螺旋式地包在移液管外面，余下纸头折叠打结。包好的多个移液管可再用一张大报纸包好。

1.2.2 试管和三角瓶的包装

用棉塞或泡沫塑料塞将试管管口和锥形瓶瓶口塞住，然后在棉塞的外面用两层报纸和细线(或铝箔)包扎好，放在铁丝或铜丝篓内待灭菌。

1.2.3 培养皿的包装

用牛皮纸或报纸将每套培养皿(皿底朝里，皿盖朝外)包好。如果将培养皿放在金属筒内进行干热灭菌，则不必用纸包。

注意：空的玻璃器皿一般用干热灭菌，若用湿热灭菌，则要多用几层报纸包扎，外面最好加一层牛皮纸或铝箔。

2. 干热灭菌法

干热灭菌法适用于试管、培养皿、三角瓶、移液管等玻璃器皿的灭菌。

(1) 装入待灭菌物品　预先将各种器皿用纸包好或装入金属制的培养皿筒、移液管筒内，然后放入电热烘箱中。

(2) 升温　关好电烘箱门，打开电源开关，旋动恒温调节器至所需温度刻度(本实验为160~170℃)，此时烘箱红灯亮，表明已开始加热。当温度上升至设定温度后，烘箱绿灯亮，表示已停止加温。

(3) 恒温　当温度升到所需温度后，维持2h。

(4) 降温　切断电源，自然降温。

(5) 取出灭菌物品　待电烘箱内温度降到50℃左右时才能打开箱门，取出灭菌物品。

注意：灭菌时温度不得超过170℃，以免包装纸烧焦；灭好的器皿应保存好，切勿弄破包装纸，否则会染菌。

3. 高压蒸汽灭菌法

使用高压灭菌锅，在121℃、0.105 MPa压力下灭菌15~30min。微生物实验所需的一切器皿、器具、培养基(不耐高温的除外)、无菌水、工作服等物品都可用此法灭菌。高压蒸汽灭菌锅是能耐一定压力的密闭金属锅，有立式和卧式(图3-10、图3-11)两种。灭菌锅上附有压力表、排气阀、安全阀、加水口、排水口等。卧式灭菌锅还附有温度计，有的还有蒸汽入口。

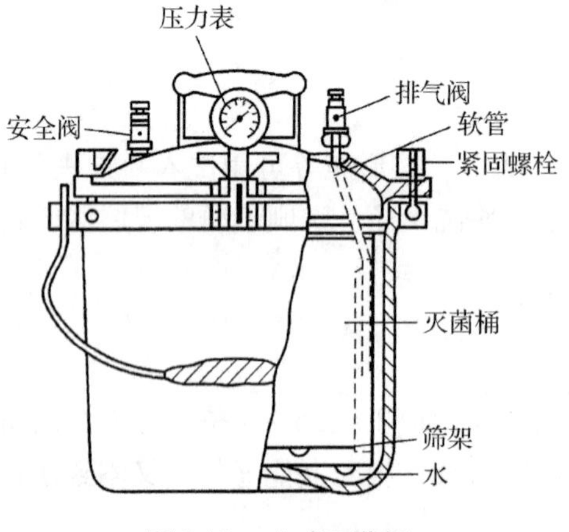

图3-10　立式灭菌锅

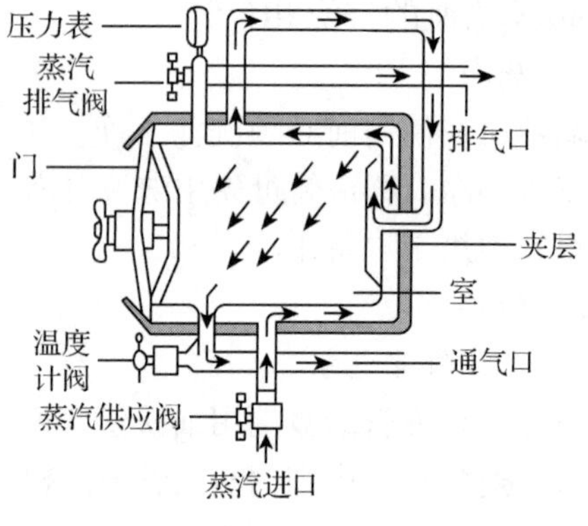

图3-11　卧式灭菌锅

4. 高压蒸汽灭菌的操作过程

（1）加水　将灭菌锅内层的灭菌桶取出，向外层锅内加入适量的水，以水面与三脚架相平为宜。立式锅是直接加水至锅内底部隔板以下 1/3 处。有加水口的由加水口加入至止水线处。

（2）装料　将装料桶放回锅内，装入待灭菌的物品。放置装有培养基的容器时要防止液体溢出，瓶塞不要紧贴桶壁，以防冷凝水蘸湿棉塞。

（3）加盖　摆正锅盖，对齐螺口，然后以同时旋紧相对的两个螺栓的方式拧紧所有螺栓，打开排气阀。

（4）排气　用电炉或煤气加热，待水煮沸后，水蒸气和空气一起从排气孔排出。一般认为当排气流很强并有嘘声时，表明锅内空气已排净(沸后约 5min)。

（5）升压　当锅内空气排净时，即可关闭排气阀，压力开始上升。

（6）保压　当压力表指针达到所需压力刻度时，控制热源，开始计时并维持压力至所需时间。本实验用 121℃、20min 灭菌。

（7）降压　达到所需灭菌时间后，关闭热源，让压力自然下降到 0，打开排气阀。放净余下的蒸汽后再打开锅盖，取出灭菌物品，排掉锅内剩余的水。

（8）无菌检查　将已灭菌的培养基冷却，置于 37℃恒温箱内培养 24h。若无菌生长，则放入冰箱或阴凉处保存备用。

【注意事项】

1. 使用高压灭菌锅应严格按照操作程序进行，避免发生事故；灭菌时，操作者切勿擅自离开；务必待压力降到零后，才可打开锅盖。

2. 干热灭菌时电烘箱中的物品不要摆得太拥挤，以免阻碍空气流通而影响灭菌效果；灭菌物品不要与电烘箱内壁的铁板接触，以防包装纸烤焦。

【思考题】

1. 干热灭菌时有哪些注意事项？

2. 使用高压蒸汽灭菌锅时，怎样杜绝不安全的因素？

3. 高压蒸汽灭菌为什么要排净冷空气？为什么在灭菌后不能骤然快速降压，而应在放尽锅内的蒸汽后才能打开锅盖？

实验三 无菌操作和接种

【实验目的】

1. 掌握试管斜面划线接种的方法。
2. 掌握无菌操作。

【实验原理】

将微生物转接到培养基表面或活的宿主内的过程称为接种。整个接种过程必须在无菌的环境下操作。

【实验器材】

接种环、菌种管、酒精灯、75%的酒精、菌种(大肠杆菌、金黄色葡萄球菌)等。

【实验步骤】

1. 用接种环转接菌种

(1) 接种环灭菌　左手持斜面培养物，右手持接种环，按图3-12方法将接种环进行火焰灼烧灭菌(烧至发红)，然后在火焰旁边打开斜面培养物的试管塞(注意：尽量避免将塞子置于桌上)，并将管口在火焰上烧一下(图3-12)。

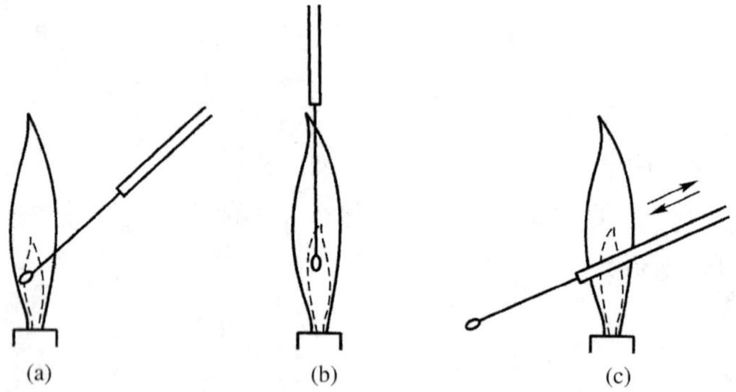

图3-12　接种环(针)的火焰灭菌步骤

(2) 取培养物　在火焰旁，将接种环轻轻插入试管的上半部(此时不要接触斜面培养物)，至少冷却5 s后，挑取少许培养物(菌苔)，再烧一下管口，加塞并将其置于试管架中[图3-13(c)(d)(e)]。

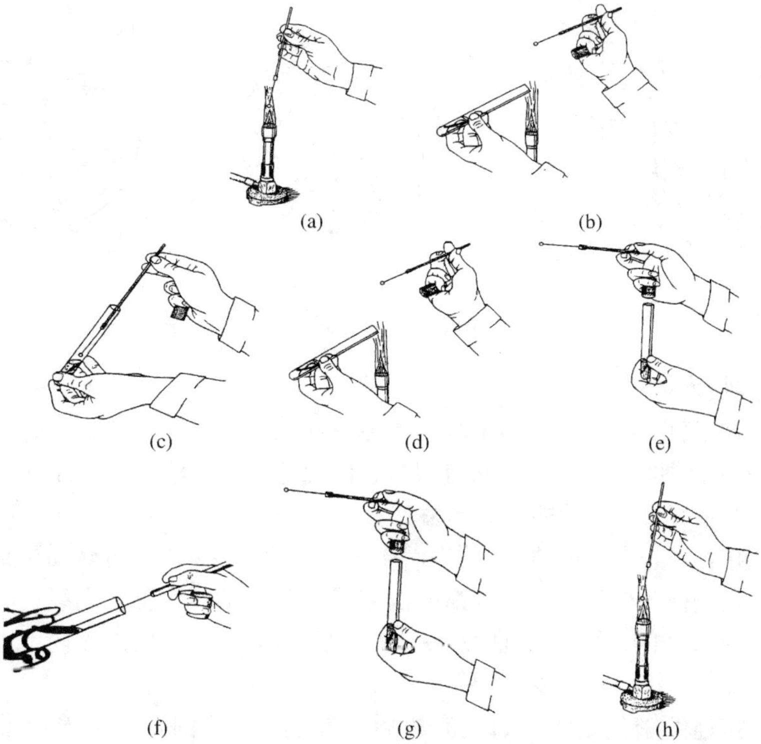

图 3-13　用接种环转接菌种的操作程序

（3）接种　用左手迅速从试管架上取出一支未接种的斜面培养基，在火焰旁取下塞子，灼烧一下管口，将蘸有少量菌苔的接种环迅速接触试管底部培养基表面(注意：接种环不要接触试管口)，并从下至上划一条直线，或从底部开始向上作波浪形划线接种[图 3-13(f)]。完毕后再烧一下试管口，加塞[图 3-13(g)]，将接种环在火焰上灼烧后放回原处[图 3-13(h)]。如果向盛有液体培养基的试管和三角瓶中接种，应首先将挑有菌苔的接种环在液体表面的管内壁上轻轻摩擦，使菌体分散从环上脱离，进入液体培养基。

上述无菌操作技术也可按图 3-14 的方式，将待接和被接的两支试管同时拿在左手上操作。

2. 用移液管转接菌液

轻轻晃动装有菌液的试管(注意：不要溅到管口)，暂置于试管架上。取 1 支已灭菌的移液管，按图 3-15 的方法取一定量的菌液，迅速转入另一支装有培养液或无菌水的试管中。

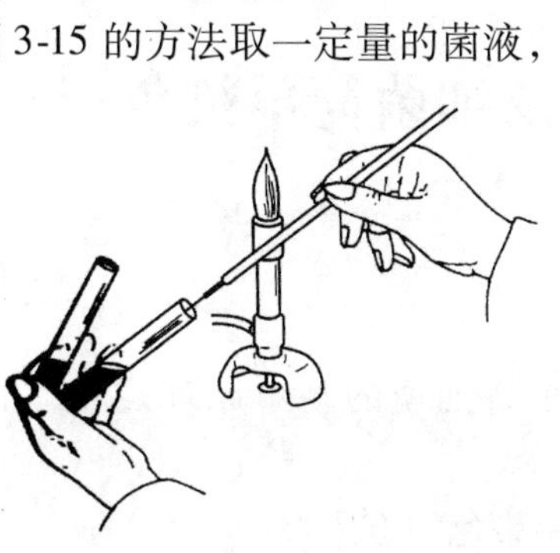

图 3-14　手持两支试管的接种方式

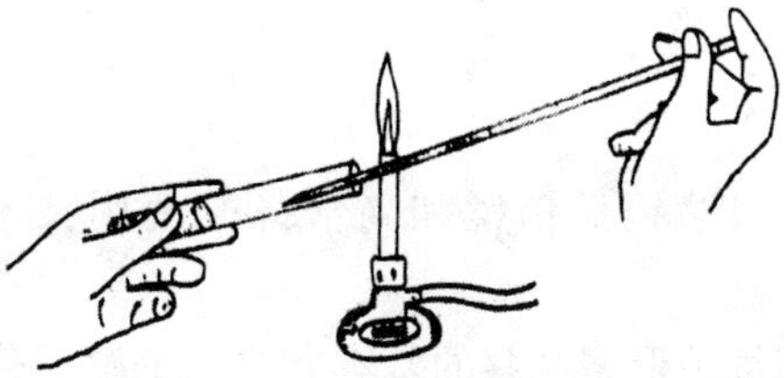

图 3-15　用移液管吸取菌液

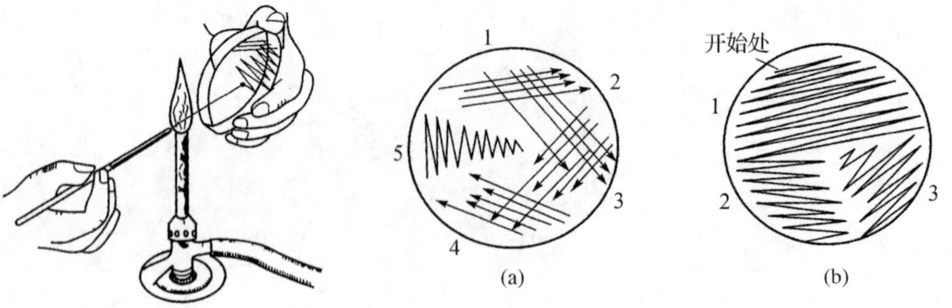

图3-16 平板划线

3. 平板划线技术

按无菌操作技术(图3-14)，用接种环取菌悬液或菌苔。在近火焰处，左手拿皿底，右手拿接种环(图3-16)，划线。划线的方法有很多，但无论采用哪种方法，目的都是通过划线将样品在平板上进行稀释，培养后能形成单菌落。

方法一：用接种环先在平板的一边作第一次平行划线3~4次，再转动平板约70°，并将接种环上的剩余物烧掉，待冷却后通过第一次划线部分作第二次平行划线(第二次划线在第一次的基础上稀释)，再用同样的方法划1~2次[图3-16(a)]。划线完毕后，盖上皿盖，倒置于培养箱中培养。

方法二：直接连续密集划线，划线完毕后，盖上皿盖，倒置于培养箱中培养[图3-16(b)]。

【注意事项】

1. 每个步骤要严格按要求骤操作，一步步地反复练习，直至熟练。
2. 接种的关键是试管口始终在火焰旁边。

【思考题】

1. 试管斜面划线接种的具体操作步骤是什么?
2. 无菌操作的步骤是什么?

实验四 显微镜的使用及细菌简单染色

【实验目的】

1. 复习显微镜低倍镜和高倍镜的使用技术，了解油镜的基本原理，掌握油镜的使用方法。
2. 掌握细菌形态观察的基本方法，了解细菌简单染色的方法。

【实验原理】

1. 油镜镜头的辨认

油镜头上常刻有 OI(oil immersion)或 HI(homogeneous immersion)字样，有的还刻有一圈红线或黑线标记。在低倍物镜、高倍物镜和油镜 3 种物镜中，油镜的放大倍数和数值孔径(numerical aperture)最大，工作距离最短(图 3-17)。

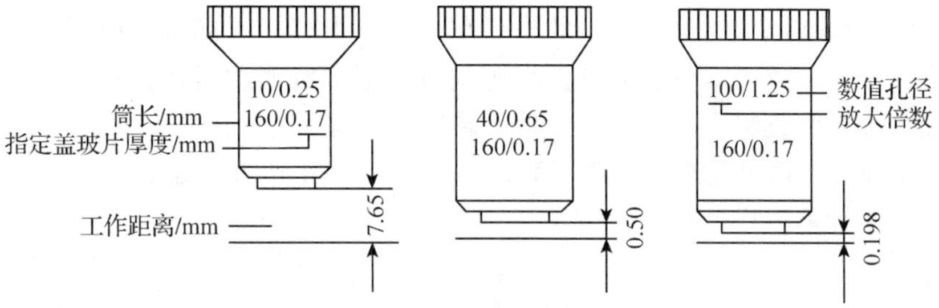

图 3-17　显微镜物镜参数示意

2. 显微镜的分辨率

显微镜性能的好坏不只决定于其总放大倍数，更重要的是分辨率的大小。分辨率是指显微镜能分辨出物体两点间最小距离(D)的能力。D 值愈小，表明分辨率愈高。D 值与光线的波长(λ)成正比，与物镜的数值孔径(NA)成反比。

$$D=\frac{\lambda}{2NA}$$

式中，D 为物体两点间的最小距离；λ 为光线的波长；NA 为物镜的数值孔径。

从上式可看出，缩短光波长和增大数值孔径都可提高分辨率。

数值孔径指光线投射到物镜上的最大角度(镜口角，α)的一半正弦与介质折射率(n)的乘积；

$$NA=n\times\sin\frac{\alpha}{2}$$

式中，α 为光线投射到物镜上的最大角度；n 为介质的折射率。

影响数值孔径大小的因素是镜口角和介质的折射率。

当镜与装片之间的介质为空气时，由于空气($n=$ 1. 52)的折射率不同，光线会发生折射，不仅使进入物镜的光线减少，降低视野的照明度，而且会减少镜口角[图 3-18(a)]。当以香柏油($n=1.515$)为介质时，由于它的折射率与玻璃相近，光线经过载玻片后可直接通过香柏油进入物镜而不发生折射[图 3-18(b)]，不仅增加了视野的照明度，更重要的是通过增加数值孔径提高分辨率。可见光的波长平均为 0. 55μm。当使用数值孔径为 0. 65 的高倍镜时，能辨别两点之间的距离为 0. 42μm；而

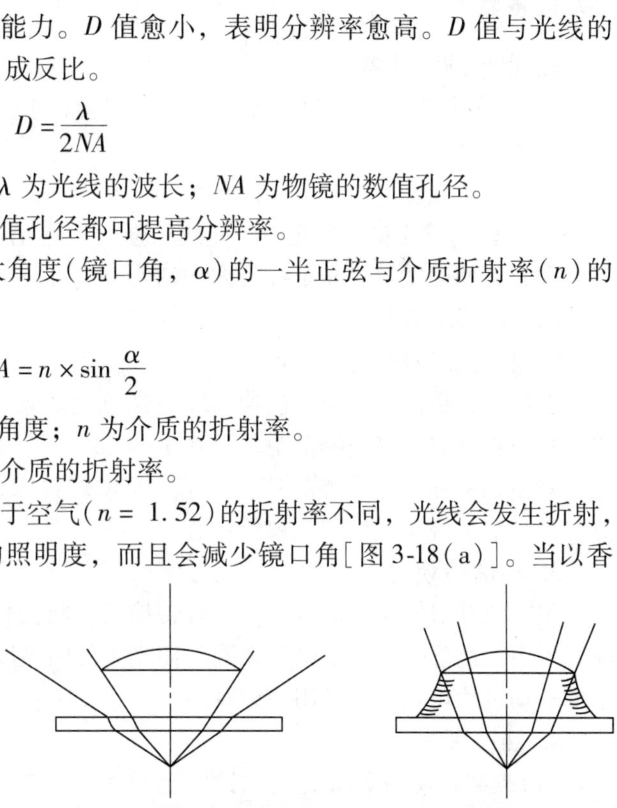

(a)　(b)

图 3-18　介质为空气(a)和香柏油(b)时光线的比较

使用数值孔径为1.25的油镜时，能辨别两点之间的距离为0.22μm。

3. 简单染色法原理

利用单一染料对细菌进行染色，使染色后的菌体与背景形成明显的色差，从而更清楚地观察其形态。此法操作简便，适用于菌体一般形状和细菌排列的观察，但不能辨别细菌细胞的构造。

常用碱性染料进行简单染色，这是因为在中性、碱性或弱酸性溶液中，细菌细胞通常带负电荷，而碱性染料在电离时，其分子的染色部分带正电荷，因此碱性染料的染色部分很容易与细菌结合使细菌着色。染色后的细菌细胞与背景形成鲜明的对比，在显微镜下更易于识别。常用作简单染色的染料有美蓝、结晶紫、碱性复红等。

当细菌分解糖类产酸使培养基pH下降时，细菌所带正电荷增加，此时可用伊红、酸性复红或刚果红等酸性染料染色。

【实验器材】

大肠杆菌、金黄色葡萄球菌(*Staphylococcus aureus*)、枯草芽孢杆菌(*Bacillus subis*)的染色装片及显微镜、香柏油、二甲苯、无菌水、擦镜纸。

【实验步骤】

1. 观察前的准备

(1)放好仪器 将显微镜置于平稳的实验台上，镜座距实验台边沿约4 cm。坐正，练习用左眼观察。

(2)调节光源 将低倍物镜转到工作位置，把光圈完全打开，聚光器升至与载物台相距约1mm。转动反光镜采集光源，光线较强的天然光源宜用平面镜，光线较弱的天然光源或人工光源宜用凹面镜，对光至视野内均匀明亮为止。观察染色装片时，光线宜强；观察未染色装片时，光线不宜太强。

2. 低倍镜观察染色装片

首先上升镜筒，将金黄色葡萄球菌染色装片置于载物台上，用标本夹夹住，将观察位置移至物镜正下方，物镜降至距装片0.5 cm处，适当缩小光圈。然后两眼从目镜观察，转动粗调节器使物镜逐渐上升(或使镜台下降)至发现物像，改用细调节器调节到物像清楚。移动装片，把合适的观察部位移至视野中心。

3. 高倍镜观察

眼睛离开目镜从侧面观察，旋转转换器，将高倍镜转至正下方，注意避免镜头与玻片相撞。再由目镜观察，仔细调节光圈，使光线的明亮度适宜。用细调节器校正焦距使物镜清晰。不要移动装片位置，准备用油镜观察。

4. 油镜观察

(1)提起镜筒约2 cm，将油镜转至正下方。在玻片标本的镜检部位(镜头的正下方)滴1滴香柏油。

(2) 从侧面注视，慢慢降下镜筒，使油镜浸在油中至油圈不扩大，镜头几乎与装片接触，但不可压及装片，以免压碎玻片，损坏镜头。

（3）将光线调亮，左眼从目镜观察，用粗调节器将镜筒慢慢上升（切忌反方向旋转）。当视野中有物像出现时，用细调节器校正焦距。如因镜头下降未到位或镜头上升太快而未找到物像，必须再从侧面观察，降下油镜，重复操作直至物像看清。仔细观察并绘图。

（4）再次观察。提起镜筒，换上其他染色装片，依次用低倍镜、高倍镜和油镜观察，并绘图。重复观察时可少加香柏油。

5. 镜检完毕后的工作

（1）移开物镜镜头。

（2）取出装片。

（3）清洁油镜　油镜使用完毕后，须用擦镜纸擦去镜头上的香柏油，再用擦镜纸沾少许二甲苯擦掉残留的香柏油，最后用干净的擦镜纸擦干残留的二甲苯。

（4）擦净显微镜　将各部分还原。将接物镜呈“八”字形降下，不可使其正对聚光器，同时降下聚光器，转动反光镜使其镜面垂直于镜座。最后套上镜罩，对号放入镜箱中，置于阴凉干燥处存放。

6. 简单染色的步骤

（1）涂片　取一个洁净的载玻片，用记号笔在载玻片的左右两侧标上菌号，用接种环按无菌操作法从试管培养液中取2～3环菌，于载玻片中央涂成薄层即可。左边涂苏云金杆菌，右边涂大肠杆菌，注意涂抹不宜过多过厚且要均匀。

（2）晾干　涂片后在室温下自然干燥，也可在酒精灯上略加温使其迅速干燥，但勿靠近火焰，因温度太高会破坏菌体形态。

（3）固定　常用高温进行固定。即手持载玻片一端，标本面朝上，在灯的火焰外侧快速来回移动3～4次，共约3～4s。要求载玻片温度不超过60℃，以载玻片背面触及手背皮肤不觉得过烫为宜，放置待冷后染色。

固定的目的：

① 杀死微生物，固定其细胞结构。

② 保证菌体能牢固地黏附在载玻片上，以免水洗时被冲掉。

③ 改变菌体对染料的通透性，一般死细胞原生质容易着色。

（4）染色　将载玻片平放在玻片搁架上，滴加苯酚复红染液1～2滴于涂片上（染液刚好覆盖涂片薄膜为宜），染色约1min。

（5）水洗　倾去染液，控制水龙头，用细小的缓水流从载玻片一端轻轻冲洗，直至从涂片上流下的水无色。水洗时，不要用水流直接冲洗涂面。水流不宜过急、过大，以免涂片薄膜脱落。

（6）干燥　将标本置于桌上风干，也可用吸水纸轻轻地吸去水分，或微微加热加快干燥速度。

（7）镜检　先用低倍镜观察，再用高倍镜观察。找出适当的视野后，将高倍镜转出，在涂片上加香柏油1滴，将油镜头浸入油滴中，仔细调焦观察细菌的形态。注意必须待涂片完全干燥后才能用油镜观察。

【思考题】

1. 分别绘出在油镜下观察到的枯草芽孢杆菌和金黄色葡萄球菌的形态，并注明物镜和目镜的放大倍数。

2. 用油镜便于观察细菌的依据是什么?

3. 使用油镜时应特别注意哪些问题?

4. 当物镜从低倍镜转到高倍镜和油镜时，对照明度有什么要求？应怎样调节？

实验五 细菌的革兰氏染色

【实验目的】

掌握细菌涂片和革兰氏染色法步骤。

【实验原理】

G^+菌：细胞壁厚，肽聚糖网状分子形成一种透性障，当乙醇脱色时，肽聚糖脱水而孔障缩小，因此结晶紫—碘复合物保留在细胞膜上，呈紫色。G^-菌：肽聚糖层薄，交联松散，乙醇脱色不能使其结构收缩，其脂含量高，乙醇将脂溶解，缝隙加大，结晶紫—碘复合物溶出细胞壁，复染后呈红色。

【实验器材】

1. 材料

金黄色葡萄球菌、大肠杆菌。

2. 药剂

革兰氏染色液(结晶紫染液、卢戈氏碘液、95% 乙醇、苯酚复红液等)，香柏油，二甲苯。

3. 器械

显微镜、擦镜纸、接种环、载玻片、吸水纸、试管、小滴管、酒精灯等。

【实验步骤】

1. 制片

(1) 准备载玻片　载玻片应洁净、无油污，否则应先擦干净。方法是先用左手食指和拇指捏住载玻片两端，滴上 2~3 滴 95% 的酒精，用洁净的双层纱布反复捻转擦干净，然后在酒精灯火焰上烘烤几次，烘烤面向上放在实验台上。

(2) 涂片　用无菌操作方法从试管中蘸取 1 环菌液，用接种环在载玻片上做一层均匀、直径约 1 cm 的薄膜。涂菌后将接种环用火焰灭菌。

(3) 干燥　在空气中自然干燥。也可将载玻片置于火焰上部加温加速干燥(温度不宜过高)。

（4）固定　目的是杀死细菌并使细菌黏附在载玻片上，便于染料染色，常用加热法。即将细菌涂片膜向上，通过火焰3次，以热而不烫为宜，以防止菌体烧焦、变形。此制片可用于染色。

2. 染色

（1）初染　向制片上滴加结晶紫染液，染1min后用水洗去剩余染料。

（2）媒染　滴加卢戈氏碘液，1min后水洗。

（3）脱色　滴加95%的乙醇脱色，摇动载玻片至紫色不再为乙醇脱褪（根据涂片的厚度需时30~60 s），水洗。

（4）复染　滴加苯酚复红液复染1min，水洗。

（5）用滤纸吸干，油镜镜检。

3. 结果

革兰氏阳性菌被染成蓝紫色，革兰氏阴性菌被染成淡红色。

4. 检测未知菌

用以上方法对未知菌进行革兰氏染色，并绘图、记录染色结果。

实验成功的关键：

①选用活跃生长期的菌种染色，老龄的革兰氏阳性细菌会被染成红色而造成假阴性。

②涂片不宜过厚，以免脱色不完全造成假阳性。

③脱色是革兰氏染色是否成功的关键，脱色不足会造成假阳性，脱色过度会造成假阴性。

【注意事项】

1. 火焰固定不宜过热（以载玻片不烫手为宜）。
2. 加热时用夹子夹住载玻片，以免烫伤。
3. 使用染料时注意避免沾到衣物上。
4. 乙醇脱色时勿靠近火焰。
5. 菌龄和脱色程度对染色结果影响较大。
6. 实验后洗手。

【实验报告】

绘制大肠杆菌和金黄色葡萄球菌革兰氏染色视野图。

【思考题】

1. 革兰氏染色是否成功？有哪些问题需要注意？为什么？

2. 现有1株未知杆菌，个体明显大于大肠杆菌。请鉴定该菌是革兰氏阳性菌还是革兰氏阴性菌。如何确定染色结果的正确性？

3. 为什么用老龄革兰氏阳性菌进行革兰氏染色会造成假阴性？

4. 你认为革兰氏染色法中哪个步骤可以省略？在什么情况下可以省略？

实验六 酵母菌的形态观察

【实验目的】

1. 观察酵母菌的形态和出芽生殖方式，学习区分酵母菌死活细胞的实验方法。
2. 掌握酵母菌的一般形态及其与细菌的区别。

【实验原理】

单细胞的酵母菌个体是常见细菌的几倍甚至几十倍，大多数采取出芽方式进行无性繁殖，也可以通过接合产生子囊孢子进行有性繁殖。由于细胞个体大，采取涂片的方法制片有可能损伤细胞，一般通过美蓝染液水浸片法或水—碘液水浸片来观察酵母的形态和出芽生殖方式。

美蓝是一种无毒性的染料，氧化型呈蓝色，还原型无色。由于细胞的新陈代谢作用，细胞内具有较强的还原能力，能使美蓝由蓝色的氧化型变为无色的还原型。因此，具有还原能力的酵母活细胞是无色的，死细胞或代谢作用微弱的衰老细胞则呈蓝色或淡蓝色，借此可对酵母菌的死细胞和活细胞进行鉴别。

【实验器材】

1. 菌种

酿酒酵母(*Saccharomyes cerevisiae*)约 2 d 的麦芽汁斜面培养物。

2. 培养基

PDA 培养基、麦氏(McCLary)培养基。

3. 仪器或其他用品

显微镜、载玻片、擦镜纸、盖玻片、接种环、0.05%美蓝染色液(以 pH6.0 的 0.02mol/L 磷酸缓冲液配制)、碘液、0.04%的中性红染色液、0.5%沙黄液、95%乙醇等。

【实验步骤】

1. 美蓝浸片的观察

(1)在载玻片中央加 1 滴 0.1%吕氏碱性美蓝染色液，然后按无菌操作用接种环挑取少量酵母菌苔放在染液中，混合均匀。

(2)用镊子取 1 块盖玻片，将盖玻片一边与菌液接触，缓慢将盖玻片倾斜并覆盖在菌液上。

(3)将制片放置 3 min 后，用低倍镜和高倍镜观察酵母菌形态和出芽情况，并根据细胞颜色区别死活细胞。

(4)染色 30 min 后再次观察，注意死活细胞比例是否发生变化。

(5)用0.05%吕氏碱性美蓝染液作为对照，同时进行上述实验。

2. 水—碘液浸片法

将革兰氏染色用碘液用水稀释4倍，滴加1滴于载玻片中央。按无菌操作取少许菌体置于染液中，混匀，盖上盖玻片后镜检。

【实验报告】

绘图说明观察到的酵母菌的形态特征。

实验七　放线菌的形态观察

【实验目的】

1. 学习并掌握观察放线菌形态的基本方法。
2. 初步了解放线菌的形态特征。

【实验原理】

放线菌菌丝体由基内菌丝、气生菌丝和孢子丝组成。制片时不采取涂片法，以免破坏细胞和菌丝体的形态。通常采用插片法或玻璃纸法，结合菌丝体简单染色进行观察。在插片法中，首先将灭菌盖玻片插入接种有放线菌的平板中，使放线菌沿盖玻片和培养基交接处生长而附着在盖玻片上。取出盖玻片，可直接在显微镜下观察放线菌在自然生长状态下的形态特征，而且有利于对不同生长时间的放线菌形态进行观察。在玻璃纸法中，采用的玻璃纸是一种透明的半透膜。将放线菌菌种接种到覆盖在固体培养基表面的玻璃纸上，水分和小分子营养物质可透过玻璃纸被菌体吸收利用，而菌丝不能穿过玻璃纸而与培养基分离。观察时只要揭下玻璃纸转移到载玻片上，即可镜检观察。由于孢子形态、排列及形状是放线菌重要的分类学指标，可采用印片法将放线菌菌落或菌苔表面的孢子丝印在载玻片上，经简单染色后观察。

【实验器材】

1. 材料

细黄链霉菌(*Streptomycs micuoflavus*)(培养3~5 d)。

2. 药剂

高氏Ⅰ号固体培养基。

3. 器械

盖玻片、载玻片、镊子、接种环、显微镜、涂布器、玻璃纸、打孔器、显微镜、0.1%美蓝染色液、苯酚复红染色液等。

【实验步骤】

1. 插片法

(1)接种 用接种环挑取菌种斜面培养物(孢子)，在琼脂平板上密集划线接种。

(2)插片 无菌操作。用镊子取灭菌盖玻片，以约45°插入平板琼脂接种线上。

(3)培养 将平板倒置，于28℃培养3~5 d。

(4)镜检 用镊子小心取出盖玻片，用纸擦去背面的培养物，菌面朝上放在载玻片上，直接用低倍镜镜检观察。

2. 玻璃纸法

(1)铺玻璃纸 无菌操作。用镊子将已灭菌(155~160℃)玻璃纸平铺在平板表面，用接种铲或无菌玻璃涂棒将玻璃纸压平并去除气泡。每个平板可铺约10块玻璃纸。

(2)接种 无菌操作。挑取菌种，在玻璃纸上划线接种。

(3)培养 将平板倒置，于28℃培养3~5 d。

(4)镜检 在载玻片中央滴一小滴水，用镊子小心取出玻璃纸片，菌面朝上放在水滴上，使其紧贴在载玻片上，不要留气泡，直接用低倍镜和高倍镜镜检。

3. 印片法

(1)印片 用解剖针从平板培养物中划一块菌苔于载玻片上，菌面朝上，用另一个载玻片轻轻在菌苔表面按压，使孢子丝和气生菌丝附着在载玻片上。

(2)固定 将有印迹的一面朝上，通过火焰2~3次，固定。

(3)染色 用苯酚复红染色1 min，水洗，晾干。

(4)镜检 用油镜观察孢子丝形态特征。

【实验结果】

绘图说明观察到的放线菌的主要形态特征。

【注意事项】

1. 插片法镜检中，宜用略暗光线；先用低倍镜找到视野，再换高倍镜；在盖玻片菌体附着部位滴加0.1%吕氏美蓝染色后观察效果更好。

2. 在玻璃纸法操作过程中，不要碰动玻璃纸菌面上的培养物。

3. 印片时不要用力过大以免压碎琼脂，也不要错动，以免改变放线菌的自然形态。

【实验报告】

镜检时，如何区分放线菌的基内菌丝和气生菌丝?

实验八　霉菌水浸标本片的制备与观察

【实验目的】

1. 学习并掌握观察霉菌的基本方法。
2. 了解4类常见霉菌的基本形态特征。

【实验原理】

霉菌的营养体是分枝的丝状体。其个体比细菌和放线菌大得多，分为基内菌丝和气生菌丝。气生菌丝中又可分化出繁殖丝。不同霉菌的繁殖菌丝可以形成不同的孢子，其形态特征是分类的重要依据。如青霉的繁殖菌丝无顶囊，经多次分枝，产生几轮对称或不对称的小梗，小梗上着生成串的青色分生孢子的孢子囊，形如“扫帚”。而曲霉的分生孢子梗顶端膨大成顶囊，成球形。

霉菌菌丝较粗大，细胞易收缩变形，且孢子容易飞散，所以制标本时常用乳酸苯酚棉蓝染色液。此种霉菌标本片的特点是：细胞不变形，具有杀菌防腐作用，不易干燥，能保持较长时间，溶液本身呈蓝色，有一定染色效果。

利用在玻璃纸上培养的霉菌作为观察材料，可以得到清晰、完整、保持自然状态的霉菌形态；也可以直接挑取生长在平板中的霉菌菌体制水浸片观察。

【实验器材】

1. 活体材料

在马铃薯琼脂平板上或用玻璃纸透析培养法培养3~4d的根霉、青霉、曲霉、毛霉。

2. 染色液和试剂

乳酸苯酚棉蓝染色液、50%酒精(V/V)。

3. 器械

剪刀、镊子、载玻片、盖玻片、解剖针、显微镜。

【实验步骤】

1. 制水浸片观察法

在载玻片上滴加1滴乳酸苯酚棉蓝染色液或蒸馏水，用解剖针从生长有霉菌的平板中挑取少量带有孢子的霉菌菌丝(连培养基一起挑取)，用50%的乙醇浸润，再用蒸馏水将浸过的菌丝洗一下，然后放入载玻片上的液滴中，仔细用解剖针将菌丝分散开。盖上盖玻片(不要产生气泡，且不要再移动盖玻片)，先用低倍镜，必要时转换高倍镜镜检并记录观察结果。

1.1　根霉形态观察

用肉眼观察根霉在斜面或平皿上的生长情况。

将培养皿置于显微镜下，用低倍镜观察孢子囊柄、孢子囊和假根。

制片观察孢子囊柄、孢子囊和假根。

1.2　曲霉形态观察

肉眼观察曲霉的斜面或平皿的生长情况。

用低倍镜观察培养皿上分生孢子的形状。

制片观察有无横隔及分生孢子的着生情况。

1.3　青霉形态观察

肉眼观察青霉菌落的颜色、组成的同心环及菌落背面的颜色。

用低倍镜观察培养皿中青霉菌扫帚状的形态。

制片观察菌丝的分隔情况，分生孢子梗，粗枝、细枝、大梗、小梗、分生孢子的形状颜色。

2. 玻璃纸透析培养观察法

2.1　玻璃纸的选择与处理

要选择能够允许营养物质透过的玻璃纸。也可收集商品包装用的玻璃纸，加水煮沸，然后用冷水冲洗。经此法处理的玻璃纸如果变软，则不可用。将玻璃纸剪成适当的尺寸，用水浸湿后夹在旧报纸中，然后一起放入平皿内，121℃灭菌 30 min 备用。

2.2　菌种的培养

按无菌操作法，倒平板，冷凝后用灭菌的镊子夹取无菌玻璃纸贴附于平板上，再用接种环蘸取少许霉菌孢子，在玻璃纸上方轻轻抖落于纸上。然后将平板置于 28 ~ 30℃ 下培养 3 ~ 5d，曲霉菌和青霉菌即可在玻璃纸上长出单个菌落（根霉菌的气生性强，形成的菌落铺满整个平板）。

2.3　制片与观察

剪取玻璃纸透析法培养 3 ~ 4d 后长有菌丝和孢子的一小块玻璃纸，先放在 50% 乙醇中浸一下，洗掉脱落的孢子，并赶走菌体上的气泡，然后正面向上贴附于干净的载玻片上，滴加 1 ~ 2 滴乳酸苯酚棉蓝液，小心地盖上盖玻片（注意不要产生气泡），且不要移动盖玻片，以免弄乱菌丝。

标本片制好后，先用低倍镜观察，必要时再换高倍镜。注意观察菌丝有无隔膜，有无假根、足细胞等形态特殊的菌丝。注意无性繁殖器官的形状和构造，孢子着生的方式和孢子的形态、大小等。

【实验报告】

绘出根霉、青霉和曲霉的个体形态图，并注明各部位的名称。

实验九　凝固型酸奶发酵

【实验目的】

1. 学习酸奶的概念，掌握凝固型酸奶的设计原理。
2. 掌握酸奶发酵中常用的乳酸菌、接种技术以及酸奶发酵工艺。

【实验原理】

酸奶又称酸乳，是以牛奶为主要原料，经乳酸菌发酵而制成的一种营养丰富、风味独特的保健饮料。用于酸奶发酵的乳酸菌主要是德氏乳杆菌保加利亚亚种和唾液链球菌嗜热亚种。酸奶发酵中主要的生物变化是：乳酸菌将牛奶中的乳糖发酵成乳酸，使其pH降至酪蛋的等电点4.6附近，从而使牛奶形成凝胶状；乳酸菌还会促使部分酪蛋白降解，形成乳酸钙，产生脂肪、乙醛、双乙酰和丁二酮等风味物质。这就是酸奶具有良好的保健作用和适合广大乳糖不耐症患者饮用的主要原因。

【实验器材】

1. 实验材料

德氏乳杆菌保加利亚亚种、嗜热链球菌(均来源于买来的酸奶)、奶粉、白糖、保鲜膜、一次性杯子等。

2. 器皿

培养箱、冰箱等。

【实验步骤】

(1)配奶　用奶粉按1:7比例加水配成还原奶，然后在牛奶中添加6%~10%白糖后搅匀，并置于85~90℃下消毒15 min。

(2)冷却　将消毒后的牛奶冷却至45℃左右。

(3)接种　按5%~10%比例将市售优质酸奶作菌种，接入冷却牛奶中，充分搅匀。

(4)保温发酵　将接种后的牛奶置于40~42℃的恒温箱中保温发酵3~4 h(具体时间视凝乳速度而定)。

(5)后熟　已变成凝胶态的酸奶放在4℃ 左右12~24 h，以便后熟。

(6)品味　评定酸乳质量的指标有理化指标和微生物学指标。本实验中产品的质量指标以品尝时的口感和风味为主；同时观察产品的外观，包括凝块状态、色泽的洁度、表层光洁度、有无气泡和悦人香味等。若品尝时发现有异味，则说明发酵过程中污染了杂菌。

【思考题】

酸奶发酵工艺的关键因素是什么？影响口感的因素是什么？

实验十 水中细菌总数的测定

【实验目的】

1. 学习水样的采取方法和水样细菌总数的测定方法。
2. 了解平板菌落计数的原则。

【实验原理】

在食品卫生学指标中，细菌菌落总数也称为杂菌总数，杂菌总数的多少表示食品的新鲜程度和被污染程度。饮用水中的细菌总数是指 1 mL 水样在普通营养琼脂培养基中，在 37℃培养 24h 后所生长的菌落总数。

本实验应用平板菌落计数技术测定样品中的细菌总数。平板菌落计数技术常用于测定水、食品、发酵制品中的活菌数，由于该方法采用倾注法，容易造成人为误差(如稀释过程、培养基温度的控制等)，因此，用来计算水中细菌总数仅是一种近似值。目前一般采用普通牛肉膏蛋白胨琼脂培养基完成实验。

【实验器材】

1. 材料

根据需要选择自来水、池水或湖水等。

2. 药剂

牛肉膏蛋白胨琼脂培养基。

3. 器械

生理盐水或无菌水、培养箱、无菌操作台、灭菌的带玻璃塞瓶、灭菌培养皿、灭菌吸管、灭菌试管、灭菌三角烧瓶、试管架等。

【实验步骤】

1. 水样的采取

(1) 自来水 先将自来水龙头用火焰灼烧 3 min 灭菌，再开放水龙头使水流 5 min 后，用灭菌三角烧瓶接取水样，快速进行分析。

(2) 池水、河水或湖水 应取距水面 10~15 cm 的深层水样，先将灭菌的带玻璃塞瓶瓶口向下浸入水中，然后翻转过来，除去玻璃塞，水即流入瓶中。盛满后将瓶塞盖好，再从水中取出，最好立即检查，否则需放入冰箱中保存。

2. 细菌总数测定

(1) 自来水

①用灭菌吸管吸取 1 mL 水样，注入灭菌培养皿中。共做两个平皿。

②分别倾注约 15 mL 已溶化并冷却到 45℃左右的牛肉膏蛋白胨琼脂培养基，立即在桌上作平面旋摇，使水样与培养基充分混匀。

③另取 1 个空的灭菌培养皿，倾注牛肉膏蛋白胨琼脂培养基 15 mL，作为空白对照。

④培养基凝固后，在 37℃温箱中倒置培养 24h，进行菌落计数。两个平板的平均菌落数即为 1 mL 水样的细菌总数。

(2) 池水、河水或湖水

①稀释水样：取 3 个灭菌的空试管，分别加入 9 mL 生理盐水。取 1 mL 水样，注入第一管 9 mL 灭菌水内，摇匀；再自第一管取 1 mL 至下一管灭菌水内；如此稀释到第三管。稀释度分别为 10^{-1}、10^{-2}和 10^{-3}。稀释倍数视水样污浊程度而定，以培养后平板的菌落数在 30~300 个之间最为合适。如果 3 个稀释度的菌数均多到无法计数或少到无法计数，则需继续稀释或减小稀释倍数。一般中等污秽水样取 10^{-1}、10^{-2}和 10^{-3}3 个连续稀释度，污秽严重的取 10^{-2}、10^{-3}和 10^{-4}3 个连续稀释度。

②自最后 3 个稀释度的试管中各取 1 mL 稀释水，加入空的灭菌培养皿中，每个稀释度做两个培养皿。

③向各培养皿倾注 15 mL 已溶化并冷却至 45℃左右的牛肉膏蛋白胨琼脂培养基，立即放在桌上摇匀。

④凝固后于 37℃培养箱中倒置培养 24h。

3. 菌落计数方法

(1) 先计算相同稀释度的平均菌落数。若其中 1 个培养皿有较大片状菌苔生长，则不应采用，应以无片状菌苔生长的培养皿作为该稀释度的平均菌落数。若片状菌苔的大小不到培养皿的一半，而其余的一半菌落分布很均匀，则可将此一半的菌落数乘以 2 以代表全培养皿的菌落数，然后再计算该稀释度的平均菌落数。

(2) 首先选择平均菌落数在 30~300 之间的，当只有 1 个稀释度的平均菌落数符合此范围时，则以该平均菌落数乘其稀释倍数作为该水样的细菌总数(表 3-1，例 1)。

(3) 若有两个稀释度的平均菌落数在 30~300 之间，则按两者菌落总数的比值来决定。若比值小于 2，采取两者的平均数；若比值大于 2，取其中较小的菌落总数(表 3-1，例 2 及例 3)。

(4) 若所有稀释度的平均菌落数均大于 300，则按稀释度最高的平均菌落数乘以稀释倍数(表 3-1，例 4)。

(5) 若所有稀释度的平均菌落数均小于 30，则按稀释度最低的平均菌落数乘以稀释倍数(表 3-1，例 5)。

(6) 若所有稀释度的平均菌落数均不在 30~300 之间，则以最接近 300 或 30 的平均菌落数乘以稀释倍数(表 3-1，例 6)。

表 3-1 菌落总数计算方法及报告方式举例

例次	不同稀释度的平均菌落数			两个稀释度菌落数之比	菌落总数(CFU/ mL)	备注
	10^{-1}	10^{-2}	10^{-3}			
1	1 365	164	20	—	16 400 或 1.6×10^4	两位以后的数字采取四舍五入的方法
2	2 760	295	46	1.6	37 750 或 3.8×10^4	
3	2 890	271	60	2.2	27 100 或 2.7×10^4	
4	无法计数	1 650	513	—	513 000 或 5.1×10^5	
5	27	11	5	—	270 或 2.7×10^2	
6	无法计数	305	12	—	30 500 或 3.1×10^4	

【注意事项】

1. 取样时应注意避免人为因素造成的污染。

2. 培养基倾注前的温度不能过高或过低。过高容易将样品中的微生物烧死，过低则培养基部分凝固，难以与水样混匀。

【实验报告】

实验结果如下:

(1)自来水化验结果(表 3-2)

表 3-2 自来水中菌落总数

平板	菌落数	1 mL 自来水中细菌总数
1		
2		

(2)池水、河水或湖水化验结果(表 3-3)

表 3-3 池水、河水或湖水的细菌总数

稀释度	10^{-1}		10^{-2}		10^{-3}	
平板	1	2	1	2	1	2
菌落数						
平均菌落数						
计算方法						
细菌总数(OFU/ mL)						

【思考题】

1. 从细菌总数检测结果来看，自来水是否符合饮用水的标准中细菌总数的要求?

2. 所测的水源水的污秽程度如何?

实验十一　显微镜直接计数法测定微生物数量

【实验目的】

1. 掌握显微镜直接计数微生物数量的原理。
2. 学习使用血球计数板进行微生物计数的方法。

【实验原理】

显微镜计数法是将少量待测样品的悬浮液置于一种特定的具有确定容积的载玻片上(又称计菌器)，在显微镜下直接观察、计数的方法。其中血细胞计数板较厚，不能使用油镜，常用于个体较大的酵母细胞和霉菌孢子等的计数。显微计数法的优点是直观、快速、操作简单，缺点是所测得的结果通常是死菌体和活菌体的总和，且难以对运动性强的活菌进行计数。

血细胞计数板是一块特制的载玻片，最早用于血细胞的计数，由 4 条槽构成 3 个平台。中间较宽的平台被一段横槽隔成两半，每一边的平台上各刻有 1 个方格网，每个方格网共分为 9 个大方格，中间的大方格即计数室。计数室的刻度一般有两种规格，一种是一个大方格分成 25 个中方格，每个中方格又分成 16 个小方格[图 3-19(a)]；另一种是一个大方格分成 16 个中方格，每个中方格又分成 25 个小方格[图 3-19(b)]。但无论是哪种规格的计数板，每个大方格中的小方格数目都是 400 个。每个大方格边长为 1mm，面积为 $1mm^2$，盖上盖玻片后，盖玻片与载玻片之间的高度为 0.1mm，所以计数室的容积为 $0.1mm^3$ ($10^{-4}m^3$)。

以 25 个中方格的计数板为例，设 5 个中方格中的总菌数为 A，菌液稀释倍数为 B，则：1 mL菌悬液中的总菌数为：$\frac{A}{5} \times 25 \times 10^4 \times B$。

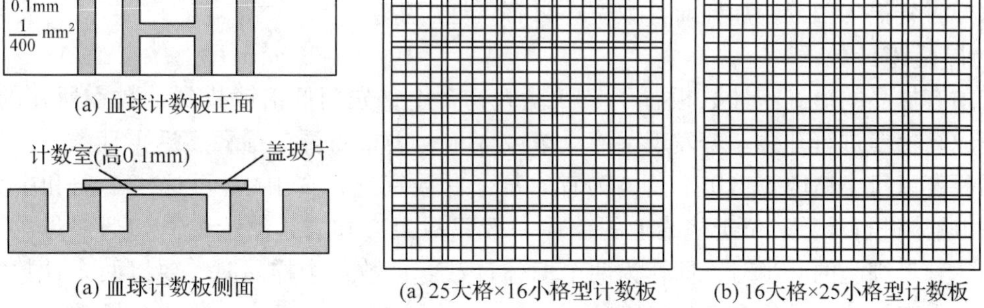

图 3-19　血球计数板侧面和两种类型的计数室

【实验器材】

1. 材料

酵母菌悬液(注：显微镜直接计数法适合对能在液体中均匀分散的微生物细胞或孢子进行直接计数。通常的血细胞计数板不适合使用油镜，因此本实验推荐采用个体较大的酵母细胞和霉菌孢子作为实验材料，以保证实验的观察效果，使学生能较快地掌握显微镜计数的原理和具体操作技术)。

2. 器械

普通光学显微镜、血细胞计数板、盖玻片、擦镜纸、酒精灯、无菌毛细管、三角烧瓶等。

【实验步骤】

1. 菌悬液制备

将5 mL左右的无菌生理盐水加到酵母或霉菌培养基斜面上，用无菌接种环在斜面上轻轻来回刮取。将制备的悬液倒入盛有50 mL生理盐水和玻璃珠的三角烧瓶中，充分震荡使细胞(孢子)分散。随后应用无菌纱布和玻璃小漏斗过滤霉菌孢子液，去掉菌丝。上述悬液在使用前可根据需要适当稀释。

2. 检查血球计数板

在加样前，先对血细胞计数板的计数室进行镜检。若有污物，可用自来水冲洗，再用95%的乙醇棉球轻轻擦洗，然后用吸水纸吸干或电吹风吹干。

计数板上的计数室刻度非常精细，清洗时不要使用刷子等硬物，也不可用酒精灯火焰烘烤。

3. 加样品

将清洁干燥的血细胞计数板盖上盖玻片，用无菌的毛细滴管在盖玻片边缘滴一小滴摇匀的酵母菌悬液或霉菌孢子液，让菌液依靠毛细渗透作用沿缝隙自动进入计数室。用镊子轻压盖玻片，以免因菌液过多将盖玻片顶起而改变计数室的容积。加样后静置5 min，使细胞或孢子自然沉降。

取样时先摇匀菌液，加样时计数室不可有气泡产生。

4. 显微镜计数

将加有样品的血细胞计数板置于显微镜载物台上，先用低倍镜找到计数室所在的位置，然后换成高倍镜进行计数。若发现菌液太浓或太稀，需重新调节稀释度后再计数。一般要求样品稀释度以每小格内5~10个菌体为宜。每个计数室选5个中格(可选4个角和中央的中格)中的菌体进行计数。位于格线上的菌体一般只数上方和右边线上的。如遇酵母出芽，芽体大小达到母细胞的一半时，即作为两个菌体计数。计数一个样品时，要以两个计数室中计得的平均数来计算样品的含菌量。

5. 清洗

使用完毕后，将血细胞计数板和盖玻片按前面介绍的程序进行清洗、干燥，放回盒中，以备下次使用。

实验成功的关键：

①活细胞是透明的，因此在进行显微计数时应适当降低视野亮度，以增大反差。

②进行显微计数时，应先在低倍镜下寻找计数室的位置，将其移至视野中央，再换高倍镜观察和计数。

【注意事项】

1. 使用酒精灯时，注意不要被火焰灼伤或烧到衣物。

2. 将接触过微生物培养物的接种环放回试验台前，应记得再次用火焰灼烧灭菌，以免造成实验台污染。

3. 用接种环在培养基斜面上刮取时，动作要轻，不要将琼脂培养基一起刮起。

【实验结果】

用表格记录结果(表3-4)。

表3-4　显微计数结果

	各中格的菌数					A	B	两室平均值	菌数(mL)
	1	2	3	4	5				
第一室									
第二室									

【实验报告】

1. 根据你的体会，说明用血细胞计数板计数的误差主要来自哪些方面？应怎样尽量减少误差？

2. 某单位要求知道一种干酵母粉中的活菌存活率，请设计1~2种可行的检测方法。

实验十二　倒平板及空气中微生物的检测

【实验目的】

1. 了解空气中微生物的分布状况，学习空气采样方法。

2. 掌握空气中微生物的检测方法。

【实验原理】

空气是人类赖以生存的环境，也是微生物借以扩散的媒介。空气中存在细菌、真菌、病毒和放线菌等多种微生物粒子。空气中微生物的含量可以反映空气质量，是空气环境污染的一个重要参数。评价空气的清洁程度，需要测定空气中微生物的数量和空气污染微生物。测定的细菌指标有细菌总数和绿色链球菌，必要时测定病原微生物。

目前还没有关于空气的统一卫生学指标，一般以室内 $1m^3$ 空气中细菌总数为 50~1 000 个以上作为空气污染的指标。

本实验测量空气中微生物含量主要是利用空气的自然沉降法，也有撞击法、过滤法等其他方法。

【实验器材】

电炉、培养基、培养箱、无菌台。

【实验步骤】

(1)配制牛肉膏蛋白胨培养基 1 000 mL，灭菌备用。

(2)倒平板，其凝固完全。

(3)空气采样，在实验室的四角和中央采取 5 个点，每个点做 2 个平行、1 个对照，共 11 个培养皿。

(4)采好样的培养皿放入 37℃ 培养箱中培养 24h，观察并记录。

(5)根据前苏联微生物学家估算的公式计算结果：

$$100/A \times 5/T \times 1\ 000/10 \times N = 50\ 000N/AT$$

式中，N 为培养后菌落数；A 为平皿的表面积；T 为培养皿在空气中的暴露时间。

此公式是根据 100 cm^2 的表面积在空气中暴露 5 min 的菌落数相当于 10L 空气中的菌落数来估算的，并不能代表真实空气的数量，计算结果应该比实际菌落数小。

空气卫生状况标准参考见表 3-5、表 3-6：

表 3-5　不同场所微生物含量

场所	畜舍	宿舍	城市街道	市区公园	海洋上空	北纬 80°
微生物	$(1\sim2)\times10^6$	2×10^4	5×10^3	200	1~2	0

表 3-6　清洁程度与细菌总数关系

清洁程度	细菌总数	清洁程度	细菌总数
最清洁的空气(有空调)	1~2	临界环境	125~150
清洁空气	<30	轻度污染	<300
普通空气	31~125	严重污染	>301

【实验报告】

1. 描述培养物的形态特征。
2. 计算空气中微生物的含量，确定空气的卫生状况。

实验十三　实验室环境和人体表面微生物的检查

【实验目的】

1. 证明实验室环境和人体表面存在大量微生物。
2. 体会无菌操作的重要性。

【实验原理】

牛肉膏蛋白胨培养基含有细菌等微生物生长所需要的营养成分。当取自不同来源的样品接种到培养基上，如果有微生物存在，适温培养后，1~2 d 内会形成肉眼可见的菌落，而且特征与样品中微生物的种类和数量有直接关系。因此，可通过平板培养检查不同来源的样品中微生物的数量和类型，并初步观察各类微生物的菌落特征。

【实验器材】

1. 培养基

牛肉膏蛋白胨培养基。

2. 仪器

恒温培养箱、无菌操作台、高压蒸汽灭菌锅。

3. 其他用品

无菌水、灭菌棉签、接种环、酒精灯、试管架、记号笔。

【实验步骤】

(1)写标签　将班级、姓名、日期、样品来源用记号笔写于培养皿底部。

(2)取样、接种

①空气：在实验室工作台上打开培养基平板皿盖，接触空气 10 min，盖好皿盖。

②实验台面：从试管中取出灭菌棉签，在无菌水中润湿，在实验室工作台上涂擦，范围约 4 cm^2。然后用棉签在培养基平板上划线。

③手指：用右手食指与培养基平板不同区域轻轻接触 3~4 次。

④头发：取一根头发，在培养基平板上紧密接触 3~4 次。

⑤咳嗽：打开培养基平板皿盖，距离 20 cm 左右正对平板咳嗽 3 次。

⑥鼻腔：从试管中取出灭菌棉签，在无菌水中润湿，然后接触鼻腔，用棉签在培养基平板上划线。

以上步骤均按无菌操作要求进行。

(3)培养　放入 37℃培养箱，皿底向上，培养 1~2d。

(4)观察 对培养好的平板分别进行观察并纪录。

【实验结果】

1. 菌落计数

统计各平板的菌落数，结果填入表3-7中。

表3-7 菌落计数结果

样品	空气	实验台面	手指	头发	咳嗽	鼻腔
菌落数						

2. 观察不同菌落的类型

大小、颜色、形态、高度、干湿情况、透明程度、边缘。

【注意事项】

1. 接种过程要注意样品与培养基的接触，不要因为未接触而出现空平板。
2. 样品与培养基的接触不要过重，以免造成平板破损。
3. 接种过程必须按无菌操作要求进行，以保证实验结果可信。

【思考题】

1. 为什么实验室环境和体表存在一定数量的微生物?
2. 为什么要按无菌操作要求进行实验操作?

实验十四 药物对微生物的抑菌实验

【实验目的】

1. 了解一些典型化学物质、抗生素等药物对微生物的抑制作用。
2. 掌握抑菌实验的常用设计方法和测定体外抗菌作用的典型方法。

【实验原理】

药物的体外抑菌试验是常用抗菌试验方法，其中最常用的方法是系列稀释法和琼脂扩散法。

1. 稀释法

稀释法分为液体培养基连续稀释法和固体稀释法(斜面法)两种。这两种方法都可以用来测定药物的最小抑菌浓度(MIC)，即该药物能抑制细菌生长的最低浓度，通常用μg/mL或U/mL表示。

2. 琼脂扩散法

将抗菌药物加到接种试验菌的平板表面，抗菌药物在琼脂胶内向四周自由扩散，其浓度随着扩散距离增大而降低。在药物一定的扩散距离内，由于药物具有抗菌效应，试验菌不能生长，无菌生长的范围称为抑菌圈。抑菌圈的大小与药物的抑菌效应成正比。琼脂扩散法常分为滤纸片法、管碟法、打洞法和挖沟法等。

2.1　滤纸片法

滤纸片法是最常用的方法，适用于新药的初筛试验(初步确定药物是否有抗菌作用)和临床的药敏试验(细菌药物第三性试验，以便选择用药)。滤纸片分为湿、干两种，可以在试验时用无菌纸片蘸取药物溶液放在含菌的平板表面，也以预先做成一定浓度的干燥纸片。一般来说，预先做成的干燥纸片更实用且更准确。

干燥纸片的制备方法：选用吸水力强而且质地均匀的滤纸，用打洞机制成直径6mm的圆纸片，120℃干燥灭菌2h。把配制好的浓度适宜的抗生素溶液，每100张纸片加入0.5 mL，使其均匀浸润，放在无菌平皿中，37℃干燥后，分装小瓶中，封口，4℃保存。β-内酰胺类抗生素要放在－20℃保存。

一般药敏试验常采用滤纸片法。我们可以根据抑菌圈的大小，来判断菌种对药物的敏感性。世界卫生组织规定了抗菌药物的敏感性评定标准，在标准实验条件下根据抑菌圈大小来判断。

2.2　管碟法

也是采用药物扩散原理，把药液加入琼脂板上的牛津杯中。

【实验器材】

1. 菌种

金黄色葡萄球菌、大肠杆菌。

2. 材料

营养琼脂培养基、青霉素稀释液、75%酒精、碘液、生理盐水(或无菌水)。

3. 用具

滤纸片、培养皿、吸管、镊子、牛津杯(小不锈钢管)、无菌试管。

【实验步骤】

1. 滤纸片法

(1)试验菌的准备。在营养培养基上接种金黄色葡萄球菌和大肠杆菌菌种，培养传代依次后，再移种至营养肉汤培养基中，在37℃培养10～18h，取出备用。

(2)混菌平板的制备。用无菌吸管分别取金黄色葡萄球菌和大肠杆菌的肉汤培养物，在无菌平皿中各滴加4～5滴。再将已溶化并冷却至45℃的琼脂培养基倒入平皿中，每皿20 mL，立即晃动平皿混匀，平放在台上，凝固后备用。

(3)用记号笔在无菌平皿底部划十字线，将平板分为4个区，每个区上标注加入的药品名称。

(4)用无菌镊子取无菌滤纸片(直径6～8 mm)，浸入待测药液，然后轻轻放入混菌平板对应的区域中央，贴紧(如图)。

(5)将平皿放入37℃恒温箱中倒置培养20h，观察结果。

(6)用卡尺测量抑菌圈的直径，判断微生物的抑菌能力。

2. 管碟法

(1)实验菌的准备。制备混菌平板，标记平皿，同滤纸片法。

(2)用无菌镊子取4个无菌牛津杯，在同一块已制好的混菌平板的4个区上直立放好，牛津杯与小钢管紧密接触。

(3)每管中滴满待测的微生物。

(4)用已灭菌的陶土盖盖好，放入37℃恒温箱中培养18~24 h。培养后取出，观察牛津杯周围抑菌圈的大小，确定杀菌力或抑菌力的大小。

【思考题】

1. 稀释法和琼脂扩散法的具体操作步骤是什么？
2. 青霉素抑菌的机制是什么？

实验十五 食品中大肠菌群的测定

【实验目的】

1. 学习和掌握大肠菌群的测定方法。
2. 了解测定过程中每个步骤的反应原理。

【实验原理】

大肠菌群是一群能在37℃培养48h内，发酵乳糖产酸产气的需氧或兼氧革兰氏染色阴性无芽孢杆菌。大肠菌群以大肠杆菌为主，包括肠细菌属、柠檬酸细菌属、埃希氏菌属和克雷伯氏菌属等。大肠菌群数可用来判断水源或食品被粪便污染的可能性和程度。因为大肠菌群在肠道和粪便中的数量非常高，与肠道和粪便中的病原菌生活习性相近，抗逆能力稍强，在数量上两者具有一定相关性，且易于培养和检测，所以非常适合用来判断样品是否被人、畜粪便污染，间接反映水源或食品中消化道传染病源菌的数量。

大肠菌群的测定方法一般采用多管发酵法。此法根据大肠菌群具有发酵乳糖产酸产气的特性，利用含乳糖的培养基培养不同稀释度的样品，经初发酵、平板分离和复发酵3个检测步骤，最后根据结果查最大自然数表，算出食品中的大肠菌群数。

【实验器材】

1. 材料

根据不同需要选择检测样品(如自来水、酱油、食醋、酸乳、啤酒等)；乳糖蛋白胨发酵培养基、伊红美蓝固体培养基、乳糖发酵培养基。

2. 药剂

革兰氏染色液、芽孢染色液。

3. 器械

显微镜、天平、培养箱、水浴锅、研钵、平皿、德氏管、刻度吸管、涂布器等。

【实验步骤】

1. 初发酵试验

在3倍浓缩乳糖培养基中加入稀释度为10^{-1}、10^{-2}和10^{-3}的被检样品10 mL（如果大肠菌群超出检测限量，可取更高的稀释度），每个稀释度各做5个重复，混匀后置于37℃培养24h。

2. 平板分离

培养24h后如发酵管不产酸（乳糖发酵液变黄色）、产气（小指管底部有气泡）和不变浑浊，则为阴性反应；产酸、产气或仅产酸的乳糖发酵管为阳性反应。将阳性反应划线接种于伊红美蓝平板上，37℃培养24h。

在伊红美蓝平板上，大肠菌群的典型菌落为深紫黑色、具有金属光泽，或紫黑色、不带或略带金属光泽，或淡紫红色、中心较深。将带有上述典型特征的菌落做革兰氏染色镜检。

3. 复发酵试验

将上述革兰氏染色镜检为阴性无芽孢杆菌的菌落接种到乳糖蛋白胨培养基中，37℃培养24h。如仍产酸、产气，则为大肠菌群阳性。

4. 计算结果

根据3个稀释度的阳性管数，组成1个数量指标，查表3-8计算。

表3-8　大肠菌群最可能数（MPN）检索表

阳性管数			MPN 100 mL(g)	95%可信限	
1 mL(g)×3	0.1 mL(g)×3	0.01 mL(g)×3		上限	下限
0	0	0	<30	<5	90
0	0	1	30		
0	0	2	60		
0	0	3	90		
0	1	0	30	<5	130
0	1	1	60		
0	1	2	90		
0	1	3	120		
0	2	0	60		
0	2	1	90		
0	2	2	120		
0	2	3	160		
0	3	0	90		
0	3	1	130		
0	3	2	160		
0	3	3	190		

（续）

阳性管数			MPN	95%可信限	
1 mL(g)×3	0.1 mL(g)×3	0.01 mL(g)×3	100 mL(g)	上限	下限
1	0	0	40		
1	0	1	70	<5	200
1	0	2	110	10	210
1	0	3	150		
1	1	0	70		
1	1	1	110	10	230
1	1	2	150	30	360
1	1	3	190		
1	2	0	110	30	360
1	2	1	150		
1	2	2	200		
1	2	3	240		
1	3	0	160		
1	3	1	200		
1	3	2	240		
1	3	3	290		
2	0	0	90	10	360
2	0	1	140	30	370
2	0	2	200		
2	0	3	260		
2	1	0	150	30	440
2	1	1	200	70	890
2	1	2	270		
2	1	3	340		
2	2	0	210	40	470
2	2	1	280	100	1 500
2	2	2	310		
2	2	3	420		
2	3	0	290		
2	3	1	360		
2	3	2	440		
2	3	3	530		
3	0	0	230	40	1 200
3	0	1	390	70	1 300
3	0	2	640	150	3 800
3	0	3	950		
3	1	0	430	70	2 100
3	1	1	750	140	2 300
3	1	2	1 200	300	3 800
3	1	3	1 600		
3	2	0	930	150	3 800
3	2	1	1 500	300	4 400
3	2	2	2 100	350	4 700
3	2	3	2 900		

（续）

阳性管数			MPN 100 mL(g)	95%可信限	
1 mL(g) ×3	0.1 mL(g) ×3	0.01 mL(g) ×3		上限	下限
3	3	0	2 400	360	13 000
3	3	1	4 600	710	24 000
3	3	2	11 000	1 500	38 000
3	3	3	>24 000		

注：1. 本表采用3个稀释度，即1 mL(g)、0.1 mL(g)和0.01 mL(g)，每个稀释度做3管。

2. 表内所列检样量如改用10 mL(g)、1 mL(g)和0.1 mL(g)，表内数字应相应降低10倍；如改用0.1 mL(g)、0.01 mL(g)和0.001 mL(g)，表内数字应相应增加10倍。其余依此类推。

【实验结果】

1. 将实验测出的各样品大肠菌群数以报表方式得出结果。
2. 样品大肠菌落数是否符合卫生要求？

【实验报告】

1. 在进行食品中大肠杆菌群数的测定时，为什么要进行复发酵试验？
2. 典型的大肠杆菌群菌落特征是什么？食品中大肠菌群数测定有什么意义？

实验十六　土壤中真菌的分离与计数

【实验目的】

学习用选择性培养基分离真菌的方法。

【实验原理】

真菌在土壤中的数量少于细菌和放线菌，主要在有机质丰富、透气性好的偏酸性土壤中分布。分离土壤中的真菌并不难，但由于其菌落大、容易扩展，因此计数准确性较低。本实验采用加有氯霉素或庆大霉素（一般资料介绍为链霉素，但此种抗生素要先配成一定浓度的溶液，且应在倒平板前才加入培养基中）和孟加拉红的马丁氏培养基分离并计数菜园土中的真菌。在此培养基上，放线菌和细菌被氯霉素（或庆大霉素）和孟加拉红抑制，但大多数真菌能够生存，且菌落受到孟加拉红的抑制而较小，从而避免了某些真菌扩散蔓延而导致的数量误差。

【实验器材】

1. 材料

加有氯霉素（或庆大霉素）和孟加拉红的马丁氏琼脂培养基（在1 000 mL培养基中加入注射用氯霉素2 mL和孟加拉红33.4 mg，均在灭菌前加入）。

2. 器械

无菌平皿、1 mL无菌吸管、9 mL无菌水、酒精灯、玻璃涂布棒。

【实验步骤】

1. 土壤稀释液的制备

(1)采土样 选择较肥沃的土壤，铲去表土层，挖深度5~20 cm或特殊要求的地方土壤数十克，装入灭菌的牛皮纸袋内，封好袋口，做好编号记录，携回实验室供分离用。

(2)制备土壤稀释液 称取土样1.0 g，放入盛有99 mL无菌水并带有玻璃珠的三角瓶中，置于摇床上振荡5 min，使土样均匀分散在稀释液中成为土壤悬液(10^{-2})。按实验“稀释平板计数法”中的方法将土样稀释至10^{-4}。

2. 分离方法

采用稀释平板分离法(图3-20)。又可分为：

(1)混菌法 按“稀释平板计数法”中的“混合平板培养法”进行，不同的是应选10^{-2}、10^{-3}和10^{-4}3个稀释度进行接种。

(2)涂抹法 按“稀释平板计数法”中的“涂抹平板计数法”进行，不同的是应选10^{-1}、10^{-2}和10^{-3}3个稀释度进行接种。

3. 培养

将上述接种土壤悬液的平板倒置于28℃培养3~5 d。

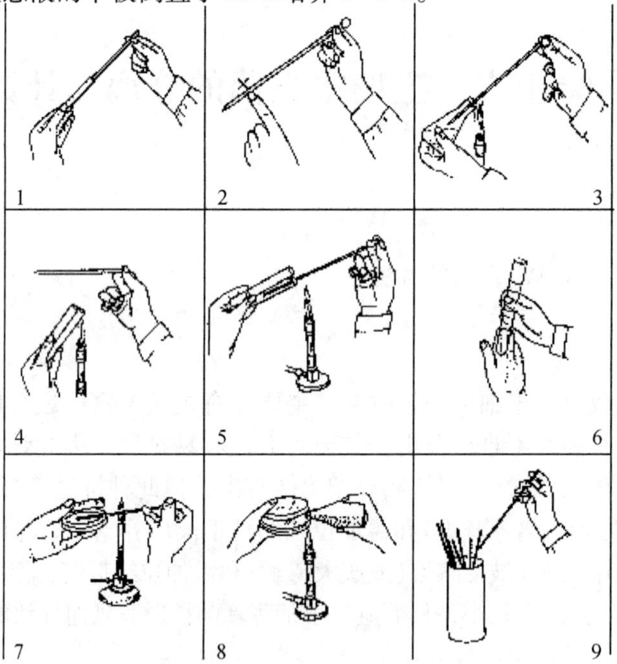

图3-20 稀释分离无菌操作示意

1. 从包装纸套中取出无菌移液管；2. 安装橡皮头，勿用手指触摸移液管；3. 在火焰旁取出土壤悬浮液；4. 灼烧试管口及移液管吸液口；5. 在火焰旁对试管中土壤悬浮液进行稀释；6. 用手掌敲打试管管，混匀土壤稀释液；7. 从最小稀释度开始，将稀释液加入无菌培养皿中；8. 将融化冷凉至45~50℃的培养基倒入培养皿内；9. 用完的移液管装入废弃物缸中，浸泡消毒后灭菌洗涤

4. 挑菌纯化

从长有单菌落的平板中选取典型的真菌菌落（包括酵母菌菌落）转接斜面，置于28℃培养。大菌苔长出后，检查其特征是否一致，同时将细胞涂片染色后用显微镜检查是否为单一的微生物。若发现有杂菌，应进一步挑取该菌落，采用划线分离，直至获得纯培养体为止。

5. 菌种保存

将分离到的真菌转接到PDA斜面上培养，待长好后置于冰箱中保存，必要时进行深入研究。

【实验作业】

将分离样品中单菌落菌株的菌落培养特征和镜检形态记录在表3-9中。

表3-9　菌落记录表

菌株编号	菌落特征	镜检形态

分离日期：　　　　　　地点：

实验十七　苯酚生物降解菌的筛选

【实验目的】

1. 掌握微生物分离纯化的基本操作。
2. 掌握用选择性培养基从土壤中分离苯酚生物降解菌的原理和方法。

【实验原理】

苯酚是一种在自然条件下难降解的有机物，对人体、动物有较高毒性，长期残留于空气、水体和土壤中会造成严重的环境污染。因此采用一定的方式降解苯酚，对保护人类健康、消除环境污染意义重大。在提倡绿色环保的大前提下，采用生物降解的途径势在必行。

微生物对污染物质的代谢、转化及降解作用，是当今环境污染研究中最活跃的领域之一。自然界中能降解烃类的微生物有数百种，多为细菌、酵母菌和真菌，降解是由其所产生的酶和酶系统完成的。一般直链化合物比支链化合物、饱和化合物比非饱和化合物、脂肪烃比芳香烃更容易被较多种类的微生物降解和同化。直链烃的降解是末端甲基被氧化形成醇、醛后再生成脂肪酸，由脂肪酸形成醋酸，最后氧化成二氧化碳和水；微生物对单环芳香烃及其衍生物的降解与直链烃类似，能降解苯和酚的微生物种类有很多，主要包括细菌中的很多属、放线菌等。

苯酚是常用的表面消毒剂之一，是TCA（三羧酸）循环的抑制剂。现已发现某些假单胞菌、争论产碱菌和真养产碱菌含有芳香烃的降解质粒，将其降解生成琥珀酸、草酰乙酸、乙酰辅酶，进入TCA循环。

在高苯酚浓度培养基中分离出的菌株，对苯酚具有较好的耐受性，可能具有分解苯酚的能力；然后将其在以苯酚为唯一碳源的培养基中进行摇床培养，淘汰不能利用苯酚的菌株，可筛选到苯酚降解菌；再用不同浓度的苯酚药物培养基分离，可筛选出耐受能力好、降解程度高的苯酚降解菌。

【实验器材】

1. 材料

土样采自校园肥沃土。

2. 药剂

牛肉膏、蛋白胨、苯酚、K_2HPO_4、KH_2PO_4、$MgSO_4$、$FeSO_4$、琼脂。

①牛肉膏蛋白胨培养基：牛肉膏3 g，蛋白胨10 g，NaCl 5 g，琼脂15～20 g，水1L，pH 7.0～7.5。

②药物培养基：将一定量的苯酚加入到牛肉膏蛋白胨培养基中制成。

③苯酚浓度梯度平板：在无菌培养皿中，先倒入7～10 mL含0.1 g/L苯酚的牛肉膏蛋白胨培养基，将培养皿一侧置于木条上，使培养基倾斜成斜面且刚好完全盖住培养皿底部。待培养基凝固后，将培养皿放平，再倒入7～10 mL牛肉膏蛋白胨培养基。

④以苯酚为单碳源的液体培养基：NH_4Cl 1.0 g，K_2HPO_4 0.6 g，KH_2PO_4 0.4 g，$MgSO_4$ 0.06 g，$FeSO_4$ 3 mg，苯酚按设计量添加，水1 L，pH 7.0～7.5。

3. 器械

试管、250 mL三角烧瓶、1 mL吸管、吸耳球、无菌涂棒、量筒、天平、灭菌锅、培养箱、酒精灯、接种环、棉花、棉线、牛皮纸。

【实验步骤】

1. 苯酚耐受性菌株的初选

(1)浓度梯度培养基平板制备　按培养基C的方法制成苯酚浓度梯度平板。

(2)样品菌悬液制备　将采集的土样溶解于无菌水中，摇匀，作适度稀释，备用。

(3)平板涂布　用1 mL移液管分别从各菌悬液试管中取菌悬液0.2 mL于苯酚梯度平板上，用涂棒涂布均匀。

(4)培养　于恒温培养箱中30℃培养1～2 d。

(5)挑取菌落　由于在培养基平板中，药物浓度呈由低到高的梯度方式分布，平板上长成的菌落也呈现由密到稀的梯度分布，而高浓度药物区生长的少数菌落一般具有较强的抗药性。挑取高含药区的单个菌落于牛肉膏蛋白胨培养基斜面上划线。

(6)培养、保藏　将接种后的斜面于恒温培养箱中30℃培养1～2 d，编号，4℃冰箱保藏。

2. 以苯酚为单碳源的菌株的筛选

(1)单碳源培养基配制　按培养基D的配方，用250 mL三角瓶，每瓶装50 mL，制成以苯酚为单碳源的液体，摇瓶。

(2)苯酚的浓度设定　苯酚的浓度分别按0.2 g/L、0.4 g/L、0.6 g/L、0.8 g/L、1.0 g/L和1.2 g/L 6个浓度梯度配制。

(3)平行样　每菌株和每药物浓度各配置两瓶平行样。

(4)灭菌　在121℃下灭菌20min。

(5)接种　将初选的苯酚耐受性菌株分别用少许无菌水稀释，接种于对应摇瓶中。

(6)培养　用8层纱布盖口，放入回旋式摇床，在30℃、转速100 r/min下培养2 d。

(7)检测　用分光光度计测定OD值，以空白培养基作对照，检测各摇瓶菌体浓度。

(8)筛选　淘汰不能利用苯酚为碳源的菌株。菌体浓度高的生长较好，即能以苯酚为单碳源的菌株，可进行下一步实验。

3. 高耐受性苯酚降解菌的筛选

(1)药物培养基平板的配制　按不同浓度(0.2 g/L、0.4 g/L、0.6 g/L、0.8 g/L、1.0 g/L、1.2 g/L)苯酚配置药物培养基平板。

(2)灭菌、倒平板　121℃下灭菌20min，倒平板，各菌株和各浓度配制两个。

(3)菌悬液制备　将初选的培养液作适度稀释，或将保藏的经单碳源实验的菌株用无菌水制成菌悬液。

(4)涂平板　用1 mL移液管分别从各菌悬液试管中取菌悬液0.2 mL，涂布于药物培养基平板上，每个试管菌悬液涂布一组不同浓度的苯酚药物培养基平板，每个浓度设平板2个，6组共计12个。

(5)培养　在恒温培养箱中30℃培养1~2 d。

(6)筛选　观察、记录并挑选高浓度药物培养基平板上生长旺盛的菌落，此即高耐受性苯酚降解菌，然后接种于牛肉膏蛋白胨培养基斜面。

(7)保藏　编号，4℃冰箱保藏。

【注意事项】

1. 各种培养基的配制应严格按配方的要求完成，尤其是苯酚的称量和pH。
2. 涂布梯度平板的菌悬液只作适度稀释，菌浓度不必过低。
3. 涂布平板的菌悬液不要过多或过少，以0.2 mL为宜。
4. 在梯度平板上挑取菌落时，要挑取单菌落。
5. 单碳源实验的培养基和培养条件一定要严格把握。

【实验结果】

将实验结果记录在表3-10至表3-12中。

表3-10　苯酚耐受性菌株的筛选结果

平板编号	1	2	3	4	5	6	7	8
药物浓度(g/L)	0.1	0.1	0.1	0.1	0.1	0.1	0.1	0.1
高药区单菌落数								

表 3-11 以苯酚为单碳源的菌株的筛选结果

药物浓度(g/L)		0.2	0.4	0.6	0.8	1.0	1.2
菌株编号	1						
	2						
	3						
	4						
	5						

表 3-12 高耐受性苯酚降解菌的筛选结果(菌落数)

药品浓度(g/L)		0.2	0.4	0.6	0.8	1.0	1.2
菌株号	1						
	2						
	3						
	4						
	5						

【实验报告】

1. 用三线表记录实验步骤1~3所得的实验结果。
2. 实验结果分析。
3. 描述菌体和菌落形态。

第 4 篇

生物化学实验

实验一　蛋白质浓度测定——总氮量的测定

【实验目的】

学习微量凯氏定氮法的原理和操作技术。

【实验原理】

天然有机物(如蛋白质和氨基酸等化合物)的含氮总量通常用微量凯氏定氮法来测定。含氮的有机化合物与浓硫酸共热时，其中的碳、氢元素被氧化成 CO_2 和 H_2O，而氮转变成 NH_3，并进一步与硫酸化合生成硫酸铵。这个过程称为“消化”。

但是，这个反应进行得较慢，通常需要加入硫酸钾(或硫酸钠)和硫酸铜来促进反应。硫酸钾(或硫酸钠)可提高消化液的沸点，硫酸铜作为催化剂可促进反应的进行。

以甘氨酸为例，该过程的化学反应如下：

消化：$\underset{\displaystyle NH_2}{\underset{|}{CH_2}}—COOH + 3H_2SO_4 \rightarrow 2CO_2 + 3SO_2 + 4H_2O + NH_3\uparrow$

$2NH_3 + H_2SO_4 \rightarrow (NH_4)_2SO_4$

蒸馏：$(NH_4)_2SO_4 + 2NaOH \rightarrow 2H_2O + Na_2SO_4 + 2NH_3\uparrow$

吸收：$NH_3 + 4H_3BO_3 \rightarrow NH_4HB_4O_7 + 5H_2O$

滴定：$NH_4HB_4O_7 + HCl + 5H_2O \rightarrow NH_4Cl + 4H_3BO_3$

消化以后，在凯氏定氮仪中加入强碱碱化消化液使硫酸铵分解放出氨。借助水蒸气将产生的氨蒸馏到一定量、一定浓度的硼酸溶液中，氨与溶液中的氢离子结合生成铵离子，硼酸吸收氨后使溶液中的氢离子浓度降低，然后再用标准无机酸滴定，直到恢复溶液中原来的氢离子浓度。最后根据所用无机酸的量(mol)，即相当于被测样品中氨的量(mol)，计算出被测样品中的总氮量。本法适用范围为0.2~1.0 mg氮。

【实验器材】

1. 材料

市售标准面粉或富强粉。

2. 药剂

①混合指示剂贮备液：取50 mL 0.1% 甲烯蓝—无水乙醇溶液，与200 mL 0.1% 甲基红—无水乙醇溶液混合，贮于棕色瓶中，备用。本指示剂在pH5.2时为紫红色，在pH5.4时为暗蓝(或灰色)，在pH5.6时为绿色，变色点pH为5.4。

②硼酸指示剂混合液：取100 mL 2% 硼酸溶液，滴加混合指示剂贮备液，摇匀后，溶液呈紫红色即可(约加1 mL混合指示剂贮备液)。

③浓硫酸(化学纯)，30% 氢氧化钠溶液，2% 硼酸溶液。

④ 0.0100 mol/L 标准盐酸溶液。

⑤粉末硫酸钾—硫酸铜混合物(K_2SO_4∶$CuSO_4 \cdot 5H_2O$ = 5∶1)。

3. 器械

100 mL 凯氏烧瓶 4 个、凯氏蒸馏仪、50 mL 容量瓶、1000 mL 蒸馏烧瓶、50 mL锥形瓶、5 mL 微量滴定管、1 mL 或 2 mL 吸量管、10 mL 量筒、玻璃珠、表面皿、烘箱、电炉(或远红外消煮炉)等。

【实验步骤】

1. 凯氏定氮仪的构造和安装

凯氏定氮仪由蒸汽发生器、反应管及冷凝器三部分组成(图 4-1)。

蒸汽发生器包括电炉和 1 个 1～2L 的烧瓶(图 4-1 中 2)。蒸汽发生器借橡皮管(图 4-1 中 3)与反应管相连，反应管上端有 1 个玻璃杯(图 4-1 中 4)，样品和碱液可由此加入反应室(图 4-1 中 5)。反应室中心有 1 个长玻璃管，其上端通过反应室外层(图 4-1 中 6)与蒸汽发生器相连，下端靠近反应室的底部。反应室外层下端有 1 个开口，上有 1 个皮管夹(图 4-1 中 7)，由此可放出冷凝水和反应废液。反应产生的氨可通过反应室上端细管和冷凝器(图 4-1 中 8)通到吸收瓶中(图 4-1 中 9)，反应管和冷凝器之间借磨口(图 4-1 中 10)连接起来，防止漏气。

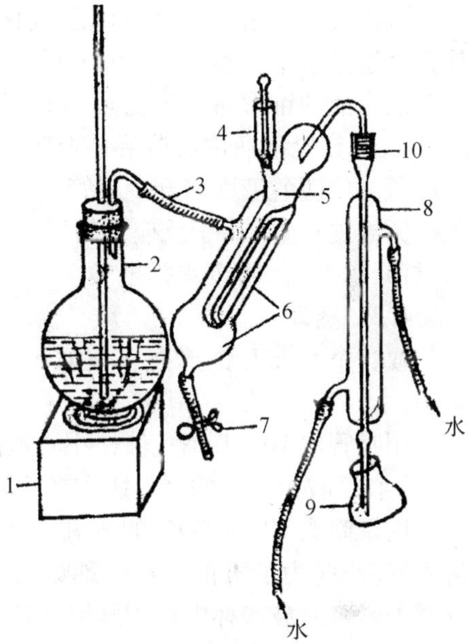

图 4-1 微量凯氏蒸馏装置

安装仪器时，先将冷凝器垂直固定在铁支台上，冷凝器下端不要距离实验台太近，以免放不下吸收瓶。然后将反应管通过磨口连接(图 4-1 中 10)与冷凝器相连，必须注意根据仪器本身的角度将反应管固定在另一铁支台上，否则容易引起氨散失及反应室上端弯管折断。然后将蒸汽发生器放在电炉上，并用橡皮管把蒸汽发生器与反应管连接起来。安装完毕后不得轻易移动，以免损坏仪器。

2. 样品处理

某一固体样品中的含氮量是用 100 g 该物质(干重)中所含氮的克数来表示(%)。因此在定氮前，应先除掉固体样品中的水分。一般样品烘干的温度采用 105℃，因为非游离的水不能在 100℃以下烘干。

在称量瓶中放入一定量磨细的样品，然后置于 105℃的烘箱内干燥 4h。用坩埚钳将称量瓶放入干燥器内，待其降至温室后称重，按上述操作继续烘干样品。每干燥 1h 后称重 1 次，直到两次称重数值不变，即达恒重。

若样品为液体(如血清等)，可取一定体积样品直接消化测定。精确称取 0.1 g 左右的干燥面粉作为本实验的样品。

3. 消化

取 4 个 100 mL 凯氏烧瓶并标号，各加 1 颗玻璃珠。在 1 号和 2 号瓶中各加样品 0.1 g、催化剂200 mg和浓硫酸5 mL，注意样品应直接送入瓶底，不要蘸在瓶口和瓶颈上。在3号和4号瓶中各加蒸馏水0.1 mL、催化剂200 mg和浓硫酸5 mL，作为对照，用以测定试剂中可能含有的微量含氮物质。每个瓶口放1个漏斗，在通风橱内的电炉上消化(也可在“远红外消煮炉”内进行消化)。

在消化开始时应控制火力，不要使液体冲到瓶颈。待瓶内水汽蒸完，硫酸开始分解并放出SO_2白烟后，适当加强火力，继续消化，直至消化液呈透明淡绿色为止。消化完毕，待烧瓶内容物冷却后，加入蒸馏水10 mL(注意慢加，随加随摇)。冷却后将内容物倾入50 mL的容量瓶中，并以蒸馏水洗烧瓶数次，将洗液并入容量瓶，用水稀释到刻度，混匀备用。

4. 蒸馏

4.1 蒸馏器的洗涤

蒸汽发生器中盛有几滴硫酸酸化的蒸馏水。关闭皮管夹7，将蒸汽发生器中的水烧开，让蒸汽通过整个仪器。约15min后，在冷凝器下端放一个盛有5 mL 2%硼酸溶液和1~2滴指示剂混合液的锥形瓶。位置倾斜如图，冷凝器下端应完全浸没在液体中。继续蒸汽洗涤1~2 min，观察锥形瓶内的溶液是否变色，如不变色则证明蒸馏装置内部已洗涤干净。向下移动锥形瓶，使硼酸液面离开冷凝管口约1 cm，继续通蒸汽1 min。最后用水冲洗冷凝管口，用手捏紧橡皮管3。由于反应室外层蒸汽冷缩，压力降低，反应室内凝结的水可自动吸出进入6。打开皮夹7，将废水排出。

4.2 蒸馏

取数个50 mL锥形瓶，各加5 mL硼酸指示剂混合液，溶液呈紫红色，用表面皿覆盖备用。

用吸管取10 mL消化液，小心地由蒸馏器小玻璃杯注入反应室，塞紧玻棒状玻璃塞。将1个含有硼酸指示剂的锥形瓶放在冷凝器下，使冷凝器下端浸没在液体内。

用量筒取10 mL 30%的氢氧化钠溶液放入小玻璃杯(图4-1中4)，轻提棒状玻璃塞使之流入反应室(为了防止冷凝管倒吸，液体必须缓慢流入反应室)。液体还未完全流入时，将玻璃塞盖紧，向玻璃杯中加入蒸馏水约5 mL。再轻提玻璃塞，使一半蒸馏水慢慢流入反应室，一半留在玻璃杯中作水封。加热水蒸气发生器，沸腾后夹紧夹子(图4-1中7)，开始蒸馏。此时锥形瓶中的酸溶液由紫色变成绿色。自变色起记时，蒸馏3~5 min。移动锥形瓶，使硼酸液面离开冷凝管约1 cm，移开锥形瓶，用表面皿覆盖锥形瓶。

蒸馏完毕后，将反应室清洗干净。在小玻璃杯中倒入蒸馏水，待蒸汽很足、反应室外壳(图4-1中6)温度很高时，一手轻提棒状玻璃塞使冷水流入反应室，同时立即用另一只手捏紧橡皮管(图4-1中3，6)内蒸汽冷缩，可将(图4-1中5)残液自动吸出，再用蒸馏水自(图4-1中4)倒入(图4-1中5)，重复上述操作。如此冲洗几次后，将(图4-1中7)打开，将(图4-1中6)废液排出。再继续下一个蒸馏操作。

待样品和空白消化液均蒸馏完毕后，同时进行滴定。

4.3 滴定

全部蒸馏完毕后，用标准盐酸溶液滴定各锥形瓶中收集的氨量。硼酸指示剂溶液由绿色变为淡紫色为滴定终点。

4.4 结果计算

$$\text{总氮量}(\%)=\frac{M(V_1-V_2)\times 0.014\times 100}{W(\text{g})}\times\frac{\text{消化液总量(mL)}}{\text{测定时消化液用量(mL)}}$$

式中：M 为标准盐酸溶液摩尔浓度；V_1 为滴定样品用去的盐酸溶液平均毫升数；V_2 为滴定空白消化液用去的盐酸溶液平均毫升数；W 为样品重量(g)；14 为氮的原子量。

若测定样品的含氮部分只是蛋白质，则：样品中蛋白质含量(%) = 总氮量 ×6.25。若样品中除蛋白质外，还有其他含氮物质，则需向样品中加入三氯乙酸，然后测定未加三氯乙酸的样品及加入三氯乙酸后样品上清液中的含氮量，得出非蛋白氮和总氮量，从而计算出蛋白氮，再进一步算出蛋白质含量。

蛋白氮 = 总氮 - 非蛋白氮

蛋白质含量(g%) = 蛋白氮 × 6.25

【注意事项】

1. 必须仔细检查凯氏蒸馏仪的各连接处，保证不漏气。所用橡皮管、塞须浸在 10% NaOH 溶液中约煮 10 min，水洗、水煮，再水洗数次，保证洁净。

2. 凯氏蒸馏仪必须事先反复清洗，保证洁净。

3. 小心加样，切勿使样品沾污凯氏烧瓶的口部和颈部。

4. 使用消化架消化时，须斜放凯氏烧瓶(45°左右)。火力先小后大，避免黑色消化物溅到瓶口和瓶颈壁上，以免影响测定结果。

5. 蒸馏时，小心、准确地加入消化液。加样时最好将火拧小或撤离。蒸馏时切忌火力不稳，否则将发生倒吸现象。

6. 滴定前，仔细检查滴定管是否洁净和漏液。

7. 蒸馏后应及时清洗蒸馏仪。

【思考题】

1. 写出以下各步的化学反应式：

①蛋白质的消化；②氨的蒸馏；③氨的吸收；④氨的滴定。

2. 消化时加硫酸钾—硫酸铜混合物的作用是什么？

实验二　蛋白质浓度测定——双缩脲法

【实验目的】

学习双缩脲法测定蛋白质的原理和方法。

【实验原理】

具有两个或两个以上肽键的化合物都能发生双缩脲反应。因此，蛋白质在碱性溶液中，也能与 Cu^{2+} 形成紫红色络合物，且颜色的深浅与蛋白质浓度成正比，可用来测定蛋白质的浓度。

【实验器材】

1. 材料

（1）标准蛋白溶液 10 mg/mL 牛血清白蛋白溶液或相同浓度的酪蛋白溶液（用 0.05 mol/L NaOH 溶液配制）。作为标准用的蛋白质要预先用微量凯氏定氮法测定蛋白氮含量，根据其纯度称量、配制成标准溶液。

（2）测试样品液 人（鸭）血清（稀释 10 倍）。测试其他蛋白样品时应稀释适当倍数，使其浓度在标准曲线测试范围内。

2. 药剂

双缩脲试剂配制：将 0.175g 硫酸铜（$CuSO_4 \cdot 5H_2O$）溶于约 15 mL 蒸馏水，置于 100 mL 容量瓶中，加入 30 mL 浓氨水、30 mL 冰冷的蒸馏水和 20 mL 饱和 NaOH 溶液，摇匀，室温放置 1～2h。再以蒸馏水定容至 100 mL 后，摇匀，备用。

3. 器械

试管、试管架、恒温水浴、722 型分光光度计。

【实验步骤】

1. 标准曲线的绘制

取 12 支干试管分成两组，按表 4-1 平行操作。

表 4-1 标准样的测定

试管编号	0	1	2	3	4	5
标准蛋白液（mL）	0	0.2	0.4	0.6	0.8	1.0
蛋白含量（mg）	0	2.0	4.0	6.0	8.0	10.0
蒸馏水（mL）	1.0	0.8	0.6	0.4	0.2	0.0
双缩脲试剂（mL）	4.0	4.0	4.0	4.0	4.0	4.0
充分混匀后，室温下（20～25℃）放置 30min						
A_{540}						

以 A_{540}（取两组测定的平均值）为纵坐标，蛋白质含量为横坐标，绘制标准曲线。

2. 样品测定

取 4 支试管分成两组，按表 4-2 平行操作。

表 4-2 样品测定

试管编号	0	1
血清稀释液（mL）	0	0.5
蒸馏水（mL）	1.0	0.5
双缩脲试剂（mL）	4.0	4.0
充分混匀后，室温下（20～25℃）放置 30min		
A_{540}		

3. 结果计算

取两组测定的平均值计算。

$$血清样品蛋白质含量(g/100\ mL血清)=\frac{Y\times N}{V}\times 10^{-3}\times 100$$

$$固体样品蛋白质的含量(\%)=\frac{Y\times N}{C}\times 100$$

式中，Y为标准曲线查得蛋白质的含量(mg)；N为稀释倍数；V为血清样品所取的体积(mL)；C为样品原浓度(mg/mL)。

【注意事项】

1. 本实验方法的测定范围1～10 mg蛋白质。
2. 须在显色后30 min内进行比色测定。30 min后，可能有雾状沉淀发生。各管由显色到比色的时间应尽可能一致。

【思考题】

干扰实验的因素有哪些？

实验三　蛋白质浓度测定——考马斯亮蓝染色法

【实验目的】

学习考马斯亮蓝法测定蛋白质浓度的原理和方法。

【实验原理】

考马斯亮蓝法测定蛋白质浓度，是利用蛋白质与染料结合的原理，定量地测定微量蛋白质浓度，快速、灵敏。

考马斯亮蓝G-250存在两种不同的颜色形式，红色和蓝色。它和蛋白质通过范德瓦尔键结合，在一定蛋白质浓度范围内，蛋白质和染料结合符合比尔定律。染料与蛋白质结合后，颜色由红色变成蓝色，最大光吸收由465 nm变成595 nm。通过测定595 nm处光吸收的增加量，可知与染料结合的蛋白质的量。

蛋白质和染料结合的过程很快，约2 min即可反应完全，呈现最大光吸收，并可稳定1 h之后，蛋白质—染料复合物发生聚合并沉淀。蛋白质—染料复合物具有很高的消光系数，灵敏度很高。在测定溶液中含有5μg/mL蛋白质时就有0.275光吸收值的变化，比福林酚法灵敏4倍，测定范围为10～100μg蛋白质，微量测定法测定范围是1～10μg蛋白质。这个反应重复性好，精确度高，线性关系好。标准曲线在蛋白质浓度较大时稍有弯曲，这是由于染料本身的两种颜色形式光谱有重叠，试剂背景值随着更多染料与蛋白质结合而不断降低，但直线弯曲程度很小，不影响测定。

这种方法干扰物少，研究表明：NaCl、KCl、$MgCl_2$、乙醇和（NH_4）$_2SO_4$无干扰。强碱缓冲剂在测定中有一些颜色干扰，可以用适当的缓冲液对照去除其影响。Tris、乙酸、2-巯基乙醇、蔗糖、甘油、EDTA及微量的去污剂如TritonX－100、SDS、玻璃去污剂有少量颜色干扰，用适当的缓冲液对照很容易除掉。但是，大量去污剂的存在对颜色影响太大，不易消除。

【实验器材】

1. 材料

未知蛋白质溶液。

2. 药剂

（1）考马斯亮蓝试剂　取考马斯亮蓝G-250 100 mg溶于50 mL 95%乙醇中，加入100 mL 85%磷酸，用蒸馏水稀释至1 L，滤纸过滤。最终试剂中含有0.01%（W/V）考马斯亮蓝G-250，4.7%（W/V）乙醇，和8.5%（W/V）磷酸。

（2）标准蛋白质溶液　结晶牛血清蛋白，预先经微量凯氏定氮法测定其蛋白氮含量。根据其纯度用0.15mol/L NaCl配制成1 mg/mL和0.1 mg/mL蛋白溶液。

3. 器械

试管及试管架、吸量管（0.1mL和5mL）、722型分光光度计。

【实验步骤】

1. 标准法制定标准曲线

取14支试管，分两组按表4-3平行操作。

表4-3　标准法标准样品测定

试管编号	0	1	2	3	4	5	6
1 mg/mL标准蛋白溶液（mL）	0	0.01	0.02	0.03	0.04	0.05	0.06
0.15mol/LNaCl（mL）	0.10	0.09	0.08	0.07	0.06	0.05	0.04
考马斯亮蓝试剂（mL）	5						
摇匀，1h内以0号试管为空白对照，在595 nm处比色							
$A_{595\ nm}$							

以$A_{595\ nm}$为纵坐标、标准蛋白含量为横坐标，绘制标准曲线。

2. 微量法制定标准曲线

取12支试管，分两组按表（表4-4）平行操作。

3. 测定未知样品的蛋白质浓度

测定方法同上。取合适体积的未知样品，使其测定值在标准曲线的直线范围内。根据所测定的$A_{595\ nm}$值，在标准曲线上查出其相当于标准蛋白的量，从而计算出未知样品的蛋白质浓度（mg/mL）。

表 4-4　微量法标准样品测定

试管编号	0	1	2	3	4	5
0.1 mg/mL 标准蛋白溶液(mL)	0	0.01	0.03	0.05	0.07	0.09
0.15mol/LNaCl(mL)	0.10	0.09	0.07	0.05	0.03	0.01
考马斯亮蓝试剂(mL)	1					
摇匀，1h 内以 0 号试管为空白对照，在 595 nm 处比色						
$A_{595\ nm}$						

以 $A_{595\ nm}$ 为纵坐标、标准蛋白含量为横坐标，绘制标准曲线。

【注意事项】

1. 如果测定要求很严格，可以在试剂加入后的 5～20 min 内测定光吸收，因为这段时间内颜色最稳定。

2. 测定中，蛋白—染料复合物会有少部分吸附于比色杯壁上，实验证明此复合物的吸附量是可以忽略的。测定完成后可用乙醇将蓝色的比色杯洗净。

【思考题】

简述考马斯亮蓝法测定蛋白质浓度的原理和基本步骤。

实验四　改良双缩脲试剂测定种子的蛋白质含量

【实验目的】

学习测定蛋白质含量的常用方法和原理。

【实验原理】

蛋白质分子中肽键与碱性铜溶液产生紫红色反应，颜色的深浅与蛋白质浓度成正比，因此用可比色法测定。

【实验器材】

1. 材料

板栗。

2. 药剂

(1) 双缩脲试剂

①称取 8.4g KOH、25 g 酒石酸钾钠，溶解在 300mL 蒸馏水中。

②称取1.2g $CuSO_4 \cdot 5H_2O$，溶解在200mL蒸馏水中。将此溶液加入上述碱性酒石酸钾钠溶液中，边加入边搅拌。

③将上述混合试剂用等体积的异丙醇(500mL)稀释，得到1 000 mL双缩脲试剂。

(2)AUC溶液　由0.01M HAc、3M尿素和0.01M十六烷基三甲基溴化铵混合而成。

(3)标准酪蛋白液　称取A、R酪蛋白1 g，加入少量5% NaOH研磨，用40 mL5% NaOH溶解，然后用蒸馏水定容至100 mL，置于冰箱内(酪蛋白需用凯氏法校正)备用。

3. 器械

天平、比色计、水浴锅、塑料称量纸、试管、漏斗、研钵、722分光光度计、玻璃棒、滤纸。

【实验步骤】

1. 制定标准曲线

取12支试管，分两组按表4-5平行操作。

表4-5　标准样品测定

试管编号	0	1	2	3	4	5
10 mg/mL标准酪蛋白液(mL)	0	0.4	0.8	1.2	1.6	2.0
蒸馏水(mL)	2.0	1.6	1.2	0.8	0.4	0
双缩脲试剂(mL)	10					
摇匀，置于40℃水浴中保温15 min，然后以0号试管为空白对照，在550 nm处比色						
$A_{550\ nm}$						

以$A_{550\ nm}$为纵坐标、标准蛋白浓度为横坐标，绘制标准曲线。

2. 样品测定

将板栗剥壳去皮、剪碎，称取0.5g两份研成浆状，加入2mL AUC溶液，反复研磨抽提10min，转入试管中并用10mL双缩脲试剂冲洗研钵，一并转入试管，摇匀，置于40℃水浴中保温15 min，用棉花过滤量取滤液体积。滤液呈澄清透明的紫红色，在550 nm处比色，读出$A_{550\ nm}$(以0号试管为空白对照)。从标准曲线上查出待测样品蛋白质的浓度，计算待测样品中蛋白质的毫克数。

3. 结果计算

$$蛋白质含量(\%)=\frac{待测样品中蛋白质的毫克数}{鲜样重量\ (g)}\times\frac{100}{1\ 000}$$

【思考题】

试比较蛋白质含量测定的常用方法和特点。

实验五　血清蛋白醋酸纤维素薄膜电泳

【实验目的】

1. 了解电泳的一般原理，掌握醋酸纤维素薄膜电泳操作技术。
2. 测定人血清中各种蛋白质的相对百分含量。

【实验原理】

本实验以醋酸纤维素薄膜为电泳支持物，分离各种血清蛋白。血清中含有清蛋白，α-球蛋白、β-球蛋白、γ-球蛋白和各种脂蛋白等。各种蛋白质由于氨基酸组分、立体构象、分子量、等电点及形状不同(表4-6)，在电场中迁移速度不同。相对分子质量小、等电点低、在相同碱性pH缓冲体系中，带负电荷多的蛋白质颗粒在电场中迁移速度快。

例如，以醋酸纤维素薄膜为支持物，正常人血清在pH 8.6的缓冲体系中电泳1h左右，染色后可显示5条区带。清蛋白泳动最快，其余依次为α_1-球蛋白、α_2-球蛋白，β-球蛋白、γ-球蛋白。这些区带经洗脱后可用分光光度法定量，也可直接进行光吸收扫描，自动绘出区带吸收峰及相对百分比。临床医学常利用它们间相对百分比的改变或异常区带的出现，作为临床鉴别诊断的依据。此法操作简单、快速、分辨率高及重复性好，目前已成为临床生化检验的常规操作之一。这种方法不仅可用于分离血清蛋白，还可用于脂蛋白、血红蛋白及同工酶的分离测定。

表4-6　不同蛋白质等电点及相对分子质量

蛋白质名称	等电点(p*I*)	相对分子质量
清蛋白	4.88	69 000
α-球蛋白	5.06	α_1：200 000 α_2：300 000
β-球蛋白	5.12	90 000～150 000
γ-球蛋白	6.85～7.50	156 000～300 000

【实验器材】

1. 材料

未溶血的人或动物血清。

2. 药剂

(1)巴比妥—巴比妥钠缓冲液(pH 8.6，0.07 mol/L，离子强度0.06)　称取1.66 g巴比妥(AR)和12.76 g巴比妥钠(AR)，置于三角烧瓶中，加蒸馏水约600 mL，稍加热溶解，冷却后用蒸馏水定容至1 000 mL。置4℃保存，备用。

(2)血清蛋白染色

①染色液(0.5% 氨基黑10B)：称取0.5 g氨基黑10B，加蒸馏水40 mL，甲醇(AR) 50 mL，冰乙酸(AR)10 mL，混匀溶解后置于具塞试剂瓶内贮存。

②漂洗液：取95% 乙醇(AR)45 mL，冰乙酸(AR)5 mL和蒸馏水50 mL，混匀后置于具塞试剂瓶中贮存。

③透明液：临用前配制。

a. 甲液　取冰乙酸(AR)15 mL，无水乙醇(AR)85 mL，混匀置于试剂瓶内，塞紧瓶塞，备用。

b. 乙液　取冰乙酸(AR)25 mL，无水乙醇(AR)75 mL，混匀置于试剂瓶内，塞紧瓶塞，备用。

④保存液：液体石蜡。

⑤定量洗脱液(0.4 mol/L NaOH溶液)：称取16g NaOH(AR)，用少量蒸馏水溶解后，定容至1 000 mL。

3. 器械

醋酸纤维素薄膜(2 cm×8 cm)、电泳仪及电泳槽、可见光分光光度计、培养皿(直径9~10 cm)、解剖镊子、竹夹子、点样器、直尺、铅笔、玻璃板(12 cm×12 cm)、试管若干及试管架、吸量管(2 mL、5 mL)、吹风机、单面刀片、普通滤纸等。

【实验步骤】

1. 仪器与薄膜的准备

(1)醋酸纤维素薄膜的润湿与选择　用竹夹子取一片薄膜，小心地平放在盛有缓冲液的平皿中。若漂浮于液面的薄膜在15~30 s内迅速润湿，整条薄膜色泽深浅一致，则此膜均匀可用于电泳；若薄膜润湿缓慢，色泽深浅不一或有条纹及斑点等，则表示薄膜厚薄不均匀，应弃去，以免影响电泳结果。将选好的薄膜用竹夹子轻压，使其完全浸泡于缓冲液中约30 min后，方可用于电泳。

(2)电泳槽的准备　根据电泳槽膜支架的宽度，剪裁尺寸合适的滤纸条。在两个电极槽中，各倒入等体积的电极缓冲液，在电泳槽的两个膜支架上各放两层滤纸条，使滤纸一端的长边与支架前沿对齐，另一端浸入电极缓冲液内。当滤纸条全部润湿后，用玻璃棒轻轻挤压在膜支架上的滤纸以驱赶气泡，使滤纸的一端紧贴在膜支架上。滤纸条是两个电极槽联系醋酸纤维素薄膜的桥梁，因而称为滤纸桥。

(3)电极槽的平衡　用平衡装置(或自制平衡管)连接两个电泳槽，使两个电极槽内的缓冲液处于同一水平状态，一般需平衡15~20 min。注意：取出平衡装置时应关紧活塞。

2. 点样

用竹夹子取出浸透的薄膜，夹在两层滤纸间以吸去多余的缓冲液。无光泽面向上平放，在距薄膜端1.5 cm处点样。点样时，用点样器(或盖玻片)蘸取血清，然后将其平直“印”在点样线上，使血清完全渗透至薄膜内，形成一定宽度、粗细均匀的直线。这步是实验的关键，正式点样前应在滤纸上反复练习，掌握点样技术，如图4-2所示。

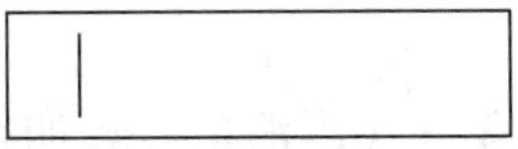

图 4-2　醋酸纤维素薄膜点样示意

3. 电泳

用竹夹子将点样端的薄膜平贴在阴极电泳槽支架的滤纸桥上(点样面朝下)，另一端平贴在阳极端支架上，如图 4-3 所示。要求薄膜紧贴滤纸桥并绷直，中间不能下垂。如果一个电泳槽中同时安放多张薄膜，薄膜之间应相隔数毫米。盖上电泳槽盖，使薄膜平衡 10 min。

用导线将电泳槽的正、负极与电泳仪的正、负极分别连接，注意不要接错。在室温下电泳，打开电源开关，将电泳仪上细调节旋钮调到每厘米膜宽电流强度为 0.3 mA(8 片薄膜则为 4.8 mA)。通电 10～15 min 后，将电流调节到每厘米膜宽电流强度为 0.5 mA(8 片薄膜共 8 mA)，电泳时间约 50～80 min。电泳后调节旋钮使电流为零，关闭电泳仪，切断电源。

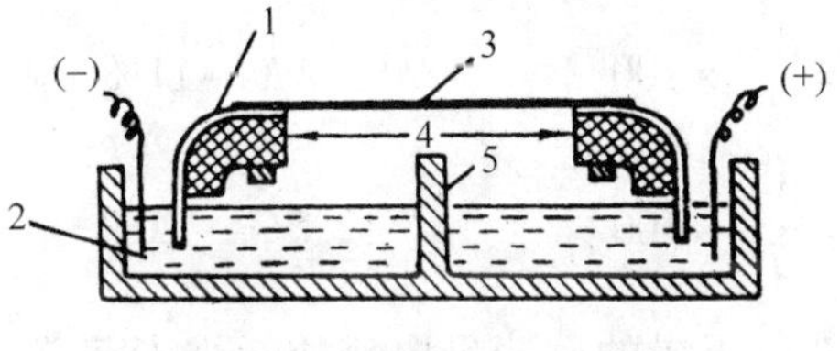

图 4-3　电泳装置剖视示意

1. 滤纸桥；2. 电泳槽；3. 醋酸纤维素薄膜；4. 电泳槽膜支架；5. 电极室中央隔板

4. 染色与漂洗(血清蛋白染色与漂洗脱色)

用解剖镊子取出电泳后的薄膜，放在含 0.5% 氨基黑 10B 染色液的培养皿中，浸染5 min。将薄膜取出后再用漂洗液浸洗脱色，每隔 10 min 换漂洗液 1 次，连续数次，直到背景蓝色脱尽。取出薄膜放在滤纸上，用吹风机的冷风将薄膜吹干。

5. 透明

将脱色吹干的薄膜浸入透明甲液中 2 min 后，立即放入透明乙液中浸泡 1 min。取出后立即紧贴于干净玻璃板上，两者间不能有气泡。2～3 min 后薄膜会完全透明。若透明太慢，可用滴管取透明乙液少许在薄膜表面淋洗 1 次，垂直放置待其自然干燥，或用吹风机冷风吹至干燥且无酸味。再将玻璃板放在流动的自来水下冲洗，当薄膜完全润湿后用单面刀片撬开薄膜的一角，用手轻轻将透明的薄膜取下，用滤纸吸干所有水分。最后将薄膜置于液体石蜡中浸泡 3 min，再用滤纸吸干液体石蜡，压平。此薄膜透明、区带着色清晰，可用光吸收计扫描。

6. 结果判断与定量

一般血清蛋白电泳经蛋白染色后，可显示 5 条区带。未经透明处理的电泳图谱可直接用于定量测定。可采用洗脱法或光吸收扫描法，测定各蛋白组分的相对百分含量。

(1)洗脱法　将显色后的电泳区带依次剪下，并在阴极端剪一块与清蛋白区带面积相同的薄膜作为空白，分别放在试管中。在含清蛋白区带及空白膜的试管中，加入 0.4mol/L

NaOH 4 mL，其余各管加入2 mL，摇匀，置于37℃水浴中保温30 min。每隔10 min充分震摇1次，使各染色区带色泽完全洗脱下来。冷却后，用722型可见光分光光度计，在620 nm波长处比色，测定各组分光吸收值，按顺序标以$A_{清}$、$A_{\alpha1}$、$A_{\alpha2}$、A_{β}、A_{γ}。按下列方法计算血清各组分所占的百分率。

①先计算光吸收值总和(简写为T)：(因清蛋白管加4 mL，其余各管加2 mL)

$$T = 2 \times A_{清} + A_{\alpha1} + A_{\alpha2} + A_{\beta} + A_{\gamma}$$

②再计算血清中各组分相对百分含量：

计算公式	正常值
清蛋白% $= \frac{2 \times A_{清}}{T} \times 100$	54% ~73%
α_1清蛋白% $= \frac{A_{\alpha1}}{T} \times 100$	2.78% ~5.1%
α_2清蛋白% $= \frac{A_{\alpha2}}{T} \times 100$	6.3% ~10.6%
β清蛋白% $= \frac{A_{\beta}}{T} \times 100$	5.2% ~11%
γ清蛋白% $= \frac{A_{\gamma}}{T} \times 100$	12.5% ~20%

(2)光吸收扫描法　将染色干燥的血清蛋白醋酸纤维素薄膜电泳图谱放入自动光吸收扫描仪(或色谱扫描仪)内，未透明的薄膜通过反射；透明的薄膜通过透射方式进行扫描。在记录仪上自动绘出各组分的曲线图，横坐标为膜的长度，纵坐标为光吸收值，每个峰代表一种蛋白组分。图4-4为扫描模式图。同时可进行数据处理，以打字的方式显示各组分的相对百分含量。目前，临床检验多采用此法处理数据。

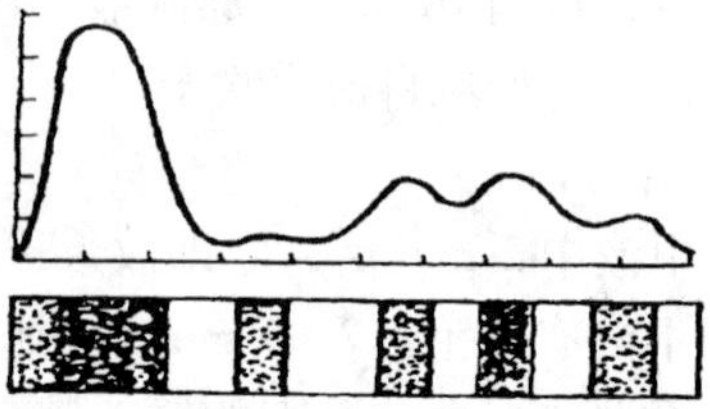

图4-4　正常人血清电泳扫描模式图

【注意事项】

1. 醋酸纤维素薄膜的质量对结果影响很大，薄膜的浸润与选膜是电泳成败的关键之一。要求薄膜厚度均匀、质量良好，吸水量以不干不湿为宜。

2. 醋酸纤维素薄膜电泳常选用pH8.6的巴比妥缓冲液，浓度为0.05~0.09 mol/L。

3. 血清或其他电泳样品应保持新鲜。

4. 点样好坏是获得理想图谱的重要环节之一。点样应细窄、均匀、集中，点样量不宜过多。点样时，动作应轻、稳，用力不能太重，以免将薄膜弄破或印出凹陷而影响电泳区带分离效果。

5. 滤纸桥要平整，以保证电场均匀。

6. 电泳槽内盖应盖严。

7. 在较低温度下电泳，一般能获得较满意的图谱，因此室温不宜过高。

8. 两个电泳槽内缓冲液面应在同一水平面，否则会因虹吸影响电泳结果。

9. 要控制好电流、电压和电泳时间。电泳过程中应选择合适的电流强度，一般以 0.4～0.5mA/cm 宽膜为宜。

10. 染色、漂洗及洗脱时间要控制好，以获得重复性良好的定量结果。

11. 透明液应临用前配制，以免冰乙酸及乙醇挥发而影响透明效果。

【思考题】

1. 根据人血清中血清蛋白各组分的等电点，如何估计其在 pH 8.6 的巴比妥－巴比妥钠电极缓冲液中，移动的相对位置?

2. 简述醋酸纤维素薄膜电泳原理及优点。

实验六 氨基酸的分离与鉴定——离子交换柱层析法

【实验目的】

学习用阳离子交换树脂柱分离氨基酸的操作方法和基本原理。

【实验原理】

各种氨基酸分子的结构不同，在同一 pH 下，与离子交换树脂的亲和力有差异，因此可依亲和力从小到大的顺序被洗脱液洗脱下来，达到分离的效果。

【实验器材】

1. 材料

①苯乙烯磺酸钠型树脂(强酸 1×8，100～200 目)。

② 2 mol/L 盐酸溶液。

③ 2mol/L NaOH 溶液。

④标准氨基酸溶液：天冬氨酸、赖氨酸和组氨酸均配制成 2 mg/mL 的 0.1 mol/L 盐酸溶液。

⑤混合氨基酸溶液将上述天冬氨酸、赖氨酸和组氨酸溶液按 1:2.5:10 的比例混合。

⑥柠檬酸—氢氧化钠—盐酸冲液(pH5.8)，钠离子浓度 0.45 mol/L。

取柠檬酸 14.25 g、NaOH9.30 g 和 浓 HCl 5.25 mL，溶于少量水后，定容至 500 mL，放

入冰箱保存。

⑦显色剂：2 g 水合茚三酮溶于 75mL 乙二醇单甲醚中，加水至 100 mL。

⑧50% 乙醇水溶液。

2. 器械

20cm × 1cm 层析管、试管约 60 ~ 80 个、滴管 1 个、恒压洗脱瓶 1 个、部分收集器 1 个、小烧杯 1 个、电炉或水浴锅 1 个、分光光度计。

【实验步骤】

1. 层析柱的准备

将强酸型阳离子交换树脂用 NaOH 处理成 Na^+ 型后洗至中性，搅拌 1h 后，装成一个直径 1cm、高 16 ~ 18 cm 的层析柱。

2. 氨基酸的洗脱

用 pH 5. 8 的柠檬酸缓冲液流洗平衡交换住。调节流速为 0. 5 mL/min，流出液达床体积的 4 倍时即可上样。由柱上端仔细加入氨基酸混合液 0. 25 ~ 0. 5 mL，同时开始收集流出液。当样品液弯月面靠近树脂顶端时，即刻加入 0. 5 mL 柠檬酸缓冲液，冲洗加样品处。待缓冲液弯月面靠近树脂顶端时，再加入 0. 5 mL 缓冲液。如此重复两次。然后用滴管小心注入柠檬酸缓冲液（切勿搅动床面），并将柱与洗脱瓶和部分收集器相连。开始用试管收集洗脱液，每管收集 1 mL。共收集 60 ~ 80 管。

3. 氨基酸的鉴定

向各管收集液中加入 1 mL 水合茚三酮显色剂并混匀，在沸水浴中精确加热 15min 后，冷却至室温。再加入 15 mL 50% 的乙醇液，放置 10min。以第 2 管收集液为空白，测定 A_{570} nm 波长的光吸收值。以光吸收值为纵坐标、柱洗脱体积为横坐标，绘制洗脱曲线。以已知 3 种氨基酸的纯溶液为样品，按上述方法和条件分别操作，将得到的洗脱曲线与混合氨基酸的洗脱曲线对照，可确定 3 个的大致位置及各峰为何种氨基酸。

【思考题】

离子交换柱层析法分离氨基酸的基本原理是什么？

实验七 细胞色素 C 的制备、检测与含量测定

【实验目的】

1. 学习制备细胞色素 C 的操作技术、SDS-PAGE 检测与含量测定方法。
2. 了解蛋白质制备、检测和含量测定的一般原理和步骤。

【实验原理】

细胞色素是能传递电子的含铁蛋白质总称，广泛存在于各种动物、植物组织和微生物中。细胞色素是呼吸链中重要的电子传递体。细胞色素 C(Cytochrome C)只是细胞色素的一种，主要存在于线粒体中。在需氧较多的组织如心肌及酵母细胞中，细胞色素 C 含量丰富。

细胞色素 C 是含铁卟啉的结合蛋白质，相对分子质量约为 13 000 Da，蛋白质部分约由 104 个的氨基酸残基组成。它溶于水，在酸性溶液中溶解度更大，因此可从酸性水中提取。制品可分为氧化型和还原型，前者水溶液呈深红色，后者水溶液呈桃红色。细胞色素 C 对热、酸和碱都比较稳定，但三氯乙酸和乙酸可使其变性，引起部分失活。

本实验以新鲜猪心为材料，经过酸溶液提取、人造沸石吸附、硫酸铵溶液洗脱和三氯乙酸沉淀等步骤制备细胞色素 C，并测定其含量。

【实验器材】

1. 材料

猪心。

2. 药剂

2 mol/L H_2SO_4溶液、1mol/L NH_4OH(氨水)溶液、0. 2% NaCl 溶液、25% $(NH_4)_2SO_4$溶液[100 mL 溶液中含 25g $(NH_4)_2SO_4$，约为 25℃时 40% 的饱和度]、$BaCl_2$试剂(称取 $BaCl_2$ 12 g，溶于 100 mL 蒸馏水中)、20% 三氯乙酸(TCA)溶液、人造沸石($Na_2O \cdot Al_2O_3 \cdot xSiO_2 \cdot yH_2O$)(白色颗粒，不溶于水，溶于酸，选用 60 ~ 80 目)、联二亚硫酸钠(dithionite，$Na_2S_2O_4 \cdot 2H_2O$)、蛋白 Marker。

SDS-PAGE 电泳用的药品及配方见表 4-7。

表 4-7　SDS - PAGE 电泳试剂及配方

试　剂	配制方法
30% 丙烯酰胺贮存液	丙烯酰胺 29. 2g，亚甲双丙烯酰胺 0. 8g，混匀后加入 dd H_2O，37℃溶解，定容至 100 mL，用棕色瓶存在 4℃保存
1. 5M Tris-HCl(pH 8. 0)	Tris base18. 17g，加入 ddH_2O 溶解，浓盐酸调 pH 至 8. 0，定容至 100 mL，4℃保存
1M Tris - HCl(pH 6. 8)	Tris base12. 11g，加入 ddH_2O 溶解，浓盐酸调 pH 至 6. 8，定容至 100 mL，4℃保存
10% SDS	电泳级 SDS 10. 0 g，加入 ddH_2O 68℃助溶，浓盐酸调 pH 至 7. 2，定容至 100 mL
10% 过硫酸铵(AP)	1g 过硫酸铵，加入 ddH_2O，定容至 10 mL
跑胶所用试剂	
电泳缓冲液(pH 8. 3)	Tris3. 02 g，甘氨酸 18. 8 g，10% SDS 10 mL，加入 ddH_2O 溶解，定容至 1 L
2 × SDS 电泳上样缓冲液	1M Tris - HCl (pH 6. 8) 1. 0 mL，β-巯基乙醇 1. 0 mL，SDS 0. 4 g，甘油 2. 0 mL，0. 1% 溴酚蓝 1. 0 mL，dd H_2O 5. 0 mL
考马斯亮蓝染色液	考马斯亮蓝 R250 0. 25 g，甲醇 45 mL，冰醋酸 10 mL，dd H_2O 45 mL
脱色液	甲醇 45 mL，冰醋酸 10 mL，dd H_2O 45 mL

3. 器械

绞肉机、电磁搅拌器、电动搅拌器、离心机、pH 计、722 型分光光度计、玻璃柱(2. 5cm

×30cm)、500 mL下口瓶、量筒、移液管、玻璃漏斗、玻璃棒、透析纸、纱布、烧杯(2 L、1 L、500 mL、400 mL、200 mL各1个)等。

【实验步骤】

1. 材料处理

新鲜或冰冻猪心，除尽脂肪、血管和韧带，洗净积血，切成小块，放入绞肉机中绞碎。

2. 提取

称取心肌碎肉150 g，放入1 L烧杯中，加蒸馏水300 mL。用电动搅拌器搅拌，加入2 mol/L H_2SO_4，调pH至4.0(此时溶液呈暗紫色)。在室温下搅拌提取2 h，用1 mol/L NH_4OH调pH至6.0，停止搅拌。用数层纱布压挤过滤，收集滤液，滤渣加入750 mL蒸馏水，按上述条件重复提取1h，两次提取液合并(为减少学时，可只提取1次)。

3. 中和

用1mol/L NH_4OH将上述提取液调pH至7.2，静置适当时间，过滤。所得红色滤液通过人造沸石柱吸附。

4. 吸附

人造沸石容易吸附细胞色素C，之后细胞色素C能被25%硫酸铵溶液洗脱下来。利用此特性可将细胞色素C与其他杂蛋白分开。具体操作如下：

①称取人造沸石11g，放入烧杯中，加水后搅动，用倾泻法除去12s内不下沉的细颗粒。

②剪裁一块大小合适的圆形泡沫塑料，安装入干净的玻璃柱底部，将柱架至垂直，柱下端连接乳胶管，用夹子夹住。向柱内加蒸馏水至2/3体积，然后将预处理的人造沸石装填入柱，避免柱内出现气泡。装柱完毕，打开柱下端的夹子，使柱内沸石面上剩下一薄层水。将中和好的澄清滤液装入下口瓶，使其沿柱壁缓缓流入柱内，进行吸附。流出液的速度约为10 mL/min。随着细胞色素C被吸附，人造沸石逐渐由白色变为红色，流出液应为淡黄色或淡红色。

5. 洗脱

吸附完毕，将红色人造沸石自柱内取出，放入烧杯中。先用自来水，后用蒸馏水洗涤至水清。再用100 mL 0.2% NaCl溶液分3次洗涤沸石，用蒸馏水洗至水清，重新装柱。也可在柱内，用同样方法洗涤沸石，然后用25%硫酸铵溶液洗脱，流速控制在2 mL/min以下，收集红色洗脱液(洗脱液一旦变白，立即停止收集)。洗脱完毕，人造沸石可再生使用。

6. 盐析

为了进一步提纯细胞色素C，在洗脱液中继续慢慢加入固体硫酸铵，边加边搅拌，使硫酸铵溶液浓度为45%饱和度(约相当于67%)，放置30 min以上(最好过夜)，待杂蛋白沉淀析出，过滤，收集红色透亮的细胞色素C滤液。

7. 三氯乙酸沉淀

在搅拌下，每100 mL细胞色素C溶液加入2.5~5.0 mL 20%三氯乙酸，细胞色素C沉淀析出后，立即以3 000 r/min的转速离心15 min，倾去上清液(如上清液带红色，应再加入适量三氯乙酸，重复离心)，收集沉淀的细胞色素C，加入少许蒸馏水，用玻璃棒搅动，使沉淀溶解。

8. 透析

将沉淀的细胞色素 C 溶解于少量蒸馏水后，装入透析袋，放进 500 mL 烧杯中(用电磁搅拌器搅拌)，对蒸馏水透析，15 min 换一次水，换水 3~4 次后，检查 SO_4^{2-} 是否已被除净。检查方法是：取 2 mL $BaCl_2$ 溶液，放入一支普通试管，滴加 2~3 滴透析外液至试管中。如果出现白色沉淀，则表示 SO_4^{2-} 未除净；如果无沉淀出现，表示透析完全。将透析液过滤，即得清亮的细胞色素 C 粗品溶液。

9. SDS－PAGE 法检测蛋白

9.1　制胶

将洁净、无水的玻片对齐，形成空腔，插入塑料框的凹槽中，注意箭头向上，并确保下端平齐。放于制胶架上夹紧，下端紧贴密封条。

(1)分离胶的配制　10% 分离胶配方见表 4-8：

表 4-8　10% 分离胶配方　　单位：mL

10% 胶	蒸馏水	30% Acr－Bis(29∶1)	1.5M Tris－HCl pH 8.8	10% SDS	10% AP（过硫酸铵）	TEMED
5	1.3	1.7	1.9	0.05	0.05	0.007

①灌胶：混匀后，用移液枪将凝胶溶液沿玻璃棒小心注入长、短玻璃板间的狭缝内(胶高度距样品模板梳齿下缘约 1 cm)。

②液封：在凝胶表面沿短玻板边缘轻轻加一层水以隔绝空气，使胶面平整。静置约 30 min，观察胶面变化。当看到水与凝固的胶面有折射率不同的界限时，表明胶已完全凝固，倒掉上层水，并用滤纸吸干残留的水液。

(2)浓缩胶的配置　5% 浓缩胶配方见表 4-9：

表 4-9　5% 浓缩胶配方　　单位：mL

5% 胶	蒸馏水	30% Acr－Bis(29∶1)	0.5M Tris－HCl pH 6.8	10% SDS	10% AP（过硫酸铵）	TEMED
2	1.4	0.33	0.25	0.02	0.02	0.02

(3)插入制胶梳　混匀后，用移液枪将凝胶溶液注入长、短玻璃板间的狭缝内(分离胶上方)，轻轻加入样品模板梳，避免出现气泡。约 30 min，聚合完全。

9.2　电泳

①安装电泳槽：将制备好的凝胶板取下，小心拔下梳子。将两块 10% 的凝胶板分别插到 U 形橡胶框的两边凹形槽中，可往上提起使凝胶板紧贴橡胶。将装好玻璃板的胶模框平放在仰放的贮槽框上，其下缘与贮槽框下缘对齐，放入电泳槽内。倒入 1 × tris－gly 电泳缓冲液。

②样品处理：对于蛋白样品直接取 80 μL 的样品，依次加入 20 μL 5 × buffer（加了 β-巯基乙醇)，混匀。对于菌体或组织等固体样品，取少量样品，加入 100 μL 2 × buffer（加了 β-巯基乙醇)煮沸 10 min。

③加样：用移液枪取处理过的样品溶液 10 μL，小心地依次加入到各凝胶凹形样品槽内，marker 加入其中一个槽内。为区别两块板，Marker 可加在不同的孔槽中。

④电泳：将电泳槽放置电泳仪上，接通电源，正负极对好。电压调至约150 V，保持恒压。待溴酚蓝标记移动到凝胶底部时，关闭电源，把电泳缓冲液倒回瓶中。

9.3　染色

把电泳槽取出，拿下来两块板。用刮片从中间把长短玻片翘起，再把浓缩胶刮掉，取下，放于加有R 250染色液的染色皿中，染液漫过胶即可。将染色皿置于摇床上，转速约为45 r/min，时间约1 h，完成后倒掉染液并用水洗掉染液。

9.4　脱色

取出染色的胶放入加有脱色液的染缸里，脱色液漫过胶即可。将胶置于摇床上，转速约为45 r/min，时间约1 h，待本底色脱净、条带清晰可见即可，完成后倒掉脱色液。

9.5　拍照

将脱色后的胶置于透明文件夹中，把胶上面的气泡赶出(用前也可用酒精棉球擦干净文件夹)，放到扫描仪上拍照。

10. 含量测定

本方法制备的细胞色素C是还原型和氧化型的混合物，因此在测定含量时，要加入联二亚硫酸钠，使混合物中的氧化型细胞色素C变为还原型。还原型细胞色素C水溶液在波长520 nm处有最大吸收值，根据这一特性，用722型分光光度计选1个标准品，作出细胞色素C含量和对应的光吸收值的标准曲线，然后根据所测溶液的光吸收值，由标准曲线的斜率求出所测样品的含量。具体操作如下：

①取1mL标准品(81 mg/mL)，用水稀释至25mL，从中取0.2 mL、0.4 mL、0.6 mL、0.8 mL和1.0 mL，分别放入5支试管中，每管补加蒸馏水至4 mL，并加少许联二亚硫酸钠作还原剂，然后在520 nm波长处测得各管的光吸收值分别为0.179、0.350、0.520、0.700和0.870。以上述经稀释25倍标准样品的体积(mL)或计算得到的含量(mg)为横坐标，A值为纵坐标，作出标准曲线图，从而求得斜率为1/3.17。

②取样品1 mL，稀释适当倍数(本实验稀释25倍)，再取此稀释液1 mL，加水3 mL，再加少许联二亚硫酸钠，然后在波长520 nm处测得A值为0.342和0.344，平均值为0.343。根据此A值查标准曲线，得细胞色素C含量(mg)，再计算样品原液含量，或根据标准曲线斜率计算样品原液含量。

$$细胞色素含量 = 0.343 \div \frac{1}{3.71} \times 25 = 0.343 \times 3.71 \times 25 = 31.81(mg/mL)$$

在本实验中，每500 g猪心碎肉应获得75 mg以上的细胞色素C粗制品。也可以用标准管方法测定粗品液浓度：取已知浓度的细胞色素C标准液1mL和样品稀释液1mL，按上述方法分别测得$A_{520\ nm}$值(调节二者浓度，使A值在0.2~0.7)。根据标准浓度和A值，计算样品液含量和粗品总量。

【注意事项】

1. 尽量除净猪心非心肌组织，如脂肪、血管、韧带和积血。
2. 提取和中和时要注意调节pH。吸附和洗脱时应严格掌握流速。
3. 盐析时，加入固体硫酸铵，要边加边搅拌，不要一次快速加入。

4. 逐滴加入三氯乙酸，搅匀，加完后尽快离心。

5. 透析袋要求不漏。

附注：人造沸石的再生方法

先用自来水洗去硫酸铵，再用0.2~0.3mol/L氢氧化钠和1mol/L氯化钠混合液洗涤至沸石成白色，最后用水反复洗至pH 7~8，即可重新使用。

【思考题】

1. 实验应注意哪些关键环节？为什么？

2. 试以细胞色素C的制备为例，总结蛋白质制备的步骤和方法。

实验八　影响酶活性因素的探索

【实验目的】

1. 观察淀粉在水解过程中遇碘后溶液颜色的变化。

2. 探讨温度、pH、激活剂和抑制剂对唾液淀粉酶活性的影响。

【实验原理】

人唾液中的淀粉酶为α-淀粉酶，在唾液腺细胞内合成。在唾液淀粉酶作用下，淀粉水解，经过一系列被称为糊精的中间产物，最后生成麦芽糖和葡萄糖。

淀粉→紫色糊精→红色糊精→麦芽糖、葡萄糖

淀粉、紫色糊精和红色糊精遇碘后分别呈蓝色、紫色和红色，麦芽糖和葡萄糖遇碘不变色。

淀粉和糊精无还原性，或还原性很弱，对班氏试剂呈阴性反应。麦芽糖、葡萄糖是还原糖，与班氏试剂共热后生成红棕色氧化亚铜沉淀。

唾液淀粉酶的最适温度为37~40℃，最适pH为6.8。偏离最适环境时，酶的活性减弱。

低浓度的Cl^-能增加淀粉酶的活性，是它的激活剂。

Cu^{2+}等金属离子能降低该酶的活性，是它的抑制剂。

【实验器材】

1. 材料

淀粉酶液获取：实验者先用蒸馏水漱口(清洁口腔)，然后含一口蒸馏水，轻漱2 min，吐入小烧杯中，用脱脂棉过滤，备用。

2. 药剂

(1)1%淀粉溶液　称取1g可溶性淀粉，加入5 mL蒸馏水，搅拌，缓慢倒入沸腾的

90 mL蒸馏水中，煮沸1 min使其溶解，加水至100 mL，冷却后倒入试剂瓶中。此溶液必须新鲜配制。

(2)碘液 称取2g碘化钾溶于5mL蒸馏水中，再加入1g碘。待碘完全溶解后，加入蒸馏水295mL，混合均匀后贮藏于棕色瓶内。

(3)班氏试剂(Benedict) 将17.3g硫酸铜晶体溶入100mL蒸馏水中，然后加入100mL蒸馏水。取柠檬酸钠173g和碳酸钠100g，加蒸馏水600mL，加热使之溶解，冷却后，再加蒸馏水200mL。最后把硫酸铜溶液缓慢地倾入柠檬酸钠—碳酸钠溶液中，边加边搅拌，如有沉淀可过滤除去。此试剂可长期保存。

(4)0.4% HCl溶液。

(5)0.1% 乳酸溶液。

(6)1% Na_2CO_3溶液。

(7)1% NaCl溶液。

(8)1% $CuSO_4$溶液。

(9)0.1%淀粉溶液。

3. 器械

试管、烧杯、量筒、玻璃棒、白瓷板、铁三脚架、酒精灯、恒温水浴、冰浴、试管夹、试管架。

【实验步骤】

1. 淀粉酶活性的检测

取1支试管，注入1% 淀粉溶液3 mL和稀释的唾液2 mL。混匀后插入1支玻璃棒，将试管连同玻璃棒置于37℃的水浴中。2 min后，不时用玻璃棒从试管中取出1滴溶液，滴加在白瓷板上，随即加1滴碘液，观察溶液呈现的颜色，直至碘被稀释呈现微黄色。记录淀粉在水解过程中，遇碘后溶液的颜色变化。向以上试管的剩余溶液中加入2 mL班氏试剂，放入沸水中加热10 min左右，观察出现的现象并分析原因。

2. pH对酶活性的影响

取4支试管，分别加入0.4% 盐酸(pH≈1)、0.1% 乳酸(pH≈5)、蒸馏水(pH≈7)和1%碳酸钠(pH≈9)各2 mL，再向以上4支试管中各加2 mL淀粉溶液和2 mL淀粉酶液。混合摇匀后置于37℃水浴中，保温15 min。先用碘液在白瓷板上检查淀粉水解的情况。最后再向4支试管中各加入2 mL班氏试剂，在沸水上加热，根据生成红棕色沉淀多少，比较淀粉水解的强弱。

综合以上结果，说明pH对酶活性的影响。

3. 温度对酶活性的影响

取3支试管，各加入3mL 1%淀粉溶液；另取3支试管，各加入1mL淀粉酶液。将此6支试管分为3组(每组中有淀粉溶液和淀粉酶液的试管各1支)，分别置于0℃、37℃和70℃的水浴中。5 min后，将各组的淀粉溶液倒入淀粉酶液中，继续保温10 min，冷却后立即滴加2滴碘液，观察溶液颜色的变化。根据观察结果说明温度对酶活性的影响。

4. 激活剂和抑制剂对酶活性的影响

取3支试管，按表4-10加入各种试剂。混匀后，置于37℃水浴中保温。2 min后，从

1 号试管中用玻璃棒取出 1 滴溶液，置于白瓷板上，用碘液检查淀粉的水解程度。待 1 号试管的溶液遇碘不再变色后，取出所有的试管，各加 2 滴碘液，观察溶液颜色的变化，并解释原因。

表 4-10　酶活性测定　单位：mL

试管编号	1	2	3
1% NaCl	1		
1% $CuSO_4$		1	
蒸馏水			1
淀粉酶液	1	1	1
0.1% 淀粉液	3	3	3

【注意事项】

酶活性存在个体差异。如果酶活性太低，可适当延长保温时间或增加酶的浓度。

【思考题】

1. 什么是酶的最适 pH？pH 改变对酶活性有什么影响？
2. 什么是酶的最适温度？温度对酶活性有什么影响？
3. 酶反应的最适温度是酶特征性的物理常数吗？它与什么因素有关？
4. NaCl 和 $CuSO_4$ 对淀粉酶有什么影响？

实验九　乳酸脱氢酶活力的测定

【实验目的】

1. 学习 LDH 活力测定原理。
2. 测定猪肉提取液的 LDH 活力和比活力。

【实验原理】

乳酸脱氢酶(lactate dehydrogenase，LDH，EC. 1.1.1.27，L-乳酸：NAD^+ 氧化还原酶)广泛存在于动物、植物及微生物细胞内，是糖代谢酵解途径的关键酶之一，可催化下列可逆反应。

$$\underset{}{\text{乳酸}} + \underset{\text{氧化型辅酶 I}}{NAD^+} \underset{\text{pH 7.4～7.8}}{\overset{\text{LDH　pH 8.8～9.8}}{\rightleftharpoons}} \text{丙酮酸} + \underset{\text{还原型辅酶 I}}{NADH + H^+}$$

LDH可溶于水或稀盐溶液，因而可用来制备组织匀浆，经浸泡、离心，上清部分是含有LDH的组织提取液。组织中LDH含量的测定方法有很多，其中紫外分光光度法最为简单、快速。鉴于NADH、NAD^+在340 nm和260 nm处有各自的最大吸收峰，因此以NAD^+为辅酶的各种脱氢酶类都可通过340 nm处光吸收值的改变，定量测定酶的含量。

本实验测定LDH活力。基质液中含丙酮酸及NADH，在一定条件下，加入一定量酶液，观察NADH在反应过程中在340 nm处光吸收的减少值，减少越多，则LDH活力越高。其活力单位定义是：在25℃，pH 7.5条件下，$A_{340\ nm/min}$下降为1.0的酶量。可定量测定每克湿重组织中LDH单位。定量测定蛋白质含量即可计算比活力(U/mg)。

利用上述原理，改变不同底物则可测定相应脱氢酶反应过程中$A_{340\ nm}$的改变，定量测定酶活力，广泛适用于苹果酸脱氢酶、醇脱氢酶、醛脱氢酶、甘油-3-磷酸脱氢酶等。

【实验器材】

1. 材料

动物的肌肉、肝、心、肾等组织。

2. 药剂

(1)制备匀浆缓冲液 10 mmol/L pH 6.5磷酸氢二钾-磷酸二氢钾缓冲液。

配制50 mmol/L磷酸氢二钾-磷酸二氢钾缓冲液(PB)。

① 50 mmol/L磷酸氢二钾：称取K_2HPO_4 1.74g，加入蒸馏水溶解后，定容至200 mL。

② 50 mmol/L磷酸二氢钾：称取KH_2PO_4 3.40g，加入蒸馏水溶解后，定容至500 mL。

取溶液① 31.5 mL，溶液② 68.5 mL，调节pH至6.5，置于4℃备用。

10 mmol /L pH 6.5磷酸氢二钾-磷酸二氢钾缓冲液500 mL：用50 mmol/L PB溶液稀释即可。最好随用随配，以免长菌。

(2)LDH活力测定试剂

① 0.1mol/L pH7.5磷酸盐缓冲液(PB)100 mL：用0.2 mol/L pH 7.5磷酸缓冲液稀释即可。

0.2 mol/L pH 7.5磷酸缓冲液的配制：

a. 称取$Na_2HPO_4 \cdot 2H_2O$ 3.561g加入蒸馏水溶解，定容至100 mL；

b. 称取$NaH_2PO \cdot H_2O$ 2.76g加入蒸馏水溶解，定容至100 mL；

c. 取84 mL Na_2HPO_4 + 16 mL NaH_2PO得100 mL 0.2 mol/L pH7.5的磷酸缓冲液。

② NADH溶液：称取3.5 mg纯NADH置于试管中，加入0.1 mol/L pH 7.5 PB 1mL，摇匀。

③丙酮酸溶液：称取2.5 mg丙酮酸钠，加入0.1 mol/L pH 7.5 PB 29 mL，使其完全溶解。试剂②③最好在临用前配制。

3. 器械

组织捣碎机、紫外分光光度计、恒温水浴、吸量管(5 mL、0.1 mL)、微量注射器(10 μL)。

【实验步骤】

1. 制备肌肉匀浆

取瘦猪肉一块，除去脂肪及筋膜等，称取20 g，按1∶4(W/V)比例加入4℃预冷的

10 mmol/L pH 6.5 磷酸钾盐缓冲液，用组织捣碎机捣碎，每次 10 s，连续 3 次。将匀浆液倒入烧杯，置于 4℃冰箱内提取过夜。过滤，红色液体为组织提取液，量取总体积。留样少许，测定 LDH 活力及蛋白含量，其余液体可用于亲和层析纯化 LDH。

2. LDH 活力测定

预先将丙酮酸溶液和 NADH 溶液放在 25℃水浴中预热。取 2 只光径 1 cm 的石英比色杯，在一只比色杯中加入 0.1 mol/L pH 7.5 磷酸盐缓冲液 3 mL，安放于紫外分光光度计中，在 340 nm 处将光吸收值调至零；另一只比色杯用于测定 LDH 活力，依次加入丙酮酸钠溶液 2.9 mL、NADH 溶液 0.1 mL，加盖摇匀后，测定 340 nm 处光吸收值(A)。取出比色杯，加入稀释的酶液 10 μL，立即计时，摇匀后，每隔 0.5min 测定 $A_{340\ nm}$，连续测定 3 min。以 A 为纵坐标，时间为横坐标作图。取反应最初线性部分，计算 $\Delta A_{340\ nm/min}$减少值。加入酶液的稀释度(或加入量)应控制 $A_{340\ nm/min}$下降值在 0.1～0.2 之间。

3. 蛋白质含量测定

将组织提取液适当稀释(约 1:20)，取 0.1mL，按实验 3 的方法测定蛋白质含量。

4. 结果计算

(1)每毫升组织提取液中 LDH 活力单位

$$\text{LDH 活力单位(U /mL 提取液)} = \frac{\Delta A_{340\ nm/min} \times \text{稀释倍数}}{\text{酶液加入量}(10\mu L) \times 10^{-3}}$$

提取液中 LDH 总活力单位 = LDH 活力(U/mL) × 总体积(mL)

(2)LDH 比活力

$$\text{比活力(U/mg)} = \frac{\text{LDH 总活力(U)}}{\text{总蛋白含量(mg)}}$$

【注意事项】

1. 实验材料应尽量新鲜，如取材后不立即使用，应贮存在 -20℃冰箱中。

2. 酶液的稀释度和加入量应使 $A_{340\ nm/min}$下降 0.1～0.2，减少实验误差。加入酶液后应立即计时，准确记录每隔 0.5 min $A_{340\ nm}$的下降值。

3. NADH 溶液应在临用前配制，如其纯度为 75%，则应折合到 100%，增加试剂的用量。加入酶液前，NADH $A_{340\ nm}$控制在 0.8 左右。

【思考题】

简述用紫外分光光度法测定以 NAD^+ 为辅酶的各种脱氢酶测定原理。

实验十 淀粉酶活性的测定

【实验目的】

学习α-淀粉酶和β-淀粉酶的提取和测定方法。

【实验原理】

淀粉酶是水解淀粉糖苷键的一类酶的总称。按照其水解淀粉的作用方式，可以分为α-淀粉酶和β-淀粉酶等。α-淀粉酶和β-淀粉酶存在于禾谷类的种子中。α-淀粉酶是在种子萌发过程中形成的，而β-淀粉酶存在于休眠的种子中。

α-淀粉酶和β-淀粉酶各有其一定的特性。β-淀粉酶不耐热，在高温下易钝化，α-淀粉酶不耐酸，在pH3.6以下发生钝化。在萌发种子的提取液中，这两种淀粉酶同时存在。可利用这两种酶的不同特性进行处理，钝化其中一个，即可测定另一种酶的活性。测定α-淀粉酶活性时，可将提取液加热到70℃维持15min，以钝化β-淀粉酶。而测定β-淀粉酶时，可用pH 3.6的醋酸缓冲液处理提取液，以钝化α-淀粉酶。

淀粉酶水解淀粉生成的麦芽糖，可用3，5-二硝基水杨酸试剂测定。由于麦芽糖能将后者还原生成硝基氨基水杨酸的显色基团，其颜色的深浅与糖的含量成正比，因此可求出麦芽糖的含量。常用单位时间内生成麦芽糖的毫克数表示淀粉酶活性的大小。在实验中要严格控制温度和时间，以减少误差。并且在酶的作用过程中，不要混淆4支测定管和空白管。

【实验器材】

1. 材料

萌发的小麦种子(芽长1cm左右)。

2. 药剂

(1)1%淀粉溶液　称取1g可溶性淀粉，加入约80 mL蒸馏水，在电炉上加热溶解，冷却后定容到100 mL。

(2)pH 5.6的柠檬酸缓冲液

①A液：称取柠檬酸20.01g，溶解后定容到1 000 mL。

②B液：称取柠檬酸钠29.41g，溶解后定容到1 000 mL。

取A液5.5 mL、B液14.5 mL混匀，即为pH 5.6柠檬酸缓冲液。

(3)3,5-二硝基水杨酸溶液　称取3,5-二硝基水杨酸1.00 g，溶于20 mL 1mol/L氢氧化钠中，加入50 mL蒸馏水，再加入30 g酒石酸钾钠，待溶解后，用蒸馏水稀释至100 mL。盖紧瓶盖，禁止二氧化碳进入。

(4)麦芽糖标准液（1 mg/ mL）　称取麦芽糖0.100 g，溶于少量蒸馏水中，转入100 mL

容量瓶中，用蒸馏水定容到100mL。

(5) 0.4 mol/L NaOH。

3. 器械

容量瓶(50 mL、100 mL)、具塞刻度试管(15mL)、试管、刻度吸管、研钵、离心机、恒温水浴、分光光度计、电子天平。

【实验步骤】

1. 酶液的制备

称取2 g萌发的小麦种子，置于研钵中，加少量石英砂，研磨成匀浆，转入50 mL容量瓶中，用蒸馏水定容至刻度。混匀后在室温下放置，每隔数分钟震荡1次，提取15~20 min，离心，取上清液备用。

2. α-淀粉酶的测定

①取4支试管，注明2支为对照管，两支为测定管。

②在每支管中加1 mL酶提取液，在70℃恒温水浴中(水浴温度的变化不应超过±0.5℃)准确加热15 min，在此期间β-淀粉酶钝化。取出后迅速在自来水中冷却。

③在试管中各加入1 mL pH 5.6柠檬酸缓冲液。

④向两支对照管中各加入4 mL 0.4 mol/L NaOH，以钝化酶的活性。

⑤将测定管和对照管置于40℃(±0.5℃)恒温水浴中准确保温15 min，再向各管加入40℃下预热的淀粉溶液2 mL，摇匀，立即放入40 ℃水浴中，准确保温5 min后取出，分别向两支测定管迅速加入4 mL 0.4 mol/L NaOH，以终止酶的活性，然后准备下步的测定。

3. α-淀粉酶和β-淀粉酶总活性的测定

取上述酶液5 mL，放入100 mL容量瓶中，用蒸馏水稀释至刻度(稀释倍数视样品酶活性大小而定，一般为20倍)。混合均匀后，取4支试管，2支为对照管，2支为测定管，各加入稀释后的酶液1 mL和pH 5.6柠檬酸缓冲液1 mL，以下步骤重复α-淀粉酶测定的第2步④⑤的操作。

4. 麦芽糖的测定

4.1　标准曲线的制作

取具塞刻度试管(15 mL) 7支，编号，按表4-11操作。

表4-11　标准曲线测定　　单位：mL

试管编号	0	1	2	3	4	5	6
1 mg/mL麦芽糖标准液	0	0.1	0.3	0.5	0.7	0.9	1.0
蒸馏水	1.0	0.9	0.7	0.5	0.3	0.1	0
3,5-二硝基水杨酸	1						
摇匀，在沸水浴中准确保温5 min，取出冷却，用蒸馏水稀释到15 mL，混匀，在520 nm处比色，测$A_{520\ nm}$							
$A_{520\ nm}$							

以$A_{520\ nm}$为纵坐标，标准麦芽糖含量为横坐标，绘制标准曲线。

据经验测定，此标准曲线的斜率的倒数约为1.69。因此在实验内容过多的情况下，可不做标准曲线，直接利用下式计算样品麦芽糖的浓度：

$$麦芽糖的浓度(mg/mL) = 1.69 \times A_{520}$$

4.2 样品的测定

取以上各管中酶作用后的溶液和对照管中的溶液各1 mL，分别放入15 mL具塞刻度试管中，加入1 mL 3,5-二硝基水杨酸试剂，混匀，置于沸水浴中准确煮沸5 min。取出冷却，用蒸馏水稀释至15 mL，混匀。用分光光度计在520 nm波长下进行比色，记录吸光度，根据标准曲线(或经验公式)，计算结果。

4.3 结果计算

$$\alpha\text{-淀粉酶活性}[\text{mg 麦芽糖}/(\text{g 鲜重}\cdot\text{min})] = \frac{(A - A') \times \text{样品稀释总体积}}{\text{样品重(g)} \times 5}$$

$$(\alpha\text{-}+\beta\text{-})\text{淀粉酶总活性}[\text{mg 麦芽糖}/(\text{g 鲜重}\cdot\text{min})] = \frac{(B - B') \times \text{样品稀释总体积}}{\text{样品重(g)} \times 5}$$

式中，A为α-淀粉酶测定管中的麦芽糖浓度；A'为α-淀粉酶对照管中的麦芽糖浓度；B为α-淀粉酶和β-淀粉酶总活性测定管的麦芽糖浓度；B'为α-淀粉酶和β-淀粉酶总活性对照管中的麦芽糖浓度。

【思考题】

简述淀粉酶提取和测定方法的基本步骤及注意事项。

实验十一 超氧化物歧化酶活性测定

【实验目的】

学习超氧化物歧化酶(SOD)的提取与酶活性测定方法。

【实验原理】

超氧化物歧化酶(SOD)是一种具有抗氧化、抗衰老、抗辐射和消炎作用的药用酶。它可催化超氧负离子($O_2^{\cdot-}$)进行反应，生成氧和过氧化氢：$2O_2^{\cdot-} + H_2 = O_2 + H_2O_2$。大蒜蒜瓣中含有较丰富的SOD，通过组织破碎后，可用pH 7.8的磷酸缓冲液提取。由于SOD不溶于丙酮，可用丙酮将其沉淀析出。

【实验器材】

1. 材料

新鲜大蒜蒜瓣。

2. 药剂

(1) 0.1mol/L pH 7.8磷酸缓冲液 用0.2 mol/L pH 7.8磷酸缓冲液稀释即可。

0.2 mol/L pH7.8 磷酸缓冲液的配制：称取 $Na_2HPO_4 \cdot 2H_2O$ 3.561 g，加入蒸馏水溶解，定容至 100 mL；称取 $NaH_2PO \cdot H_2O$ 2.76 g，加入蒸馏水溶解，定容至 100 mL；91.5 mL Na_2HPO_4 + 8.5 mL NaH_2PO→得 100 mL 0.2 mol/L pH 7.8 的磷酸缓冲液。

(2)氯仿—乙醇混合溶剂　氯仿：无水乙醇 = 3∶5(V/V)。

(3)丙酮　用前冷却至4~10℃。

(4) 0.05mol/L pH 10.2 碳酸盐缓冲液　用0.1mol/L pH 10.2 碳酸盐缓冲液稀释即可。

0.1mol/L pH 10.2 碳酸盐缓冲液的配制—称取 $Na_2CO_3 \cdot 10H_2O$ 2.862 g 加入蒸馏水溶解，定容至100mL；称取 $NaHCO_3$ 8.4g，加入蒸馏水溶解，定容至100 mL；65 mL Na_2CO_3 + 35 mL $NaHCO_3$→得 100 mL 0.1 mol/L pH 10.2 的碳酸盐缓冲液。

(5) 0.1 mol/L EDTA 溶液。

(6)邻苯三酚溶液　称取0.1875g，加入蒸馏水溶解，定容至100 mL。

3. 器械

冷冻离心机、研钵、离心管、751-GW 型分光光度计。

【实验步骤】

1. 组织破碎

取20 g 左右的新鲜大蒜蒜瓣，加少许 pH 7.8 磷酸缓冲液，置于研磨器中研磨，使组织破碎。

2. SOD 的提取

再加入2~3 倍体积的0.1 mol/L pH 7.8 的磷酸缓冲液，继续研磨抽提20 min，使SOD 充分溶解到缓冲液中，然后以3 500 r/min 冷冻离心 15 min，弃沉淀，得提取液。

(1)除杂蛋白　收集提取液，加入0.25 倍体积的氯仿—乙醇混合溶剂，搅拌抽提15 min，3 500 r/min 离心 15 min，去除杂蛋白沉淀，得粗酶液。

(2)SOD 的沉淀分离　收集粗酶液，加入等体积的丙酮(4~10℃)，搅拌抽提 15 min，3 500 r/min 离心 15 min，得 SOD 沉淀。

将 SOD 沉淀溶于0.1 mol/L pH 7.8 的磷酸缓冲液中，于55~60℃热处理15 min，离心弃沉淀，得 SOD 酶液。

将上述提取液、粗酶液和酶液分别取样，测定 SOD 活力。

3. SOD 活力测定

取3 支小试管，按表4-12 加入试剂和样品液(mL)。

表 4-12　SOD 活力测定

试　剂	空白管	自氧化	抑制氧化
碳酸缓冲液	5	5	5
EDTA	0.5	0.5	0.5
蒸馏水	1	0.5	—
邻苯三酚	—	0.5	0.5
样品液	—	—	0.5
$A_{480\ nm}$			

在加邻苯三酚前，充分摇匀并在30℃水浴中预热5 min至恒温。加入样品液(空白不加)，继续保温反应2 min，然后立即测定各管在480 nm处的吸光度。对照管和样品管的吸光度值分别为A和B。

在上述条件下，SOD抑制邻苯三酚自氧化50%所需的酶量定义为一个酶活力单位。即

$$酶活力单位 = 2(A-B)N/A$$

式中，N为样品稀释倍数；2为以致邻苯三酚自氧化50%的换算系数(100% ÷50%)。

若以每毫升样品液的单位数表示，则按下式计算：

$$酶活力单位/mL = 2(A-B)NV/AV_1 = 26(A-B)N \div A$$

式中，V为反应液体积(6.5mL)；V_1为样品液体积(0.5mL)。

最后，根据提取液、粗提液和酶液的酶活力和体积，计算纯化器收率。

【思考题】

超氧化物歧化酶(SOD)对人体有什么生物学意义？

实验十二　维生素C的定量测定——2,6-二氯酚靛酚滴定法

【实验目的】

1. 学习并掌握定量测定维生素C的原理和方法。
2. 了解蔬菜和水果中维生素C的含量。

【实验原理】

维生素C是人类营养中最重要的维生素之一，缺少时会产生坏血病，因此又称为抗坏血酸，对物质代谢的调节具有重要作用。近年来，维生素C被发现能增强机体对肿瘤的抵抗力，并能阻断化学致癌物。

维生素C是具有L系糖构型的不饱和多羟基物，属于水溶性维生素。它分布广泛，在植物的绿色部分和许多水果(如橘子、苹果、草莓、山楂等)、蔬菜(黄瓜、洋白菜、番茄等)中的含量更为丰富。

维生素C具有很强的还原性，可分为还原型和脱氢型。金属铜和酶(抗坏血酸氧化酶)可以催化维生素C氧化为脱氢型，根据其具有的还原性质可测定其含量。

还原型抗坏血酸能还原染料2,6-二氯酚靛酚，本身则氧化为脱氢型。在酸性溶液中，2,6-二氯酚靛酚呈红色，还原后变为无色。因此，当用此染料滴定含有维生素C的酸性溶液时，维生素C还未全部被氧化前，滴下的染料立即被还原成无色。一旦溶液中的维生素C已全部被氧化，滴下的染料立即使溶液变成粉红色。所以，当溶液从无色转变成微红色时，即

表示溶液中的维生素 C 刚刚全部被氧化，此时即为滴定终点。如无其他杂质干扰，样品提取液所还原的标准染料量与样品中所含的还原型抗坏血酸量成正比。

本法用于测定还原型抗坏血酸，总抗坏血酸的量常用 2, 4-二硝基苯肼法和荧光分光光度法测定。

【实验器材】

1. 材料

苹果、洋白菜等。

2. 药剂

（1）2% 草酸溶液　取草酸 2g，溶于 100 mL 蒸馏水中。

（2）1% 草酸溶液　取草酸 1g，溶于 100 mL 蒸馏水中。

（3）标准抗坏血酸溶液（0. 1 mg /mL）　准确称取 10 mg 纯抗坏血酸（应为洁白色，如变为黄色则不能用），溶于 1% 草酸溶液中，稀释至 100 mL，贮于棕色瓶中，冷藏。最好临用前配制。

（4）0. 1% 2, 6-二氯酚靛酚溶液　称取 250 mg 2, 6-二氯酚靛酚，溶于 150 mL 含有 52 mg $NaHCO_3$的热水中，冷却后加水稀释至 250 mL，滤去不溶物，贮于棕色瓶中，冷藏（4℃）可保存约 1 周。每次临用时，以标准抗坏血酸溶液标定。

3. 器械

组织捣碎器、漏斗、滤纸、微量滴定管（5 mL）、锥形瓶（100 mL）、吸量管（10 mL）、容量瓶（100 mL、250 mL）等。

【实验步骤】

1. 提取

洗净整株新鲜蔬菜或整个新鲜水果，用吸水纸吸干表面水分，称取 50 ~ 100 g，加入等体积 2% 的草酸，置于组织捣碎机中打成浆状，用滤纸过滤，滤液备用。滤瓶可用少量 2% 草酸洗几次，合并滤液，记录滤液总体积。

2. 标准液滴定

准确吸取标准抗坏血酸溶液 1. 0 mL（含 0. 1 mg 抗坏血酸），置于 100 mL 锥形瓶中，加入 9 mL1% 草酸，用微量滴定管以 0. 1% 2,6-二氯酚靛酚滴定至淡红色，并保持 15 s 不褪色，即达终点。由所用染料的体积计算出 1 mL 染料相当于多少毫克抗坏血酸（取 10 mL1% 草酸作空白对照，按以上方法滴定）。

3. 样品滴定

准确吸取滤液两份，每份 10. 0 mL，分别放入 2 个 100 mL 锥形瓶内，滴定方法同前。

另取 10mL 1% 草酸作空白对照滴定。

4. 结果计算

$$\text{维生素 C 含量(mg/100g 样品)} = \frac{(V_A - V_B) \times C \times T \times 100}{D \times W}$$

式中，V_A为滴定样品所用染料的平均 mL 数；V_B为滴定空白对照所用染料的平均 mL 数；

C 为样品提取液的总 mL 数；D 为滴定时所取样品提取液的 mL 数；W 为待测样品的重量(g)；T 为 1mL 染料能氧化抗坏血酸的 mg 数可由步骤 2 计算得到。

$$T=\frac{1\text{mL 标准液中抗坏血酸的 mg 数}\times\text{所取 mL 数}}{\text{滴定时消耗染料的 mL 数}}$$

【注意事项】

1. 某些水果、蔬菜(如橘子、番茄)浆状物泡沫太多，可加数滴丁醇或辛醇。

2. 整个操作过程要迅速，防止还原型抗坏血酸被氧化。滴定过程一般不超过 2 min。滴定所用的染料不应小于 1 mL 或多于 4 mL，如果样品维生素 C 含量太高或太低，可酌情增减样液用量或改变提取液稀释度。

3. 本实验必须在酸性条件下进行。在此条件下，干扰物质的反应进行得很慢。

4. 2% 草酸有抑制抗坏血酸氧化酶的作用，而 1% 草酸无此作用。

5. 干扰滴定的因素

(1)若提取液中色素很多，滴定时不易看出颜色变化，可用白陶土脱色，或加 1mL 氯仿，到达终点时，氯仿层呈现淡红色。

(2)Fe^{2+} 可还原二氯酚靛酚。对含大量 Fe^{2+} 的样品可用 8% 乙酸溶液代替草酸溶液提取，此时 Fe^{2+} 不会很快与染料起作用。

(3)样品中可能有其他杂质还原二氯酚靛酚，但反应速度均较抗坏血酸慢，因而滴定开始时，要迅速加入染料，之后尽可能一滴一滴地加入，并要不断地摇动三角瓶直到呈粉红色，于 15s 内不消退。

6. 提取的浆状物如果不易过滤，也可离心，留取上清液进行滴定。

附注：维生素 C 标定法

为了准确知道标准维生素 C 的含量，须经标定，方法如下：

1. 将标准维生素 C 溶液稀释为 0.02 mg/mL。

2. 量取上述标准维生素 C 溶液 5 mL 于锥形瓶中，加入 6% 碘化钾溶液 0.5 mL、1% 淀粉液 3 滴，以 0.001 mol/L 碘酸钾标准液滴定，终点为蓝色。

$$\text{抗坏血酸浓度(mg/mL)}=\frac{V_1\times 0.088}{V_2}$$

式中，V_1 为滴定时所消耗 0.001 mol/L 碘酸钾标准液的量(mL)；V_2 为滴定时所取抗坏血酸的量(mL)；0.088 为 1mL 0.001 mol/L 碘酸钾标准液相当于抗坏血酸的量(mg)。

【思考题】

1. 简述维生素 C 的生理意义。

2. 为了准确测得维生素 C 含量，实验过程中应注意哪些操作步骤？为什么？

实验十三　酵母核糖核酸的提取及测定

【实验目的】

学习从酵母中提取 RNA 的方法和技术。

【实验原理】

微生物是工业上大量生产核酸的原料。其中以酵母最为理想，这是因为酵母核酸中主要是 RNA(2.67%~10.0%)，DNA 很少(0.03%~0.516%)，菌体容易收集，RNA 易于分离。此外，抽提后的菌体蛋白质(占干菌体的50%)具有很高的利用价值。

RNA 提取过程是先使 RNA 从细胞中释放，并使它和蛋白质分离，然后将菌体除去，再根据核酸在等电点溶解度最小的性质，将 pH 调到 2.0~2.5，使 RNA 沉淀，进行离心收集。

提取 RNA 的方法很多，工业生产上常用稀碱法和浓盐法。稀碱法是利用碱使细菌细胞壁溶解，使 RNA 释放出来。这种方法抽提时间短，但 RNA 在此条件下不稳定，容易分解。浓盐法是在加热条件下，利用高浓度的盐改变细胞膜的通透性，使 RNA 释放出来。这种方法易掌握，产品颜色较好。用浓盐法提取 RNA 时应注意掌握温度，避免在 20~70℃之间时间过长，因为这是磷酸二酯酶和磷酸单酯酶作用活跃的温度范围，会使 RNA 降解而降低提取率。加热至 90~100℃使蛋白质变性，破坏该类酶，有利于 RNA 的提取。

如果提取接近天然状态的 RNA，可采用苯酚法或氯仿——异戊醇法去除蛋白，然后用乙醇沉淀 RNA，离心收集。本实验采取浓盐法(10% NaCl)。

不论是 DNA 还是 RNA，都是由核苷酸组成的多聚核苷酸化合物，而核苷酸由糖、碱基和磷酸构成。测定生物体内核酸的含量或提取的核酸含量，只需测定组成核苷酸的一种成分，如糖、磷或碱基。因为核酸分子中这 3 个组分是以等分子比例存在的，即每一个嘌呤或嘧啶分子都是与一个戊糖分子和一个磷酸分子相连接的。

目前测定核酸含量的方法有：

①定磷法：测定 RNA 和 DNA。

②戊糖测定法：测定 RNA。

③脱氧戊糖测定法：测定 DNA。

④紫外吸收法：测定 RNA 和 DNA。

⑤微生物测定法：测定 DNA。

⑥应用同位素研究的方法：测定 DNA 和 RNA。

其中方法⑤⑥被一些特殊研究使用，应用面较窄。方法①②③④是较普遍的核酸测定手段。

定磷比色法准确、微量、快速，是测定核酸含量最好的方法。方法②和③是通过糖的颜色反应测定 RNA 和 DNA，简单、快速，当样品中有黏多糖和蛋白质存在时，对测定有干扰，定磷比色法相比测定的核酸含量略高。方法④的优点是简单、快速、微量，但易受蛋白质和含有共轭双键物质的干扰。

本实验采用方法④测定核酸含量。因为核酸的组成成分嘌呤碱和嘧啶碱具有强烈的紫外吸收，最大吸收在 260 nm 处，利用此特性可以对核酸进行定量测定。

【实验器材】

1. 材料

干酵母片、精密试纸(pH 0.550)。

2. 药剂

(1) 10% NaCl。

(2) 6 mol/L HCl。

(3) 95% 乙醇(A. R)。

(4) 5%~6% 的氨水 用 25%~30% 氨水稀释 5 倍。

(5) RNA 沉淀剂 取 0.5g 钼酸铵，加 193mL 蒸馏水、7 mL 70% 过氯酸，总体积为 200 mL(70% 过氯酸即高氯酸，原液浓度即 70%)。

3. 器械

(1)量筒(50 mL)、具塞试管(15 mL)、三角瓶(100 mL)、容量瓶(25 mL、50 mL)。

(2)烧杯、表面皿、滴管及玻璃棒、移液管。

(3)烘箱、离心机、药物台秤、分析天平、紫外分光光度计。

【实验步骤】

1. 提取

称取 5g 酵母片，置于研钵中小心研碎成粉末，倒入三角瓶中，然后量取 50 mL 10% NaCl 溶液，倒入三角瓶，用力摇振几下，小心放入沸水浴中，提取 30 min。

2. 分离

将上述提取液取出，用自来水冷却，转入离心管，3 500 r/min 离心 20 min，使提取液与菌体残渣等分离。

3. 沉淀 RNA

将离心得到的上清液小心倾倒于 50 mL 烧杯中，并置于冰浴上冷却，待溶液冷至 10℃以下后，在冰浴中搅拌(注意不要过分剧烈)，小心地用 6 mol/L HCl 调节 pH 至 2.0~2.5。随着 pH 下降，溶液中白色沉淀逐渐增加，到等电点时沉淀量最多(注意严格控制 pH)。调好后继续在冰水中放置 10 min 使充分沉淀。

4. 洗涤纯化

将上述悬浮液小心转入离心管，3 000 r/min 离心 10 min，得到 RNA 沉淀。小心倾去上清液，直接在离心管中用 95% 乙醇洗涤 RNA 沉淀 3 次，每次用 5~10 mL 乙醇，充分搅拌洗涤，然后 3 000 r/min 离心 5~10 min。由于 RNA 不溶于乙醇，用乙醇洗涤不仅可以脱水，使沉淀物疏松，便于过滤、干燥，还可除去可溶性的脂类及色素等杂质，提高制品的纯度。

5. 干燥

用牛角勺仔细将洗涤后的 RNA 沉淀从离心管内挖出，涂布于事先将边缘折起成框的硫酸纸上（硫酸纸要预先用分析天平称重并记录数据），涂布均匀后，小心置于 80℃烘箱内干燥 5min 左右，使沉淀充分干燥。

将干燥后的 RNA 制品连同硫酸纸一起准确称重，然后小心将 RNA 制品的大部分转移至 1 个小烧杯中，将硫酸纸和残余 RNA 制品再次称重，记录所有数据，以求得 RNA 总制品重量（G_1）和定量样品重量（G_2），用以计算 RNA 含量。

6. 含量测定（紫外分光光度法）

采用比消光系数法，比消光系数是指单位浓度的核酸溶液的消光值 A_{260}（1μg/mL RNA 的消光值），本实验给定：$A_{260}=0.022$。测定步骤如下：

①在第 5 步转至小烧杯中的定量 RNA 样品中加 1～2 滴蒸馏水，用玻璃棒调成糊状，调匀后再加入少量蒸馏水使之溶解，然后用 5% 氨水小心调节 pH 至 7.0，最后转入 25mL 容量瓶，用蒸馏水定容（此为被测样品体积）。

②取 2 支试管，按表 4-13 操作。

表 4-13　A、B 两试管中所加样品体积　　单位：mL

试管编号	A	B
RNA 液	5	5
蒸馏水	5	0
沉淀剂	0	5

摇匀，冰浴 20 min，然后转入离心管，3 500 r/min 离心 10 min，小心留取上清液，各取 0.5 mL 放入 50mL 容量瓶中，用蒸馏水定容。用其中一个做标准空白液（自己判断），在紫外分光光度计上测定 E_{260}。

③数据整理和结果计算

a. 原始数据

称取酵母片重（样品重）：　$W=5\text{g}$

空白硫酸纸重：　$W_1=$

总制品 + 纸重：　$W_2=$

残余制品 + 纸重：　$W_3=$

比消光系数：　$A_{260}=0.022$

测定消光值：　$E_{260}=$

b. 推衍数据

总制品重：　$G_1=$

定量样品重：　$G_2=$

c. 结果计算：

$$\text{RNA 含量}(\%)=\frac{E_{260}}{A_{260}}\times V\times D\times\frac{1}{G_2}\times 100$$

式中，V 为被测样品体积；D 为样品测定时的稀释倍数。

$$\text{RNA 提取率}(\%)=\frac{\text{RNA 含量}\times G_1}{W}\times 100$$

式中，G_1 为总制品重；W 为称取酵母片重。

【思考题】

1. 用紫外法测定 RNA 含量时，为什么要固定测定液的 pH 值？如果 pH 值不固定，会影响测定结果吗？为什么？

2. 在测定中，加入钼酸铵—过氯酸沉淀剂的作用是什么？离心除去沉淀后，其上清液为什么需要稀释 100 倍？

实验十四 脂肪酸价的测定

【实验目的】

掌握测定油脂酸价的原理、方法和实际意义。

【实验原理】

脂肪在空气中暴露较久后，部分脂肪被水解产生自由的脂肪酸和醛类，某些低分子的自由脂肪酸(如丁酸)和醛类都有酸臭味，这种现象叫酸败。酸败的程度是以脂肪水解的多少为指标的，习惯上用酸价(或酸值)来表示。油脂工业上用酸价来表示油料作物和油脂的新鲜、优劣程度。新鲜的、贮存期较短的油料作物酸价低；反之就高。油料作物经压榨后得到粗油，粗油需进一步碱炼特制，除去油脚，这时就需测定酸价，根据酸价来决定加入的碱量。酸价高，加入碱量就大。精炼后的产品需再测定酸价。酸价必须在一定范围内，才符合规格，准予出厂。因此，测定酸价在生产上是相当重要的。

【实验器材】

1. 材料

花生油或菜籽油。

2. 药剂

(1) 乙醚—乙醇混合液(1∶1)。

(2) 2% 酚酞—乙醇溶液。

(3) 0.05 mol/L 氢氧化钾溶液。

3. 器械

三角瓶(250 mL)、碱滴定管(50 mL)、台秤、量筒(50 mL)等。

【实验步骤】

精确称取1～3g食用油(如果油色较深，可少取一些)。加入50 mL的乙醚—乙醇混合液抽提，再把抽提液转移到另一锥形瓶中，加入1～2滴2%酚酞—乙醇溶液作指示剂，用0.05 mol/L氢氧化钾溶液滴定，至摇动后溶液呈现的粉红色持续30 s不褪色为终点。

酸价是中和1g油脂所含的自由脂肪酸所需的氢氧化钾毫克数。

$$酸价 = \frac{耗用氢氧化钾重量(mg) \times 0.05 \times 氢氧化钾相对分子质量}{油脂重量(g)}$$

【思考题】

什么是酸价？测定油脂酸价有哪些实际意义？

实验十五　植物组织中总酸度的测定

【实验目的】

掌握测定植物组织中总酸度的原理和意义。

【实验原理】

植物组织中的有机酸可用水或醇提取，再用碱中和。可滴定酸度(即总酸度)是指中和材料全部酸和酸性盐所用的碱。酸度常用百分数表示。为了便于计算，要把滴定时所用的碱换算为分析材料中含量最多的酸，如柑橘按柠檬酸、苹果按苹果酸、葡萄按酒石酸计算。假如还不知哪种酸含量最多，可用任何一种酸表示，但必须注明是按哪种酸计算的。本实验材料为柑橘，按柠檬酸($K=0.064$)计算。

【实验器材】

1. 材料

柑橘或柠檬。

2. 药剂

(1)0.100 mol/L氢氧化钠　称取NaOH 4g，加入蒸馏水溶解，定容至1 L。

(2)1%酚酞指示剂　称取酚酞1g，溶于100 mL 95%乙醇中。

3. 器械

研钵、容量瓶(50 mL)、锥形瓶(50 mL、100 mL)、吸量管(10 mL)、吸耳球、碱式滴定管(25 mL)、漏斗、烧杯、玻璃棒。

【实验步骤】

1. 待测液制备

称取柑橘约5g，放入研钵中研磨，小心地转入容量瓶中，用蒸馏水定容至50 mL。反复摇动，充分提取有机酸，20 min后过滤到锥形瓶中，所得滤液供测定用。

2. 滴定

用吸量管取10 mL滤液两份，分别放入50 mL锥形瓶中，加入2滴酚酞指示剂，然后用0.100 mol/L NaOH滴定直至呈现淡红色。

3. 结果计算

$$酸度(\%)=\frac{M\times V\times K}{W\times 10/50}\times 100$$

式中：M为NaOH标准溶液的摩尔浓度(mol/L)；V为NaOH标准溶液的用量(mL)；W为样品重(g)；K为换算成相应酸的系数(苹果取0.067，柠檬取0.064，醋酸取0.060)。

【思考题】

总酸度和有机酸有什么区别?

实验十六 糖的定量测定——蒽酮反应法

【实验目的】

学习和掌握葡萄糖的定量测定方法。

【实验原理】

己糖、戊醛糖、己糖醛酸，不论游离形式还是存在于多糖中，都与蒽酮反应呈现蓝绿色，在620 nm下呈现最大光吸收。这种方法快速、方便，但当测试样品中的蛋白质含有较多色氨酸时，反应不稳定，呈现红色。

【实验器材】

1. 材料

植物。

2. 药剂

(1)蒽酮试剂 称取1g蒽酮(A. R)，溶于50 mL乙酸乙酯中。在棕色瓶中贮存此液，黑暗中可保存数周。

(2)葡萄糖标准液(200 μg/mL) 准确称取葡萄糖(A. R)200 mg，溶解，定容至1 L。

(3)浓硫酸。

3. 器械

水浴锅、试管、试管架、锥形瓶、吸量管、滴定管(酸)、722 分光光度计等。

【实验步骤】

1. 制定标准曲线

取 12 支试管，分两组按表 4-14 平行操作。

表 4-14　标准样品测定

试管编号	0	1	2	3	4	5	
葡萄糖标准液(mL)	0	0.2	0.4	0.6	0.8	1.0	
葡萄糖含量(μg)	0	40	80	120	160	200	
蒸馏水(mL)	2	1.8	1.6	0.4	1.2	1.0	
各加蒽酮试剂 0.5mL、浓硫酸 5mL							
摇匀，10min 后以 0 号试管为空白对照，在 620 nm 处比色							
A_{620nm}							

以 A_{620nm} 为纵坐标，标准葡萄糖含量为横坐标，绘制标准曲线。

2. 样品测定

(1)提取　将植物样品剪碎，准确称取 1 g，放入三角瓶(50 mL)中，加沸水 25 mL，在水浴中加盖煮沸 10 min，通过漏斗过滤到 50 mL 容量瓶中，水洗后定容至刻度。

(2)稀释　用移液管取出提取液 2 mL，加入到 50 mL 容量瓶中，加蒸馏水至刻度，摇匀。

(3)吸取稀释提取液 2 mL，放入大试管中，加入 0.5 mL 蒽酮试剂、5 mL 浓硫酸、摇匀，出现蓝绿色。反应 10 min 后以 0 号试管为空白对照，在 620 nm 处比色，记录 $A_{620\ nm}$。

3. 结果计算

$$\text{糖含量}(\%) = \frac{\text{从标准曲线上查得待测样品中葡萄糖的微克数} \times \text{稀释倍数}}{\text{鲜样重量(g)} \times 10^6} \times 100$$

【思考题】

1. 蒽酮法测糖有什么特点?
2. 样品提取时，为什么加沸水，并在水浴中加盖煮沸 10 min?

实验十七 淀粉的分离制备与净化

【实验目的】

学习分离制备淀粉的方法。

【实验原理】

淀粉是储藏物质。大量的淀粉主要存在于种子和块茎中，禾谷类种子淀粉含量为 50%~80%，板栗淀粉含量为 50%~70%。淀粉以粒状形式存在。淀粉粒的主要成分是多糖，约占 95% 以上。此外，还含有少量矿物质、磷酸和脂肪酸。不同作物种子的淀粉，淀粉粒的形态和大小均不同，根据这种性质可鉴定淀粉的种类。

淀粉是白色无定形粉末，由直链淀粉和支链淀粉两部分组成，它们在淀粉中的比例随植物的品种而异。一般直链淀粉在淀粉中比例约为 20%~25%，支链淀粉为 75%~80%。直链淀粉溶于热水，但不成糊状，遇碘呈蓝色；支链淀粉不溶于水，与热水作用则膨胀而成糊状。

【实验器材】

1. 材料

板栗或红薯。

2. 药剂

10% NaCl、乙醇(80%)。

3. 器械

高速组织捣碎机、烘箱、纱布、棉花、漏斗、玻璃棒、烧杯(250 mL、500 mL)、培养皿 2 个、三角瓶(100 mL)。

【实验步骤】

1. 淀粉制备

将板栗去壳和种皮，洗净后切碎，以 1∶3(W/V)比例加水混合，在高速组织捣碎机中捣碎。然后用 3 层纱布过滤，滤渣用少量水冲洗 2 ~ 3 次，收集滤液。滤液静置 2 ~ 3h 后倒去上清液，再用水反复冲洗沉淀，用 4 ~ 5 层纱布再过滤 1 次，滤液澄清后倒去上层清液，保留沉淀。

2. 淀粉净化

向沉淀中加入 10% NaCl 溶液(用量相当于沉淀的 4 ~ 5 倍)，反复搅拌 10 ~ 20 min，澄清后倒去上清液，如此再重复 1 次，以除去蛋白质。沉淀用水洗 2 次，并反复搅匀，静置使淀粉沉淀。沉淀再用少量乙醇洗涤 2 ~ 3 次，倾出乙醇洗涤液，沉淀转入培养皿风干，再放入

40～45℃烘箱烘干，即得淀粉制品。

【思考题】

1. 淀粉的制备的步骤是什么?
2. 淀粉净化步骤是什么?

实验十八　总淀粉量的测定

【实验目的】

掌握分光光度法测定淀粉含量的原理和操作步骤。

【实验原理】

淀粉为葡萄糖 α-1,4 苷键呈 6 个葡萄残基为一周的螺旋结构，葡萄糖残基上羟基朝向圈内。当碘分子进入圈内时，羟基成为电子供体，碘分子成为电子受体，形成淀粉—碘络合物，呈现蓝色。溶液呈色的强度与淀粉含量呈正相关。在 625nm 下测定溶液的吸光度，根据标准曲线便可求出淀粉含量。

由于淀粉—碘复合物的着色与淀粉组分有关，因此制作标准曲线的标准淀粉应该与被测样品的淀粉是同一种类型，本实验采用自制的板栗纯淀粉作为标准。

【实验器材】

1. 材料

红薯或淀粉制品。

2. 药剂

(1)高氯酸(60%)。

(2)碘试剂　13g 碘化钾(KI)溶于 10 mL 水中，再加 0. 3g 碘，溶解后加水至 100 mL，装入棕色试剂瓶中。

3. 器械

(1)10 mL 试管 10 支。

(2)研钵 1 个、250 mL 容量瓶 1 个、移液管(1 mL、2 mL、5 mL)各 2 支、水浴锅。

(3)722 型分光光度计。

【实验步骤】

1. 标准曲线制作

称取标准淀粉 0. 200 0g，加入 1 mL 水调成糊状，然后十分小心地慢慢加入 3. 2 mL 60%

高氯酸，轻轻搅拌5~10 min后加水定容至500 mL。此液为400 mg/L标准淀粉原液。

取7支试管，分别加入标准淀粉原液0、0.5 mL、1.0 mL、1.5 mL、2.0 mL、2.5 mL、3.0 mL，然后各加2 mL碘试剂，充分摇匀，放置室温显色5~10 min，最后用水定容至10 mL。充分摇匀后即成0(空白)、20 mL、40 mL、60 mL、80 mL、100 mL、120 mg/L标准淀粉系列显色液(表4-15)。在625 nm处比色，测定吸光度。以吸光度为纵坐标，标准淀粉液浓度(mg/L)为横坐标，绘制标准曲线。

表4-15 标准样品测定

试管编号	0	1	2	3	4	5	6
标准淀粉原液(mL)	0	0.5	1.0	1.5	2.0	2.5	3.0
碘试剂(mL)	2.0	2.0	2.0	2.0	2.0	2.0	2.0
充分摇匀，放置室温显色5~10 min，用水定容至10 mL。以0号试管为空白对照，在625 nm处比色							
A_{625}							
标准淀粉液浓度(mg/L)	0	20	40	60	80	100	120

2. 总淀粉含量测定

称取淀粉制品0.200 0 g，加入1 mL水调成糊状，十分小心地慢慢加入3.2 mL 60%高氯酸，轻轻搅拌5~10 min后加水定容至500 mL。充分摇匀后，静置10 min，小心吸取上层液1 mL,加入10 mL刻度试管中，再加入碘试剂2 mL，在室温中显色，最后用水定容至10 mL。在625 nm处比色，测定吸光度。从标准曲线上查得相应的浓度(mg/L)，即为测定值。

3. 结果计算

$$\text{淀粉含量(\%)} = \frac{\text{测定值(mg/L)} \times 10^{-6} \times \dfrac{\text{提取液总体积 mL}}{\text{测定取样 mL 数}}}{\text{样品重(g)}} \times 100$$

【思考题】

淀粉含量测定的方法有哪些？每种方法的基本原理是什么？

第 5 篇

植物生理学

实验一 植物组织中自由水和束缚水含量的测定

【实验目的】

学习和掌握植物组织中自由水和束缚水含量测定的方法。

【实验原理】

自由水未被细胞原生质胶体颗粒吸附而可以自由移动，束缚水被细胞原生质胶体颗粒吸附而不易移动。将植物组织浸入高浓度的糖溶液中一定时间后，自由水可全部扩散到糖液中，组织中便留下束缚水。自由水扩散到糖液后降低了糖液的浓度。测定降低后的糖液的浓度，再根据原先已知的高浓度糖液的浓度和重量，可求出浓度降低后的糖液的重量。用浓度降低后的糖液的重量减去高浓度糖液的重量，即为植物组织中自由水的含量(即扩散到高浓度糖液中的水的含量)。最后，用同样的植物组织的总含水量减去此自由水的含量，即是植物组织中束缚水的含量。

【实验材料】

1. 材料

植物叶片。

2. 药剂

重量百分浓度为60%~65%的蔗糖溶液。

3. 器械

阿贝折射仪、分析天平或电子顶载天平(感量0.1mg)、烘箱、干燥器、称量瓶、打孔器(面积0.5cm^{2}左右)、烧杯、瓷盘、托盘天平(1/100g)、量筒。

【实验步骤】

1. 植物组织中总含水量的测定

(1)取称量瓶3只(3次重复，下同)，依次编号并分别准确称重。

(2)在田间选取生长一致的待测植物数株，各选部位、长势、叶龄一致的有代表性的叶子数片。用打孔器钻取小圆片150片(注意避开粗大的叶脉)，立即装到称量瓶中(每瓶随机装入50片)，盖紧瓶盖并精确称重。

(3)将称量瓶连同小圆片置于烘箱中，在105℃下烘15 min以杀死植物组织细胞，再于80~90℃下烘至恒重(称重时须置于干燥器中，待冷却后称量)。

设称量瓶重量为W_1，称量瓶和小圆片的重量为W_2，称量瓶和烘干的小圆片的重量为W_3(以上重量单位均设为g，下同)。则植物组织的总含水量(%)可按下式计算：

$$植物组织的总含水量(\%)=(W_2-W_3)/(W_2-W_1)\times 100$$

根据上式可分别求出 3 次重复所得到的组织总含水量的值，并进一步求出平均值。

2. 植物组织中自由水含量的测定

(1)另取称量瓶 3 只，编号并分别准确称重。

(2)用打孔器打取小叶圆片 150 片(植物材料的选取同上)，立即随机装入 3 个称量瓶中(每瓶装 50 片)，盖紧瓶盖并立即称重。

(3)3 个称量瓶中各加入 60%~65% 的蔗糖溶液 5 mL 左右，再分别准确称重。

(4)各瓶置于暗处 4~6 h(经减压处理后，只需在暗处放置 1 h)，其间不时轻轻摇动。到预定的时间后，充分摇动溶液。用阿贝折射仪(见附注)分别测定各瓶的糖液浓度，同时测定原来的糖液浓度。

设称量瓶重量为 W_1，称量瓶和小圆片的重量为 W_2，称量瓶和小圆片及糖液的重量为 W_4，糖液原来的浓度为 C_1，浸过植物组织后糖液的浓度为 C_2。则植物组织中自由水的含量(%)可由下式算出：

$$植物组织中自由水的含量(\%)=(W_4-W_2)\times(C_1-C_2)/[(W_2-W_1)\times C_2]\times 100$$

根据上式同样可求出 3 个重复的测定值，并进一步求出平均值。

3. 植物组织中束缚水含量的计算

植物组织中束缚水的含量(%)=组织总含水量(%)-组织中自由水含量(%)

【思考题】

1. 怎样测定植物组织中的自由水的含量？
2. 怎样测定植物组织中的束缚水含量？

实验二　植物组织水势的测定——小液流法

【实验目的】

学习和掌握小液流法测定植物组织水势。

【实验原理】

将植物组织分别放在一系列浓度递增的溶液中，当找到某一浓度的溶液与植物组织之间水分保持动态平衡时，则可认为植物组织的水势等于该溶液的水势。因溶液的浓度已知，可以根据公式算出其渗透压，其负值为溶液的渗透势(ψ_π)，即代表植物的水势(ψ_w)(water potential)。

$$\psi_w=\psi_\pi=-P=-CRT(大气压)$$

【实验器材】

1. 材料

植物叶片。

2. 药剂

0.05 mol/L、0.10 mol/L、0.15 mol/L、0.20 mol/L、0.25 mol/L、0.30 mol/L 蔗糖溶液，甲烯蓝粉末。

3. 器械

带塞青霉素小瓶12个、带有橡皮管的注射针头、镊子、打孔器、培养皿。

【实验步骤】

(1)取干燥洁净的青霉素瓶6个为甲组，各瓶中分别加入0.05~0.30 mol/L 蔗糖溶液约4 mL(约为青霉素瓶的2/3处)，另取6个干燥洁净的青霉素瓶为乙组，各瓶中分别加入0.05~0.30 mol/L 蔗糖溶液1 mL 和微量甲烯蓝粉末着色，上述各瓶加标签注明浓度。

(2)取待测样品的功能叶数片，用打孔器打取小圆片约50片，放至培养皿中，混合均匀。用镊子分别夹5~8个小圆片，放到盛有不同浓度甲烯蓝蔗糖溶液的青霉素瓶中(乙组)。盖上瓶塞，并使叶圆片全部浸没于溶液中。放置30~60 min，为加速水分平衡，应经常摇动小瓶。

(3)经一定时间后，用注射针头吸取乙组各瓶蓝色糖液少许，将针头插入对应浓度甲组青霉素瓶溶液中部，小心地放出少量液流，观察蓝色液流的升降动向(每次测定均要用待测浓度的甲烯蓝蔗糖溶液清洗多次注射针头)。如果液流上升，说明浸过小圆片的蔗糖溶液浓度变小(即植物组织失水)，叶片组织的水势高于该浓度糖溶液的渗透势；如果蓝色液流下降，说明叶片组织的水势低于该糖溶液的渗透势；如果蓝色液流静止不动，则说明叶片组织的水势等于该糖溶液的渗透势，此糖溶液的浓度即为叶片组织的等渗浓度。

【结果计算】

将求得的等渗浓度值代入以下公式：

$$\psi_w = \psi_\pi = -CRT_i \times 1.013 \times 0.1$$

式中，ψ_w为植物组织的水势(MPa)；ψ_π为溶液的渗透势；C 为等渗浓度(mol/L)；R 为气体常数[0.008314MPa/(L·mol·K)]；T 为绝对温度；i 为解离系数(蔗糖 = 1，$CaCl_2$ = 2.60)；1个标准大气压 = 1.013 = 0.1MPa。

【思考题】

采用小液流法测定植物组织水势的具体操作步骤是什么？

实验三　根系活力的测定——TTC 法

【实验目的】

学习和掌握 TTC 法测定植物根系活力。

【实验原理】

氯化三苯基四氮唑(TTC)溶于水中成为无色溶液，但还原后生成红色而不溶于水的三苯甲腙(TPF)。三苯甲腙比较稳定，不会被空气中的氧自动氧化，所以 TTC 被广泛用作酶试验的氢受体。植物根系中脱氢酶引起 TTC 还原，TTC 还原量可表示脱氢酶活性并作为根系活力的指标。

【实验器材】

1. 材料

植物根系。

2. 药剂

乙酸乙酯(分析纯)、次硫酸钠($Na_2S_2O_4$)分析纯粉末、1% TTC 溶液、磷酸缓冲液(1/15 mol/L，pH 7)、1mol/L 硫酸、0.4 mol/L 琥珀酸。

3. 器械

分光光度计、分析天平(感量 0.1 mg)、电子顶载天平(感量 0.1 g)、温箱、研钵、三角瓶 50mL、漏斗、量筒 100 mL、吸量管 10 mL、刻度试管 10 mL、试管架、容量瓶 10 mL、药勺、石英砂适量、烧杯(10 mL、1 L)。

【实验步骤】

1. TTC 标准曲线的制作

取 0.4% TTC 溶液 0.2 mL，放入 10 mL 容量瓶中，加入少许 $Na_2S_2O_4$，摇匀后立即产生红色的甲月替。再用乙酸乙酯定容至刻度，摇匀。分别取此液 0.25 mL、0.50 mL、1.00 mL、1.50 mL、2.00 mL 置于 10 mL 容量瓶中，用乙酸乙酯定容至刻度，即得到含甲月替 25 μg、50 μg、100 μg、150 μg、200 μg 的标准比色系列。以空白作参比，在 485 nm 波长下测定吸光度，绘制标准曲线。

2. 样品测定

称取根尖样品 0.5g，放入 10 mL 烧杯中，加入 0.4% TTC 溶液和磷酸缓冲液的等量混合液 10 mL，把根充分浸没在溶液内，在 37 ℃下暗保温 1~3 h，之后加入 1 mol/L 硫酸 2 mL，以停止反应(同时做一空白实验，先加硫酸，再加根样品，其他操作同上)。

把根取出吸干水分，加入乙酸乙酯3~4 mL和少量石英砂，在研钵内磨碎，提取TPF。把红色提取液移入试管，用少量乙酸乙酯洗涤残渣2~3次，并移入试管，最后加入乙酸乙酯使总量为10 mL。用分光光度计在485 nm波长下比色，以空白试验作参比，查标准曲线，即可求出四氮唑还原量。

【结果计算】

$$四氮唑还原强度[mg/g(根鲜重)\cdot h]=\frac{四氮唑还原量(mg)}{根重(g)\times 时间(h)}$$

【思考题】

采用TTC法测定植物根系活力的方法具体操作步骤是什么？

实验四 真空渗入法测定环境因子对光合作用的影响

【实验目的】

学习和掌握真空渗入法测定环境因子对光合作用的影响。

【实验原理】

真空渗入可使叶肉细胞间隙充满水分而下沉。在光合作用过程中，植物吸收二氧化碳而放出氧气，由于氧在水中的溶解度很小，所以光合作用会使下沉的叶片随下表面气体逐渐增加而上浮，根据上浮所需时间的长短，即可推测光合作用的强弱。

【实验器材】

1. 材料

植物叶片。

2. 器械

打孔器、真空干燥器、三角瓶、小烧杯、温度计、冰块、真空泵。

【实验步骤】

(1)从供试植物上选取生长健壮、大小近似、厚薄均匀的成长叶片数片，用打孔器打取约50片小圆片，放入烧杯中，加水。在真空干燥器中进行处理，排出叶片细胞间隙的空气，使水液进入组织细胞间隙，让叶片变成半透明状而下沉。处理后，放于黑暗处备用。

(2)取100 mL三角瓶4个，编号，在各瓶中加入新制冷开水40 mL，向2、3、4号瓶中各加入少量碳酸氢钠粉末，充分溶解。2号瓶用较厚白纸遮光，3号瓶用冰浴降温至10℃左右，1、2、4 号瓶则用水浴保持 25℃的温度。每瓶各放入下沉叶片 10 片，放在日光或较强灯光下进行光合作用。

(3)记录各瓶内叶片上浮所需的平均时间，或一定时间内上浮的叶片数。

【思考题】

采用真空渗入法测定环境因子对光合作用的影响的具体操作步骤是什么?

实验五　叶绿素含量的测定

【实验目的】

学习和掌握叶绿素含量测定的原理和方法。

【实验原理】

根据朗伯—比尔定律，溶液的吸光度 A 与溶质浓度 C 和液层厚度 L 成正比，即 $A=\alpha CL$。测定叶绿体色素混合提取液中叶绿素 a、b 和类胡萝卜素的含量，只需测定该提取液在 3 个特定波长下的吸光度 A，并根据叶绿素 a、b 及类胡萝卜素在该波长下的吸光系数即可求出其浓度。在测定叶绿素 a、b 时，为了排除类胡萝卜素的干扰，所用单色光的波长应选择叶绿素在红光区的最大吸收峰。

【实验器材】

1. 材料

植物叶片。

2. 药剂

96%乙醇(或 80%丙酮)、石英砂、碳酸钙粉。

3. 器械

分光光度计、电子顶载天平(感量 0.01g)、研钵、棕色容量瓶、小漏斗、定量滤纸、吸水纸、擦镜纸、滴管。

【实验步骤】

(1)取新鲜植物叶片，擦净组织表面污物，剪碎(去掉中脉)，混匀。称取 3 份剪碎的新鲜样品 0.2g，分别放入研钵中。加入少量石英砂和碳酸钙粉及 2~3 mL 95%乙醇，研成匀浆，再加入乙醇 10 mL，继续研磨至组织变白。静置 3~5 min 后过滤到 25 mL 棕色容量瓶中，用少量乙醇冲洗研钵、研棒及残渣数次，最后连同残渣一起倒入漏斗中过滤。用滴管吸取乙醇，将滤纸上的叶绿体色素全部洗入容量瓶中，直至滤纸和残渣中无绿色。最后用乙醇定容至

25 mL，摇匀。

(2)将叶绿体色素提取液倒入光径 1 cm 的比色杯内。以 95% 乙醇为空白，在波长 665 nm、649 nm 下测定吸光度。

【结果计算】

将测定得到的吸光值代入公式计算：

$$C_a = 13.95A_{665} - 6.88A_{649}$$

$$C_b = 24.96A_{649} - 7.32A_{665}$$

据此即可得到叶绿素 a 和叶绿素 b 的浓度(C_a、C_b：mg/L)，二者之和为总叶绿素的浓度。最后根据下式进一步求出植物组织中叶绿素的含量：

$$叶绿素的含量(mg/g) = \frac{叶绿素的浓度 \times 提取液体积 \times 稀释倍数}{样品鲜重(或干重)}$$

【思考题】

叶绿素含量测定的原理和方法分别是什么？

实验六 希尔反应的观察

【实验目的】

学习和掌握观察植物希尔反应的原理和方法。

【实验原理】

希尔反应(Hill reaction)是绿色植物的离体叶绿体，在光下分解水放出氧气同时还原电子受体的反应。氧化剂 2,6-二氯酚靛酚是一种蓝色染料，接受电子和 H^+ 后被还成无色，可以直接观察其颜色的变化，也可用分光光度计对还原量进行精确测定。

【实验材料】

1. 材料

菠菜或其他绿色植物新鲜叶片。

2. 药剂

0.1% 2,6-二氯酚靛酚。

3. 器械

研钵、石英砂、小试管、试管架、漏斗、纱布、小烧杯、剪刀。

【实验步骤】

(1)取新鲜的菠菜或其他植物叶片0.5g，剪碎后放入研钵中，研磨成匀浆。加入50 mL蒸馏水，通过5~6层纱布过滤到小烧杯中，即得到叶绿体粗悬浮液。

(2)取试管两支，每管加入叶绿体悬浮液5 mL，0.1%2,6-二氯酚靛酚溶液5~6滴，摇匀。将其中一管置于直射光下，另一管置于暗处，注意观察日光下试管液的颜色变化。5~8 min后，将置于暗处的试管取出，比较两管溶液的颜色变化。

【思考题】

观察植物希尔反应的步骤是什么?

实验七　小篮子法(广口瓶法)测定植物的呼吸速率

【实验目的】

学习和掌握小篮子法(广口瓶法)测定植物呼吸速率的原理和操作步骤。

【实验原理】

植物进行呼吸时放出CO_2，一定的植物样品在单位时间内放出的CO_2量，即为该样品的呼吸速率。呼吸放出的CO_2可用氢氧化钡溶液吸收，实验结束后用已知浓度的草酸溶液滴定剩余的碱液，根据空白和样品消耗草酸溶液之差，即可计算出呼吸过程中释放的CO_2量。

【实验器材】

1. 材料

萌发的种子。

2. 药剂

饱和$Ba(OH)_2$、1/44 mol/L 草酸溶液、1%酚酞指示剂。

3. 器械

呼吸测定装置、天平、钟表、酸式滴定管、温度计。

【实验步骤】

(1)取500 mL广口瓶1个，瓶口用三孔橡皮塞塞紧。一孔插一个盛有碱石灰的干燥管，使呼吸过程中能进入无CO_2的空气，一孔插温度计，另一孔直径约1cm，供滴定用，平时用一个小橡皮塞塞紧，瓶塞下面挂一个铁丝小篮，以便装植物样品。整个装置即谓“广口瓶呼吸测定装置”。

(2)在瓶口准确加入 20 mL $Ba(OH)_2$溶液，立即塞紧橡皮塞(不带小篮)。充分摇动广口瓶2 min，待瓶内 CO_2全部被吸收后，拔出小橡皮管塞，加入酚酞指示剂 2 滴，把滴定管插入孔中，用标准草酸溶液进行空白滴定，直到红色刚刚消失为止。

(3)倒出废液，用无 CO_2的蒸馏水(煮沸过的)洗净后，重加上述 $Ba(OH)_2$溶液 20 mL，同时称取植物样品5~10 g，装入小篮子中，挂于橡皮塞下，塞紧瓶塞，开始计时20~30 min。其间轻轻摇动数次，使溶液表面的 $BaCO_3$薄膜被破坏，以利于充分吸收 CO_2。然后用草酸滴定，方法如前。

【结果计算】

$$\text{呼吸速率}[\mathrm{mgCO_2/(gFW \cdot h)}] = (A - B) \times 1/(W \times t)$$

式中，A 为空白滴定用去的草酸量(mL)；B 为样品滴定用去的草酸量(mL)；W 为样品鲜重(g)；t 为测定时间(h)。

每毫升 1/44 mol/L 的草酸相当于 1mg CO_2。

【思考题】

采用小篮子法(广口瓶法)测定植物呼吸速率的原理和操作步骤分别是什么?

实验八　过氧化物酶活性的测定——比色法

【实验目的】

学习和掌握比色法测定植物体内过氧化物酶活性。

【实验原理】

在过氧化氢存在时，过氧化物酶能使愈创木酚氧化，生成茶褐色物质，该物质在 470 nm 处有最大吸收，可用分光光度计测量 470 nm 的吸光度变化，以测定过氧化物酶活性。

【实验器材】

1. 材料

植物叶片。

2. 药剂

(1)100 mmol/L 磷酸缓冲液(pH 6.0)(见附录10)。

(2)反应混合液　100 mmol/L 磷酸缓冲液(pH 6.0)50 mL 于烧杯中，加入愈创木酚 28 μL，在磁力搅拌器上搅拌，直至愈创木酚溶解，加入 30% 过氧化氢 19 μL，混合均匀，保存于冰箱中。

3. 器械

分光光度计、研钵、恒温水浴锅、100 mL 容量瓶、吸管、离心机。

【实验步骤】

(1)称取植物材料 1 g，剪碎，放入研钵中，加入适量磷酸缓冲液研磨成匀浆。以 4 000 r/min 离心 15 min，上清液转入 100 mL 容量瓶中，残渣再用 5 mL 磷酸缓冲液提取 1 次，上清液并入容量瓶中，定容至刻度，贮于低温下备用。

(2)取光径 1 cm 的比色杯 2 只，向 1 只中加入反应混合液 3 mL 和磷酸缓冲液 1 mL，作为对照；向另 1 只中加入反应混合液 3 mL 和上述酶液 1 mL(如酶活性过高可稀释)，立即记录时间，在分光光度计上测量 470 nm 波长下的吸光度值，每隔 1 min 读数 1 次。

【结果计算】

以每分钟内 A_{470}变化 0.01 为 1 个过氧化物酶活性单位(U)计算酶活力。

【思考题】

采用比色法测定植物体内过氧化物酶活性的原理和操作步骤分别是什么？

实验九　植物种子生命力的快速测定——TTC 法

【实验目的】

学习和掌握 TTC 法快速测定植物种子生命力。

【实验原理】

TTC(2, 3, 5-三苯基氯化四氮唑)的氧化态是无色的，可被氢还原成不溶性的红色三苯甲月替(TTF)。应用 TTC 的水溶液浸泡种子，使其渗入种胚的细胞内。如果种胚具有生命力，其中的脱氢酶就可以将 TTC 作为受氢体使其还原成为三苯甲月替而呈红色；如果种胚死亡，便不能染色；种胚生命力衰退或部分丧失生活力，则染色较浅或局部被染色。因此，可以根据种胚染色的部位或染色的深浅程度来鉴定种子的生命力。

【实验器材】

1. 材料

水稻、小麦、玉米、棉花、油菜等待测种子。

2. 药剂

0.12%~0.5% TTC 溶液。

3. 器械

小烧杯、刀片、镊子、温箱。

【实验步骤】

(1)将种子用温水(约30℃)浸泡2~6 h，使种子充分吸胀。

(2)随机取种子100粒，水稻种子去壳，豆类种子去皮。沿种胚中央准确切开，取一半备用。将准备好的种子浸于TTC试剂中，于恒温箱(30~35℃)中保温30 min。

(3)染色鉴定 倒出TTC溶液，用清水冲洗种子1~2次，观察种胚被染色的情况。如果种胚全部或大部分被染成红色，即为具有生命力的种子。种胚不被染色的为死种子。如果种胚中非关键部位(如子叶的一部分)被染色，而胚根或胚芽的尖端不染色，则属于不能正常发芽的种子。

【思考题】

采用TTC法快速测定植物种子生命力的原理和操作步骤分别是什么?

实验十 赤霉素对α-淀粉酶的诱导形成

【实验目的】

学习和掌握赤霉素对植物种子α-淀粉酶诱导形成的原理和测定方法。

【实验原理】

种子萌发过程中贮藏物质的动员，需要在一系列酶的催化作用下才能进行。种子萌发过程中淀粉的分解主要是在淀粉酶的催化下完成的。淀粉酶在植物中存在有多种形式，包括α-淀粉酶、β-淀粉酶等。β-淀粉酶存在于干燥种子中，而α-淀粉酶不存在或很少存在于干燥种子中，需要在种子吸水后重新合成。实验证明，赤霉素启动α-淀粉酶的合成。萌发的大麦种子的胚产生赤霉素扩散到胚乳的糊粉层中，刺激糊粉层细胞内α-淀粉酶的合成。合成的淀粉酶进入胚乳，将胚乳内贮藏的淀粉水解成还原糖。外加的赤霉素可以代替胚的释放作用，从而诱导α-淀粉酶的合成。这个极其专一的反应被作为赤霉素的生物鉴定法。在一定范围内，由去胚的吸胀大麦粒所产生的还原糖量，与外加赤霉素浓度的对数成正比。根据淀粉可与I_2-KI反应显蓝色，而淀粉分解的产物还原糖不能与I_2-KI显色的原理，可以定性和定量地分析α-淀粉酶的活性。

【实验器材】

1. 材料

大麦(或小麦)种子。

2. 药剂

(1)1% 次氯酸钠溶液、0.1 % 淀粉溶液、2×10^{-5} mol/L 赤霉素溶液。

(2)10^{-3} mol/L 醋酸缓冲液(pH4.8)　取 2 mL 0.2 mol/L 的醋酸(11.55 mL 冰醋酸稀释至 1 000 mL)、3 mL 0.2 mol/L 的醋酸钠(16.4 g 无水醋酸钠配成 1 000 mL)和 1 g 链霉素，定容至 1 000 mL，每毫升缓冲液中含链霉素 1 mg.

(3)I_2-KI 溶液　取 0.6 g KI 和 0.06 g I_2溶于 1 000 mL 0.05 mol/L 的 HCl 中。

3. 器械

分光光度计、恒温振荡器、水浴锅、2 mL 移液管 1 支、50 mL 烧杯 2 只、试管 6 支、青霉素小瓶 6 个、镊子 1 把、刀片。

【实验步骤】

(1)取样　选取大小一致、完好的大麦或小麦种子 50 粒，用刀片将每粒种子横切成有胚和无胚的半粒，分装于 2 个烧杯中。

(2)表面消毒　向 2 个烧杯中加入 1 % 次氯酸钠溶液，以浸没种子为宜。消毒 15 min 后，用无菌水冲洗 3 次，备用。

(3)处理浓度　将 6 只青霉素小瓶编号后，按表 5-1 加入溶液和材料。溶液混匀后，1~6 号小瓶中赤霉素的最终浓度分别为：0、0、2×10^{-5} mol/L、2×10^{-6}mol/L、2×10^{-7} mol/L、2×10^{-8} mol/L。将青霉素小瓶置于恒温振荡器中，于 25 ℃下振荡培养 24 h。

表 5-1　处理浓度及方法

小瓶编号	赤霉素溶液		醋酸缓冲液(mL)	实验材料
	浓度(mol/L)	体积(mL)		
1	0	1	1	10 个无胚半粒
2	0	1	1	10 个有胚半粒
3	2×10^{-5}	1	1	10 个无胚半粒
4	2×10^{-6}	1	1	10 个无胚半粒
5	2×10^{-7}	1	1	10 个无胚半粒
6	2×10^{-8}	1	1	10 个无胚半粒

(4)淀粉酶活力分析　培养完毕后，从每个小瓶中吸取 0.1 mL 溶液，分别加到事先盛有 1.9 mL 0.1 % 淀粉溶液的试管中，摇匀，在 30 ℃恒温水浴锅中保温 5 min。用滴管各取 1 滴反应液于白瓷板的 6 个穴中，滴加 1 滴 I_2-KI，观察显色情况，比较各穴中颜色的差异。若有显色差异，则取出试管，各加入 I_2-KI 溶液 2 mL 和蒸馏水 5 mL，充分摇匀，于分光光度计上在 580 nm 波长下，以蒸馏水作空白对照，测定各试管反应液的吸光值 A，比较 A 值的差异。若用白瓷板显色时差异还不明显，则继续保温反应，直至在白瓷板上有显色差异为止。以 A

值从标准曲线上查得溶液中淀粉的含量，以被分解的淀粉含量衡量淀粉酶的活性。标准曲线可用不同浓度（0~7 μg/mL）淀粉溶液与 I_2-KI 显色反应后所测得的吸光值绘制。

【结果计算】

绘制赤霉素浓度与淀粉酶活性关系曲线，淀粉酶活性以被水解淀粉的含量表示。第1瓶为淀粉的原始量(X)，第2瓶为带胚半粒种子反应后淀粉的剩余量(Y)，第3~6瓶为无胚半粒种子加入不同浓度赤霉素溶液反应后淀粉的剩余量(Y)。

$$被水解淀粉的含量（\%）=[(X-Y)/X]\times 100$$

【思考题】

1. 赤霉素对植物种子α淀粉酶诱导形成的原理是什么？
2. 赤霉素对植物种子α淀粉酶诱导形成的测定步骤是什么？

实验十一　类似生长素对种子萌发的影响

【实验目的】

学习和掌握类似生长素对种子萌发的影响的测定原理和方法。

【实验原理】

生长素和萘乙酸等人工合成的类似物质对植物生长有很大的调节作用，在不同浓度下对植物生长的效应也不同。一般来说，低浓度的生长素促进生长，高浓度时抑制生长。不同的植物器官对生长素的反应也不同，通常根比芽和茎对生长素更敏感。本实验据此观察不同浓度的萘乙酸在种子萌发过程中对植物不同器官生长的影响。

【实验材料】

1. 材料

小麦种子。

2. 药剂

10 mg/L 萘乙酸、0.1% 升汞。

3. 器械

温箱、培养皿、移液管、镊子、滤纸、尺子。

【实验步骤】

(1)取小麦种子，用0.1%升汞消毒15 min，再用自来水和蒸馏水各冲洗3次，置于22℃

的温箱中催芽 2 d。

（2）取 9 cm 的洁净培养皿 7 套，编号。在 1 号培养皿中加入 10 mg/L 萘乙酸 10 mL，然后从其中吸取 1 mL 放入 2 号培养皿中，加入 9 mL 蒸馏水混匀后即成为 1 mg/L 萘乙酸溶液。如此依次稀释到 6 号培养皿（最后从第 6 号培养皿中取出 1 mL 弃去），则 1～6 号培养皿中的萘乙酸浓度依次为 10 mg/L、1 mg/L、0.1 mg/L、0.01 mg/L、0.001 mg/L、0.0001 mg/L。第 7 号培养皿中加入 9 mL 蒸馏水，作为对照。

（3）在各培养皿中放入一张与培养皿皿底大小一致的滤纸，选取已萌动的小麦种子 10 粒，用镊子将其整齐地排列在培养皿中，使芽尖朝上并使胚的部位朝向同一侧，盖上皿盖后，放在 22℃的温箱中暗培养 3 d。

测量培养皿内小麦幼芽和幼根的平均长度及根的数目。

【结果计算】

以蒸馏水中的材料为对照，计算不同浓度萘乙酸溶液中小麦幼芽和幼根长度的变化值，进行比较分析。

【思考题】

1. 类似生长素对种子萌发的影响的测定原理是什么？
2. 类似生长素对种子萌发的影响的测定步骤是什么？

实验十二　脯氨酸含量的测定

【实验目的】

学习和掌握植物叶片中脯氨酸含量测定的原理和方法。

【实验原理】

用磺基水杨酸提取植物样品时，脯氨酸游离于磺基水杨酸的溶液中，用酸性茚三酮加热处理后，溶液即成红色，再用甲苯处理，则色素全部转移至甲苯中，颜色的深浅表示脯氨酸含量的高低。在 520 nm 波长下比色，从标准曲线上查出（或用回归方程计算）脯氨酸的含量。

【实验材料】

1. 材料

待测植物（水稻、小麦、玉米、高粱、大豆等）叶片。

2. 药剂

（1）酸性茚三酮溶液　将 1.25g 茚三酮溶于 30 mL 冰醋酸和 20 mL 6 mol/L 磷酸中，搅拌加热(70℃)溶解，贮于冰箱中。

(2)3%磺基水杨酸 称取3g磺基水杨酸，加蒸馏水溶解后定容至100 mL。

(3)冰醋酸。

(4)甲苯。

3. 器械

722型分光光度计、研钵、100 mL小烧杯、容量瓶、大试管、普通试管、移液管、注射器、水浴锅、漏斗、漏斗架、滤纸、剪刀。

【实验步骤】

1. 标准曲线的绘制

(1)在分析天平上精确称取25 mg脯氨酸，倒入小烧杯内，用少量蒸馏水溶解，然后倒入250 mL容量瓶中，加蒸馏水定容至刻度。每毫升标准液含脯氨酸100 μg。

(2)系列脯氨酸浓度的配制 取6个50 mL容量瓶，分别盛入脯氨酸原液0.5 mL、1.0 mL、1.5 mL、2.0 mL、2.5 mL、3.0 mL，用蒸馏水定容至刻度，摇匀。各瓶的脯氨酸浓度分别为1μg/mL、2μg/mL、3μg/mL、4μg/mL、5μg/mL、6μg/mL。

(3)取6支试管，分别吸取2 mL系列标准浓度的脯氨酸溶液和2 mL冰醋酸及2 mL酸性茚三酮溶液，每管在沸水浴中加热30 min。

(4)冷却后各试管准确加入4 mL甲苯，振荡30 s，静置片刻，使色素全部转至甲苯溶液。

(5)用注射器轻轻吸取各管上层脯氨酸甲苯溶液至比色杯中，以甲苯溶液为空白对照，于520 nm波长处进行比色。

(6)标准曲线的绘制 先求出吸光度值(Y)依脯氨酸浓度(X)而变的回归方程式，再按回归方程式绘制标准曲线，计算2 mL测定液中脯氨酸的含量。

2. 样品的测定

(1)脯氨酸的提取 准确称取不同处理的待测植物叶片各0.5 g，分别置于大管中，然后向各管分别加入5 mL 3%的磺基水杨酸溶液，在沸水浴中提取10 min(提取过程中要经常摇动)，冷却后过滤于干净的试管中，滤液即为脯氨酸的提取液。

(2)吸取2 mL提取液于另一干净的带玻璃塞试管中，加入2 mL冰醋酸和2 mL酸性茚三酮试剂，在沸水浴中加热30 min，溶液即呈红色。

(3)冷却后加入4 mL甲苯，摇荡30 s，静置片刻，取上层液至10 mL离心管中，在3000 r/min下离心5 min。

(4)用吸管轻轻吸取上层脯氨酸红色甲苯溶液于比色杯中，以甲苯为空白对照，在分光光度计上于520 nm波长处比色，求得吸光度值。

【结果计算】

根据回归方程计算出(或从标准曲线上查出)2 mL测定液中脯氨酸的含量(Xμg/2mL)，然后计算样品中脯氨酸含量的百分数。计算公式如下：

$$\text{脯氨酸含量}(\mu g/g)=\frac{X\times 5/2}{\text{样重}(g)}$$

【思考题】

1. 植物脯氨酸含量测定的原理是什么？
2. 测定脯氨酸含量的操作步骤是什么？

实验十三　植物组织中丙二醛含量的测定

【实验目的】

学习和掌握植物组织中丙二醛含量测定的原理和方法。

【实验原理】

丙二醛(MDA)是常用的膜脂过氧化指标，在酸性和高温条件下，可以与硫代巴比妥酸(TBA)反应生成红棕色的三甲川(3,5,5-三甲基恶唑2,4-二酮)，其最大吸收波长在532 nm。但是测定植物组织中的MDA时受多种物质的干扰，其中最主要的是可溶性糖，糖与TBA显色反应产物的最大吸收波长在450 nm、532 nm处也有吸收。植物遭受干旱、高温、低温等逆境胁迫时，可溶性糖增加，因此测定植物组织中MDA-TBA反应物质含量时一定要排除可溶性糖的干扰。低浓度的铁离子能够显著增加TBA与蔗糖或MDA显色反应物在532 nm、450 nm处的消光度值，所以在蔗糖、MDA与TBA显色反应中需一定的铁离子。通常植物组织中铁离子的含量为100~300 μg/g DW，根据植物样品量和提取液的体积，加入Fe^{3+}的终浓度为0.5 μmol/L。

(1)直线回归法　MDA与TBA显色反应产物在450 nm波长下的消光度值为零。不同浓度的蔗糖(0~25 mmol/L)与TBA显色反应产物在450 nm的消光度值，与532 nm和600 nm处的消光度值之差成正相关。配制一系列浓度的蔗糖与TBA显色反应后，测定上述3个波长的消光度值，求其直线方程，可求算糖分在532 nm处的消光度值。UV-120型紫外可见分光光度计的直线方程为：

$$Y_{532} = -0.00198 + 0.088D_{450} \quad ①$$

(2)双组分分光光度计法　据朗伯—比尔定律，$D = kCL$，当液层厚度为1 cm时，$k = D/C$，k称为该物质的比吸收系数。当某一溶液中有数种吸光物质时，某一波长下的消光度值等于此混合液在该波长下各显色物质的消光度之和。

已知蔗糖与TBA的显色反应产物在450nm和532nm波长下的比吸收系数分别为85.40和7.40。MDA在450 nm波长下无吸收，该波长的比吸收系数为0，532 nm波长下的比吸收系数为155。根据双组分分光度计法建立方程组，求解方程得计算公式：

$$C_1(\text{mmol/L}) = 11.71D_{450} \quad ②$$

$$C_2(\mu\text{mol/L}) = 6.45(D_{532} - D_{600}) - 0.56D_{450} \quad ③$$

式中，C_1为可溶性糖的浓度；C_2为MDA的浓度；D_{450}、D_{532}、D_{600}分别为450 nm、532 nm和600 nm波长下的消光度值。

【实验器材】

1. 材料

受干旱、高温和低温等逆境胁迫的植物叶片或衰老的植物器官。

2. 药剂

10%三氯乙酸(TCA)；0.6%硫代巴比妥酸，先加少量的氢氧化钠(1 mol/L)溶解，再用10%的三氯乙酸定容；石英砂。

3. 器械

紫外可见分光光度计1台、离心机1台、电子天平1台、10 mL离心管4支、研钵2套、试管4支、刻度吸管、10 mL 1支、2 mL 1支、剪刀1把。

【实验步骤】

1. MDA的提取

称取剪碎的试材1g，加入2 mL 10% TCA和少量石英砂，研磨至匀浆，再加8 mL TCA进一步研磨，匀浆离心(4 000 × g)10min，上清液为样品提取液。

2. 显色反应和测定

吸取离心的上清液2 mL(对照加2 mL蒸馏水)，加入2 mL 0.6% TBA溶液，混匀物于沸水浴上反应15 min，迅速冷却后离心。取上清液，测定532 nm、600 nm和450 nm波长下的消光度。

【结果计算】

1. 直线方程法

按公式①求出样品中糖分在532 nm处的消光度值Y_{532}，用实测532 nm的消光度值减去600 nm非特异吸收的消光度值，再减去Y_{532}，差值为测定样品中MDA-TBA反应产物在532 nm的消光度值。按MDA在532 nm处的毫摩尔消光系数为155，换算求出提取液中MDA浓度。

2. 双组分分光光度法

按公式③可直接求得植物样品提取液中MDA的浓度。

用上述任一方法求得MDA的浓度，根据植物组织的重量计算测定样品中MDA的含量：

MDA(μmol/g FW) = MAD浓度(μmol/L) × 提取液差值(mL)/组织鲜重(g)

【思考题】

植物组织中丙二醛含量测定方法有哪些？其主要操作步骤是什么？

实验十四　植物组织逆境伤害程度的测定——电导法

【实验目的】

学习和掌握电导法测定植物组织逆境伤害程度的原理和操作步骤。

【实验原理】

植物组织受到逆境伤害时，由于细胞膜的功能受损或结构受到破坏，透性增大，细胞内各种水溶性物质包括电解质将有不同程度的外渗，将植物组织浸入无离子水中，水的电导度将因电解质的外渗而加大。伤害愈重，外渗愈多，电导度的增加也愈大。因此，可用电导仪测定外液的电导度增加值，从而得知伤害程度。

【实验器材】

1. 材料

植物叶片。

2. 器械

电导率仪 1 台、真空泵(附真空干燥器)1 套、恒温水浴 1 具、水浴试管架 1 个、20 mL 具塞刻度试管 10 支、打孔器 1 套(或双面刀片 1 片)、10 mL 移液管(或定量加液器)1 个、试管架 1 个、铝锅 1 个、电炉 1 个、镊子 1 把、剪刀 1 把、搪瓷盘 1 个、记号笔 1 支、去离子水适量、滤纸适量、塑料纱网(约 3 cm^2)6 片。

【实验步骤】

1. 容器的洗涤

电导法对水和容器的洁净度要求严格，要求水的电导值为 1~2 μS；所用容器必须彻底清洗，再用去离子水冲净，倒置于洗净而垫有洁净滤纸的搪瓷盘中备用。为了检查试管是否洁净，可向试管中加入电导值为 1~2 μS 的新制去离子水，用电导仪测定是否仍维持原电导。

2. 试验材料的处理

分别在正常生长和逆境胁迫的植株上取同一叶位的功能叶若干片。若没有逆境胁迫的植株，可取正常生长的叶片若干，分成两份，用纱布擦净表面灰尘。将其中一份放在 -20℃ 左右冷冻 20 min(或置于 40℃ 左右的恒温箱中处理 30 min)进行逆境胁迫处理。另一份裹入潮湿的纱布中，放置在室温下作对照。

3. 样品测定

将处理组叶片和对照组叶片用去离子水冲洗两次，再用洁净滤纸吸净表面水分。用 6~8 mm的打孔器避开主脉打取叶圆片(或切割成大小一致的叶块)，每组叶片打取叶圆片 30 片，分装在3支洁净的刻度试管中，每管放10片。

在装有叶片的各管中加入10 mL去离子水，并将大于试管口径的塑料纱网放入试管距离液面1cm处，以防止叶圆片在抽气时翻出试管。然后将试管放入真空干燥箱中，用真空泵抽气20 min(也可直接将叶圆片放入注射器内，吸取10 mL去离子水，堵住注射器口进行抽气)，以抽出细胞间隙的空气。当缓缓放入空气时，水即渗入细胞间隙，叶片变成透明状，沉入水下。

将以上试管置于室温下1h，其间多次摇动试管，或者将试管放在振荡器上振荡1h。1h后将各试管充分摇匀，用电导仪测定初电导值(S_1)。测完后，将各试管盖上试管塞封口，置于沸水浴中10 min，以杀死植物组织。取出试管，用自来水冷却至室温，并在室温下平衡10min，摇匀，测定终电导值(S_2)。

【结果计算】

按下式计算相对电导度：

$$相对电导度(L) = S_1/S_2$$

相对电导度的大小表示细胞膜受伤害的程度。

由于室温对照也有少量电解质外渗，因此可按下式计算由于低温或高温胁迫而产生的外渗，即伤害度(或伤害性外渗)。

$$伤害度(\%) = [(L_t - L_{CK})/(1 - L_{CK})] \times 100$$

式中，L_t为处理叶片的相对电导度；L_{CK}为对照叶片的相对电导度。

在电导度测定中一般用去离子水。若制备困难可用普通蒸馏水代替，但需要设1个空白试管(蒸馏水作空白)，测定样品的同时测定空白电导值，按下式计算相对电导度：

$$相对电导度(L) = (S_1 - 空白电导度)/(S_2 - 空白电导度)。$$

【思考题】

1. 为什么导电法可以测定植物组织逆境伤害程度?
2. 电导法测定植物组织逆境伤害程度的主要操作步骤是什么?

第 6 篇

遗传学实验

实验一 有丝分裂与减数分裂中染色体行为的观察

【实验目的】

1. 通过实验初步掌握涂压制片的方法。
2. 掌握细胞有丝分裂和减数分裂各个时期的主要特征及染色体行为。

【实验原理】

涂压制片是最常用、最简单又能在短时间内进行观察的制片方法，它能使组织分离为一些完整的单细胞。因此观察根尖细胞和花药中小孢子母细胞等的有丝分裂及减数分裂过程，均可用此方法制片。本实验用涂压法观察蚕豆或油茶根尖的有丝分裂情况及油茶小孢子母细胞的减数分裂情况。

1. 高等植物体细胞的有丝分裂

有丝分裂主要发生在茎端生长点、根尖、形成层等分生组织，由于细胞分裂，植物体不断增加新细胞，经过增大和分化，实现植物体的生长。细胞有丝分裂为一个连续过程，为了方便说明，一般将其分为4个时期。

(1)前期 细胞核膨胀，染色丝盘旋成网状，并逐渐缩短变粗，核仁逐渐消失，最后核膜崩解。

(2)中期 染色体排列在赤道板上，纺锤体形成。每个染色体含有两个染色单体，它们有一共同的着丝点，着丝点与纺锤丝相连。

(3)后期 着丝点分裂为二，每条染色单体开始分开，分裂后的染色体各自随着纺锤丝的收缩开始向两极移动，这时的染色单体称为子染色体。

(4)末期 子染色体移至两极，并聚集在一起，核仁重新出现，纺锤体消失，子核膜重新建成，形成两个网状子核，最后在细胞中部形成细胞壁(膜)，从而实现细胞分裂，形成两个子细胞。这时细胞进入分裂间期，分裂后，子细胞染色体数目仍与原来的细胞染色体数目相同(如普通油茶 $2n=30$)。

2. 高等植物性母细胞的减数分裂

减数分裂是形成性细胞的特殊细胞分裂方式，在分裂的全过程中，细胞连续分裂两次。分裂后细胞的染色体数目比原来减少了一半，因此称为减数分裂。

2.1 减数第一次分裂

这次分裂的特点是前期较长，变化较复杂，染色体发生联合、交叉等。

①前期Ⅰ：细胞核膨胀，染色体缩短变粗，同源染色体配对，每条染色体纵裂为二，即每条同源染色体含有两条染色单体(光学显微镜无法观察)，核仁、核膜消失。

②中期Ⅰ：同源染色体成对排列在赤道板上，纺锤体形成。

③后期Ⅰ：同源染色体被纺锤丝向两极拉开，两极的染色体已减半为 n 条（如普通油茶 $n=15$）。

④末期Ⅰ：染色体移至两极聚合并解螺旋，此时核膜重建，核仁重新出现，形成两个子核，最后在细胞中部形成细胞壁（膜），从而实现细胞质分裂，形成两个子细胞。子细胞形成后紧接着进入一个时间很短的分裂间期。

2.2　减数第二次分裂

这次分裂基本与有丝分裂相同。只是前期较短，而且两个子细胞同时分裂。

①前期Ⅱ：染色体缩短。

②中期Ⅱ：染色体排列在赤道板上，纺锤体形成，着丝点纵裂为二。

③后期Ⅱ：两个染色单体分开，随着纺锤丝收缩，各自向两极移动而成为子染色体。

④末期Ⅱ：染色体移至两极，纺锤体消失，重建两个子核，形成细胞。细胞经过两次分裂，形成 4 个子细胞，这 4 个子细胞称为四分孢子，每个小孢子含有半数（n）的染色体。

【实验器材】

1. 材料

蚕豆或油茶的根尖，油茶花药。

2. 药剂

（1）乳酸—丙酸地依红　按顺序在大烧杯中加入 25 mL 乳酸、25 mL 丙酸、50 mL 蒸馏水和 1 g 地依红，用玻璃棒搅拌后过滤即成。注意：地依红仅微溶于水，不能先用蒸馏水溶解，只能先准备乳酸、丙酸、蒸馏水混合液，再加入地依红。蒸馏水只起到稀释作用。地依红溶解后一定要过滤，否则未溶解的地依红微小颗粒在染色时会使整个观察视野变成黑色。

（2）丙酸洋红　100 mL 5% 的丙酸煮沸后加 1 g 洋红，使用时再加 2 滴 $FeCl_3$ 或 $FeCl_2$ 饱和水溶液，也可把生锈的铁钉趁热在溶液中过一下，以代替 $FeCl_3$ 或 $FeCl_2$ 饱和水溶液的作用。

（3）盐酸酒精液　一份 95% 酒精加一份浓盐酸。

3. 器械

显微镜、载玻片、盖玻片、镊子、解剖针、吸水纸、剪刀。

【实验步骤】

1. 细胞有丝分裂过程的观察

（1）将已萌发的蚕豆或油茶种子，用刀片切取 0.5 cm 长的根尖进行预处理，放入 4～5℃低温冰壶或冰箱内 20～24 h，或浸入 0.003 mol/L 8-羟基喹啉 3～4 h。

（2）用自来水冲洗（低温处理的不用），然后浸入卡诺氏固定液内 4 h。

（3）把蚕豆或油茶根尖浸入盐酸酒精中 3～5min（或用 1 mol/L HCl 在 60℃下水解 7～8 min），使组织软化，便于压散铺开。

（4）用自来水冲洗 1～2 min。

（5）用镊子将根尖放在载玻片上，滴一滴乳酸—丙酸地依红，并用镊子尖部压碎。

（6）盖上盖玻片，将根尖组织压平，使其成均匀的一层细胞。

（7）然后将载玻片用酒精灯的火焰微微加热（勿使沸腾）。

(8)镜检。

2. 细胞减数分裂过程的观察

(1)取材。一般在油茶开花前3d取材较为合适。

(2)将未开放的油茶花苞放入卡诺氏固定液中固定10 h。

(3)将材料从固定液中取出，用95%酒精清洗后，放入70%酒精中保存。如时间许可，也可以立即进行观察，无需固定。

(4)用镊子或解剖针取3个油茶花药置于载玻片上。

(5)滴一滴乳酸—丙酸地依红，用镊子截断花药，挤出花粉母细胞。

(6)盖上盖玻片，在酒精灯上迅速经过，微微加热。

(7)镜检。

【思考题】

1. 绘出有丝分裂和减数分裂各个时期的简图。
2. 试比较有丝分裂和减数分裂的异同点。

实验二 拟南芥培养与杂交实验

【实验目的】

1. 掌握模式植物拟南芥的实验室培养方法，了解拟南芥作为模式生物的特点。
2. 掌握植物杂交的方法。

【实验原理】

由于进化的关系，不同物种的生命活动规律具有相当大的同一性，所以利用位于复杂性阶梯较低级位置上的物种来研究生命现象的共同规律是可行的。在生命科学中，被大量研究且其研究有助于理解生命科学一般规律的生物称为模式生物(Model organisms)。现代遗传学的重要进展大都在以模式生物为材料的研究中取得，所以模式生物在遗传学中的地位非常重要。

模式生物一般具备以下特点：①生理特征能够代表生物界的某一大类群；②容易获得，并易于在实验室内培养、繁殖；③容易进行实验操作，特别是遗传学分析；④吸引了许多研究者，同一种生物的研究者之间共享观点、实验方法、实验系统和生物品系，从而促进研究的快速发展。

在遗传学中重要的模式生物包括大肠杆菌、酿酒酵母、秀丽隐杆线虫、黑腹果蝇、拟南芥和小鼠等。此外一些生物也有较多的研究，如斑马鱼、小立碗藓、水稻、杨树等，也被认为是模式生物。

拟南芥(*Arabidopsis thaliana*)属十字花科，植株个体很小；成熟植株高约20 cm，在温室中即可大量种植，世代为 6 ~ 8 w，一年之内就可以收集 8 ~ 9 个世代的遗传数据；自花授粉，每个植株可产生数万粒种子，极易开展大规模的遗传筛选。拟南芥的基因组大小仅为水稻的 1/4、烟草的 1/20、小麦的 1/100。拟南芥在代谢、遗传、发育、环境响应等方面往往具有开花植物的全部特征，目前拟南芥已经成为遗传学研究中最重要的模式植物。

【实验器材】

1. 材料

Columbia 生态型拟南芥种子。

2. 药剂

霍格兰营养液、乙醇、曲拉通 X-100、5% NaClO 溶液(V/V)、营养土、蛭石。

3. 器械

高压灭菌锅、植物生长箱、培养盆、托盘、塑料薄膜、无菌蒸馏水、滤纸、镊子、一次性手套、竹签、细线等。

【实验步骤】

1. 拟南芥培养

1.1　种子消毒

取 100 μL 5% NaClO 溶液于 1.5 mL 离心管中，加入 1 mL 0.05% 曲拉通 100(Triton X-100)；加入少于 20 mg 的拟南芥种子，剧烈震荡，消毒 10 ~ 15 min(视种子量而定，种子少则时间短点，种子多则时间长点)；5 000 r/min 离心 30 s 使种子沉到管底，小心倒掉消毒液；用无菌蒸馏水漂洗 4 次；在无菌滤纸上晾干备用。

1.2　种植

(1)将蛭石和营养土于 121℃灭菌 30 min，按照体积比 1∶1 混合，装入培养盆中，土面高度比盆沿低 1.5 cm 左右。

(2)在托盘中加入无菌蒸馏水，水位高度约为花盆的 1/3 ~ 1/2，通过毛细管作用浸湿基质，吸水时间至少为 3h。在基质表面喷撒无菌水，保证种子处于潮湿的环境。

(3)将种子转移到培养盆中，均匀播种，保持每株拟南芥所占面积约为 $5cm^2$。

(4)种植后在托盘上覆盖塑料薄膜，以保持基质湿度。

(5)将托盘放在 4℃冷室 3 ~ 5d 黑暗处理。

(6)将托盘移到植物生长箱培养，温度 22℃、相对湿度 80%，光照强度 120 ~ 150 μmol/(m^2·s)，光周期为 16 h 光照/8 h 黑暗，约 3 ~ 4 d 后种子会萌发，至子叶全部长出后将塑料薄膜揭开。

(7)定期观察，及时浇水，在拟南芥植株四叶期和花期各施 1 次 1/4 霍格兰(Hoagland's)营养液。

2. 有性杂交

(1)去雄　选刚刚能看见一点白色花瓣的花作为母本。用镊子头部小心地沿花苞方向拨弄几下，把花苞拨松，去掉绿色的花萼；用镊子把白色花瓣撑开，夹掉微黄色的雄蕊。

(2)选择父本　选择花完全展开、呈十字状、雄蕊很黄的花作为父本。

(3) 人工授粉　用镊子夹住雄蕊柄部，取下，在母本花的柱头上轻轻擦拭数次，套好袋子，做好标记。

(4) 观察记录　如果 2～3d 后柱头发育长大，则表明杂交成功。

【注意事项】

1. 种子可能携带真菌和细菌，所以需要灭菌，这一步对来自其他实验室的种子更为必要。
2. 拟南芥进入开花阶段时应注意控制虫害。
3. 去雄时所用的镊子要进行消毒，同时注意不要损伤柱头。
4. 去雄 1～2d 后可以授粉，时间在 10：00 之前为宜。

【思考题】

拟南芥具有哪些特点使其适合作为模式生物?

实验三　黑腹果蝇的饲养与杂交实验

【实验目的】

掌握模式生物果蝇的实验室培养方法，了解果蝇作为模式生物的特点；掌握果蝇性别鉴别和杂交的方法。

【实验原理】

黑腹果蝇(*Drosophila melanogaster*)是遗传学研究中最重要的模式生物之一。果蝇体积小，饲养简单，生命周期很短(约 2 w)，繁殖能力强，便于遗传操作和筛选。Thomas H. Morgan 等最早采用黑腹果蝇为材料开展研究并建立了遗传的染色体理论，Alfred H. Sturtevant 等构建的果蝇遗传图谱是遗传学史上第一张遗传图谱。目前，与果蝇相关的研究已经有 5 项成果获得诺贝尔奖。20 世纪 70 年代以来，果蝇已广泛用于发育遗传学的研究。人类疾病基因中有 60% 以上可以在果蝇中找到直系同源基因，所以果蝇在人类疾病研究中同样具有重要的应用。

果蝇属于昆虫纲双翅目，生活史包括卵、幼虫、蛹和成虫 4 个阶段(图 6-1)。环境温度对果蝇生长的影响较大。当温度超过 30℃时，果蝇会不育甚至死亡；较低的温度会延长果蝇的生活周期，但生活力也会降低。培养果蝇最合适的温度为 20～25℃。

在进行果蝇杂交实验时，需要鉴别果蝇的性别。雌雄果蝇在幼虫期难以区分，成虫在形态上有明显的区别，易于区分(表 6-1、图 6-2)。雄蝇腹部环纹 5 节，末端钝圆，颜色深。

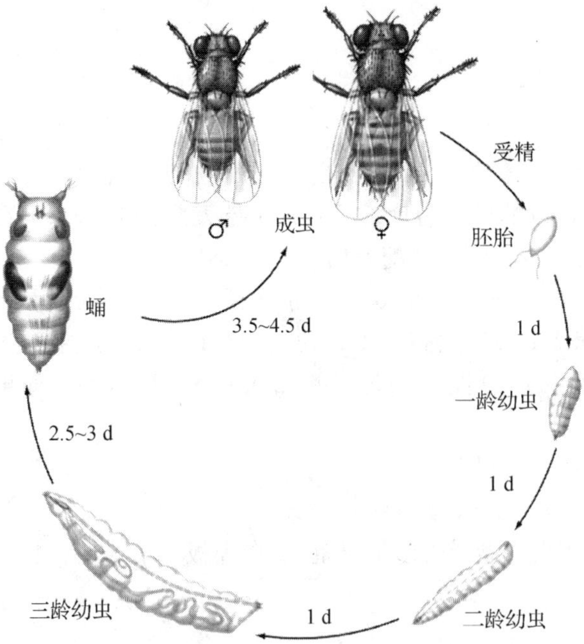

图 6-1　果蝇生活史

表 6-1　雌蝇和雄蝇的形态区别

项目	雌蝇	雄蝇
体型	较大	较小
性梳	无性梳	有性梳
腹部形态	环纹 7 节，腹部呈椭圆形，末端稍尖，颜色浅	环纹 5 节，腹部呈圆筒形，末端钝圆，颜色深

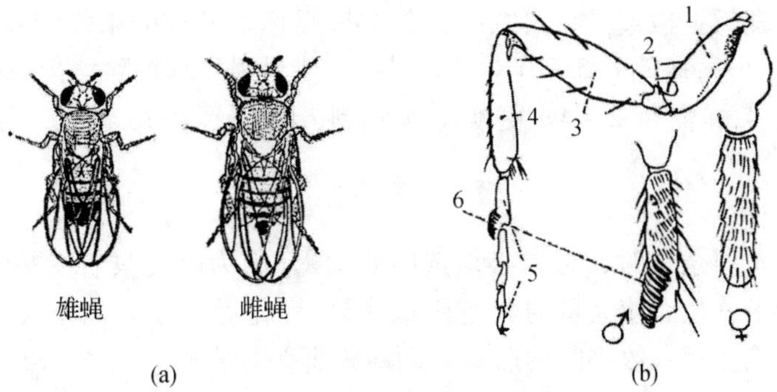

图 6-2　雌雄果蝇的形态区别

(a)雌雄黑腹果蝇的外形　(b)性梳

1. 基节；2. 转节；3. 腿节；4. 胫节；5. 跗节；6. 性梳

【实验器材】

1. 材料

黑腹果蝇。

2. 药剂

(1)果蝇饲料　果蝇以酵母菌为食，因此凡是能发酵的基质都可在实验室中作为培养果蝇的饲料。实验室中常用的果蝇饲料配方如下：

①组分Ⅰ：玉米粉 8.25 g，加水 38 mL，加热搅拌均匀，加入酵母粉 0.7g。

②组分Ⅱ：蔗糖 6.2 g，琼脂粉 0.62 g，加水 38 mL，加热搅拌使其溶解。

将组分Ⅰ、Ⅱ混合，加热搅拌均匀，并加入 0.5 mL 丙酸，即可分装至果蝇饲养瓶。121℃湿热灭菌 15 min。

(2)其他试剂　乙醚、酵母菌。

3. 器械

果蝇饲养瓶(可采用大中型指管或牛奶瓶)、白瓷板、培养箱。

【实验步骤】

1. 果蝇的饲养

1.1　果蝇饲料配制

果蝇饲养瓶以棉塞等封口，保证透气。将饲养瓶高温灭菌后倒入饲料，饲料厚度约 2 cm。待饲料冷却后，用 75% 乙醇擦拭瓶壁，滴入数滴酵母菌液，然后插入灭菌的吸水纸(作为幼虫化蛹的场所)。

1.2　果蝇检查与饲养

对果蝇进行检查前需先用乙醚麻醉，麻醉深度视实验的需要而定。作种的果蝇宜轻度麻醉，只做观察的果蝇可以深度麻醉。当果蝇翅膀外展角度达到 45°时，表示已经死亡。将麻醉后的果蝇置于白瓷板上检查。将要继续饲养的果蝇移入横放的果蝇饲养瓶(注意避免果蝇黏附在饲料上)，一般每瓶放入 5～10 对亲本果蝇。待果蝇麻醉解除、行动自如后再将饲养瓶直立。连续培养的果蝇需每 2～4w 更换 1 次饲料。果蝇留种培养时，可以降低培养温度(10～15℃)。

1.3　果蝇杂交

在进行果蝇品系间杂交时，母本必须选用处女蝇(因为雌蝇具有受精囊，可以保留交配时所得到的大量精子，从而使大量的卵受精)。雌蝇孵化后数小时内不会交配，因此将果蝇饲养瓶内的老果蝇除去后，数小时内收集到的雌蝇即为处女蝇。将 5～10 对亲本放到饲养瓶中，贴好标签，于 23℃培养 7～9 d 后将亲本果蝇移出饲养瓶，以避免子代和亲代混淆。培养 20 d 以内为 F_1代计数安全期，20 d 之后则可能已经产生 F_2代。

【注意事项】

1. 果蝇培养温度不能超过 30℃，否则会导致果蝇不育或者死亡。
2. 果蝇饲养瓶要与瓶塞一一对应使用，否则可能导致不同品系果蝇的混杂。

3. 对杂交亲本进行麻醉时需要把握好麻醉深度，过轻会导致果蝇提前清醒，过深则会导致果蝇死亡。

4. 将麻醉的果蝇放入新的饲养瓶时，注意不要黏附到饲料上。

【思考题】

1. 哪些特点使果蝇成为模式生物？
2. 如何区别雌雄果蝇？
3. 如何保证收集的雌蝇为处女蝇？
4. 如何避免 F_1代和 F_2代果蝇混杂？

实验四　植物染色体标本制作

【实验目的】

1. 掌握植物染色体玻片标本的制作原理。
2. 掌握压片法和去壁低渗法制作植物染色体标本的方法。

【实验原理】

染色体是基因的载体，核型代表着种属的特征，所以染色体核型分析对于探讨生物起源、物种间亲缘关系、远缘杂种鉴定等方面具有重要意义。在进行染色体核型分析时，首先需要获得分散良好的完整染色体标本。

常用的植物染色体制片方法有压片法和去壁低渗法两种。压片法和去壁低渗法在取材和预处理要求及操作上都是相同的，即两者的材料基础条件相同，但所采用的染色体分散方法不同。压片法是以人工外加机械压力使染色体分散；而去壁低渗法是用酶分解细胞壁，低渗液使细胞膜吸胀，水表面张力使染色体分开。前者操作快速简便、省材省时；后者染色体易于展开且真实不变形，尤其是对芽、愈伤组织等成熟细胞多的植物组织有独特效果。

凡细胞处于活跃增殖状态或经过某种实验处理后进入细胞分裂状态的植物组织，如根尖、茎尖、幼叶、花蕾、幼花粉、幼胚、核型胚乳、愈伤组织、居间分生组织、茎形成层等，均可以作为制作染色体标本的材料；通过8-羟基喹啉、秋水仙素、对二氯苯等试剂进行预处理，降低细胞质的黏度，促进染色体缩短分散，妨碍纺锤体形成；通过纤维素酶、果胶酶酶解去壁，使分生细胞的原生质体能从细胞壁里分离出来，经过精心制片，使染色体周围没有或仅有少量细胞质，获得清晰、完整、高度分散的染色体典型图像。

【实验器材】

1. 材料

蚕豆、小麦、马尾松等植物的种子。

2. 药剂

(1)药品 秋水仙素、0.002 mol/L 8-羟基喹啉、冰醋酸、95%乙醇、浓盐酸(36%~38%)、苯酚品红、二甲苯、加拿大树胶。

(2)秋水仙素溶液 称取100 mg秋水仙素，溶于100 mL双蒸水中，置于4℃冰箱中保存备用。

(3)固定液 3份95%酒精和1份冰醋酸混合，现配现用。

(4)0.2 mol/L盐酸 取浓HCl 6.5 mL，加入蒸馏水定容至1 L，摇匀。

3. 器械

显微镜、载玻片、盖玻片、量筒(10 mL、25 mL、50 mL)、温度计、温箱、恒温水浴锅、冰箱、解剖针、解剖刀、眼科微小培养皿、滤纸、烧杯(60 mL、250 mL)。

【实验步骤】

1. 压片法制作染色体标本

(1)种子培养 将种子浸泡24 h，置于培养皿中，在26~28℃的恒温培养箱中培养发芽。

(2)预处理 待胚根长至约1 cm长时，将其转入置有0.05%秋水仙碱溶液浸润滤纸的另一个培养皿中，继续培养20~24 h。

(3)固定 材料水洗数次，切下根尖，用酒精—冰醋酸(3:1)固定液固定12~20 h。

(4)解离 根尖用0.2 mol/L盐酸在60℃恒温下处理5 min，再转入45%冰醋酸中于室温下软化1~2 h，然后水洗数次，保存于蒸馏水中。

(5)染色与压片 根尖在苯酚—品红染色液中染色约20 min，然后压片。

(6)压片处理 显微镜下检查，选择优良的制片，置于冰冻致冷器上冷冻，用刀片分离盖片，在室温下晾干，可直接用加拿大树胶封固成永久标本，也可将玻片放在二甲苯中透明5~10 min后再进行封固。

2. 去壁低渗法制作染色体标本

(1)种子萌发 用发芽势好的种子，在25~30℃下发芽，至根长0.5~1cm时截取根尖分生组织。

(2)前处理 将根置于0.002 mol/L 8-羟基喹啉中，在温度不超过18℃的情况下处理5 h左右(视不同材料而定)，取出用蒸馏水洗净。

(3)前低渗 将材料移入0.075 mol/L的氯化钾中，在18~25℃处理20 min，取出用蒸馏水洗净。

(4)酶解去壁 移入2.5%纤维素酶和2.5%果胶酶中(酶溶液用氯化氢或氢氧化钠调整pH为5.0~5.5)，18~28℃酶解3 h，用蒸馏水洗净。

(5)后低渗 将材料置于18~28℃的蒸馏水中，低渗处理20 min。

(6)火焰制片 截取1 mm左右的根尖分生组织，置于清洁的载玻片上，加入1滴新鲜的甲醇醋酸(3:1)固定液。用镊子将根尖组织充分捣碎，再滴加少量固定液，在酒精灯上火焰干燥，使细胞分散、平展。

(7)染色 将载玻片移入用pH 6.8的磷酸缓冲液稀释的10% Giemsa染液中染色30~90 min，取出，用蒸馏水洗净、晾干。

(8)封片　用中性树胶或马达胶封片，镜检，可观察到细胞有丝分裂中期分散较好、带纹清晰的染色体。

【注意事项】

秋水仙素具有麻醉作用，能使人中枢神经麻醉而引起呼吸困难。此外，即使微量入眼，也会引起暂时失明，操作时应特别注意安全。

【思考题】

1. 好的染色体玻片标本应该具备哪些特点？
2. 如何获得染色体分散良好的染色体玻片标本？
3. 去壁低渗法具有哪些优点？

实验五　染色体组型分析

【实验目的】

学习染色体组型分析的方法。

【实验原理】

染色体组型又叫核型(Karyotype)，是指某种细胞、某个个体或某个物种的染色体在数目和形态学上的总特征、总情况。染色体组型包括染色体的数目、大小和形态，染色体缢痕的大小和数目，异染色质和常染色质的分布及带型等。

通过一定的方法进行观测、分析和研究，从而掌握某种细胞、某个个体或某种生物的染色体组型，这项工作称为染色体组型分析(Karyotype analysis)，又叫核型分析。

【实验器材】

1. 材料

细胞有丝分裂中期的染色体玻片标本。

2. 器械

显微镜、直尺、圆规、铅笔、记录本、显微摄影及打印设备。

【实验步骤】

(1)在低倍镜下选取一定数量(100 个)的染色体分散良好的中期分裂相，分别进行染色体计数，确定研究对象的染色体数目(每个有丝分裂细胞平均含有的染色体数目)。记录使用的显微镜号和移动尺的坐标，以备校对。

(2)从上述中期分裂相中选择一定数目(5~10个)的收缩适度、数目完整的染色体，各对较平直和着丝点清晰的分裂相进行显微摄影，放大成适宜大小的相片。

(3)分别把各分裂相的染色体剪下，测出长度、臂比值或着丝点指数，进而依据相对大小、臂比值或着丝点指数和其他形态学特征(次缢痕和随体的有无、位置等)，对染色体进行配对。

(4)根据臂比值或着丝点指数将染色体对分组，每组按染色体对的相对大小依次排列、编号，制成染色体组型图，然后加以适当描述。

(5)根据各染色体对的相对长度、臂比值或着丝点指数的平均值，绘出研究对象的染色体组型模式图。

【注意事项】

1. 染色体数目

在作核型分析时，测定的细胞数目越多，准确性越高。一般取样个体数应以来源于不同个体的5个以上的细胞为准。

2. 染色体形态

①染色体长度：染色体长度分为绝对长度、相对长度、总长度和长度变异范围。

②绝对长度：由于细胞分裂的时期和预处理的条件不同，染色体绝对长度变化很大，不宜作为比较数值，一般采用相对长度。

③相对长度：即每条染色体的绝对长度与染色体组中各条染色体的总长度之比。公式为：

$$相对长度=\frac{染色体长度(平均值)}{染色体组总长度}\times 100\%$$

④总长度：指整个染色体组的染色体总长度。

⑤长度变异范围：指测量过程中最短染色体和最长染色体的长度，而不是指平均值中的长度变异范围。

⑥长度比：最长染色体与最短染色体的比值，简写为Lt/St。

⑦臂比和着丝点位置：臂比=长臂/短臂。着丝点位置按臂比值确定(表6-2)。

表6-2 根据着丝点位置划分的体细胞分裂中期染色体类型和符号

臂比值	着丝点位置	表示符号
1.00	正中部着丝点	M
1.01~1.70	中部着丝点区	m
1.71~3.00	近中部着丝点区	Sm
3.01~7.00	近端部着丝点区	St
7.01~∝	端部着丝点区	t
∝	端部着丝点	T

⑧臂指数：也称 n 个值。对中部和近中部着丝点的"V"字形染色体，按2个臂计算，对近端部着丝点的染色体按1个臂计算，据此统计染色体的总臂数。常用于研究某些植物染色体数目变异的机制。

⑨随体数目、次缢痕的有无和位置、染色体的测量、计算、配对与排列：选取图像清晰的有丝分裂中期进行拍照并放大，按前述内容进行测量、计算，求出各染色体长度(长臂+

短臂)、相对长度、臂比(长/短),确认副缢痕的有无和位置、随体的有无、形状和大小,并进行同源染色体的剪贴配对。在染色体排列时一般按从长至短的顺序。长度相同的染色体,把短臂长的排在前面。带随体的染色体一般不计算随体的长度,也不单独列出,与其他染色体统一按长短顺序排列。性染色体和B染色体排在最后。

3. 翻拍与绘制核型模式图

对剪贴排列好的染色体组型可进行翻拍或绘制组型模式图。

4. 核型公式

根据核型分析结果,将主要特征用公式表示。例如:

普通油茶 $2n = 30 = 16m + 6sm + 6st + 2m^{SAT}$　(SAT代表有随体的染色体)

【实验报告】

1. ××染色体数目(2n)、臂数NF及染色体剪贴图

$2n =$　　　　　　　　NF =

2. 测量数据

板栗染色体列于表6-3。

表6-3　板栗染色体(2n=24)核型分析表

染色体编号	染色体长度=长臂+短臂(μm)	相对长度(%)	臂比	染色体类型	备　注
Ⅰ	4.57=3.28+1.29	12.18	2.54	sm	第11号染色体上带有两个B染色体
Ⅱ	3.67=2.20+1.47	9.78	1.52	m	
Ⅲ	3.63=2.42+1.21	9.67	2.00	sm	
Ⅳ	3.26=1.96+1.30	3.69	1.51	m	
Ⅴ	3.15=1.60+1.55	8.40	1.03	m	
Ⅵ	3.15=1.84+1.31	8.40	1.40	m	
Ⅶ	3.05=1.97+1.08	8.13	1.82	sm	
Ⅷ	3.05=1.90+1.15	8.13	1.65	m	
Ⅸ	2.74=1.58+1.16	7.30	1.36	m	
Ⅹ	2.63=1.52+1.11	7.01	1.37	m	
Ⅺ	2.31=1.31+1.00	6.16	1.31	m	
Ⅻ	2.31=1.49+0.83	6.16	1.82	sm	
	染色体总长度=37.52				

注:引自黎麦秋,1981。

3. ××核型模式图

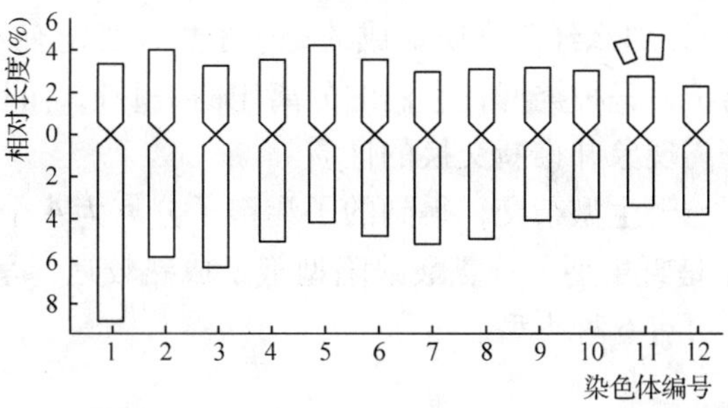

4. ××核型公式

普通油茶 $2n=30=16m+6sm+6st+2m^{SAT}$

5. 说明或讨论

实验过程中采用的特殊处理方法、手段或出现的特殊现象以及上列报告未尽事宜，均需做出说明或讨论。

实验六 粗糙链孢霉的分离与交换

【实验目的】

1. 掌握链孢霉(*Neurospora crassa*)杂交方法及其子囊的观察方法.
2. 理解分离和交换现象，掌握交换值的计算。

【实验原理】

链孢霉(*Neurospora crassa*)属于真菌类的子囊菌，是热带和亚热带菌类，营养体是单倍体($n=7$)，由多核菌丝构成。

链孢霉有无性生殖和有性生殖两种。无性生殖包括：①在菌丝顶端产生许多橘红色的分生孢子(conidium)，每一分生孢子在适宜条件下能萌发成菌丝。②由菌丝的片段再生出个体，无性生殖的基础都是有丝分裂，所有细胞都是单倍体。

两种不同接合型的菌株接合产生有性孢子的过程称有性生殖。不同接合型在形态上没有区别，但生理上存在差异，同一接合型细胞不能受精结合。有性生殖可通过两种方式进行：

①在一个未受精的营养体菌丝上。产生灰白色的原子囊果(protoperithecium)，这种结构能产生受精丝，另一个不同接合型所产生的分生孢子落在这原子囊果的受精丝上，可形成合子。

②不同接合型菌丝中的核融合成合子，产生子囊果，由单倍体($1n$)结合成二倍体($2n$)的合子。

二倍体的合子生活期很短，它形成一个长形的子囊，每个子囊里的核进行减数分裂，产生四分子。每个核又进行一次有丝分裂，发育成8个子囊孢子(ascospores)，并以一定顺序排列在子囊中，许多子囊又被包裹在黑色的子囊果中(图6-3)。成熟的子囊孢子在适当条件下可发育成菌丝，形成新的一代。若两个亲代菌株有某一个遗传性状的差异(本实验用赖氨酸缺陷型 lys^- 和野生型 lys^+)，那么经杂交所形成的每一子囊，必定有4个子囊孢子属于一种类型，其他4个子囊孢子属于另一种类型，它们的分离比例是1:1，而且子囊孢子按一定顺序排列，因此可以直接观察分离现象并推断交换的性质。

通过用赖氨酸缺陷型与野生型杂交，得到的子囊孢子分离为4个黑的孢子(+)和4个灰的孢子(-)。黑色的孢子是野生型，赖氨酸缺陷型孢子成熟较迟，呈灰色。黑色孢子和灰色孢子在子囊中的排列顺序可有6种类型。

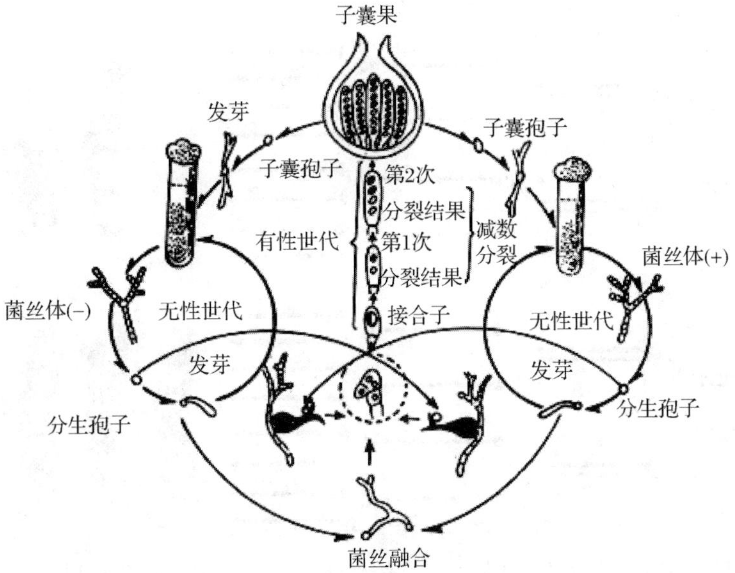

图 6-3　链孢霉生活史

非交换型 { (1) + + + + − − − − ; (2) − − − − + + + + } 第一次分裂分离

交换型 { (3) + + − − + + − − ; (4) − − + + − − + + ; (5) + + − − − − + + ; (6) − − + + + + − − } 第二次分裂分离

子囊(1)和(2)的产生如图 6-4 所示，减数分裂Ⅰ(M_1)时，带有 lys^+ 的两条染色单体移向一极，而带有 lys^- 的两条染色单体移向另一极。Lys^+/lys^- 这对基因在减数分裂Ⅰ时被分离，为第一次分裂分离(first division segregation)。减数分裂Ⅱ(M_2)时，每一个染色单体相互分开，形成四分子，顺序是 + + − − 或 − − + +，再经过一次有丝分裂，成为(1)和(2)子囊型。形成这两种子囊型时，在着丝粒和基因对 Lys^+/lys^- 间未发生过交换，是非交换型。

子囊型(3)和(4)的形成是由于 lys 基因与着丝粒间发生了一个交换，Lys^+/lys^- 在减数分裂Ⅰ(M_1)时没有分离，到减数分裂Ⅱ(M_2)时，带有 lys^+ 的染色单体才和带有 lys^- 的染色单体相互分开，所以称为第二次分裂分离(Second division segregation)。然后再经过一次有丝分裂，形成 4 个孢子对，顺序是 + + − − + + − − 或 − − + + − − + +，这是交换型子囊(图 6-4)。

(5)和(6)子囊型的形成与(3)和(4)类似，也是两个单体发生了交换，不过交换不是发生在第 2 条染色单体与第 3 条染色单体之间，而是发生在 1、3 或 2、4 两条染色单体间。

交换型的出现，是由于有关基因和着丝粒之间发生了一次染色体交换。所以根据交换型子囊的百分数，可以计算出有关基因与着丝粒间的重组值：

$$\text{着丝粒}-\text{基因间重组值}=\frac{\text{交换型子囊}\times 1/2}{\text{交换型子囊数}+\text{非交换型子囊数}}\times 100\%$$

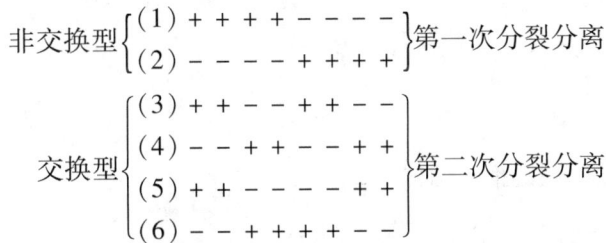

公式中交换型子囊数要除以 2，这是因为每发生一个交换，一个子囊中仅有一半孢子发

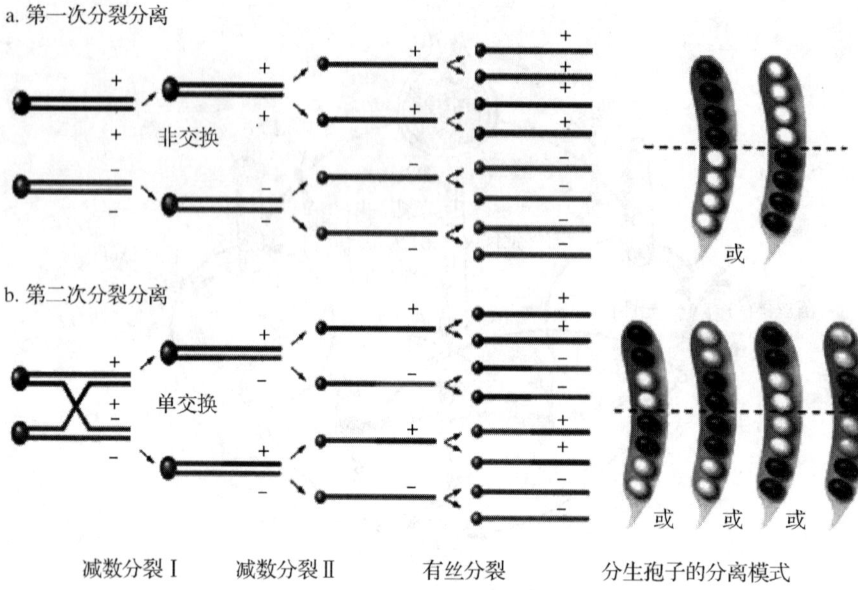

图6-4 交换型与非交换型子囊的产生

生重组。

【实验器材】

1. 材料

野生型和赖氨酸缺陷型链孢霉菌株。

2. 药剂

(1)微量元素溶液 $Na_2B_4O_7 \cdot 10H_2O$ 88 mg，$CuSO_4 \cdot 5H_2O$ 393 mg，$Fe_2(SO_4)_3 \cdot 6H_2O$ 910 mg，$ZnSO_4 \cdot 7H_2O$ 8 807 mg，加蒸馏水定容至1 L。

(2)基本培养基(野生型可生长，缺陷型不能生长) 蔗糖10.0 g，$CaCl_2$ 0.1 g，NaCl 0.1 g，NH_4NO_3 1.0 g，酒石酸铵5.0 g，生物素4 μg，$MgSO_4 \cdot 7H_2O$ 0.5 g，KH_2PO_4 1.0 g，微量元素溶液1 mL，琼脂20 g，加蒸馏水定容至1 L，pH5.5~6.5。

(3)补充培养基 在基本培养基上补加一种或多种生长物质，如氨基酸、核酸、维生素等。氨基酸用量一般是100 mL基本培养基中加入1~2 mg。

本实验所用补充培养基只要在基本培养基上加入适量赖氨酸，lys^- 菌株就能生长。上述培养基都需分装试管后，0.056 MPa压力下灭菌30 min，取出摆成斜面。

(4)杂交培养基 将玉米在水中浸软后，捞出晾干。每试管放入2~3粒，加入少量琼脂(0.1g左右)，再加入一小片经多次折叠的滤纸(长3~4 cm)，加上棉塞。消毒即成，不需摆斜面。

(5)其他试剂 5%次氯酸钠、5%苯酚。

3. 器械

显微镜、钟表镊、解剖针、接种针、载玻片、试管、过滤纸、培养皿。

【实验步骤】

1. 菌种活化

为使菌种生长得更好，先要进行菌种活化。把野生型和赖氨酸缺陷型菌种从冰箱中取出，分别接在两支试管斜面上，即野生型菌株接种在基本培养基上，赖氨酸缺陷型接种到补充培养基上。28℃温箱培养 5 d 左右。

2. 杂交

长好的菌株在菌丝上部有红粉状孢子。将两个菌种（$lys^+ \times lys^-$）接种在同一玉米琼脂培养基上，贴上标签。28℃温箱培养 4 ~ 5 d 后，有黑灰色的子囊果出现。一般 7 ~ 14 d 后子囊果成熟，开始显微镜观察。

3. 显微镜观察

（1）在杂交的试管中加入少量无菌水，摇动片刻，倒在空三角烧瓶中，加热煮沸，以防止分生孢子飞扬。

（2）取一个载玻片，滴 1 ~ 2 滴 5% 次氯酸钠，然后用接种针挑出子囊果放在载玻片上（如果附着在子囊果上的分生孢子过多，可先在 5% 次氯酸钠中洗涤，再移到载玻片上），用另一个载玻片盖上，用手指压片，将子囊果压碎。放在显微镜下（10 ×15 倍）检查，观察孢子排列情况。

4. 观察记录

观察若干子囊果，记录每个完整的子囊类型（表 6-4）。

表 6-4　子囊类型和数量

子囊类型	观察数量
+ + + + — — — —	
— — — — + + + +	
+ + — — + + — —	
— — + + — — + +	
+ + — — — — + +	
— — + + + + — —	
合计	

5. 结果计算

计算着丝点与基因间的重组值。

【思考题】

1. 链孢霉杂交后，减数分裂过程如何？
2. 链孢霉的分离现象与高等动植物有什么差异？
3. 计算交换值时，为什么要除以 2？

实验七 果蝇唾腺染色体的观察

【实验目的】

1. 练习取出果蝇幼虫唾腺和制作唾腺染色体标本的方法。
2. 观察果蝇幼虫唾腺细胞的巨大染色体。

【实验原理】

摇蚊、果蝇等双翅目昆虫幼虫期的唾腺细胞很大，其中的染色体称为唾腺染色体。这种染色体宽约5 μm，长约400 μm，相当于普通染色体的100～150倍，因而又称为巨大染色体。唾腺染色体处于体细胞染色体联会配对状态。并且唾腺染色体经过多次复制而不分开，每条染色体有1 000～4 000根染色体丝的拷贝，所以又称多线染色体。多线染色体经染色后，出现深浅不同、疏密各别的横纹。这些横纹的数目和位置往往是恒定的，代表果蝇等昆虫的种的特征，如染色体有缺失、重复、倒位、易位等，很容易在唾腺染色体上识别出来。

【实验器材】

1. 材料

果蝇三龄幼虫。

2. 药剂

醋酸洋红、生理盐水（0.7% NaCl）。

3. 器械

光学显微镜、解剖针、镊子、载玻片、盖玻片。

【实验步骤】

（1）在载玻片上滴一滴生理盐水，取果蝇三龄幼虫，置于生理盐水内。两手各握一支解剖针，以一支解剖针按住幼虫末端1/3处，固定幼虫；另一支解剖针按住幼虫头部，黑色处（口器）稍后，把头部自身体拉出。唾液腺位于食道两侧，是长形发亮的棒状体。腺体拉出后，剥除脂肪体。

（2）小心吸去生理盐水，并滴加醋酸洋红染色15～20 min。注意剖取和染色过程，勿使腺体干燥。

（3）加盖玻片后（或在酒精灯上稍微加热，切勿沸腾），覆盖一层吸水纸吸去多余染液。用拇指用力压盖玻片，但切勿错动盖玻片，然后用铅笔橡皮头用力敲几下，使核膜破裂、染色体充分伸展且保持完整性。

(4)镜检。

【思考题】

1. 果蝇唾腺染色体是怎样形成的?
2. 果蝇唾腺染色体有什么特点?
3. 果蝇唾腺染色体在遗传学研究中有什么价值?

实验八　植物多倍体诱发与鉴定

【实验目的】

1. 通过实验，初步掌握秋水仙素处理植物分生组织的方法。
2. 学习从细胞学上鉴定多倍体的方法。
3. 通过实验初步掌握涂压制片的方法。

【实验原理】

自然界中各种生物的染色体数目一般很稳定，是物种的重要特征之一。多倍体普遍存在于植物界，被子植物中有1/3或更多的物种是多倍体。多倍体物种除了在自然条件下产生外，利用高温、低温、X射线照射等物理方法或秋水仙素等化学试剂处理可人工诱发多倍体。其中秋水仙素是诱变多倍体效果最好的药剂之一，使用极为广泛。

秋水仙素是由百合科植物秋水仙的种子及器官中提炼出的一种生物碱，分子式为$C_{22}H_{25}NO_6$，具有麻醉作用，对植物种子、幼芽、花蕾、花粉和嫩枝等可产生诱变作用。其机理为：秋水仙素能与微管蛋白二聚体结合，阻止微管蛋白转换，从而抑制细胞分裂时纺锤体的形成，使染色体不能移向细胞两极而停止在分裂中期，导致细胞无法继续分裂，从而产生染色体数目加倍的核。染色体加倍的细胞继续分裂，形成多倍性组织。

多倍体已成功应用于植物育种。用人工方法诱导多倍体，可以得到二倍体没有的优良经济性状，如粒长、穗长、抗病性强等，三倍体西瓜、三倍体甜菜、八倍体小黑麦已在生产上应用。在单倍体育种(如花粉培养、花药培养)中，最终也需通过染色体加倍才能获得具育性的品种。

【实验器材】

1. 材料

蚕豆、洋葱、烟草、水稻、小麦等植物的种子或幼苗。

2. 药剂

秋水仙素、1 mol/L HCl、乳酸—丙酸地衣红。

3. 器械

显微镜、镊子、剪刀、载玻片、盖玻片、烧杯、吸水纸。

【实验步骤】

1. 秋水仙素处理

取洋葱鳞茎，剪去老根，置于盛满水的烧杯上，待发出新不定根后，再移至0.01%～0.1%浓度的秋水仙素溶液中，直到根尖膨大为止(处理蚕豆根尖时，秋水仙素的浓度要在1%以上)。

2. 解离

剪取已膨大的根尖，放入盛有1 mol/L HCl溶液的烧杯中，在60℃水浴温度条件下，处理5～10 min。

3. 染色

用镊子取根尖置于载玻片上，加入1滴乳酸—丙酸地衣红，染色5min。

4. 压片

盖上盖玻片，将根尖组织压平，使其成为一层细胞。

5. 镜检

观察细胞加倍情况，计算多倍体细胞的染色体数目(洋葱染色体数$2n=16$，蚕豆染色体数$2n=12$)。

【注意事项】

秋水仙素具有麻醉作用，能使人中枢神经麻醉而引起呼吸困难。此外，即使微量入眼，也会引起暂时失明，操作时应特别注意安全。

【思考题】

1. 秋水仙素诱导多倍体的原理是什么?
2. 多倍体与二倍体在植株形态、细胞结构和遗传上有哪些差异?

实验九 辐射诱导染色体结构变异的观察

【实验目的】

1. 观察经辐射处理的花药和根尖细胞在细胞分裂过程中染色体结构变异的情况。
2. 学会鉴别染色体畸变的各种类型。

【实验器材】

1. 材料

水葱花、玉米花和萌发的花生种子。

2. 药剂

卡宝红染料。

3. 器械

显微镜、镊子、解剖针、载玻片、盖玻片。

【实验步骤】

(1)用^{60}Co-γ 射线，剂量为0. 258 C/kg，处理处于减数分裂或有丝分裂状态的材料。处理后在水中培养15～20 h，用酒精冰醋酸固定液(3∶1)固定12～24 h，在75%酒精中保存。

(2)处于减数分裂中期的细胞对辐射最敏感，产生的变异也最多。不同材料或同一材料不同时期的敏感性不同。观察经辐射处理的材料，可见染色体团、落后染色体、无着丝点的断片、染色体桥、染色体环、小核、多分体和三分体等染色体畸变类型。

(3)操作步骤。剖出花药，加入1滴染料，用镊子压碎花药，挤出花粉母细胞和花粉，盖上盖玻片，先用低倍镜后转高倍镜观察。

【思考题】

1. 电离辐射如何导致基因突变和染色体畸变?
2. 染色体畸变的机理是什么? 有哪些类型?
3. 绘制所观察的减数分裂过程中染色体畸变的示意图。

实验十　树木自然变异的观察

【实验目的】

1. 通过对树木外部的观察和调查，加深对树木自然变异普遍性和多样性的认识。
2. 初步掌握划分树木形态型的依据和方法，为选择育种工作奠定基础。

【实验原理】

树木的性状表现，是由基因型和所处的环境条件共同作用的结果。树木的大多性状属于数量性状，受微效多基因控制。研究性状的变异是划分类型的基础，同时也反映出某些经济特性的差异(如长势、材质、材性、产量、品质及抗性等)。可从中选出优良类型，直接用于林业生产，并可作为该树种进一步改良的原始材料。

【实验器材】

1. 材料

在野外观测杉木、马尾松、湿地松、油茶、油桐等树种的外部形态，根据同树种间的形态差异，划分出不同的形态类型。

2. 器械

钢卷尺、游标卡尺、手持扩大镜、铅笔、记录本、绘图纸等。

【实验步骤】

1. 树干、树皮的观察

任选某一个树种观察，比较树干通直度、圆满度和枝下高及树皮颜色、厚薄、裂纹深浅等，并记入表6-5。

表6-5 树干、树皮类型观察记载表

树种	株号	通直度（直、一般、弯曲）	圆满度（尖削、一般、圆满）	树高（m）	冠长（m）	树皮				树皮类型
						颜色	1.3m处树皮厚度	裂纹	光滑或粗糙	

注：圆满度标准：$H/D>75$ 圆满，$50<H/D<75$ 一般，$H/D<50$ 为削尖。

2. 冠形的观察

任选某树种(要求树木年龄和所处环境条件基本一致，并尽可能少受人工干涉)，观察比较同种不同个体之间的树冠形状和结构，并找出差异较大的树冠，进行实测，按表6-6进行登记。

表6-6 树种冠形观测记载表

树种	株号	树高（m）	直径（m）	枝下高（m）	冠幅(m)			分枝角度	其他特征（如分枝粗细、多少、浓密）	树冠类型
					东西	南北	平均			

3. 叶色、果形、果色的观察

杉木在长期的系统发育过程中发生了多种变异，按其嫩枝和新叶色泽可分为青、黄和灰枝杉三大类。还有些落叶树种到了秋季，由于叶子内花青素转化，树冠呈现万紫千红的鲜艳色泽，如乌桕有浅紫红色到深紫红色的各种类型，这些特殊变异的类型具有较高的观赏价值。

油茶的类型相当复杂，按成熟期可分为秋分子、寒露子、霜降子和立冬子4种。按果实形状，又可分为桃形、桔形、橄榄形、扁桃形、南瓜形、球形和金钱形等类型。按果皮颜色，也可分为红皮、黄皮和青皮等类型。根据油茶不同果形和果色，各随机测量10个果实的长宽，求出平均数，比较油茶果实自然变异的类型，按表6-7记载。

【思考题】

举例说明树木自然变异的普遍性和多样性，并阐明不同形态型与其生长和经济性状是否有关？这对选种有什么意义？

表 6-7　树种果实变异观察记录表

树种	树龄	果实种类	果形	果皮	果实长宽(cm)				果实长宽比值	果色
					长	平均	宽	平均		

实验十一　花粉贮藏与生活力的测定

【实验目的】

掌握花粉贮藏与生活力测定的原理和方法。

【实验原理】

杂交亲本因花期不遇或远距离杂交，往往需要贮藏花粉。实践证明，低温(0~5℃)、干燥(相对湿度20%~50%)和黑暗条件，可以减弱花粉的呼吸和新陈代谢活动。花粉的贮藏就是人为创造这些条件，以延长花粉寿命。

在进行有性杂交之前，为了使杂交工作有效而准确地进行，在使用经过贮藏或远处寄来的花粉时，必须进行花粉生活力的测定，根据所测情况确定授粉量、次数和方法等。如果花粉生活力已经丧失或极微弱(发芽率低于5%)，则不宜采用。另外，杂交前了解花粉的生活力有利于杂交成果的分析与研究，避免如单性生殖等扰乱杂交成败的准确性。

测定花粉生活力的方法一般有3种：直接授粉测定法、培养基上花粉发芽法和染色法。

(1)直接授粉测定法　将所测定的花粉直接授予去过雄的同种植株的柱头上，同时做好隔离工作，然后观察雌花的发育情况。如果授粉后胚珠正常发育成种子，便证明花粉具有生活力，否则便无生活力。这种方法简便，不需任何设备，但只能检查花粉有无生活力，不能求出具有生活力花粉的百分数，而且所需时间较长，同时雌花发育时常受外界环境条件的影响，有些植物还具有单性生殖的现象，这都会影响测定的准确性，因此较少采用。

(2)固体培养基法　人为地创造适于花粉发芽的条件，依其发芽情况来鉴定花粉的生活力。

这种方法的缺点是花粉发芽条件与实际不完全相符，所得的结果与实际有一定的差异；优点是操作方便，能测出相对发芽率，所以应用十分广泛。同时由于受体外萌发条件的限制，在培养基上不能萌发的花粉并不全是没有生活力的花粉，所以测得的萌发率往往比实际生活力低。

(3)染色法　这种方法是利用具有生活力的花粉酶类活性与某些指示剂作用，能呈现出特有的颜色反应，来测定花粉有无生活力。在活的花粉内有过氧化物酶存在，促进过氧化物(如 H_2O_2)放氧分解，这些刚被释放的活性氧能使还原剂氧化。本实验所用的还原剂是无色的联苯胺和α-萘酚，它们被氧化后表现为红色或玫瑰色。如果花粉是死的，则反应不能进行，花粉保持原色。如果花粉是活的，则3 min后花粉呈红色。所以这种方法是通过测定花粉内过氧化物酶活性的强弱来确定花粉生活力。

【实验器材】

1. 材料

杉木、马尾松、湿地松、柳杉、油茶等花粉。

2. 药剂

硫酸、氯化钙、蔗糖或葡萄糖、蒸馏水、硼酸、琼脂、联苯胺、α-萘酚、碳酸钠、过氧化氢、酒精、凡士林。

3. 器械

冰箱、显微镜、恒温培养箱、干燥器、广口瓶、烧杯、盖玻片、载玻片、解剖针、毛笔、指形管、脱脂棉、纱布、铅笔、标签等。

【实验步骤】

1. 花粉贮藏

将收集的花粉经过去杂、过筛后，放在室内晾干。当花粉干燥至易于撒开的程度时，即可装入指形管或小试管内(每管花粉数约为容积的1/5)。用双层纱布包扎管口，贴上标签，注明花粉名称、采集和贮藏日期，然后将指形管放入盛有无水氯化钙或硫酸的干燥器里，再把干燥器置于冰箱内。

贮藏期间应定期检查花粉的生活力，将检查结果记载于表6-8。

表6-8　在0℃条件下不同湿度的花粉生活力检查记录表

贮藏条件 / 发芽率 / 检查日期	硫酸控制			氯化钙控制32%	备注
	极干	25%	50%		

2. 固体培养基法

(1)在4个烧杯中各装入100 mL蒸馏水，每杯加入1~2g琼脂，放在钢精锅中隔水加热煮沸，使其溶解。

(2)在4个烧杯中分别加入5g、10g、15g、20g的蔗糖或葡萄糖，再各加入100 mg硼酸，制成不同的培养基。加热时用培养皿盖在烧杯上，防止水分蒸发。

(3)当琼脂和糖全部溶解后，趁热用玻璃棒取少量，滴在特制载玻片的凹槽内，放置片刻，待其冷凝成固态培养基。

(4)用解剖针挑取少量花粉，均匀地撒在培养基上。一般1个低倍显微镜视野内以50~100粒为宜。

(5)制好的片子放在垫有湿润吸水纸的大培养皿内，盖上盖子，放在20~25℃恒温箱中培养24 h。

(6)从培养箱中取出片子，在低倍显微镜下观察花粉发芽情况。一般取4个视野计算花粉总数和发芽数，算出平均发芽率，填入表6-9。

表6-9　花粉在固定培养基上的发芽情况检查记录表

树种名称	玻片编号	培养基中糖的浓度	视野中：发芽数/花粉总数					发芽率(%)	备注
			1	2	3	4	合计		

3. 染色法

3.1　配制药液

(1)称取0.2 g联苯胺，溶于100 mL 50%的酒精中，盛入褐色瓶中，置于黑暗处。

(2)称取0.15 g α-萘酚，溶于100 mL 50%的酒精中，盛入褐色瓶中，置于黑暗处。

(3)称取0.25 g碳酸钠，溶于100 mL蒸馏水中，盛入褐色瓶中。

(4)使用前将以上3种溶液等量混合，即成“甲液”，盛入褐色瓶中。

(5)临用前将30%过氧化氢用蒸馏水稀释成0.3%的溶液，即成“乙液”。

3.2　制片

撒少量花粉于载玻片上，先滴一滴“甲液”，再滴一滴“乙液”。3min后放在显微镜下检查，有生活力的花粉为黄色或不着色，将结果记于表6-10。

表 6-10 测定结果记录表

花粉粒名称	载玻片号	发芽数/总数				总计发芽数	发芽率（%）	备注
		1	2	3	4			

【注意事项】

1. 花粉采集后要及时处理，切忌潮湿和高温。

2. 花粉处理和贮藏过程中应保持用具清洁，防止杂物和细菌混入致使发霉腐菌烂。进行花粉检查时，取花粉速度要快，避免贮藏花粉的温湿条件剧烈变化。

3. 如无冷藏设备，可将花粉试管藏于地窖内，部分不易丧失生活力的花粉也可贮藏在干燥、阴凉、通气的室内。

4. 在 0℃条件下，氯化钙控制的相对湿度为 32%。

5. 在 0℃条件下，控制相对湿度所需的硫酸百分比浓度见表 6-11。

表 6-11 相对湿度和硫酸百分浓度值

相对湿度（%）	0	10	25	35	50	65	75	90
硫酸百分浓度（%）	95	63.1	54.1	48.4	43.1	34.8	29.4	17.3

【思考题】

1. 绘出某一树种花粉的发芽形态图（注明倍数）。

2. 分析所测花粉发芽率高低的原因。

实验十二 树木有性杂交技术

【实验目的】

1. 掌握树木有性杂交的基本技术和方法。

2. 了解杂交后代一般遗传现象和规律。

【实验原理】

将两个基因型不同的亲本(不同树种或同树种不同个体)，通过人工控制授粉，使雌雄性细胞结合，实现遗传物质的重新组合，从而产生与亲本性状不同的新类型，通过进一步培育鉴定、选择使其达到预期的杂交目的。

【实验器材】

1. 材料

已达到开花年龄的松树、杉木、柳杉、油茶、油桐、桃、李等。视实验时具体情况而定。

2. 药剂

75%酒精。

3. 器械

剪枝剪、镊子、授粉器或毛笔、羊皮纸袋、回形针或大头针、药棉、棉线、标签、放大镜、记录本。

【实验步骤】

1. 去雄与套袋隔离

去雄就是除去母本两性花中的雄蕊。油茶是两性花，为防止自花授粉，必须提前去雄，一般在花苞最大而花瓣还未裂开时为宜。用镊子轻轻拨开花朵的花瓣，将花药连同花丝全部除去(操作时镊子只夹花丝不要夹花药)，但要保留花瓣以保护柱头。去雄时注意不要损伤柱头。去雄后用放大镜检查花朵内是否有残留的花药，要做到彻底除尽。如果镊子接触已裂开的花药，则很可能蘸上花粉，应放在酒精中洗涤，并用药棉擦干。

为防止自然杂交，去雄完毕后应立即套袋隔离，纸袋的大小应稍大于花序。用棉线将纸袋系扎在花枝上，在捆扎处垫些棉花以防外来花粉和昆虫进入或风吹摇摆造成机械损伤。最后在花柄或花枝上系上标签，进行编号，标明去雄时间，同时在记录本上做好记录。

2. 收集花粉

收集花粉应在花朵将要开放而花瓣又未裂开时为好。油茶花粉采集一般在母本去雄前几天进行，最晚不迟于去雄的当天，也可随采随授，或先将花朵采下，再用镊子将花药拔出来，放在培养皿或纸盒中，置于室内晾干，让其自然散粉。花粉去杂后放入盛有无水氯化钙的干燥器内备用。

3. 授粉

授粉一般在无风的早晨进行，当雌花开放、柱头分泌出发亮的黏液时，即是授粉的最好时机。授粉时先将纸袋解开，用毛笔或授粉器蘸上花粉，轻轻抹在柱头上即可。授粉后对花枝重新套袋隔离，并在标签上写明父母本名称、授粉日期，同时在记录本上编号登记。为保证授粉效果，常在第二天重复授粉 1 次。

对松、杉等高大的树木授粉时可站在木梯上进行，如仍不能达到目的，可在杂交前先行搭架。杂交情况填于表 6-12。

4. 杂交后的管理

当柱头枯萎失去授粉能力时方可摘掉纸袋，一般需要 1 w 左右，油茶需要 7 ~ 12 d。去袋时进行第一次杂交结实率检查，在生理落果期后进行第二次检查。为了慎重起见，果成熟前应用纱布袋将杂交果套袋保护，以防鸟兽虫害和人为损伤。杂交实验及其结果记录于表6-12和表6-13。

表6-12 树木杂交记录表

植株号	杂交组合		去雄套袋日期	开花日期	授粉日期	花粉来源	观察日期及结果情况	授粉花朵数	结果个数	结实率（%）	最后收果数	果实保存率(%)	备注
	雌♀	雄♀											

表6-13 杂交结果统计

杂交组合编号	杂交组合		授粉花朵数量	采收果实数量	杂交成功百分率（%）
	♀	♀			

【思考题】

1. 每人做杂交组合2~3个，要求认真负责，操作仔细，及时观察并记载。
2. 实习后每人写一份实习报告，描述实习体会，分析杂交成败的原因。

实验十三 树木嫁接技术

【实验目的】

掌握树木主要嫁接技术。

【实验原理】

嫁接技术在树木良种繁育中得到广泛应用，建立采穗圃、嫁接种子园都少不了嫁接技术。嫁接不仅是保存良种、选育良种的重要手段，而且是增强树木适应性、加速繁殖和提前收益的有效措施。

【实验器材】

1. 材料

就地临时选用接穗和砧木。

2. 器械

枝剪、劈接刀、芽接刀、刀片、手锯、牙膏皮、塑料带。

【实验步骤】

1. 枝接法

枝接法有劈接、切接、嵌合枝接、髓心形成层对接、皮下枝接和腹接等。

(1)劈接（宜在较粗大的砧木上应用）　在砧木离地 5~6 cm 处剪断砧木主干，在横截面上用劈接刀垂直劈下，劈口深 2~3 cm、削 6~10 cm 的接穗(上具 2 个芽)在下端两相对面各削一刀，削成一个楔形斜面，削面要平，并与砧木劈口等长。然后将接穗插入劈中，使接穗削面外露 2~3 mm 于砧木外，并且使接穗与砧木的形成层相互贴合。如果砧木与接穗粗细不一，至少要保证有一边的形成层贴合。最后用长 30 cm 左右、宽 1~1. 5 cm 的塑料膜自上而下绑紧(图 6-5)。

(2)切接　在离地 3~5 cm 处剪断砧木杆，在砧木横断面上 1/5~1/4 处垂直切下 2~3 cm 深。在选好的接穗上，离下端一个芽的 1cm 处斜削一刀，削去 1/3 的木质部，斜面长 2 cm 左右。再在斜面的背面斜削 0. 8~1cm 长的小削面，然后将接穗插入砧木的切口中，使接穗削面两边的形成层和砧木切口两边的形成层对准，紧紧包扎。如果接穗小，不能两边对准，要保持一边的形成层靠紧(图 6-6)。

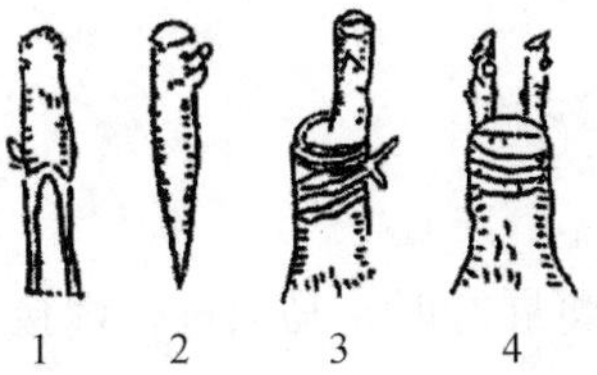

图 6-5　劈接法

1、2. 接穗削面；3、4. 接后情形

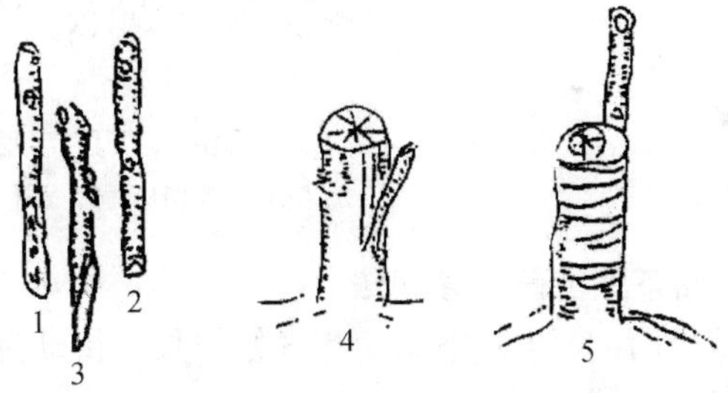

图 6-6　切接法

1~3. 接穗及其削面；4. 砧木切面；5. 接合后的情形

(3)髓心形成层对接(常用于针叶树嫁接)　切取 8~10 cm 长的接穗条，除保留顶端 8~12 个簇叶，在其余叶簇下方 1. 5~2 cm 处斜切一刀至髓心，再沿髓心纵向削去接穗的一半，留下带有顶芽和叶簇的一半做接穗。在砧木一年生的杆上保留顶端 15 个左右的叶簇，除去其他叶簇和颂芽(去掉叶簇一段长度应比接穗稍长)。然后用利刀从上往下通过韧皮部和木质部之间切下一条树皮，露出形成层。砧木切面的长宽要与接穗面相称，最后贴合绑好(图 6-7)。

(4)腹接　嫁接时，先在砧木根颈上适当部位用刀倾斜切入，深至木质部，不超过髓心。接穗应具有 2~3 个芽，在接穗下端一侧削成与砧木切口深度等长的楔形斜面，芽的一侧厚些。接穗削成后，一手推动切口上方的砧木使切口张开，另一手将接穗长斜面向内插入切口，使接穗有芽的一侧形成层与砧木形成层对齐，绑扎即可。待接穗愈合成活后，剪除砧木上部的茎干。由于腹部保留了砧木上部枝叶，嫁接失败后，砧木仍可利用(图6-8)。

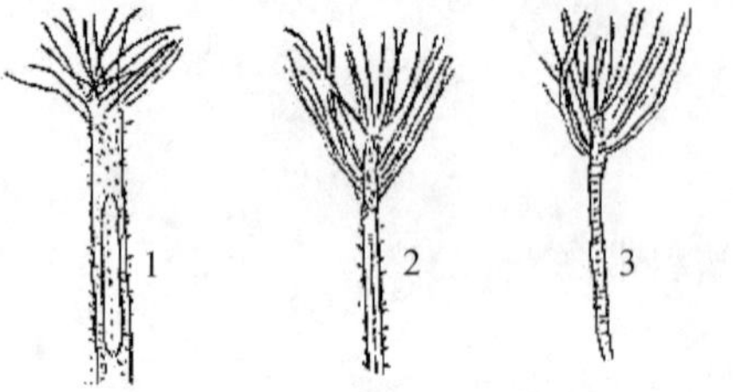

图6-7 髓心形成层对接法

1. 砧木削面；2. 接穗正面削面；3. 接穗侧面削面

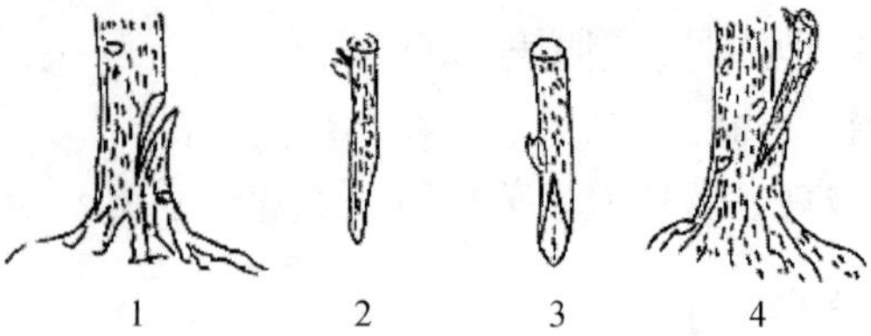

图6-8 腹 接

1. 砧木切口；2. 接穗侧面；3. 接穗正面；4. 接后情形

2. 芽接法

2.1 丁字形芽接

左手拿接穗条，右手拿芽接刀。先在芽子上方0.3~0.4 cm处横切一刀，长0.8 cm左右，深达木质部。再由芽下方1cm处向下削，刀要稍切入木质部，向上到横切口处为止，削成上宽下窄的带少量木质部的盾形芽片。然后在砧木的北面或迎风面距地面2~3 cm处，用芽接刀先横切一刀，长约1cm，深度以切断皮为度。再从横口往下垂直一刀，长约1~1.2 cm，切成"T"形。用芽接刀的骨柄挑开树皮，将盾芽片立即插入，使芽片上端与树木皮层靠紧，自上而下捆绑，注意使芽露在外面(图6-9)。

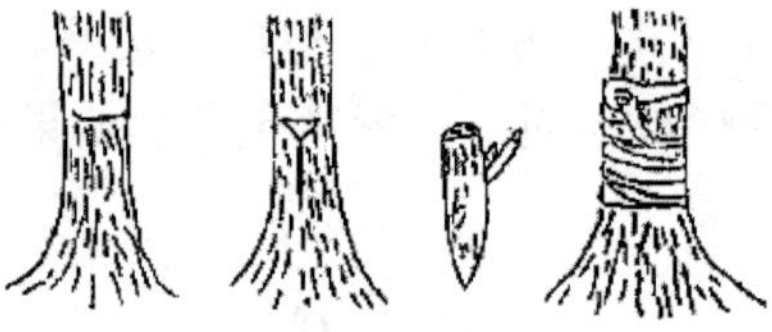

图6-9 "丁"字形芽接法

1、2. 砧木及其切口；3. 盾形芽片；4. 接后情形

2.2 油茶芽苗砧接嫁接法

(1)嫁接时间 4月中旬幼芽开始伸长，待幼芽出土即将展叶时，马上进行嫁接。

(2)嫁接方法

①断苗砧：首先将根际周围的覆土轻轻扒开，不要损伤子叶柄，在距子叶柄上部约2 cm处平截，通过横断面中心纵向深切一刀，长约1.5 cm[图6-10(a)]。

②削接穗：先从枝条基部开始，依次向上削取饱满芽作接穗，基本一穗一芽，然后剪去1/3~1/2的叶片，把接芽下端削成薄楔形，长约1.2 cm[图6-10(b)]。

③嵌接穗：将接穗的薄楔形木质插入苗砧的切口中，将削面有芽的一边与砧木边沿对齐，如果砧木和接穗粗细不一，对齐一面即可[图6-10(c)]。

④绑扎：用长2 cm、宽1.5cm的牙膏片套上，捏紧(图6-10d)，罩上保湿罩(小塑料薄膜罩长8 cm、宽4 cm)，将罩口扎紧于苗根颈基部[图6-10(e)]。

2.3 树木嫩梢撕皮嵌接法

这种方法适用于油茶、油桐和板栗，也适用于各种松类的嫁接。

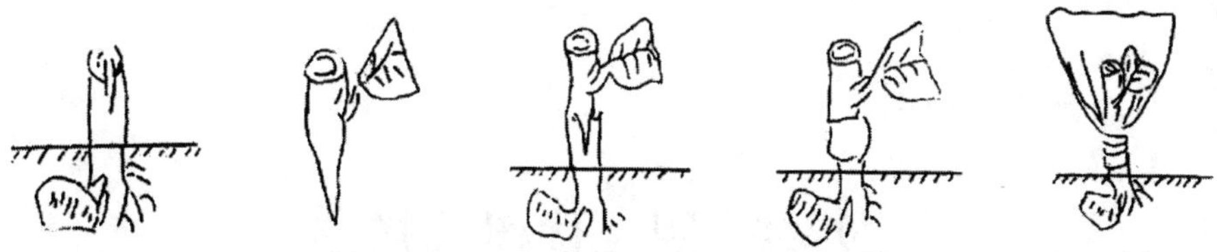

图 6-10　油茶芽苗砧接嫁接法

(1)先清除接口处的树叶和灰尘，用嫁接刀在砧木接口处先直划两道平行口，再在上面横切一刀使成凹鞍形，油茶切口长度约 2 cm，宽度略大于接穗削口的宽度。切口刻好后，用刀尖将树皮挑开一角，检查刻划深度。若适当，则树皮能干净利落地撕开，也表示达到了形成层。将撕开的树皮还原备用。

(2)选穗与采穗　采穗时，要选优树中上部的健壮嫩梢。如果是远道采穗，则嫩梢基部带一点老枝，有利于水分保存与储运。

(3)接穗切削　接穗虽经选择，但仍有大小粗细之分。因此嫁接时要根据砧木大小选择相应的接穗。选好接穗后，剪去基部老枝或切口。一个接穗可以分段嫁接不同植株，裁剪成的不同长度，如油茶接穗只要保留两个芽就行。削口长度要求与砧木切口长度相称，深度以达到形成层为宜(图 6-11)。

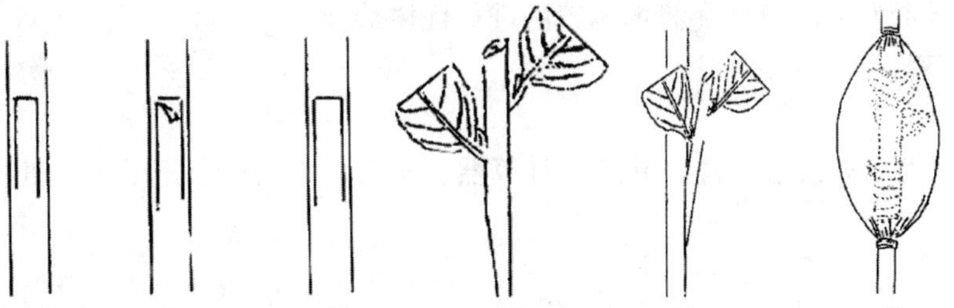

图 6-11　油茶嫩梢撕皮嵌接法

(a)刻划　(b)剥开　(c)复原　(d)削接穗　(e)嵌合　(f)绑扎加罩

【思考题】

1. 哪些因素影响嫁接成活率？
2. 嫁接苗管理的关键技术有哪些？

实验十四 优树选择

【实验目的】

初步掌握主要树种的选优标准和步骤。

【实验原理】

优树是指在相似环境条件，如相同立地条件、相同树龄、采取相同营林措施的天然林分或人工林中，在生长量、形质、材质及抗性适应性上表现特别优良的个体。优树选择，就是从天然林或人工林群体中，按选种目标和优树标准进行表型个体的选择，从入选的优良单株上采种、采穗，进行遗传测定，建立种子园或采穗圃繁育良种。优树是建立种子园、采穗圃的物质基础，优树选择是林木遗传改良的基本手段和基础工作。常用的优树选择方法有：对比树法(如优势木对比法、综合评分法、小样地法)、基准线法(如回归线法、绝对生长量法)等。本实验以杉木为例，通过优势木比较法进行优树选择。

【实验器材】

皮尺、测高器、轮尺、油漆、粉笔、计算器、架盘天平或秤、记录本或纸、优树调查表。

【实验步骤】

视树种不同，选优的方法和标准也不同。本实验以五株优势木比较法进行杉木优树选择，选优的标准和具体方法如下：

1. 生长量的测定

(1)测定优树候选木的胸径和树高，并换算成材积。

(2)以优树候选木为中心，在半径10~15m的圆面积内选出5株最大的优势木，分别测定其胸径、树高和材积。求算5株优势木各测树因子的平均值，最后将优树候选木的胸径、树高和材积与5株优势木相应因子的平均值比较，胸径大于20%、树高值大于10%、材积值大于50%的树木，即符合优树生长量要求的标准。

(3)用轮尺测定林木的胸径，用测高器测定树高，用材积公式 $V=\pi r^2 Hf$ 求算材积，或用实验形数求积公式求算：

$$V=G_{1.3}(H+3)f$$

式中，V 为材积；D 为胸径；H 为树高；F 为形数，实验形数杉木为0.41。

(4)将实测的胸径、树高和求算的材积数值分别填写于优树调查表（表6-14）。

2. 优树其他质量指标的评定

(1)树干　分为通直、中等和弯曲三级。

(2)树皮　分为薄、中和厚三级。

(3)自然整枝　分好(树干上死亡枝条全部脱落)、中(树干上死亡枝条部分脱落)、差(树冠下部还存在活枝，死亡枝条脱落性较差)三级。

(4)冠型　分为浓密窄冠型(每年生长 5~6 盘枝以上，节间短，平均长 15~25 cm)、稀疏宽冠型(每年生长 1~3 盘枝，节间较长，平均长 30~40 cm)、一般型(介于前两者之间)。

(5)生长势　分为旺盛、一般和缓慢三级。

(6)健康状况　分为健康、一般和较差三级。

(7)结实情况　分为多、少和无三级。

将以上调查结果分别填写于优树调查表上。最后将生长量和各项质量指标进行综合评定(表 6-14 至表 6-17)，符合优树标准者，即为中选优树。

【实验报告】

优树调查报告

一、树种名称(中文、拉丁文)

二、树木所在地区

1.　　　　县　　　　乡(林场)　　　　村(分场)　　　　山。

2. 海拔高：　米　坡位：　坡向：　坡度：

三、林分性质

1. 起源(人工、天然、实生、萌芽或插条)：

2. 组成：　　林龄：　　郁闭度：　　密度：

3. 林分平均胸径：　　平均树高：　　平均蓄积：

4. 林分结实情况：　　林分健康情况：

四、优树性质

1. 生长量

表 6-14　优树和 5 株优势木生长量比较表

树别＼项目		胸径(cm)	1/2 树高直径(cm)	树高(m)	形率	形数	材积(m^3)	优树和 5 株优势木的比较
优树								优树胸径＞优势木平均胸的　% 优树树高＞优势木平均树的　% 优树材积＞优势木平均材积的　% 优树年平均生长量 胸径　cm 树高　m 材积　m^3
优势木	1							
	2							
	3							
	4							
	5							
	平均							

2. 优树的其他性质

树干干型(通直、中等、弯曲)：

树皮特征(薄、中、厚)：

自然整枝(好、中、差)：

冠型(浓密型、一般型、稀疏型)：

生长势(旺盛、一般、较差)：

结果情况(多、少、一般)：

健康情况(健康、一般、较差)：

冠幅(上下　　m、左右　　m)：

其他：

调查人：

调查日期：　　年　月　日

表 6-15　优树各项指标评分

项目	材积(V)	高径比 H/D	冠径比 J/D	树皮厚度	树干通直度	抗病能力	评分

表 6-16　杉木优树选择综合评分标准

指标		评分等级					
		1	2	3	4	5	6
材积 V	标准	>100%	90%~100%	81%~90%	71%~80%	61%~70%	51%~60%
	分数	25	24	23	22	21	20
高径比 H/D	标准	>75	71~75	65~70	61~65	56~60	<55
	分数	15	13	11	9	7	5
冠径比 J/D	标准	12 以下	13~14	15~16	17~18	19~20	20 以上
	分数	15	13	11	9	7	5
树皮厚度	标准	7 cm 以下	8~9 cm	10~11 cm	12~13 cm	14~15 cm	15 cm 以上
	分数	10	9	8	7	6	5
树干通直度	标准	完全通直	1 个轻度弯曲	2 个轻度弯曲或 1 个大弯曲	3 个轻度弯曲或 2 个大弯曲	弯曲或曲度大	
	分数	15	10	5	淘汰	淘汰	
抗病能力	等级	0	1	2	3		
	标准	完全未感病	感病枝叶占整个活树冠的一半以下	感病枝叶占整个活树冠的一半以下	2/5~3/5	>3/5	
	分数	20	10	淘汰	淘汰	淘汰	

表 6-17　杉木材积计算表

周长	直径	断面积	$F \times G_{1.3}$	周长	直径	断面积	$F \times G_{1.3}$
25	7.96	4 973	2 138	49	15.6	19 106	8 216
26	8.28	5 379	2 313	50	15.92	19 894	8 554
27	8.60	5 810	2 494	51	16.23	20 698	9 000
28	8.90	6 239	2 683	52	16.55	21 518	9 253
29	9.23	6 692	2 878	53	16.87	22 353	9 612
30	9.55	7 162	3 080	54	17.19	23 205	9 978
31	9.87	7 647	3 288	55	17.51	24 072	10 351
32	10.19	8 148	3 504	56	17.82	24 500	10 731
33	10.50	8 666	3 726	57	18.14	25 855	11 118
34	10.82	9 199	3 956	58	18.46	26 770	11 511
35	11.14	9 743	4 292	59	18.78	27 700	11 911
36	11.46	10 313	4 435	60	19.1	28 648	12 319
37	11.78	10 894	4 685	61	19.42	29 611	12 733
38	12.10	11 491	4 941	62	19.73	30 589	13 154
39	12.41	12 104	5 205	63	20.05	31 534	13 581
40	12.73	12 732	5 475	64	20.37	32 595	14 016
41	13.05	13 377	5 752	65	20.69	33 621	14 457
42	13.37	14 037	6 036	66	21.01	34 644	14 906
43	13.69	14 714	6 327	67	21.33	35 722	15 360
44	14.00	15 406	6 625	68	21.64	36 796	15 822
45	14.32	16 114	6 929	69	21.97	37 887	16 291
46	14.64	16 838	7 240	70	22.28	38 993	16 767
47	14.96	17 578	7 559	71	22.6	40 115	17 249
48	15.28	18 334	7 884	72	22.92	41 253	17 739

【思考题】

每小组写出各自的选优报告，并阐明入选或淘汰的理由。

实验十五 水体污染的遗传毒性检测——蚕豆微核试验

【实验目的】

掌握蚕豆微核试验进行遗传毒性检测的原理和方法。

【实验原理】

随着工农业生产的迅速发展，新的化学物质和工业“三废”不断进入人们的生活环境，其中有许多可能对遗传物质产生损害并造成致癌、致畸、致突变等遗传毒理效应的环境致突变物(“三致”物质)。因此，人们希望能够找到快速检测环境致突变物的方法，准确测定相关“三致”物质的毒性和环境的受污染程度。

蚕豆细胞染色体数目较少(只有12条)且体积较大，是细胞遗传学研究常用的材料之一，又因其根尖分生细胞多，染色体的形态和数目变化很容易观察。蚕豆是对环境致突变物较为敏感的植物品种，蚕豆根尖微核试验是一种世界范围内广泛推广运用的环境致突变性检测技术，具有取材方便、培养简单、技术容易掌握、成本低等优点，成为目前研究和运用较多的、拟以代替动物培养细胞检测环境致癌、致畸、致突变物质的高等植物体细胞检测系统。包括中国在内的许多国家和世界组织已将其广泛应用于医药、农药、食品、化妆品和环境化学物质等的检测，成为有关毒理安全性评价的必做试验，特别是在环境致突变物检测方面的应用更是日益成熟。

微核(micronucleus，MCN)，也叫卫星核，是真核类生物细胞中的一种异常结构，是染色体畸变在间期细胞中的一种表现形式。微核往往是由各种理化因子，如辐射、化学药剂等对分裂细胞作用而产生的。在细胞间期，微核呈圆形或椭圆形，游离于主核之外，大小在主核的1/3以下。微核的折光率和细胞化学反应性质与主核一样，也具有合成DNA的能力。一般认为微核是由有丝分裂后期丧失着丝粒的染色体断片产生的。实验证明，整条染色体或几条染色体也能形成微核。这些断片或染色体在分裂过程中行动滞后，在分裂末期不能进入主核，便形成了主核之外的核块。当子细胞进入下一次分裂间期时，它们便浓缩成主核之外的小核，即形成微核。据证实，微核率的大小与作用因子的剂量或辐射累积效应呈正相关，这一点与染色体畸变的情况一样。所以可根据观察统计的微核数来判断处理试剂的致突变性。

【实验器材】

1. 材料

蚕豆，工厂排污水、校园池塘、江河水等待测水样。

2. 药剂

6 mol/L 盐酸、甲醇、冰醋酸、醋酸洋红。

3. 器械

显微镜、镊子、载玻片、盖玻片、烧杯。

【实验步骤】

1. 浸种催芽

将实验用蚕豆按需要量放入盛水烧杯中，在25℃下浸泡24 h，期间至少换水两次，用水应在25℃预温。种子吸胀后，用纱布松散包裹置于瓷盘中保持温度，在25℃温箱中催芽12~24 h。待初生根长出2~3mm时，再取发芽良好的种子，放入铺满滤纸的瓷盘中，25℃继续催芽。经36~48 h，大部分初生根长至1~2 cm，根发育良好，可用来进行实验。

2. 检测因子处理根尖

取工厂排污水、校园池塘、江河水等水样作为测试水样。选取初生根生长良好、根长一致的种子，放入盛有待测水样的培养皿中，待测水样浸没根尖5~6 h，以蒸馏水作为对照。

3. 根尖细胞恢复培养

处理后的种子用自来水(或蒸馏水)浸洗3次，每次2~3 min。洗净后再置入铺有湿润滤纸的瓷盘中，25℃下恢复培养22~24 h。

4. 固定

将恢复后的种子从根尖顶端切下1cm长的幼根，用甲醇∶冰醋酸(3∶1)液固定24 h。固定后的根如不及时制片，可转入70%的乙醇溶液中，置于4℃冰箱中保存备用。

5. 解离

用蒸馏水浸洗固定好的幼根两次，每次5 min，吸净蒸馏水，加入6 mol/L盐酸将幼根浸没，室温下酸解10 min，幼根软化即可。

6. 染色

吸去盐酸，用蒸馏水浸洗幼根3次，每次1~2 min。截下1~2 mm长的根尖，滴加醋酸洋红染液，染色5~8 min，加盖玻片，压片。

7. 镜检与数据分析

先在低倍镜下找到分生组织区细胞分散均匀、分裂相较多的部位，再转高倍镜观察。微核大小在主核1/3以下，并与主核分离，着色与主核一致或稍浅，呈圆形或椭圆形。每一个处理观察3个根尖，每个根尖计数1 000个细胞，统计其中含微核的细胞数，然后求平均值，即为该处理的MCN‰，即微核千分率，可以此作一个检测指标。

污染指数(PI)＝样品实测MCN‰平均值/对照组(标准水)MCN‰平均值

鉴定所测水样的污染程度，也可以计算被检化学药剂的污染指数。污染指数在0~1.5区间基本没有污染，1.5~2区间为轻度污染，2~3.5区间为中度污染，3.5以上为重度污染。观察和统计分析结果填入表6-18。

表6-18　蚕豆根尖细胞本底微核率和校园水体诱发蚕豆根尖细胞微核率

样品	观察细胞数(个)	微核数(个)	微核率(‰)	污染指数	污染水平

【思考题】

如果被测水样被污染，试分析原因。

实验十六 拟南芥插入突变体的鉴定

【实验目的】

1. 掌握拟南芥 T-DNA 插入突变的原理。
2. 掌握拟南芥 T-DNA 插入突变纯合体与杂合体鉴定的原理和方法。

【实验原理】

T-DNA 是根癌农杆菌 Ti 质粒上的一段 DNA 序列，它能稳定地整合到植物基因组中并稳定地表达。T-DNA 在植物中一般以低拷贝插入，多为单拷贝插入植物基因组。T-DNA 插入到植物染色体上的位置是随机的。如果 T-DNA 插入某个功能基因的内部，特别是插入外显子区，将造成基因功能的丧失。所以利用农杆菌 Ti 质粒转化植物，是获得植物突变体的一种重要方法。单拷贝 T-DNA 一旦整合到植物基因组中，就会表现出孟德尔遗传特性，在后代中长期稳定表达，且插入后不再移动，便于保存。由于插入的 T-DNA 序列是已知的，因此可以通过已知的外源基因序列，利用反向 PCR、TAIL-PCR 和质粒挽救等方法对突变基因进行克隆和序列分析，并对比突变的表型研究基因的功能。T-DNA 插入标签技术已成为发现新基因、鉴定基因功能的一种重要手段，对拟南芥突变体的筛选和分析变得日益重要。农杆菌 Ti 质粒转化植物细胞后，在获得的后代分离群体中，有 T-DNA 插入的纯合突变体(homozygous lines，HM)、杂合突变体(heterozygous lines，HZ)和野生型(wild type，WT)。在研究工作中通常需要获得纯合突变体以供进一步的分析，因此需要对突变体进行鉴定。现在比较成熟的鉴定突变体的 PCR 方法有“三引物法”和“双引物法”。

LP 和 RP 是植物基因组上 T-DNA 插入位点两侧的引物，BP 是 T-DNA 区段上的引物(图 6-12)。

三引物法即同时采用 3 种引物(即 BP、LP、RP)进行 PCR。在野生型植株目的基因的 2 条染色体上均未发生 T-DNA 插入，所以 PCR 产物只有 1 种，长度约为 900 bp(即从 LP 到 RP)；而对于插入突变纯合体植株，目的基因的 2 条染色体上均发生了 T-DNA 插入，而 T-DNA 本身的长度约为 17 kb，过长的模板会阻抑目的基因特异扩增产物的形成，所以也只能得到 1 种以 BP 和 RP(或 LP)为引物的扩增产物，长度约为(410 + N) bp(即从 LP 或 RP 到 T-DNA 插入位点的片段，长度约为(300 + N) bp，再加上从 BP 到 T-DNA 载体左边界的片段，长度约为 110bp)；杂合突变体植株，只在 1 条染色体上发生了 T-DNA 插入，所以 PCR 扩增后能同时得到(410 + N) bp 和 900 bp 两种产物(图 6-13)。

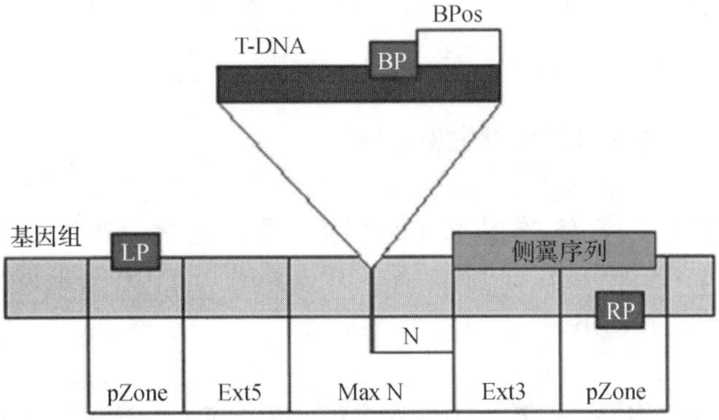

图 6-12　鉴定 T-DNA 插入突变体的引物位置示意

N 为实际插入位点与侧翼序列之间的距离，一般为 0～300 bp；Max N 为 T-DNA 在基因组上实际插入位点的最大范围，一般为 300 bp 左右；pZone 为用于设计引物 BP 和 LP 的合适区域，一般为 100 bp 左右；Ext5、Ext3 为 Max N 与 pZone 之间的区域，该区域不适合设计鉴定引物 RP 和 LP；LP 为左侧鉴定引物；RP 为右侧鉴定引物；BP 为 T-DNA 边缘引物；BPos 为 T-DNA 序列中一段已知序列

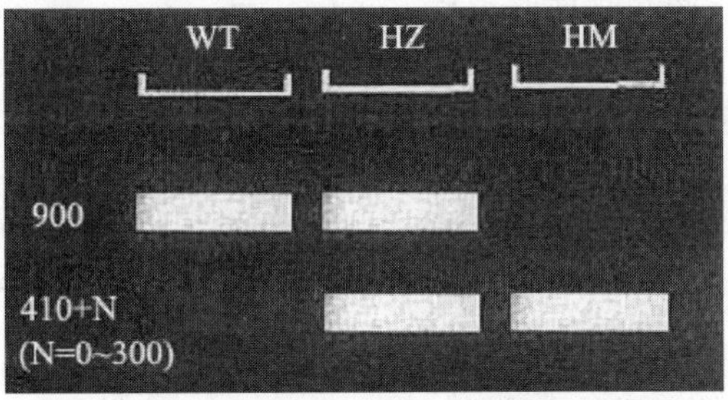

图 6-13　理论三引物 PCR 结果

WT. 野生型；HZ. 杂合突变型；HM. 纯合突变型

双引物法的原理与三引物法相似，只是通过 2 轮 PCR 进行鉴定，即首先用 1 对引物(LP 和 RP)扩增目的基因片段，初步鉴定出纯合突变体[图 6-14(a)]，然后由 BP 与 LP 或 RP 组成一对引物，扩增目的基因 T-DNA 插入片段，以确定所获突变体为 T-DNA 插入目的基因的突变体[图 6-14(b)]。

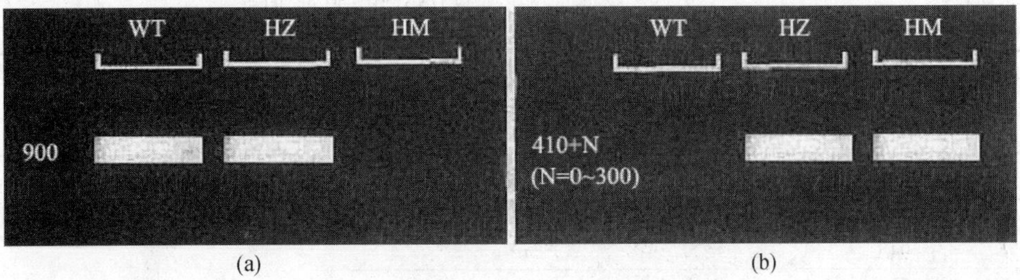

图 6-14　理论双引物法 PCR 结果

【实验器材】

1. 材料

拟南芥 T-DNA 插入突变植株和野生型植株。

2. 药剂

液氮、CTAB 提取液、氯仿/异戊醇(24∶1)、无水乙醇、70% 乙醇、10 × Taq buffer、$MgCl_2$、dNTP、Taq 酶、3 种引物(即 LP、RP、BP，其中 LP、RP 需根据目的基因的序列进行设计)、琼脂糖、溴化乙锭(EB)。

3. 器械

离心管、离心机、水浴锅、烘箱、微量移液器、PCR 仪、电泳仪、电泳槽、凝胶成像系统。

【实验步骤】

1. 拟南芥叶片基因组 DNA 的提取

(1)用液氮将 100 mg 幼嫩叶片研磨成细粉，置于 1.5 mL 离心管中，加入预热至 65℃ 的 600 μL 2 × CTAB 提取液，轻摇混匀。

(2)65℃ 水浴 30 min，期间轻摇混匀。

(3)加入等体积的氯仿/异戊醇(24∶1)，室温下轻轻混匀 10 min，12 000 r/min 离心 15 min，再转移上清至新管。

(4)向上清液中加入 2 倍体积的无水乙醇或等体积的异丙醇，小心混匀，－20℃ 下 30 min，12 000 r/min 离心 15 min，弃上清。

(5)用 70% 乙醇洗涤沉淀 1 次，12 000 r/min 稍离心，弃上清。

(6)将沉淀晾干(37℃，3～5min)，加入 20～50 μL TE (pH 8.0)，溶解 DNA。

2. 目的基因 PCR 扩增(双引物法)

按表 6-19 分别配制验证源基因与 T-DNA 插入基因的 PCR 反应体系 20 μL。

混匀离心后放入 PCR 仪，PCR 过程见表 6-20。

表 6-19 PCR 反应体系

成 分	加量(μL)	成 分	加量(μL)
H_2O	12.3	引物 RP(10 μM)	0.5
10xTaq buffer ($MgCl_2$ free)	2	dNTP (各 2.5mM)	0.5
$MgCl_2$(25 mM)	2	模板 DNA(30～50 ng/μL)	2
引物 LP /BP*(10 μM)	0.5	Taq 酶(5 M/μL)	0.2

注：*引物 LP 对应原基因检测体系，BP 对应 T-DNA 插入基因检测体系。

表 6-20 PCR 扩增过程

步 骤	时间	循环次数
预变性 94℃	5 min	
变性 94℃	40 s	循环 35 次
退火 55℃	50 s	
延伸 72℃	80 s	
延伸 72℃	5 min	

以 DL 2000 为 DNA marker，琼脂糖凝胶电泳约 1h，用 EB 染色 10 min，在紫外灯下观察电泳分离带的大小。

【思考题】

1. 双引物法和三引物法各有哪些优缺点？
2. 鉴定 T-DNA 插入突变纯合体和突变杂合体有什么意义？

实验十七　数量性状遗传力的估算

【实验目的】

1. 掌握数量性状遗传试验数据的统计分析方法。
2. 掌握数量性状遗传力估算的原理和方法。

【实验原理】

数量性状（quantitative traits）是指表现为连续变异、彼此间不存在明显的质的差异，只有数量上的轻微差异，可用数字描述，不容易分组归类，易受环境影响，性状表现不稳定的一类性状。它具有变异表现为连续性、易受环境条件影响和受多基因系统的控制的特点。

由于数量性状呈连续变异，要确定各种因素造成的变异大小，只能借助生物统计的方法进行估计，然后再得到相应的定量指标。遗传力（heritability）就是其中一个重要的基本估计参数，也是对数量性状进行遗传分析和对杂种后代进行选择的一个重要指标。

遗传力指某一性状由亲代传递给子代的能力，即遗传变异占总变异（表型变异）的比率，用以度量遗传因素和环境因素对性状形成的影响程度，又可称为遗传率、遗传度等，常用百分率表示。遗传力分为广义遗传力和狭义遗传力两类。

（1）广义遗传力（broad sense heritability，h_B^2）　指某性状的遗传方差占表型方差的比率。如果某性状的表现型变异的方差用 V_{F2} 表示，遗传因素造成的方差用 V_G 表示，环境条件改变所引起的方差用 V_E 表示，则广义遗传力理论计算公式为：

$$h_B^2 = \text{遗传方差}/\text{表现型方差} \times 100\% = V_G/V_{F2} = V_G/(V_G + V_E) \times 100\%$$

广义遗传力表示的是表型值受基因型值决定的程度，因此又称为遗传决定系数，用来衡量基因值在表型中的相对重要性，即在性状的表现上，遗传作用与环境作用的相对大小。

（2）狭义遗传力（narrow sense heritability，h_N^2）　指某性状的加性方差占表型方差的比率。由于显性效应和上位性效应引起的方差不能真实遗传，而加性效应可由亲代通过配子传给子代，所以狭义遗传力揭示的是可由亲代传给子代的那部分效应的方差占表型方差的比率。如果某性状的加性效应引起的方差用 V_A 表示，则狭义遗传力理论计算公式为：

$$h_N^2 = \text{加性方差}/\text{表现型方差} \times 100\% = V_A/V_{F2} \times 100\%$$

在育种工作中，广义遗传力的大小表示从表型选择基因型的可靠程度，狭义遗传力的大小则表示从表型选择基因型中加性效应的可靠程度。因此，狭义遗传力具有更重要的意义。

【实验器材】

1. 材料

两个穗长、穗粒数、千粒重(或百粒重)、株高等数量性状差异较大的小麦或水稻品种(P_1和P_2)，通过杂交、自交和回交分别得到F_1、F_2、B_1和B_2。将各世代的材料在同一年同样环境条件下种植。群体F_2、B_1、B_2要求种植200株以上，其余的群体要求种植30株以上。各世代材料按照单株进行收获并测量和统计。

2. 器械

直尺、电子天平、计算器。

【实验步骤】

1. 数量性状的测量

根据不同的实验设计，对各世代个体进行数量性状的测量。不同材料的测量要求不同，以小麦为例，其株高、穗长、百粒重等性状的测量方法如下：

(1)株高 在小麦成熟前测量自根茎交界处至主穗顶部(不包括芒)主茎的长度，单位为cm。

(2)穗长 主穗自穗基部到顶端(不包括芒)的长度，单位为厘米。

(3)百粒重 分株收获种子后晒干至含水量为13%左右，每株随机取100粒种子称重，重复两次，取其平均值，单位为克。

将测量的原始数据记录于表6-21中。

表6-21 数量性状测量结果记录表

单株序号	P_1	P_2	F_1	F_2	B_1	B_2
1						
2						
3						
4						
⋮						
n						
均值						
方差						

2. 数量性状的统计分析

计算各世代群体的均值(mean)和方差(variance)，填入表6-21中。计算可以借助于微软Excel、WPS表格等统计工具完成。

3. 遗传力的估算

3.1　广义遗传力的估算

早期数量遗传研究的群体，一般采用遗传差异较大的两个亲本杂交，分析亲本(P_1、P_2)及 F_1、F_2的表现型方差，估算群体的遗传方差。

由于两个亲本都是纯合一致，F_1也是杂合一致，这说明基因型相同，则遗传方差为 0；又由于这 3 个世代都种植于同一环境中，所以理论上可用这 3 个不分离世代的表型方差(V_{P1}，V_{P2}，V_{F1})来估计性状的环境方差(V_E)，对于异花授粉植物，由于可能存在严重的自交衰退现象，常用 F_1表现型方差来估算，即：$V_{F1} = V_E$；对于玉米等自花授粉植物，可用纯系亲本(或自交系)表现型方差来估算，即：$V_E = (V_{P1} + V_{P2})/2$，或用两亲本和 F_1的表现型方差来估算，即 $V_E = (V_{P1} + V_{P2} + V_{F1})/3$。

F_2世代为分离变异的世代，包括分离个体的基因型变异和环境机误变异($V_{F2} = V_G + V_E$)。由此，可以用 $V_G = V_{F2} - V_E$估算基因型方差。

所以，广义遗传力的实际计算公式为：

$$h_B{}^2 = V_G/V_{F2} = (V_{F2} - V_E)/ V_{F2}$$

或

$$h_B{}^2 = V_G/V_{F2} = [V_{F2} - (V_{P1} + V_{P2})/2]/ V_{F2}$$

或

$$h_B{}^2 = V_G/V_{F2} = [V_{F2} - (V_{P1} + V_{P2} + V_{F1})/3]/V_{F2}$$

3.2　狭义遗传力的估算

本实验利用两个回交后代 B_1、B_2和自交 F_2代的方差计算狭义遗传力，计算公式为：

$$h^2 = \frac{2V_{F_2} - (V_{B_1} + V_{B_2})}{V_{F_2}}$$

【思考题】

1. 遗传力受哪些因素的影响？
2. 如何利用数量性状的遗传力指导育种实践？

实验十八　种质遗传多样性的分子标记分析

【实验目的】

1. 掌握基于 PCR 的分子标记的实验原理和方法。
2. 掌握种质遗传多样性数据的分析方法和原理。

【实验原理】

分子标记指能反映生物个体或种群间基因组中某种差异特征的 DNA 片段，它直接反映基因组 DNA 间的差异。

1. 分子标记优点

分子标记的优点表现为：

①直接以DNA的形式表现，在生物体的各个组织和发育阶段均可检测到，不受季节、环境限制，不存在表达与否等问题。

②数量极多，遍布整个基因组，可检测座位接近无限。

③多态性高，自然界存在许多等位变异，无须人为创造。

④表现为中性，不影响目标性状的表达。

⑤许多标记表现为共显性的特点，能区别纯合体和杂合体。

目前分子标记已广泛用于植物分子遗传图谱的构建、植物遗传多样性分析与种质鉴定、重要农艺性状基因定位与图位克隆、转基因植物鉴定和分子标记辅助育种选择等方面。

2. 分子标记类型

分子标记大多以电泳谱带的形式表现，大致可分为三大类。

第一类是以分子杂交为核心的分子标记技术。包括限制性片段长度多态性标记(restriction fragment length polymorphism，RFLP标记)、DNA指纹技术(DNA Fingerprinting)和原位杂交(*in situ* hybridization)等。

第二类是以聚合酶链式反应(polymerase chain reaction，PCR)为核心的分子标记技术。包括随机扩增多态性DNA标记(random amplification polymorphism DNA，RAPD)、简单序列重复标记(simple sequence repeat，SSR)或简单序列长度多态性(simple sequence length polymorphism，SSLP)、扩展片段长度多态性标记(amplified fragment length polymorphism，AFLP)、序标位(sequence tagged sites，STS)和序列特征化扩增区域(sequence charactered amplified region，SCAR)等。

第三类是一些新型的分子标记。如单核苷酸多态性(single nuleotide polymorphism，SNP)和表达序列标签(expressed sequences tags，EST)等。

3. RAPD标记技术

RAPD标记技术就是用一个或两个随机引物(一般8~10个碱基)非定点地扩增基因组DNA，然后用凝胶电泳分离扩增片段。遗传材料的基因组DNA如果在特定引物结合区域发生DNA片段插入、缺失或碱基突变，就有可能导致引物结合位点的分布发生相应的变化，导致PCR产物增加、缺少或分子量变化。如果PCR产物增加或缺少，则产生RAPD标记(图6-15)。

RAPD标记的主要特点有：①不需DNA探针，设计引物也无需知道序列信息；②显性遗传(极少数共显性)，不能鉴别杂合子和纯合子；③技术简单，不涉及分子杂交和放射性自显影等技术；④DNA样品需要量少，引物价格便宜，成本较低；⑤实验重复性较差，结果可靠性较低。

【实验器材】

1. 材料

水稻(或小麦、玉米、杨树等)的10个品种(或无性系)。

2. 药剂

2×CTAB缓冲液[2 g/100 mL CTAB，1.4 mol/L NaCl，20 mmol/L EDTA，100 mmol/L

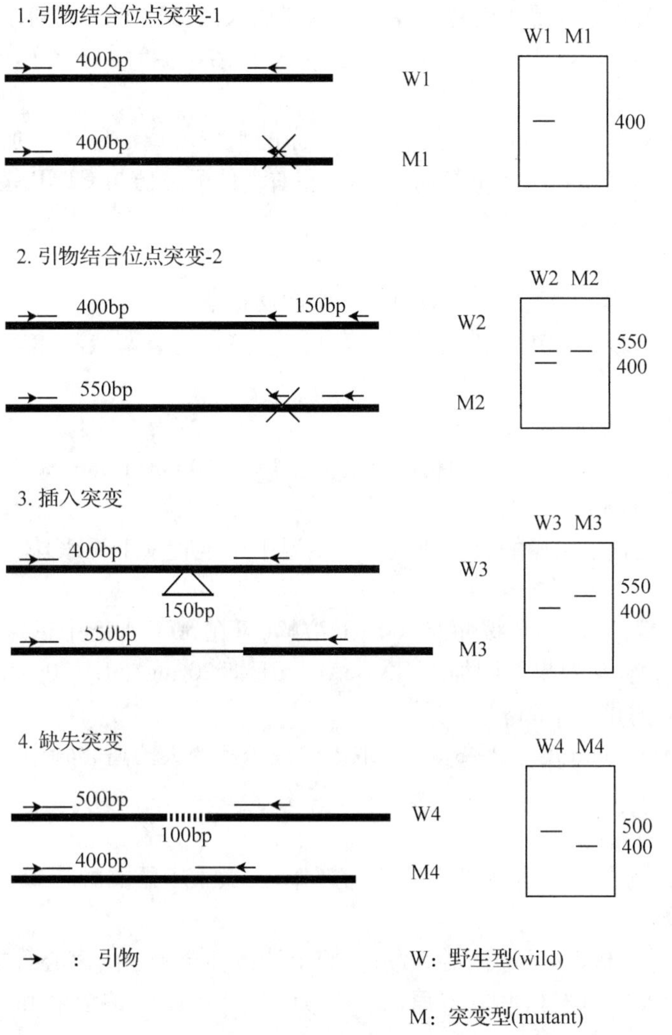

图 6-15　RAPD 标记的原理

Tris·Cl(pH 8.0)]、β-巯基乙醇、液氮、氯仿、异戊醇、异丙醇、无水乙醇、RNaseA、醋酸钠、RAPD 随机引物 5 种、Taq DNA 聚合酶、dNTPs、超纯水、琼脂糖。

3. 器械

研钵、研杵、凝胶成像系统、电子天平、电热鼓风干燥箱、液氮生物容器、冰箱、高速冷冻离心机、恒温温度控制仪、PCR 仪、纯水机、超低温冰箱、电热恒温水槽、电泳仪、微型水平电泳槽、微量移液器、灭菌锅、微波炉、计算机、POPGENE 软件等。

【实验步骤】

1. DNA 的提取和纯化

1.1　总 DNA 的提取

(1)取 15 mL 干净的离心管，加入 6 mL 2×CTAB 缓冲液，并加入 2%(约 120 μL)β-巯基乙醇，充分混匀后于 65℃水浴中预热备用。

(2)称取0.5g新鲜嫩叶置于陶瓷研钵中，迅速加入液氮冰冻磨成粉末，然后将磨好的冷冻组织迅速转移至15 mL备用离心管中，置于65℃水浴中温育40~60 min，每隔5 min摇匀1次。

(3)4 000 r/min离心10 min，取上清液于干净的15 mL离心管中，加入等体积的酚氯仿(苯酚:氯仿:异戊醇=25:24:1)上下颠匀30 min左右，使酚氯仿与CTAB缓冲液充分混匀至不分层。

(4)4 000 r/min离心15 min。

(5)重复步骤(3)(4)3~4次，直有离心后中间层很薄。

(6)取上清液，加入2/3体积以上的异丙醇，轻轻晃动至絮状物出现。若无，则静置于冰箱内5~10 min。

(7)4℃、4 000 r/min离心5 min。

(8)倾去上清液，用1 mL75%酒精洗涤沉淀。4℃、10 000 r/min离心5min。

(9)重复步骤(7)(8)2~3次。

(10)将离心管倒置于干燥的灭菌滤纸上，室温干燥至管壁上无水珠、白色沉淀呈现透明状(大约需要30 min以上)。

(11)干燥完全后，加入TE缓冲液200 μL溶解(可在50℃水浴中迅速溶解，10 min内)。电泳检测抽提效果，如果效果好则加入RNaseA(5 μL即20 mg/mL) 10 μL，在37℃水浴中消化12~15 h或65℃消化30 min。

(12)4℃、4 000 r/min离心2~3 min，取上清液于新的灭菌离心管中，在-20℃冰箱内保存。

1.2 总DNA的纯化

(1)在DNA溶液中加入等体积的酚氯仿(苯酚:氯仿:异戊醇=25:24:1)，轻轻摇晃10 min。

(2)在室温下，10 000 r/min离心5 min，将上清液移至干净的离心管中。

(3)在DNA溶液中加入0.1倍体积(约15 μL)的3M醋酸钠溶液和2.5倍体积(约375 μL)冰冷的无水乙醇，混匀。

(4)冰上平铺放置10 min。如有明显絮状沉淀，则无须久放。

(5)4℃、4 000 r/min离心10 min。

(6)倒出上清液，加入1 mL 75%酒精，洗涤沉淀10 min。

(7)重复步骤(6)1~2次。

(8)4℃、10 000 r/min离心5 min，除去上清液，将离心管倒置于干燥的灭菌滤纸上，室温干燥至沉淀呈现透明状。

(9)完全干燥后，加入适量的TE缓冲液(约100 μL)放置5min，或37℃水浴10~30 min，使其充分溶解。

(10)完全溶解后，4℃、4 000 r/min离心5min。取上清液于新的灭菌离心管中，4℃保存备用或-20℃长期保存。

2. 分子标记的PCR扩增

(1)在0.2 mL无菌PCR管中依次加入下列溶液(加入后轻轻混匀)：灭菌的重蒸水、10×Taq酶buffer、2.5 mmol/L dNTP、引物、模板DNA、Taq酶，总体积为20 μL。每个样品均用

5 个引物进行分析。加入 Taq 酶后，枪头在反应混合液中反复吸打几次，使酶完全加入到反应体系中。用手指轻弹管壁使溶液混匀，也可用微量离心机短暂离心，使溶液集中在管底。酶从冰箱取出后放置于冰上，使用完毕应立即放回冰箱。

(2)将上述 PCR 管放入 PCR 仪中，在 PCR 仪上编辑程序：94℃预变性 3min；然后将下列 3 个步骤进行 35 个循环：94℃变性 1 min，36℃退火 45 s，72℃延伸 1 min，最后 72℃保温 10 min，4℃保存。

3. PCR 产物的电泳检测和条带分析

按照引物的不同，不同模板同一引物的扩增产物为一组进行电泳检测，1.5% 的琼脂糖凝胶电泳，凝胶成像仪拍照，按照条带的有无记作 1 和 0，将电泳条带 1 和 0 的数据导入 NTSYSpc软件进行聚类分析，从而得到不同品种的系统发育树状图。

【思考题】

1. 样品间 Nei's 遗传距离的大小反映了什么问题?
2. 如何解读聚类分析产生的聚类树状图?

实验十九　遗传学自主设计性实验

【实验目的】

1. 运用在本课程中掌握的理论知识和实验技能，并结合相关课程的知识和技能，以团队为单位(由 4 ~ 6 人组成，其中 1 人担任组长)，学生自主选题、自主设计实验方案，在实验指导教师的辅助下自主完成实验并提交实验报告。

2. 通过这项实验，增强学生在独立思考、提出问题与解决问题、实验设计与操作、数据收集与整理、实验结果分析与讨论等方面的综合能力，提升学生协作精神与创新意识。

【实验步骤】

1. 选题

从本实验教程参考题目中选择一个题目(见“参考题目”)；或者学生自主确定一个与遗传学相关的题目。

2. 撰写选题报告

根据自己选定的题目，查阅相关资料，明确实验的目的与意义，设计实验方案，论证实验方案的可行性，并撰写《选题报告》(见“附 1：自主设计性实验选题报告样表”)，《选题报告》经实验指导老师审阅并提出修改意见，《选题报告》经指导老师同意后方可进入下一步。

3. 开展实验

按照设计的实验方案进行实验，注意对实验现象进行仔细观察和记录，对实验结果的数据进行收集、整理和分析。

4. 撰写并提交实验报告

完成实验后撰写实验报告(见“附 2：实验报告范例”)，报告必须对实验结果进行详细的描述和分析，对实验中存在的问题和解决方法要进行深入讨论。

【参考题目】

1. 人类性状或遗传病的遗传谱系调查与分析。
2. 诱变因素对染色体结构的影响。
3. 某种生物的核型分析。
4. 某种生物的染色体显带分析。
5. 大肠杆菌营养缺陷型诱变与突变体鉴定。
6. 大肠杆菌致病因子的比较基因组学鉴定。
7. 重组 DNA 分子的构建、转化与转化子筛选。
8. 基于 DNA 分子标记分析某种生物的遗传多态性。
9. 基于同工酶标记分析某种生物的遗传多态性。
10. 植物多倍体的诱发与鉴定。
11. 药品、保健品对果蝇性别和寿命的影响。
12. 环境污染物或有毒要害物质的遗传毒理学分析。

附1：自主设计性实验选题报告样表

遗传学自主设计性实验

选 题 报 告

<table>
<tr><td colspan="4">题目名称：</td></tr>
<tr><td>专业年级</td><td colspan="3"></td></tr>
<tr><td>学生姓名</td><td>性别</td><td>学号</td><td>联系电话</td></tr>
<tr><td></td><td></td><td></td><td></td></tr>
<tr><td></td><td></td><td></td><td></td></tr>
<tr><td></td><td></td><td></td><td></td></tr>
<tr><td></td><td></td><td></td><td></td></tr>
<tr><td></td><td></td><td></td><td></td></tr>
<tr><td>指导教师</td><td colspan="3"></td></tr>
<tr><td colspan="4">1. 结合选题情况，根据所查阅的文献资料，撰写1500字左右的文献综述（包括研究进展与选题依据、目的、意义，附参考文献）</td></tr>
<tr><td colspan="4">2. 本课题要研究或解决的问题和拟采用的实验方案</td></tr>
<tr><td colspan="4">3. 实验所需要的仪器、设备、药品</td></tr>
<tr><td colspan="4">4. 指导教师意见

签字：　　　　　　　　日期：</td></tr>
</table>

注：本表栏空不够可另附纸张

附2：实验报告范例

范例一（适用于基础性实验与综合性实验）：

染色体组型分析

课程名称：遗传学实验

年级专业：2012级园艺

姓　　名：张艳萍

学　　号：20120308

指导老师：刘志祥

一、实验目的

通过实验学习染色体组型分析的方法。

二、实验原理

染色体组型又叫核型（Karyotype），是指某种细胞，某个个体或某个物种的染色体在数目和形态学上的总特征、总情况。包括染色体的数目、大小和形态；染色体缢痕的大小和数目；异染色质和常染色质的分布及带型等。

通过一定的方法进行观测、分析和研究，从而把某种细胞，某个个体或某种生物的染色体组型搞清楚，这项工作称为染色体组型分析（Karyotype analysis），又叫核型分析。

三、实验材料与仪器

1. 材料：板栗细胞有丝分裂中期染色体玻片标本。
2. 仪器设备：显微镜、直尺、圆规、显微摄影与打印设备。

四、实验步骤

1. 在低倍镜下选取一定数量（100个）染色体分散良好的中期分裂相，分别进行染色体计数，确定研究对象的染色体数目（研究对象每个有丝分裂细胞平均含的染色体数目）。记录使用的显微镜号以及移动尺的坐标，以备校对。

2. 从上述中期分裂相中选择一定数目（5~10）染色体收缩适度、数目完整，各对染色体较平直和着丝点清晰的分裂相进行显微摄影，放大成适宜大小的相片。

3. 分别把各分裂相的染色体剪下，测出长度、臂比值或着丝点指数，进而依据相对大小、臂比值或着丝点指数和其他形态学特征（次缢痕与随体的有无及其位置等），对染色体进行配对。

4. 根据臂比值或着丝点指数将染色体对分组，每组按染色体对的相对大小依次排列、编号，制成染色体组型图，然后加以适当描述。

5. 根据各染色体对的相对长度、臂比值或着丝点指数的平均值，绘出研究对象的染色体组型模式图。

五、实验结果与分析

1. 板栗染色体数目（$2n$）、臂指数（NF）及染色体剪贴图

$2n=24$　　　　NF = 48

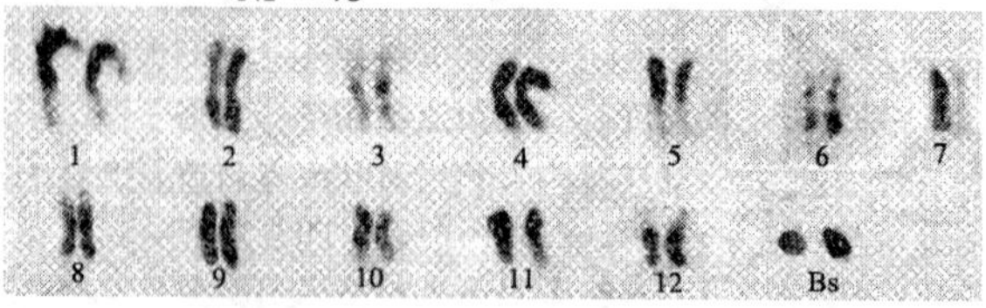

2. 测量数据

板栗染色体($2n=24$)核型分析表

染色体编号	染色体长度=长臂+短臂(um)	相对长度(%)	臂比	染色体类型
Ⅰ	4.57=3.28+1.29	12.18	2.54	sm
Ⅱ	3.67=2.20+1.47	9.78	1.52	m
Ⅲ	3.63=2.42+1.21	9.67	2.00	sm
Ⅳ	3.26=1.96+1.30	3.69	1.51	m
Ⅴ	3.15=1.60+1.55	8.40	1.03	m
Ⅵ	3.15=1.84+1.31	8.40	1.40	m
Ⅶ	3.05=1.97+1.08	8.13	1.82	sm
Ⅷ	3.05=1.90+1.15	8.13	1.65	m
Ⅸ	2.74=1.58+1.16	7.30	1.36	m
Ⅹ	2.63=1.52+1.11	7.01	1.37	m
Ⅺ	2.31=1.31+1.00	6.16	1.31	m
Ⅻ	2.31=1.49+0.83	6.16	1.82	sm
染色体总长度=37.52				

3. 板栗核型模式图

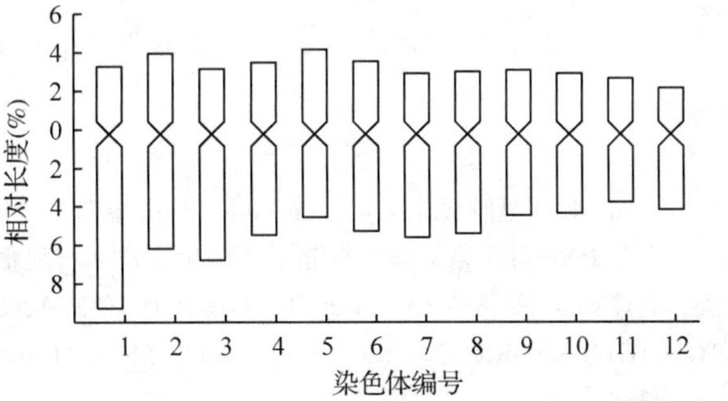

4. 板栗核型公式

板栗 $2n=24=16m+8sm$

5. 讨论

在观察板栗染色体时，发现了2条B染色体(B chromosomes)。B染色体独立于物种正常染色体(A chromosomes)之外，在形态、数目、行为以及功能等方面与正常染色体具有明显区别，B染色体是非必需的染色体，又称为超数染色体(Supernumerary chromosomes)、附加染色体或额外染色体。

范例二(适用于自主设计性实验)：

虎杖 ISSR-PCR 反应体系的建立与优化

课程名称：遗传学实验

年级专业：2004级生物技术

姓　　名：胡双双

学　　号：20043399

指导老师：刘志祥

摘要：目的：筛选虎杖DNA提取方法，优化虎杖ISSR－PCR反应体系。方法：比较SDS法和CTAB法提取虎杖DNA的效果，通过单因子试验优化影响虎杖ISSR－PCR的主要参数。结果：CTAB法提取的虎杖总DNA质量优于SDS法。虎杖ISSR－PCR最佳反应体系为：总体积为25μL，1×PCR reaction buffer［10mmol/L Tris-HCl（pH8.3），50mM KCl］，40ng模板DNA，0.25mmol/L dNTP，2U Taq DNA聚合酶，2.0mmol/L $MgCl_2$，1.0 μmol/L引物。结论：该反应体系适用于应用ISSR标记开展虎杖DNA指纹、遗传多样性等研究。

关键词：虎杖 ISSR 反应体系

虎杖（*Polygonum cuspidatum*）为蓼科多年生草本植物，其主要功效有祛风利湿，祛痰止咳，清热解毒，活血化瘀。现代药理学研究表明虎杖中的大黄素、白藜芦醇等成分具有强心扩血管、抑制血小板聚集、抗血栓、改善微循环、抗休克、降血脂、镇咳、平喘、保肝利胆、抗菌、抗病毒、抗肿瘤、抗氧化等功效[1]。

ISSR（inter-simple sequence repeat）是一种新型分子标记技术，其基本原理是利用真核生物基因组中广泛分布的简单重复序列（simple sequence repeat，SSR）设计引物，对两侧具有反向排列SSR的一段DNA序列进行扩增，分析不同样品间ISSR标记的多态性[2]。简单重复序列在真核生物中普遍存在，ISSR引物在不同的物种间可以通用，运用ISSR技术不需要任何基因组序列信息，并且具有多态性高、稳定性好、简便快捷等优点，所以ISSR标记在分子标记辅助育种、遗传多样性、遗传作图、种质资源鉴定等领域具有广泛的应用前景[3]。

本研究通过单因子试验建立并优化虎杖ISSR－PCR反应体系，为将ISSR技术应用于虎杖遗传多样性、DNA指纹分析等研究奠定基础。

1. 材料与方法

1.1 实验材料

虎杖采自湖南中医药大学。

1.2 试剂与仪器

Mastercycler梯度PCR仪；Bio－Rad凝胶成像系统；Eppendorf核酸蛋白分析仪；Taq DNA聚合酶、dNTP购自宝生物工程（大连）有限公司；DNA分子量标准购自北京鼎国生物技术有限责任公司；ISSR引物由上海捷瑞生物工程有限公司合成，其序列如下：815（5′-CTCTCTCTCTCTCTCTG-3′），825（5′-ACACACACACACACA-CACT-3′），860（5′-TGTGTGTGTGTGTGTGRA－3′）（R＝A/G），873（5′－GACAGACAGACAGACA－3′），877（5′－TGCATGCATGCATGCA －3′）。

1.3 虎杖总DNA的提取

采用CTAB法和SDS法分别提取虎杖叶片总DNA[4]，紫外分光光度法和琼脂糖凝胶电泳检测DNA的质量和纯度。

1.4 ISSR－PCR反应程序的优化

参考有关ISSR的研究论文[5,6]，确定本研究中ISSR－PCR的初始反应体系为：反应体系总体积为25μL，1×PCR reaction buffer［10mmol/L Tris-HCl（pH8.3），50mM KCl］，100ng DNA模版，1.0 μmol/L 815引物，0.2mmol/L dNTP，1U Taq DNA聚合酶，1.0mmol/L $MgCl_2$。反应程序为：94℃预变性3min；94℃变性45sec，52℃复性1min，72℃延伸1min，共35个循环；72℃延伸5min；4℃保存。

本研究对虎杖ISSR-PCR反应的模板浓度、dNTP浓度、引物浓度、Taq DNA聚合酶浓度、$MgCl_2$浓度进行单因子试验，优化虎杖ISSR-PCR反应体系。DNA模板设40、80、120、160、200ng 5个梯度；dNTPs浓度设0.1、0.15、0.2、0.25、0.3mmol/L 5个梯度；815引物浓度设0.4、0.6、0.8、1.0、1.2 μmol/L 5个梯度；Taq DNA聚合酶用量设0.5、1.0、1.5、2.0、2.5U 5个梯度；$MgCl_2$浓度设0.5、1.0、1.5、2.0、2.5mmol/L 5个梯度。

将优化的反应体系应用于 825、860、873、877 引物，检验是否适用于其他引物。扩增程序采用梯度 PCR，退火温度范围设置为 Tm－10℃～Tm＋10℃。

1.5　PCR 产物检测

扩增产物用 2% 琼脂糖凝胶电泳，缓冲液为 1×TAE，电压为 5 V/cm，0.5μg/mL 溴化乙锭染色，紫外光下自动凝胶成像系统观察拍照。

2. 结果与分析

2.1　虎杖总 DNA 的提取

紫外分光光度法分析结果表明，SDS 法和 CTAB 法提取的 DNA 其 OD_{260}/OD_{280} 均处于 1.8～2.0 之间，其纯度都较高。但 0.8% 琼脂糖凝胶电泳结果显示，SDS 法提取的 DNA 由于存在多糖类的干扰，部分 DNA 未能从点样孔中电泳出(图 1)。故比较而言，CTAB 法提取的虎杖基因组总 DNA 质量较高。

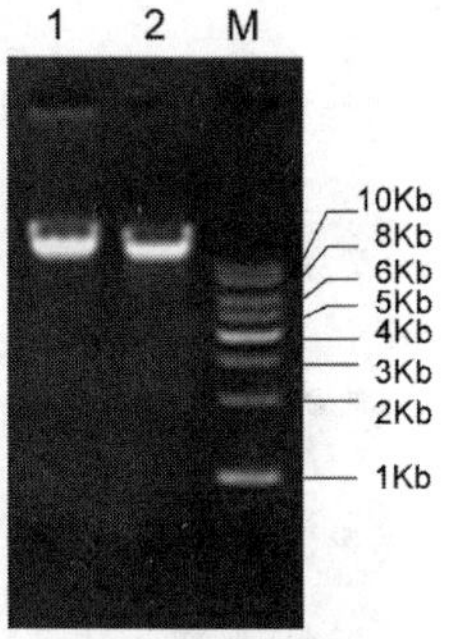

图 1　总 DNA 琼脂糖凝胶电泳结果

泳道 1 为 SDS 法提取的总 DNA，泳道 2 为 CTAB 法提取的总 DNA，M 为 DNA 标准相对分子质量对照

2.2　模板浓度对 ISSR－PCR 的影响

在其他反应条件不变的情况下，研究了 25μL 反应体积中模板 DNA 用量在 40、80、120、160、200ng 时 ISSR－PCR 扩增的结果。结果表明，模板 DNA 用量为 40、80、120、160、200ng 时，扩增的条带数量和亮度基本相同(图 2)。可见在本试验所设置的范围内模板浓度的改变对扩增带型的变化影响不大。通常在保证扩增的条带数量和清晰度情况下尽量选择低模版浓度，所以在虎杖 25μL ISSR－PCR 反应体系中模板最适用量为 40ng。

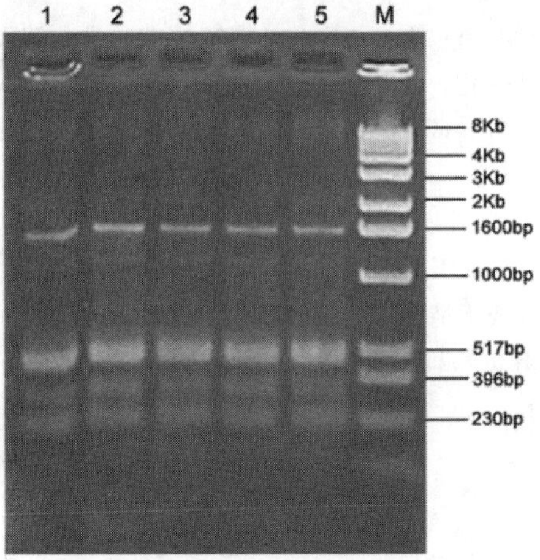

图 2　DNA 用量对 ISSR-PCR 的影响

1～5 泳道 DNA 用量分别为：200、160、120、80、40 ng，M 为 DNA 标准相对分子质量对照

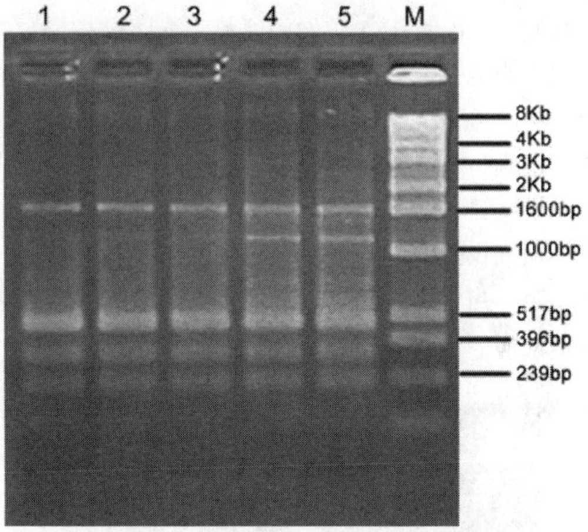

图 3　Taq DNA 聚合酶浓度对 ISSR-PCR 扩增的影响

1～5 泳道 Taq 酶浓度分别为：0.5、1.0、1.5、2.0、2.5U

2.3　Taq DNA 聚合酶浓度对 ISSR 扩增的影响

在 PCR 反应中，Taq DNA 聚合酶的浓度是一个重要影响因素。Taq DNA 聚合酶浓度过高容易产生非特异性扩增产物，Taq DNA 聚合酶浓度过低则会导致产物的合成效率下降。本实验设置了在 25μL 反应体积中 0.5、1.0、1.5、2.0、2.5U 5 个 Tag DNA 聚合酶用量梯度。结果表明使用 0.5～2.5U Taq DNA 聚合酶含量均有扩增产物出现，2.0 U 时扩增反应最佳(图 3)。

2.4　$MgCl_2$ 浓度对 ISSR 扩增的影响

由于 Taq DNA 聚合酶是 Mg^{2+} 依赖性酶，对 Mg^{2+} 浓度非常敏感，因此合适的 Mg^{2+} 浓度，对 PCR 反应非常重要。本研究把 Mg^{2+} 浓度设 5 个梯度，即 0.5、1.0、1.5、2.0、2.5mmol/L，结果表明，0.5、1.0 和

1.5mmol/L时，扩增条带较少且较模糊，而2.0mmol/L和2.5mmol/L时，扩增效果较好。而$MgCl_2$浓度为2.0mmol/L时，非特异性扩增较少(图4)，所以$MgCl_2$最适宜浓度为2.0mmol/L。

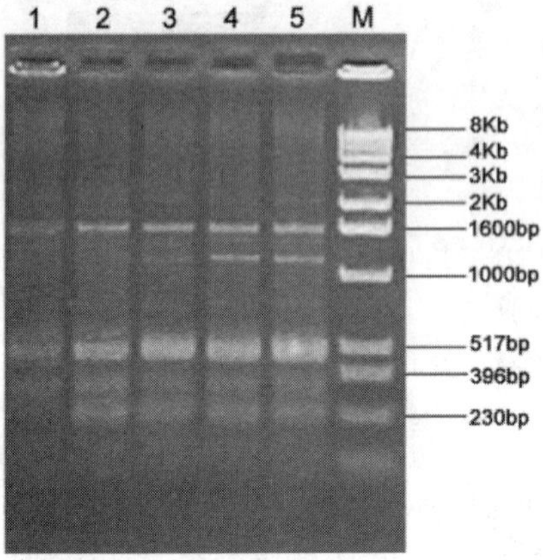

图4 $MgCl_2$浓度对ISSR-PCR扩增的影响

1～5泳道$MgCl_2$浓度分别为：0.5、1.0、1.5、2.0、2.5mmol/L

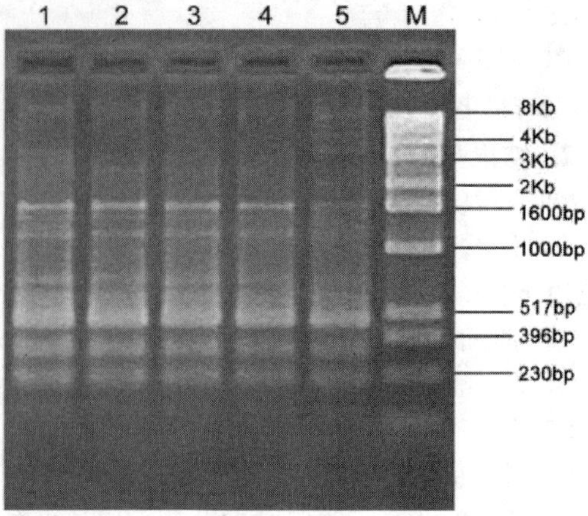

图5 dNTPs浓度对ISSR扩增的影响

1～5泳道dNTPs浓度分别为：0.3、0.25、0.2、0.15、0.1 mmol/L

2.5 dNTP浓度对ISSR扩增的影响

底物dNTP是DNA扩增的原料，浓度过高，会导致聚合酶错误的渗入，甚至会抑制酶的活性；浓度过低，又会影响合成效率，甚至会因dNTP过早消耗而使产物单链化，影响扩增效果。本研究设置了0.1、0.15、0.2、0.25、0.3mmol/L五个dNTP浓度梯度，结果表明，0.25mmol/L的dNTP含量时ISSR扩增条带最多且清晰(图5)。所以dNTP最佳浓度是0.25mmol/L。

2.6 引物浓度对ISSR扩增的影响

本研究设置的引物浓度梯度为：0.4、0.6、0.8、1.0、1.2 μmol/L。发现扩增片段的数量和质量受引物浓度影响，当引物浓度为0.4、0.6、0.8μmol/L时，扩增片段少或不清晰。当引物浓度为1.2μmol/L时，扩增片段亮而多，但非特异性扩增也较多(图6)。本研究确定PCR的最佳引物浓度是1.0 μmol/L。

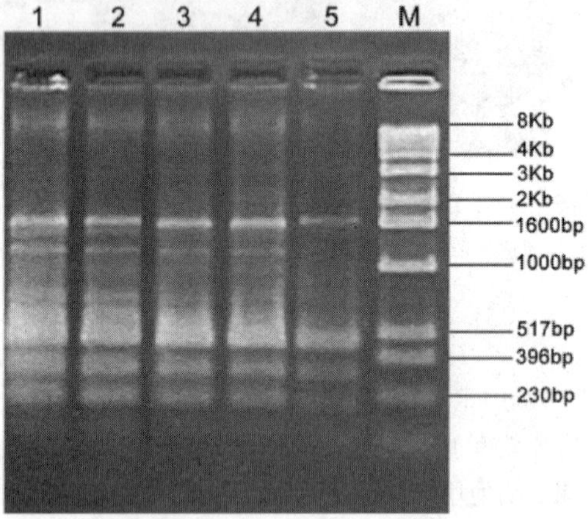

图6 引物浓度对ISSR扩增的影响

1～5泳道引物浓度分别为：1.2，1.0，0.8，0.6，0.4 μmol/L

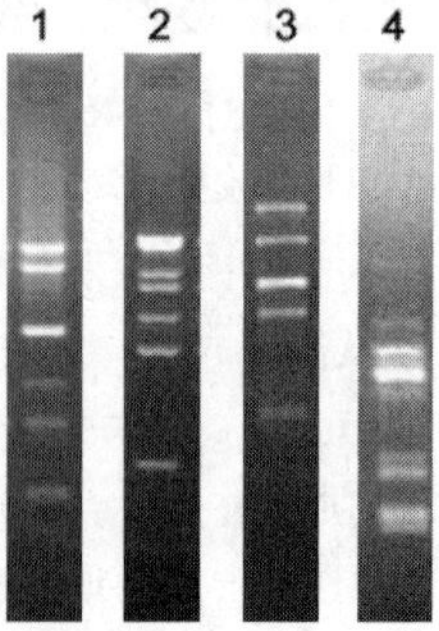

图7 优化体系应用于其他引物的效果

泳道1为825引物，泳道2为860引物，泳道3为873引物，泳道4为877引物

2.7　优化体系应用于其他引物

将上述单因子试验所优化的反应体系应用于825、860、873、877引物，扩增程序采用梯度PCR。每种引物的最佳反应结果如图7所示。结果表明，本研究获得的反应体系在合适的退火温度下均获得了清晰的、可识别的谱带，说明该反应体系是适合于其他ISSR引物，可以应用于虎杖ISSR分析。

3　讨论

虽然ISSR标记稳定性和重复性好，但在运用ISSR技术开展遗传多样性研究时，要采用POPGENE 32、NTSYS－PC等软件进行数据分析必须先将ISSR－PCR产物的电泳谱带按照有(记为1)无(记为0)转化为数据矩阵，这要求对ISSR－PCR反应体系进行优化，以得到清晰稳定的电泳谱带，否则影响谱带转化为数据矩阵，甚至导致数据分析结果的偏差。

本文对影响虎杖ISSR－PCR反应的模板DNA、Taq DNA聚合酶、dNTP、Mg^{2+}和引物进行了研究，得到其最佳的反应体系为：1×PCR reaction buffer[10mmol/L Tris-HCl (pH8.3), 50mmol/L KCl], 40ng DNA模版，0.25mmol/L dNTP，2U Taq DNA聚合酶，2.0mmol/L $MgCl_2$，1.0 μmol/L引物，加灭菌重蒸水至总体积为25μL。为利用ISSR标记开展虎杖遗传多样性、种质资源鉴定、遗传作图、分子标记辅助选择等研究奠定了基础。

退火温度也是影响ISSR－PCR的重要因素，但本文并没有对退火温度进行优化，因为PCR反应的最适退火温度因引物而异，不可能找到一个适用于所有ISSR引物的退火温度。这要求在研究中每采用一个新的引物进行虎杖ISSR分析时，必须先摸索最适退火温度，而这只需要在已经建立的优化体系的基础上进行一次梯度PCR就可以完成。

参考文献

[1]薛岚．中药虎杖的药理研究进展[J]．中国中药杂志，2000，25(11)：651－653.

[2]Zietkiewicz E, Rafalski A, Labuda D. Genome fingerprinting by simple sequence repeat (SSR) － anchored polymrase chain reaction amplification[J]. Genomics, 1994, 20(2): 176－183.

[3]李海生．ISSR分子标记技术及其在植物遗传多样性分析中的应用[J]．生物学通报，2004，39(2). 19－21.

[4]王关林，方洪筠．植物基因工程[M].2版．北京：科学出版社，2002，742－744.

[5]赵振华，严萍，焦旭雯，等．何首乌ISSR－PCR反应体系的建立与优化[J]．时珍国医国药，2008，19(3)：567－569.

[6]钱韦，葛颂．采用RAPD和ISSR标记探讨中国疣粒野生稻的遗传多样性[J]．植物学报，2000，42(7)：741－750.

第 7 篇

动物生理学实验

实验一 刺激强度和刺激频率与骨骼肌收缩的关系

【实验目的】

1. 通过制备蛙腓肠肌标本，加强基本操作技术的训练；通过刺激此标本，观察刺激强度不同时骨骼肌的收缩反应，从而了解阈下刺激、阈刺激、阈上刺激和最适刺激，深入理解和掌握刺激与反应的关系。

2. 观察不同刺激频率对骨骼肌收缩形式的影响，了解实验情况下产生强直收缩的方法，并理解刺激频率与骨骼肌收缩反应之间的关系。

3. 学习使用微机 MS4000U 生物信息采集处理系统软件。

【实验原理】

在生理学中兴奋性指细胞在受刺激时产生动作电位的能力。肌肉组织具有兴奋性，受到刺激后会产生动作电位，发生反应，表现为肌肉收缩。引起组织发生反应的刺激应是适宜的有效刺激。刚能引起收缩反应的最小刺激强度称为阈强度，该刺激为阈刺激。就单条骨骼肌纤维而言，它对刺激的反应具有“全或无”的性质，但蟾蜍或蛙的腓肠肌内含有许多骨骼肌纤维，它们的兴奋性不同，因而所需的阈刺激强度也不同。如果刺激强度低于任何肌纤维的阈值，则没有动作电位产生，无收缩反应；当刺激强度增加到能引起少数肌纤维兴奋时，可产生较小的复合动作电位，记录到较低的肌肉收缩波形；继续增加刺激强度，兴奋的纤维数量增多；当刺激强度增加到使全部肌纤维兴奋时，复合动作电位幅度达到最大，肌肉收缩幅度也达到最大；再增加刺激强度时，复合动作电位的幅度和肌肉收缩幅度都不会再增加。由此可见，整块肌肉对刺激的反应不表现“全或无”，而是呈现出在一定范围内其收缩力与刺激强度成正比的关系，即随着阈上强度的不断增加，骨骼肌的收缩反应相应加大，直至出现最大反应。此时的最小刺激强度称为最适强度，该刺激为最适刺激。骨骼肌在受到 1 次刺激后，可以产生 1 次等长或等张收缩，其全部过程可分为潜伏期、收缩期和舒张期。在一定的刺激强度下，不同的刺激频率可使肌肉出现不同的收缩形式：如果刺激的间隔时间大于肌肉收缩的收缩期与舒张期之和，刺激引起肌肉出现一连串的单收缩；随着刺激频率增加，刺激间隔时间缩短，如果刺激的间隔时间大于收缩期但小于收缩期与舒张期之和，则后一刺激引起的肌肉收缩落在前一刺激引起收缩过程的舒张期内，描记出锯齿状的不完全性强直收缩波；如果刺激的间隔时间小于收缩期，则后一刺激引起的肌肉收缩在前一刺激引起肌肉收缩的缩短期内，各次收缩可以融合而叠加，锯齿波消失，出现完全强直收缩。

【实验器材】

1. 材料

蟾蜍或蛙。

2. 器械

MS4000U 生物机能实验系统、蛙手术器械 1 套、刺激电极、肌张力换能器、铁支架、双凹夹、任氏液。

【实验步骤】

1. 标本制备

取蟾蜍(或蛙)1 只，用自来水冲洗干净后，用纱布包裹全身，仅露头部。以左手环指和小指夹住蟾蜍的后肢，中指抵住蟾蜍的前肢，拇指抵住背，食指抵住头并使其向下弯曲。右手持杀蛙针从枕骨大孔垂直刺入，向前刺入颅腔，左右搅动捣毁脑组织。然后将杀蛙针退至皮下，倒转针尖向下刺入椎管捣毁脊髓，直至动物四肢松软即可。也可用粗剪刀将蛙上颌从两耳连线平面离断，暴露椎管，用金属探针直接刺入椎管并上下提插破坏脊髓。然后剪开一侧下肢皮肤，暴露腓肠肌。在跟腱下穿一个丝线并结扎，在远端剪断跟腱。将结扎跟腱的线提起，用细剪刀使腓肠肌与胫骨分离。脚趾部与股骨部用蛙钉固定于蛙板上。

2. 标本与仪器的连接

垂直提起腓肠肌上的结扎线，连接于肌张力换能器头上，换能器输出连于计算机的输入通道，刺激电极固定在铁夹上，使其与腓肠肌接触良好，刺激电极的连线接于计算机程控刺激器输出端。

3. 观察项目

3.1　刺激强度和肌肉收缩的关系

打开计算机，等待自动进入智能型生物信息采集处理系统主页，用鼠标在空白处双击后进入主界面。单击顶级菜单“实验项目”，下拉式菜单弹出。这时当你选中肌肉神经实验时，则会向右弹出具体实验的子菜单，选定“刺激强度与反应的关系”项单击，界面上出现参数选择对话框，根据实验需要填入合适的数据后点击“OK”便进入实验的监视。实验方式最好选程控(非程控时，每一次刺激都要重新设置刺激强度，然后按启动刺激后才有刺激输出)。观察生物信息显示：信号通道窗口可见弱刺激开始时肌肉无收缩反应，随着刺激强度的加大，当刺激刚好使肌肉收缩时的刺激强度为阈强度或阈值。此前未产生收缩波的刺激为阈下刺激。继续增加刺激强度，肌肉收缩幅度随之加大，当三四个收缩幅度不再随刺激发生改变时的最小刺激强度为最适强度，此刺激即为最适刺激。可根据结果调节填入对话框的数据(主要是起始刺激强度和刺激强度增量的设置)。刺激强度与反应的关系如图 7-1 所示。

3.2　肌肉的单收缩和强直收缩

单击顶级菜单“实验项目”，在肌肉神经实验中选定单击“刺激频率与反应的关系”项，出现对话框后选择现代或经典实验，并填入合适的数据后便进入实验的监视。(经典实验是指以对话框中设置的刺激强度和频率进行刺激，只画出 3 组图形；现代实验是指刺激强度不变，每次刺激频率递增量按设置量一次次递加，画出许多组图形。

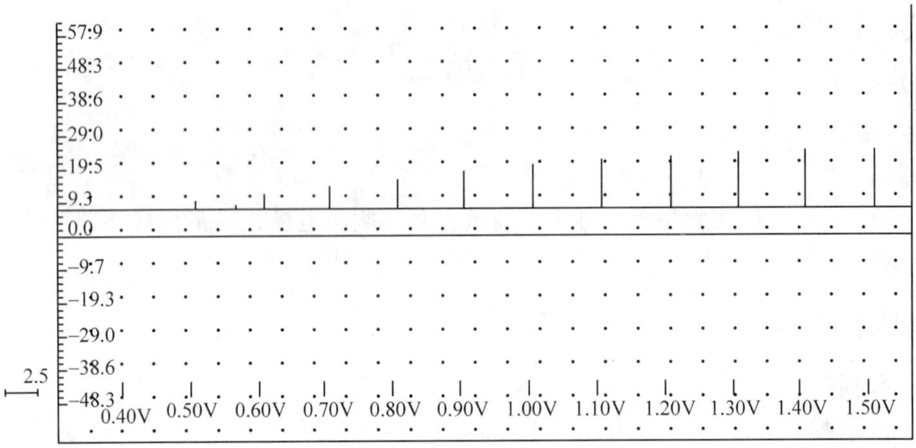

图7-1 刺激强度与反应的关系

观察生物信号显示：选择不同实验类型(经典实验或现代实验)，将记录不同形式的实验结果。可根据实验图形调节填入对话框的数据(经典实验主要是调节3种收缩的刺激频率Hz和刺激强度V，现代实验主要是刺激强度、刺激频率增量即频率阶梯的设置)，即记录几个单收缩曲线和一段不完全强直收缩及完全强直收缩曲线(图7-2)。

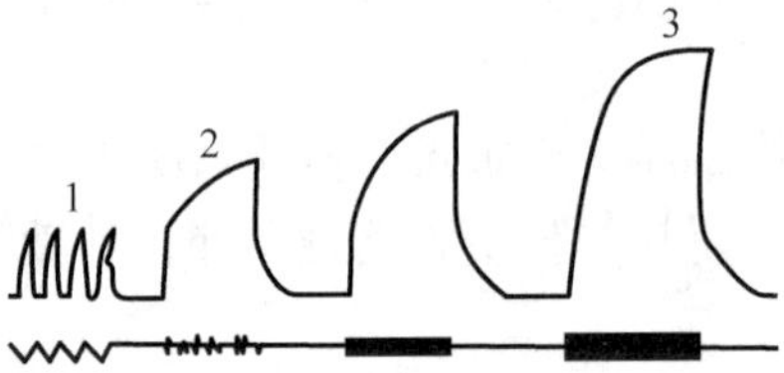

图7-2 骨骼肌的单收缩和强直收缩

1. 单收缩；2. 不完全强直收缩；3. 完全强直收缩

【结果记录】

根据实验结果练习图形剪辑，并在剪辑页上书写实验题目，标出阈强度、最适刺激强度；单收缩、不完全强直收缩、完全强直收缩；练习实验人员名单输入、打印设置及存盘等操作。

【注意事项】

1. 随时用任氏液湿润标本，避免用手指和金属器械接触和夹持标本，以保持其良好的兴奋性。

2. 随时注意刺激电极与腓肠肌的良好接触，尤其是当肌肉收缩时要防止只有一根电极接触，导致不能保证刺激频率的真实性。

3. 每次连续刺激一般不要超过3~4 s。单刺激或连续刺激后，让肌肉短暂休息，以免肌肉标本疲劳。

【思考题】

为什么在阈刺激和最大刺激之间，骨骼肌收缩会随着刺激强度的增加而增加？

实验二　神经干动作电位引导、兴奋传导速度及不应期的测定

【实验目的】

1. 学习神经干动作电位细胞外引导记录方法，了解电生理实验的基本方法和基本仪器的使用。
2. 观察神经干动作电位的波形、幅度和潜伏期，探讨其机制。
3. 了解神经干动作电位传导速度和不应期的测定原理和方法。

【实验原理】

一种可兴奋细胞处于兴奋状态时，都有一个共同的、最先出现的反应——动作电位，即细胞膜受刺激后在原有静息电位基础上发生的一次膜两侧电位的快速倒转和复原。动作电位是细胞兴奋的标志，它只在外加刺激达到一定强度时才出现。本实验中神经干动作电位的引导采用细胞外记录，当冲动传来，神经的兴奋部位对于静止部位来说呈负电位，两者之间出现的电位差可被摆放在神经纤维外的记录电极和参考电极引导出来，显示在荧光屏上。由于本实验所用的坐骨神经标本包括许多种类的神经纤维成分，其各自的兴奋阈值不同，传导速度各异，所引导的动作电位为各峰电位的总和，为复合动作电位，因而其幅值在一定范围内随着刺激强度增加而增大。可兴奋细胞任何一个部位的膜受刺激产生动作电位后，该处已除极的膜电位和邻近仍处于安静极化状态的膜电位之间出现一个电位差并引起局部电流，导致未兴奋部位的膜内电位升高，而膜外电位降低，膜除极达阈电位，邻近的膜也产生动作电位。动作电位同样以局部电流的形式沿神经纤维传导，其速度取决于神经纤维的直径、内阻、有髓或无髓等。坐骨神经为混合神经，通过测定该复合动作电位经过的距离和时间，即可计算出神经干兴奋传导的速度。

【实验器材】

1. 材料

蟾蜍(或蛙)。

2. 药剂

1%普鲁卡因溶液、任氏液。

3. 器械

MS 4000U 生物机能实验系统、蛙手术器械1套、神经标本屏蔽盒。

【实验步骤】

1. 坐骨神经—腓神经标本制备

(1)脑脊髓破坏同实验一。

(2)用粗剪刀沿脊柱正中至耻骨联合中央剪开成两半，浸于盛有任氏液的烧杯中。取一只腿放于玻板上，在坐骨神经起始端的脊柱处用玻钩轻轻游离坐骨神经，用丝线结扎，靠近脊柱端剪断。将神经分离至大腿根部，在坐骨神经沟内找出坐骨神经，并沿神经分离两侧肌肉，剪断沿途分支直到腘窝。坐骨神经在腘窝上方分成胫神经和腓神经，沿腓神经分离至足部，剪断。将制成的坐骨神经—腓神经标本置于任氏液中浸泡数分钟，备用。

2. 仪器连接和调试

2.1 神经屏蔽盒的安装

一对刺激电极尽量相互靠近，两对记录电极尽可能分开。神经槽的所有电极都需要用小刀刮亮除去锈蚀和氧化膜，并使各电极处于同一水平，以免接触不良。用镊子夹住神经标本一端的结扎线，将标本置于电极上，方向是标本的近中端接触刺激电极，远中端接触引导电极。

2.2 连接

刺激电极与计算机程控刺激器的输出端相连；距离刺激电极近的一对记录电极与计算机一个通道相连，距离刺激电极远的一对记录电极与另一个通道相连；两对记录电极引导的生物电信号输入计算机电位通道接口，经程控生物放大器放大，A/D 转换，计算机处理，显示器显示(图 7-3)。

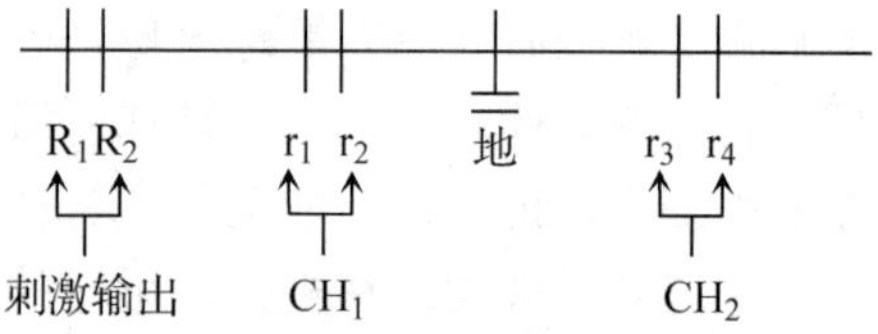

图 7-3 仪器电路图

3. 实验项目测定

打开计算机电源开关，点击桌面上 MS 4000U 生物机能实验系统软件标志，选择实验项目动作电位，进行观察实验。

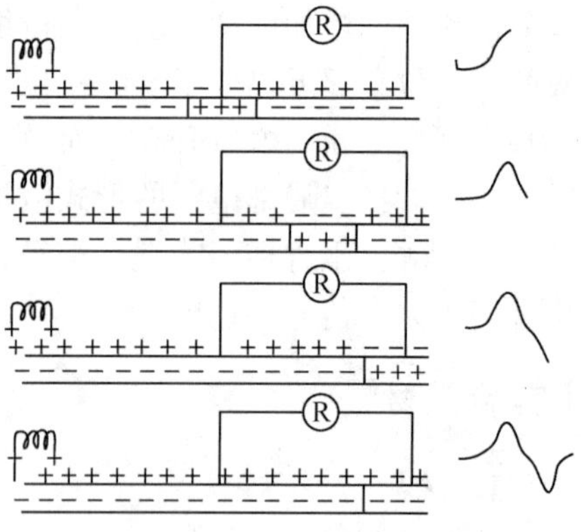

图 7-4 双相动作电位形成示意

3.1 双相动作电位

用单脉冲电刺激，调节程控刺激器的波宽和幅度，逐渐增加刺激强度，观察动作电位的大小。扫描时，可在屏幕上见到一个双相动作电位，即前面一个大的向上的波，后面一个向下的波(图 7-4)。每次显示动作电位的同时，系统可立即计算出动作电位的幅值、波宽和潜伏期。

3.2 经干动作电位传导速度的测定

调节两对记录电极的位置使其尽量分开，并与神经干紧密接触；调节刺激器强度以产生最大动作电位；量出两记录电极之间的距离(d)；给神经纤维单脉冲刺激，该刺激经历时间 t_1 后，传至距刺激电极较近的记录电极 r_1，引导出第一个动作电位，同样，该刺激经历时间 t_2 后，传至距刺激电极较远的记录电极 r_2，引导出第二个动作电位；分别测出刺激传到引导电极 r_1(近)和引导电极 r_2(远)的时间(潜伏期 t_1 和 t_2)，二者之差(t_2-t_1)就是动作电位传导距离(d)所消耗的时间，即传导速度 $v=d/(t_2-t_1)$，单位是 m/s。

3.3　神经兴奋不应期的测定

选择双脉冲刺激，初始间隔时间为10 ms，可看到与双脉冲刺激对应的两个动作电位。调节双脉冲间隔时间，每次减少 0.1 ms。随着双脉冲间隔缩短，两个动作电位逐渐靠近，到一定程度时第二个动作电位的幅度开始减小，此时第二个刺激脉冲与第一个刺激脉冲的时间间隔即为“不应期”；继续缩短双脉冲间隔，第二个动作电位进一步向第一个动作电位靠拢，幅度继续减低以至消失，刚消失时第二个刺激脉冲与第一个刺激脉冲的时间间隔即为“绝对不应期”近似值(图 7-5)，“不应期”减去“绝对不应期”就是“相对不应期”；如果第一个刺激作为条件刺激，第二个刺激则为测试刺激，当第二个动作电位消失后，加大测试刺激强度，如果动作电位仍不出现，此时第二个刺激脉冲与第一个刺激脉冲的时间间隔才是“绝对不应期”的确切值。

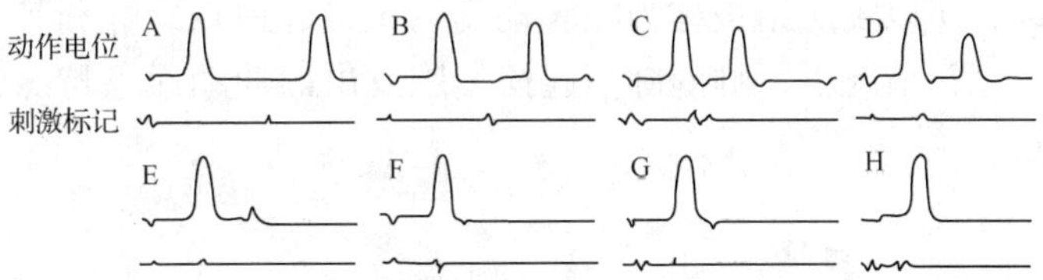

图 7-5　双脉冲刺激测定神经兴奋不应期

两刺激间隔逐渐缩短，第二个动作电位幅度减小并消失

3.4　麻醉药对兴奋传导的阻滞作用观察

将浸有 1% 普鲁卡因溶液的细棉条缠于两个记录电极之间的神经干上，动作电位第二相便消失，屏幕上只呈现单相动作电位。

【注意事项】

1. 标本尽量分离长，分离干净，但不能损伤神经干。
2. 避免标本干燥，但同时注意电极间任氏液不要过多，以免造成短路。

【思考题】

1. 神经干动作电位与刺激强度有什么关系？它与神经动作电位的“全或无”特性矛盾吗？为什么？
2. 两个刺激脉冲的间隔时间逐渐缩短时，第二个动作电位如何变化？为什么？
3. 神经产生一次兴奋后，兴奋性改变的离子基础是什么？

实验三 蛙心起搏点

【实验目的】

学习和掌握蛙类手术的操作过程；观察蛙心起搏点和各部分自律性的高低。

【实验原理】

哺乳类动物的心脏特殊传导系统都具有自动节律性，但各部分的自律性高低不同，以窦房结的自律性为最高，所以窦房结被称为哺乳动物的正常起搏点。蛙和其他两栖类动物的正常起搏点是静脉窦。正常情况下，蛙静脉窦起搏细胞发出的冲动通过特殊传导系统依次传到心房和心室引起兴奋。

【实验器材】

1. 材料

蟾蜍或蛙。

2. 药剂

任氏液。

3. 器械

蛙类手术器械、计时器等。

【实验步骤】

(1)取蟾蜍1只，用探针捣毁大脑脊髓，仰卧固定于蛙板上。用镊子提起腹部皮肤，剪一小口，然后向左右两侧锁骨外侧方向剪开并剪去皮肤，使成为一个倒三角形，并将肌肉和胸骨等剪掉，再用眼科剪剪开心包膜，暴露心脏。

(2)从心脏的腹面可以看到一个心室、左右两个心房、动脉圆锥和左右主动脉干[图7-6(a)]。房室之间有一个房室沟。用玻璃针将心室翻向头端，就可以看到两心房的下端有与两心房相连的静脉窦[图7-6(b)(c)]。心房和静脉窦之间有一个半月形白色条纹，称为窦房沟。静脉窦与前后腔静脉相连。

(3)观察静脉窦、心房和心室收缩顺序，并记录各部分的搏动频率。

(4)用镊子在主动脉干下穿一条线备用，用玻璃针将心尖翻向头端，暴露心脏背面，然后将主动脉干下的线在窦房沟处结扎，以阻断静脉窦和心房之间的传导，此为斯丹尼氏第一结扎。于是心房、心室立即停止跳动，而静脉窦仍然照常跳动。记录静脉窦每分钟的跳动次数。

(5)待心房和心室恢复跳动后，再取一条线在房室沟作第二次结扎。阻断房室之间的传

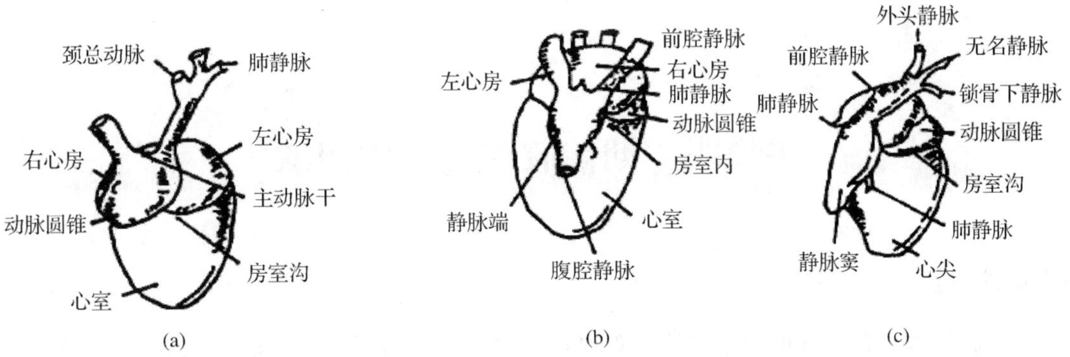

图 7-6　蛙心外形

(a)腹面　(b)背面　(c)外侧面

导后，观察心房和心室跳动情况，分别记录单位时间内静脉窦、心房和心室搏动的次数。

【结果记录】

将观察结果记录于表 7-1 中。

表 7-1　实验结果记录

观察项目	心搏频率			三者频率是否一致
	静脉窦	心房	心室	
结扎前				
第一结扎后				
第二结扎后				

【注意事项】

1. 结扎位置要准确。第一结扎窦房沟时不能扎静脉窦，第二结扎只能扎房室沟，不能扎心房或心室。线要扎紧。
2. 第二次结扎之前一定要待心房心室恢复跳动后进行。
3. 操作过程中随时滴加任氏液于心脏，以保持其兴奋性。

【思考题】

1. 为什么正常情况下心房心室不表现出自动节律性？
2. 试设计证明蛙心起搏点的其他方法。

实验四 期前收缩与代偿间歇

【实验目的】

学习在体蛙心搏曲线的记录方法，观察期前收缩与代偿间歇，验证心肌有效不应期长的特性。

【实验原理】

心肌每兴奋一次，其兴奋性可经过有效不应期、相对不应期和超常期的周期性变化。有效不应期较长，约相当于整个收缩期和舒张早期。在此期间，任何强大的刺激均不能引起心肌兴奋和收缩。随后进入相对不应期和超常期，相当于舒张中、晚期，此时若给心室施加一次有效刺激，便可在正常窦性节律到达心室之前，引起一次扩布性的兴奋与收缩，称为期前收缩。期前收缩也有其有效不应期，当紧接在期前收缩之后的窦房结(两栖类为静脉窦)的兴奋传至心室时，常常落在期前收缩的有效不应期内，因而不能引起心室兴奋和收缩，而出现一段较长的间歇期。此时心室外于舒张状态，直至再一次窦房结的兴奋传到心室时才引起心室收缩。这种在期前收缩之后出现的较长时间的间歇期，称为代偿间歇。

【实验材料】

1. 材料

蟾蜍或蛙。

2. 药剂

任氏液。

3. 器械

MS 4000U 生物机能实验系统、张力换能器、蛙类手术器械、蛙心夹、铁支柱、双凹夹、刺激电极。

【实验步骤】

(1)取蟾蜍或蛙一只，破坏脑和脊髓，暴露心脏，在心舒期用蛙心夹住心尖约1mm。

(2)按图7-7连好实验装置，即二通道连张力换能器，四为刺激输出接刺激电极。

(3)仪器操作　选择“实验项目”“循环实验”和“期前收缩与代偿间歇”。

(4)将蛙心夹丝线连于张力换能器(标签面朝上)的受力片上，调整松紧度，观察心搏曲线。曲线上升支表示心室肌收缩，下降支表示心室肌舒张。

(5)用等强度的单个电刺激，分别在心缩期和心舒早、中、晚期刺激心室，注意心搏曲线有无变化。

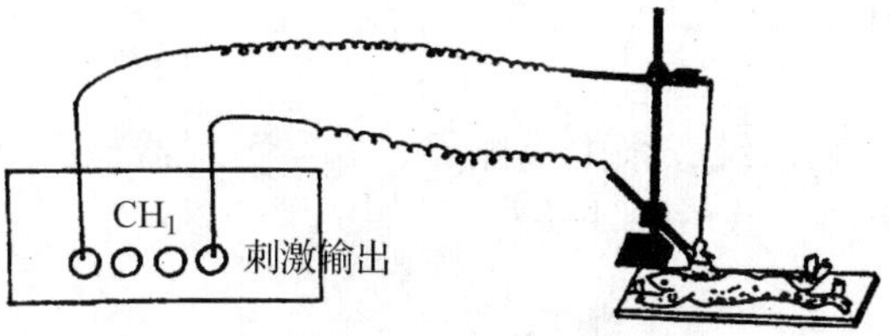

图 7-7　期前收缩实验装置示意图

【注意事项】

1. 要接触好刺激电极与心室。
2. 滴加任氏液保持心脏湿润。

【思考题】

1. 心肌兴奋性有什么特点？其生理意义是什么？
2. 期前收缩之后是否一定伴有代偿间歇，为什么？
3. 解释期前收缩幅度较低的原因。

实验五　蛙心灌注

【实验目的】

1. 学习离体蛙心灌注方法。
2. 观察内环境理化因素的改变和某些神经体液因素对心脏节律性活动的影响。

【实验原理】

蛙心离体后，用理化因素类似于两栖类动物血浆的任氏液灌注时，在一定时间内仍保持有节律的舒缩活动，而改变灌流液的理化性质后，心脏的节律性舒缩活动也随之改变，说明内环境理化因素的相对恒定是维持心脏正常活动的必要条件。此外，心脏受植物性神经的支配和某些体液因素的调节。因此，在灌流液中，滴加肾上腺素、乙酰胆碱及其相应的受体阻断剂心得安和阿托品，可间接观察神经体液因素对心脏活动的影响。

【实验器材】

1. 材料

蟾蜍或蛙。

2. 药剂

任氏液、5% NaCl、2% $CaCl_2$、1% KCl、1∶10 000 肾上腺素、1∶100 000 乙酰胆碱、1∶

10 000心得安、0.5%阿托品。

3. 器械

MS4000U生物机能实验系统、张力换能器、蛙类手术器械，蛙心夹、蛙心插管，试管夹、铁支柱、双凹夹，滴管、100 mL小烧杯。

【实验步骤】

1. 离体蛙心制备

1.1 暴露蛙心

取蟾蜍1只，捣毁脑和脊髓，仰卧固定于蛙板上，用镊子夹起腹部皮肤，用粗剪将胸腹部皮肤剪去一块呈顶端向下的倒三角形区域。夹住胸骨，剪去同样大小的一块肌肉(连同胸骨、锁骨和肋骨等)，暴露心脏。用眼科镊夹起心包膜，剪开心包膜。仔细识别心房、心室、动脉圆锥和静脉窦等结构。

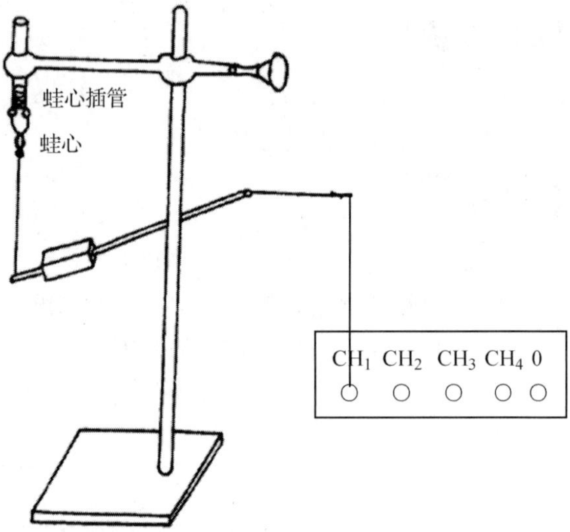

图7-8 蛙心灌注示意

1.2 插蛙心插管

用蛙心夹在心室舒张时夹住心尖约1 mm(不宜夹得太多，以免损伤太大，蛙心夹方向应与心脏纵轴方向一致，以免心脏收缩时蛙心夹发生扭动)，在左右主动脉下穿1条线备用。用眼科剪在左主动脉根部靠近动脉圆锥处剪1个斜切口，左手用小镊子夹住切口缘，轻轻向上提使切口展开，右手将一个盛有半管任氏液的蛙心插管自切口插入动脉心室，则可看到插管中的液面随心跳上下波动。用线结扎固定套管，然后绕过管上的玻璃钩再结扎，以免插管滑脱。立即用滴管冲洗插管，以免血凝造成堵塞。

1.3 游离心脏

提起插管，一起剪断左右主动脉和前后腔静脉(注意不要损伤静脉窦)，将心脏摘出。用任氏液继续冲洗插管数次直至插管内任氏液完全澄清。

2. 实验装置安装

按图7-8连接实验装置，用试管夹将蛙心插管固定于铁支柱上，并将蛙心夹上的线连至张力换能器的受力片上，直接输入BL-410接口“CH_1”。

3. 仪器操作

进入MS 4000U生物机能实验系统主界面，依次选择“实验项目”“循环实验”和“蛙心灌注”，编辑标记条，作好每一步标记。

4. 观察项目

(1)调整蛙心夹丝线的松紧度，观察心搏曲线，上升支示心室收缩，下降支示心室舒张。注意观察心搏频率和幅度。

(2)将插管内任氏液全部换成5% NaCl溶液，观察曲线变化。待效果明显后，马上换加新鲜任氏液。

(3)于灌注液内加1~2滴2% $CaCl_2$，混匀。观察曲线变化。待效果明显后，用新鲜任氏液洗两次，曲线恢复正常后，再进行下一步操作。以下各步骤之后均用任氏液洗3次。

(4)于灌注液内加1~2滴1% KCl，混匀。观察心搏曲线的变化。

(5)于灌注液内加1:10 000肾上腺素溶液1~2滴，观察心搏曲线的变化。

(6)于灌注液内加1:10 000心得安溶液1~2滴，观察心搏曲线的变化。然后加入1:10 000肾上腺素1~2滴，观察心搏曲线的变化，并比较与上一步骤有什么不同。

(7)于灌注液内加1:100 000乙酰胆碱1~2滴，观察心搏曲线的变化。

(8)于灌注液内加0.5%阿托品1~2滴，观察心搏曲线的变化。然后加入1:100 000乙酰胆碱1~2滴，观察曲线有无改变，并与上一步骤比较。

【注意事项】

1. 每次加试剂不宜过多，先加1~2滴，作用不明显时再追加。
2. 每项实验应有正常对照，即作用明显后立即换液，待曲线基本恢复正常后再进行下一项操作。
3. 每次加入试剂时，应标明试剂名称和用量。
4. 每次换液时，插管内液面均应保持同一高度。
5. 滴加任氏液以保持心脏湿润。
6. 本实验试剂种类多，切忌错用滴管造成污染。
7. 固定换能器时，应稍向下倾斜，以免由心脏滴下的水流入换能器内。

【结果记录】

将实验结果记录于表7-2中。

表7-2　药物实验记录

药　物	心　率	心跳曲线
正　常		
NaCl		
$CaCl_2$		
KCl		
肾上腺素		
心得安+肾上腺素		
乙酰胆碱		
阿托品+乙酰胆碱		

【思考题】

1. 实验过程中为什么要求插管内的液面高度一致?
2. 通过本实验，能从哪几个方面加深你对内环境相对恒定重要性的理解?

实验六 交叉配血

【实验目的】

学习交叉配血的方法。

【实验原理】

交叉配血是将受血者的红细胞和血清分别同供血者的血清和红细胞混合，观察有无凝集现象。为确保输血的安全，在鉴定血型后必须再进行交叉配血，如无凝集现象，方可进行输血。若稍有差错，就可能危及受血者生命。

【实验器材】

1. 材料

家兔。

2. 药剂

生理盐水、75%酒精、碘酒。

3. 器械

显微镜、离心机、采血针、玻片、滴管、1 mL 吸管、小试管、试管架、牙签、消毒注射器及针头、棉球、消毒棉签。

【实验步骤】

1. 玻片法

(1) 兔心采血　家兔称重后仰位固定，将胸壁心尖搏动明显处的毛剪净。用 10 mL 注射器配 9 号针头，由胸骨左缘外 3 mm，3~4 肋间隙或心脏搏动最明显处刺入胸壁。当针头接近时，就会感到心脏的跳动，此时再将针头向内穿刺即可进入心室。当针头正确刺入心室时，兔血由于心搏的力量会自然进入注射器，即刻抽血 8 mL。若没有一次性进入心室腔，可退出针头至胸壁下，确定部位再刺，切不可将针头在心室壁内横向拨动。取 1 滴兔血，加入装有 1 mL生理盐水的小试管中，制成红细胞悬液：其余血液装入另一个小试管中，待凝固后离心析出血清备用。

(2) 以同样方法制成供血者的红细胞悬液和血清。

(3) 在玻片的两侧分别注明主、次字样。在主侧分别滴加受血者的血清和供血者的红细胞悬液各 1 滴，在次侧分别滴加受血者红细胞悬液和供血者的血清各 1 滴，分别用牙签混匀，15 min 后观察结果。

(4) 如果两侧均无凝集现象，表示血型配合，可以输血。

2. 试管法

取2支小试管，分别标明主、次字样。各管按玻片法加入相应内容物各1滴，混匀后离心1 000 r/min 1 min，取出试管观察有无凝集。此法比波片法迅速。

【思考题】

1. 观察交叉配血后的生理反应。
2. 比较玻片法和试管法的效果。

实验七 影响血液凝固的因素

【实验目的】

利用参与血凝的基本因素，了解血液凝固的基本过程和促凝与抗凝的对立统一关系。

【实验原理】

血液凝固是机体的自然止血的机制之一。血管内流动的血液与胶原纤维等组织接触时，就会发生一系列连锁反应，形成凝血酶。凝血酶能促使血浆中的可溶性纤维蛋白原转化为不溶性纤维蛋白，于是血液就由液体状态变成胶冻状的血凝块。影响血液凝固的各种因素均能促进或延缓血液的凝固。

【实验器材】

1. 材料

家兔。

2. 药剂

0.4%维生素K_3、0.5%安络血、20% 6-氨基己酸、生理盐水、3.8%柠檬酸钠、0.02%肝素钠、2% $CaCl_2$、石蜡油。

3. 器械

毛剪、1 mL和5 mL注射器、5号和9号针头、小烧杯、滴管、1 mL吸管、载玻片、大头针、小试管、试管架、脱脂棉、酒精棉、棉签、冰块、秒表、台秤。

【实验步骤】

1. 止血药的作用观察

1.1 测定兔正常的血凝时间

取4只兔，分别由耳静脉采1滴血于清洁的载玻片上。每隔30 s用大头针横过血滴向上挑1次，直至针尖能挑起纤维蛋白丝。记录从血滴滴于玻片至能挑起纤维蛋白丝的时间，即为血凝时间。

1.2 测定各止血药的血凝时间

分别由甲乙丙丁4只兔的耳静脉注入维生素 K_3、安络血、6-氨基己酸和生理盐水各0.5 mL/kg。给药后每隔10 min分别测定血凝时间者1次，比较各止血药的血凝时间。

2. 体外各种理化因素对血凝的影响

取试管6支，往1号管内加入3.8%柠檬酸钠2滴，2号管内加入0.02%肝素钠2滴，3号管内加入2% $CaCl_2$ 2滴，4号管内涂布石蜡油少许，5号、6号管不作处理。

然后从以上实验给予生理盐水的丁兔颈静脉采血，分注入6支试管中各1 mL，与先加入的药物混匀后置于试管架上。第6管则置于冰块上。观察和比较各管的凝血时间。

【结果记录】

将实验结果记录于表7-3和表7-4中。

表7-3 测定不同止血药血凝时间

兔子编号	体重(kg)	药物	剂量(mL)	血凝时间				
				给药前	给药后			
					10	20	30	40
甲		维生素 K_3						
乙		安络血						
丙		6-氨基己酸						
丁		生理盐水						

表7-4 测定不同理化因素对血凝时间的影响

试管号	影响因素	用 量	血 液(mL)	振 摇	血凝时间
1	柠檬酸钠	3.8%，2滴	1	摇匀	
2	肝素钠	0.02%，2滴	1	摇匀	
3	$CaCl_2$	2%，2滴	1	摇匀	
4	石蜡油	少许	1	不摇	
5	室 温	—	1	不摇	
6	冰 块	—	1	不摇	

【思考题】

试解释实验过程中不同药物促进或延缓凝血的原因。

实验八　药物对离体心脏的影响

【实验目的】

1. 学习离体蛙心制备和灌注方法。
2. 观察药物和某些神经体液因素对心脏节律性活动的影响。

【实验原理】

蛙心离体后，用理化因素类似于两栖类动物血浆的任氏液灌注时，在一定时间内仍保持有节律的舒缩活动，当各种药物作用于心脏，心脏的节律性舒缩活动也随之改变。此外，心脏受植物性神经的支配和某些体液因素的调节。因此，在灌流液中，滴加肾上腺素、乙酰胆碱及其相应的受体阻断剂心得安和阿托品等药品，可间接观察神经体液因素对心脏活动的影响。

【实验器材】

1. 材料

蟾蜍或蛙。

2. 药剂

任氏液、0.5%洋地黄溶液、2% $CaCl_2$、1%黄连素、1∶10 000 肾上腺素、1∶10 000 心得安溶液、1∶100 000 乙酰胆碱、0.5%阿托品。

3. 器械

MS4000U 生物机能实验系统、张力换能器、恒温水浴锅、蛙类手术器械、蛙心夹、蛙心插管、试管夹、铁支柱、双凹夹、滴管、100 mL 小烧杯。

【实验步骤】

1. 离体蛙心制备

参见本篇实验五。

2. 实验装置安装

连接实验装置，用试管夹将蛙心插管固定于铁支柱上，并将蛙心夹上的线连至张力换能器的受力片上，换能器连接 MS 4000U 生物信号采集系统输入孔 CH1。

3. 软件操作

依次选定“实验项目”“循环实验”和“蛙心灌注”，编辑标记条，作好每一步标记。

4. 观察项目

(1) 观察心搏曲线，上升支示心室收缩，下降支示心室舒张，注意观察心搏频率和幅度。

(2)于灌注液内加1~2滴0.5%洋地黄溶液，观察心搏曲线变化，并记录结果。用38℃任氏液冲洗3次。待频率与幅度接近正常值，再进行下一步操作。

(3)于灌注液内加1~2滴1%黄连素，观察心搏曲线的变化。并记录结果，冲洗。

(4)于灌注液内加1~2滴2% $CaCl_2$，观察心搏曲线变化。并记录结果，冲洗。

(5)于灌注液内加1∶10 000肾上腺素溶液1~2滴，观察心搏曲线的变化。并记录结果，冲洗。

(6)于灌注液内加1∶10 000心得安溶液1~2滴，观察心搏曲线的变化，然后加入1∶10 000肾上腺素1~2滴，观察心搏曲线的变化，与上一步骤比较并记录结果，冲洗。

(7)于灌注液内加1∶100 000乙酰胆碱1~2滴，观察心搏曲线的变化。并记录结果，冲洗。

(8)于灌注液内加0.5%阿托品1~2滴，观察心搏曲线的变化。然后加入1∶100 000乙酰胆碱1~2滴，观察曲线有无改变，与步骤7比较并记录结果。

【结果记录】

将实验结果记录于表7-5中。

表7-5 不同药物对蛙心跳的影响

药物	频率(次/min)	幅度(g)	心跳曲线
正常			
洋地黄			
黄连素			
氯化钙			
肾上腺素			
心得安+肾上腺素			
乙酰胆碱			
阿托品+乙酰胆碱			

【注意事项】

1. 每次加试剂不宜过多，先加1~2滴，作用不明显时可再追加。
2. 每项实验应有正常对照，即作用明显后立即换液，待曲线基本恢复后再进行下一项操作。
3. 每次加入试剂时，进行标记。
4. 每次换液冲洗时，插管内液面均应保持同一高度。
5. 本实验试剂种类较多，切忌错用滴管造成污染。
6. 固定换能器时，应稍向下倾斜，以免液体流入损坏换能器。

【思考题】

实验过程中为什么要求插管内的液面高度一致？

实验九　心血管活动调节及药物影响

【实验目的】

1. 学习哺乳动物动脉血压的直接描记法。
2. 观察神经体液因素对心血管活动的调节作用。

【实验原理】

正常情况下，动脉血压保持相对恒定。当机体内外环境的某些因素变化时，动脉血压随之发生相应的改变。动脉血压的相对恒定和适应现象是通过神经和体液因素，主要影响心输出量和外周阻力实现的。当心交感神经兴奋时，其末梢释放去甲肾上腺素，后者与心脏 β_1受体结合，使心输出量增加；心迷走神经兴奋时，其末梢释放乙酰胆碱，与心脏的 M 受体结合，使心输出量减少。而交感缩血管神经兴奋时释放去甲肾上腺素，后者与血管壁上的 α 受体结合力较强，因此主要表现为外周阻力增加，但它也可与 β_2受体结合使外周阻力降低。调节心血管活动的体液因素主要有肾上腺素和去甲肾上腺素。肾上腺素能增加心输出量，从整体而言，它对血管的影响是：小剂量对外周阻力影响不大，大剂量可升高外周阻力。体液中的去甲肾上腺素以缩血管作用为主，表现为外周阻力增加。本实验通过直接观察家兔的动脉血压，观察整体情况下神经和体液因素的调节作用。

【实验器材】

1. 材料

家兔。

2. 药剂

20% 乌拉坦、0.5% 肝素、1∶10 000 肾上腺素、1∶100 000 乙酰胆碱、1∶1 000 盐酸麻黄素、生理盐水。

3. 器械

MS 4000U 生物信号分析系统、压力换能器、保护电极、兔手术台和手术器械、铁支柱、固定夹、三通阀、塑料动脉插管、细棉线、注射器(1 mL、2 mL、5 mL)。

【实验步骤】

1. 仪器连接

将血压换能器(注意有机玻璃内压力腔应充满肝素，无血液和气泡)用试管夹固定于铁支柱上，换能器的位置应大致与心脏在同一水平面上。然后将换能器与 MS 4000U 系统一通道相连，换能器的另一端与三通阀相连。

2. 动物麻醉

从耳缘静脉注入20%的乌拉坦，每千克体重1 g(即5 mL/kg)。

3. 动物绑定

将动物绑定于手术台上。剪去颈部手术野的毛。

4. 手术

暴露气管和左右颈总动脉、迷走神经、交感神经。将右侧迷走神经分离2~3 cm，并在此神经下穿线备用，交感神经穿线备用，将左右颈总动脉分离穿线备用。其中左颈总动脉作测量血压用，右颈总动脉作夹闭用。

5. 插动脉插管

拨动三通阀换向开关，使动脉插管端与注射器端相通。从注射器注入肝素使动脉插管充满肝素溶液，再将左颈总动脉的远心端结扎，以动脉夹夹住左颈总动脉的近心端，于此段血管下方预先穿一条线作结扎用，用眼科剪在尽可能靠近远心端结扎处作一个斜形切口，将动脉插管向心脏方向插入动脉并结扎。将结扎线头在插管的橡皮圈上缚紧固定，以防插管从插入处滑出。此时如果有较多血液进入动脉插管，须再从三通管向动脉管内注入少许肝素，以防插管内凝血。注意保持插管与动脉方向一致，以防血管壁被插管刺破。

6. 仪器调试

(1)按程序进入计算机操作系统。

(2)进入MS 4000U主界的菜单条“实验项目”，选择“循环实验”中“兔动脉血压调节项”，选定后监视即开始。

(3)记录前根据实验要求适当调整各项参数。

7. 实验项目

(1)观察正常血压曲线　血压曲线可见一级波和二级波，有时可见三级波(图7-9)。

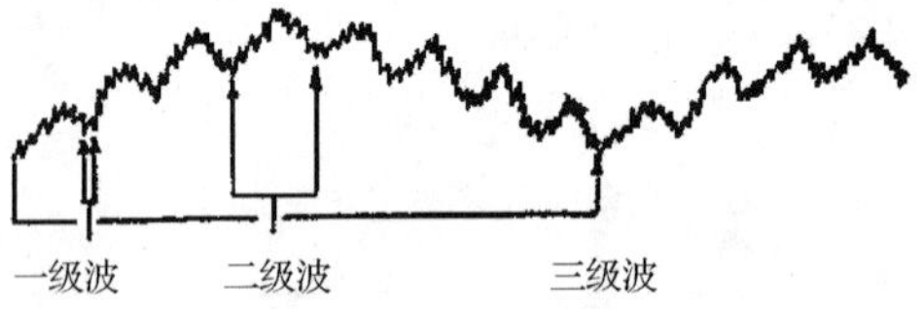

图7-9　兔颈总动脉血压曲线

一级波(主波)是由心室舒缩引起的血压波动。心缩时上升，心舒时下降，频率与心率一致。

二级波(呼吸波)是由呼吸运动引起的血压波动。吸气时上升，呼气时下降。

三级波不常出现，可能是由血管运动中枢紧张性的周期性变化所致。

(2)牵拉颈总动脉　手持左颈总动脉远心端上的结扎线，稍用力向下牵拉5~10 s(注意不要用力过猛，以免扯断血管引起出血)，观察血压曲线的变化。

(3)夹闭颈总动脉　用动脉夹夹闭右颈总动脉10~15 s(注意勿使血管受到牵拉刺激)，观察血压曲线的变化。

(4)刺激减压神经　用线双结扎一侧减压神经，剪断，分别刺激离中端和向中端，观察血压曲线的变化。

(5)刺激迷走神经　刺激右侧迷走神经，观察血压曲线的变化。双结扎右侧迷走神经，剪断，分别刺激离中端和向中端，观察血压曲线的变化。

(6)剪断左侧迷走神经，观察血压曲线的变化。待心脏活动稳定后，再刺激减压神经向中端，观察血压曲线的变化。

(7)刺激右侧交感神经，观察血压曲线的变化。

(8)从耳缘静脉注入1:10 000肾上腺素0.2 mL，观察血压曲线的变化。

(9)从耳缘静脉注入1:100 000乙酰胆碱0.2 mL，观察血压曲线的变化。

(10)从耳缘静脉注入1:1 000盐酸麻黄素0.2 mL，观察血压曲线的变化。

【结果记录】

将实验结果记录于表7-6中。

表7-6　不同实验项目对兔血压的影响

实验项目	血压(kPa)	曲线
正常		
牵拉左侧颈总动脉		
夹闭右侧颈总动脉		
刺激减压神经离中端		
刺激减压神经向中端		
刺激迷走神经离中端		
刺激迷走神经向中端		
剪断左侧迷走神经		
刺激减压神经向中端		
刺激交感神经		
注射肾上腺素		
注射乙酰胆碱		
注射盐酸麻黄素		

【注意事项】

1. 分离血管和神经时，忌用手术刀直接分离或用有齿镊钳夹动脉和神经。

2. 固定好动脉插管以防滑脱造成大出血，同时插管方向应与动脉保持一致，防止插管刺破动脉壁。

3. 为防止动脉插管内凝血，事先向管内注入肝素，但应避免将肝素推入血管内致伤口出血。如果再发生凝血，则回抽血块或重新插管。

4. 正确使用三通阀，特别是插管时应处于三不通位置。经三通管注液时，不要强行用力，以免折断注射器。

5. 每项实验完成后待血压基本恢复时再进行下一步操作。

【思考题】

1. 如果将10%普鲁卡因棉球放在右颈总动脉窦区域，将窦区麻醉，再夹闭右颈总动脉，血压有什么变化？此时如果刺激右侧减压神经，血压又将怎样变化？请说明理由。

2. 总结动脉血压的影响因素及其调节机制。

实验十 呼吸运动的调节与膈肌放电

【实验目的】

观察某些因素对呼吸运动的影响和膈肌活动时的生物电现象。

【实验原理】

呼吸运动能够有节律地进行，并能适应机体代谢的需要，是受呼吸中枢调节的缘故。体内外各种刺激可以作用于中枢或经不同的感受器反射性地通过膈神经和肋间神经，影响呼吸肌尤其是膈肌的活动。

【实验器材】

1. 材料

家兔。

2. 药剂

生理盐水、20%氨基甲酸乙酯、3%乳酸、$CaCO_3$、稀盐酸、25%尼可刹米、1%盐酸氯丙嗪。

3. 器械

哺乳类动物手术器械，兔手术台、MS 4000U生物机能实验系统、气管插管、50 cm长的乳胶管、保护电极、20 mL和5 mL注射器、250 mL抽滤瓶、纱布、棉线。

【实验步骤】

1. 麻醉及气管插管

用20%氨基甲酸乙酯(5 mL/kg体重)由耳缘静脉注入，待动物麻醉后仰卧固定于手术台上，沿颈部正中切开皮肤，分离气管，并插入气管插管。分离出颈部双侧迷走神经，穿线备用。在剑突下剪一个小口，暴露剑突下的膈肌，注意切勿导致气胸。

2. 仪器连接

将压力传感器与气管插管连接，并将侧孔夹闭。将信号线接CH_2输入座。将两个引导探针插入膈肌，接入CH_1输入座。

依次选择“输入信号”“CH_1通道→肌电”“CH_2通道→呼吸”。

依次选择设刺激器方式：“连续单刺激”“波宽‘5 ms’”“延时‘30 ms’”“强度6 V”“波间隔20 ms”。

3. 实验项目

(1)观察正常的呼吸曲线　适当调节气管插管另一开口大小，使呼吸曲线幅度适中，便于观察。通道1可见膈肌活动时的生物电现象。通道2可见呼吸曲线，上升相为呼气，下降相为吸气。

(2)增加二氧化碳　当呼吸平稳后，将装有碳酸钙的三角瓶加入盐酸后，迅速与套在气管侧管上的橡皮管相连，观察呼吸效应。

(3)缺氧　当呼吸恢复后，将缺氧装置接气管插管侧管，观察呼吸效应。

(4)增大无效腔(长管呼吸)　当呼吸恢复后，将一段长橡皮管接气管侧管，观察呼吸效应。

(5)注射乳酸　抽取3%乳酸2 mL，于耳缘静脉注射观察呼吸效应。

(6)抑制呼吸　注射1%盐酸氯丙嗪0.5 mg/kg，观察呼吸变化。

(7)兴奋呼吸　注射25%尼可刹米0.5 mL/kg，观察呼吸变化(注：(5)(6)(7)为动物医药专业必做)。

(8)过度兴奋呼吸　待呼吸变化明显后，再加大尼可刹米剂量至3倍作快速静脉注射，观察呼吸的变化和兔的反应。

(9)剪断迷走神经　剪断一侧迷走神经时，观察呼吸效应，稍后剪断另一侧迷走神经，观察呼吸效应。

(10)刺激迷走神经向中端　点击刺激按钮，电刺激迷走神经向中端，观察呼吸效应。

【注意事项】

1. 气管插管前注意止血并清理气管内容物。
2. 注射乳酸时不要刺破静脉，以免乳酸外漏，引起动物躁动。
3. 气管插管侧管的夹子在实验全过程中不得更动，以免影响振幅前后比较。

【思考题】

1. 迷走神经在节律性呼吸中起什么作用?
2. 如何排除实验中出现的干扰?

实验十一　脊髓半离断

【实验目的】

了解脊髓的感觉传导功能，观察动物脊髓半离断后对机体感觉传导功能的影响。

【实验原理】

感觉是神经系统的重要功能。人体对外界事物和机体内环境中各种刺激，首先是由感受器或感觉器官感受，然后将其转化为传入神经上的动作电位，通过特定的传入神经通路传向中枢，再通过大脑皮层的分析形成各种各样的感觉。来自各种感受器的传入冲动，除通过脑神经传入中枢外，大部分经脊神经后根进入脊髓。脊髓是感觉传导通路中的一个重要神经结构。

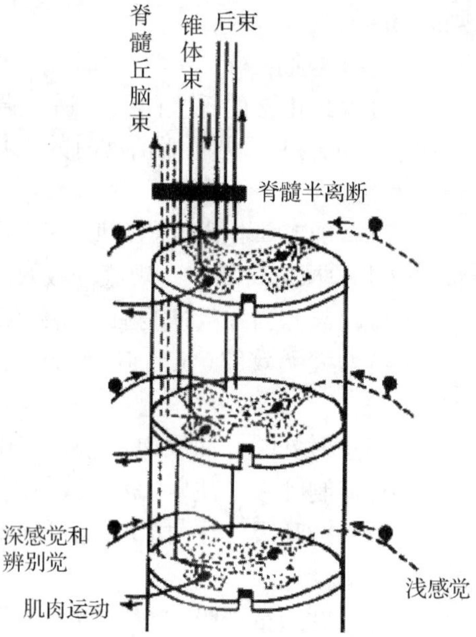

图 7-10 感觉传导通路示意

(1)浅感觉传导通路(图 7-10) 浅感觉传导痛、温和轻触觉；其传入纤维由后根的外侧进入脊髓，在后角更换神经元后，再发出纤维在中央管前交叉到对侧，分别经脊髓—丘脑侧束(传导痛、温觉)和脊髓—丘脑前束(传导轻触觉)上行抵达丘脑。

(2)深感觉传导通路 深感觉指肌肉本体感觉和深部压觉；其传入纤维由后根内侧进入脊髓后，即在同侧后索上行。抵达延髓下部薄束核与楔束核，更换神经元后，再发出纤维交叉到对侧，经内侧丘系至丘脑。因此，浅感觉传导通路是先交叉后上行，而深感觉传导通路是先上行后交叉。当脊髓出现在半离断损伤时，浅感觉障碍出现在离断的对侧，而深感觉障碍发生在离断的同侧，同时出现离断侧的运动障碍，临床上称为脊髓半切综合征。

【实验器材】

1. 材料

小白鼠。

2. 药剂

乙醚。

3. 器械

手术器械 1 套、鼠手术台、注射针头、棉球、烧杯。

【实验步骤】

1. 实验准备

(1)麻醉 麻醉前首先要注意观察小白鼠的姿势、肌张力以及运动的表现。然后将小白鼠罩于烧杯内，放入一块浸有乙醚的棉球使其麻醉，待动物呼吸变为深慢且不再有随意活动时，将其取出，俯卧位缚于鼠手术台上。

(2)手术 离断小白鼠的一侧脊髓：剪除背部的毛，用左手将背部胸段固定，沿正中线切开背部皮肤 1 cm。分离皮下组织，可见脊髓正中有一纵形的血管，以此作为中线，在第七胸椎的位置，用大头针从正中血管一侧垂直刺入脊髓腔，并向一旁挑断脊髓。待动物清醒后观察。

2. 实验观测

将小白鼠放在实验台上，待其清醒后作如下观察，并将结果记录于表 7-7 中。

表 7-7　白鼠反应观察记录

观察项目	后肢反应		结果分析
破坏____侧	左	右	
针刺皮肤			
针刺肌肉关节			
镊子夹后肢			
将后肢浸入冷水			

【注意事项】

1. 麻醉时间不宜过长，并要密切注意动物的呼吸变化，避免麻醉过深导致动物死亡。
2. 手术过程中如果动物苏醒或挣扎，可随时用乙醚棉球追加麻醉。
3. 捣毁小脑时不可刺入过深，以免伤及中脑、延髓或对侧小脑。

【思考题】

描述一侧小脑损伤后，动物的姿势和躯体运动有什么异常？根据实验结果，总结小脑对躯体运动的调节功能。

实验十二　去小脑动物的观察

【实验目的】

观察动物的小脑损伤后对其肌紧张和身体平衡等躯体运动的影响。

【实验原理】

小脑是调节机体姿势和躯体运动的重要中枢，它接受来自运动器官、平衡器官和大脑皮层运动区的信息，与大脑皮层运动区、脑干网状结构、脊髓和前庭器官等有广泛联系，对大脑皮层发动的随意运动起协调作用，还可调节肌紧张和维持躯体平衡。小脑损伤后会发生躯体运动障碍，主要表现为躯体平衡失调、肌张力增强或减退及共济失调。

【实验器材】

1. 材料

小白鼠、蛙或蟾蜍、鲤鱼。

2. 药剂

乙醚。

3. 器械

手术器械1套、鼠手术台、注射针头、棉球、烧杯。

【实验步骤】

1. 实验准备

1.1 麻醉

麻醉前首先要注意观察小白鼠的姿势、肌张力以及运动的表现。然后将小白鼠罩于烧杯内，放入一块浸有乙醚的棉球使其麻醉，待动物呼吸变为深慢且不再有随意活动时，将其取出，俯卧位缚于鼠手术台上。

1.2 手术

(1)破坏小白鼠的一侧小脑 剪除头顶部的毛，用左手将头部固定，沿正中线切开皮肤直达耳后部。用刀背向两侧剥离颈部肌肉及骨膜，暴露颅骨，透过颅骨可见到小脑，在正中线旁开1~2 mm(图7-11)，用大头针垂直刺入一侧小脑，进针深度约3 mm，然后左右前后搅动，以破坏该侧小脑。取出大头针，用棉球压迫止血。

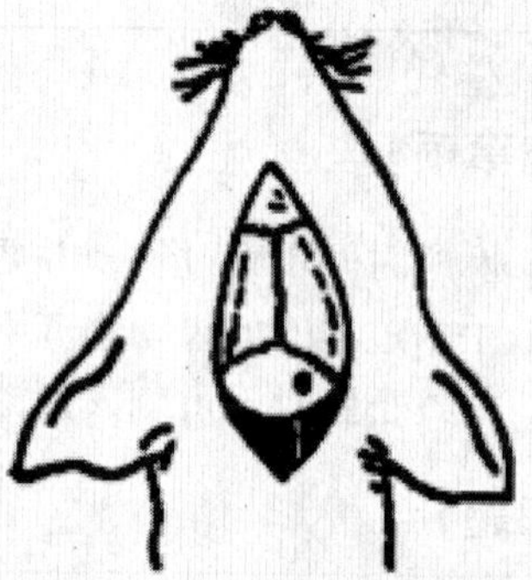

图7-11 破坏小白鼠小脑位置示意

小圆点为破坏进针处

(2)破坏蛙的一侧小脑 用湿纱布包裹蛙的身体，露出头部。以左手抓住蛙的身体，从鼻孔上部至枕骨大孔前缘(即鼓膜的后缘)沿眼球内缘用剪刀将额顶皮肤划出两条平行裂口，用镊子掀起该条皮肤，剪去，暴露颅骨，细心剪去额顶骨，使脑组织暴露出来，直至延髓为止。辨认蛙脑各部分(图7-12)。蛙的小脑不发达，位于延脑前，呈一条横的皱褶，紧贴在视叶的后方。用玻璃分针将一侧的小脑捣毁，用小棉球轻轻堵塞止血，待5~10 min后即可开始实验。

(3)破坏鲤鱼的一侧小脑 用湿抹布包裹鱼身，露出头。于顶骨后1/3处用骨钻钻开顶骨，用止血钳逐渐扩大创面。鲤鱼的小脑十分发达，小脑体近似椭圆形，不分左右两叶(图7-13)。用小镊子夹取一侧小脑。

2. 实验观测

(1)将小白鼠放在实验台上，待其清醒后观察姿势、肢体肌肉紧张度的变化、行走时是否有不平衡现象以及身体是否向一侧旋转或翻滚。

(2)观察蛙静止体位和姿势的改变，蛙在跳跃或游泳时的异常。

(3)观察鱼游泳的姿势有什么变化。

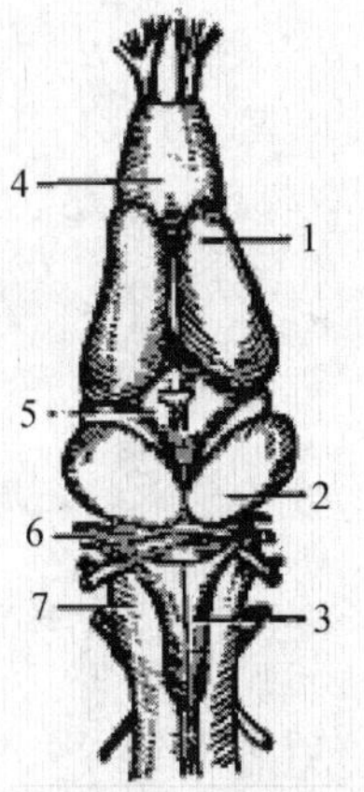

图 7-12　蛙脑背面观

1. 大脑；2. 中脑；3. 菱形窝；4. 叶；
5. 间脑；6. 小脑；7. 延髓

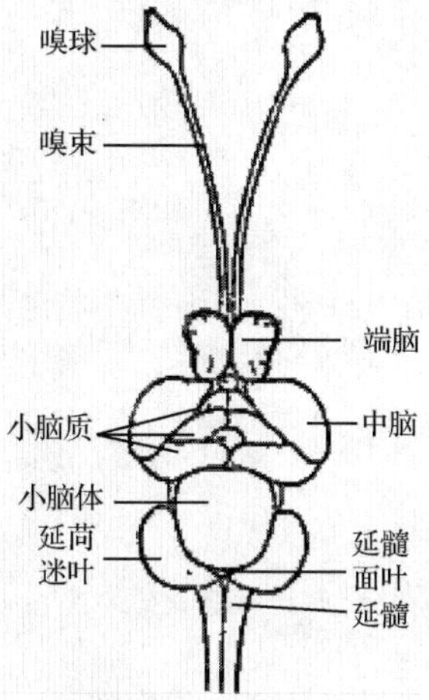

图 7-13　鲤鱼脑结构

【注意事项】

1. 麻醉时间不宜过长，并要密切注意动物的呼吸变化，避免麻醉过深导致动物死亡。
2. 手术过程中如果动物苏醒或挣扎，可随时用乙醚棉球追加麻醉。
3. 捣毁小脑时不可刺入过深，以免伤及中脑、延髓或对侧小脑。

【思考题】

描述一侧小脑损伤后，动物的姿势和躯体运动有什么异常。根据实验结果，总结小脑对躯体运动的调节功能。

第 8 篇

细胞生物学实验

实验一 特殊光学显微镜的使用与细胞结构的观察

【实验目的】

1. 学习暗视场显微镜、相差显微镜、荧光显微镜的原理、构造及使用方法。
2. 掌握细胞结构、细胞化学荧光及活体观察的方法。

【实验原理】

1. 暗视场显微镜

暗视场显微镜在构造上应用丁达尔现象(Tyndall phenomenon)，装配了一类特殊聚光器——暗视场聚光器，使入射光束从聚光器斜向照明被检样品。由于照明光线与显微镜光轴形成较大的角度通过物场，或因聚光器的特殊构造，照明光线在聚光器顶透镜(或盖片)的上表面发生全反射，致使照明光线不能入射物镜之内。但是，样品被照明并发出反射和散射光。镜检时，因不能直接观察到照明光线，与光轴垂直的平面视场暗黑，在深暗的背景上能清晰地看到由散射光和反射光形成的明亮的物体影像，物像与背景造成极大的反差。视场内的样品，被斜射光线照明，可从样品各种结构表面散射和反射光线，看到许多细胞器的明亮轮廓，如细胞核、线粒体、液泡以及某些内含物等。如果是正在分裂的细胞，各类纺锤丝和染色体也可看到。暗视场显微镜是利用样品的散射光和反射光进行观察，所以只能看到物体的存在与运动而不能辨清其微细结构。暗视场显微镜的检测能力取决于入射光的强度和视场的反差，后者又随微粒及其背景的折射率差别的加大而增加。暗视场显微镜与普通光学显微镜的区别，主要在于聚光器的不同，致使照明方法有别。确切地说，将暗视场显微镜称为暗视场照明更为贴切。暗视场照明是斜向照明的一种，这种照明法能提高对微小物体的分辨能力，对大小在 0.004 Pm 以上的微小粒子，尽管看不清楚其结构，仍可清晰地分辨其存在和运动。暗视场照明是照明光线仅照亮被检样品而不进入物镜，使视场背景暗黑、样品明亮的照明方法。

2. 相差显微镜

在显微镜下镜检时，视场中的样品只有在反射光的波长(颜色)和振幅(亮度)与周围介质有变化时，才能看见被检样品。活的样品多为无色透明，照明光线通过这种物体时，透过或反射光的波长和振幅都不发生改变，所以用普通光学显微镜难以辨清活体的结构。必须借助于固定和染色等理化方法，使样品和背景的反射或透射光在波长和振幅上发生变化，即在颜色和亮度上有所差异，以供识别。相差方法应用于生物学上的主要价值，在于它能对透明的活体进行直接观察，无需采用细胞致死的固定和染色方法。相差是指同一光线经过折射率不同的介质时，其相位发生变化并产生的差异。相位是指在某一时间上，光的波动所达到的位置。一般由于被检物体(如不染色的细胞)能产生的相差差别太小，我们的眼睛很难分辨出这种差别。只有在变相差为振幅差(明暗之差)之后，才能被分辨。当光波通过两种折射率不同的物质时，如由空气→水，或由空气→玻璃，其波长、振幅和相位比有不同的变化。例如：光波分别通过厚 1cm 的玻璃时，由于两者折射率不同，通过它们的光波在相位上产生一定的差异。通过玻璃的光波相位落后，因为玻璃的密度和折射率比水大。所以，光波的波长和频率都小于水。相差决定于光波所通过介质的折射率之差及其厚度，等于折射率与厚度的乘积之差(即光程之差)。介质越厚或折射率越大，光波减速也越大。相差显微镜就是利用被检物的光程之差进行镜检的。用肉眼看不到的相差，只要利用衍射和干涉现象，把相差变为明暗的振幅差，就可能看到。波在同一均匀媒质里传播是沿直线方向进行的，如果在它传播的方向上，遇到迎面挡住的孔或障碍物不比它的波长大得多，这时波就会明显绕到障碍物后面或孔的外面(传播路线发生了弯曲)，这种现象叫波的衍射。在同一种媒质里传播的两列波，如果频率和波长相同，在两列波相交的区域里，由于叠加的结果，每一点的合振幅都是一定的，并且出现振动加强或振动减弱，这就是波的干涉。光波通过小颗粒的物体后产生直射光(S)和衍射光(D)，衍射光的光波振幅小，相位滞后。在光学系统中，这种直射光和衍射光相遇或光的叠加，振幅发生变化，光线或明或暗，就是光的干涉现象。为了达到相差效应，在相差显微镜的物镜中，装有由光学玻璃制成的相板(phase plate)。相板分两部分：①共轭面(complemetary area)，通常为环状，是通过直射光的部分；②补偿面(complemetary area)，共轭面内外两侧部分，是通过衍射光的部分。在相板的共轭面或补偿面上，涂有改变光波相位或吸收光线的物质。当光线通过时，光波的相位或振幅改变，从而达到不同的目的和观察效果。

3. 荧光显微镜

荧光显微镜是荧光显微术的基本装置。荧光显微术是利用一定波长的光(通常是波长短的紫外光和蓝紫光)照射被检样品，激发荧光物质发出可见的荧光，通过物镜和目镜的成像、放大，以供检视和拍摄。荧光显微镜具有特殊光源，提供足够强度和滤长的激发光，诱发荧光物质发出荧光。视场中所见的像，主要是样品的荧光映像。某些物质经波长较短的光线照射后，分子被激活，吸收能量后呈激发态，其能量部分除转化为热量或用于光化学反应外，相当一部分以滤长较长的光能形式辐射出来，这种波长长于激发光的可见光称作荧光。细胞内大部分物质经短光波照射后，可发出较弱的自发性荧光。有些细胞成分与能发出荧光的有机化合物——荧光染料结合，激发后呈现一定颜色的荧光，借以对组织进行细胞化学的观察和研究。

【实验器材】

1. 材料

香柏油、黑纸、剪子、圆规、直尺、铅笔、载玻片、盖玻片、镜检的制片样品、活体生物样品(洋葱)、滤纸、镊子、双面刀片、滴瓶、树叶等。

2. 器械

普通复式光学显微镜、暗视场聚光器、相差显微镜附件、相差物镜、转盘聚光器、调中合轴望远镜和绿色滤色镜、荧光显微镜、荧光染料。

【实验步骤】

1. 暗视场显微镜

1.1 暗视场光挡的制作

在一个滤色镜中央贴一个圆形黑纸制成，其中间圆形部分与黑纸的圆形直径相同。光挡直径太大，阻光过多，使周缘可透光线减少，影响对样品的斜向照明，使其在暗视野中辨认不清；光挡直径太小，阻光不够，进入像光器的光线过多，使部分光线经聚光器进入物镜，形成明视场照明，影响暗视场效果。

暗视场聚光器是为显微镜暗视场照明特制的专用聚光器。普通光学显微镜只要卸下明视场聚光器，更换规格适宜的暗视场聚光器，就成为暗视场照明的暗视场显微镜。

1.2 暗视场聚光器的使用方法

从架上卸下明视场聚光器，换装暗视场聚光器，安装到位并固定。把被检样品的玻片标本置于载物台上，需用油浸的暗视场聚光器，要在聚光器上透镜与载片间滴加香柏油，使之密接。聚光器光轴的调中，聚光器的光轴要与显微镜的光轴位于同一轴线上。方法是用低倍物镜对样品聚焦，随后用聚光器升降螺旋上下调节聚光器位置，当在暗视场中清晰地看见一个光环或圆形光点时，停止升降聚光器，用聚光器调中杆推动聚光器，将视场中的光环或光点调至视场中心位置。调节聚光器焦点，使其位于被检样品处，转动聚光器升降螺旋，使视场中光环成最小的圆形光点，此刻即为聚光器的焦点恰于样品处；更换高倍物镜进行镜检观察。

1.3 不同生物细胞结构的观察

大肠杆菌、酵母、蛙卵细胞、人血细胞、银杏细胞和洋葱内表皮细胞。

2. 相差显微镜

2.1 相差显微镜的结构

相差物镜、具有环状光阑的转盘聚光器、合轴调中望远镜和绿色的滤色镜。在相差物镜内的后焦面上装有种类不同的相板，相板造成视场中被检样品影像与背景不同的明暗反差，各具不同的效果。因物镜内相板种类或构成不同，物镜在明暗反差上可分为两大类，即明反差(B)或负反差(N)物镜和暗反差(D)或正反差(P)物镜。物镜的反差类别用英文字母B、N和D或P标志在物镜外壳上，有的相差物镜用ph字样标示。转盘聚光器由聚光镜和环状光阑(annular diaphragm)构成。环状光阑位于聚光镜下，是一种特殊的光阑装置，由大小不同的环状通光孔构成，不同规格的通光孔——环状光阑装配在一个可旋转的转盘上，按需要调转使用。环状光阑的环宽与直径各不相同，与不同放大率的相差物镜内的相板匹配，不可乱用。转盘前端朝向使用者一面有标示穿(孔)，转盘上的不同部位标有0、1、2、3和4或0、10、20、40和100字样，通过标示窗显现。“0”表示非相差的明视场的普通光阑。1或10、2或20、3或40和4或100，表示与相应放大率的相差物镜相匹配的不同规格的环状光阑标志。合轴调中望远镜简称CT，又名合轴调中目镜。它是眼透镜，可进行升降调节，具有较长焦距，镜筒较长，直径与观察目镜相同。它的功能仅用于环状光阑的环孔(亮环)与相差物镜相板的共轭面环孔(暗环)的调中合轴和调焦。使用相差显微镜时，转盘聚光器的环状光阑与相差目镜必须匹配，且环状光阑的环孔与相差物镜相板共轭面的环孔在光路中要准确合轴，并完全吻合或重叠，以保证直射光和衍射光各行其路，使成像光线的相位差转变为可见的振幅差。但是，镜体的光路中前述两环的影像较小，一般目镜难以辨清，不能进行调焦与合轴的操作，必须借助合轴调中望远镜。相差物镜的种类，从色差消除情况来分，多属于消色差物镜(achromatic objective)或 PL 物镜。消色差物镜最佳清晰范围的光谱区为 510~630 nm。为提高相差显微镜的性能，最好以波长范围小的单色光照明，即接物镜最佳清晰范围的波长的光线进行照明。所以，使用相差物镜时，在光路上加用透射光线波长为 500~600 nm 的绿色滤色镜，使照明光线中的红光和蓝光被吸收，吸透过绿光，可提高物镜的分辨能力。该滤色镜兼有吸热的作用，以利活体观察。

2.2　相差显微镜的使用

相差装置的安装：相差物镜的调换安装；转盘聚光器的调换安装；把绿色滤色镜放入镜座的滤色镜架上；聚光器调中，使聚光器的光轴与显微镜的主光轴合一；相板圆环与环状光阑圆环的合轴调中，相板的圆环为一个暗环，而环状光阑为一个明亮的圆环，互相匹配的明环与暗环大小一致，在使用时两者要合轴，互相重叠。

2.3　洋葱活细胞观察

撕片法，观察洋葱内、外表皮活细胞结构。

3. 荧光显微镜

3.1　荧光显微镜的结构

高压汞灯；滤色镜系统，即激发滤色镜(汞灯和二向色镜之间)、阻断滤色镜(二向色镜和目镜之间)和二向色镜。

3.2　荧光显微镜的光路

有反射荧光显微术的光路和透射荧光显微术光路两种，实际应用上多用反射式。反射荧光又称落射荧光，因激发光由物镜后部进入物镜，向下落射样品，激发出荧光，荧光反射向上再进入物镜。汞灯发出高强的激发光，经集光透镜、吸热玻璃、孔径光阑、激发滤色镜，视场光阑，通过二向色镜，在此处一定波长以上的长波光线透过二向色镜，脱离光路，一定波长下的短波光线反射向下进入物镜，透过物镜射向样品，激发荧光物质发出可见荧光，荧光反射向上再次进入物镜，再经二向色镜其中波长较短的光线反射至光源方向，荧光和长波光线透射向上经阻断滤色镜进入目镜。

3.3　荧光显微镜的使用

①装汞灯；②汞灯的点亮；③汞灯的调中；④滤色镜系统的配合使用；⑤样品聚焦观察。

3.4　叶细胞化学成分荧光观察

用剃须刀将新鲜的嫩菠菜叶切削一斜面，置于载片上。滴加 1~2 滴 0.35 min/L NaCl 溶液，加盖片后轻压，置于显微镜下观察；同样的制片，滴加 1~2 滴 0.01% 吖啶橙染液染色 1 min，洗去多余的染色液，加盖片后观察。

【注意事项】

1. 暗视场聚光器

① 聚光器与物镜的数值孔径应合理匹配。物镜的数值孔径必须小于聚光器的数值孔径，否则会因物镜孔径角大于暗视场聚光器所形成的照明光束中心暗区的角度，致使部分照明光

线射入物镜，破坏或降低暗视场的照明。

②使用高数值孔径的油浸暗视场聚光器时，在聚光器与载玻片之间要滴加香柏油进行油浸，使两者紧密接触。否则照明光线于聚光器的上透镜表面进行全反射，照明光线照射不到被检样品，呈现不出暗视场照明的效果。

③载片厚度要适宜，照明光束经暗视场聚光器后，产生空心照明光锥，即中心为暗区，而反射光的焦点在聚光器上透镜表面上，很短的距离涸此，载玻片的适宜厚度应在0.8～1.2 mm。

④载玻片和盖玻片应清洁无伤痕，否则照明光线会在此处发生漫反射而影响暗视场的照明。

⑤照明光源的照明强度要高。因暗视场照明是通过反射光照亮被检样品，如果照明强度过弱会使照明样品的反射光强度不够，影响观察效果，目前多应用高功率的溴钨灯作为照明光源以提高其照明强度。

2. 使用荧光显微镜汞灯时注意安全

①不要用眼直视汞光源，以防止紫外线伤害眼睛；②汞灯光源发热量大，不要随意开关汞灯；③关灯后必须冷却30 min后才能再次启动。

【思考题】

1. 为什么暗视场照明的视场暗黑，样品影像明亮？
2. 如何进行暗视场聚光器的调中和聚焦？
3. 相差显微镜相板的作用原理是什么？
4. 什么是荧光？它是怎样发生的？
5. 荧光显微术为什么要以汞灯作为光源？

实验二　细胞生长、分化与衰老特征的观察

【实验目的】

1. 了解细胞生命活动的规律与机理。
2. 理解细胞的全能性。

【实验原理】

细胞或组织在离体的条件下，供给其必需的营养元素和采用不同激素调节，诱导产生愈伤组织。愈伤组织细胞分裂、增殖、分化、发育，最终长成完整的植株。

【实验器材】

1. 材料

烟草、银杏、杨树叶片或茎段。

2. 药剂

70%酒精、0.1%升汞、KT(6-呋喃氨基嘌呤)、6-BA(6-苄氨基嘌呤)、IAA(3-031 哚基乙酸)、NAA(A-萘乙酸)、4-D(2、4-二氯苯氧乙酸)。

3. 器械

倒置显微镜、高压灭菌锅、超净工作台、烘箱、培养箱或培养室、镊子、解剖刀、接种针、铝饭盒、锡铂纸、玻璃铅笔或记号笔、橡皮筋、试剂瓶(50 mL、100 mL 和 1000 mL)、三角瓶(100 mL)、刻度吸管(0.5 mL、1 mL、5 mL 和 10 mL)、培养皿(直径 9 cm 和 10 cm)。

【实验步骤】

1. 培养基母液的配制

配制培养基前要配制母液。母液分为大量元素、微量元素、铁盐及有机物质四类(各类成分、浓度、用量详见表 8-1)。

表 8-1　MS 培养基母液配制

类　别	成　分	规定量(mg)	称取量(mg)	母液体积(mL)	扩大倍数	配 1 升培养基的吸取量(mL)
大量元素	KNO_3	19 000	19 000	1 000	10	100
	NH_4NO_3	1 650	16 500			
	$MgSO_4 \cdot 7H_2O$	370	3 700			
	KH_2PO_4	170	1 700			
	$CaCl_2 \cdot 2H_2O$	440	4 400			
微量元素	$MnSO_4 \cdot 4H_2O$	22.30	2 230	1 000	100	10
	$ZnSO_4 \cdot 7H_2O$	8.6	860			
	H_3BO_3	6.2	620			
	Ki	0.83	83			
	$Na_2MoO_4 \cdot 2H_2O$	0.25	25			
	$CuSO_4 \cdot 5H_2O$	0.025	0.5			
	$CoCl_2 \cdot 6H_2O$	0.025	2.5			
铁盐	Na_2-EDTA	37.25	3 725	1 000	100	10
	$FeSO_4 \cdot 7H_2O$	27.85	2 785			
有机物质	甘氨酸	0.0	100	500	100	10
	盐酸硫胺素	0.4	20			
	盐酸吡哆素	0.5	25			
	烟酸	0.5	25			
	肌醇	100	5 000			

(1)大量元素母液(10 倍液)　分别称取 10 倍用量的各种大量无机盐，依次溶解于约 800 mL的热蒸馏水中(60～80℃)(一种成分完全溶解后再加入下一种，最后加水定容至 1 L，装入试剂瓶中，冰箱内贮存备用)。

(2)微量元素母液(100 倍液)　分别称取 100 倍用量的微量无机盐，依次溶解于 800 mL 重蒸水中，加水定容至 1 L。

(3)铁盐母液(100倍液) 称取100倍用量的Na_2-EDTA(乙二胺四乙酸钠)和$FeSO_4 \cdot 7H_2O$，溶于800 mL重蒸水中，最后定容至1 L。

(4)有机物质母液(100倍液) 分别称取50倍用量的各种有机物质，依次溶解于400 mL重蒸水中，定容至1 L，装入棕色试剂瓶中，冰箱贮存备用。

①生长素(2,4-D、IAA、NAA)：准确称取20 mg，先用2 mL 95%乙醇溶解，然后加水定容至20 mL，浓度为1 mg/mL，放置冰箱内贮存备用。

②细胞分裂素[激动素(KT)、6-苄基嘌呤(6-BA)]：准确称取20 mg，先用2 mL的1 mol/L HCl或NaOH溶解，然后加水定容至20 mL，浓度为1 mg/mL，放置冰箱内贮存备用。

2. 培养基的配制与灭菌

取1 L烧杯1只，加大量元素10倍母液100 mL、微量元素100倍母液10 mL、铁盐100倍母液10 mL和有机物质100倍母液10 mL。此外，根据培养材料和实验目的附加一定量的生长素、细胞分裂素及蔗糖等，加水至1 L。待蔗糖充分溶解后用1mol/L的NaOH或HCl调pH为5.8，最后加入琼脂粉6.5 g。如用琼脂条，则要加8 g。微波炉加热，待琼脂完全融化后取出，分装到培养用100 mL的三角瓶中，每只三角瓶约装40 mL培养基，高压锅灭菌(121℃，20 min)。

3. 激素配比设计

①MS培养基+2,4-D 0.5 mg/L;

②MS培养基+6-BA 0.1 mg/L;

③MS培养基+ 6-BA 0.5 mg/L+NAA 0.5 mg/L。

4. 取材、消毒与接种

从大田中选取无病、无虫、生长正常的烟草、银杏、杨树等枝条，带回实验室。用自来水冲洗干净，剪下叶子或茎段，投入300 mL带塞磨口三角瓶中。打开超净工作台，在工作台内向瓶内加入少量70%酒精，轻轻晃动15~30 s，倒出酒精，加入0.1%升汞液，浸泡消毒8 min。倒出升汞液，用无菌水换洗3~4次，彻底清除残留在叶面和瓶内的升汞液。

先用肥皂洗手，穿上工作服，戴上口罩和工作帽，再用经新洁尔灭浸泡的纱布擦抹工作台台面。放入培养瓶和接种用具(接种用的镊子、解剖刀、接种针及培养皿等须事前放入铝饭盒，经150~160℃烘箱干热灭菌2~3 h)，点燃酒精灯，用酒精棉球擦拭手臂。把镊子、解剖刀和接种针插入内盛70%酒精的广口瓶中。

用镊子把叶子或茎段放在培养皿内的吸水纸上，吸干水珠，把叶子切成面积为3mm×5mm的小片。打开三角瓶，把叶片投入瓶内，用接种针拨匀。重新盖上铂纸，扎上橡皮筋，用玻璃铅笔在瓶壁上写明培养材料、培养基代号和接种日期。

全部接种工作都是在严格无核辐射条件下进行的，所以要特别认真、仔细，以防杂菌污染。

5. 培养与观察

接种完毕后取出培养瓶，置于26~28℃恒温培养室内，照光条件下培养，定期观察。培养3~4w后，取不同的愈伤组织细胞(白色、淡绿、绿、黄绿、黄色、黄褐和褐色等)进行观察，比较细胞形态和结构的不同。

【注意事项】

1. 注意不同激素种类和浓度的配比。
2. 采用普通光学显微镜与相差显微镜进行观察对比。

【思考题】

不同激素 2,4-D、6-BA 和 NAA 对于细胞生长发育有什么影响？如何理解细胞是生命活动的最基本(最小)单位？

实验三　细胞核型分析

【实验目的】

核型或染色体组型分析(Karyotype analysis)是染色体研究中对染色体的各种特征进行定量和定性表述的一种基本方法，表述的内容主要有染色体数目和染色体形态，前者包括染色基数(X)、多倍体、非整倍体上常染色体和性染色体等。后者主要包括染色体绝对长度、相对长度值、着丝粒、次缢痕以及随体数目等特征。核型分析对研究植物系统演化，物种之间的亲缘关系、起源、进化与分类，远缘杂交及遗传工程中的染色体鉴别都有重要意义，同时能培养学生从微观向宏观思维的转换能力。

【实验原理】

细胞是生命活动的最基本单位。细胞生活周期包括 G_1 期、S 期、G_2 期和 M 期。在 M 期(细胞分裂中期)，细胞核膜解体，染色质浓缩形成染色体，同源染色体配对，排列在赤道板上。利用秋水仙素溶液处理细胞，破坏动粒维管，使细胞中止在 M 期，再采用核型分析系统扫描成像，计算机软件分析，获得细胞核型图。

【实验器材】

1. 材料

大豆、洋葱或银杏种子。

2. 药剂

Carnoy 固定液、0.1% 秋水仙素溶液、1 mol/L HCl、Schiff 试剂、亚硫酸水溶液(漂洗液)、混合酶液(纤维素酶和果胶酶各为 1%~2%)、Carbor fuchsin(卡宝品红)染液。

(1)配方 1

原液 A：称取 3 g 碱性品红，溶于 100 mL 70% 酒精中(此液可无限期保存)。

原液 B：取 10 mL 原液 A，加入 90 mL 15% 苯酚 + 水溶液(2w 内使用)。

染色液：55 mL 原液 B，加入 6 mL 冰醋酸和 6mL 37% 甲醛(此液适用于植物原生质体培养中细胞核和核分裂的染色）。

（2）配方2

取配方1中的染色液2～10 mL，加入90～98 mL 45%醋酸和1.8 g山梨醇（此液适用于核和染色体的一般形态观察，具有广泛的适用性）。

3. 器械

核型分析系统、超净工作台、烘箱、培养箱或培养室、镊子、解剖刀、载玻片、盖玻片、玻璃铅笔或记号笔、橡皮筋。

【实验步骤】

1. 取材

将大豆、洋葱或银杏种子放在培养皿内的湿滤纸上，室温或28℃下发芽，待胚根长1～2 cm时，切取0.5 cm长的根尖部分。

2. 预处理

将切下的根尖浸入0.1%秋水仙素液中，室温下处理3～4 h。也可把根尖浸入小烧杯内的自来水中，杯内加两小块冰，置于0～4℃冰箱内低温处理24 h左右。

3. 固定

取出根尖，投入Carnoy液中固定2～24 h，换入70%酒精，暂时保存。

4. 水解

把根尖投入预热的58～60℃ 1 mol/L热HCl中，恒温下水解14～15 min。

5. 染色

倒去热HCl，滴加Schiff试剂（无色品红）少许，染色0.5～1 h（也可在冰箱内染色12～24 h）。

6. 漂洗

吸去Schiff试剂，用漂洗液换洗2～3次，每次1～2min。

7. 酶解

在载玻片上切取根尖着色深的部分，浸入小酒杯内1～2滴混合酶液中，室温下酶解40 min左右或在28℃温箱中酶解20 min左右。

8. 洗涤

吸去酶液，加入蒸馏水，用吸管换洗几次，除去残留酶液后加入45%醋酸。

9. 压片

用吸管从醋酸中吸取材料，置于干净载玻片上，材料周围保留半滴45%醋酸，盖上盖玻片，其上放一片吸水纸。左手指压住吸水纸的左边，右手指从吸水纸的左端向右方轻轻抹去，再用铅笔擦头在盖玻片上轻轻敲打，使细胞均匀散开。

10. 封存

压好的片子如果来不及观察或照相，必须暂时封存。封存时先在盖玻片四周各放麦粒大石蜡一块，然后用烧热的解剖针迅速熔化石蜡，使盖玻片四周严密封闭。封好的片子可放在培养皿内湿滤纸上的火柴棒支架上，盖上培养皿，可在冰箱内保存2～3 d。

11. 镜检

把压好的片子放在显微镜下，先观察细胞分散状况和中期分裂相的多少，再检查分裂中期细胞中的染色体是否完全散开。如果染色体分散不好而难以分辨和计数，可取下片子，平放在桌面上，用手指隔着吸水纸在盖玻片上稍施压力，要操作细心、用力适度，很容易得到染色体分散良好的压片标本。

(1)核型系统分析　将染色体分散良好的压片标本置于核型系统下进行核型分析。

$$染色体的实际长度(\mu m)=\frac{染色体测量(mm)\times 100}{染色体实际放大倍数}$$

$$每对同源染色体短臂的相对长度=\frac{染色体短臂的绝对长度}{染色体短臂的总长度\ c}\times 100\%$$

$$每对同源染色体长臂的相对长度=\frac{染色体长臂的绝对长度\ b}{染色体长臂总长度\ d}\times 100\%$$

$$每对同源染色体相对长度=\frac{每对同源染色体绝对长度}{染色体总长度\ e}\times 100\%$$

臂指数(N. F) = (中部着丝粒染色体十次中部着丝粒染色体数目) ×2 + (端部着丝粒染色体 + 次端部着丝粒染色体数) ×1

即把具中部和近中部着丝粒的“V”字形染色体计算为2，而把具近端部着丝点的“J”或“I”字形染色体计算为1，两者之和即为总臂数。

①每对同源染色体短臂的绝对长度 a；②每对同源染色体长臂的绝对长度 b；③染色体短臂总长度 c；④染色体长臂总长度 d；⑤染色体总长度 e。

(2)着丝粒位置　以上述臂比值确定。参照 Levan 等人(1964)的命名，均取小数点后两位数值，以便严格区分，见表8-2，并记录在表8-3。

表8-2　染色体命名规则

臂比值	着丝粒位置	简写
1.00	正中部着丝粒(median point)	M
1.01～1.70	中部着丝粒(median point)	m
1.71～3.00	近中部着丝粒(submedian region)	Sm
3.01～7.00	近端部着丝粒(subtermial region)	St
7.01 以上	端部着丝粒(terminal point)	t
∞	顶端着丝粒(terminal point)	T

表8-3　染色体相对长度、臂比和类型

序号	相对长度(%) (短臂 + 长臂 = 总长度)	着丝粒指数	臂比	类型
1				
2				
3				
4				
5				
6				
7				

注：一般随体的长度不计算在染色体的全长内，列表时在具随体染色体的顺序号上标上“＊”号。

12. 绘制核型模式图(idiogram)

以表中所列各染色体的相对长度平均绘制。

13. 核型公式

即综合核型分析的结果，将一种生物核型书写成一个公式，简明扼要，便于记忆和比较，如玉米核型为：Zn = 20 = 12m + 6sm + 2m(SAT)。SAT 代表具随体染色体。

14. 核型分类

参照 Stebbins(1971)的核型分类方法，根据核型中染色体的长度和臂比两项主要特征，用以区分核型的对称和不对称程度，并将其分为 12 种类型(表 8-4)。

表 8-4 按对称到不对称的核型分类

最长/最短	臂比大于 2:1 的染色体的百分数			
	0.0	0.01 ~ 0.5	0.51 ~ 0.99	1.0
<2:1	1A	2A	3A	4A
2:1 ~ 4:1	1B	2B	3B	4B
>4:1	1C	2C	3C	4C

【注意事项】

1. Schiff 试剂染色效果不够理想的材料，可于水解后改用 Carbor fuchsin 染色(5 ~ 10 min)。由于 Carbor fuchsin 具有染色快、着色深以及适用性广等特点，因此多数植物的根尖、幼芽、花药以及培养的细胞或愈伤组织，经 Carbor fuchin 染色后，都能得到良好的结果。

2. 排列方式有多种，一般从大到小排列，相同长度的染色体按短臂长度排列，短臂长的在前，有特殊标记的染色体可特殊排列，性染色体单独排放在最后，如银杏(*Ginkgo biloba*)。也可以将形态相同的染色体归为一组，分成若干个小组按组排列。异源多倍体要根据不同染色体组排列，如小麦(*Triticum aestivum*)核型要按 A、B 和 D 3 个染色体组排列。

【思考题】

比较不同植物细胞核型的异同，从细胞水平解释生物的多样性。

实验四 动物细胞培养

【实验目的】

掌握动物细胞传代培养的基本技术与操作过程。

【实验原理】

传代培养是指将培养的细胞从一个培养瓶接种到另一个培养瓶中培养。

【实验器材】

1. 药剂

DMEM(高糖型)、胎牛血清、胰蛋白酶、青霉素、链霉素、重铬酸钾、浓硫酸。

2. 器械

超净工作台、细胞培养箱、水浴锅及其他设备。

【实验步骤】

1. 传代前准备

(1)部分试剂和仪器的准备见附录。

(2)预热培养用液　把配制好的装有培养液、PBS液和胰蛋白酶的瓶子放入37℃水浴锅内预热。

(3)用75%酒精擦拭经紫外线照射的超净工作台和双手。

(4)正确摆放使用的器械，保证足够的操作空间，便于操作且可减少污染。

(5)点燃酒精灯，注意火焰不能太小。

(6)取出预热好的培养用液，用酒精棉球擦拭后才能放入超净台内。

(7)从培养箱内取出细胞，注意要旋紧瓶盖，用酒精棉球擦拭显微镜的台面，再在镜下观察细胞。

(8)将各瓶口一一打开，同时在酒精灯上烧瓶口消毒。

2. 胰蛋白酶消化

(1)小心吸出旧培养液，用PBS清洗(冲洗)，加入适量消化液(胰蛋白酶液)，消化液的量以盖住细胞最好，最佳消化温度是37℃。

(2)倒置显微镜下观察消化细胞。若胞质回缩，细胞之间不再连接成片，表明此时细胞消化适度。

(3)弃去胰蛋白酶液，注意更换吸管，加入新鲜的培养液。

3. 吹打分散细胞

(1)用滴管将已经消化的细胞吹打成细胞悬液。

(2)将细胞悬液吸入离心管中。

(3)平衡后将离心管放入台式离心机中，以1 000 r/min离心6~8 min。

(4)弃去上清液，加入2 mL培养液，用滴管轻轻吹打细胞制成细胞悬液。

4. 分装稀释细胞

(1)将细胞悬液吸出分装至2~3个培养瓶中，加入适量培养基旋紧瓶盖。

(2)倒置显微镜下观察细胞量，必要时计数。注意密度过小会影响传代细胞的生长，传代细胞的密度应不低于5×10^5个/mL。最后做好标记。

5. 细胞培养与标记

用酒精棉球擦拭培养瓶，适当旋松瓶盖，放入CO_2培养箱中继续培养。传代细胞2 h后开始贴附在瓶壁上。当生长细胞铺展面积占培养瓶底面积25%时为1个“+”，占50%为“++”，占75%时为“+++”。

【注意事项】

1. 严格无菌操作。

2. 适度消化。消化时间受消化液的种类、配制时间、培养瓶的加入量等因素的影响，消化过程中应注意培养细胞形态的变化，一旦胞质回缩，连接变松散，或有成片浮起的迹象，就要立即终止消化。

实验五 原生质体的制备与融合

【实验目的】

1. 掌握植物细胞酶解去壁方法和原生质体活力鉴定的方法。
2. 了解细胞杂交的基本程序和方法。

【实验原理】

分离原生质体常采用酶法。其原理是由纤维素酶、果胶酶和半纤维素酶配制成溶液，对细胞壁成分进行降解，使原生质体释放出来。原生质体的产率和活力与材料来源、生理状态、酶液的组成以及原生质体收集方法有关。酶液通常需要保持较高的渗透压，以使原生质体在分离前细胞处于质壁分离状态，分离后不致膨胀破裂。渗透剂常用甘露醇、山梨醇、葡萄糖或蔗糖。酶液中还应含有一定量的钙离子，以稳定原生质体膜。游离出来的原生质体可用过筛—低速离心法收集，用蔗糖漂浮法纯化，然后进行培养。

【实验器材】

1. 材料

烟草无菌苗叶片、烟草悬浮细胞系。

2. 药剂

配制并过滤灭菌2%的纤维素酶、0.4%果胶酶、蔗糖22%的原生质体漂浮培养基、原生质体培养基、FDA母液和工作液。

3. 器械

超净工作台、制冰机、低速离心机。

【实验步骤】

1. 原生质体的分离

(1)取生长3w的烟草无菌苗平展嫩叶，置于含有一薄层600 mmol/L甘露醇-CPW的溶液中，4℃黑暗下预处理6~8 h；悬浮细胞置于4℃黑暗下预处理48 h。

(2)预处理的叶片用吸管吸去预处理液，悬浮细胞离心转入培养皿中，然后加入2%纤维素酶、0.4%果胶酶溶液，用封口膜将培养皿封严，置于暗处24~26℃下保温酶解。

(3)在倒置显微镜下观察，当细胞壁已降解、有圆球形原生质体释放到溶液中时，即终止酶解。用吸管轻轻挤压，以释放全部原生质体。

(4)通过一个60~80 μm的细胞筛过滤除去较大的碎屑。滤液置于1个螺帽离心管中，在100 g下离心3 min，使原生质体沉降。

(5)弃去上清液，将沉降物缓慢加入含有CPW配制的860 mmol/L蔗糖溶液的螺帽离心管中，在100 g下离心10 min。

(6)将蔗糖溶液的上部原生质体带收集起来，转入另一个离心管中。在离心管中加入原生质体培养基使原生质体悬浮，在100 g下离心3 min，重复本相清洗过程至少3次。

(7)最后一次清洗之后，加入培养基，调整原生质体密度为0.5×10^5~1×10^5个/mL。

2. 原生质体活力与密度测定

(1)取一个小指形管(已灭菌)，加入1mL刚分离的原生质体悬浮液，再加入1~2滴FDA工作液。

(2)血球计数板上滴一滴经FDA处理的原生质体悬浮液，置于荧光倒置显微镜下观察。

(3)根据发荧光细胞占总细胞的比例计算原生质体生活力，根据单位体积的细胞数计算细胞密度。

3. PEG诱导细胞体融合

(1)将上述分离的原生质体调整为密度4×10^5个/mL的原生质体悬浮液备用。

(2)在1个60 mm×15 mm的培养皿中滴1滴(2~3 mL)硅液200，在硅液上面放一张22 mm×22 mm的盖片。

(3)将叶片原生质体和悬浮细胞原生质体等体积(各0.5 mL)混合，然后用吸管吸取。

(4)将150 μL原生质体悬浮液置于盖玻片上。静止约5 min，使原生质体沉降在盖玻片上形成一个薄层。

(5)在原生质体悬浮液中，加入等体积的PEG溶液(50% PEG1540、10.5 mmol/L $CaCl_2/2H_2O$、0.7 mmol/L KH_2PO_4/H_2O)。室温(24℃)下，将PEG溶液中的原生质体保温10~20 min，在倒置显微镜下观察原生质体黏连的情况。

4. 原生质稀释

以5 min间隔轻轻加入2滴稀释液(50 mmol/L甘氨酸、50 mmol/L $CaCl_2/2H_2O$、300 mmol/L葡萄糖、pH 9~10.5)，保持5 min后，加入1滴原生质体培养基。

5. 原生质清洗

用新鲜的原生质体培养基，以5 min的间隔，将原生质体清洗5遍。每次洗完后，不要把盖玻片上的培养基全部去掉，要在原生质体上留下一薄层旧培养基，将新鲜培养基加在上面。此时可在倒置显微镜下，根据叶绿体标记统计异核融合率。

6. 原生质培养

洗涤完成后在盖玻片上滴约500 μL原生质体培养基，在盖玻片周围以小滴形式再加入500~1 000 μL培养基，以保持培养皿内的湿度，封口后置于25℃黑暗条件下培养。

【注意事项】

在倒置显微镜下观察异源融合，在培养3d以内，可根据双亲原生质体的形态特征来鉴别异核体。因为来自叶肉组织的原生质体具有明显的绿色叶绿体，而来自培养细胞的原生质体无色，但具有浓密的原生质丝，并可看到显示的核区。

【思考题】

什么是原生质体？影响原生质体融合成功的因素有哪些？

实验六 叶绿体分离、纯化及检测

【实验目的】

1. 通过植物细胞叶绿体的分离，了解细胞器分离的一般原理和方法。
2. 观察叶绿体的自发荧光，并熟悉荧光显微镜的使用方法。

【实验原理】

将组织匀浆后悬浮在等渗介质中进行差速离心，是分离细胞器的常用方法。一个颗粒在离心场中的沉降速率取决于颗粒的大小、形状和密度，也与离心力和悬浮介质的黏度有关。在一个给定的离心场中，同一时间内，密度和大小不同的颗粒其沉降速率不同。依次增加离心力和离心时间，就能够使非均一悬浮液中的颗粒按大小、密度先后沉降在离心管底部，分批收集即可获得各种亚细胞组分。叶绿体是一种可以发出荧光的细胞器，通过紫外光的激发，在荧光显微镜下可以观察到叶绿体的自发荧光。

【实验器材】

1. 材料

新鲜的植物肉质叶片。

2. 药剂

Tris缓冲液：0.05 mol/L Tris、0.01 mol/L NaCl、0.4 mol/L 蔗糖、0.2% 牛血清蛋白、0.2% 果胶酶、5 mmol/L $MgCl_2 \cdot 6H_2O$，pH 7.8。

3. 器械

制冰机、冷冻离心机。

【实验步骤】

称取1g洗净的新鲜叶片放入研钵中在冰箱中预冷。取5 mL预冷的Tris缓冲液放入研钵中，加少量石英砂在冰上进行匀浆，然后用4层纱布过滤，将滤液在800×g下离心5 min，得到叶绿体。加入一定量的上述缓冲液使叶绿体重新悬浮，在荧光显微镜下观察悬浮液。

【注意事项】

所有上述操作应在低温下进行。

【思考题】

叶绿体是植物细胞重要的细胞器，是光合作用的场所。本实验中叶绿体发荧光的机理是什么？如何理解叶绿体结构与功能的关系？

实验七　植物组织培养

【实验目的】

1. 了解植物组织培养的基本过程，并掌握基本的操作技能。
2. 启发学生自行设计实验，培养学生分析问题、解决问题的能力。

【实验原理】

植物细胞的全能性，可由植物的部分组织或器官通过给予充足的营养，发育生长为完整的植株。

【实验器材】

1. 材料

自选植物。

2. 药剂

MS培养基、蔗糖、琼脂粉、酒精、升汞、吐温80、石蜡、6-BA、NAA、IAA。

3. 器械

高压灭菌锅、pH计、电子天平(1/100、1/10 000)、磁力加热搅拌器、微波炉、超净工作台、剪刀、镊子、解剖刀、培养室、纱布、封口膜、锥形瓶、培养皿、烧杯、滤纸、棉绳、酒精灯、打火机。

【实验步骤】

1. 实验准备

(1)洗涤所需玻璃器皿，晾干备用。

(2)用牛皮纸包好两包250 mL烧杯和培养皿(每个垫上2~3层滤纸，3个/包)，2个

500 mL 三角瓶分别装上 350 mL 蒸馏水，用封口膜封好，121℃灭菌 20 min。

（3）制备母液　制备方法参见表 8-5。

2. 培养基的配制

量取母液，加入蔗糖、琼脂和激素溶解定容，调节 pH 值分装，封口。121℃灭菌 20 min。以下步骤供参考：

（1）往 1 L 烧杯中加入适量（100～200 mL）蒸馏水。

（2）用量筒依次量取 MSⅠ25 mL、MSⅡ25 mL、MSⅢ25 mL、MSⅣ5 mL、MSⅤ5 mL 和 MSⅥ25 mL，加入蒸馏水，使溶液体积达到 470～480 mL。

（3）称取蔗糖 15.00g，溶于以上溶液中。

（4）称取琼脂粉（或琼脂条，剪碎）加入以上溶液中，搅拌。

（5）放入微波炉中加热，中间要不时取出搅拌，不可让溶液溅出，直至琼脂完全融化。

（6）用移液管准确量取植物激素 6-BA（0.2 mg/mL）0.5 mL 加入以上溶液中，并将溶液定容至 520 mL。

（7）待已配好的溶液冷却至约 60℃，用 pH 计调节 pH 至 6.0。

（8）趁热将培养液分瓶装入晾干的 50 mL 三角瓶中，每瓶约 25 mL，用封口膜（或软胶塞）封口。三角瓶放于高压灭菌锅内，121℃灭菌 20 min。

3. 外植体的接种

（1）外植体消毒　选取当年生健壮的带饱满的萌发侧芽的枝条中段，剥去叶柄和叶片及皮刺，切割成适当大小。用刷蘸洗衣粉溶液仔细刷洗，用自来水冲洗干净，用纱布吸干枝条上的水分。用解剖刀将枝条切成 3～4 cm 一段，每段至少有一个侧芽，用蜡封口。

（2）外植体接种　操作前要用 75% 的酒精喷于手和衣袖。把外植体放入一个灭菌的 250 mL 烧杯中，置于灭菌的超净工作台上。用 75% 酒精灭菌 30 s，倒掉，再加入 0.1% 升汞溶液（加几滴吐温 80），灭菌 10 min 左右，然后用无菌水冲洗 6 次左右。用灭菌的镊子将茎段取出，用无菌纱布吸干表面水分，放入另一个无菌烧杯中，作外植体用。

表 8-5　MS 储备液配制（均定容至 500 mL 备用）　　单位：g

MSⅠ	NH_4NO_3	KNO_3	KH_2PO_4	$MgSO_4 \cdot H_2O$		20×
	16.5	19	1.7	3.7		
MSⅡ	$MnSO_4 \cdot H_2O$	$ZnSO_4 \cdot 7H_2O$	H_3BO_3			20×
	0.169	0.106	0.62			
MSⅢ	$CaCl_2$					20×
	3.32					
MSⅣ	$CoCl_2 \cdot 6H_2O$	$CuSO_4 \cdot 5H_2O$	$NaMo_4 \cdot 2H_2O$	KI		100×
	0.001 25	0.001 25	0.012 5	0.041 5		
MSⅤ	肌醇	烟酸	VB_1		甘氨酸	100×
	5	0.025	0.025	0.005	0.1	
MSⅥ	$FeSO_4 \cdot 7H_2O$	Na_2-EDTA				20×
	0.278	0.373				

(3)外植体的接种　将镊子和手术刀蘸取95%酒精在酒精灯上灼烧，冷却后使用，将外植体切割为1cm左右并带1个侧芽。具体操作是：左手拿三角瓶，右手解开绳和封口膜，将锥形瓶几乎水平拿着，瓶口稍向下，靠近酒精灯焰，将瓶口在灯焰上旋转燎数秒。然后用右手拿镊子夹一个外植体送入瓶内，轻轻插入培养基上。再将瓶口在灯焰上旋转燎数秒，封口。最后将使用过的镊子和手术刀蘸取酒精灼烧，放回架上。

4. 初代培养

自主设计不同光照、光强和温度对初代培养影响的实验方案。

5. 继代增殖培养

自主设计不同激素配比对增殖的影响的实验方案。

6. 壮苗与生根培养

自主设计不同激素配比对壮苗和生根影响的实验方案。

7. 炼苗与移栽

自主设计不同光照、光强和温度对炼苗和移栽影响的实验方案。

【实验要求】

本实验为设计性实验，培养同学独立分析问题、解决问题的能力。要求5人一个小组，每人单独收集资料，互相讨论，写出设计方案。经老师审阅，提出修改参考意见，每个学生独立执行。实验中遇到问题时，老师提示解决问题的参考意见，直到学生独立完成实验，并取得较好结果。

【思考题】

人工条件下培养的植物离体器官、组织或细胞，经过分裂、增殖、分化和发育，最终长成完整植株的过程，能够说明什么问题？

第 9 篇

分子生物学实验

实验一 质粒 DNA 的制备

【实验目的】

1. 掌握从大肠杆菌中提取质粒 DNA 的方法。
2. 学习碱变性法小量和大量制备质粒 DNA 的原理和操作方法。

【实验原理】

质粒(Plasmid)是一种独立稳定的遗传因子，存在于细菌等细胞中。它们为双链、闭环的 DNA 分子，大小从 1 kb 到 200 kb 不等，具有自主复制和转录能力，能在子代细胞中保持恒定的拷贝数，并表达所携带的 DNA 基因信息，但其复制和转录要利用宿主细胞编码的一些酶和蛋白质，而寄主在没有质粒时是可以正常生长的。因此，质粒是一种寄生性的自主复制子。

质粒通常含有编码某些酶的基因。在自然条件下，很多质粒都可以通过细菌接合作用转移到新的宿主内，但人工构建的质粒一般没有这种转移所必需的基因，不能自行完成从一个细胞到另一个细胞的转移。

质粒载体是在天然质粒的基础上为适应实验室操作，由人工构建的基因工程载体，与适当的工程宿主菌配套使用。质粒载体带有 1 个或多个选择性标记基因(如抗生素抗性基因)和 1 个人工合成的含有若干个限制性内切酶识别位点的多克隆位点。质粒载体与天然质粒相比，去掉了大部分非必需序列，使分子量尽可能减少，便于操作。常用的质粒载体大小一般在 2.7～10 kb。

从大肠杆菌中提取质粒 DNA 的基本原理是根据细菌的染色质 DNA 和质粒 DNA 分子的大小、结构和碱基组成的差异等特点来进行分离。提取的方法有煮沸法、碱变性法和 SDS 法等。其中碱变性法是最常用的质粒 DNA 提取方法。

碱变性法提取质粒 DNA 是根据细菌染色质 DNA 和质粒 DNA 分子的大小、结构及变性与复性的差异而达到分离的目的。染色质 DNA 分子量比质粒 DNA 大得多；从细胞中提取到的染色质 DNA 大多断裂成线状分子，而质粒 DNA 为共价闭环超螺旋。在 pH12.0～12.6 的碱性环境中，细菌染色质 DNA 的氢键断裂，双螺旋结构解开而变性；质粒 DNA 的大部分氢键也断裂，但共价闭环超螺旋结构的两条互补链不完全分离。当以 pH 4.8 的高盐缓冲液调节 pH 至中性时，质粒 DNA 恢复到原来的状态保留在溶液中，但细菌染色质 DNA 不能恢复而形成缠绕的网状结构。大部分 DNA 和蛋白质在 SDS 的作用下形成沉淀。通过离心，细菌染色质 DNA 与不稳定的大分子 RNA、蛋白质—SDS 复合物等一起沉淀而被除去，质粒 DNA 存在于上清中，用酚、氯仿抽提进一步纯化，最后用酒精沉淀质粒 DNA。

【实验器材】

1. 材料

含有 pUC19 或 pUC18(2.69 kb)高拷贝质粒的 DH5α 或 TG1 菌株；含克隆有外源基因的 pUC19 或 pUC18［如克隆有大豆根瘤菌 fixN 基因片段(700 bp，BamH Ⅰ单酶切)或蚕基因 400 bp(BamH Ⅰ和 HindⅢ双酶切)］DH5α、JM109 或 TG1 菌株。1.5 mL 塑料离心管 30 个，塑料离心管架(30 孔)2 个，与移液枪匹配的枪头若干。

2. 药剂

(1)LB 培养基　蛋白胨 10 g/L；酵母提取物 5 g/L；NaCl 10 g/L。

用 NaOH 调 pH 至 7.5，高压灭菌备用(注意：LB 不可以反复灭菌)。固体培养基在 LB 培养基中按 1.4% 的比例加入琼脂粉，高压灭菌备用。

(2)氨苄青霉素母液 100 mg/mL 水溶液。

(3)100 mg/mL 溶菌溶液　用 10 mmol/L　Tris ~ HCl (pH 8.0)溶液配制(pH 低于 8.0 时溶菌酶无法有效发挥作用)。现配现用。

(4)3 mol/L NaAc(pH5.2)　50 mL 水中溶解 40.81 g NaAc · $3H_2O$，用冰醋酸调 pH 至 5.2，加水定容至 100 mL，分装后高压灭菌，存于 4℃冰箱备用。

(5)溶液Ⅰ　50 mmol/L 葡萄糖；25 mmol/L Tris ~ HCl(pH 8.0)；10 mmol/L EDTA(pH 8.0)溶液Ⅰ可成批配制，每瓶 50 mL，高压灭菌 15 min(注意不可以反复灭菌)，存于 4℃冰箱备用。用前加溶菌酶至终浓度 4 mg/mL。

(6)溶液Ⅱ　0.2 mmol/L NaOH (用 10 mol/L NaOH 母液稀释)、1% SDS(由 10% SDS 母液稀释)

现配现用。

(7)溶液Ⅲ　5 mol/L KAc 60.00 mL；冰醋酸 11.50 mL；H_2O 28.50 mL。三者合计 100.00 mL。

溶液终浓度为：K^+ 3 mol/L，Ac^- 5 mol/L。高压灭菌备用。

(8)酚/氯仿(1:1)

①饱和酚(SS ~ 酚)：分析纯酚经 160℃重蒸后，加入 0.1% 体积的羟基喹啉(抗氧化剂)，再加入等体积的 0.1 mol/L Tris ~ HCl(pH 8.0)缓冲液，反复抽提使之饱和，并使 pH 达到 8.0。酸性条件下 DNA 将分配在有机相。

②氯仿：按氯仿:异戊醇 = 24:1(体积比)的比例加入异戊醇。氯仿为蛋白变性剂并有助于液相与有机相的分开，消除残留在上清中的酚，异戊醇具有消沫剂的作用。

③酚/氯仿：按体积比 1:1 混合上述饱和酚和氯仿，即得酚/氯仿(1:1)。

注意：酚和氯仿均有很强的腐蚀性，操作时应戴手套。

(9)TE 缓冲液　10 mmol/L Tris-HCl(pH 8.0)、1 mmol/L EDTA(pH 8.0)，其中含 RNA 酶(RNase A)20 μg/mL。

(10)乙醇(冷)　95% 和 70% 乙醇溶液。

(11)STE 溶液　0.1 mol/L NaCl、10 mmol/L Tris-HCl(pH 8.0)、1 mmol/L EDTA(pH 8.0)。

3. 器械

无菌操作台 1 台，恒温振荡培养箱 1 台，台式高速冷冻离心机 1 台，高压灭菌锅 1 台，制冰机 1 台，0.5～10 μL、10～100 μL、100～1 000 μL 移液枪各 1 支，微型旋涡混合仪 1 台，水浴锅 1 台，冰箱 1 台。

【实验步骤】

1. 小量制备质粒 DNA

(1)将含有质粒 pUC19 或 pUC18 的 DH5α、JM109 或 TG1 菌种接种于 LB 固体培养基(含氨苄青霉素 50 μg/mL)上，37℃培养过夜。

(2)用接种针挑取单菌落，接种到 30 mL LB 液体培养基(含氨苄青霉素 50 μg/mL)中，37℃振荡(220 r/min)培养过夜至对数生长后期备用。

(3)取 1.5 mL 培养物于 1.5 mL 塑料离心管中，4℃(或室温)，5 000 r/min 离心 1 min，弃上清，将管倒置于卫生纸上数分钟，使液体尽可能流尽。

(4)收集的菌体沉淀重新悬浮于 100 μL 溶液 I 中(需振荡)，室温下放置 10 min。

(5)加入新配制的溶液Ⅱ200 μL，盖紧管盖，轻轻倒置数次(不能剧烈振荡)，混匀内容物并使之变清，冰浴 5 min。

(6)加入 150 μL 冰冷溶液Ⅲ，盖紧管盖，将管倒置后，温和混合混匀。冰浴 5 min。

(7)12 000 r/min，4℃(或室温)，离心 10 min。

(8)取上清液(350 μL)加入等体积酚/氯仿，12 000 r/min，4℃(或室温)，离心 10 min。

(9)取上清液 350 μL 移入另一干净离心管中，加入 2 倍体积的冰冷无水乙醇和 1/10 体积 3 mol NaAc，混匀后于室温放置 20 min 或 −20℃下放置 2 h。

(10)12 000 r/min，4℃(或室温)，离心 10 min，弃上清，将管口打开倒置于卫生纸上，使所有液体尽可能流出。

(11)加入 1 mL 70% 乙醇洗沉淀，12 000 r/min，4℃(或室温)，离心 5 min，弃上清液。

(12)重复(11)步骤 2 次。

(13)打开管口，将管倒置于纸巾上使液体流尽，真空干燥 15 min。

(14)将沉淀溶于 50μL TE 缓冲液中，37℃水浴保温 5 min，贴上标签，−20℃保存备用。

2. 大量制备质粒 DNA

(1)挑取培养板上的单个菌落，接种到 2 mL 含 Amp 的 LB 液体培养基中，37℃剧烈振荡(220 r/min)培养过夜，再取 0.5 mL 接种至 25 mL 含 Amp 的 LB 培养基中，培养至 OD_{600} ≈0.6。

(2)取 24 mL 培养液接种到 500 mL 含 Amp 的 LB 培养基中，37℃剧烈振荡 4～6 h。加入氯霉素至终浓度 170 μg/mL，37℃剧烈振荡培养 12～16 h。

(3)将培养液移入离心管内，4 000 r/min，4℃，离心 15 min，弃上清，用 100 mL 冰预冷的 STE 溶液悬浮细菌，离心收集菌体。

(4)将细菌悬浮于 10 mL 冰预冷的溶液 I 中，剧烈振荡混匀，加入 100 μL 溶菌酶(100 mg/mL)，混匀，冰浴放置 5 min。

(5)加入 20 mL 溶液Ⅱ，颠倒混匀 5～7 次(不要剧烈振荡)，放置 5 min。

(6)加入 15mL 冰预冷的溶液Ⅲ，温和颠倒混匀，冰浴放置 10 min，12 000 r/min，4℃，离心 20 min。

(7)转上清至 1 个新离心管中，加入 2.5 倍体积的 95% 乙醇混匀，室温放置 10 min(或 20℃，2 h)，12 000 r/min，4℃(或室温)离心 15 min。

(8)小心弃上清，用 70% 乙醇溶液室温漂洗 1 次，12 000 r/min 离心 5 min。小心弃上清，倒置离心管在滤纸上，流尽液体，或用消毒滤纸小条小心吸尽管壁上的乙醇，室温(或 37℃)放置 10～15 min。

(9)加入 3 mL TE(pH 8.0)溶解 DNA。进一步纯化可根据具体条件选用超速离心法、层析过柱法或 PEG 法(参见实验四 DNA 的纯化)。

【注意事项】

1. 操作时应戴手套，所用试剂和容器均需高压无菌，以避免 DNase 污染。
2. 每步操作中，加入溶液后均需充分混匀。
3. 碱变性时，要充分混匀使菌体完全裂解，一旦裂解(变黏稠)，应立即加入酸溶液中和。
4. 菌体裂解后，每步操作动作要轻，不要剧烈振荡，以防损伤 DNA。

【思考题】

1. 为什么要在碱裂解液中加入 EDTA?
2. 在质粒 DNA 提取过程中，SDS 的作用是什么?
3. 在酚氯仿中为什么要加入异戊醇?
4. 在质粒 DNA 提取过程中，为什么要加入高浓度的盐?
5. 为什么要在碱性条件下分离质粒 DNA?
6. 在质粒 DNA 提取过程中，用乙醇沉淀 DNA 的机理是什么?

实验二 琼脂糖凝胶电泳检测质粒 DNA

【实验目的】

1. 学习琼脂糖凝胶电泳法分离 DNA 的基本原理和方法。
2. 掌握利用琼脂糖凝胶电泳法测定 DNA 片段的大小。

【实验原理】

琼脂糖是由半乳糖及其衍生物构成的中性物质，本身不带电荷。琼脂糖凝胶电泳可以把不同大小的 DNA 片段和质粒 DNA 分开，因此广泛用于 DNA 的检测和分子量测定。琼脂糖凝胶电泳对DNA的分离作用主要依赖于它们的分子量、分子构型、琼脂糖凝胶的浓度、电压梯度和电泳缓冲液。在琼脂糖凝胶电泳中，DNA分子的迁移率随DNA片段长度增加而减小，但是当DNA片段长度超过一个最大极限值时立即被破坏。当线性双链DNA的半径超过凝胶的孔径时就达到其分辨率的极限，此时DNA不再被凝胶按其大小筛分。凝胶孔径越大，能被分离的DNA就越大，因此用低浓度琼脂糖(0.1%~0.2%)灌制的凝胶可以分辨很大的DNA分子。但这种凝胶很脆，容易破裂。目前分离DNA常用的琼脂糖凝胶浓度为1%左右(表9-1)。DNA分子(小于20 kb)的迁移率与其分子量的对数成反比。因此，将未知DNA的迁移距离与已知分子大小的DNA标准样品的电泳迁移距离进行比较，即可计算出未知DNA片段的大小。而一定大小的DNA在不同浓度的琼脂糖凝胶中，其电泳迁移率不同。在低电压时，线状DNA片段的迁移速率与所加电压成正比。但是随着电场强度的增加，不同分子量的DNA片段的迁移率将以不同的幅度增长，随着电压的增加，琼脂糖凝胶的有效分离范围将缩小。要使大于2 kb的DNA片段的分辨率达到最大，所加电压不得超过5 V/cm。电泳缓冲液的组成及其离子强度影响DNA的电泳迁移率。在没有离子存在时(如误用蒸馏水配制凝胶，电导率最小)，DNA几乎不移动；在高离子强度的缓冲液中(如误加10×电泳缓冲液)，则电导很高并明显产热，严重时会引起凝胶熔化。对于天然的双链DNA，常用的电泳缓冲液有TAE、TBE和TPE，一般配制成浓缩母液，室温保存，用时稀释。在琼脂糖溶液中加入低浓度的溴化乙锭(EB)，在紫外光下可以检出10 ng的DNA条带，在电场中，pH8.0条件下，凝胶中带负电荷的DNA向阳极迁移。

在细胞内，质粒DNA有3种存在形式：即共价闭环DNA(cccDNA或SC DNA)，常以超螺旋形式存在；开环DNA(occDNA或OC DNA)，此种质粒DNA的两条链中有一条链发生一处或多处断裂，形成缺刻，可以自由旋转从而消除张力，形成松弛的环状分子；线状DNA(linear DNA，L DNA)，质粒DNA的两条链在同一处断裂所形成。在电泳时，同一质粒DNA的泳动速度根据迁移率从小到大分别为开环、线性和超螺旋DNA。

表9-1 不同浓度琼脂糖凝胶的线性DNA分离范围

琼脂糖含量(%，W/V)	线性DNA分子的有效分离范围(kb)	琼脂糖含量(%，W/V)	线性DNA分子的有效分离范围(kb)
0.6	1~20	1.2	0.6~4
0.7	0.8~10	1.5	0.2~3
0.9	0.5~7	2.0	0.1~2

pUC18或pUC19质粒DNA也存在有3种构型，即SC DNA、L DNA和OC DNA。所以自制的pUC18或pUC19质粒DNA在电泳时将出现3条分离带。

【实验器材】

1. 材料

实验一提到的质粒DNA和含外源DNA的载体，1.5 mL、0.5 mL塑料离心管各10个，塑料离心管架(30孔)2个，与移液枪匹配的枪头若干，PE塑料手套3双。

2. 药剂

(1)5×TBE缓冲液(1 L)　Tris 54 g，硼酸27.5 g，0.5 mol/L EDTA 20 mL，加H_2O定

容至 1 L(注意不能用蒸馏水)。

(2)琼脂糖。

(3)加样缓冲液(表 9-2)　使用加样缓冲液的目的有 3 个：①增大样品密度，以确保 DNA 均匀进入样品孔内；②使样品呈现颜色，从而使加样操作更为方便；③含有在电场中能以可预知速度向阳极泳动的染料，溴酚蓝在琼脂糖凝胶中移动的速度约为二甲苯青 FF 的 2.2 倍，与琼脂糖浓度无关。以 0.5×TBE 作电泳液时，溴酚蓝在琼脂糖中的泳动速率约与长 300 bp 的双链线状 DNA 相同，而二甲苯青 FF 的泳动与长 4 kb 的双链线状 DNA 相同。在琼脂糖浓度为 0.5%~1.4% 的范围内，这些对应关系受凝胶浓度变化的影响并不显著。

表 9-2　凝胶加样缓冲液

缓冲液类型	6×缓冲液	贮存温度(℃)
Ⅰ	0.25% 溴酚蓝 0.25% 二甲苯青 FF 40%(W/V)蔗糖水溶液	4
Ⅱ	0.25% 溴酚蓝 0.25% 二甲苯青 FF 15% 聚蔗糖(Ficoll)(400 型)	室温
Ⅲ	0.25% 溴酚蓝 0.25% 二甲苯青 FF 30% 甘油水溶液	4
Ⅳ	0.25% 溴酚蓝 40%(W/V)蔗糖水溶液 碱性加样缓冲液 300 mmol/L NaOH 60 mmol/L EDTA	4
Ⅴ	18% 聚蔗糖(Ficoll)(400 型)水溶液 0.15% 溴甲酚绿 0.25% 二甲苯青 FF	4

(4)EB　在 100 mL 水中加入 1 g 溴化乙锭，磁力搅拌数小时以确保完全溶解，然后用铝箔包裹容器或转移至棕色瓶中，室温保存。

(5)λ DNA/HindⅢ 或 λ DNA/EcoR Ⅰ(表 9-3)。

表 9-3　DNA 相对分子质量标准条带一览表

λ DNA/EcoR Ⅰ片段	碱基对数目(kb)	相对分子质量(u)
1	21.226	13.7×10^6
2	7.421	4.74×10^6
3	5.804	3.73×10^6
4	5.643	3.48×10^6
5	4.878	3.02×10^6
6	2.530	2.13×10^6

（续）

λ DNA/HindⅢ 片段	碱基对数目(kb)	相对分子质量(u)
1	23.130	15.0×10^6
2	9.419	6.12×10^6
3	6.557	4.26×10^6
4	4.371	2.84×10^6
5	2.322	1.51×10^6
6	2.028	1.32×10^6
7	0.564	0.37×10^6
8	0.125	0.08×10^6

3. 器械

水平电泳槽和电源1套，0.5～10 μL、10～100 μL、100～1 000 μL 移液枪各1支，紫外灯箱1台，凝胶成像分析系统1套，微波炉1台，水浴锅1台，电子天平1台等。

【实验步骤】

1. 琼脂糖凝胶的制备(0.7%，30 mL)与电泳

(1)称取琼脂糖0.21 g置于三角瓶中，加入30 mL 0.5×TBE。

(2)微波炉中加热1～3 min，充分溶解。

(3)溶液冷却至60℃。加入溴化乙锭1～2 μL至终浓度为0.5 μg/mL，充分混匀。

(4)调整制胶板保持水平，用胶带或活动板封住制胶板两端，用巴斯德吸管取少量琼脂糖溶液封固胶模边缘。凝固后，在距离底板10 mm处放置梳子，以便加入琼脂糖后可以形成完好的加样孔。如果梳子距玻璃板太近，拔出梳子时孔底将有破裂的危险，破裂后会使样品从凝胶与玻璃板之间渗漏。

(5)将温热琼脂糖溶液倒入胶模中，凝胶的厚度为3～5 mm。检查梳子的齿下或齿间是否有气泡。

(6)在凝胶完全凝固后(于室温放置30～45 min)，小心移去梳子和胶带，将凝胶放入电泳槽中。

(7)配制灌满电泳槽所需的电泳缓冲液(0.5×TBE)，加入没过胶面约1 mm的足量电泳缓冲液。

2. 点样电泳

(1)取实验一获得的DNA样品5～10 μL，加入等体积的加样缓冲液，混匀，用移液器将样品点入点样孔中。

(2)盖上电泳槽并通电，使DNA向阳极(红线)移动。采用1～5 V/cm的电压降(按两极间距离计算)。如果接线正确，会在阳极和阴极处产生气泡(发生电解)。几分钟后，溴酚蓝从加样孔中迁移到凝胶中。继续电泳直至溴酚蓝和二甲苯青FF在凝胶中迁移适当的距离。

电泳过程中，溴化乙锭向阴极移动(与DNA相反)，延长电泳时间，溴化乙锭会从凝胶中迁移出来，从而使小片段难于检测。

有溴化乙锭溶液存在时，可在电泳的任何阶段用紫外灯检测凝胶。但有人认为不加溴化乙锭染料进行电泳时可以获得较为清晰的 DNA 条带，这时需在电泳结束后将凝胶浸在溴化乙锭溶液(0.5% μg/mL)中染色 30～45 min。

(3)切断电流，从电泳槽上拔下电线，打开槽盖。戴上 PE 塑料手套取出凝胶。

3. 摄影

可采用透射或入射紫外光对凝胶进行摄影。大多数市售紫外灯的光源发射 302 nm 的紫外线，溴化乙锭—DNA 复合物在这一波长下荧光产率远远高于 366 nm 处，而略低于短波长(254 nm)处。但在 302 nm 处，DNA 产生切口的程度要比在 254 nm 处小得多。

用高效的紫外光源(>2 500 UW/cm^2)、1 块滤光片以及性能良好的镜头(f = 135 mm)，在光圈为 5.6 时曝光数秒就足以摄出仅有 10 ng DNA 的条带。延长曝光时间并采用强紫外光源，可在胶片上记录 1 ng DNA 所发射的荧光。联合应用较短焦距的镜头(f = 75 mm)和常规的方法处理胶片，可以检测极微弱的条带，这时镜头距凝胶更近，在有效片的更小区域里集中成像，也使影像的显影和晒印较为灵活。

【注意事项】

1. EB 为强烈诱变剂，称量染料时要戴面具，配制和使用 EB 时应戴一次性塑料手套，并且不要将 EB 洒在桌面或地面上。凡是污染 EB 的器皿或物品，必须经专门处理后，才能进行清洗或弃去。

2. 如果琼脂糖溶液在微波炉里加热时间过长，溶液将过热并暴沸，应核对溶液的体积在煮沸过程中是否由于蒸发而减少，必要时用缓冲液补充。

3. 倒胶时，胶的温度不能过低，否则会在三角瓶中凝固，胶面不平整，同时应检查梳子的齿下或齿间是否有气泡。

4. 在电泳槽和配制凝胶时必须使用同一批次的电泳缓冲液，离子强度或 pH 值的微小差异会在凝胶中形成前沿，从而大大影响 DNA 片段的迁移率。

5. 低熔点琼脂糖凝胶和浓度低于 0.5% 的琼脂糖凝胶应冷却至 4℃，并在冷库中电泳。

【思考题】

1. 什么叫电泳?
2. 为什么用琼脂糖凝胶电泳 DNA 时常出现前沿现象?
3. 点样电泳为什么要加入点样缓冲液?

实验三 DNA的纯化

【实验目的】

1. 学习DNA纯化的基本原理和方法。
2. 掌握聚乙二醇沉淀法纯化DNA的技术。

【实验原理】

常规方法抽提的DNA不经纯化，也可用于酶切、连接及克隆，用于标记探针、测序、转染动植物细胞和转基因动植物操作等则要进行纯化。高纯度的DNA不仅要求完全去除细菌染色体DNA、RNA及蛋白质，还要求选择质粒DNA的不同分子构型。DNA的纯化方法有：聚乙二醇沉淀法、精胺纯化法、玻璃粉洗脱法及商业化层析柱纯化法。聚乙二醇沉淀法纯化DNA因操作简单、经济而最为常用。纯化的DNA可用于细菌转化、酶切、转染动植物细胞，尤其对碱变性抽提的质粒，纯化效果更好。

【实验器材】

1. 材料

实验一大量抽提的DNA，15 mL、1.5 mL、0.5 mL塑料离心管各10个，塑料离心管架(30孔)2个，与移液枪匹配的枪头若干。

2. 药剂

5 mol/L LiCl，异丙醇，TER(TE，pH8.0，含有20 μg/mL无DNase的RNase)，1.6 mol/L NaCl[含有13%（W/V)的PEG 8 000]，10 mol/L醋酸铵，乙醇，酚，氯仿。

3. 器械

台式高速冷冻离心机1台，0.5～10 μL、10～100 μL、100～1 000 μL移液枪各1支，高压灭菌锅1台，制冰机1台，冰箱1台。

【实验步骤】

(1)将碱变性法大量抽提的质粒DNA溶于TE中，移入一个新的15 mL离心管内，加入等体积的5 mol/L LiCl，混匀，10 000 r/min，4℃，离心10 min。

(2)取上清，移入另一个15 mL离心管内，加入等体积的异丙醇混匀，室温放置2 min，10 000 r/min于室温离心10 min。

(3)弃上清液，70%乙醇溶液漂洗沉淀，10 000 r/min，于室温离心5 min，弃乙醇并将离心管倒置于滤纸上，室温放置5～10 min。

(4)用500 μL TER溶解沉淀，移至一个1.5mL的离心管内，室温放置30 min。

(5)加入 500 μL 1.6 mol/L NaCl(含 13% 的 PEG 8 000)，混匀，4℃，12 000 r/min 离心5 min。

(6)弃上清，用400 μL TE 溶解沉淀，分别用酚、酚/氯仿、氯仿抽提 1 次。

(7)上清移至另一个 1.5 mL 的离心管内，加入 100μL 10 mol/L 醋酸铵和 2 倍体积的无水乙醇，混匀，室温放置 10 min，12 000 r/min，4℃，离心 5 min。

(8)弃上清，用200 μL 70%冷乙醇溶液漂洗沉淀，12 000 r/min，4℃，离心 2 min。

(9)弃上清，将离心管倒置于滤纸上，室温放置 5～10 min。

(10)加入 500 μL TE，水浴保温 5 min，溶解质粒 DNA。

【注意事项】

1. 操作时应戴手套，所用试剂和容器均需高压灭菌。
2. 每步操作中，加入溶液后均需充分混匀。
3. 每步操作动作要轻，不要剧烈振荡，以防损伤 DNA。
4. 所用容器必须洁净，以避免 DNase 污染。

【思考题】

1. 在质粒 DNA 纯化过程中，酚/氯仿的作用是什么?
2. 乙醇和聚乙二醇沉淀 DNA 的机理一样吗?
3. LiCl 的作用是什么?
4. 在纯化 DNA 中也需要高盐浓度吗?

实验四　紫外吸收法检测 DNA 纯度和浓度

【实验目的】

1. 学习紫外分光光度检测 DNA 纯度和浓度的原理和方法。
2. 掌握紫外分光光度计的使用方法。

【实验原理】

组成核酸分子的碱基均具有一定的吸收紫外线特性，最大吸收波长是 260 nm，吸收低谷是 230 nm，根据这个特性可测定核酸的浓度。

1. DNA 浓度检测

紫外线分光光度计检测 DNA 在 260 nm 的吸光值，对于双链 DNA，$OD_{260}=1.0$ 时溶液浓度为 50 μg/mL；DNA 样品浓度(μg/μL) = $OD_{260}\times N$(样品稀释倍数) ×50/1 000。对于单链 RNA，$OD_{260}=1.0$ 时溶液浓度为 40 μg/mL。RNA 样品浓度(μg/μL) = $OD_{260}\times N$(样品稀释倍

数)×40/1 000。

2. DNA 纯度检测

紫外线分光光度计检测260 nm和280 nm吸光值，纯DNA溶液的OD_{260}/ OD_{280}应为1.8，OD_{260}/ OD_{230}应大于2.0。OD_{260}/ OD_{280}大于1.9说明有RNA污染，小于1.6说明有蛋白质或酚污染；OD_{260}/ OD_{230}小于2.0时，表明溶液中有残存的盐和小分子杂质，如核苷酸、氨基酸、酚等。如纯RNA溶液的OD_{260}/ OD_{280}应介于1.7~2.0，OD_{260}/ OD_{230}应大于2.0。RNA样品OD_{260}/ OD_{280}小于1.7，说明有蛋白或苯酚污染，大于2.0说明有提取缓冲物的污染；OD_{260}/ OD_{230}小于2.0时，表明溶液中有残存的盐和小分子杂质。

【实验器材】

1. 材料

实验一提到的质粒DNA和含外源DNA的载体，1.5 mL、0.5 mL塑料离心管各10个，塑料离心管架(30孔)2个，与移液枪匹配的枪头若干，镜头纸和卫生纸若干。

2. 器械

紫外可见分光光度计1台，冰箱1台，0.5~10 μL、10~100 μL、100~1 000 μL移液枪各1支，微型旋涡混合仪1台。

【实验步骤】

(1)预热紫外分光光度计10~20 min。

(2)取两只1 mL的狭缝石英比色皿，一只装入1 mL TE溶液，作为空白液，用来校正分光光度计零点及调整透光度至100。

(3)取5~10 μL DNA待测样品加入另一个比色杯中，加入TE溶液至1 mL(一般要求先稀释再加入比色杯中)，盖好盖，倒置混匀。

(4)将两只比色杯置于分光光度计中，调入射波长，分别用空白溶液调整零点(T为100，OD为0)，测定待测样品液在260 nm、280 nm和230 nm的OD值。

(5)结果计算。

【注意事项】

1. 稀释待测样品时应根据DNA的提取量而定。此法只用于测定大于0.25 μg/mL的核酸溶液。如果在260 nm波长所测吸光值大于1，则应加大稀释倍数；若待测样品吸光值小于0.3，则应降低稀释倍数。

2. 测完一个样品后需用TE溶液多次冲洗石英比色皿，然后用待测样冲洗2次，再用待测测定OD值。

3. 样品过少时可用50 μL的微量比色皿测定。

【思考题】

1. 采用紫外分光光度检测DNA纯度和浓度的原理是什么?

2. 采用紫外分光光度检测DNA纯度和浓度的操作步骤是什么?

实验五　DNA 的酶切反应

【实验目的】

1. 学习 DNA 酶切反应的原理，掌握 DNA 酶切反应的条件。
2. 应用酶切反应制备载体 DNA 和外源 DNA 片段，为 DNA 重组作准备。

【实验原理】

不同的Ⅱ型限制性内切酶能特异地识别双链 DNA 特定的核苷酸序列，并切割一定部位的磷酸二酯键，产生特异性的 DNA 片段。

酶切单位(1 单位)的确定：在进行酶切反应时，应根据 DNA 的量确定内切酶的使用单位。标准酶切单位的确定方法，是以 λDNA 作为标准，将 1 μg λDNA 在 50 μL 反应体积内，37℃酶切 1 h 完全切开，所用内切酶的量即为 1 个酶切单位。

酶切实用单位：消化 1 μg 样品 DNA 所需酶的量(单位)=(待酶切 DNA 上酶切位点数/λDNA 酶切位点数)×(λDNA 相对分子质量/待酶切 DNA 相对分子质量)。但在实际应用中，由于酶在运输保存过程中部分活性会降低，实际用量一般为计算量的 5～10 倍。

【实验器材】

1. 材料

实验一提取的质粒 DNA 和带外源基因的重组质粒(外源基因是一段蚕 DNA 片段，此片段长 400 bp，已克隆在 pUC19 质粒载体上，需用 BamH Ⅰ和 HindⅢ双酶切切下。或一段大豆根瘤菌 fixN 基因，此片段长 700 bp，已克隆在 pUC19 质粒载体上，需用 BamH Ⅰ单酶切切下)，1.5 mL 和 0.5 mL 塑料离心管各 10 个，塑料离心管架(30 孔)2 个，与移液枪匹配的枪头若干。

为了获得条带清晰的电泳图谱，一般 DNA 用量为 0.5～1 μg。限制性内切酶的酶解反应最适条件不同，各种酶有其相应的酶切缓冲液和最适反应温度(大多为 37℃)。对于质粒 DNA 酶切反应，内切酶用量可按 1 μg DNA 加 1 单位酶，反应 1 h，要完全酶解则必须增加酶的用量，一般增加 2～3 倍甚至更多，反应时间也可适当延长。

2. 药剂

BamH Ⅰ酶及其酶切缓冲液，Hind Ⅲ酶及其酶切缓冲液，λ DNA/Hind Ⅲ，琼脂糖，0.1 mol/L EDTA (pH 8.0)：称取 372 g EDTA 溶于 50 mL 超纯水，用 10 mol /L NaOH 调至 pH 8.0，定容至 100 mL。

3. 器械

恒温水浴锅 1 台，制冰机 1 台，0.5～10 μL、10～100 μL、100～1 000 μL 移液枪各 1 支，

冰箱1台，水平电泳槽和电源1套，台式高速冷冻离心机1台，紫外灯箱1台，凝胶成像分析系统1套，微波炉1台，电子天平1台等。

【实验步骤】

1. DNA 酶切反应

(1)将清洁、干燥、灭菌的离心管(0.5 mL)编号，用微量移液枪分别本篇取实验一提取的 pUC18、重组质粒 DNA 1 μg(15 μL)和相应的限制性内切酶反应 10×缓冲液 5 μL(若为多酶切，先用低盐缓冲液酶切，然后再用高盐缓冲液酶切)。

(2)加入超纯水使总体积为26 μL(或28 μL)，将管内溶液混匀后分别加入 BamH Ⅰ、Hind Ⅲ各2 μL(或 BamH Ⅰ 2 μL)，手指轻弹管壁使溶液混匀，用微量离心机短暂离心，使溶液集中在管底。

(3)混匀反应体系后，将离心管置于适当的支持物上(如插在泡沫塑料板上)，37℃水浴保温1 h，使酶切反应完全。在65℃水浴中终止反应，电泳检查并保留部分样品放置 -20℃备用。

表9-4 为两种酶切反应体系。

表 9-4 酶切反应体系

酶切反应体系一：(用 pUC18 和含外源 DNA 片段一的质粒)		酶切反应体系二：(用 pUC18 和含外源 DNA 片段二的质粒)	
DNA	15 μL	DNA	15 μL
缓冲液 M(10×)	5 μL	缓冲液 M(10×)	5 μL
BamH Ⅰ	2 μL	BamH Ⅰ	2 μL
Hind Ⅲ	2 μL	ddH_2O	28 μL
ddH_2O	26 μL		
总体积	50 μL	总体积	50 μL

2. 电泳检测及照相

取酶切反应液5 μL，电泳检查。

【注意事项】

1. 限制性内切酶极易失活，操作应在冰浴中进行。
2. 防止酶切反应条件不适，出现酶切星活性。
3. 多酶切反应时，先用低盐缓冲液酶切，然后再用高盐缓冲液酶切。
4. 其中(2)步操作是整个实验成败的关键，要做到准确无误，不仅要防止错加和漏加，还要保证重复使用试剂的纯净。

【思考题】

1. 什么是限制性内切酶的星星活性，产生的原因是什么？如何抑制？
2. 哪些因素影响限制性内切酶的活性？
3. 写出常用限制性内切酶的识别序列和切割位点。

4. 在配制酶切反应体系时为什么一般最后加酶？
5. 进行双酶切时，应采取什么策略？

实验六　DNA 的回收

从含有不同大小的 DNA 混合物中，分离纯化特定相对分子质量的 DNA 片段，是分子生物学的基本工作。实验室中最常采用的是以琼脂糖凝胶为介质将 DNA 分离后，再进行回收。目前常用的回收方法有低熔点琼脂糖凝胶法、DEAE 膜(二乙基氨基己基纤维素)插片法、电洗法、PEG 法及商品化回收试剂盒等，可根据条件和习惯选用不同方法。低熔点琼脂糖演胶法操作简便，回收率较高，适于大片段 DNA 的回收；DEAE 膜插片法较简单，适于回收小于 5kb 的 DNA 片段，应用较普遍；PEG 法可直接从琼脂糖凝胶中纯化、回收大小不同的 DNA 片段。不同方法得到的 DNA 回收液，一般均可采用常规酚、氯仿/异戊醇抽提以去除杂质，使 DNA 得到纯化。因此，回收 DNA 也是使 DNA 得到纯化的过程。

一、低熔点琼脂糖凝胶法

【实验目的】

1. 了解低熔点琼脂糖凝胶的特性。
2. 掌握低熔点琼脂糖凝胶法回收 DNA 的方法。
3. 回收目标 DNA 片段，获得基因克隆的外源 DNA。

【实验原理】

琼脂糖是从琼脂中提取出来，由半乳糖和 3, 6-脱水-L-半乳糖相互结合的链状多糖。

【实验器材】

1. 材料

实验五的酶切样品、胶布、PV 手套等。

2. 药剂

5 × TBE 缓冲液、琼脂糖、10 mg/mL 溴化乙锭、低熔点琼脂糖、TE 缓冲液、加样缓冲液、平衡酚、酚/氯(24∶1)、无水乙醇、3 mol/L NaAc。

3. 器械

水平电泳槽及电源 1 套，0.5 ~ 10 μL、10 ~ 100 μL、100 ~ 1 000 μL 移液枪各 1 支，紫外灯箱 1 台，凝胶成像分析系统 1 套，微波炉 1 台，水浴锅 1 台，电子天平 1 台，台式高速冷冻离心机 1 台，高压灭菌锅 1 台，制冰机 1 台，微型旋涡混合仪 1 台，冰箱 1 台等。

【实验步骤】

1. 制胶

封好制胶板，调好梳子的高度，称取0.3 g琼脂糖于30 mL 0.5×TBE电泳液中，融化，冷至50℃左右加入1 μL EB，混匀，倒胶。冷却后在酶切检测到的DNA片段相应位置划出一条宽0.5~0.8 cm的胶条，以便填充低熔点胶。

2. 低熔点胶制备

70℃溶解1.0%的低熔点胶，加入溴化乙锭0.5 μg/mL，冷至接近室温时倒入常规胶的填充条内，备用。

3. 电泳

将实验五酶切样品在低熔点胶上电泳。

4. 目标片段的回收

(1)在紫外灯下切出要分离的目的片段于一个新的1.5 mL小试管中，加入0.4 mL TE溶液，65~70℃水浴15 min。

(2)加入预热的0.4 mL平衡酚，混匀，12 000 r/min离心10 min。

(3)取上清，加入等体积酚/氯仿混匀，12 000 r/min 10 min。

(4)取上清，加入2倍体积无水乙醇和1/10体积3 mol/L NaAc，在-20℃下沉淀过夜。然后12 000 r/min离心10 min。

(5)去上清，用500 μL70%的乙醇洗涤，4℃离心10 min，去上清。

(6)晾干，加入TE或ddH_2O 10 μL，-20℃保存备用。

【注意事项】

1. 低熔点胶电泳最好在4℃条件下进行，以免因电泳温度过高而使胶融化。
2. 在4.5去上清时，不要急于倒掉上清，如果未能回收到DNA，可继续离心回收。

【思考题】

1. 为什么要用低熔点琼脂糖凝胶，而不直接用常规熔点琼脂糖凝胶回收DNA?
2. 低熔点琼脂糖凝胶电泳和常规熔点琼脂糖凝胶电泳有什么不同?

二、DEAE膜插片法

【实验目的】

1. 掌握DEAE膜插片法的基本原理。
2. 学习DEAE膜插片法的方法和技术。

【实验原理】

DEAE膜即二乙基氨基已基纤维素膜，是一种阴离子交换纤维素，在其纤维骨架链上，连接有阳离子交换基团，能够结合带阴电荷的 DNA 分子。在高盐的环境下，DNA 分子又可以从 DEAE 膜上解离，从而回收 DNA 片段。

【实验器材】

1. 材料

实验五酶切 DNA 样品，DEAE 膜，眼科解剖刀，扁头镊子。

2. 药剂

(1)5 × TBE 电泳缓冲液。

(2)TENa 高盐洗脱液　20 mmol/L Tris-HCl (pH7.5)、1 mmol/L EDTA、1.5 mol/L NaCl。

(3)其他　正丁醇、酚、氯仿、3 mol/L NaAc、乙醇、TE 等。

3. 器械

水平电泳槽和电源 1 套，0.5 ~ 10 μL、10 ~ 100 μL、100 ~ 1 000 μL 移液枪各 1 支，紫外灯箱 1 台，凝胶成像分析系统 1 套，微波炉 1 台，水浴锅 1 台，电子天平 1 台，台式高速冷冻离心机 1 台，高压灭菌锅 1 台，制冰机 1 台，微型旋涡混合仪 1 台，冰箱 1 台等。

【实验步骤】

1. DNA 的琼脂糖凝胶电泳分离

参见本篇实验二。在紫外灯下观察到目的 DNA 完全分离，并确定位置。

2. DEAE 膜的预处理

(1)剪好 DEAE 膜，使其长度略大于凝胶加样子孔，宽度略大于琼脂糖凝胶的厚度。放入干净带盖的平皿中。

(2)加入 10 mmol/L EDTA(pH8.0)溶液，浸泡 5 min，再用 0.5mol/L NaOH 溶液浸泡 5min。

(3)取出 DEAE 膜，用无菌蒸馏水反复冲洗数次。若不立即用，可放于 4℃冰箱备用。

3. DEAE 膜插片

(1)紫外灯下观察到 DNA 完全分离后停止电泳，用眼科医用解剖刀在所需 DNA 带前沿切开，切口应略长于 DNA 带。

(2)用扁头镊子取出处理好的 DEAE 膜，插入切口内，小心挤紧凝胶，使切口紧密闭合。

(3)继续电泳，在紫外灯下观察到 DNA 全部迁移到 DEAE 膜上时，停止电泳。

(4)取出 DEAE 膜，浸于预冷 ddH_2O 中数分钟。

4. 洗脱 DNA

(1)取出 DEAE 膜，用干净滤纸吸干膜上的水滴。

(2)把膜放入 1.5 mL 离心管内，加入适量的高盐缓冲液(TENa)浸没膜片，37℃，2 h 不断振荡。

(3)于 10 000 r/min 离心 5 min，取上清放入另一个 1.5 mL 离心管中。

(4)重复(2)(3)步骤 1 ~ 2 次，直至在紫外灯下看不到膜上有含 EB 的 DNA。将上清液合并。

5. 浓缩抽提

(1)若所得的容积过多，可用 3 倍体积的正丁醇抽提 1 次，以浓缩溶液并去除 EB，吸出含目的DNA的下层水相。

(2)用酚/氯仿/戊醇、氯仿/异戊醇各抽提1次，上清液加1/10倍体积的3 mol/L NaAc和2倍体积的冷100%乙醇沉淀DNA，-20℃过夜。

(3)于12 000 r/min，室温离心20 min，弃上清，DNA沉淀用70%乙醇溶液漂洗1次，12 000 r/min，室温离心10 min。弃乙醇，真空干燥2 min，加5~10 μL TE溶解DNA备用。

【注意事项】

1. 适于回收5 kb以下的DNA片段，对ssDNA或5kb以上的dsDNA片段的回收率低。

2. 在整个回收过程中，不要让DEAE膜干燥，否则会导致DNA不可逆地结合在膜上而无法洗脱，影响回收率。

【思考题】

1. DEAE膜插片法与低熔点琼脂糖凝胶法回收DNA的操作步骤有什么异同?

2. DEAE膜插片法的原理是什么?

三、PEG法回收DNA

【实验目的】

1. 学习PEG法回收DNA的原理和操作方法。

2. 比较PEG法与DEAE膜插片法、低熔点琼脂糖凝胶法回收DNA的应用范围及优缺点。

【实验原理】

PEG(聚乙二醇)可沉淀DNA。一定浓度的PEG可将核酸根据相对分子质量的不同进行分离，在琼脂糖凝胶中电泳时形成清晰的DNA带，便于直接从琼脂糖凝胶中纯化、回收不同大小的DNA片段。回收的DNA可用于酶切和基因重组。

【实验器材】

1. 材料

实验五酶切DNA样品、琼脂糖、眼科手术刀、注射用针头、移液管。

2. 药剂

(1)TAE电泳缓冲液(50×贮存液) 242g Tris，57 mL冰醋酸，100 mL 0.5 mol/L EDTA，pH 8.0，蒸馏水定容至1 L。

(2)15% PEG/TAE溶液 15 g PEG，加TAE至100 mL，高压灭菌，灭活DNase，4℃存放备用。

(3)酚/氯仿/异戊醇(25:24:1)。

(4)100%、70%冷乙醇。

(5)TE溶液。

3. 器械

水平电泳槽及电源 1 套，0.5～10 μL、10～100 μL、100～1 000 μL 移液枪各 1 支，紫外灯箱 1 台，凝胶成像分析系统 1 套，微波炉 1 台，水浴锅 1 台，电子天平 1 台，台式高速冷冻离心机 1 台，高压灭菌锅 1 台，制冰机 1 台，微型旋涡混合仪 1 台，冰箱 1 台等。

【实验步骤】

1. DNA 的琼脂糖凝胶电泳

0.8%～1.2% 普通琼脂糖凝胶，含 EB 0.5 μg/ mL，采用 TAE 缓冲系统。

2. DNA 片段的回收

(1)待电泳将 DNA 完全分离后，停止电泳。

(2)在紫外灯下，在所需 DNA 带正前方用锐利的手术刀切一个矩形槽(边缘稍大于 DNA 带)，用注射用针头快速挑去切下的凝胶块，在槽内加入 15% PEG/TAE 溶液。

(3)在 20～25 V/cm 的电压下电泳继续 5～10 min。在长波紫外灯下观察到 DNA 完全泳入 PEG/TAE 溶液中(不能泳出)时，停止电泳。

(4)用移液管把含目的 DNA 的 PEG/TAE 溶液移入 1.5 mL 离心管中。

3. DNA 片段的纯化(PEG 的去除)——常规酚/氯仿抽提法

(1)上述溶液用酚/氯仿抽提 1 次，取上清于另一个 1.5 mL 离心管内，加入 1/10 体积 3 mol/L NaAc 和 2 倍体积的冷无水乙醇，混匀，－20℃过夜。

(2)12 000 r/min，离心 20 min，弃上清。

(3)沉淀用 70% 冷乙醇溶液漂洗，12 000 r/min，离心 10 min。

(4)所得 DNA 沉淀真空干燥，TE 重溶。

【注意事项】

1. 若所得的 DNA 片段需连接于一个克隆载体上，则可从小槽中 DNA 浓度最大的地方取得，无需纯化，因 PEG 的存在可提高连接反应的效率。

2. 若同时回收多个不同的 DNA 条带，可在其正前方挖多个矩形槽。

3. 此法适于对难以获得的微量 DNA 的制备，回收 DNA 的大小可从 0.2 kb 至 5 kb。大至 50 kb 的 DNA 片段，重复步骤也可回收。

4. 电泳缓冲液一定不能高过琼脂糖凝胶表面。

5. 矩形槽的形状要规则，切下的琼脂糖凝胶要彻底去除。

6. 注入 PEG/TAE 溶液继续电泳时，需在长波紫外灯下观察 DNA 的泳动情况。长时间的紫外线照射可造成 DNA 的损伤。

【思考题】

1. PEG 法和低熔点琼脂糖凝胶法回收 DNA 方法的异同是什么？

2. PEG 法回收 DNA 的技术关键是什么？

四、琼脂糖凝胶试剂盒回收法

【实验目的】

1. 学习试剂盒回收 DNA 的原理。
2. 掌握 1~2 种常用试剂盒回收 DNA 的使用方法。

【实验原理】

目前使用较多的商品化试剂盒有碧云天生物技术研究所生产的碧云天 DNA 凝胶回收试剂盒、Bio-Rad 公司出品的 Freeze′N SequeezeTM DNA 凝胶抽提试剂盒、上海生物工程公司出品的 UNIQ-10 柱式 DNA 胶回收试剂盒、QIAGEN 公司的 QIAquick 凝胶回收试剂盒和 MILLIPORE 公司的 Montage 试剂盒等，各试剂盒均有详细的说明书，现就碧云天 DNA 凝胶回收试剂盒简介如下：

采用一种新型的离子交换柱。在特定的条件下，使 DNA 在离心过柱的瞬间，结合到 DNA 纯化柱上；在一定条件下又能将 DNA 充分洗脱，从而实现 DNA 的快速分离纯化。不需要冻融、酚氯仿抽提和酒精沉淀，只需不足 15 min 即可完成两个样品。

【实验器材】

1. 材料

实验五酶切 DNA 样品、琼脂糖、PV 手套。

2. 药剂

(1)试剂盒　内含溶液Ⅰ(融胶液)、溶液Ⅱ（洗涤液)、溶液Ⅲ(洗脱液)、废液收集管、DNA 纯化柱。

(2)5 × TBE 缓冲液。

(3)10 mg/ mL 溴化乙锭。

(4)加样缓冲液。

3. 器械

水平电泳槽及电源 1 套，0. 5 ~ 10 μL、10 ~ 100 μL、100 ~ 1 000 μL 移液枪各 1 支，紫外灯箱 1 台，凝胶成像分析系统 1 套，微波炉 1 台，水浴锅 1 台，电子天平 1 台，台式高速冷冻离心机 1 台，高压灭菌锅 1 台，制冰机 1 台，微型旋涡混合仪(vortex)1 台，冰箱 1 台等。

【实验步骤】

1. DNA 的琼脂糖凝胶电泳

0. 8%~1. 2% 普通琼脂糖凝胶，含有 0. 5 μg/mL EB，采用 TBE 缓冲系统。

2. DNA 片段的回收

(1)切胶回收后，将胶切碎或在离心管内用 1 mL 枪头捣碎，称重。

(2)加入 1. 5 倍体积的溶液Ⅰ(如胶为 100 mg，则加入 150 μL 溶液Ⅰ)，涡旋或颠倒混匀。

(3)50℃水浴加热约 10 min 至胶全部熔化，期间，需 vortex 或颠倒混匀 3~4 次，以加速凝胶溶解(凝胶碎片较小，3~5 min 即可全融，凝胶碎片较大则需较长时间。48~52℃的水浴也适用于本试剂盒)。

(4)加入到 DNA 纯化柱内，最高速(12 000~14 000 r/min)离心 15 s，倒弃收集管内的液体。

(5)在 DNA 纯化柱内加入 750 μL 溶液Ⅱ，最高速离心 15 s，洗去杂质。

(6)最高速再离心 1 min，除去残留液体。

(7)将 DNA 纯化柱置于 1.5 mL 离心管上，加入 50 μL 溶液Ⅲ至管内柱面上，放置 1min。如需得到较高浓度的 DNA，可以只加 30 μL 或 20 μL 溶液Ⅲ，但产量会略有下降。如需增加产量，可以放置 3~5 min。

(8)最高速离心 1 min，所得液体即为高纯度 DNA。

【注意事项】

1. 使用前在溶液Ⅱ(洗涤液)中加入 20 mL 无水乙醇或 21 mL 95%乙醇。
2. 温度较低时，溶液Ⅰ可能会产生沉淀。请先水浴加热溶解，然后混匀使用。
3. 用完各溶液后，请盖紧瓶盖，以防失效。
4. 试剂盒在室温使用，所有离心也在室温进行。但熔胶时需 50℃水浴。
5. 废液收集管在一次抽提中需多次使用，切勿中途丢弃。
6. 为了您的安全和健康，请穿实验服并戴一次性手套操作。

【思考题】

1. DNA 的琼脂糖凝胶电泳的基本原理是什么？
2. 采用什么方法可见检测 DNA 是否回收成功？具体操作步骤是什么？

实验七　DNA 的连接反应

【实验目的】

1. 了解 DNA 重组技术的概念及其在分子生物学研究中的重要意义。
2. 掌握 DNA 的重组方法。

【实验原理】

用限制性内切酶切割质粒 DNA，在体外与外源 DNA 片段在连接酶作用下的连接过程称为 DNA 的重组。连接酶使双链 DNA 5′—P 与相邻的 3′—OH 之间形成新的共价键，若质粒载体的两条链都带有 5′磷酸基团，则形成 4 个新的磷酸二酯键，但如果质粒已去磷酸化，则只能形成2个新的磷酸二酯键，且产生的两个杂交分子带有2个单链切口，当杂合体导入到感受态细胞后可被修复。标准条件下，DNA之间的连接反应可认为是双分子反应，反应速度完全由互相匹配的DNA末端的浓度决定，无论末端位于同一分子内(分子内连接)还是不同分子(分子间连接)。如果反应中DNA的浓度低，匹配的两个末端同属于一个分子的概率较大，即DNA浓度低时，质粒DNA重新环化概率大，而浓度高时，在分子内反应发生以前，某一个DNA分子末端碰到另一个DNA分子的可能性就会增大，即分子间连接的概率应大。另外，产生重组质粒的效率不仅取决于反应体系中质粒和外源DNA片段的绝对浓度，还受其相对浓度的影响。当外源DNA末端的浓度接近质粒DNA末端的2倍时，有效重组体的产量最大。在一些情况下，如必须最大限度地提高重组体的产量(如构建文库)时，应进行一系列的预试验以确定载体DNA与外源DNA最佳浓度比率。总之，涉及带黏端的线状磷酸化质粒的连接反应时应满足：①有足量的载体DNA(pUC18：20~60 ng)；②外源DNA等于或稍高于载体DNA的浓度。

外源DNA片段被限制性内切酶消化后，其末端有3种形式：①带有自身不能互补的黏性末端。用两种以上不同的限制性内切酶进行消化。②带有相同的黏性末端。用相同的酶或同末端酶处理。③带有平末端。是由产生平末端的限制酶或核酸酶消化产生，或由DNA聚合酶补平所致。

特殊情况下，外源DNA分子的末端与所用载体的末端无法相互匹配，则可以在线状质粒载体末端或外源DNA片段末端接上合适的接头或衔接头使其匹配，可以用klinow酶部分补平3′凹端，使不相匹配的末端转变为互补末端(通过加入碱基种类来控制)或转为平末端后再进行连接。

【实验器材】

1. 材料

外源DNA片段：实验六回收的带限制性末端的DNA溶液。

2. 药剂

(1)载体DNA　pUC19或pUC18质粒(Amp，lacZ，购买)或实验一小量制备的pUC质粒。

(2)T_4DNA连接酶。

3. 器械

0.5~10 μL、10~100 μL、100~1 000 μL移液枪各1支，水浴锅1台，电子天平1台，台式高速冷冻离心机1台，高压灭菌锅1台，制冰机1台，微型旋涡混合仪1台，冰箱1台等。

【实验步骤】

1. 质粒载体pUC DNA酶切

方法同本篇实验五。

2. 限制性内切酶失活(Hind Ⅲ、BamH Ⅰ等酶)

取新的经灭菌的0.5 mL离心管，编号。

2.1 苯酚氯仿抽提

(1)把质粒加入外源DNA管中，混匀，补加400 μL TE(缓冲液pH 8.0)。

(2)加入等体积酚/氯仿，充分混匀 2~3 min。

(3)12 000 r/min，离心 10 min。

表 9-5 酶切反应体系

酶切反应体系一		酶切反应体系二	
试剂	体积(μL)	试剂	体积(μL)
pUC19(2.69 kb)	15	pUC19(2.69 kb)	15
缓冲液 M(10×)	5	缓冲液 M(10×)	5
BamH I	2	BamH I	2
HindⅢ	2	ddH_2O	28
ddH_2O	26		
总体积	50	总体积	50

(4)吸取上清液(DNA)于另一个干净离心管内。

(5)加入等体积苯酚/氯仿，混匀重复离心 12 000 r/min，10 min。

(6)再吸取上清液加到另一个新管内。

(7)加入 400 μL 氯仿:异戊醇(24:1)，混匀。

(8)12 000 r/min 离心，10 min，吸取上清至一个新管中。

2.2 酒精沉淀 DNA

(1)加入2倍体积的无水乙醇(预冷)，和 NaAc(3 mol/L，pH 5.2，为样品重的10%)，混匀，室温放置 10 min。Na^+能加速 DNA 的沉淀。

(2)离心 12 000 r/min，10 min(洗掉 Na 盐)。

(3)吸掉上清液，加 75% 酒精洗 1 mL，混匀，12 000 r/min 离心 5 min。

(4)弃上清液，酒精(倒置 Eppendorf 管)冷冻干燥 5 min，加入适量 TE 溶解。

3. 连接反应(表 9-6)

(1)加入 0.1 μg 载体 pUC DNA 和摩尔量(可稍多)的外源 DNA 片段。

(2)加入 10×T_4 DNA 连接酶缓冲液 1 μL 和 T_4DNA 连接酶 1 μL，混匀后 3 000 r/min 离心，将液体全部甩到管底。

(3)水浴 12~14℃ 12~16 h。

表 9-6 连接反应体系

试剂	体积(μL)	试剂	体积(μL)
pUC19	1	10×连接酶缓冲液	1
Target DNA	3L	T_4DNA 连接酶	1
ddH_2O	4	总体积	10

【注意事项】

1. 连接时外源基因量要多些，载体的量要少些，以增加碰撞的机会，否则载体自我环化严重。外源 DNA 片段的摩尔数与载体(自连)的比例是(2~3):1(指粒末端)，连接要过夜。

2. T4-DNA 连接酶发挥活性需要 Mg^{2+} 辅助，并需 ATP 提供能量。

3. 连接反应温度应视所用的内切酶而定，保证黏性末端退火与酶活性、反应速率之间的平衡。平末端连接温度一般为 20℃，黏性末端为 12～14℃，平黏混合温度为 16℃。

【思考题】

1. 经限制性内切酶酶切后产生的黏性末端和非黏性末端有什么区别？如何提高连接效率？

2. 载体和外源 DNA 连接时，载体会发生自连现象，如何减少自连？

实验八　大肠杆菌 *E. coli* 感受态细胞的制备

【实验目的】

学习氯化钙法制备大肠杆菌感受态细胞的方法。

【实验原理】

转化是将外源 DNA 分子引入受体细胞，使其获得新的遗传特性的方法，它是分子生物学的基本实验技术。转化过程所用的受体细胞一般是限制——修饰系统缺陷的变异株，即不含限制性内切酶和甲基化酶的突变株，常用 R^- 和 M^- 符号表示。受体细胞经过一些特殊方法（如：电击法，$CaCl_2$、RuCl 等化学试剂法）的处理后，细胞膜的通透性发生变化，能容许带有外源 DNA 的载体分子通过感受态细胞。在一定条件下，将带有外源 DNA 的载体分子与感受态细胞混合保温，使载体 DNA 分子进入受体细胞。进入细胞的 DNA 分子通过复制和表达实现遗传信息的转移，使受体细胞出现新的遗传性状。将转化后的细胞在选择性培养基中培养，即可筛选出转化体，即带有异源 DNA 分子的受体细胞。本实验以 *E. coli* TG1 菌株为受体细胞，用 $CaCl_2$ 处理使受体菌处于感受状态。制备的感受细胞暂不用时，可加入占总体积 15% 的无菌甘油或 -70℃ 保存（有效期 6 个月）。

【实验器材】

1. 材料

E. coli TG1 或 JM109 菌株、1.5 mL 离心管、移液枪枪头。

2. 药剂

（1）75 mmol/L $CaCl_2$ 溶液（1 mol/L $CaCl_2$：在 20 mL 纯水中溶解 54 g $CaCl_2 \cdot 6H_2O$，高压灭菌，贮存于 -20℃。制备感受态细胞时，取出 750 μL 用纯水稀释至 100 mL，高压灭菌）。

（2）甘油。

3. 器械

无菌操作台 2 台，恒温振荡培养箱 1 台，台式高速冷冻离心机 1 台，高压灭菌锅 1 台，制冰机 1 台，0.5 ~ 10 μL、10 ~ 100 μL 和 100 ~ 1 000 μL 移液枪各 1 支，微型旋涡混合仪 1 台，水浴锅 1 台，冰箱 1 台。

【实验步骤】

1. 受体菌的培养

从 LB 平板上挑取新的活化后的 *E. coli* TG1 单菌落，接种于 5 mL LB 液体培养基中，37℃下振荡培养 12 h 左右。取 1 mL 培养液，转入 5 mL 或 100 mL LB 中，37℃振荡培养 2 ~ 3 h，至对数生长期 OD_{550} = 0.5 左右。

2. 感受态细胞的制备

(1) 将培养液(1 mL)转入 1.5 mL 离心管中，冰上放置 10 min。

(2) 置于 4℃，5 000 r/min 离心 10 min，倒尽上清。

(3) 用少许预冷的 75 mmol/L $CaCl_2$ 溶液轻轻悬浮细胞，加入一半菌液体积(500 μL)的 $CaCl_2$，冰上放置 30 min。

(4) 于 4℃，3 000 r/min 离心 10 min，弃去上清。

(5) 加入 200 μL(5 mL 体积培养)或 1 mL(100 mL 体积培养)预冷的 75 mmol/L $CaCl_2$ 溶液，轻轻悬浮细胞，冰上放置 4 h，即成感受态细胞悬液。

(6) 将以上感受态细胞按 200 μL 分装成小份，放在冰上。新鲜的感受态细胞在 4 ~ 24 h 内可直接用于转化，也可加入总体积 15% 的无菌甘油，混匀后置于 -70℃ 可保存 6 个月，转化效率基本不变。

【注意事项】

1. 细胞生长状态和密度

最好从 -70℃ 或 -20℃ 甘油保存的菌种中直接转接制备感受态细胞的菌液。细胞生长密度以刚进入对数生长期时为好，可通过监测培养液的 OD_{550} 来控制。TG1 菌株的 OD_{550} 为 0.5 时，细胞密度在 5×10^7 个/mL 左右(注意不同菌株的情况有所不同)，这时比较合适，密度过高或过低均会影响转化效率。

2. 试剂的质量

所用的 $CaCl_2$ 等均需是最高纯度(GB 或 AR)，并用能找到的最纯净的水配制，最好分装保存于 4℃。

3. 防止杂菌和杂 DNA 的污染

整个操作过程应在无菌条件下进行，所用器皿如离心管、移液头等尽量是新的，并经高压灭菌处理。所有试剂都要灭菌，且注意防止被其他试剂、DNA 酶或杂 DNA 污染，否则会影响转化效率或杂 DNA 的转入。

4. 低温操作

整个操作均需在冰上进行，不能离开冰浴，否则细胞转化率将会降低。

【思考题】

1. 根据 $CaCl_2$ 诱导感受态细胞产生的原理，思考自然界中细菌细胞能否形成感受态细胞。
2. 如何保证制备的感受态细胞的转化效率高？

实验九 重组 DNA 的转化及阳性克隆的筛选

【实验目的】

1. 学习并掌握热激转化法的基本原理和操作方法。
2. 掌握重组转化体的筛选方法。

【实验原理】

1. 转化(transformation)

将异源 DNA 分子引入另一个细胞品系，使受体细胞获得新遗传性状的一种手段。其方法有①热激法：细菌处于 0℃、$CaCl_2$ 低渗溶液中，膨胀成球形，转化混合物中的 DNA 形成抗 DNase 的羟基—钙磷酸混合物黏附于细胞表面，经 42℃ 短时间热冲击处理，促进细胞吸收 DNA 复合物，在选择性培养基平板上培养，可选出所需的转化子。②电转化法：细胞在电场中，细胞膜起到电容器作用，电流不能直接通过，细胞组分被激活，在两端形成电位差，在细胞膜的某些范围内形成瞬间的孔洞，外源 DNA 通过孔洞进入受体细胞，孔洞的大小与通过电流的强度和时间有关，孔洞是可逆的。因而需用冰冷的超纯水多次洗涤处于对数生长前期的细胞，使细胞悬浮液中含有尽量少的导电离子。10^9～10^{10} 转化子/μgDNA。

2. 克隆筛选

本实验所用的载体为 pUC19，转化受体菌为 *E. coli* TG1 菌株。由于 pUC19 上带有 Amp 和 lacZ 基因，因此重组子的筛选采用 Amp 抗性筛选与 α－互补筛选相结合的方法。

氨苄青霉素可与细胞膜上的一些与细胞壁合成有关的酶类结合并抑制其活性。pUC 系列载体上带有 *Amp*^{r} 基因，编码 β-内酰胺酶基因并分泌到细菌的外质腔中，催化 β-内酰胺环的水解，因而含有该系列质粒的细菌能在含氨苄青霉素的培养基上生长。

利用氨苄青霉素抗性筛选转化子时，用转化细胞铺平板的密度要低(9 cm 平板上不得超过 10^5 个菌落)，同时 37℃ 培养不应超过 20 h。具氨苄青霉素的转化体可将 β－内酰胺酶分泌到培养基中，迅速灭活菌落周围的抗生素，从而导致对氨苄青霉素敏感的卫星菌落出现。

pUC19 带有 Amp 抗性基因而外源片段上不带该基因，因此转化受体菌后只有带有 pUC19 DNA 的转化子才能在含有 Amp 的 LB 平板上存活，这称为抗性筛选。

pUC19 带有 β-半乳糖苷酶基因(lacZ)的调控序列和 β-半乳糖苷酶 N 端 140 个氨基酸的编码序列(LacZ′)，这个编码区中插入了一个多克隆位点，但没有破坏 lacZ 的阅读框架，不影响其正常功能。*E. coli* TG1 菌株带有 β-半乳糖苷酶 LacZ 基因缺失第 11 ~ 41 位氨基酸的编码基因(LaczΔM15)。在各自独立时，pUC19 和 TG1 编码的 β-半乳糖苷酶的片段都没有酶活性，但在 pUC19 和 TG1 形成的转化子时，这两个片段可以互补形成具有酶活性的蛋白质。这种 lacZ 基因上缺失操纵基因区段与带有完整的近操纵基因区段的 β-半乳糖苷酶之间互补的现象叫作 α-互补。由 α-互补产生的 Lac^{+} 细菌在生色底物 X-gal 存在时，被 IPTG 诱导产生蓝色菌落。当外源片段插入 pUC19 质粒的多克隆位点上后，会导致读码框架改变，表达蛋白失活，产生的氨基酸片段因构象发生变化而不能进行 α-互补，因此在同样条件下重组子在培养基上形成白色菌落。所以重组质粒可与自身环化的载体 DNA 区分开，这称为 α-互补筛选。

【实验器材】

1. 材料

(1)实验七的质粒 pUC19 与外源 DNA 连接产物及质粒 pUC19。

(2)实验八制备的感受态细胞 *Ecoli.* TG1。

(3)*E. coli* TG1 或 DH5α。

(4)电转化杯若干。

2. 药剂

(1)50 mg/ mL 氨苄青霉素母液　用无菌超纯水在无菌操作下配制。

(2)LB 培养基　固体和液体培养基，参考实验一配制。

(3)含 Amp 的 LB 固体培养基　将配好的 LB 固体培养基高压灭菌，当培养基温度降至 60℃时加入氨苄青霉素(终浓度为 50 ~ 100 μg/ mL)，摇匀，在无菌状态下倒入预先灭菌的玻璃平皿中。

(4)X-gal 储液　20 mg X-gal 溶于 1 mL 二甲基甲酰胺，配制成 20 mg/ mL 储液，外包黑纸，存于 -20℃备用。X-gal 是 5-溴-4 氯-3 吲哚-β-α-D-半乳糖苷(5-bromo-4-chloro-3indolyl-β-D-galactoside)，经半乳糖苷酶(β-galactosidase)水解后生成蓝色的吲哚衍生物。

(5)IPTG 储液　10 mg IPTG 溶于 1 mL 灭菌超纯水中，配成 10 mg/mL 液，储存于 -20℃备用。IPTG 是异丙基硫代半乳糖苷(isopropylthiogalactoside)，为非生理的诱导物，可以诱导 LacZ 的表达。

(6)筛选平板　在含氨苄青霉素的 LB 固体培养基平皿中，加入 40 μL X-gal 储液和 20 μL IPTG 储液，用涂布棒涂布均匀，于 37℃温箱中放置 4 ~ 7 h，使液体完全被吸收。4℃保存备用。

3. 器械

无菌操作台 2 台，生化培养箱 1 台，恒温培养箱 1 台，台式高速冷冻离心机 1 台，高压灭菌锅 1 台，制冰机 1 台，0.5 ~ 10 μL、10 ~ 100 μL、100 ~ 1 000 μL 移液枪各 1 支，微型旋涡混合仪 1 台，水浴锅 1 台，冰箱 1 台，电穿孔仪 1 台。

【实验步骤】

1. 感受态细胞转化

(1)取 200 μL 摇匀的感受态细胞悬液(如果是冰冻保存的，则需在冰上解冻后进行下述操作)。

(2)加入重组质粒DNA连接溶液5 μL(含量不超过50 ng，体积不超过10 μL)，轻轻摇匀，冰上放置30 min。

(3)37℃水浴5 min，然后向管中加入37℃预热的1 mL LB液体培养基，混匀。

(4)37℃培养1 h，使细胞恢复正常生长状态。

(5)将上述菌液摇匀，3 000 r/min离心，弃上清，使溶液只剩下100~200 μL。加入5 μL X-gal和5 μL IPTG，混合均匀，使菌充分悬浮后涂布于Amp筛选平板上，正面向上放置30 min。待菌液完全被培养基吸收后倒置培养皿，37℃培养过夜。

(6)需显色反应的筛选培养基还需将平板放于4℃冰箱3~4 h，使显色反应充分，蓝色菌落明显。

(7)对照1(阴性对照)。以同体积的无菌双蒸水代替DNA溶液，其他操作与转化组相同。正常情况下，在含抗生素的LB平板上没有菌落出现。

(8)对照2(阳性对照)。以同体积的质粒pUC19代替DNA溶液，涂板时取100 μL菌液涂布于含抗生素的LB平板上。

(9)转化率的计算。统计每个培养皿中的菌落数。

转化子总数=菌落数×稀释倍数×转化反应原液总体积/涂板菌液体积

转化频率(转化子数/每mg质粒DNA)=转化子总数/质粒DNA加入量(mg)

感受态细胞转化效率=转化子总数/感受态细胞总数

2. 电穿孔转化法

2.1 菌体培养

(1)菌体活化。从LB平板上挑取新的活化后的*E. coli* TG1或DH5α单菌落，接种于5 mL LB液体培养基中，37℃振荡培养12 h左右。取1 mL培养液，转入5 mL或100 mL LB中，37℃振荡培养2~3 h，至对数生长期OD_{550}=0.5左右。

(2)受体菌放在冰上降温，用灭菌水离心洗涤2次，用预冷无菌水或专用缓冲液(HEPE，1 mmol/L，pH 7.0)离心洗涤。

(3)重新悬浮细胞。用无菌水重新悬浮细胞，悬浮后的体积为原来的1/50~1/20。也可用10%甘油重新悬浮，放在-70℃保存。

2.2 质粒DNA转化

(1)选择适当的转化参数，一般情况下电压为2.5 kV，电容为25 μF，电阻为200~400 Ω。

(2)电转化杯的准备。先用无菌水清洗，再用无水酒精洗净，干燥，在冰箱内预冷，加入浓缩的受体菌200 μL，加入质粒1~2 μL(5 pg~0.5 μg)，在冰箱中预冷30 min。

(3)将电转化杯置于电穿孔仪上，用设定的电压、电容和电阻值电击1次或多次，记录电转化时间。将电转化杯置于冰上10 min。

(4)电转化后的菌悬液加入2 mL LB培养液中，并用LB培养液洗电转化杯以移出所有转化细胞。在LB培养基中培养0.5~1 h，使细胞恢复正常生长状态。

(5)将上述菌液摇匀，3 000 r/min离心，弃上清，使溶液只剩下100~200 μL。加入5 μL X-gal和5 μL IPTG，混合均匀，使菌充分悬浮后涂布于Amp筛选平板上，正面向上放置

30 min。待菌液完全被培养基吸收后倒置培养皿，37℃培养过夜。

(6)需显色反应的筛选培养基还需将平板放于4℃冰箱3~4 h，使显色反应充分，蓝色菌落明显。

(7)对照1(阴性对照)。以同体积的无菌双蒸水代替DNA溶液，其他操作与转化组相同。正常情况下，在含抗生素的LB平板上没有菌落出现。

(8)对照2(阳性对照)。以同体积的质粒pUC19 DNA溶液代替重组DNA，电转化后，涂板时取100 μL菌液涂布于含抗生素的LB平板上。

2.3　重组质粒的筛选

不带有pUC19质粒DNA的细胞因无Amp抗性，不能在含有Amp的选择培养基上生长，带有pUC19载体的转化子由于具有β-半乳糖苷酶活性，在选择培养基上呈现为蓝色菌落；只带有重组质粒的转化子由于失去了β-半乳糖苷酶活性，呈现为白色菌落。可用快速抽提法抽出转化菌质粒DNA，电泳鉴定克隆是否成功。

【注意事项】

1. 转化后在LB液体培养基中培养时，一定要控制好时间，使转化子适当恢复，但时间不宜过长，否则非转化子将占优势。

2. 电穿孔转化法受DNA浓度的影响较小，一般DNA的量在10 pg/mL~7.5 μg/mL，DNA浓度与转化效率成正线性关系。

3. 电穿孔转化法中可变的参数是电泳冲的强度和脉冲时间。对于大肠杆菌，最适的电场强度为6~12.5 kV/cm，电容值25 μF，电阻200~800 Ω，泳冲时间5~10 ms，细胞成活率20%~50%。

4. 电介质也影响转化效率。介质离子强度增加，脉冲时间缩短。应避免用高盐浓度的电介质，采用低离子强度的电介质，可延长脉冲时间。常用的电介质有超纯水、HEPE(N-2-羟乙基哌嗪-N′-2-乙烷磺酸)、10%~15%甘油。

5. 细菌在对数生长期时对电场敏感，易转化，但细胞死亡率高，活细胞中接受转化的频率高，要求在细菌对数中期培养细菌，OD值在0.5~1.0。

6. 转化用的器皿应彻底清洗和高压消毒，表面去污剂和其他化学试剂的污染往往会降低转化率。

7. 感受态细菌在4℃保存12~24 h，可提高转化率。

【思考题】

1. 电转化法与感受态转化法相比有什么优点？
2. DNA转化应注意什么？
3. 如何提高电转化效率？
4. α-互补筛选的原理是什么？

实验十 目的基因的体外扩增——聚合酶链式反应

【实验目的】

1. 了解 PCR 基因扩增的原理、影响 PCR 基因扩增的因素及注意事项。
2. 运用 PCR 基因扩增方法扩增目标基因。

【实验原理】

PCR(聚合酶链式反应)是一种体外扩增特异 DNA 片段的技术，是分子克隆技术中最常用技术之一，是在模板 DNA、引物和 dNTPs 的存在下依赖于 DNA 聚合酶的酶促反应。PCR 技术的特异性取决于引物和模板结合的特异性，反应分为变性(denaturation，DNA 双螺旋的氢键断裂，双链解离成单链 DNA)、退火(annealing，温度突然降低时，引物与互补的模板 DNA 之间在局部形成杂交链)和延伸(extension，在 DNA 聚合酶和 4 种 dNTPs 及 Mg^{2+} 存在下，5′→3′的聚合活性催化以引物为起点的 DNA 链的延伸反应)三步，经过一定的循环，介于两个引物之间的特异 DNA 片段得到大量扩增。

1. PCR 反应体系的主要成分及其作用

(1)模板 DNA 一般为 10^2~10^5个拷贝。

(2) Mg^{2+} Mg^{2+} 能影响反应的特异性和扩增片段的产率，一般反应体系为 1.5 ~ 2.5 mmol/L 较合适(对应于 dNTPs 为 200 μmol/L)。Mg^{2+} 浓度过高会增加非特异性扩增，并影响产率。

(3)反应缓冲液 其中含 10 ~ 50 mmol/L Tris-HCl，可调节 pH，使 Taq DNA 聚合酶的作用环境维持偏碱性。

(4)dNTPs 具有较强的酸性，使用时用 NaOH 将 pH 调至 7.0 ~ 7.5，分装成小管于低温保存，频繁冻融会使 dNTPs 降解。在 PCR 反应体系中，dNTPs 浓度一般为 20 ~ 200 μmol/L，浓度过高会加快反应速度，同时增加碱基的错误掺入率和实验成本；浓度过低会导致反应速度下降，但可提高实验的精确度。4 种 dNTP 在使用时必须等量混合以减少错配误差，提高使用效率。另外，由于 dNTPs 可能与 Mg^{2+} 结合，应注意 Mg^{2+} 浓度与 dNTP 浓度之间的关系。

(5)Taq DNA 聚合酶 从嗜热水生菌(Thermus aquaticus)YT-1 菌株中分离出，由 2 940 个碱基编码，832 个氨基酸，酶相对分子质量 94 kDa，在 70 ~ 75℃ 活性最高。Taq DNA 聚合酶具有 5′→3′的聚合酶活性和 5′→3′的外切酶活性，因而在 PCR 反应中如果发生碱基错配，该酶无校正功能。TaqDNA 聚合酶是镁依赖性酶，对 Mg^{2+} 浓度非常敏感。

(6)引物 PCR 反应中引物浓度一般为 0.1 ~ 0.5 μmol/L，过高会引起错配和非特异性产物扩增，且增加形成引物二聚体的概率，这两者还由于竞争使用酶、dNTP 等而使 DNA 合成产率下降。

2. 循环条件的设定

(1)变性　模板 DNA 由双链变成单链，有利于与引物的结合。90~95℃下即使再复杂的 DNA 都可变为单链。可根据模板的复杂程度调整变性温度和时间，一般情况下 94℃ 30 s 可使各种复杂的 DNA 分子完全变性，过高的温度或高温持续时间过长，可对 Taq DNA 聚合酶活性和 dNTP 分子造成损害。

(2)退火　变性的 DNA 快速冷却至 40~60℃，可使引物和模板 DNA 发生结合。可根据引物的长度和 G+C 的含量选择复性温度(长度在 20~25 bp 的引物，退火温度可通过 Tm = 4 * (G+C) +2 * (A+T)计算得到)。在 Tm 允许的范围内选择较高的退火温度可大大减少引物和模板的非特异性结合，提高 PCR 的特异性。退火时间为 30 s。

(3)延伸　一般在 70~75℃，此时 TaqDNA 聚合酶活性最高。小于 1 kb 的 DNA 片段，1 min的延伸时间已经足够，大于 1 kb 的需适当延长时间。

(4)循环次数　理论上 20~25 个循环后 PCR 产物的累计即可达到最大值，实际操作中 25~30 个较合理。循环次数越多，非特异性产物的量也会增加。

【实验器材】

1. 材料

实验九得到的阳性菌落，培养后用实验一步骤提取 DNA，稀释后作为模板。

2. 药剂

PCR 试剂盒，pUC19 通用引物。

3. 器械

PCR 仪，恒温水浴锅，培养箱，微型旋涡混合仪，离心机，冰箱，制冰机，电泳仪，电泳槽，0.5~10 μL、10~100 μL 和 100~1 000 μL 移液枪，紫外灯箱，凝胶成像分析系统等。

【实验步骤】

(1)调整模板浓度至5ng/ μL。

(2)按下列体系配制反应混合液，装于0.5 mL PCR 离心管中，混匀，加一滴矿物油，离心 5s。

template DNA	20 ng
10 × buffer	2.5 μL
$MgCl_2$(25 mmol/L)	2.5 μL
Primer F(10 mmol/L)	0.5 μL
Primer R(10 mmol/L)	0.5 μL
dNTPs(2 mmol/L)	2.0 μL
Taq(5 U/ μL)	0.2 μL
Add ddH_2O to	25 μL

(3)PCR 反应循环条件设置

95℃　3′	1 cycle
94℃ 45″　55℃ 1′　72℃　1′30″	35 cycle

72℃ 8′ 1 cycle

4℃ forever

(4)电泳检测 取10 μL反应产物，加入1 μL上样缓冲液，混匀，短暂离心。

(5)在1%琼脂糖凝胶上点样电泳 EB染色，紫外观察。

(6) PCR产物的纯化及回收 取PCR产物15 μL加入等体积的氯仿/异戊醇，混匀，8 000 r/min离心1 min。取出上清于新的离心管中(预加75 μL无水乙醇和1/3体积10 mol/L NH_4Ac)，混匀后置于-20℃ 15 min，12 000 r/min离心15 min，去上清，重复上述步骤，纯化DNA，回收。

【注意事项】

1. 微量加样器应准确，酶加入量过大时常产生非特异产物，引物量过大时易形成引物二聚体。

2. 全部操作过程应使用一次性塑料吸头，以防止交叉污染。

3. 为防止Taq酶失活，应最后加入。反复冻融易致Taq酶失活，因此加样时最好不要让Taq酶离开冰柜。

【思考题】

1. PCR反应液的主要成分是哪些？在PCR反应过程中各起什么作用？

2. 为什么在PCR反应过程中使用3个不同的温度变化？

3. 用PCR扩增目的基因，要得到特异性产物，需注意哪些事项？

实验十一 DNA核苷酸序列分析

【实验目的】

1. 理解Sanger双脱氧末端终止法的原理。

2. 掌握DNA测序的整套技术，如PCR技术、聚丙烯酰胺凝胶电泳技术和银染色法非放射性核素技术等。

【实验原理】

DNA的序列分析，即核酸一级结构的测定，是在核酸的酶学和生物化学的基础上创立并发展起来的DNA分析技术。目前DNA序列分析主要有3种方法：Sanger双脱氧末端终止法、Maxam-Gilbert化学修饰法和DNA序列自动化分析。

利用DNA聚合酶和双脱氧末端终止物测定DNA核苷酸的方法由英国生物化学家F. Sanger等人于1977年发明。DNA的复制需要4个基本条件：DNA聚合酶、单链DNA模板、带有3′—OH末端的单链寡核苷酸引物和4种dNTP(dATP、dGTP、dCTP、dTTP)。聚合酶以模板为指导，不断将dNTP加到引物3′—OH末端，使引物延伸，合成新的互补DNA链。当在低温下进行反应时，新链的合成是不同步的，用聚丙烯酰胺凝胶电泳可以测出不同长度的DNA链。DNA的两个核苷酸之间通过3′，5′磷酸二酯键连接。Sanger指出，能找到一种特殊核苷酸，其5′末端是正常的，在合成中能加到正常核苷酸的3′—OH末端；但其3′—OH位点由于脱氧，下一个核苷酸不能通过5′磷酸与之形成3′，5′磷酸二酯键，使DNA链的延伸被终止在这个不正常的核苷酸处。这类链终止剂是2′，3′-双脱氧核苷-5′-三磷酸(ddNTP)和3′-阿拉伯糖脱氧核苷-5′-三磷酸。

DNA核苷酸顺序测定中常用的终止剂是ddNTP。在DNA合成时，链终止剂以其正常的5′末端掺入生长的DNA链，一经掺入，由于3′位无羟基存在，链的进一步延伸即被终止。在每个反应试管中，都加入一种互不相同的ddNTP和全部4种dNTP，其中有一种带有^{32}P同位素标记，同时加入一种DNA合成引物的模板、DNA聚合酶I，经过适当温育后将会产生不同长度的DNA片段混合物。它们全都具有5′末端，并在3′末端的ddNTP处终止。将这种混合物加到变性凝胶上进行电泳分离，就可以获得一系列全部以3′末端ddNTP为终止残基的DNA电泳谱带。再通过放射自显影技术，检测单链DNA片段的放射性带，可以从放射性X光底片上，直接读出DNA的核苷酸序列。

Taq DNA聚合酶催化的测序反应的银染色法是近年来建立的一种非放射性核素表达的核苷酸序列测定方法。它是通过高度灵敏的银蓝显色来检测末端终止法完成的测序凝胶条带。该方法使用普通的寡核苷酸引物，也不需要复杂的仪器设备来检测结果，可以在显色后的胶上直接读出序列；由于采用了Taq DNA聚合酶，可在程控循环加热仪中进行反应，因此与常规测序相比具有如下优点：

①反应过程能使模板DNA呈线性增长。得到足够银染法检测出来的条带，需要0.02～1 pmol DNA模板。

②在反应的每个循环过程中均有较高的变性温度，对于双链DNA模板省去了碱变性操作步骤。

③较高的聚合酶反应温度能有效解除模板DNA的二级结构，使得聚合反应顺利通过复杂的二级结构区域。

【实验器材】

1. 材料

待测模板DNA(实验九得到的阳性菌落培养和非阳性克隆用实验一步骤提取的DNA稀释后作为模板)。

2. 药剂

(1)5×测序反应缓冲液 200 mmol/L Tris-HCl(pH 9.0)，10 mmol/L $MgCl_2$。

(2)测序反应终止液 10 mmol/L NaOH，0.05%二甲苯蓝，0.05%溴酚蓝，95%甲酰胺。

(3)5%黏合硅烷 在Eppendorf管中加入1.5 mL乙醇，8 μL冰醋酸，3 μL黏合硅烷。

(4)5% Sigmacote硅烷，取2 mL涂玻璃板。

(5)6%变性聚丙烯酰胺凝胶 300 mL 6%丙烯酰胺-尿素溶液(138 g尿素，17.2 g丙烯酰胺)，0.9 g 甲叉双丙烯酰胺，30 mL 5×TBE，用 ddH_2O 定容至300 mL，用普通滤纸过滤后使用。

(6)25%过硫酸铵(AP) 需新鲜配制。

(7)TEMED 试剂。

(8)凝胶固定液 2 L 10%冰乙酸。

(9)显影液 在2 L去离子水中加入60 g Na_2CO_3 和3 mL 37%甲醛，临用前加400 μL硫代硫酸钠(10 mg/ mL)，放置水浴，预冷至10~12℃。

(10)染色液 将2 g硝酸银和3 mL 37%甲醛溶于2 L去离子水中。

(11)测序级 Taq 聚合酶(5u/ μL)。

(12)4 种 dNTP/ddNTP 混合物。

(13)引物 ①与待测 DNA 特异结合的引物，②对照反应引物 pUC/M13 正向引物。

3. 器械

恒温水浴，PCR 扩增仪，高压电泳仪，手动 DNA 测序仪，0.5~10 μL、10~100 μL、100~1 000 μL 移液枪，40 cm×20 cm 染色盘，10 mL 和60 mL 注射器。

【实验步骤】

1. 模板 PCR 反应

1.1 加入反应底物

模板1，标记4 个 PCR 管，分别加入 ddGTP、ddCTP、ddATP、ddTTP 与 dNTP 的混合物2 μL。

模板2，标记4 个 PCR 管，分别加入 ddGTP、ddCTP、ddATP、ddTTP 与 dNTP 的混合物2 μL。

1.2 配反应液

在2 个200 μL 反应管中分别加入：

表 9-7 配制反应液 单位：μL

模板	H_2O	5×缓冲液	引物(4.5 pmol/L)	Taq 酶(5 U/ μL)
模板1 8	0	5	3.6	1.5
模板2 4	4	5	3.6	1.5

1.3 加反应底物

在一个反应液(18 μL)管中，准确地各取4 μL，分别加入到4 个含有2 μL 反应底物的 PCR 管中，轻轻混匀，离心。注意：此时2 组 PCR 反应管共8 个，每个管含有模板、底物、5×缓冲液、引物和 Taq 酶，总体积为6 μL。

1.4 PCR 反应

见表9-8。

表 9-8　PCR 反应温度、时间及循环数

反应温度(℃)	时间	循环数
95	2 min	1
95 42 70	30 s 30 s 1 min	60
70	5 min	1

1.5　终止反应

将每个 PCR 管中加入 3 μL 反应终止液，暂存于 4℃冰箱。

2. 玻璃板处理灌胶

(1)用 0.1 mol/L HCl 浸泡长玻璃板 1～2 h。

(2)取出长玻璃板，先用自来水洗，用刀片刮去残存的凝胶物质，再用去离子水冲洗。然后用单张擦镜纸沿长度方向仔细地均匀涂擦丙酮 3 遍，晾干，再用 95% 乙醇擦 3 遍，注意沿一个方向擦，而且要涂擦均匀，晾干。长玻璃板要轻拿轻放，不要碰撞水龙头，以免损坏后漏胶，涂擦板时带好手套，长短板在涂擦时分别进行，不能交叉污染。

(3)在短板上涂硅烷　取 2 mL 硅烷，先滴 0.5 mL，用单张擦镜纸沿长度方向仔细地均匀涂擦，边涂边滴直到 2 mL 硅烷滴完为止。用同样方法再涂 95% 乙醇，动作一定要轻。短板要轻拿轻放。

(4)长玻璃板同样均匀涂黏合硅烷，再用乙醇涂，使黏合硅烷分布均匀，此步很重要。

(5)用 95% 乙醇擦洗塑料垫片边条和梳子。

(6)沿着长玻璃的 3 个边放上 0.4 mm 厚的塑料垫片边条，留下一条短边。用短板玻璃盖在上面，并把两块板夹在一起。长板的延伸端是在未密封的那个方向，这一端相当于凝胶的顶部。

(7)用一支 10 mL 或 20 mL 的注射器和 20 号针头沿 3 个有垫片的边缘注入 8%(50℃)的琼脂糖加以密封，夹上夹子，直立，非密封端向上，并小心把它们直接夹到凝胶装置上。

3. 灌胶

(1)在 100 mL 烧杯中加入 45 mL 6% 聚丙烯酰胺(含尿素)和 30 μL　N，N，N′，N′-四甲基乙二胺(TEMED)，混匀。然后加入 250 μL 过硫酸铵，并混匀。

(2)用 60 mL 注射器(不带针头)吸好胶液，将溶液快速注入板的开放端，注意防止气泡产生，周期性地从一边到另一边震动板面，赶走倒胶时形成的所有气泡。

(3)待胶几乎灌满时，几乎水平放置胶板，并向开口端插入齿形梳，使其夹于两板玻璃板之间，尖端向上，开端进入胶中，将梳牢固地插入胶中，在凝胶顶部形成一条大约 0.4 cm 深的槽，固定夹紧，等待凝胶约 2 h。

4. 电泳

(1)将凝好的胶板从制胶装置取出，拔出梳子，用去离子水轻轻冲洗胶面，将梳子齿插入胶面约 1 mm，并把底部的塑料垫片拿掉。

(2)装好电泳槽装置(短板贴在电泳装置上，长板在前面)，灌入 TBE 至没过加样孔。

(3)用注射器吸取 TBE，反复冲洗加样孔，隔孔加染料 2 μL，稳定功率 40 W，预电泳

30 min，观察是否渗漏。

(4) PCR 反应产物在 70℃预变性 5 min，立即放入冰浴中备用。

(5) 选择好的加样孔，用 TBE 冲洗后上样 3～10 μL。

(6) 电泳，用以下功率进胶：

10 W 1 min

20 W 1 min

30 W 1 min

样品全部进胶后，稳定功率 40 W，电泳至第 2 染料泳动至胶的中下部，停止电泳。

5. 凝胶处理

(1) 将电泳槽中的电极液倒出，长板向上平放，拉出边条，打开玻璃板，胶落于长板上。

(2) 用 2 000 mL 10% HAc 固定过夜，10% HAc 用后保存，用于后面的终止反应。

(3) 用 ddH_2O 洗胶 3 次，每次 2 min。

(4) 胶板置于染色液中轻摇 30 min。

(5) 用 ddH_2O(尽量多) 洗胶 5～10 s，随后快速将胶板背面的玻璃在水中擦拭干净，立即取出，置于显色液中。此步操作很重要。

(6) 胶板置于显色液中浸泡并轻摇，直至条带清晰(显色不要过度)，取出胶板。

(7) 将 500 mL 10% HAc 放入显色液中，迅速混匀后将胶板放回，终止显色反应并定影。

(8) 读取序列。

【注意事项】

1. DNA 序列分析凝胶装置的安装和工作的精确方法因所用设备的型号而异，应参见设备说明书。

2. 灌胶时如果发生泄漏，可沿底部加封。方法是用 5 μL TEMED 混合到 2 mL 6% 聚丙烯酰胺(含尿素)溶液中，并快速注到两板之间漏的位置上，形成快速聚合的凝胶条。

3. 插进齿形梳之前，要彻底冲洗槽。

4. 电泳时电压不能过高，否则玻璃板会爆裂。

【思考题】

1. ddNTP 在测序反应中有什么重要作用?

2. 测序胶从染色液取出后，转到水中漂洗时为什么要用 20 s 的短暂时间?

3. 如何读取测序胶板上的目的 DNA 序列?

实验十二　细胞总 RNA 的抽提

【实验目的】

RNA 抽提纯化技术是现代分子生物学技术的基础，学习和掌握 RNA 在提取过程中如何解决 RNase 对 RNA 的降解问题，提高学生解决问题和分析问题的能力。

一、细菌总 RNA 的分离纯化

【实验原理】

cDNA 文库构建、蛋白质体外翻译、RNA 序列分析及 Northern blotting 等都需要一定纯度和一定完整性的 RNA。完整和均一是评价 RNA 质量的两个最关键标准。要获得完整的 RNA，取决于能否最低限度地避免纯化过程中内源和外源性 RNase 对 RNA 的降解，所以实验过程中要有效去除 RNA 提取中的 DNA 和蛋白质。采用高活性 RNase 抑制剂，可以防止 RNA 降解，采用酚—氯仿抽提可以方便地去除 RNA 提取物中的蛋白质。实验中使用的异硫氰酸胍是 RNase 抑制剂之一，它能在裂解细胞的同时使 RNase 失活，还能使 RNA 提取过程中的蛋白质变性。实验中也相应采取了一系列防止 RNase 污染的措施。

【实验器材】

1. 材料

大肠杆菌 DH 5α、1.5 mL Eppendorf 管。

2. 药剂

(1)十二烷基肌氨酸钠(Sarkosgl)　浓度 20%，无菌水配制。

(2)异硫氰酸肌　浓度 50%，无菌水配制。

(3)3 mol/L NaAc · $3H_2O$　pH 5.2，高压灭菌。

(4)1 mol/L 柠檬酸钠　pH 7.0，高压灭菌。

(5)水饱和苯酚　苯酚经水饱和后会分层并存在分层的界面，苯酚在分层的界面下，吸取时要伸到下层。

(6)氯仿-异戊醇(49∶1)。

(7)β-巯基乙醇，易挥发，刺鼻，在通风橱内进行操作。

(8)变性液(600 μL/人)　在 1.5 mL Eppendorf 管中加入 240 μL 异硫氰酸胍、40 μL 十二烷基肌氨酸钠、20 μL 柠檬酸钠、60 μL NaAc、240 μL 苯酚和 10 μL β-巯基乙醇，立即混匀。

3. 器械

离心机、冷冻离心机、旋涡振荡器、琼脂糖凝胶电泳仪、电泳槽、加样器、凝胶成像装置。

【实验步骤】

1. 提取总RNA

(1)取1.5 mL大肠杆菌DH5α菌液，置于1.5 mL Eppendorf管中，4 000 r/min离心。

(2)将600 μL变性液加入到沉淀中，立即混匀。

(3)加200 μL氯仿-异戊醇，在旋涡振荡器上振荡混匀，要求振荡10 s、间歇20 s，重复3次。

(4)置于冷冻离心机上，10 000 r/min离心20 min。使用冷冻离心机时切记盖好离心机盖，盖子上的螺丝扣一定要拧紧后才可开始离心。离心后取上清。

(5)加入等体积的异丙醇，颠倒混匀，室温放置10 min。

(6)置于冷冻离心机上，以10 000 r/min离心20 min，弃上清。

(7)用200 μL预冷的70%乙醇洗涤沉淀，置于冷冻离心机上，10 000 r/min离心10 min，弃上清。

(8)室温干燥后，加入20 μL无菌水，放置20 min，充分溶解。

2. 总RNA电泳分析

方法一：配制1% Agarose胶，取高压灭菌后的0.5×TBE配制胶30 mL。将提取的20 μL RNA样品加入2 μL灭菌的溴酚蓝蔗糖指示剂，在40 V电压下电泳，待指示剂运动的位置距离加样孔2/3处时停止电泳。EB染色(无菌水配制)，照相，进行分析。

方法二：配制0.8% Agarose胶，取高压灭菌后的0.5×TBE，配制胶30 mL。将提取的RNA在70℃加热5 min，置于冰浴中迅速冷却，20 μL RNA样品加入4 μL灭菌甘油，在80V电压下电泳20 min，停止电泳。EB染色(无菌水配制)，照相，进行分析。

【注意事项】

1. 严格灭菌，实验用的水、试剂和试剂瓶等在实验前高压灭菌以失活RNase。不能灭菌的试剂用无菌水配制。桌面用消毒水擦洗。

2. 使用RNase抑制剂异硫氰酸胍。

3. 实验中避免人员流动，尽量戴手套，因为人的汗液中也含有RNase，另外还要避免唾液溅人造成的RNase污染。

4. 变性液含有6种组分，应先混匀再加入到菌液中去，然后涡旋混匀，注意要彻底搅起管底的沉淀。

【思考题】

1. 变性液含有6种组分，它们各有什么作用?

2. 要得到高纯度和分布均一的RNA，在实验操作中应注意什么?

3. 如果继续进一步的cDNA实验操作，要得到mRNA还需要哪些步骤?

二、动植物细胞总 RNA 的分离纯化

【实验原理】

研究基因的表达和调控时，需要从组织和细胞中分离纯化 RNA。如哺乳动物细胞内的 RNA 含量非常丰富，平均每个细胞内大约含有 10^{-5} μg，每克细胞大约相当于 10^8 个培养细胞，可分离出 5～10 mg RNA。因此，真核细胞总 RNA 的分离相对较为容易。绝大多数 mRNA 的 3′端存在 20～250 个多聚腺苷酸(poly A)尾，可以用寡聚(dT)亲和层析柱进行分离。因此，还可以很方便地得到高质量的 mRNA。

Trizol 是一种新型总 RNA 抽提试剂，内含异硫氰酸胍等物质，能迅速破碎细胞，抑制细胞释放出的核酸酶。整个反应过程应在 15～30℃下进行。

【实验器材】

1. 材料

动植物组织及细胞，Eppendorf 管。

2. 药剂

Trizol，氯仿，异丙醇，75% 乙醇溶液(DEPC 处理)，无 RNase 水溶液[含 0. 1% DEPC(V/V)]。

3. 器械

离心机、冷冻离心机、旋涡振荡器、琼脂糖凝胶电泳仪、电泳槽、加样器、凝胶成像装置。

【实验步骤】

1. 组织或细胞

(1)组织　每 50～100 mg 新鲜组织内加入 1 mL Trizol 试剂，可用匀浆器进行匀浆。混匀组织的体积不应超过 Trizol 试剂体积的 10%。

(2)单层生长细胞　吸去上清，以每 10 cm^2 细胞加入 1 mL Trizol 的比例，向培养瓶内直接加入 Trizol 试剂，溶解细胞，用吸液管吹打细胞溶解物数次，将混合物移至新的 1.5 mL Eppendorf 管。

(3)悬浮生长的细胞　1 000 r/min，5 min，离心沉淀细胞，洗涤 1 次(可避免 mRNA 降解)，加入 Trizol 试剂反复吹打溶解细胞。每 5×10^6～10×10^6 个动物、植物和酵母菌细胞加入 1 mL Trizol 试剂。

2. 优化步骤(可供选择)

对于富含蛋白质、脂肪、多聚糖或肌肉、脂肪组织等细胞外成分的标本，需要增加该分离步骤。用 Trizol 试剂混匀组织后，12 000 r/min 于 4℃离心 10 min，以除去不溶性成分。离心后的上清中含有 RNA，形成的沉淀小球含有细胞外膜、多聚糖及相对分子质量高的 DNA，应去除。来自脂肪组织的标本可能有过多的脂肪，在最上层形成脂肪层，应去除。将离心后

的上清细胞溶解液移入新的 Eppendorf 管，继续下一步骤。

3. 分相

(1)将细胞溶解液在 15~30℃孵育 5min，使核蛋白复合物完全解离。

(2)加入 0.2 mL 氯仿和 1 mL Trizol 试剂，注意盖紧盖子，用力摇动 Eppendorf 管 15 s，在 15~30℃孵育 2~3 min。

(3)4℃离心 15 min，离心力不超过 12 000 r/min。

(4)离心后，混合物可分为 3 层：底层是苯酚—氯仿相，交界处为白色云状物，上层无色水相中含有 RNA。水相的体积约为 Trizol 试剂体积的 60%。

4. 沉淀 RNA

(1)吸取上层水相至另一个新 1.5 mL Eppendorf 管内。

(2)加入 0.5 mL 异丙醇和 1 mL Trizol 试剂，15~30℃孵育 10 min。

(3)4℃离心 10 min，离心力不超过 12 000 r/min。离心后，于 Eppendorf 管边缘和底部形成的沉淀即为所制备的 RNA。

5. 洗涤 RNA

(1)弃上清，用至少 1 mL 75% 乙醇溶液漂洗 RNA 沉淀。

(2)混匀样品，4℃离心 5 min，离心力不超过 7 500 r/min。

6. 重溶 RNA

(1)弃上清，RNA 沉淀于空气/真空干燥 5~10 min，注意不能让 RNA 沉淀完全干燥，否则将降低其溶解度。

(2)溶解 RNA 沉淀。加入 50 μL 无 RNase 的 0.1% DEPC 水溶液，于 55~60℃孵育 10 min。

(3)上述样品即可用于反转录成 cDNA、Northern 印迹及杂交分析等实验，或放于 -80℃贮存备用。

【注意事项】

1. RNA 酶(RNase)是导致 RNA 降解的最主要物质，在自然界中广泛存在，且非常稳定。常规的高压蒸汽灭菌方法和蛋白酶抑制剂并不能使所有 RNase 完全失活，因此必须使用 RNase 的强效抑制剂——DEPC(diethyl pyrocarbonate，焦碳酸二乙酯)处理 RNA 抽提过程中所用的一切仪器和试剂，具体事项如下：

①在玻璃烧杯中注入双蒸水，加入 DEPC，使其浓度为 0.1%(V/V，DEPC - H_2O)。

②使用的试剂必须用 DEPC - H_2O 配制。

③所用塑料制品均应用 DEPC - H_2O 浸泡，在通风柜中 37℃或室温下过夜，再高温高压蒸汽灭菌至少 30 min，80~90℃高温下烘烤，干燥。

④玻璃制品或剪刀、镊子等金属制品，用 DEPC - H_2O 浸泡、高压后，150℃烘烤 4h 以上。

⑤DEPC 为活性很强的剧毒物质，操作时必须戴手套，并在通风橱内进行。

2. 实验中避免人员流动，尽量戴手套，因为人的汗液中也含有 RNase，另外还要避免唾液溅人造成的 RNase 污染。

【思考题】

1. Trizol 法能用于细菌 RNA 的抽提吗？
2. 为什么真核细胞总 RNA 的分离相对较为容易？
3. DEPC 使用应注意什么？

实验十三　植物基因组 DNA 的快速少量抽提（CTAB 法）

【实验目的】

了解植物 DNA 各提取方法的基本原理，掌握 CTAB 法提取植物 DNA 的基本技术。

【实验原理】

DNA 是分子生物学研究的基本材料，根据不同实验目的采取相应的抽提 DNA 方法，获取数量、质量不等的 DNA。SDS 是一种离子去污剂，用 SDS 法抽提总 DNA，过程长，但抽提的 DNA 纯度高。CTAB(十六烷基三甲基溴化铵，也称六癸基三甲基溴化铵)是一种非离子去污剂，用 CTAB 法抽提植物总 DNA，操作简便快速，产量高，但纯度稍次，适用于一般分子生物学操作。

在 DNA 提取过程中，第一步是使组织细胞破裂后释放出 DNA，第二步是 DNA 与其他细胞组分如蛋白质、碳水化合物、膜和细胞壁相分离。在这个方法中，植物细胞先在液氮中冰冻，然后用研钵或植物粉碎机研磨使组织细胞破裂后释放出 DNA。研磨好的组织置于预热的 1.5×CTAB(高盐 1.05 mol/L NaCl)缓冲溶液中，加热至65℃。此时 CTAB 可与核酸形成复合物，这种复合物在高盐（>0.7 mol/L)溶液中是可溶的，并且可以稳定存在，而细胞壁纤维和大部分变性蛋白质沉淀，从而从 DNA 中去除污染物。而部分蛋白质和多糖（酶抑制剂)仍溶于溶液中。β-巯基乙醇可抑制多酚氧化酶的氧化，防止植物组织发黄变褐。经过初次保温后，氯仿/异戊醇抽提可除去仍溶于溶液中蛋白质和多糖，最后用乙醇沉淀 DNA（CTAB-核酸复合物在低盐溶液中因溶解度降低而沉淀)，并洗去 CTAB。

分离纯化核酸的总原则是要保证核酸一级结构的完整性，同时排除其他分子的污染。抽提的 DNA 中不存在对酶有抑制作用的有机溶剂和过高浓度的金属离子，且其他生物大分子的污染程度应降到最低。

【实验器材】

1. 药剂

(1)1.5×CTAB 抽提缓冲液(表 9-9)　CTAB 抽提缓冲液在没有加入 β-巯基乙醇时高压灭菌(121℃ 20 min)。在使用前加入β-巯基乙醇。

CTAB与核酸形成复合物，此复合物在高盐（>0.7 mol/L）溶液中可溶并且稳定存在，但如果降低盐浓度（0.1~0.5 mol/L NaCl），CTAB-核酸复合物就因溶解度降低而沉淀，而大部分的蛋白质和多糖（酶抑制剂）仍溶于溶液中，CTAB-核酸复合物经70%~80% EtOH洗脱掉CTAB。

表9-9 1.5×CTAB抽提缓冲液

终浓度	试剂	配制100 mL用量
2%（W/V）	CTAB	2 g
2%（W/V）	PVP（MW 40 000）	2 g
1.4 mol/L	5 mol/L NaCl	28 mL
20 mmol/L	0.5 mol/L EDTA pH 8.0	4 mL
100 mmol/L	1 mol/L Tris-HCl pH 8.0	10 mL
2%（V/V）	β-巯基乙醇	2 mL（使用前加入）

（2）氯仿/异戊醇（24:1） 氯仿加速有机相与液相分层，去除植物色素、蛋白质和蔗糖。异戊醇（isoamyl alcohol）减少蛋白质变性过程中产生的气泡，使有机相与上清液更易分层，配合两种有机溶剂，比用单一有机溶剂去除蛋白质更有效。

（3）异丙醇100% 异丙醇在0.1~0.5 mol/L单价盐离子作用下，诱导DNA结构转换，聚集沉淀，同时除去氯仿及苯酚等有机溶剂。

（4）10 mmol/L NH_4Ac 诱导乙醇沉淀较大的DNA。

（5）70% EtOH以去除微量Na^+、K^+、Mg^{2+}等阳离子及小分子量的有机分子，洗脱CTAB。

（6）RNaseA 消化RNA。

（7）TE（EDTA，10 mmol/L Tris·HCl pH8.0） 溶解并长期保存DNA。

（8）EDTA 螯合Mg^{2+}和Ca^{2+}，从而抑制DNaseA活性，因为Ca^{2+}是DNase的辅因子。

另外，环境条件是：pH 8.0，防止脱氨作用；65℃，CTAB中的DNase变性；促进内溶物释放；离心时高于15℃，防止CTAB沉淀，降低DNA含量。

2. 器械

高速组织捣碎机、液氮罐、低温离心机、制冰机、微型旋涡混合仪、冰箱、紫外可见分光光度计、手动可调移液枪、微波炉、电子天平等。

【实验步骤】

1. 在70℃烘箱内预热研钵和槌1 h，用时取出。

2. 立刻加入预热至70℃的CTAB抽提缓冲液2.0 mL、40 μL β-巯基乙醇和植物幼嫩组织200~400 mg。

3. 在1 min内快速彻底地磨碎，尽量减少体积的损失。

4. 匀浆转移至5~10 mL塑料离心管内，立即置于65℃水浴1 h，每10 min上下颠倒1次。

5. 冷却到室温，12 000 r/min离心2 min（离心温度保持在20℃以上）。

6. 取上清液约 1.5 mL 于新的 5 mL 离心管中加入 1.5 mL 氯仿/异戊醇(24∶1)，上下颠倒数次，轻轻混合，直至下层液相呈深绿色。

7. 14 000 r/min 快速离心 10 min(不冷冻离心，离心温度保持在室温 20℃以上)。

8. 取 750 μL 上清液于一新的 1.5 mL 离心管中。

9. 加入 500 μL 100% 异丙醇，混合。

10. 在室温下放置 5 min，沉淀 DNA。

11. 14 000 r/min 离心 10 min。

12. 弃上清，用 500 μL 70% 乙醇洗沉淀，弃上清。

13. 自然干燥 DNA 30 min(或真空干燥 10 min)。

14. 加入 100 μL TE(含 20 μg/ mL RNaseA)。

15. 37℃水浴 30 min，然后电气泳检查 DNA 质量。

16. 作为 PCR 模板时，用 $TE_{0.1}$（0.1 mmol/L EDTA 代替 1.0 mmol/L EDTA）稀释至 2 ng/μL，2 μL 稀释 20 μL 反应体系。

作限制内切酶反应时，需用 2 倍体积无水乙醇和 0.1 倍体积 3.0mol/L NaAc(pH 5.2)重新沉淀 1 次 DNA。

【注意事项】

1. 尽量简化操作步骤，缩短抽提过程(快，防融化)。
2. 减少化学因素对核酸的降解（过碱过酸）。
3. 减少物理因素对核酸的降解（高温，机械剪切）。
4. 防止核酸的生物降解（内源 DNase，试剂灭菌）。
5. 取材嫩叶片，太老的叶片酚类物质多，必须用 10 mmol/L β-巯基乙醇或 PVP 处理。
6. 研钵预冷，粉末转管前和加 CTAB 前不要融化。
7. 抽提时要轻摇晃，转移用的枪头最好是剪宽的。
8. 所用试剂必需灭菌。
9. 戴手套操作。

附：实验设计

1. 同一植物不同嫩度叶片对 DNA 提取的影响。
2. 加入不同抗氧化剂(PVP、Vc 等)对 DNA 提取的影响。
3. 不同浓度的抗氧化剂对 DNA 提取的影响。
4. 不同时期加入抗氧化剂对 DNA 提取的影响。

【思考题】

1. 请查阅资料，试述 SDS 法提取植物 DNA 的方法。
2. 乙醇能代替异丙醇沉淀 DNA 吗?
3. CTAB 法提取 DNA 时，各过程中盐浓度变化情况如何?
4. 如何获得高纯度的植物 DNA?

实验十四 核酸探针标记

【实验目的】

1. 学习探针标记的基本原理。
2. 掌握用非放射性地高辛(Dig)标记 DNA 的方法；为 Southern 杂交提供探针。

【实验原理】

缺口平移法是分子生物学中制备 DNA 探针的主要方法。先以 DNA 酶消化双链 DNA，得到具有许多缺口的双链 DNA。*E. coli* 聚合酶Ⅰ的 5′-3′聚合作用能在缺口的 3′末端加入地高辛标记的核苷酸(Dig-dUTP)，并使链得以延伸。该酶又具有 5′→3′外切活性，能从缺口的 5′末端切去核苷酸。这样，缺口的两端一边加入地高辛标记的核苷酸，一边切割原 DNA 链上的核苷酸，使地高辛标记核苷酸延 5′-3′方向移动，获得小片段带标记的探针。

随机引物法是分子生物学中制备 DNA 探针的另一个方法，其原理是所有 6 个碱基序列 4^6 =4 096，产生均一地高辛非放射性(Dig-dUTP)标记探针。即 4^6 个序列作为引物与模板上所有不同位置进行配对，进而在 DNA 聚合酶(Klenow 酶)作用下发生聚合反应，在引物的 3′末端加上标记地高辛核苷酸，生成大小不等的标记的 DNA 片段。

【实验器材】

1. 材料

需标记的 DNA；Sephadex G-50。

2. 药剂

DNase Ⅰ(稀释 100 倍)；100 mmol/L DTT ；10 × 反应缓冲液；每种 0. 5 mmol/L dATP、dCTP、dGTP、dTTP 及 1 mmol/L Dig-11-dUTP；DNA 聚合酶Ⅰ(10 u/ μL)；3 mol/L NaAc ；0. 5 mol/L EDTA ；TE；10 × dNTP 随机标记混合液(含 dATP、dCTP、dGTP、dTTP；Dig-dUTP，pH 7. 5)；Klenow 酶(2 u/μL)；4 mol/L LiCl；无水乙醇等。

3. 器械

干热浴、水浴锅、手动可调移液器、台式高速离心机等。

【实验步骤】

1. 缺口平移法

(1)在一个小离心管内加入下列成分：

10 × 反应缓冲液	5 μL
100 mmol/L DTT	5 μL

每种 0.5 mmol/L dATP、dCTP、dGTP	4 μL
0.5 mmol/L dTTP	1 μL
1 mmol/L Dig－11－dUTP	2 μL
双链 DNA	1 μg
DNase Ⅰ(100 倍稀释)	1 μL
DNA 聚合酶Ⅰ(10u/ μL)	1 μL
ddH_2O	30 μL

(2)混合后在 15℃反应 2 h。

(3)加 5 μL 0.5 mol/L EDTA(pH 7.4)。

(4)用 Sephadex G-50 纯化 DNA，用 TE 洗脱(带有 50 μg 或 0.1% SDS)，避免非特异性结合。

(5)加 1/10 体积的 3 mol/L NaAc(pH 5.6)和 2 倍体积的冷乙醇。

(6)0℃保持 30 min，然后 4℃ 12 000 r/min 离心 30 min。

(7)干燥沉淀，加适量 TE 至 10 ng/μL，备用。

2. 随机引物标记法

(1)模板 DNA 预先在 100℃水浴中变性 10 min，置于冰浴上 30 s，备用。

(2)在一个小离心管内加入下列成分：

DNA	1μg
6 聚核苷酸引物	10 μL
10×dNTP 随机标记混合液	10 μL
ddH_2O	74 μL
Klenow 酶(2 u/μL)	5 μL

(3)37℃反应过夜。

(4)加 0.1 倍体积的 EDTA 终止反应。

(5)加入标记 DNA0.1 倍体积的 4 mol/L LiCl 和 2.5 倍体积的冰乙醇，混合后在－70℃保温 30 min。

(6)4℃、12 000 r/min 离心 15 min。

(7)弃上清，加 100 μL70% 乙醇，4℃、12 000 r/min 离心 5 min，弃乙醇。

(8)干燥沉淀并用 50 μL TE 悬浮，－20℃贮藏备用。

【注意事项】

1. 试剂配制均要用无菌双蒸水。
2. 在条件许可情况下，最好使用 Dig 标记 kit。

【思考题】

1. 除实验的 2 种探针标记方法外，还有其他标记方法吗？
2. DNA 标记物除 Dig 外，还可用什么标记 DNA？
3. 如何获得均一标记的 DNA 探针？

4. DNA 探针有哪些用途?
5. 用图示表述切口平移法标记 DNA 探针的步骤。

实验十五 Southern 杂交

【实验目的】

1. 学习 DNA 印迹技术。
2. 掌握 DNA 酶切、电泳、转膜、预杂交和杂交技术。
3. 学习克隆基因和转基因检查技术。

【实验原理】

DNA 酶切后，通过琼脂糖凝胶电泳按大小分离，使 DNA 在原位发生变性(通过变性液使双链变成单链)，再通过毛细管作用、电转移成真空转移把凝胶中的 DNA 转移到一个固相支持膜上，如尼龙膜或硝酸纤维素膜，DNA 在转移到固相支持膜的过程中，各个 DNA 片段的相对位置保持不变，用非放射性、放射性或荧光等标记的单链 DNA 或 RNA 与固定于滤膜上的 DNA 杂交，使具有同源序列的两条单链 DNA 复性，经显色、放射自显影等方法确定与探针互补的电泳条带的位置。这一方法于 1975 年由 Southern 建立，现用尼龙膜代替硝酸纤维素膜。尼龙膜的优点是易于处理，对 DNA 结合效率高而且牢固，特别是在低离子强度的缓冲液中对于低相对分子质量(50 bp)的核酸仍有较强的结合能力，另外同一张膜可用不同探针进行多次杂交。

【实验器材】

1. 材料

实验十三抽提的植物 DNA，实验十四 Dig 标记的 DNA 探针，尼龙膜，Parafilm 膜(或塑料片)，杂交塑料袋，量筒(10 mL、100 mL、500 mL 和 1 000 mL)，烧杯(50 mL、100 mL、500 mL和 1 000 mL)，玻璃棒，微量吸头，1.5 mL 离心管，直径 30 cm 的平皿，whatman 3mm 滤纸，40 cm×15 cm 玻璃板，纸巾，500 g 重物。

2. 药剂

(1)限制性内切酶及缓冲液　Eco RI 或 Bam HI 或 Hin dⅢ。

(2)琼脂糖　选用高质量的琼脂糖，使 DNA 转膜时凝胶不会被压碎。

(3)TAE 母液(50×)50 mL　12.1g Tris 碱，2.85 mL 冰醋酸，5 mL 0.5 mol/L EDTA (pH 8.0)。

(4)6×DNA 电泳上样缓冲液　0.25% 溴酚蓝，40%(W/V)蔗糖水溶液。

(5)0.25 mol/L HCl 200 mL　50 mL 1 mol/L HCl+150 mL H_2O。

(6)1 mol/L HCl 200 mL 17.24 mL 浓 HCl 加水至 200 mL。

(7)变性缓冲液 0.5 mol/L NaOH，1.5 mol/L NaCl。

(8)中和缓冲液 0.5 mol/L pH 7.5 Tris-HCl，3 mol/L NaCl。

(9)20×SSC 3 mol/L NaCl，0.3 mol/L pH 7.0 柠檬酸钠。

(10)标准预杂交缓冲液 5×SSC，1%（W/V）封闭缓冲液（Roche 公司产品），0.1%（W/V）N－十二烷基肌氨酸钠，0.02% SDS，50% 甲酰胺。

(11)2×洗膜缓冲液 2×SSC，0.1% SDS。

(12)0.1×洗膜缓冲液 0.1×SSC，0.1% SDS。

(13)显色缓冲液Ⅰ（pH 7.5） 100 mmol/L 马来酸，150 mmol/L NaCl。

(14)显色缓冲液Ⅱ 用时现配 20 mL。用 18 mL 缓冲液Ⅰ和 2 mL 10×封闭缓冲液（Roche 公司产品）混匀。

(15)显色缓冲液Ⅲ（pH 9.5） 0.1 mol/L Tris-HCl，100 mmol/L NaCl，50 mmol/L $MgCl_2$。

(16)缓冲液Ⅳ（pH 8.0） 1 mmol/L Tris，1 mmol/L EDTA。

(17)NBT（硝基四氮唑蓝） 0.5 g/10 mL 70% 二甲基甲酰胺。

(18)BCIP（5-溴-4-氯-3-吲哚磷酸盐） 0.5 g/10 mL 100% 二甲基甲酰胺。

(19)封闭试剂 Roche 公司产品，用缓冲液Ⅰ配制成 10%（W/V），加热助溶，但不能煮沸。

(20)碱性磷酸酶偶联的地高辛抗体（Anti-Dig-Ap）。

3. 器械

低温离心机、制冰机、微型旋涡混合仪、冰箱、紫外分光光度计、电泳仪、电泳槽、手动可调移液枪、紫外灯箱、凝胶成像分析系统、微波炉、电子天平、80℃烘箱，100℃水浴锅、恒温水浴、杂交仪、pH 计、小摇床等。

【实验步骤】

1. 酶切

(1)对于一个群体而言，调整 DNA 浓度尤其重要（大致相当浓度 300～400 ng/μL）。每个样品取等体积质量好的 DNA。使用酶切之前，仔细阅读将用的任何一种酶产品的说明书，熟悉最适反应条件（配套反应缓冲液）和酶切的贮存浓度（10～50U/μL）。

(2)根据反应体系确定各种试剂的准确用量，4 人组 mixture（4.4tubes）分装：0.5 mL 等：

DNA（3～5μg，3μg）	8 μL
10×buffer reaction	1.5 μL
Enzyme（8U）	0.8 μL（冰上）
H_2O 调整总体积为	20 μL

限制性内切酶贮存 buffer 一般含 50% 甘油，如果甘油在反应体系中超过 5%，即影响特异性，因此酶的体积小于 1/10 V。

(3)37℃ 1～2 h（纯 DNA）或 10 h（粗制 DNA）。

(4)加入上样缓冲液终止酶切，也可 65℃加热 10 min 使酶变性。75℃，15 min 利于后续酶反应。

2. 电泳

2.1 制胶（水平板凝胶）

(1)称取所用量琼脂糖（200～250mL，1.6 g，0.7%的胶）置于三角瓶中，加入230 mL 1×TAE。

(2)微波炉中加热3～4 min，充分溶解。

(3)冷水浴中均匀降温(搅拌)，到50℃左右为止。

(4)调整制胶板保持水平，用胶带或活动板封住制胶板两端，把胶倒于胶板上，插上梳子，避免产生气泡。待胶凝固后，轻轻拔出梳子(30 min)。

2.2 点样电泳

(1)将胶板置于电泳槽中，向电泳槽内加上1×TAE缓冲液。

(2)取酶切DNA 5～8 μL，加入等体积的6×上样缓冲液，混匀，用移液器将样品加入点样孔中。

(3)接通电源，电压为3～5 V/cm，指示剂移向阳极，DNA向阳极移动。当溴酚蓝距胶边缘2 cm左右时(指示剂移动10～11 cm)终止电泳。

3. 转膜

(1)电泳结束后，戴上手套，取下胶，置于塑料板上，用切胶板切掉多余的胶，并切成适量大小，切去右上角作为电泳方向记号。

(2)把胶上下倒置，在0.25 mol/L HCl 200 mL浸泡5 min，使DNA部分脱嘌呤。浸泡过程中要轻摇(样品为大于10 kb的DNA需要此步操作。酸会降低检测的灵敏性)，至胶上指示剂变黄色为止。

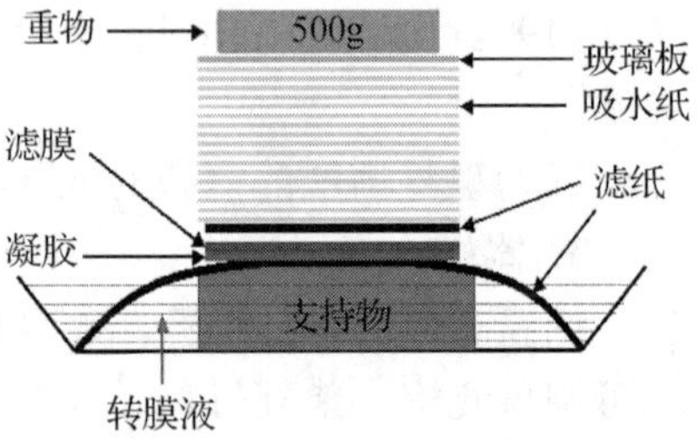

图9-1 Southern杂交转膜示意

(3)灭菌双蒸水洗凝胶5 min。

(4)凝胶浸泡在200 mL变性缓冲液中15 min，期间缓缓轻摇。

(5)灭菌双蒸水洗胶2次，每次5 min。

(6)凝胶浸在200 mL中和缓冲液中15 min，期间缓缓轻摇，然后用灭菌双蒸水洗凝胶2次，每次5 min。

(7)毛细管作用转膜　在大平皿中放入500 mL 20×SSC，戴手套后架上玻璃板，在玻璃板上铺3层湿润(0.5mol/L NaOH)的滤纸(忌气泡)，然后依次放凝胶和膜(要求一次性把膜放好，不能反复移动)。每次都要赶出每层之间的气泡，用塑料片封住凝胶的四周(防止短路，DNA转移量少)，将两层与膜大小相同的滤纸放在膜上(忌气泡/赶气泡)。

(8)依次放上吸水纸、玻璃板和500 g重物。

(9)转膜2 h、7 h和14 h时各换一次吸水纸，转膜大约需要24 h。

(10)取出膜，在2×SSC中洗1次，把膜夹在两层滤纸中。

(11)80℃真空烘干2 h，室温保存。

4. 预杂交

选用比膜稍大的塑料袋，按照1 cm^2加入200 μL标准预杂交液，预杂交2 h。

5. 杂交

(1)对于双链 DNA 探针，先煮沸 10 min，然后立即放在冰上。

(2)倒掉预杂交液，加入同样量的新标准预杂交液，然后加入探针，浓度为 5 ~ 25ng/mL，在 42℃杂交过夜(标准杂交缓冲液用 68℃，标准杂交缓冲液含 50% 甲酰胺用 37 ~ 42℃，高 SDS 缓冲液用 37 ~ 42℃。膜可以在 −20℃保存 1 年，再次用时应于 95℃温育10 min，有甲酰胺时于 68℃温育 10 min)。

6. 洗膜

(1)用 2 × 洗膜缓冲液室温下以 60 r/min 洗 2 次，每次 5 min。

(2)用 0.1 × 洗膜缓冲液在 68℃下以 60 r/min 洗 2 次，每次 5 min(探针大于 100 bp 时，于 68℃洗膜，其他大小的探针洗膜温度同杂交温度)。

7. 显色

(1)用显色缓冲液Ⅰ洗膜 1 min。

(2)在 10 mL 显色缓冲液Ⅱ中封闭 30 min。

(3)把 Anti-Dig-Ap 抗体用显色缓冲液Ⅱ按 1∶5000 稀释(2 μL 的 Anti-Dig-Ap 加入 10 mL 显色缓冲液Ⅱ中，轻摇混匀，可以在 4℃放 12 h)。

(4)把膜浸入上述稀释好的抗体中 30 min。

(5)把膜转至新容器中，用显色缓冲液Ⅰ洗膜 2 次，每次 15 min。

(6)把膜在 20 mL 显色缓冲液Ⅲ中中和 2 min。

(7)配显色底物，即在 10 mL 显色缓冲液Ⅲ中加入 45 μL NBT 和 35 μL BCIP，混匀，然后放入膜，置于暗处 12 h，注意不要摇动。

(8)条带出现后，用 50 mL 显色缓冲液Ⅰ洗膜 5 min，终止反应，对结果扫描或照相。膜自然干燥后，条带变浅，可用缓冲液Ⅳ泡 2 min 以恢复到近似原来的颜色。若要用同一张膜再次杂交，则需把膜保存在缓冲液Ⅳ中，不能让膜变干。

【注意事项】

1. 对于基因组 DNA，在进行酶解反应后，一定要先经电泳检查酶解结果，每样品用 1/10 量上样，电泳检测。若呈现均匀连续分布的一片，则酶切效果好，否则重做。若出现切烂，则说明 DNA 降解，需重新抽提 DNA；若切不动，则说明 DNA 中杂质多(多糖、蛋白质、酚类和有机溶剂等)，需重新纯化，可用 50 μL 3 mol/L NaAc + 100 μL 1% CTAB 沉淀 DNA→70% EtOH 清洗→TE 溶解，或饱和酚抽提，乙醇沉淀纯化或异丙醇沉淀。对于酶，最好选择识别 6 个碱基序列的内切酶(如 Eco RⅠ、Hin dⅢ和 Bam HⅠ)，这样得到的酶解片段较大。另外，避免使用甲基化敏感的酶(如 PstⅠ、SalⅠ、ClaⅠ和 XhoⅠ)。

2. 酶解产物要求酶解完全，DNA 浓度低时，要进行 DNA 沉淀加以浓缩。另外，样品中不能含有 RNA。

3. 对大于 10 kb 的 DNA，上样 2 min 以后，DNA 在上样孔内分布均匀后再电泳。

4. 选用的标准相对分子质量 DNA 最好能涵盖 500 kb 到 23 bp 的范围。

5. 紫外光照射会降低 DNA 互补杂交的能力，因此要尽量缩短凝胶在紫外灯下的暴露时间。

6. 转移时吸水纸上的重物不可太重，因为转移靠的是毛细管作用，重物过重会将胶压扁并且导致杂交条带变宽。

7. 硝酸纤维素膜具有较强的吸附单链DNA、RNA的能力，特别是在高盐浓度下，其结合能力可达80~100 μg/cm^2。吸附的核酸经真空中烘烤后，依靠疏水性相互作用而结合在硝酸纤维素膜上，这种结合并不十分牢固。随着杂交及洗膜的进程，DNA会慢慢地脱离膜，特别是在较高的温度情况下，从而使杂交效率下降，因此不太适宜在同一膜上重复进行杂交。硝酸纤维素膜与核酸的结合是依赖于高盐浓度(10×SSC)，在低盐浓度时结合核酸效果不佳，因此也不适宜于电转印迹法。硝酸纤维素膜对于低相对分子质量DNA片段(小于200 bp的DNA)的结合能力不强，因此现在多采用尼龙膜。

8. 如果选用尼龙膜，可在碱性条件下将DNA转移到膜上，转移结束后再对尼龙膜进行中和处理，而且碱转移时已将DNA固定在尼龙膜上，转移后不需再进行固定处理。碱性转移的另一个优点是由于膜对DNA的结合力强，限制了DNA的扩散，使DNA带更清晰，分辨率提高。

9. DNA片断的大小决定其转移的速度，小于1kb的DNA片段，1 h即可基本完成。转移大于15kb的DNA片断需要18 h以上。因此对于大片段DNA的转移，可用稀盐酸对DNA进行脱嘌呤处理10 min，使某降解成较小的片断，以提高转移效率。但脱嘌呤处理时间不能过长，否则DNA片段过小，结合能力下降，而且小片断DNA扩散会使杂交带模糊。

10. 这里所指的DNA变性为DNA二级双螺旋解旋，两条链完全解离，但没有破坏其一级结构。由于维持DNA螺旋的力主要是氢键和疏水性相互作用，而氢键是一种次级键，能量较低，因此通过加热、利用有机溶剂及高盐浓度等都可使DNA二级结构被破坏。

11. 选择适当的杂交和洗膜温度是核酸分子杂交中的最关键因素之一，通常杂交温度应在低于T_m值15~25℃下进行。温度过高有利于DNA变性，不利于DNA的复性；温度过低，少数碱基配对形成的局部双链不易解离，难以继续正确配对。实际中难以计算准确的T_m值，也无必要，依经验大多数杂交反应在68℃进行，如果杂交液中含50%甲酰胺，杂交反应在42℃进行。如果结果不理想，依据杂交条带和背景情况重新选择杂交温度，可在原膜上再杂交。

12. 处理凝胶时动作要轻，以防凝胶破碎。

【思考题】

1. 尼龙膜与硝酸纤维膜相比优越性在哪？
2. 预杂交的目的是什么？预杂交液里含有什么成分？
3. 杂交速率的影响因素有哪些？
4. 影响杂交稳定性的因素有哪些？
5. 如何提高杂交的特异性？
6. 分析杂交信号弱的可能原因。
7. 分析杂交背景差的可能原因。

实验十六　Northern 杂交

【实验目的】

1. 了解 RNA 的结构和 RNA 凝胶电泳的特点。
2. 学习和掌握 Northern 杂交的原理和技术。

【实验原理】

Northern 杂交与 Southern 杂交基本相同，不同之处在于杂交的对象是 RNA。RNA 不如 DNA 稳定，易被 RNA 酶降解，而 RNA 酶不仅广泛存在，而且加热至 100℃也不能使其灭活，所以在操作 RNA 时，所用的一切器皿和溶液都必须经过严格的消除 RNA 酶的处理。另外，RNA 的电泳必须在含甲醛或戊二醛变性凝胶中进行。

【实验器材】

1. 材料

实验十三抽提的植物 DNA，实验十二 Dig 标记的 DNA 探针，尼龙膜，Parafilm 膜(或塑料片)，杂交塑料袋，量筒(10 mL、100 mL、500 mL 和 1 000 mL)，烧杯(50 mL、100 mL、500 mL 和 1 000 mL)，玻璃棒，微量吸头，1.5 mL 离心管，直径 30 cm 的大平皿，Whatman 3 mm 滤纸，40 cm×15 cm 玻璃板；纸巾，500 g 重物，相对分子质量标准参照物。

2. 药剂

(1)10×MOPS 电泳缓冲液　0.2 mmol/L MOPS(3-[N-吗啉]丙磺酸)(pH 7.0)，0.05 mol/L 乙酸钠，0.01 mol/L EDTA（pH 8.0)。

(2)加样缓冲液(用 DEPC 预处理)　50%甘油，1 mmol/L EDTA（pH 8.0)，0.25%溴酚蓝，0.25%二甲苯青(每毫升含甲酰胺 0.72 mL、10×MOPS 电泳缓冲液 0.16 mL、37%甲醛 0.26 mL，每周配 1 次)。

(3)溴化乙锭 10 mg/ mL。

(4)10×SSC 缓冲液。

(5)DEPC(焦碳酸二乙酯)。

(6)普通琼脂糖、37%甲醛、甲酰胺等。

3. 器械

低温离心机、制冰机、微型旋涡混合仪、冰箱、紫外分光光度计、电泳仪、电泳槽、手动可调移液枪、紫外灯箱、凝胶成像分析系统、微波炉、水浴锅、电子天平、80℃烘箱，100℃水浴锅、恒温水浴、杂交仪、pH 计、小摇床等。

【实验步骤】

(1)配制1%琼脂糖变性胶

10×MOPS电泳缓冲液	10 mL
0.1% DEPC水	90 mL
普通琼脂糖	1 g

将胶加热至完全熔化后，在室温放置冷却至60℃，加入37%甲醛5.4 mL，混匀。然后灌注电泳胶，电泳槽必须用去污剂洗干净，蒸馏水冲洗，乙醇干燥，然后用3%双氧水处理10 min，最后用DEPC处理的蒸馏水彻底冲洗。

(2)在一个1.5 mL Eppendorf管中加入下列试剂并混匀：

RNA	4.5 μL
5×MOPS电泳缓冲液	2.0 μL
37%甲醛	3.5 μL
甲酰胺	10.0 μL

(3)置于65℃保温15 min，迅速放入冰浴中，12 000 r/min，离心30 s，加入2 μL加样缓冲液，混匀。

(4)上样前预电泳5 min，将RNA样品上样于加样孔中，同时在另一个样品孔中加入相对分子质量标准参照物，恒压3~4 V/cm电泳。每1~2 h将阴阳极电泳液混合一次。

(5)电泳结束后，切下部分相对分子质量标准参照物带，溴化乙锭染色，紫外线下照相或凝胶成像仪下拍照，记录结果。

(6)上述电泳后的凝胶一般不需进行处理即可直接进行印迹。含有甲醛的凝胶可用DEPC预处理过的水漂洗，以去除所含的甲醛。如果凝胶较浓(>1%)、较厚(>0.5 cm)或待测RNA片段较大(>2.5kb)，可预先将凝胶置于0.05 mol/L NaOH溶液中浸泡20 min，再用DEPC处理的水漂洗，最后用20×SSC浸泡45 min。转移和显色方法同Southern杂交。

【注意事项】

1. 所用的器皿和试剂均必须经过DEPC浸泡，高压后高温烘烤。
2. 对于小于2 kb的RNA，可用较高浓度的胶(1.5%)。
3. DEPC有毒，操作时要小心。

【思考题】

1. 比较Southern和Northern杂交的异同。
2. Northern杂交实验中最需要注意什么？

实验十七　Western 杂交

【实验目的】

1. 训练学生用聚丙烯酰胺凝胶电泳分离蛋白质。

2. 掌握将蛋白质转移到硝酸纤维素薄膜上的转移电泳技术。

3. 运用酶法显色蛋白质，得到实验结果，使学生学会如何检测表达蛋白这一分子生物学的重要技术。

【实验原理】

蛋白质印迹(Western blotting)是将蛋白质转移并固定在化学合成膜的支撑物上，然后以特定的亲和反应、免疫反应或结合反应以及显色系统分析此印迹。这种以高强力形成印迹的方法被称为 Western blotting 技术。

本实验采用鸡卵清白蛋白为材料，对此蛋白质进行聚丙烯酰胺凝胶电泳(PAGE)后，用电泳法将蛋白质转移到硝酸纤维素膜上，将预先制备好的鸡卵清清蛋白免疫而成的抗血清作为初级抗体，用辣根过氧化酶标记的羊抗兔抗体为第二抗体，在底物存在的情况下，测定蛋白质的性质。包括下列 5 个步骤：

①固定：蛋白质进行聚丙烯酰胺凝胶电泳(PAGE)，并从胶上转移到硝酸纤维素膜上。

②封闭：保持膜上没有特殊抗体结合的场所，使场所处于饱和状态，用以保护特异性抗体结合到膜上，并与蛋白质反应。

③初级抗体(第一抗体)是特异性的。

④第二抗体或配体试剂对于初级抗体是特异性结合，并作为指示物。

⑤适当保温后的酶标记蛋白质区带，产生可见的、不溶解状态的颜色反应。

【实验器材】

1. 材料

鸡卵清清蛋白，鸡卵清免疫兔的抗血清，辣根过氧化酶—羊抗兔抗体(1∶500 稀释)，硝酸纤维素滤膜，一次性手套，普通滤纸。

2. 药剂

(1)TBS 缓冲液　20 mmol/L Tris-HCl，500 mmol/L NaCl，pH 7.5。

(2)TTBS 缓冲液　20 mmol/L Tris-HCl，500 mmol/L NaCl，0.05% 吐温-20，pH 7.5。

(3)抗体溶液　0.3% 脱脂奶粉，用 TTBS 溶液配 20 mL。

(4)封闭液　0.3% 脱脂奶粉，用 TTBS 溶液配 10 mL。

(5)0.5 mg/mL 底物溶液　25 mg 四氯萘酚(或二氨基联苯胺)，加入 5 mL 甲醇溶解后，加入10 mL 在30℃水浴中温浴的TBS溶液，混合后再加入50 mL TBS，然后加入10 μL过氧化氢，立即使用。

(6)电泳缓冲液 0.1 mmol/L磷酸缓冲液，0.1% SDS，pH 7.2。

(7)转移缓冲液 25 mmol/L磷酸缓冲液，10%甲醇，pH 5.8。

(8)30%聚丙烯酰胺贮液 29.2 g聚丙烯酰胺，0.8 g甲叉双丙烯酰胺，加入双蒸水至100 mL。

3. 器械

蛋白质电泳槽，蛋白质电转移槽一套，直径为20 cm和10 cm的玻璃平皿各一个，剪刀、镊子、刀片。

【实验步骤】

1. 制备兔抗鸡卵清清蛋白血清

将鸡卵清清蛋白与生理盐水1∶1混合后，与石蜡油完全佐剂和不完全佐剂研磨而成抗原。选择2只家兔，皮下多点注射3次，每周1次，加强1次。每次4个点，每点0.2 mL抗原。5周后，颈动脉放血，取血清作为Western杂交的第一抗体。

2. SDS-聚丙烯酰胺凝胶电泳

(1)凝胶前的准备 取两块玻璃洗净晾干，装入做胶装置，用水试漏，用滤纸把水吸出。

(2)SDS-PAGE凝胶的配制

30%聚丙烯酰胺贮液	1.7 mL
0.2 mol/L磷酸缓冲液	2.5 mL
1% TEMED	0.5 mL
ddH_2O	0.3 mL

配制好上述试剂以后，混匀，加入30 μL 10% AP，避免气泡产生。

(3)灌胶 将配制的分离胶液，用滴管迅速加入到橡胶框的“玻璃腔”内，待胶液至距短玻璃顶端约2 cm处(比梳子齿条略长一些即可)时停止灌胶。检查是否有气泡，若有气泡，用滤纸条吸出。插上梳子，放置30~60 min聚胶完毕。

(4)加样 按表9-10体积加样。

表9-10 加样试剂及体积

试管编号	1	2	3	4	5	6	7	8
试剂	牛血清清蛋白	牛+鸡	鸡卵清清蛋白	鸡卵清清蛋白	鸡卵清清蛋白	牛+鸡	牛血清清蛋白	
体积(mL)	2	2+2	5	10	10	5	2+2	

(5)电泳 30 mA，电泳3~4 h。

3. 转移蛋白质到硝酸纤维素膜上

(1)将转移缓冲液冷却至4℃。

(2)切割与胶尺寸相符的硝酸纤维素膜，并用转移缓冲液浸湿，放置15 min直到没有气泡。

(3)切割4张普通滤纸，使其与胶尺寸大小相符，并将其浸泡在转移缓冲液中。

(4)海绵在转移缓冲液中充分浸湿。

(5)在转移槽中倒入 200 mL 转移缓冲液。

(6)电泳后，切取有用部分的胶并很快地转移到缓冲液中洗涤。

(7)打开蛋白质转移槽的胶板，依次放入：浸湿的海绵、2 张用转移缓冲液饱和的滤纸、用转移缓冲液冲洗过的胶，并小心地赶走滤纸和胶之间的所有气泡。

(8)小心地合上转移槽的胶板，立即放入转移相中。倒入转移缓冲液，使其浸没转移胶板。

(9)插入电极，注意正负极方向，120 mA 恒流电泳 1 h，1 h 后两组颠倒胶板，再以 120 mA恒流电泳 1 h。

(10)转移结束后打开胶板，取出硝酸纤维膜。

4. 免疫印迹膜的处理

(1)用 TBS 缓冲液洗膜 10 min。

(2)将膜用封闭溶液封闭，用摇床轻轻摇动 60 min。

(3)轻轻地转移封闭溶液，并用 TBS 溶液洗膜 2 次，悬浮洗膜 1 次，第 2 次 10 min。

(4)加入 1 mL 第一抗体至 10 mL 抗体溶液(1∶10)中，使膜浸没在此溶液中，置于摇床上轻摇，室温下过夜。

(5)去掉第一抗体溶液，并用 TTBS 洗膜 3 次，每次 10min，置于摇床上轻轻摇动。

(6)将 20 μL 羊抗兔的辣根过氧化酶放入 10 mL 抗体溶液中(1∶500 稀释)，将膜浸泡于此溶液中。置于摇床上轻摇，室温放置 4 h。

(7)去掉辣根过氧化酶溶液，用 TTBS 洗 3 次，每次 10 min。

(8)最后用 TBS 溶液洗 1 次，以转移吐温 -20，不用摇床。

(9)显色：取 10 mL 底物溶液，将膜浸入此溶液中，晃动 2~3 min，显色结束。加入去离子水终止反应，用滤纸保存。

【注意事项】

1. 印迹法需要较好的蛋白质凝胶电泳技术，使蛋白质达到好的分离效果，而且要注意胶的质量，要使蛋白质容易转移到固相支持物上。另外蛋白质在电泳过程中获得的条带被保留在膜上，在随后的保温阶段不丢失和扩散。免疫印迹分析需要很小体积的试剂、较短的时间过程，一般操作很容易，适宜于应用和理论上的研究。

2. 免疫印记实验利用的是免疫系统抗原抗体特异反应的特性，反应灵敏、准确，操作简便，可以检测少量的样品。

3. 转移是实验成功的关键，在凝胶上放硝酸纤维膜时，要沿一个方向放，一旦放好不可以再移动，否则蛋白质吸附到膜上的不同位置，造成结果混乱。另外洗膜的时间要合适掌握，洗掉未结合的一抗，而不要丢掉结合的一抗。

4. 一般二抗结合的条件要求抗体浓度为 1∶50，结果才令人满意。

5. 丙烯酰胺是一种神经毒，操作时要小心并戴手套，同时不要吸入粉末状的丙烯酰胺。

【思考题】

1. 常规蛋白质电泳胶中，浓缩胶和分离胶要分别配制，而在此实验中省略浓缩胶将会对实验产生什么影响?

2. 如何制备兔抗血清?

3. 如何使转移膜的背景达到最好效果?

实验十八 mRNA 差异显示法分离特异表达的基因片段

【实验目的】

1. 学习和掌握 cDNA 合成的基本原理和操作方法。
2. 理解高等生物基因表达的高度选择性，了解 mRNA 差异显示法的原理。
3. 掌握用 mRNA 差异显示法克隆在不同细胞中或不同条件下特异性表达基因的技术。

【实验原理】

在高等生物中，基因表达具有高度的选择性，基因表达的不同组合形式决定了所有的生命过程。因此，在分子生物学的研究中，常常会寻找在不同细胞中或不同条件下特异性表达的基因。例如：哪些基因的表达发生变化后会引起细胞的癌变；外加激素对某种细胞的基因表达会产生什么影响等。

mRNA 差异显示法的基本策略是通过反转录与 PCR 扩增 mRNA 中特定的一小部分，用 DNA 序列分析胶(6%~8% polyacrylamide gel)同步分离显示扩增产物以进行比较。首先，要以 5′-T(n)MN-3′(3′固定引物，3′anchored primer，其中，n = 10 ~ 20，M = dA/dC/dG，N = dA/dC/dT/dG)作引物，将待比较的 mRNA 进行逆转录得到单链 cDNA，由于该引物具有 poly(dT)，因此可与 mRNA 的 3′-poly(A)结合，而另外两个碱基 MN 的作用是使它定位在 poly(A)的 5′端，并使它只介导约 1/12 的 mRNA 的逆转录。逆转录之后，以单链cDNA为模板，立即进行 PCR，3′端引物就是上述 3′固定引物，5′端引物是 10 ~ 13 个碱基的随机引物(5′arbitrary Primer)。对于在细胞 A 中表达而不在细胞 B 中表达的基因来说，若引物合适，就可能在 A 的 PCR 产物中发现相应的基因片段，而不会在 B 的 PCR 产物中发现该片段。由于5′端引物较短，特异性较低，能以相对较高的概率与 cDNA 5′端结合，从而保证每一对引物都能扩增出适当数量的 DNA 片段(约 50 ~ 150 条)。若片段数过少，要对全部 mRNA 进行比较就必须合成大量引物，进行大量 PCR；若片段数过多，又会增加分离纯化的难度。每次 PCR 扩增 50 ~ 150 个片段时，通过对 12 个 3′引物和 25 个 5′引物的不同组合，可以在 95% 的情况下分析 15 000个不同的基因，基本包括单个细胞所能表达的全部基因数。

由于 PCR 的产物一般含有几十至上百个分子量相近的 DNA 片段，所以需要用高分辨率的测序胶(6%~8% 的聚丙烯酰胺凝胶)来分离这些片段。

在 PCR 条件的设置上，一般来说，变性温度 94 ~ 95℃，延伸温度 72℃都是确定的，而复性温度依引物情况而定。由于 mRNA 差异显示法所用的引物很短，尤其是 5′引物，只有10 ~

13个核苷酸，所以复性温度不能高，试验表明以40～42℃为好。另外，复性时间也要适当延长，这样Taq酶在这段时间内能进行部分延伸反应，使引物与模板的结合得到强化，以免在72℃延伸时过短的引物与模板解链，导致反应失败。在引物较短的情况下，还可应用使延伸温度随着反应进行由低到高逐渐升至72℃的方法，同样有很好的效果。另外，由于测序胶对500 bp以上的DNA不能有效分离，因此延伸反应时间不需要太长，保证扩增产物限于500 bp以下。

PCR产物分离后的显色，采用银染法。显色后我们会看到很多条带，其中大多数是共有的，但在某些位置上会有特异的条带，这些条带就是我们要找的特异表达的基因片段。银染法的原理是利用DNA对银离子的吸附作用，将吸附的银离子还原成金属银，从而显示DNA条带的位置。其优点是灵敏度高，显色快速简单，可在电泳后几十分钟内得到结果。使用放射性同位素虽可达到近似的灵敏度，但一般需曝光十几个小时以上，并且要求在PCR中掺入同位素，因此对防护的要求较高，使操作复杂化。银染法的缺点是必须将DNA固定在胶上才能有好的染色效果，这就使得从胶上回收特异的DNA片段进行后续实验十分困难，所以在实际操作中并不使用。

如果要克隆基因，首先必须用同位素标记法定位DNA，然后从胶中回收特异的DNA片段，克隆后标记探针并作Northern杂交，验证表达的特异性后，再以此片段作探针，从cDNA或核DNA文库中钓出完整的基因，进行深入的研究。

分别以G2矮秆豌豆和赤霉素(GA)处理48h的同一种豌豆株系的cDNA为模板，用特定引物进行PCR扩增，测序胶分离PCR产物，银染法染色，以得到由GA控制表达的基因片段。

【实验器材】

1. 材料

(1)未干旱处理的拟南芥cDNA，干旱处理5 d后的拟南芥cDNA（制备方法参考实验十二）。

(2)锚定引物：3′anchored primer，5′-T19AG-3′。

(3)随机引物：5′arbitrary primer，5′-CTTGATTGCC-3′。

2. 药剂

(1)5×TBE，27g Tris；54.5 g硼酸溶于900 mL蒸馏水，加入20 mL 0.5mol/L EDTA(pH 8.0)，定容至1 000 mL。

(2)固定液，10%冰乙酸。

(3)染色液，1 g Ag_2CO_3；1.5 mL 37%甲醛溶液，定容1 000 mL水中。

(4)显色液，30 g Na_2CO_3；1.5 mL 37%甲醛溶液，2 mg硫代硫酸钠($Na_2S_2O_3 \cdot 5H_2O$)，用水定容至1 000 mL。甲醛及硫代硫酸钠应在临用前加。

(5)Taq DNA聚合酶及缓冲液(在试剂盒中已备好)。

(6)聚丙烯酰胺，甲叉双丙烯酰胺，尿素，过硫酸铵TEMED(N，N，N′，-四甲基乙二胺)，亲水硅化液，疏水硅化液。

3. 器械

PCR反应仪、高压电泳仪、测序电泳槽。

【实验步骤】

1. 添加试剂

PCR 在一个 0.5 mL 的新 EPpendorf 管中依次加入：

4 μL PCR 10×反应缓冲液——终浓度为 1×。

4 μL 4×dNTP 混合物(dATP、dCTP、dGTP、dTTP 各 0.2 mmol/L)——终浓度 20 μmol/L(dNTP 的浓度比正常反应低 10 倍，这样可提高反应的特异性)；

2 μL 3′anchored primer(30μmol/L)——终浓度 1.5 μmol/L；

2 μL 5′arbitrary primer(30μmol/L)——终浓度 1.5 μmol/L；

25 μL 重蒸水。

轻弹小管混匀后，离心 5s，将溶液取出一半(18.5 μL)至另一个新管中。

在两管中分别加入干旱处理和非干旱处理的拟南芥 cDNA 模板 1 μL，做好标记，混匀。

离心 5 s，将两管放入 94℃保温 5 min，使 DNA 变性。

取出小管，尽快分别加入 Taq 酶 0.5 μL (1 单位)，混匀，离心 5 s。

按下列条件进行 PCR：

变性 94℃ 30 s

复性 40℃ 120 s

延伸 72℃ 30 s

重复 30 个循环

最后 72℃延伸 10 min，以补平所有扩增产物。

反应完成后加入 10 μL Tris-HCl (pH 8.0)和饱和苯酚，混匀。

再加入 10 μL 氯仿:异戊醇(24:1)，轻弹混匀。

12 000 r/min 离心 5 min。

小心取出上清液至另 2 个新管中，各加入 4 μL 加样缓冲液，混匀，跑电泳。

2. 测序胶分离 PCR 产物

(1)配胶 称 5.7 g 丙烯酰胺，0.3 g N，N′-甲叉双丙烯酰胺和 48 g 尿素，放入 200 mL 烧杯中，加入 20 mL 5×TBE 和 20 mL 重蒸水，搅拌溶解。由于尿素溶解时吸热，因此可将烧杯置于 37℃水浴促溶。待完全溶解后，定容至 100 mL，用 Wattman 3 mm 滤纸过滤，然后于 4℃避光保存备用。

另外，配制 10% 过硫酸铵溶液 0.5 mL，注意一定要现用现配。

(2)胶板的准备 将两块玻璃板洗净，蒸馏水冲洗一遍，晾干。

用脱脂棉蘸 2～3 mL 疏水硅化液，在长方形玻璃板上均匀涂抹至干，用装无水乙醇的洗瓶自上至下冲洗一遍，冲掉未结合的硅化液，晾干备用。在凹形玻璃板上用亲水硅化液 5 mL，同法进行亲水硅化。

(3)灌胶 在两块玻璃板间的两侧各夹上一个厚 0.4 mm 与胶板等长的塑料间隔片(spacer)，用胶布将三面封死，用铁夹夹紧。

在 100 mL 配好的聚丙烯酰胺凝胶贮液中加入 0.5 mL 10% 过硫酸铵，轻摇混匀，再加入 50 μL TEMED(N，N，N′，N′-四甲基乙二胺)，轻轻混匀，注意不要有气泡。然后立起胶板，稍倾斜，将配好的胶沿玻璃板慢慢倒入胶板间的空隙，注意不要在胶中留有气泡。若已产生气泡，可将胶板适当倾斜以使胶面降至气泡以下，气泡会自然破裂。倒满胶后，水平放置胶板，将梳子的平面插入两板之间 4～5 mm，用铁夹固定，静置 1 h 左右使胶聚合完全。

(4)上样　胶凝后撕去胶布，轻轻拔出梳子，注意不要损坏胶面。用注射器喷水冲洗胶面，洗掉碎胶。反转梳子，将锯齿面插入两板之间，使齿尖稍进入胶面(约0.5 mm)，梳子齿之间的间隙即是样品槽。把胶板固定在电泳槽上，槽中加入 1×TBE 至没过胶面。1 900 V 预电泳 20 min，同时将样品于 80～100℃加热变性 2 min 后立即置于冰上，使其保持单链状态。停止预电泳，用注射器灌电泳液，将胶面上析出的尿素冲掉，即可开始上样。上样使用微量进样器，每个样品取 10 μL 左右。

注意：每一对样品必须相邻且同时电泳。

(5)电泳　上完样后，立即开始电泳。电压设为 1 900 V 左右。电泳时不要使胶的温度太高，必要时可将铁板夹在玻璃板上帮助散热。至第 2 道染料(二甲苯菁 FF)即将出胶时停止电泳(一般需 2～4 h)。放掉电泳液，取下胶板，将两块板轻轻撬开，胶将会留在亲水硅化过的板上。

3. 银染

(1)拿胶板时应戴手套，拿胶板的边缘，以防止指纹。

(2)固定　胶面向上，将胶板放入一个浅塑料盘中，倒入固定液，使其没过胶面。轻轻摇晃 20 min 左右至看不见胶上的染料时，将板取出。注意回收固定液。

(3)洗胶　用重蒸水浸泡胶板 2 min，取出后沥干 10～20 s，换水浸泡。重复 3 次。

(4)染色　将板转入染色液，轻摇 30 min。

(5)显色(注意严格控制各步的时间)

①将 3 mL 甲醛和 400 μL 硫代硫酸钠(10 mg/mL)溶液加入 10～12℃的显色液中。

②从染色液中取出胶板，重蒸水中浸泡 5～10 s，立即取出(若超出时间，须重复染色步骤)。

③将胶板置于 1 L 预冷的显色液中，充分震摇，直至看见第 1 个条带。然后将胶板转至另 1 L 显色液中，继续显色 2～3 min，至其余条带清晰可见。

(6)终止显色　将回收的等体积固定液直接倒入显色液中，摇 2～3 min 终止显色。

(7)清洗　用重蒸水浸泡 2 次，每次 2 min。

(8)干燥　将胶板置于室温晾干，在浅色背景下即可进行观察。

【注意事项】

1. PCR 是一种高度灵敏的 DNA 扩增反应，可把单个 DNA 分子扩增 10^5倍以上，反应体系中微量的 DNA 污染都可能对结果产生很大的影响。因此在配制 PCR 反应混合物时应非常小心，所用的 tip 头应是灭菌的新 tip 头，每加一种试剂应换一个头。模板 DNA 应在最后加，以尽可能减少污染的几率。

2. 由于本实验要对两组 cDNA 进行比较，所以二者的反应条件应尽可能相同，以免引入虚假的差别。为达到此目的，有必要在配制反应混合液时加以特别注意，防止误差。最好的办法是将除模板外所有的反应成分共同配制成一份混合液，再分装到两个管中，加入不同模板进行反应。

3. 银染过程中染色后用水清洗的时间非常重要，过长则会使银离子与DNA脱离结果，从而使整个银染失败。

【思考题】

1. mRNA差异显示法的基本原理是什么？
2. DNA银染显色时应注意什么？

实验十九 根癌农杆菌介导的植物基因转化

【实验目的】

1. 学习利用含目的基因的工程农杆菌转化植物的原理和方法。
2. 掌握植物转基因的操作技术。

【实验原理】

根癌农杆菌中的Ti质粒(自然的Ti质粒一般为150~200 kb)有两个使其自身的部分DNA片段进行转移的区域。一个是T-DNA区，它两端各有一个边界，这两个边界之间的DNA可以转移并整合入植物受体细胞的染色体中，只有边界序列对DNA的转移是必需的；另一个是Vir区，大约30 kb，由7个基因组成，分别命名为VirA、B、C、D、E、G和H，它们编码能够使T-DNA转移的蛋白。Vir区表达的蛋白作用于同一质粒T-DNA区，称为顺式作用。如果*vir*区表达的蛋白作用于其他质粒的T-DNA区，称为反式作用。实际应用中有2种系统。

(1)双元载体系统　是依据Vir区与T-DNA区的反式作用构建出的一类质粒和相应的工程农杆菌。该质粒在大肠杆菌和农杆菌中都能复制，质粒上带有T-DNA区的左、右边界序列，边界序列之间是多克隆位点和植物选择标志，T-DNA区外有细菌选择标志；*vir*基因在相应的转化植物用工程农杆菌内的一个大质粒上(图9-2)。

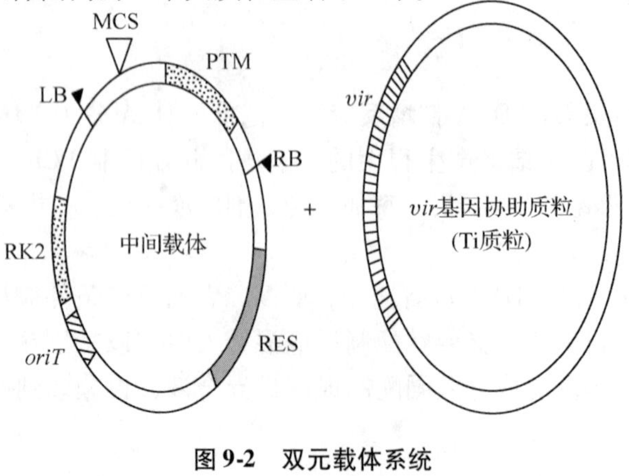

图9-2 双元载体系统

(2)共整合载体　是依据 Vir 区与 T-DNA 区的顺式作用建立起来的。这种系统要求在克隆载体质粒的 T-DNA 区内携带细菌筛选标记基因，用以筛选重组子。将目的基因克隆在质粒的 T-DNA 区的左、右边界序列之间，然后将其转入相应的工程农杆菌中，克隆的基因是通过同源重组整合到工程农杆菌内的 Ti 质粒上，然后用这种农杆菌转化植物。

研究发现 AS(乙酰丁香酮)和 OH-AS(1-羟基乙酰丁香酮)可以诱导农杆菌 Ti 质粒上的 *vir* 基因表达，以提高 T-DNA 的转移和整合。当转化效率较低时，可在农杆菌侵染和共培养时添加 0.1 mol/L 的 AS 或 OH-AS，以提高转化效率。

T-DNA 整合一般发生在转录的活跃区。转基因植物中一个拷贝的外源基因，其在后代中的分离情况大多数呈现孟德尔分离比：自交后代中出现 3∶1 分离，杂交后代中出现 1∶1 分离。

本次实验用双元载体系统进行烟草基因转化，首先用含目的基因的农杆菌对植物材料—烟草叶片进行侵染，然后对侵染过的烟草叶片进行组织培养得到愈伤组织，继而进行植株的再生。

【实验器材】

1. 材料

(1)新鲜的植物顶部 3～6 cm 大小的烟草叶片。

(2)农杆菌菌株 LBA4404 含 Ti 质粒 pAL4404 为帮助质粒。

(3)大肠杆菌含中间载体 pKT240，为广宿主质粒(克隆质粒，已克隆了某一外源基因)。

(4)大肠杆菌 HB101 含 Mob/Tra 辅助质粒 pRK2013。

2. 药剂

(1)LB 液体培养基　蛋白胨 10 g/L，酵母膏 5 g/L，NaCl 10 g/L。pH 7.0。

(2)MS 培养基　先配下列各试剂：

①50 × 大量元素(表 9-11)

表 9-11　50 × 大量元素

试剂	含量(g/L)	试剂	含量(g/L)
NH_4NO_3	82.441	KNO_3	95.034
$MgSO_4 \cdot 7H_2O$	18.486	KH_2PO_4	8.506

②1 000 × 微量元素(表 9-12)

表 9-12　1 000 × 微量元素

试剂	含量(g/L)	试剂	含量(g/L)
KI	0.8340	H_3BO_3	6.184
$MnSO_4 \cdot H_2O$	16.904	$ZnSO_4 \cdot 7H_2O$	8.628
$Na_2MoO_4 \cdot 2H_2O$	0.2420	$CuSO_4 \cdot 5H_2O$	0.0248
$CoCl_2 \cdot 6H_2O$	0.020		

③复合有机物质(表9-13)

表9-13 复合有机物质

试剂	含量(g/L)	配成复合有机物质用量(μL)	试剂	含 量(g/L)	配成复合有机物质用量(μL)
VB_1	5	20	烟酸 NA	5	100
VB_6	5	100	Gly	4	500

④100×肌醇：1g/100 mL。

⑤200×Fe 盐：EDTA-Na_2 7.45 g，$FeSO_4 \cdot 7H_2O$ 5.57 g，沸水浴2 h，定容至1 L。

⑥ 0.1 mol/L $CaCl_2$ 100 mL。

⑦最后用2 mol/L NaOH 调 pH 为5.7。

⑧固体 MS 培养基需加入7~9g 琼脂粉。

表9-14 为配1 L MS 培养基各组分取用量。

表9-14 配1 L MS 培养基的成分

试剂	用量	试剂	用量
蔗糖	30 g	50×大量元素	20 mL
1 000×微量元素	1 mL	复合有机物	720 μL
100×肌醇	10 mL	200×Fe 盐	5 mL
0.1 mol/L $CaCl_2$	3 mL		

(3)100 mg/mL 链霉素母液(Sm)。

(4)100 mg/mL 卡那霉素母液(Kan)。

(5)100 mg/mL 羧苄青霉素母液(Cb)

(6)1 mg/mL 6-苄基嘌呤(BA)：用1 mol/L HCl 溶解，用水定容，－20℃保存。

(7)2 mg/mL 萘乙酸(NAA)：95%乙醇溶解，用水定容，室温保存。

(8)10%漂白液。

3. 器械

超净台、28℃摇床、26℃培养箱、高压锅、电子天平、pH 计、量筒(10mL、100mL、500mL 和1 000 mL)、烧杯(50mL、100mL、500mL 和1 000 mL)、玻璃棒、镊子、长柄刀、剪刀、灭菌纸、封口膜、微量移液器(1 000μL、200μL 和20 μL)、1.5 mL 离心管、吸头(1 000μL 和200 μL)、100 mL 三角瓶、平皿等。

【实验步骤】

1. 双元载体系统的构建

将克隆质粒 pKT240(带有外源基因的质粒，含 Kan 抗性)转入含有 pAL4404 为帮助质粒的农杆菌菌株 LBA4404(有选择标记抗利福平)的途径有2条：一是直接用纯化的 pKT240 质粒转化农杆菌 LBA4404 感受态细胞；二是采用三亲本杂交的方式(图9-3)，pKT240 质粒均能以 *E. coli* 的 pRK2013 为辅助质粒，通过三亲杂交而接合转移到含有帮助质粒 pAL4404 的农杆菌细胞内。由于 pRK2013 不能在农杆菌中复制而最后消失，含有克隆质粒 pKT240 和帮助质粒 pAL4404 的农杆菌可直接用于植物细胞的转化。

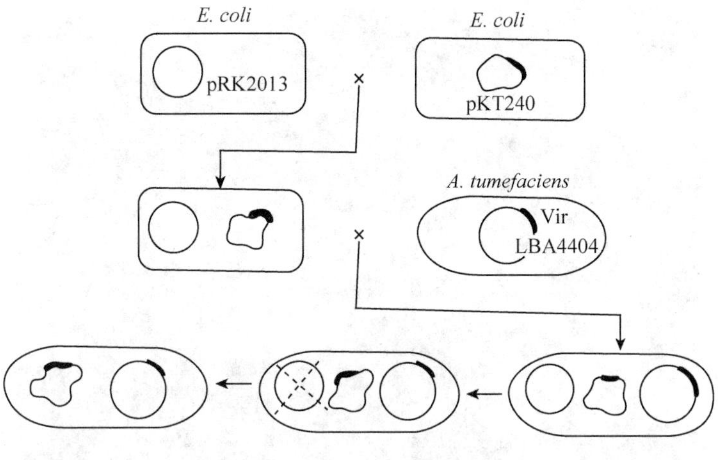

图 9-3　双元载体系统的构建程序

2. 激素和抗生素浓度的选用

(1)对于不同的植物组织材料，先进行组织培养和再生，查阅和参考相关的资料，选用一种或两种不同种类的激素及其使用浓度，探索出再生植株的最佳培养方法。常用的生长素有吲哚乙酸(IAA)、吲哚丁酸(IBA)、萘乙酸(NAA)和2,4-D，细胞分裂素有激动素(KT)、6-苄基嘌呤(BA)、异戊基腺嘌呤(2iP)和玉米素。

(2)用抗生素进行转基因植物筛选时，从生物统计学的观点出发，通过愈伤组织培养确定使植物组织不能再生的最低抗生素用量。

3. 农杆菌的准备

(1)将构建好的双元载体系统农杆菌(保存在 -80℃)接种在含有 Sm、Kana 抗生素的 LB 培养皿上，28℃培养 2 d。

(2)农杆菌的活化　用灭菌的接种环从培养的菌板上刮起绿豆大小的菌团，接种在5 mL 含 Sm、Kana 抗生素的液体 LB 中，28℃培养 1~2 h，使菌液 OD_{600}为 1.5~2.0。

(3)离心，弃上清液，用液体 MS 10 mL 悬浮菌体，然后测定菌液的 OD_{600}值。再用液体 MS 把菌液稀释到 OD_{600}为 0.2，用来侵染植物组织(如烟草叶片、番茄子叶、马铃薯块茎；辣椒子叶所用菌液浓度的 OD_{600}为 0.6)。

4. 侵染用植物组织的准备

(1)用生长户外的植物顶部 3~6 cm 大小的叶片作转化材料时，采叶子 4~5 片，放入1 L 烧杯中，加入 10%的漂白液 500~600 mL，再放入大小合适的磁棒 1 个，用锡纸封住烧杯口，放在磁力搅拌器上搅拌 25 min。

(2)在超净台上用灭菌水洗 2 次，洗好的叶子留在灭菌水中。

(3)拿出准备好的无菌镊子 1 把、长柄刀 1 把和培养皿 2 个，向每个培养皿中加入 10 mL 液体 MS。在一个培养皿中切去叶子的边缘，在另一个培养皿中把叶子切成 1 cm 大小的方块，一般用 3~4 片叶子[图 9-4(a)]。

5. 对植物组织进行侵染

(1)在超净台内根据风向由上风向下风处，依次摆放组织培养用 MS 平皿、放有灭菌吸水纸的平皿、含侵染植物的农杆菌液的平皿和切好的植物材料的平皿。

图 9-4 植物遗传转化步骤

(2)对于烟草叶片组织，选 5 个切好的小叶片为 1 组进行侵染。每次用灭菌的镊子把叶片一片片移入菌液中(约 2 ~ 5 min)，然后用镊子把其中一片夹出来放在吸水纸上，把叶片两面的菌液吸干后，放入 MS 平皿里，再从菌液中夹出另一叶片，做同样操作。待 5 片侵染的叶片都放入 MS 平皿后，再侵染另外一组的 5 片小叶片，重复上述操作，待所有小叶片都放在 MS 平皿里(每个直径为 12 cm 的平皿可放约 20 片小叶片)，盖上平皿盖，再用膜封住平皿，26℃避光培养 2 ~ 3 d。

(3)作为对照实验，每次在至少 1 ~ 3 个平皿里放 10 ~ 30 片没有被农杆菌侵染的切好的组织材料，进行同样的培养，而且在筛选培养基中不应该得到愈伤组织；另外一对照实验是在 1 个平皿里放 10 片左右没有被农杆菌侵染的组织材料，在不加抗生素的 MS 中培养，以证明再生培养条件是否合适。在培养基中不要忘记加入激素。

6. 植株的再生

(1)将侵染 1 ~ 2 d 后的组织材料转移到含有抗生素和激素的 MS(加有 Cb 抗生素 500 mg/L、6-BA 1.0 mg/ mL、NAA 0.1 mg/ mL)平皿上，每个平皿只放 5 ~ 6 个小叶片。

(2)一般每 2 周换一次培养基[Cb 抗生素 500 mg/L、Kan 抗生素(浓度从高至低 300 ~ 100 mg/ mL、6-BA 1.0 mg/ mL、NAA 0.1 mg/ mL)]，2 ~ 4 w 就可看到组织愈伤和小芽[图 9-4(b)]。

(3)把长 1.5 ~ 2 cm 的芽切下，放到含 MS 的瓶中培养，一般培养 1 ~ 2 w 后生出至少1 ~ 4 条根，并有 4 ~ 6 个叶片[图 9-4(c)]。

(4)把每棵苗的主茎从叶片的腋芽之间切开，在 MS 培养基中培养，使每个再生苗有 3 个拷贝，准备足够的材料进行下一步的检测，或移入土壤中收集种子[图 9-4(d)]。

(5)在苗移入土中的前 3 d，打开无菌苗的瓶口，放到组培室 3 d。准备适量的小花盆，先用小石子或类似物把底孔堵上，防止浇水时养分流失。

(6)用镊子从瓶中取出苗，剪去大叶片，只留3个小叶片，用流水冲去根上的所有MS培养基。

(7)小心向小花盆中加土，不用把土压紧，在土上方留一个小坑，把洗净根的苗放入小坑中，并用周围土盖根。

(8)用少量水浇苗，使根周围的土下陷。

(9)轻轻把苗向上拔一下，再加土、轻压。

(10)加适量水，把苗培养好待用。在每个花盆里插上正确的标签。

【注意事项】

1. 此实验时间长、步骤多，每一操作请做好标记。
2. 三亲本杂交具体操作请参考相关文献。
3. 选用不同的双元载体系统时，请参考相应载体的选择标记基因。
4. 转化株的鉴定技术参考相关资料。

【思考题】

1. 农杆菌介导的外源基因转化的原理是什么？
2. 什么是双元载体系统？
3. As诱导高转化率的机理是什么？
4. 植物转基因时，一定要转入正义基因才会有效果吗？
5. 植物转基因技术的关键是什么？

实验二十　目的基因的原核表达与纯化

【实验目的】

1. 掌握一种外源基因在原核细胞中的表达方法。
2. 在量大肠杆菌$BL_{21}(DE)_3$菌中表达基因Taq DNA聚合酶基因的编码蛋白。

【实验原理】

随着人们对原核和真核生物基因调控的了解，通过综合控制基因转录、翻译、蛋白质稳定性及向胞外分泌等多方面的因素，构建出了多种具有不同特点的表达载体和工程菌株，以满足表达不同性质、不同要求的目的基因的需要。

在原核生物中表达蛋白质的载体常用的启动子有T7启动子、Trp启动子(色氨酸启动子)、Tac启动子(乳糖和色氨酸的杂合启动子)和lac启动子(乳糖启动子)等。乳糖启动子受分解代谢系统的正调控和阻遏物的负调控，如加入乳糖或某些类似物 IPTG 后，可与阻遏蛋白形成复合物，使阻遏蛋白构型改变，阻遏蛋白不再与操纵子结合而使基因表达。λP_L启动子(噬菌体的左向启动子)的活性比 lac 启动子高 8～10 倍，它受 λ 噬菌体 CI 基因的负调控，CI 阻遏蛋白是温度敏感蛋白，在 28～32℃培养时，CI 产生抑制作用，在温度升至 42℃时，CI 被破坏，可使基因表达。

根据原核生物基因表达特点选择载体进行目的基因克隆，然后转入相应的菌种中表达目的蛋白质。本实验以插入重组 Taq DNA 聚合酶基因的 pET-24a(图 9-5)表达质粒转化 *E. coli* 菌株，以 1/500 的接种量，细菌培养到 OD_{600}为 1.0 开始诱导，以 2 mmol/L IPTG 诱导 8 h，表达 Taq DNA 聚合酶。

【实验器材】

1. 材料

(1)重组 Taq DNA 聚合酶基因及表达载体：插入重组 Taq DNA 聚合酶基因的 pET-24a 表达质粒，该质粒是由美国 Novagen 公司推出的能在大肠杆菌中高效表达的一种质粒载体。该质粒在克隆位点前有一个 T7 启动子，在 T7 启动子前有一个 6 × His-Tag coding 序列，是 T7 的增强子，多克隆位点上有 BamH Ⅰ-Xhol 8 个酶切位点，载体上还有一个卡那霉素(Kan^+)的筛选标记。重组 Taq DNA 聚合酶基因通过 BamH Ⅰ 和 Xhol 双酶切克隆在表达质粒 pET-24a 多克隆位点上。

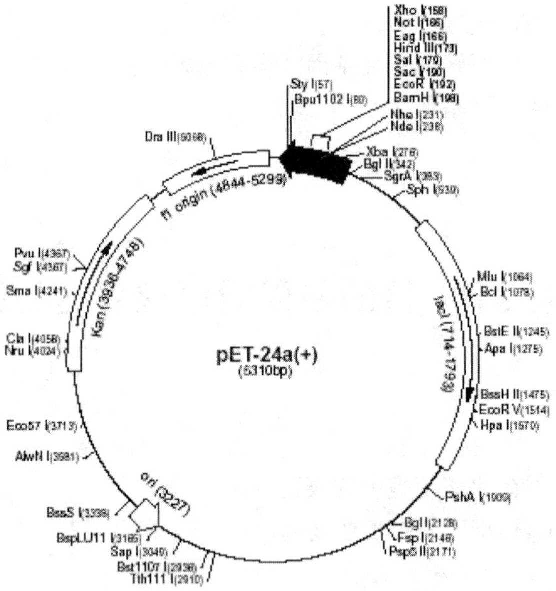

图 9-5 pET-24a 载体图谱

(2)菌种 为 $BL_{21}(DE)_3$菌株，即宿主菌 BL_{21}经噬菌体 λDE_3溶源化后，λDE_3的 $lacUV_5$强启动子及位于其下游的 T7 RNA 聚合酶基因被整合到宿主菌的基因组 DNA 中。宿主菌在非代谢性乳糖类似物 IPTG(异丙基-β-D-巯基半乳糖苷)的诱导作用下能产生大量的 T7 RNA 聚合酶，而 T7 RNA 聚合酶能特异性地识别 pET-24a 表达载体中的 T7 启动子序列，从而高效地表达目的重组蛋白。由于 IPTG 不会被宿主菌利用，因此向培养液中加入少量的 IPTG 就能对 lacUV5 强启动子产生持久的诱导作用。

2. 药剂

(1)LB 液体培养基(pH7.0)　胰蛋白胨 10 g/L，酵母提取物 5 g/L，NaCl 10 g/L。

(2)卡拉霉素(Kan)　10 mg/mL(溶于水)。

(3)2×蛋白质 SDS-PAGE 上样缓冲液　100 mmol/L Tris-HCl(pH 6.8)，200 mmol/L DTT(二硫疏醇糖)，4% SDS，0.2% 溴酚蓝，20% 甘油。

(4)100 mmol/L IPTG 无菌的水溶液，存放在 -20℃。

(5)细胞裂解液　20 mmol/L Tris-HCl pH 8.0，5 mmol/L EDTA。

(6)buffer A　0.1 mmol/L Tris-HCl，pH 6.0。

(7)buffer B　100 mmol/L KCl，50 mmol/L Tris-HCl，0.2 mmol/L EDTA，2 mmol/L DTT，pH 7.6。

(8)CM-Sepharose 阳离子交换树脂或 CM-Sephaetx C-50 交换树脂。

(9)30% 凝胶贮备液 200 mL　29%(W/V)丙烯酰胺，1%(W/V)N，N-亚甲双丙烯酰胺。

(10)Tris-甘氨酸电泳缓冲液 1 L(pH 8.3)　25 mmol/L Tris(3.01 g)，250 mmol/L 甘氨酸(18.8 g)，10% SDS(10 mL)。

(11)固定液 50 mL　甲醇∶水∶乙酸 = 3∶1∶6。

(12)脱色液 200 mL　甲醇∶水∶冰醋酸 = 4.5∶4.5∶1。

(13)染色液 100 mL　0.25 g 考马斯亮蓝 G-250(Commassise blue G-250)溶解于 100 mL 脱色液。

(14)其他试剂　10% SDS 10 mL，10% 过硫酸铵 10 mL(最好用时配制)，TEMED，1.5 mol/L pH 8.8Tris-HCl 100 mL，1 mol/L pH 6.8 Tris-HCl 100 mL。

(15)标准蛋白溶液　牛血清蛋白溶液的浓度为 1 mg/ mL。

3. 器械

37℃及 42℃摇床、制冰机、离心机、水浴锅、高压锅、蛋白质电泳系统、电子天平、pH 计、量筒(10 mL、100 mL、500 mL 和 1 000 mL)、烧杯(50 mL、100 mL、500 mL 和 1 000 mL)、玻璃棒、微量移液器(1 000 μL、200 μL 和 20 μL)、1.5 mL 离心管、吸头(1 000 μL 和 200 μL)、100 mL 三角瓶、10 mL 试管等。

【实验步骤】

1. 转化与筛选

(1)以插入重组 Taq DNA 聚合酶基因的 pET-24a 表达质粒转化 *E. coli* 菌株，具体方法见实验八、九。

(2)在阴性 LB 固体培养基(不含卡那霉素)平板上加入 100 μL 转化菌液和 100 μL 未转化感受态细胞涂皿作对照；在含有卡那霉素的阳性 LB 固体培养基平板上加入 50~100 μL 转化菌液涂皿，37℃培养，然后挑单克隆分别接种于装有 4 mL 加有卡那霉素 LB 液体培养基的 15 mL培养管中过夜培养，接种 2 mL 菌液到 20 mL 培养基中振荡培养作为种子，至 OD_{600} = 1.5~1.6。

2. 诱导外源蛋白表达及提取

(1)按1/500的接种量将菌种接种于装有200 mL(LB + Kan^+)培养液的三角瓶中，37℃摇床(转速200 r/min)培养8 h，至菌体对数生长中期(轻轻旋转菌液可以看到菌体形成的云雾)。

(2)菌体在生长至OD_{600}值为1.0时，向培养液中加入IPTG至终浓度为2 mmol/L，于37℃诱导8 h，Taq DNA聚合酶可获得较高表达效率。

(3)取上述各种菌液3 mL，4 000 r/min离心10 min收集菌体。

(4)按10∶1体积加入细胞裂解液。

(5)−70℃冷冻，75℃溶解，重复5次。

(6)12 000 r/min离心20 min。

(7)取上清液，按5∶1的体积加入buffer A。

(8)采用阳离子交换柱(采用Tris缓冲液，pH 7.0)，用1 mol/L钾盐洗脱，收集洗脱峰。

(9)用buffer B透析约2 d。

3. 样品处理备用

取样品10 μL，加入等体积的2×蛋白质SDS-PAGE上样缓冲液，沸水中放置1 min。离心15 s，然后放置在−20℃待用。

4. 蛋白质电泳

(1)洗净电泳用玻璃板，晾干，按仪器使用说明装好，并用无水乙醇检查灌胶装置的3边是否密封得很好。

(2)配12%分离胶10 mL：30%凝胶贮备液4.0 mL，1.5 mmol/L pH 8.8 Tris-HCl 2.5 mL，10% SDS 0.1 mL，10%过硫酸铵0.1 mL，TEMED 4 μL，双蒸水3.3 mL。

在一个小烧杯中加入以上各成分，向一个方向缓和旋转液体(防止气泡产生)，缓和混匀。其中胶中TEMED的作用是催化过硫酸铵，使其形成游离氧基，这些游离氧基与丙烯酰胺接触，激活单体丙烯酰胺而形成单体长链，同时交联剂Bis的存在，使长链与长链彼此交联形成凝胶。SDS能打开蛋白的氢键和疏水键。

(3)缓和灌入分离胶，防止气泡的产生，同时玻璃板留2 cm长的浓缩胶。用双蒸水封闭胶面。

(4)大约20 min后，待分离胶凝固，配5%浓缩胶5 mL：30%凝胶贮备液0.83 mL，1 mol/L pH 6.8 Tris-HCl 0.63 mL，10% SDS 0.05 mL，10%过硫酸铵0.05 mL，TEMED 5 μL，双蒸水3.4 mL。以上各成分混匀[同第(3)步操作]。

(5)吸净分离胶上的水，灌入浓缩胶，插入梳子，小心避免产生气泡。

(6)待胶凝固后，拔出梳子，用1×电泳缓冲液冲洗梳孔，上下槽中加入1×电泳缓冲液，检查是否渗漏缓冲液，并驱除凝胶底部的气泡。

(7)上样[*Ecoli* $BL_{21}(DE)_3$自身表达蛋白、上柱前的样品、上柱后没有被吸附的样品、洗脱收集峰样品]，同时上样标准相对分子质量的蛋白质样品，作为估算未知蛋白分子大小的参照(蛋白相对分子质量Marker为Low range，相对分子质量分别为97.4 ku、66.2 ku、45 ku、31 ku、21.5 ku和14.4 ku)。

(8)开始电泳时用8V/cm凝胶，样品进胶后增大到15V/cm凝胶。

(9)指示剂电泳到分离胶底时，停止电泳，取下凝胶。

(10)凝胶在固定液中固定 30 ~ 60 min。

(11)用双蒸水洗凝胶 3 次，每次 15 min。

(12)用 20 ~ 50 mL 染色液浸泡凝胶，放室温摇床上 1 ~ 2 h。

(13)换掉染色液并回收，用双蒸水冲洗 1 次。

(14)再加入 20 mL 脱色液脱色，放在摇床上约 1 h，重复 3 次。

(15)检测脱色后的凝胶中外源蛋白表达量及相对分子质量(外源蛋白的相对分子质量为 82 ku)(图 9-6)。

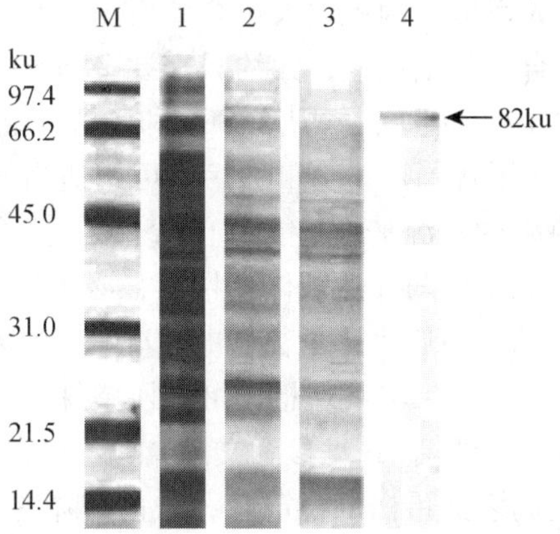

图 9-6　表达 TaqDNA 聚合酶的电泳结果

M-Marker；1. *Ecoli* BL_{21}(DE)$_3$ 自身表达蛋白；2. 上柱前的样品；3. 上柱后没有被吸附的样品；4. 洗脱收集的峰

5. 蛋白含量分析

(1)牛血清蛋白标准曲线的绘制

取 6 支试管，编号为 1、2、3、4、5、6，按表 9-15 加入试剂：

表 9-15　标准蛋白溶液的制备

试管编号	1	2	3	4	5	6
标准蛋白液(mL)	0	0. 02	0. 04	0. 06	0. 08	0. 1
水 (mL)	0. 01	0. 08	0. 06	0. 04	0. 02	0
蛋白浓度(mg/mL)	0	0. 02	0. 04	0. 06	0. 08	0. 1
G-250 染色液(mL)	5	5	5	5	5	5

注：标准蛋白溶液的浓度为 1 mg/mL。

加完后混匀，静置 2 min，以 1 号管作空白对照，测定各管在 595 nm 下的光密度。以光密度为纵坐标，蛋白浓度为横坐标作图，求其一元线性回归方程。

(2)结果计算　分别测定透析前和透析后蛋白质在 595 nm 下的光密度，计算酶浓度。

【注意事项】

1. 进行感受态细胞转化时，要注意感受态细胞最好是新制备的，因为保存一定时间的感受态细胞会使转化率降低；此外 DNA 的浓度也不能太高。

2. 将细胞沉淀中加入 Lysis Buffer，用反复冻融的方法裂解菌体。这是一种复合使用的方法：Lysis Buffer 中的 EDTA 可以螯合维持外层膜结构的二价阳离子 Ca^{2+} 或 Mg^{2+}，使膜出现洞穴；冷冻使细胞膜疏水键结构破裂，从而增加细胞亲水性，另外，胞内水结晶，细胞内外浓度改变，使细胞破裂。

3. 经典方法分离纯化活性蛋白的工艺相当繁琐，多步骤、长时间的分离纯化不但直接提高了产品的成本，而且不利于酶的得率和活力。用阳离子交换柱可得到比较纯的酶，而且在 pH 为 7. 5 时分离效果是令人满意的。

4. 用考马斯亮蓝 G-250 与蛋白质结合的原理，迅速、敏感地定量测定蛋白质的含量。染料与蛋白质结合后引起染料最大光吸收增加，从 465 nm 变为 595 nm。蛋白质-染料复合物具有高的消光系数，因此大大提高了蛋白质测定的灵敏度，最低检出量为1 μg蛋白。染料与蛋白质的结合过程很迅速，大约只需要2 min，结合物的颜色在1 h内保持稳定。一些阳离子，如K^+、Na^+、Mg^{2+}、$(NH_4)_2SO_4$和乙醇等物质不干扰测定，而大量的去污剂如TrionX-100、SDS等严重干扰测定，少量去污剂可用适当的对照消除。

5. 克隆的外源基因不能带有内含子。

6. 外源基因与表达载体连接后，必须形成正确的开放阅读框(open reading frame)。

7. 目的蛋白质表达量很低的情况下，从活化菌体的生长状态、温度和表达时间上摸索最佳表达条件。如果仍不理想，可更换菌株、载体或其他表达系统，通过反复调整条件，一般都能获得较好的结果(见参考文献)。

8. 提高表达蛋白的稳定性，防止其降解。如采取表达N－端融合蛋白(N－端由原核DNA编码，C－端由克隆的真核DNA的完整序列编码)、分泌蛋白(蛋白从胞质跨过内膜进入周间质)或采用某种突变菌株，保护表达蛋白不被降解。

【思考题】

1. 试想一个真核基因要在原核细胞中表达会遇到哪些问题?
2. 如何防止表达蛋白在细胞内和分离纯化过程中蛋白酶的降解?
3. 如何提高表达效率?

实验二十一　植物体内目的基因的GUS组织化学定位

【实验目的】

学习植物体内目的基因表达模式的检测方法——GUS组织化学定位法。

【实验原理】

构建目的基因的启动子驱动GUS(β-葡萄糖苷酶)基因，通过农杆菌介导的转化方法将其转化进植物体内，让GUS蛋白得以表达，通过GUS催化(水解)底物X-GLUC变成蓝色，来确定植物体内目的蛋白的表达部位。

【实验器材】

1. 材料

转化有GUS基因的植株。

2. 药剂

(1) X-Gluc、Na_2HPO_4、NaH_2PO_4、$K_3Fe(CN)_6$、$K_4Fe(CN)_6$、N-N二甲基甲酰胺、95%乙醇、蒸馏水。

(2)100 mmol/L X-Gluc 储液　100 mgX-Gluc（MW＝521.8）溶于 1.92 mL N-N 二甲基甲酰胺，－20℃保存(表 8-16)。如溶液变成浅红色则丢弃储液。

表 9-16　100 mMX-Gluc 储液配制

成　分	相对分子质量	g/100 mL	g/50 mL
0.5 M Na_2HPO_4	358.14	17.91	8.95
0.5 M NaH_2PO_4	156.01	7.80	3.90
100 mM $K_3Fe(CN)_6$	329.25	3.29	1.65
100 mM $K_4Fe(CN)_6$	422.39	4.22	2.11

(3)洗涤缓冲液

50 mmol/L $NaPO_4$ pH 7.2（68.4 份 Na_2HPO_4和 31.6 份 NaH_2PO_4）；

0.5 mmol/L $K_3Fe(CN)_6$；

0.5 mmol/L $K_4Fe(CN)_6$。

(4)GUS 染色液

50 mmol/L $NaPO_4$ pH 7.2；

0.5 mmol/L $K_3Fe(CN)_6$；

0.5 mmol/L $K_4Fe(CN)_6$；

2 mmol/L X-Gluc。

3. 器械

37℃培养箱、真空泵、烧杯、玻璃棒、容量瓶。

【实验步骤】

1. 固定

将材料浸没到冰上放置的含有 90% 丙酮的微量离心管中，室温中固定 20 min。

2. 洗涤

弃固定液，在冰上用染色缓冲液洗涤 3 次。

3. 染色

弃染色缓冲液，加入适量的染色液，缓慢真空抽气数次，直到所有组织样品不再漂浮在液面；37℃染色 6～12 h(可以缓慢摇动)。

4. 去叶绿素

弃染色液，加入 70% 乙醇以去除叶绿素等可溶性色素；可重复数次直至组织样品接近无色；在该步骤中，样品可以在 4℃保存。

5. 镜检

将组织样品转移到载玻片上，加入适量 70% 乙醇浸没，在体视显微镜下观察，拍照记录，然后重新转移到 70% 乙醇中保存。

【思考题】

GUS 组织化学定位的基本原理是什么?

实验二十二 载体构建

【实验目的】

掌握感受态细胞制备的方法和酶切连接构建载体的步骤。

【实验原理】

依赖于限制性核酸内切酶、DNA连接酶和其他修饰酶的作用，分别对目的基因和载体DNA进行适当切割和修饰后，将二者连接在一起，再导入宿主细胞，实现目的基因在宿主细胞内的正确表达。

【实验步骤】

1. 摇菌(制作感受态细胞备用)

(1)将上述菌液PCR中有结果的菌液送测，送测结果与阳性单克隆筛选。

(2)上述转化得到的菌液接种到筛选培养基中过夜培养，挑菌并进行菌液PCR。

(3)转化感受态细胞制备。

转化步骤如下：

①载体与目的基因连接；

②质粒与目的基因双酶切；

③选择内切酶；

④摸索酶切条件(时间和温度)。

(4)电泳检测及回收纯化步骤。

(5)质粒(载体)提取质粒选择。

提取步骤如下：

①目的基因克隆；

②引物设计PCR取装有液体培养基的3 mL试管两支(依情况而定)，每管加入40～100 μL菌种，过夜摇。

2. 提质粒

载体依照提质粒试剂盒的说明书操作(根据情况最后一步洗脱时可以多洗1～2次)。

3. 酶切(双酶切产生黏性末端)(表9-17)

表9-17 酶切反应体系

反应所需试剂	体积(uL)	反应所需试剂	体积(uL)
质粒	10	所需限制性内切核酸酶	2
所需内切酶反应缓冲液	2	PCR水	7

将加好的 EP 管置于 37 ℃保温 1～2 h（依照酶切的具体步骤操作；为了达到最佳酶切效果，最好根据所选用的酶确定所需要的反应温度）。

4. 电泳检测

将酶切产物进行琼脂糖凝胶电泳，检测酶切是否成功。回收胶：琼脂糖与缓冲液 1∶1 制胶，经过切胶回收目的产物，也有目的产物纯化的功能；检测胶：琼脂糖与缓冲液 1∶2 制胶，为了检测目的条带与预期是否相符。切胶回收与产物纯化是差不多的过程，所达到的目的是一样的：切胶回收也是一种纯化过程，它能去除非目的片段，然后用回收试剂盒进行纯化，能纯化 DNA 溶液；产物纯化是将较纯的 DNA 溶液进一步除去多余的杂质，用纯化试剂盒，你会发现纯化试剂盒 和回收试剂盒的步骤几乎一样。

5. 载体与目的基因连接

如果电泳检测酶切成功，则仔细将所需的片段切割下来，将胶体回收(依照胶回收试剂盒说明书操作)；之后将回收的片段和载体连接。置于温箱，12～16℃，保温 8～16 h。

6. 转化(连接产物转化到感受态细胞中)

依照转化具体操作步骤做感受态 ，将上述连接产物进行转化实验，涂板培养，37℃，12～16 h。

7. 单克隆检测

(1)挑单克隆　先将 AMP 从冰箱中取出，待融化后，在 3 mL 装有 LB 液体培养基的试管中加入 3 μL AMP ，用枪头混匀；取 1.5 mL EP 管 5 支(依情况可以多挑几管)，给每支管中加入 500 μL 上述培养液，然后用接种环(或黄枪头)挑单克隆，挑完后用枪吹打；将挑好的菌摇 4～5 h，至混浊即可。

(2)单克隆检测　以每管摇好的菌液为模板，以原有的引物进行 PCR，然后将 PCR 产物跑电泳，观察电泳图像中哪几管的条带正确。将相对应管的菌液再抽取 100 μL，加到 3 mL(有 LB 液体培 养液，AMP^{+})试管中，过夜摇；第二天重摇，取 1 mL 摇好的菌于 1.5 mL EP 管中送测序，并保种。

注：①挑单克隆时，一定要挑单一圆润的菌落，不挑卫星斑。②别忘记往培养基中加入 AMP。③用接种环挑菌后，要在酒精灯上反复灼烧，再进行下一次挑菌。

【注意事项】

1. 连接产物可在 -20℃短时间保存，使用时可以取出进行后续实验。

2. 在细胞转化时，冰浴和热激要严格控制好时间。

3. 连接反应是 DNA 重组过程中的关键步骤，其成败的重要参数之一就是温度，因此要控制好连接温度。

4. 进行黏末端连接时，会产生一定数量的载体自身环化分子，导致转化菌中过高的假阳性克隆背景。针对这一问题，常采用牛小肠碱性磷酸酶(CIP)去掉载体的 5′-磷酸以抑制 DNA 片段的自身环化。

【思考题】

载体构建有哪些方法？每种方法的具体操作步骤是什么？

第 10 篇

生物显微技术实验

实验一　徒手切片

【实验目的】

1. 学会徒手切片的操作。
2. 掌握徒手切片制作的主要程序。

【实验要求】

1. 要求学生熟练进行徒手切片操作。
2. 要求学生形成良好的实验操作习惯，重视每个操作细节。

【实验器材】

1. 材料

龙葵嫩茎、菊花嫩茎等。

2. 药剂

50%、70%、85%、95% 浓度的酒精，无水酒精，二甲苯，树胶，1% 番红水溶液，0.5% 固绿溶液。

3. 器械

显微镜、尖头镊子、单面刀片、双面刀片、载玻片、盖玻片、100 mL 烧杯、解剖针、解剖剪、培养皿、酒精灯、漏斗坩埚、吸水纸。

【实验步骤】

1. 选择夹持物

在切片前，先根据材料的大小和软硬程度决定是否需要选择适当的切片夹持物。可灵活选择各种夹持物，如通草、萝卜、肥厚叶柄或聚酯泡沫塑料，用刀将夹持物切成两片，将被切材料夹在其中，进行切片。

2. 切片操作

切取长 1 ~ 2 cm 的材料，用左手拇指和食指夹住材料，使材料上端露出 2 ~ 3 mm，然后将左臂紧靠腰部，使之不动。右手握刀，刀口向内，右臂悬空，位置固定后即可切片。

3. 固定

实验材料用 70% 或 95% 迅速杀生固定，固定时间一般是几分钟至几小时不等。

4. 染色与封藏

(1) 切片用 1% 番红溶液染色 12 ~ 24 h。

(2) 用 50% 酒精冲洗，直至纤维素壁的红色变淡，而木质部细胞呈深粉红色为止。

(3)脱水经70%酒精、85%酒精、0.5%固绿溶液、95%酒精，各级10 s至1 min。

(4)用95%酒精洗去多余的固绿。

(5)透明经无水酒精→1/2无水酒精+1/2二甲苯→纯二甲苯，各级15 s至1 min。

(6)树胶封片。

【注意事项】

1. 切片厚度要薄，切片太厚会导致结构不清楚和观察困难。
2. 固绿染色时间不要过长，否则颜色太深影响观察。

【实验报告】

1. 简述实验的目的和实验方法。
2. 简述徒手切片的主要实验步骤，分析实验结果，讨论实验中出现的各种问题。

【成绩评定】

1. 切片制作效果分为“好”“一般”和“差”。
2. 现场提问，考察分析问题和解决问题的能力，分为“强”“一般”和“弱”。
3. 实验报告评分：优、良、中、合格和不合格。综合以上三项成绩，为该实验项目的成绩。

【思考题】

1. 番红和固绿为什么会在切片上都会着色?
2. 切片为什么要透明处理?

实验二　木材切片

【实验目的】

1. 熟悉滑行切片机的结构、原理及维护。
2. 掌握木材切片的主要流程和操作。

【实验要求】

1. 以小组为单位开展实验。
2. 按照滑行切片机的操作规程进行操作。

【实验器材】

1. 材料

扁担杆茎、杨树茎、夹竹桃茎等。

2. 药剂

50%、70%、85%、95%浓度的酒精，无水酒精，二甲苯，树胶，1%番红水溶液，0.5%固绿溶液。

3. 器械

滑行切片机、生物显微镜、尖头镊子、单面刀片、双面刀片、载玻片、盖玻片、100 mL烧杯、解剖针、解剖剪、培养皿、毛笔、酒精灯、漏斗坩埚、吸水纸。

【实验步骤】

(1)在教师的指导下练习使用滑行切片机。

(2)在切片前，先准备一个培养皿，里面盛自来水以便放切片，毛笔一支。

(3)准备待切材料。选择材料粗细一致的茎作为实验材料，长度以2~3 cm为宜。若茎坚硬，需将其进行软化处理。

(4)一般多选用聚酯泡沫包装物作为实验材料的夹持物，并使实验材料露出夹持物约0.5cm，再固着于切片机的材料固着器上。如果切坚实的材料(枝条、木材)，可以直接夹在切片机的材料固着器上。柔软的材料也可先夹于胡萝卜或土豆中，再进行固着，或把实验材料直接浸入熔融的石蜡中，使材料外面包以石蜡再进行切片。

(5)调整切片厚度调节器，一般在12~20 μm。

(6)切片时需用毛笔蘸水润湿材料，这样可在切片时减小阻力，避免材料因受刀的压力而被挤破。当切下一张切片时，切片不能留在刀上，此时用毛笔蘸水把切片取下，放于培养皿中。如果切片不成功，应检查切片刀是否太钝，或切得太薄。

(7)将切片移入FAA固定液或其他固定液中，有时为了节省时间，可直接移入70%~95%酒精中固定。如需暂时保存，可放入70%酒精中。

(8)用1%番红溶液染色12~24 h，将切片放入漏斗坩埚中。

(9)用50%酒精冲洗，直至纤维素壁的红色变淡，木质部细胞呈深粉红色。

(10)切片经过70%酒精和85%酒精脱水，用0.5%固绿滴染，各级10 s至1 min。

(11)用95%酒精洗去多余的固绿。

(12)切片脱水和透明：无水酒精Ⅰ→无水酒精Ⅱ→1/2无水酒精+1/2二甲苯→纯二甲苯Ⅰ→纯二甲苯Ⅱ，各级15 s至1 min。

(13)经二甲苯透明后取出切片，滴一点中性树胶在材料上，立即用中性树胶封片。在温箱45℃下干燥。

【注意事项】

1. 切片刀的角度要调整好。
2. 如果材料太硬，一定要进行软化处理。

3. 固绿染色时间不宜太长，否则颜色太深影响观察。

【实验报告】

1. 简述实验的目的和实验方法。
2. 简述木材切片的主要实验步骤，分析实验结果，讨论实验中出现的各种问题。

【成绩评定】

1. 切片制作效果分为“好”“一般”和“差”。
2. 现场提问，考察分析问题和解决问题的能力，分为“强”“一般”和“弱”。
3. 实验报告评分：优、良、中、合格、不合格。综合以上三项成绩，为该实验项目的成绩。

【思考题】

1. 滑行切片机切薄片的原理是什么？对所切材料有什么要求？
2. 聚酯泡沫包装物作为茎的夹持物的优点是什么？

实验三　石蜡切片

【实验目的】

1. 熟悉旋转切片机的构造、操作及维护。
2. 掌握石蜡切片的基本程序。

【实验要求】

1. 以小组为单位开展实验。
2. 严格按照旋转切片机的操作规程进行操作。
3. 认真做好实验方案，计划好每个实验环节，并做好实验记录。
4. 实验操作程序均为参考，根据实际情况可以适当变化，实验方案也可以重新设计。

【实验器材】

1. 材料

洋葱根尖或水仙根尖、菊花茎、大叶黄杨叶等。

2. 药剂

3. 50%、70%、85%、95%的酒精，无水酒精，二甲苯，中性树胶、1%番红水溶液、1%番红的50%酒精液、0.5%固绿溶液、苯胺蓝、0.5%真曙红溶液、铁明矾、FAA固定液、卡诺固定液、纳瓦兴固定液、苏木精、石蜡、苦味酸饱和水溶液、1%氨水。

3. 器械

旋转切片机、恒温展片台、温台、烘片台、恒温培养箱、烘箱、生物显微镜、立式染缸、卧式染缸、尖头镊子、方头铗钳、单面刀片、双面刀片、载玻片、盖玻片、50 mL烧杯、100 mL烧杯、解剖针、解剖剪、培养皿、医用注射器、毛笔、酒精灯、小瓷杯、称量瓶、吸水纸。

【实验步骤】

根据需要选择根尖、幼茎或叶片石蜡切片实验。

1. 根尖制片

需要观察根尖有丝分裂时期的染色体及根尖细胞形态特征，可用根尖制片法。

(1)取材　用刀片切下实验材料根尖，切忌挤压，然后放在一张湿滤纸上，用刀片截取长5~8 mm的根尖作为实验材料。

(2)固定　将切下的材料立即投入盛有卡诺固定液的称量瓶中固定1~4 h。通常材料多含有空气，固定时会漂浮起来，而且阻碍固定液的透入，所以在固定时要经过抽气，最简单的方法是使用医用注射器抽去材料中的空气。

(3)冲洗　固定完毕后可直接放入85%、95%至100%酒精，经透明、浸蜡。

(4)脱水　如用水洗的，可经15%、30%、50%酒精各1~2 h，如操作做不完，可在70%酒精中过夜保存，次日经85%、95%各1~2 h，在无水酒精中共2 h(每隔1 h换一次)。脱水酒精的用量为材料体积的3~5倍。

(5)透明　脱水完毕后进入1/2二甲苯+1/2无水酒精2 h，二甲苯中1 h(0.5 h换1次)。

(6)浸蜡　将已透明的材料和二甲苯一起倒入称量瓶中，然后轻轻倒入溶解的石蜡(熔点52~54℃)，其比例为3∶2。这时石蜡会立即凝固在二甲苯液面上，放入35~37℃的室内或温箱中渐渐浸蜡，随着石蜡的慢慢溶解而最终达到饱和1~2 d。

(7)包埋　包埋前先准备一个镊子、一盆冷水、一个酒精灯、温台及打火机，放在温箱旁，然后准备包埋用的纸盒，纸盒必须用较硬而光滑的纸折成，大小可根据材料的大小和多少而定。将盛有饱和石蜡溶液的称量瓶移入恒温箱内(如石蜡的熔点为56~58℃，则将温度调至高于熔点2℃)。待石蜡溶解后，将材料移入盛有已熔化的纯石蜡小瓷杯中，以后每隔1~2 h换纯蜡1次，材料在温箱里的时间因材料不同而异，一般约4~7 h，共换纯蜡3次后包埋。

(8)切片　石蜡法切片一般使用转动切片机。切片时，装上切片刀或刀架，再将材料固定在材料固着装置上。调整固着装置，使材料的切面与切片刀口平行，材料的纵轴必须与刀口垂直，否则切片不正。调整厚度标志器，使所指刻度正好适合所需厚度，一般为8~10 μm。然后左手持毛笔，右手转动切片机进行切片。由于切片时摩擦生热，使切下的蜡片粘成一条蜡带，左手拿毛笔把蜡带轻轻托住，右手不断摇切片机，便可得到连续切片。切片时有时不能切成连续的蜡带，或蜡片卷曲、蜡带不直等。可能的原因是：

①切片刀口不锋利，蜡块下边没有调节到和刀口平行或刀刃与蜡块平面的角度不正确；

②切片刀的放置角度不正确，可调整切片刀固着器，改变刀口与蜡块的角度，一般以

15°~30°左右较合适；

③蜡带上有材料处出现空洞，是由于石蜡未完全浸入材料，应退回重新浸蜡；

④石蜡太软(熔点较低)或切片时温度过高，往往使蜡带皱缩，这种现象在夏天常出现，所以夏天切片宜用熔点较高的石蜡；

⑤蜡块上下两边没有修成两边平行，这样切出的蜡带就弯曲成弧形，严重的可成半圈状，而以后无法展平；

⑥切片刀刀口某处已钝或有小缺口，可使蜡带上出现条纹或裂缝，应该将切片刀移动一定位置；

⑦有时刀刃上附有尘土或蜡屑，也可出现条纹，应注意用毛笔刷去；

⑧蜡块中的材料不在中央，切成蜡带也不易连续或向一边破碎。

(9)黏片　在干净的载玻片上，涂一层极薄的甘油蛋白胶或甘油明胶，一定要涂匀，然后在涂胶层上滴数滴蒸馏水，用刀片事先将蜡带分割成单张的蜡片，使背面(光滑一面)朝向载玻片，并漂浮在水滴上。然后把玻片放在烘片台上，使温度保持在40~45℃。这时因蜡带受热膨胀对材料产生一定的拉力，蜡带看上去展开拉平，待切片完全张开后，倒去多余水分，用镊子小心将蜡片排列在载片中央稍偏右的地方，立即用干燥的吸水纸轻轻压一下蜡片，吸去多余水分，放入37℃温箱中干燥24 h。

(10)脱蜡　将烘干的切片放入卧式染色缸中，加入二甲苯0.5~2 h，以溶掉切片上的石蜡。如果室温过低，可盖上卧式染缸盖放进温箱中加温溶蜡。按1/2二甲苯+1/2无水酒精→100%→95%→85%→70%→50%→30%系列浓度酒精，最后至蒸馏水中，再用流水冲洗，每级酒精停留5~15 min即可。

(11)在4%铁明矾水溶液中媒染0.5 h。

(12)先用流水冲洗15 min，再用蒸馏水洗一次。

(13)0.5%苏木精染色15~30 min。

(14)洗去多余染料。

(15)在苦味酸饱和水溶液中分色，0.5 h后可取出镜检分色情况，使细胞内的染色体、核仁等分辨清楚(0.5~2 h)。

(16)流水冲洗0.5 h，以洗去苦味酸。

(17)1%的氨水处理1~5 min。

(18)脱水　30%酒精→50%酒精→70%酒精→85%酒精→0.5%真曙红酒精液复染0.5 min→95%酒精→无水酒精Ⅰ→无水酒精Ⅱ。

(19)透明　1/2二甲苯+1/2无水酒精→二甲苯Ⅰ→二甲苯Ⅱ。

(20)封藏　用清洁布将材料四周的二甲苯擦去，滴一点中性树胶在材料上，然后取盖片在酒精灯上过一下后，立即用中性树胶封片，树胶的用量要适当。封片后贴上标签，切片在温箱45℃下干燥。

染色结果：细胞壁呈蓝色，细胞质呈红色，染色体呈深蓝色。

2. 幼茎制片

凡草质茎或木质化幼茎，均可用此法制片，关键点是充分浸蜡。

(1)取材　取较细或木质化不高的幼茎，切取3~4 mm。

(2)固定 用FAA固定24 h，然后用70%酒精冲洗3次，每次2 h，也可保存在此液中过夜。

(3)脱水 每级酒精各2 h，可在70%酒精中保存过夜，再经85%、95%的酒精各2 h，100%酒精2~3 h(中间换一次)。

(4)透明 先在1/2二甲苯+1/2无水酒精2h，然后在二甲苯中2h(中间换一次)。

(5)浸蜡 约2 d左右，务必使浸蜡彻底。

(6)包埋 浸蜡完成后，将材料移入37~40℃的恒温箱内，每隔1h调节一次温度，使之逐步升温至56℃(石蜡熔点52~54℃)，此时即可换入纯石蜡中，经换蜡3次后即可包埋(材料在56℃温箱中停留3~5 h为宜)。

(7)切片、贴片、脱蜡及降水按常规进行(参照根尖制片)。

(8)染色 用铁矾苏木精与番红对染，也可用番红—固绿对染。操作过程如下：①脱蜡后降至水中。②2%铁矾媒染5 min。③流水冲洗5 min。④用很淡的苏木精(约0.01%呈淡黄色。即在染缸中滴数滴0.5%苏木精液)染色，并随时镜检至胞间层呈黑色，纤维素壁呈黑灰色。⑤用水冲洗1 h。⑥在1%番红酒精液中(50%酒精配制)染5 min。

(9)脱水、透明及封藏(参照根尖制片)。

效果：木质化壁红色，纤维素壁黑灰色，胞间层黑色。

3. 叶的制片法

3.1 较柔软叶片的制作

(1)固定 取新鲜、发育正常的叶片，沿中脉切成宽5~7 mm、长3~5 mm的一小段，投入纳瓦兴甲、乙等量混合固定液中固定24 h。如果材料中含空气而不易下沉，可将材料连同固定液一起装入注射器筒内，用手指塞住注射器孔，抽取内筒进行抽气处理，直到材料下沉为止。

(2)冲洗 流水冲洗24 h。

(3)脱水 5%、10%、15%、20%、30%、40%、50%、60%酒精中各1~2 h，在70%酒精中过夜保存，85%、95%酒精各2 h，100%酒精2 h(中间换一次)。

(4)透明 1/2无水酒精+1/2二甲苯2 h，纯二甲苯1 h(中间换一次，第三次换后即可浸蜡)。

(5)浸蜡 按常规法浸蜡1 d，移入温箱升温浸蜡至56℃，换三次纯石蜡后(材料在56℃温箱中放置3~4 h)即可包埋。

(6)切片厚度在15 μm左右，黏片脱蜡降水后进行染色。

(7)染色 可选用番红与苯胺蓝对染。操作程序如下：①用1%番红的50%酒精液染色12~24 h。②用50%酒精冲洗，直至纤维素壁的红色褪成很淡。③用1%苯胺蓝的95%酒精染色液染色，15 s至2 min。④用95%酒精冲洗1 min左右。⑤用95%酒精配成的盐酸酒精分色5 s。⑥用95%酒精洗去盐酸。⑦用95%酒精洗1~2 min。⑧经无水酒精1~2 min。⑨经1/2无水酒精+1/2二甲苯1~2 min。⑩经纯二甲苯→树胶封片。

染色结果：纤维素壁呈鲜蓝色，木质部呈鲜红色。

3.2 较坚硬的叶片制片法(适于单子叶植物)

(1)固定 用FAA固定液。

（2）冲洗　用70%酒精冲洗3次。

（3）脱水　85%、95%、100%酒精（中间换一次）各2 h。

（4）透明　1/2无水酒精和1/2二甲苯2 h，纯二甲苯2 h（中间换一次，第三次换后即可浸蜡）。

（5）浸蜡、包埋、切片、染色、封藏（方法同前）。

【注意事项】

1. 材料抽气和脱水要彻底，否则会影响浸蜡与包埋。
2. 脱蜡前一定要烘干，否则极易掉片。
3. 石蜡切片刀的角度对蜡带的影响很大。
4. 旋转切片机的操作一定要谨慎，否则会损坏机器或伤手。
5. 石蜡包埋时要把握好时机，否则材料与石蜡之间会形成缝隙，影响切片。

【实验报告】

1. 实验报告以小组为单位，每小组一份。
2. 写出实验的原理和基本流程。
3. 简述自己小组所切片的材料（包括材料的老或嫩），写出石蜡制片的详细步骤，包括使用的主要药品、设施、仪器等。
4. 评价制片的数量和质量。
5. 讨论问题和总结经验。

【成绩评定】

1. 切片制作效果分为“好”“一般”和“差”。
2. 现场提问，考察分析问题和解决问题的能力，分为“强”“一般”和“弱”。
3. 实验报告评分：优、良、中、合格、不合格。综合以上三项成绩为该实验项目的成绩。

【思考题】

1. 旋转切片机切薄片的原理是什么？
2. 石蜡切片的优点是什么？
3. 什么类型的植物材料适用于石蜡切片？
4. 石蜡切片成败的关键因素有哪些？

附：包埋纸盒的制作（图10-1）

在包埋前应根据材料大小事先折一只小纸船，供熔化的纯石蜡连同材料一起转入该盒中，待冷却后即得具有一定硬度的蜡块。船的用纸最好选用废旧画、报纸，这样易于脱模。按下图折成纸船，要求纸船的边缝要折紧，以防蜡液流出。折的时候，按所标的顺序折，实线向内折，虚线向外折。

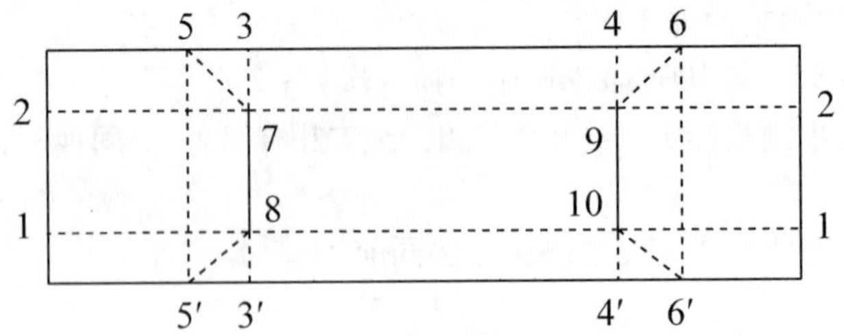

图10-1 包埋纸盒的制作

实验四 动物组织切片

【实验目的】

1. 通过动物组织的取材、固定、洗涤、脱水透明、浸蜡、包埋、切片、染色等实验操作，了解旋转切片机的构造及维护。

2. 了解组织切片的基本过程，掌握组织切片的制作方法。

3. 了解操作过程中的注意事项。

【实验器材】

1. 材料

活的健康小白鼠。

2. 药剂

乙醚、Bouin氏液、70%酒精、碳酸锂饱和水溶液、80%酒精、95%酒精、100%酒精、纯二甲苯、石蜡、包埋蜡、甘油蛋白胶、1%煌黑3B水溶液、冰醋酸、蒸馏水、1%甲苯胺蓝、沙黄水溶液、甲醇、中性树胶。

3. 器械

大号剪刀、解剖针、解剖剪、培养皿、烧杯、尖头镊子、方头铁钳、单面刀片、双面刀片、培养皿、医用注射器、蜡杯、温箱、酒精灯、包埋盒(杯)、台灯、小木块、蜡铲、切片机、载玻片、滤纸、盖玻片。

【实验步骤】

肌肉组织切片制作：

1. 杀死、取材与固定

用乙醚麻醉或活杀小白鼠致死，处理后立即切取小鼠的腿部肌肉(所取材料不宜太大以0.5 cm×0.5 cm×0.2 cm或1.0 cm×1.0 cm×0.2 cm较适当)，投入Bouin氏液固定20～40 min。

2. 洗涤

用 Bouin 氏液固定肌肉组织后，倒去固定液，用 70% 酒精冲洗，也可用水冲洗 12h 后脱水。苦味酸的黄色在 70% 酒精中自行脱去，或加入碳酸锂饱和水溶液除去黄色。

3. 脱水

洗涤后经过 70%、80%、95%、100% 酒精脱水，其中 95%、100% 酒精重复两次，可保证组织中水分脱除干净。各级酒精脱水的时间为 45 min～1 h。脱水必须在有盖的瓶子里进行。

4. 透明

脱水后放入混合液(1/2 100% 酒精 +1/2 纯二甲苯)30～45 min，然后放入纯二甲苯到组织透明，约 15～30 min。组织入纯二甲苯后见组织透明即停止，以免组织发脆，整个操作前功尽弃。组织块的透明以光线基本能透过组织为度。

透蜡：在透蜡前先做好准备工作，如准备蜡杯，事先使蜡融化，放入温箱内，使温箱温度保持 55～60℃，注意不要使温度过高，防止组织发脆。将已透明的组织放入二甲苯石蜡混合液内 20～30 min，然后一次浸入纯石蜡(Ⅰ、Ⅱ、Ⅲ)杯，每杯透蜡 45 min～1 h，共 2～3 h。

5. 包埋

当肌肉组织块浸入蜡Ⅲ时，准备好镊子、酒精灯、冷水、包埋盒(杯)、台灯等。另外还要选好包埋蜡，并将蜡融化好。然后进行包埋。首先将包埋蜡倒入包埋盒中，待盒底蜡凝成一薄层后，立即将标本用镊子夹入蜡盒中并确定好切面，再在酒精灯上烧一下镊子，赶走标本周围的气泡，然后用嘴轻轻吹气于蜡表面使其凝结，放入冷水中迅速凝成蜡块。

6. 修切蜡块

包埋好的蜡块在切片前必须进行修整，一般修切成正方形或长方形，将组织块以外多余的石蜡修去，但注意不要让组织四周留有少许石蜡(1～2 mm)，这样不至于因组织周围留蜡过少而切片破碎或困难，同时切片标本之间的距离不至于过远而镜检不便。蜡块两边必须切成平行的直线。

固着蜡块：取小木块(或金属持蜡器)，用蜡铲加上热石蜡，再熔化蜡块底面，速黏于小木块上，冷却后装在切片机上，使组织切面与刀面平行，切面稍离刀面，切片刀须略向内倾斜，切片刀必须固定牢。

7. 切片

把包埋好的组织块用切片机进行切片，根据观察的要求切取所需要的厚度，一般为 2～30 μm。

8. 贴片

将切好的蜡带标本分成小段，用甘油蛋白胶贴在载玻片上，放在 45℃ 温箱中烘干以备染色。

9. 染色

将石蜡切片放入 1% 煌黑 3B 水溶液染 1～5 min，该液每 30 mL 加冰醋酸 15 滴。然后用蒸馏水迅速冲洗，再放入 1% 甲苯胺蓝或沙黄水溶液染色 5～15 min。取出后用滤纸吸干切片上的溶液，用无水酒精鉴别，若不易褪色，改用无水酒精和甲醇等混合液鉴别较快，最后用纯二甲苯透明。

10. 封片

在染色的标本上加入一滴中性树胶，盖上盖玻片，放在45℃温箱中烘干，以利于长期保存。

染色结果：简板呈蓝色，横纹呈淡蓝色或红色。

【思考题】

尝试其他组织切片的基本过程。

实验五 动物胚胎切片技术

【实验目的】

1. 通过对胚胎的取材、固定、洗涤、脱水透明、浸蜡、包埋、切片、染色等实验操作，了解胚胎切片的基本过程，掌握胚胎切片的制作方法。

2. 了解操作过程中的注意事项。

【实验器材】

1. 材料

蛙卵。

2. 药剂

重铬酸钾、冰醋酸、甲醛、蒸馏水，15%、30%、50%、70%、80%、95%、96%和100%酒精，纯二甲苯、石蜡、甘油蛋白胶、苏木素、纯甘油、钾矾、中性树胶。

3. 器械

小烧杯、广口瓶、纱布、橡皮管、蜡杯、温箱、镊子、酒精灯、冷水、包埋盒(杯)、台灯、小木块、蜡铲、切片机、载玻片、滤纸、盖玻片。

【实验步骤】

1. 取材和固定

取蛙卵后，将其清洗处理后投入Smith氏液(重铬酸钾0.5 g，冰醋酸2.5 mL，甲醛10 mL，蒸馏水87.5 mL)中，固定24～48 h。

2. 洗涤

固定后用水洗6～12 h，将蛙卵放入广口瓶中，瓶口罩纱布用绳缚牢，然后置于自来水龙头下，水龙头上可接橡皮管一段，并将另一段插入平底，调节水的流量，使瓶内的水能不断更新。

3. 脱水

脱水从15%酒精开始，经过30%、50%、70%、80%、95%和100%酒精脱水，其中

95%和100%酒精重复两次，可保证蛙卵中水分脱除干净。各级酒精脱水的时间为45 min～1 h。脱水必须在有盖的瓶子里进行。

4. 透明

脱水后放入混合液(1/2 100%酒精+1/2纯二甲苯)30～45 min，然后放入纯二甲苯到蛙卵透明为止，15～30 min。蛙卵放入纯二甲苯后待蛙卵透明时停止，以免使蛙卵发脆，整个操作前功尽弃。蛙卵块的透明以光线基本能透过蛙卵为度。

5. 透蜡

在透蜡前先做好准备工作，如准备蜡杯，事先使蜡融化，放入温箱内，使温箱温度保持55～60℃，注意不要使温度过高。将已透明的蛙卵放入二甲苯石蜡混合液内20～30 min，然后一次浸入纯石蜡(Ⅰ、Ⅱ、Ⅲ)杯，每杯透蜡45 min～1 h，共2～3 h。

6. 包埋

当蛙卵块浸入蜡Ⅲ时，准备好镊子、酒精灯、冷水、包埋盒(杯)、台灯等。另外还要选好包埋蜡，并将蜡融化好。然后进行包埋。首先将包埋蜡倒入包埋盒中，待盒底蜡凝成一薄层后，立即将标本用镊了夹入蜡盒中并确定好切面，再在酒精灯上烧一下镊子，赶走标本周围的气泡，用口轻轻吹气于蜡表面使其凝结，然后放入冷水中迅速凝成蜡块。

7. 修切蜡块

包埋好的蜡块在切片前必须进行修整，一般修切成正方形或长方形，将组织块以外多余的石蜡修去，但注意不要太靠近组织，让组织四周留有少许石蜡(1～2 mm)，这样不会因组织周围留蜡过少而切片破碎或困难，同时切片标本之间的距离不至过远而镜检不便。蜡块两边必须切成平行的直线。

8. 固着蜡块

取小木块(或金属持蜡器)用蜡铲加上热石蜡，再熔化蜡块底面，速黏于小木块上，冷却后装在切片机上，使组织切面与刀面平行、切面稍离刀面，切片刀须略向内倾斜，切片刀必须固定牢。

9. 切片

把包埋好的组织块用切片机进行切片，根据观察的要求切取所需要的厚度，一般为2～30 μm。

10. 贴片

将切好的蜡带标本分成小段，用甘油蛋白胶贴在载玻片上，放在45℃温箱中烘干以备染色。

11. 染色

用Ehrlich氏酸性苏木素溶液(苏木素2 g，96%酒精100 mL，溶解后加入蒸馏水100 mL，纯甘油100 mL，钾矾3 g，冰醋酸10 mL，混合后呈淡红色，瓶口用纱布包好，时时摇动两周即成熟，应为暗红色。其中苏木素可用0.25～0.5 g苏木红代替)染色数分钟，至核呈红色，流水洗至核呈鲜红色。

12. 封片

在染色的标本上加入一滴中性树胶，盖上盖玻片，放在45℃温箱中烘干，以利于长期保存。

【思考题】

以1种鱼不同发育时期的胚胎材料制作切片。

实验六 压片法

【实验目的】

1. 掌握植物根尖压片法的取材、预处理、固定、离析和染色等过程。
2. 掌握压片法的原理和操作过程。

【实验原理】

利用一定浓度的盐酸在一定温度条件下，对植物体细胞正处于分裂状态的某些部位进行处理，使细胞染色体DNA中的醛基被释放出来，并与碱性染料作用，使染色体被染上颜色，最后通过压片技术进行观察。

【实验器材】

1. 材料

洋葱根尖等。

2. 药剂

秋水仙素(0.05%~0.2%)、对二氯苯或8-羟基喹啉(0.002~0.004 mol/L)，50%、70%和95%酒精，1 N HCl，45%醋酸洋红，卡诺固定液，改良苯酚品红染色液。

3. 器械

显微镜、尖头镊子、双面刀片、载玻片、盖玻片、100 mL烧杯、解剖针、培养皿、酒精灯、吸水纸。

【实验步骤】

1. 根尖培养

选择底盘大的洋葱，剥去外层老皮，用刀削去老根。用烧杯装满清水，放上洋葱，置于光照处，每天换1~2次水。

2. 取材

可在10:00至14:00间取材，尤以11:30最好，可获得分裂相较多的压片。切取1~2 mm长的生长区，并把根冠和伸长区切除。

3. 预处理

秋水仙素(0.05%~0.2%)、对二氯苯或8-羟基喹啉(0.002~0.004 mol/L)，处理2~

12 h。

4. 固定

卡诺固定液固定 2～24 h，低温固定的效果较好。材料固定后用 90% 酒精漂洗，换至 70% 酒精中，可在冰箱中长期保存备用，但以固定后马上进行压片的效果最好。

5. 解离

固定后的材料经 50% 酒精至蒸馏水中洗涤后，转入 1 N HCl 中，在 60℃恒温下处理 5～20 min（某些禾本科植物或树木的根尖可以加长至 30 min）。如果以后要进行孚尔根染色，温度应严格控制在 ±1℃之内。如果用其他染色法，温度可允许 ±2℃的误差，即 58～62℃。

6. 染色

醋酸洋红。

7. 压片操作

用具包括一把尖细的不锈钢镊子和两根针尖稍钝的木柄解剖针。在压片前，所用盖玻片和载玻片最好在 95% 酒精和盐酸（9:1）清洗液中浸泡，用蒸馏水洗干净后，浸入 95% 酒精中备用。操作时，取根尖置于载玻片上，加一滴染色液进行染色，染色时用镊子尖端将材料分割成若干小碎块，可加速染色和使染色内外均匀。染色完成后，用吸水纸小心吸去多余染色液，然后滴一滴 45% 醋酸溶液，使材料分色和软化，再盖上盖玻片，并在盖片的一角压一个硬纸片，用左手食指压紧，以免盖片错动，或在盖片上盖一小块吸水纸，然后用左手的拇指和食指卡住吸水纸的两侧，防止盖片移动。这时右手手持解剖针，用针尖轻轻敲打盖玻片，使细胞分散压平。

8. 镜检

将压好的片子放在显微镜的载物台上，调整片子的位置和物镜的倍数到能清晰地看到目的物，观察目的物的形态并记录下来。

【注意事项】

1. 避免选择新采收的洋葱作为实验材料，因在休眠期不易生根。
2. 取材部位和取材时间要准确，否则看不到染色体。
3. 解离不充分不能使染色体分开。

【实验报告】

1. 简述实验的目的、原理及实验方法。
2. 简述压片法的主要步骤，分析结果及实验中出现的问题。

【成绩评定】

1. 切片制作效果分为“好”“一般”和“差”。
2. 现场提问，考察分析问题和解决问题的能力，分为“强”“一般”和“弱”。
3. 实验报告评分：优、良、中、合格、不合格。综合以上三项成绩，为该实验项目的成绩。

【思考题】

1. 在根尖压片操作中为什么要用秋水仙素等药品进行预处理?
2. 盐酸为什么能使细胞解离?有没有其他解离方法?
3. 可否用茎尖代替根尖进行压片观察染色体?

实验七 简单的显微化学实验方法

【实验目的】

1. 了解显微化学实验的基本原理和方法。
2. 熟悉几个常用显微化学试验的操作。

【实验原理】

显微化学实验方法在研究植物的器官、组织和细胞含有物时被广泛应用。在植物解剖学中,利用新鲜材料,通过徒手切片法或冰冻切片法切成薄片(厚度在20~40 μm之间),与染色或化学反应方法相结合,一方面用来决定植物细胞壁或其内含物的化学性质;另一方面可以用来分辨细胞的结构。

【实验步骤】

1. 纤维素

采用碘—硫酸法。植物细胞细胞壁最主要的成分是纤维素。细胞壁中的纤维素由于碘和硫酸的作用而变成蓝色。在细胞中,纤维素的成分愈多,其他后来参加组成细胞壁的成分愈少,则蓝色愈明显。在有些情况下,如在强烈木质化的细胞壁中,纤维素虽然仍能发生上述反应,但因被木质素掩盖,看不见变成的蓝色。

操作方法是:用1%碘液(将1.5 g碘化钾溶于100 mL蒸馏水,待全部溶解后加入1 g碘,振荡溶解)滴在材料上,然后加一滴66.5%硫酸(7份浓硫酸+8份蒸馏水)。

2. 木质素

对于木质素的显微化学反应方法虽然很多,但都缺乏正确性,这是由于植物细胞壁上的木质素都成复合的状态,一般只能判断是否可能存在。现介绍两个方法:

2.1 间苯三酚反应法

间苯三酚的反应是植物显微化学中决定木质化最常用和最简单的方法。切片先用一滴盐酸浸透(因间苯三酚在酸性环境下才能与木质素起作用),然后在切片上滴一滴间苯三酚的酒精溶液(5%~10%间苯三酚的95%酒精液)。木质化的细胞壁可现出樱红或紫红色。它们的深度决定于细胞壁木质化的程度。此染色法不适于作永久切片,因为颜色会慢慢退去而变成淡黄色。

2.2　硫酸苯胺或盐酸苯胺法

试液配方：硫酸苯胺（盐酸苯胺）1 份，蒸馏水 70 份，95% 酒精 30 份，硫酸 30 份。

将切片放在载玻片上，滴一滴上述试液，可见木质化的细胞壁出现鲜黄色或姜黄色。增加试剂中的硫酸，可以加强染色并使染色稍为稳固，制成保存较久的制片。

3. 栓质和角质

3.1　氢化锌－碘反应法

染木栓和角质层后可现出黄色或浅褐色。但这种反应并不是木栓和角质层专有的，木质、半纤维素和黏质化的细胞壁也有同样的结果。如果切片在 40% 氢氧化锌－碘试液中处理，对木栓化的细胞壁能显出紫红色，而木质化的细胞壁仍为黄色。

3.2　苏丹Ⅲ反应

栓质和角质是特种高分子饱和与不饱和脂肪酸的衍生物，用苏丹Ⅲ（或苏丹Ⅳ）染色后呈现橘红色反应。但这种反应不是对木栓质或角质的特殊反应。

3.3　果胶质

（1）钌红染色法　在试验果胶质时，常常应用钌红 0.02% 的水溶液，染色 30 min。染料的保存要避免日光，瓶子要洗得十分干净，否则钌红很快会还原沉淀。这种染料并不是专染果胶质的，除了可以染果胶质外，也可染含氮物质，也可以染原生质颗粒、染色体和细胞核。

（2）羟胺-氯化铁法　此种试剂需用时现配，由下列两种试剂合成：

A 液：氢氧化钠 14 g 溶于 100 mL 蒸馏水。B 液：盐酸羟胺 14 g 溶于 100 mL 蒸馏水。使用时，将 1/2 A 液 +1/2 B 液混合，装入滴瓶中应用。操作步骤如下：

①将切片材料放入载玻片，滴以试液 5～10 滴，放置 5min 以上使产生反应。

②滴上 5～10 滴 33% 浓盐酸（与上述试液等量），使切片全部酸化。

③倒去多余的溶液，再滴上 10% 氯化铁水镕液（含 0.1 N 盐酸）。

结果：如果中层有酯化的果胶质，则显出鲜红色。颜色深浅视酯化果胶质的数量和反应的时间而定，氯化铁的浓度也有影响。如果染色太浅，可加长反应时间并用 20% 氯化铁溶液。

3.4　淀粉

用碘液使淀粉粒变蓝色。碘液的配制：先将 2 g 碘化钾投入 5 mL 蒸馏水中，加热使之完全溶解，然后溶入 1 g 碘片（结晶），再用水稀释至 300 mL。将配好的溶液放入具毛玻璃塞的棕色玻璃瓶中，保藏在暗处。用时最好再将此试液稀释 2～10 倍，否则往往将淀粉染色过深。

最常见的一个实例是取土豆块茎，截取一小块，用徒手切片法切片，挑选较薄的切片，放在载玻片上，滴加碘液，盖上盖玻片，就可以看到淀粉与碘作用起蓝色的反应。

3.5　蛋白质

当把切片放在一滴碘—碘化钾（碘化钾 3 g，碘 1 g，蒸馏水 100 mL）的溶液中，含有蛋白质的细胞即呈现黄色。在染色前把切片放在水中以除去液泡中含有的其他物质，则可保证染色反应更正确。

3.6　油、脂肪、挥发油

染脂肪性物质常用苏丹Ⅲ的溶液，它有两个浓度不同的配方：

① 苏丹Ⅲ(或苏丹Ⅳ) 0.1 g；95% 酒精 10 mL；甘油 10 mL。

② 苏丹Ⅲ(或苏丹Ⅳ) 0.01 g；95% 酒精 5 mL；甘油 5 mL。

材料放在上述的一种溶液中 24 h，然后用 50% 酒精洗涤，放入甘油中观察，微微加热可以加速染色，油脂可以染成淡黄色或红色，栓质和角质也同样被染色。如果存在硬脂肪或脂肪酸的结晶时，染色十分缓慢。在这种情况下，可以稍加热，等脂肪部分溶解时就能染色。

3.7 单宁物质

单宁物质是一群有相同特殊性的物质，大多呈胶体状态，存在于植物细胞的细胞液中，或形成单独的液泡。切片放在 10% 氯化铁的水溶液中(或加一些碳酸钠)，单宁物质则染成蓝绿色。

3.8 草酸钙结晶

植物细胞中的结晶体大多为草酸钙，用醋酸铜—硫酸铁法试验。方法是：将切片置于载玻片上，滴一滴醋酸铜饱和水溶液，10 min 后在显微镜镜下检查。如有草酸钙结晶则表示将溶解，变成的草酸弥散到胞间隙，形成草酸铜。然后加入几滴硫酸铁溶液(5 g 硫酸铁溶解在 100 mL 20% 醋酸中)，在显微镜下观察。如呈现黄色结晶，表明组织中有草酸钙。

【实验报告】

根据自备的材料，鉴别一种细胞壁组分和两种细胞后含物成分，简述鉴定方法和步骤，分析实验结果。

【成绩评定】

1. 现场提问，考察分析问题和解决问题的能力，分为“强”“一般”和“弱”。
2. 实验报告评分：优、良、中、合格、不合格。综合以上两项成绩，为该实验项目的成绩。

【思考题】

1. 切片的厚度是否影响显微化学鉴定结果?
2. 纤维素细胞壁与木质化细胞壁如何进行显微化学鉴定?
3. 淀粉、蛋白质和油的主要显微化学鉴定方法是什么?

参考文献

王德良，周小慧．2006．基础生物学实验教程［M］．北京：中国科学技术出版社．

刘祖洞，江绍慧．1987．遗传学实验［M］.2 版．北京：高等教育出版社．

易自力，康向阳，钟军．2008．遗传学［M］．北京：中国农业出版社．

杨大翔．2004．遗传学实验［M］．北京：科学出版社．

朱睦元，王君晖．2009．现代遗传学实验［M］．杭州：浙江大学出版社．

刘向东，李亚娟．2011．普通遗传学综合性实验［M］．北京：中国农业出版社．

郭善利，刘林德．2004．遗传学实验教程［M］．北京：科学出版社．

曹仪植．2004．拟南芥［M］．北京：高等教育出版社．

曲冠正，郑唐春．2012．拟南芥实验技术［M］．北京：中国林业出版社．

李贺，阮成江．2012．把科研引入遗传学实验教学的探索与实践——以沙棘种质遗传多样性的分子标记分析实验为例［J］．高校实验室工作研究，114(4)：28－29，31．

方宣钧，吴为人，唐纪良．2001．作物 DNA 标记辅助育种［M］．北京：科学出版社．

王关林，方宏筠．2009．植物基因工程［M］．北京：科学出版社．

黎麦秋．1981．普通油茶、板栗染色体组型和 Giemsa C-带的带型研究［J］．林业科技通讯(4)：9－12．

马克世，李青芝，刘怀攀．2008．B 染色体分子结构及生物学效应研究进展［J］．河南农业科学(1)：5－7．

李懋学，张赞平．1996．作物染色体及其研究技术［M］．北京：中国农业出版社．

肖健，王璐．有关蚕豆根尖微核试验的问题分析及改进策略［J］．河北农业科学，2010，14(7)：166－169．

何风华，黎杰强，朱碧岩，等．2015．“三自”教学模式提高遗传学综合性实验的教学效果［J］．遗传，37(4)：396－401．

周纪东，李余动．2015．探究式教学在基因组学课程中的实例研究：基于比较基因组学鉴定大肠杆菌致病因子［J］．遗传，37(2)：214－218．

王延伟．2011．统计学方法在遗传学实验教学中的应用与思考［J］．佳木斯教育学院学报(6)：91－93．

杨秀平．2005．动物生理学实验［M］．北京：高等教育出版社．

范少光，汤浩．2006．人体生理学［M］．3 版．北京：北京大学出版社．

黄敏，李冬冬．2002．医学机能实验学［M］．北京：科学出版社．

高兴亚，汪晖，戚晓红，等．2001．机能实验学［M］．北京：科学出版社．

杨秀平，等．2002．动物生理学［M］．北京：高等教育出版社．

刘少金，胡祁生．2001．生理学实验指导［M］．武汉：武汉大学出版社．

孙敬方．2001．动物实验方法学［M］．北京：人民卫生出版社．

陈杰．2003．家畜生理学［M］.4 版．北京：中国农业出版社．

萧家思．2000. 医用机能实验指导[M]. 北京：高等教育出版社．

高建新，等．1999. 生理学实验指导[M]. 北京：人民卫生出版社．

姚泰．2005. 生理学(七年制)[M]. 上海：复旦大学出版社．

朱思明．1997. 生理学实验指导[M]. 北京：人民卫生出版社．

孙庆伟，杨君佑，孟庆芳，等．1996. 生理学实验指导[M]. 北京：中国医药科技出版社．

陈克敏．2001. 实验生理科学教程[M]. 北京：科学出版社．

张玉生，柳巨雄，刘娜．2000. 动物生理学[M]. 长春：吉林人民出版社．

邓群根．1994. 生理学实验指导[M]. 北京：人民卫生出版社．

肖家思，佟振清，等．1993. 生理学实验指导[M]. 重庆：西南师范大学出版社．

李永材．1989. 比较生理及生理实验[M]. 北京：高等教育出版社．

胡还忠．2002. 医学机能学实验教程[M]. 北京：科学出版社．

陈守良．2005. 动物生理学[M]. 3 版．北京：北京大学出版社．

沈岳良．2002. 现代生理学实验教程[M]. 北京：科学出版社．

Bikram S. Gill, Gordon Kimber. 1974. The Giemsa C – Banded Karyotype of Rye[J]. PNAS, 71(4): 1247 – 1249.

Leland H. Hartwell, Ann E. Reynolds, Leroy Hood, *et al.*. 2010. Genetics: From Gene to Genome[M]. 4th Edition. New York: The McGraw – Hill Companies, Inc.

附录

附录1　基本实验技术

1. 临时装片法

临时装片法是用少量新鲜的植物材料(如单个细胞、薄的表皮或薄切片等)，放在载玻片上的水中，再盖上盖玻片做成玻片标本的方法。用这种方法制成的标本，可以保持材料的生活状态和天然的色彩，一般多作为临时观察使用，也可以根据需要选择适宜的染料染色，制成永久性标本或用某些化学试剂作组织化学反应。制作方法如下:

(1)擦净载玻片和盖玻片，即将浸洗过的玻片用纱布擦干。

擦载玻片时，用左手的拇指和食指夹住载玻片的边缘，右手用纱布包住载玻片的上下面，反复轻轻地擦拭。载玻片擦好后应注意切勿再触摸上下面，以免沾上指纹和油污。

擦盖玻片时，应十分小心，应先把纱布铺在右手掌上，用左手拇指和食指夹住盖玻片的边缘将其放在纱布上，然后用右手拇指和食指从上下两面隔着纱布轻轻夹住盖玻片。注意上下使用力量要均匀，慢慢地轻擦，这样才不会把盖玻片擦碎。

(2)用玻璃滴管吸水，滴一滴在载玻片的中央，用镊子或毛笔挑选小而薄的材料，置于载玻片上的水滴中。

(3)加盖玻片:右手持镊子，轻轻夹住盖玻片，使盖玻片边缘与材料左边水滴的边缘接触，然后慢慢向下落，放平盖玻片，这样可使盖玻片下的空气逐渐被水挤掉，以免产生气泡。如果盖玻片下的水分过多，则材料和盖玻片容易浮动，影响观察，可用吸水纸从盖玻片的侧面吸去一部分水。如果水未充满盖玻片，容易产生气泡，可从盖玻片的一侧再滴入一滴清水，将气泡驱走，即可进行观察。

2. 玻片标本的封存方法

玻片标本的制作是整个实验的基本技能，而材料封存质量的好坏直接影响观察的效果与标本的保存时间。

所谓封存，就是将已经制好的观察材料，用一定的封存剂将材料保存在盖玻片与载玻片之间，做成临时观察或永久观察的玻片标本的一种操作方法。

根据所需封存的时间及所用封存剂的不同，可将封存方法分为临时封存和永久封存。

2.1　临时封存

这种封存方法一般在临时装片需要保存一段时间时采用。可用10%~30%甘油水溶液代替清水封片，并将用甘油封好的装片平放于大培养皿中(培养皿底部先垫上一湿滤纸)保存。这样不仅可以防尘，又可防止水分过分蒸发。封片以后，当其中的水分丢失一部分时，可在盖玻片的一侧用滴管补加30% 或50% 甘油溶液，如此反复进行，使材料完全浸于甘油中。这样的临时装片可以维持1个月以上，可做示范教学或科研分析用。

2.2　永久封存

用这种封存法制成的标本可供永久观察保存之用，常用的永久封存剂有加拿大树胶、中性树胶或冷杉树脂等。

永久封存标本的方法和步骤与临时装片方法基本相同，不同的只是以永久封存剂替代清水或甘油。在制片过程中，为了防止片中产生气泡，可在盖上盖玻片之前，把盖玻片在酒精灯火焰上烘一烘，一方面可去除水汽；另一方面也可避免气泡的产生。

3. 绘图的要求与方法

绘图是重要的实验报告之一，比文字记录生动具体，可以帮助我们理解植物的结构和特征，是学习植物形态解剖学时必须掌握的技能技巧。在毕业论文和研究报告中，也常需要画一些形态图、轮廓图或细胞结构图，来表示细胞、组织和器官的形态结构。植物绘图的具体要求如下：

(1)首先要注意科学性和准确性，必须认真观察要画的对象(标本、切片等)，学习有关的教材内容、实验指导等，正确理解各部分特征，选出正常的典型材料，才能在理解的基础上保证形态的准确性，并说明某一问题。

(2)在画图之前，应根据实验指导要求的数量和内容，在图纸上安排好各图的位置比例，并留出书写图题和注字的地方。

(3)先绘草图，即用削尖的HB铅笔轻轻地在图纸上勾出图形的轮廓，以便于修改，勾画草图时要注意对照观察轮廓大小是否与实物相符。

(4)修饰草图后再绘出物象，正式绘制时要用2H~3H的绘图铅笔，按顺手的方向运笔，描出与物体相吻合的线条。线条要一笔勾出，光滑清晰，接头处无分叉和痕迹(切忌重复描绘)。

(5)植物图一般用圆点补阴，表示明暗和颜色的深浅，给予立体感。点要圆而整齐，大小均匀，不能拖笔而形成蝌蚪点。根据需要灵活掌握疏密变化，不能用线条涂抹阴影的方法代替圆点。

(6)图纸要保持整洁，图注一律用正楷书写，应尽量详细并用平行线引出，最好在图的、实验题目写在绘图报告纸的上方，图题、所用植物材料的名称和部位写在图的下方，并注明放大倍数。

4. 常用试剂的配制方法

4.1 碘—碘化钾(I_2-KI)溶液

先取3g碘化钾溶于100 mL蒸馏水中(可稍加热促使溶解)，再加入1g碘，溶解后即可使用，能将蛋白质染成黄色，必要时可将医用碘酒稀释2~3倍后代用。

如果用于淀粉的鉴定，需稀释3~5倍；如果用于观察淀粉上的轮纹，则需稀释100倍以上。

4.2 番红

番红是一种碱性染料，可使木质化、栓质化和角质化的细胞壁及细胞核中的染色质和染色体染成红色，在植物组织制片中常与固绿配合进行对染，是最常用的染色剂之一。常用配方有两种：

①番红水液：取0.1g、0.5g或者1g番红溶于100 mL蒸馏水中，配成3种浓度，过滤后备用。

②番红酒精液：取0.1 g、0.5g或1g番红溶于100 mL 50%酒精中，过滤后可使用，也为3种浓度。

4.3 醋酸洋红染液

配料为洋红1g、冰醋酸90 mL、蒸馏水110 mL。

配法一：冰醋酸90 mL加110 mL蒸馏水中煮沸，停止加热后立即加入1 g洋红搅拌，煮沸1~2min，使之充分溶解，再加入数滴醋酸铁或氢化铁媒染剂的水溶液，颜色变为红葡萄酒色即可。静置12 h后过滤，放入磨口玻璃瓶中保存。注意铁剂不要加得太多，否则洋红会发生沉淀。

配法二：先将200 mL 45% 醋酸水溶液放入锥形瓶中煮沸，移去火苗，慢慢地分多次加入1 g洋红粉末(注意不能一下倾入，以防溅沸)。待全部投入后，再煮1~2min，并用棉纱悬入一个生锈的小铁钉，过1min后取出，或滴入4% 的铁明矾液5~10滴，使染色剂含微量铁质，以提高染色效果。过滤后，放入棕色滴瓶中备用(避免阳光直射)。

如果没有洋红(胭脂红为同物异名)，也可用地衣红代替，配法同洋红，而且对于某些植物的染色效果更好。

4.4 龙胆紫染液

取0.2 g龙胆紫溶于100 mL蒸馏水中即可，现常以结晶紫代替，必要时可将医用紫药水稀释5倍后代用，它是粗制的1% 龙胆紫。

4.5 苏丹Ⅲ溶液

配法一：取0.1 g苏丹Ⅲ的干粉，溶解于10 mL 95%的酒精中，加热，过滤后再加入10 mL甘油。

配法二：先将0.1 g苏丹Ⅲ溶解于50 mL丙酮中，然后加入50 mL 70%酒精。

4.6 铬酸—硝酸离析液

铬酸为三氧化铬的水溶液。

分别将10 mL铬酸加入90 mL蒸馏水中，10 mL浓硝酸加入90 mL蒸馏水中。

然后将上述两液等量混合备用，适合对导管、管胞、纤维等木质化的组织解离时使用。

4.7 FAA固定液(又称万能固定剂)

福尔马林(38%甲醛)5 mL

冰醋酸5 mL，70% 酒精90 mL。

幼嫩材料用50%酒精代替70%酒精，可防止材料收缩，还可加入5 mL甘油(丙三醇)以防止蒸发和材料变硬，此液兼有保存剂的作用。

4.8 卡诺固定液

无水酒精3份、冰醋酸1份或：无水酒精6份、冰醋酸1份、氯仿3份

该固定液固定时间一般为12~24h，但对于根尖、叶片和花药等15~30min即可。无水酒精有固定细胞质的作用，冰醋酸是固定染色物质，并能防止由酒精引起的组织高度收缩与硬化。

材料固定后，用95% 和85% 酒精浸洗，然后转入70% 酒精中保存备用。

附录2 遗传学实验数据的卡方测验

遗传学的发展与统计学的应用紧密相关。在遗传学实验中，例如经典遗传学三大定律的验证、遗传平衡分析等，实际观测到的数据称为观测值(Observed value，简写为 O)，而按照理论推算出来的数据称为理论值(Expected value，简写为 E)。由于随机因素的影响，观察值与理论值之间不能完全吻合。但两者的差异是否能解释为随机因素的影响，需要通过统计检验来判断。

卡方测验(Chi-square Test)是测定观测值与理论值间符合程度的一种统计方法。通常首先建立无效假说，即认为观测值与理论值的差异是由于随机误差所致；再确定由于随机误差而导致该特定差异的概率；最后根据该概率作出相应的结论，如该概率大于某特定概率标准(生物统计学上一般定为0.05)，则认为无效假设成立，即观测值与理论值的差异是由于随机误差引起的，进而得出实验值与理论值相符合的结论。

卡方检验中用$(O-E)^2/E$衡量理论值与观测值之间的相对差异。所有$(O-E)^2/E$相加所得的和即为χ^2值。

$$\chi^2 = \sum \frac{(O-E)^2}{R}$$

χ^2值越小，说明观测值与理论值差异越小，反之，说明观测值与理论值差异越大。χ^2值的显著性要借助于概率P(附图2-1)来判断。通常将$P=0.01$和$P=0.05$的χ^2(分别记作$\chi^2_{0.05}$和$\chi^2_{0.01}$)作为判断差异显著性的标准，当$\chi^2>\chi^2_{0.05}$，说明得到这一χ^2值的概率小于0.05，则认为χ^2是显著的，即观测值与理论值差异显著，观测值与理论值不相符合；当$\chi^2>\chi^2_{0.01}$，说明得到这一χ^2值的概率小于0.01，则认为χ^2是极显著的，即观测值与理论值差异极显著，能把握更大地判断观测值与理论值是不相符合。

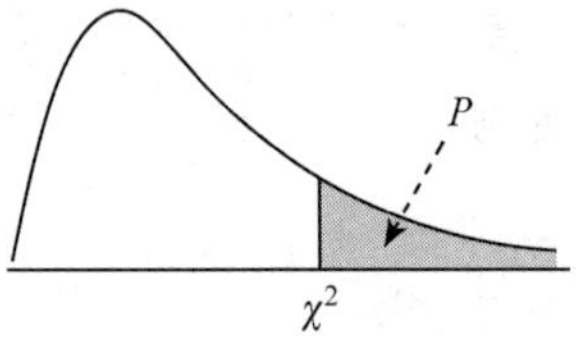

附图2-1 χ^2值与概率P

χ^2值的概率受自由度(Degree of freedom，df)的影响。df值等于数据的类别数减一。当$df=1$时，χ^2值需要进行连续性矫正，此时其计算公式为：

$$\chi^2 = \sum \frac{(|O-E|-0.5)^2}{E}$$

不同自由度情况下，χ^2值的概率分布见附表2-1。

附表 2-1　χ^2值分布表

df	*P*						
	0. 2	0. 1	0. 05	0. 02	0. 01	0. 005	0. 001
1	1. 642	2. 706	3. 841	5. 412	6. 635	7. 879	10. 828
2	3. 219	4. 605	5. 991	7. 824	9. 210	10. 597	13. 816
3	4. 642	6. 251	7. 815	9. 837	11. 345	12. 838	16. 266
4	5. 989	7. 779	9. 488	11. 668	13. 277	14. 860	18. 467
5	7. 289	9. 236	11. 070	13. 388	15. 086	16. 750	20. 515
6	8. 558	10. 645	12. 592	15. 033	16. 812	18. 548	22. 458
7	9. 803	12. 017	14. 067	16. 622	18. 475	20. 278	24. 322
8	11. 030	13. 362	15. 507	18. 168	20. 090	21. 955	26. 124
9	12. 242	14. 684	16. 919	19. 679	21. 666	23. 589	27. 877
10	13. 442	15. 987	18. 307	21. 161	23. 209	25. 188	29. 588
11	14. 631	17. 275	19. 675	22. 618	24. 725	26. 757	31. 264
12	15. 812	18. 549	21. 026	24. 054	26. 217	28. 300	32. 909
13	16. 985	19. 812	22. 362	25. 472	27. 688	29. 819	34. 528
14	18. 151	21. 064	23. 685	26. 873	29. 141	31. 319	36. 123
15	19. 311	22. 307	24. 996	28. 259	30. 578	32. 801	37. 697
16	20. 465	23. 542	26. 296	29. 633	32. 000	34. 267	39. 252
17	21. 615	24. 769	27. 587	30. 995	33. 409	35. 718	40. 790
18	22. 760	25. 989	28. 869	32. 346	34. 805	37. 156	42. 312
19	23. 900	27. 204	30. 144	33. 687	36. 191	38. 582	43. 820
20	25. 038	28. 412	31. 410	35. 020	37. 566	39. 997	45. 315
21	26. 171	29. 615	32. 671	36. 343	38. 932	41. 401	46. 797
22	27. 301	30. 813	33. 924	37. 659	40. 289	42. 796	48. 268
23	28. 429	32. 007	35. 172	38. 968	41. 638	44. 181	49. 728
24	29. 553	33. 196	36. 415	40. 270	42. 980	45. 559	51. 179
25	30. 675	34. 382	37. 652	41. 566	44. 314	46. 928	52. 620
26	31. 795	35. 563	38. 885	42. 856	45. 642	48. 290	54. 052
27	32. 912	36. 741	40. 113	44. 140	46. 963	49. 645	55. 476
28	34. 027	37. 916	41. 337	45. 419	48. 278	50. 993	56. 892
29	35. 139	39. 087	42. 557	46. 693	49. 588	52. 336	58. 301
30	36. 250	40. 256	43. 773	47. 962	50. 892	53. 672	59. 703

附录3 MS4000U 生物机能仪器系统操作技能

1. MS 4000U 生物机能实验

1.1 MS 4000U 生物机能实验系统

实验手段和设备的不断更新，促进了生理学、机能学实验研究的发展。计算机是一种现代化、高科技的自动信息分析、处理设备。利用计算机采集、处理生物信息，让计算机进入生理学、机能学实验室已成为必然趋势。在介绍 MS 4000U 生物机能实验系统之前，我们先简要介绍计算机在机能学实验中的应用。

1.1.1 计算机应用的一般过程

通常人们把电子的、机械的以及磁性的各种部件所组成的计算实体称为硬件，如输入设备、中央处理器(CPU)、内存储器、外存储器和输出设备等，而把指挥计算机工作的各种程序和数据称为软件。

在实际使用时，首先从输入设备键盘、鼠标、磁盘将程序和数据送入内存，再输入让程序运行的命令，这时中央处理器就按照内存中程序的安排，从中取出数据到运算器内进行运算、处理，并将结果送回内存中保存。同时将运行的结果按照要求通过输出设备显示、打印出来，也可以送到磁盘上储存起来。由此可见，计算机是按照人们的要求来完成程序规定的任务。

1.1.2 生物信息的采集、处理过程

计算机采集、处理生物信息的一般过程如附图 3-1 所示：

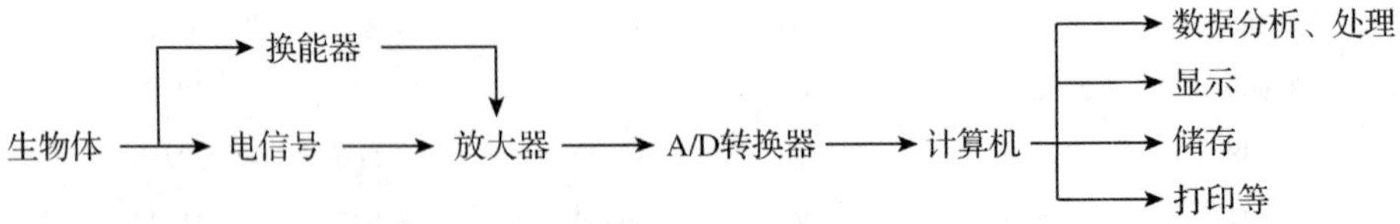

附图 3-1 计算机采集、处理信息的一般过程

生物体产生的信息形式多种多样，通常除生物电可直接送入放大器外，其他生物信息必须经过换能器换能，将这些信息转换成电信号，才能送入放大器。信号经生物放大器放大、滤波器滤波处理后，计算机按一定的时间间隔对连续的生物信号由 A/D 转换器进行采样收集，即将模拟信号(analog signal)转换成计算机能接受的数字信号(digital signal)。而 A/D 转换所需的时间，决定系统最高采样速率。经计算机处理后这些离散数字序列，由显示器显示并连接成线。这就是我们观察到的生物信号。

MS 4000U 生物机能实验系统是一种智能化的四通道生物信号采集、显示及数据处理系统。它具有记录仪 + 示波器 + 放大器 + 刺激器 + 心电图仪等传统的机能实验常用仪器的全部功能，并且具有传统仪器所无法实现的数据分析功能。该系统以中文操作系统 win 98 为基础，实现全图形化界面的鼠标操作，还具有自动分析、参数预置和操作提示等功能。

1.2 MS 4000U 生物机能实验系统的功能和特点

(1)采用 12 位 A/D 转换器，最高采样速率可达 60 kHz。

(2)四通道高增益(2～50000倍)低噪声，程控的生物电放大器。各通道扫描速度分别可调。

(3)程控电刺激器，包括电压输出(0～35 V，步长最小达5 mV)和电流输出(0～10 mA，步长最小达1 μA)两种模式。

(4)程控全导联心电选择。

(5)以中文Win 98为软件平台，全中文图形化操作界面。

(6)网络控制功能，可实现教师与学生在计算机上直接对话。

(7)以生理实验为基础，预设置了8个系统共32个实验模块。

(8)独特的双视显示功能，可实现实时实验生物波形与实验记录波形同时对比观察的功能(附图3-2)。

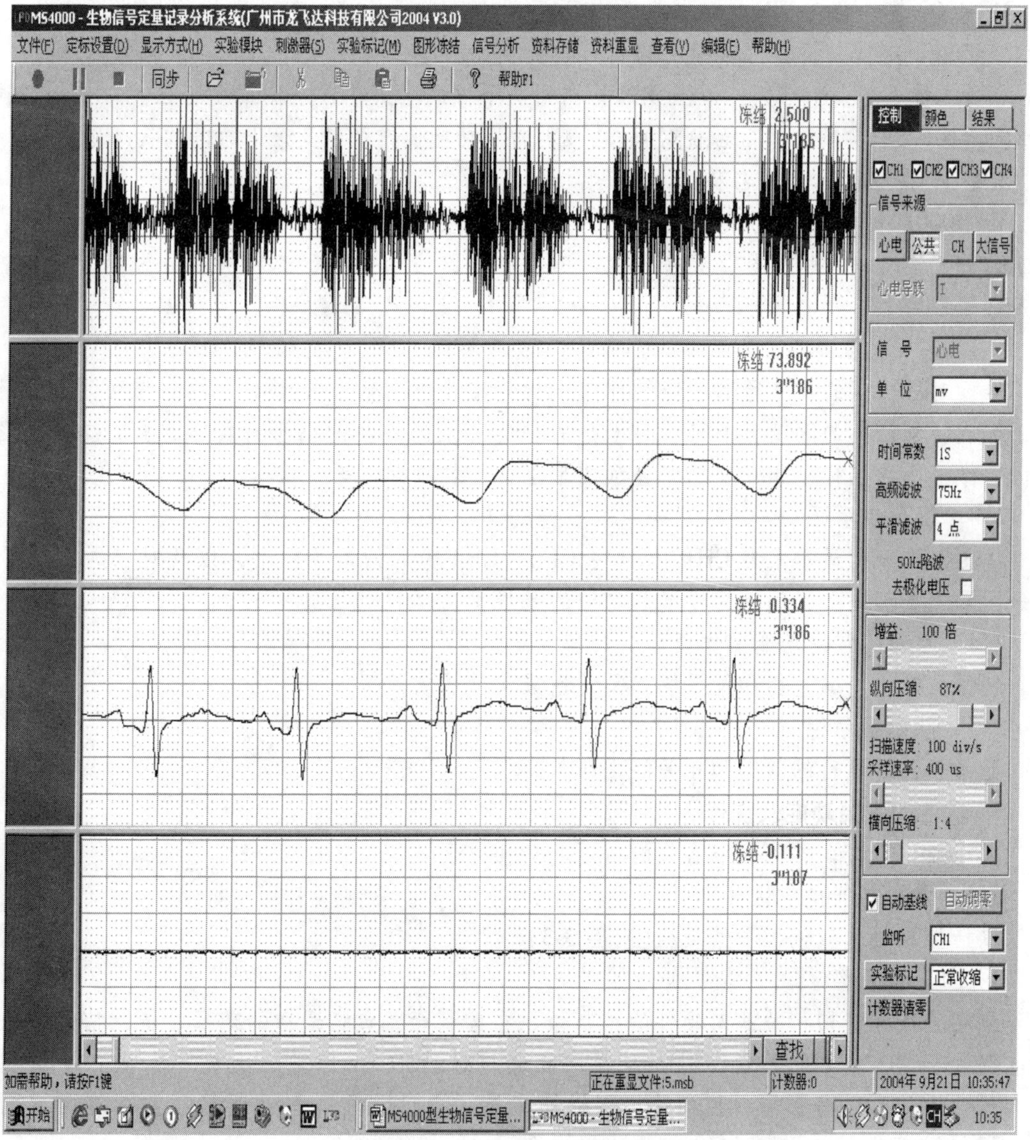

附图3-2　MS4000U显示结果示意

(9)数据分析功能，可实时对原始生物信号和储存在磁盘上的反演信号进行积分、微分、频谱、频率直方等运算、分析；并同步显示处理后的图形。

(10)测量功能对信号进行实时测量、光标测量、两点测量以及区间测量，可测量出多项生物指标，如：最大、最小以及平均值，信号的频率、面积、变化率以及持续时间等，且可将测量结果数据或原始数据导出到 Excel 或 txt 文件中。

(11)数据反演功能，在反演数据过程中，可用鼠标拖动数据查找滚动条进行快速查找；并可对反演信号进行数据、图形剪辑。

(12)有打印单、多通道的实验数据功能；在打印时，还可进行图形比例压缩，确定打印位置。

2. MS 4000U 软件的主界面

MS 4000 软件是在 Windows 操作系统下运行的，能同时对 4 个通道的信号进行独立操作、显示、记录、定量分析和打印输出的实时系统软件。

软件主界面分 5 个部分：最上方的标题栏及下方的主菜单、左侧的坐标区、中部的四通道图形显示区(又分为前台和后台视窗)、右侧的常用功能操作区以及最下放方的状态显示栏。

2.1　标题栏显示软件名称

MS 4000U-1C 生物信号定量记录分析系统的主菜单从左到右包括：文件、定标设置、显示方式、实验模块、刺激器、实验标记、图形冻结、信号分析、资料储存、资料重显、查看和编辑等栏目。

2.2　左侧的坐标区

坐标对应相应的 4 个通道，当鼠标的光标停在坐标位时，图形显示的位置可通过上下移动鼠标或转动鼠标的滚轮上下移动。坐标的种类可根据观察的图形种类来选择，有原始图形坐标、微分图形坐标、积分坐标、叠加图形坐标和刺激标记等。

2.3　图形显示区

从上至下分别显示来自 CH1、CH2、CH3、CH4 输入的信号图形，以及对应的微分图形、积分图形、叠加图形、刺激的标记及打印的基线等。

2.4　右侧的常用功能操作区

包括控制栏、颜色栏和结果栏；是使用最频繁的功能区。

2.5　状态显示栏

显示软件的运行的状态和相关的提示信息。

3. 软件的主要功能及操作

根据操作习惯，首先介绍右侧的常用功能操作区。

3.1　常用功能操作区

包括控制栏、颜色栏和结果栏(附图 3-3)。

3.1.1　控制栏

与实验操作密切相关的对硬件的控制命令在控制栏，包括通道的选择、输入信号的来源、心电图的导联、信号的单位、时间常数、高频滤波、50 Hz 陷波、去极化电压、平滑滤波、放大器的增益、纵向压缩、扫描速度、横向压缩、自动基线、自动调零和监听等常用功能。利用控制栏可基本完成与图形显示相关的选择。

3.1.2　通道选择

位于上方的□ CH1、□ CH2、□ CH3和□ CH4为通道选择，它决定控制面板上的命令是对哪个通道发出的(就是对哪个通道进行操作)。如只选择√ CH2，表明所有的操作只对2通道进行；若同时选择√ CH1 √ CH2，则表示同时对1、2通道进行操作。可以用√选择同时对多个通道进行操作。而用鼠标直接点击欲操作通道的图形区，选择对单个通道的操作(推荐使用)，版面上会同时显示该通道的相关参数值。如同时选择2个以上通道，则显示最后通道的参数。

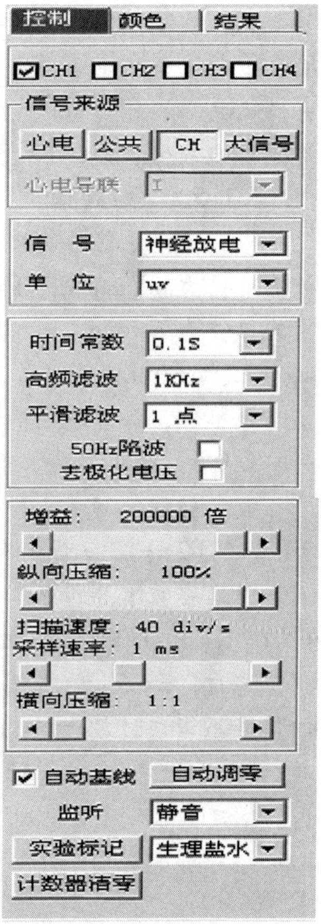

附图3-3　常用功能操作区示意

3.1.3　信号来源

输入的信号有心电、公共、CH和大信号4个来源(附图3-4)，必须为每个通道的信号指出其来源，每种来源分别代表输入面板上相应的信号输入口。该功能用来确定软件显示的信号(图形)来源于硬件输入面板的哪个输入口，如心电表明信号来源于心电输入口，公共表明信号来源于公共输入口。来自"心电"和"公共输入"的信号，可同时被4个通道调用，即可在4个通道上同时显示(因而可同时显示4个不同导联的心电图，因心电有不同导联，当点击心电，心电导联栏弹出导联Ⅰ、Ⅱ、Ⅲ、aVR、aVL、aVF、V供选择)，也可被任意一个或几个通道调用。若点击CH，则只能显示该相应通道的输入信号，如通道选择为□ CH1 □ CH2 √ CH3 □ CH4时，点击CH则3通道只能显示来自输入面板CH3的信号；点击大信号，只能从CH1通道输入较大信号，输入的信号可以不被放大，直接进入A/D采样，信号的最大输入值为5V(大信号只能输入CH1)。

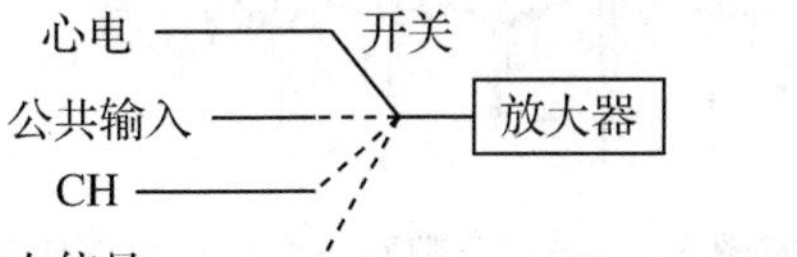

附图3-4　信号来源

3.1.4　信号选择

就是信号输入的模块化操作，根据实验项目自动完成相关参数初始值的设定，使实验操作简化。当用户选取某个实验项目时(如动脉血压)，系统会自动完成记录动脉血压所需参数的初始设定。该功能只对选定通道有效，不影响其他通道，如果设定后的初值不能满足要求，可以重新设定。预置的参数包括控制面板、颜色面板、结果面板和信号分析功能块上的有关参数，包括信号来源、单位、时间常数、高频滤波、增益、采样速度、压缩比、自动基线、纵向压缩、平滑滤波、监听、50 Hz 陷波、去极化电压、分析用波点数、干扰水平、测算阈值、分析结果 A－J 和分析的数据量等(附图 3-5)。

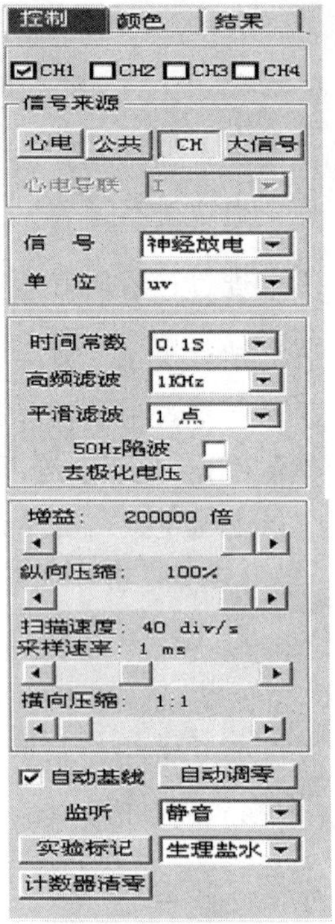

附图 3-5　信号选择

3.1.5　单位选择

指选择记录信号的幅度单位，用来表明记录信号的性质。如电信号的单位为 mV、μV，压力的单位为 kPa、mmHg、cmH_2O，拉力和重量的单位为 g、mg，流量的单位为 L/min、mL/min，浓度的单位为 mg/mL、μg/mL，温度的单位为℃。可以根据记录信号的性质和强度来选择单位，每种单位的测量都需相应的定标(校正)。

3.1.6　时间常数

放大器的低频截止频率，又称高通频率。放大器的低频截止频率为 $f_L=1/(2\pi\tau)$，τ 代表时间常数。

时间常数有 8 种选择，分别为 DC、5 s、1 s、0.5 s、0.1 s、0.05 s、0.01 s 和 0.005 s；DC 为直流，τ 为无穷大，表示放大器所有信号均能通过；$\tau=5$ s 时，低频截止频率 $f_L\leqslant0.03$ Hz，表示低于 0.03 Hz 的信号不能通过放大器，即记录信号中将不再含有低于 0.03 Hz 的信号；$\tau=1$ s 时，$f_L\leqslant0.16$ Hz；$\tau=0.1$ s 时，$f_L\leqslant1.6$ Hz，$\tau=0.01$ s 时，$f_L\leqslant16$ Hz；$\tau=0.005$ s 时，$f_L\leqslant30$ Hz，附图 3-6 为不同时间对兔心电记录影响。

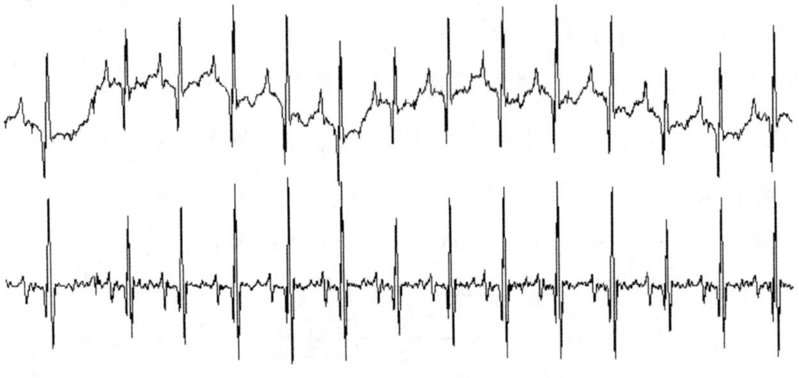

附图 3-6　时间常数对兔心电记录的影响

上图用 1s 记录(有明显呼吸波干扰)；下图用 0.1 s 记录(去除了呼吸波，小于 1.6 Hz 的信号不能通过)

3.1.7　高频滤波

放大器的高频截止频率 f_H，又称低通频率(附图 3-7)。从 0.125 Hz～20 kHz，共有 28 种选择，分别为 0.125 Hz、1 Hz、5 Hz、10 Hz、15 Hz、25 Hz、50 Hz、75 Hz、100 Hz、200 Hz、300 Hz、400 Hz、500 Hz、600 Hz、700 Hz、800 Hz、900 Hz、1 kHz、2 kHz、3 kHz、4 kHz、5 kHz、6 kHz、7 kHz、8 kHz、9 kHz、10 kHz、20 kHz；当选定某一频率时含有高于 1 kHz 的信号。

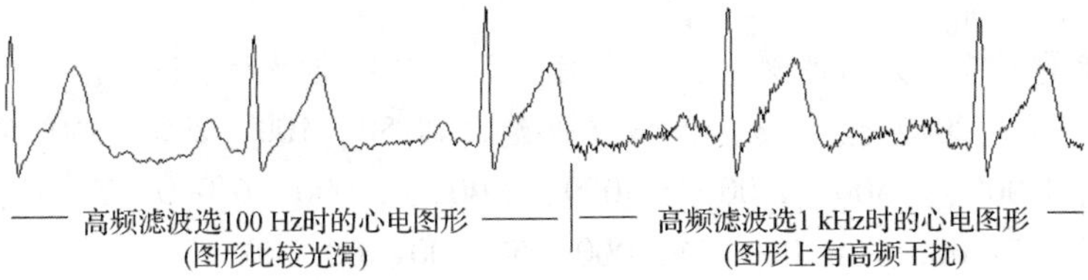

附图 3-7　高频滤波示意

3. 1. 8　50Hz 陷波

只把 50 Hz 及其附近频率的信号滤除；工作环境中存在很强的 50 Hz 工频(50 Hz 交流电)电磁场，常常使记录到的信号收到干扰，影响信号图形的质量，使用 50 Hz 陷波可有效消除 50 Hz 干扰。但当记录的信号中也含有大量的 50 Hz 成分时，50 Hz 陷波会造成图形的严重失真(附图 3-8 至 3-10)。

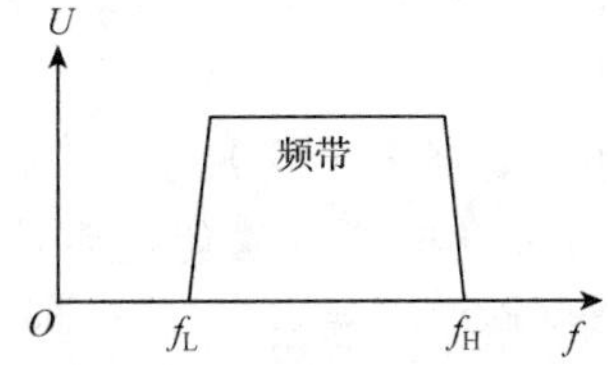

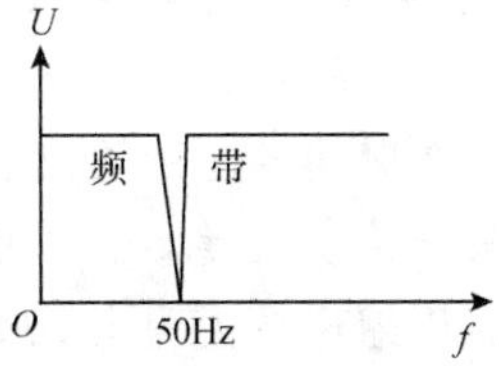

附图 3-8　时间常数和高频滤波对放大器频带的影响　附图 3-9　50 Hz 陷波对放大器频带的影响

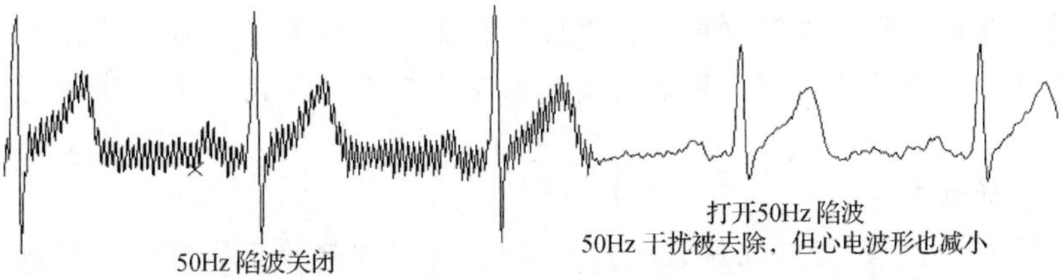

附图 3-10　50Hz 陷波示意

3. 1. 9　去极化电压

电极的极化电压是一个存在于电极和与其接触的组织之间的一种缓慢变化的电压，常常远大于记录信号，严重影响信号的记录。去极化电压用于消除电极的极化电压，主要用于长时间记录心电图和脑电图。

3. 1. 10　平滑滤波

用于去除低频波形上的毛刺；在记录慢波信号时，如果图形上的小毛刺干扰严重，可适当选用平滑滤波，如选 3 点表示图形上相邻的 3 点进行平均(附图 3-11)。选的点不能过大，否则图形会失真。

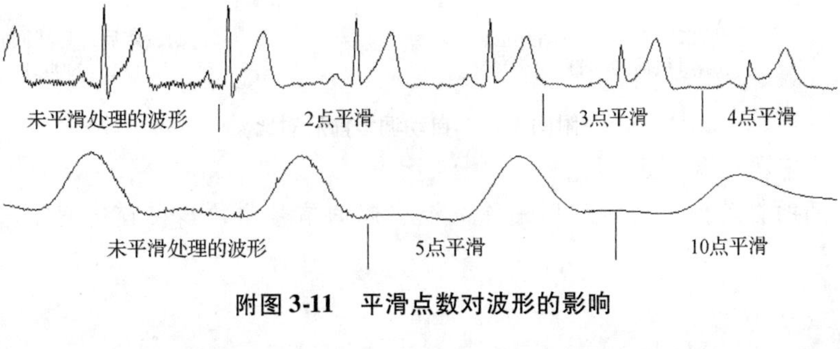

附图 3-11　平滑点数对波形的影响

3.1.11 增益

增益选择就是调节放大器的放大倍数，使显示的信号波形大小适宜。

放大倍数有 50~20 万倍共 33 个档位可选，即 50、100、200、300、400、500、600、700、800、900、1 000、1 500、2 000、3 000、4 000、5 000、6 000、7 000、8 000、9 000、10 000、15 000、20 000、30 000、40 000、50 000、60 000、70 000、80 000、90 000、100 000、200 000 倍。

3.1.12 纵向压缩

用于图形显示在幅度轴上的压缩，压缩比为 1%~100%，压缩后的图形为原始图的百分比。

3.1.13 扫描速度

就是采样速度(7.5 μs~2 s)；为了与示波器表示方法一致，扫描速度用 DIV/s 表示，1 个 DIV =25 个采样点(像素点)，采样速度就是两个采样点之间的间隔。

3.1.14 横向压缩

图形显示在时间轴上的压缩，对采样快慢无影响(数据量不变)。这样对变化较慢的信号既不会因为采样速度太慢影响结果分析，也不至于因采样速度过快使显示的图形过于稀疏不易观察。横向压缩比最大为 1:100，即压缩 100 倍，根据需要选用。

3.1.15 自动基线

对于显示的图形不在窗口或虽在窗口但上下波动很大时，自动基线功能可以快速跟踪波动的图形，使图形始终显示在窗口位置，以方便观察。自动基线还可以快速找到跑出窗口的图形。对于显示十分平稳的图形，可以关闭自动基线功能，以消除由基线跟踪引起的坐标上下跳动。

3.1.16 自动调零

在进行直流信号记录时(如血压、肌张力等)，可以快速校正因传感器和放大器的失调电压引起的偏差，使放大器在 0 输入时其输出也为 0，只有经过调零的放大器才能准确记录直流信号(附图 3-12)。放大器的调零一直是令用户十分头痛的问题，没有经过调零的仪器，改变增益时零点会马上偏移，难以使用。

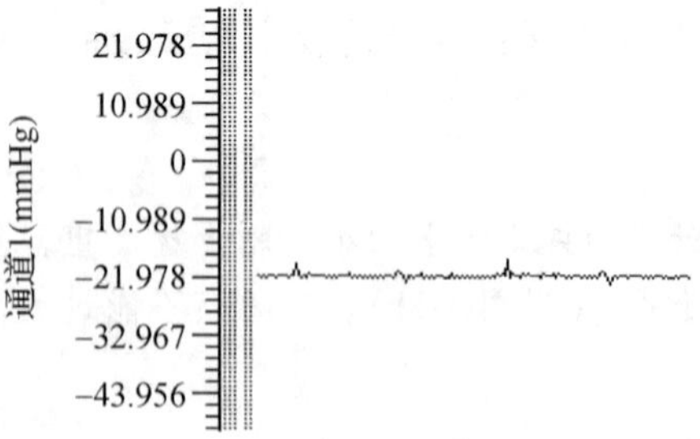

自动调零前，基线不在0位
(负荷为0时)

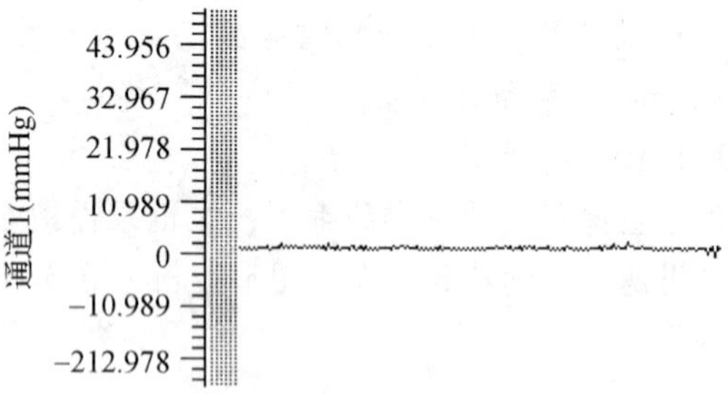

自动调零后，基线回到0位
(负荷为0时)

附图 3-12 自动调零前后对比

3.1.17 传感器失调校正

传感器失调的自动校正功能可以消除失调引起的信号削顶。在首次使用某种传感器时，请选择传感器失调校正，选择后(打√后)在执行自动调零功能时会对传感器进行自动校正，完成调零后将该选择解除。校正后的传感器在以后使用时无需再校正，也就是在以后实验中不要选择传感器失调校正功能。

3.1.18 监听

4个通道的信号可选择从监听插口输出，也可通过内置喇叭发出声响。4表示静音、无输出；0~3分别代表输出1~4通道。

3.2 颜色栏

颜色栏把与图形显示相关颜色的选择放在一起，以方便调用(附图3-13)。颜色栏主要包括以下两个功能：

3.2.1 选择图像和背景的颜色

包括原始图形的颜色、图形背景的颜色、背景上网格的类型、网格的颜色；坐标的颜色、坐标背景的颜色；微分图形的颜色；积分图形的颜色；叠加后图形的颜色；基线的颜色；光标的颜色；刺激标记的颜色、实验标记的颜色、分析用波的颜色等。可以直接从颜色块中选取，如对颜色块中的颜色不满意，可以把鼠标的光标放在色块上，点击右键，利用Windows功能来编制自己喜欢的颜色。选择颜色时注意不要把图形色和背景色设成相同，否则什么都看不见，每个通道的颜色均可独立设置和选择。

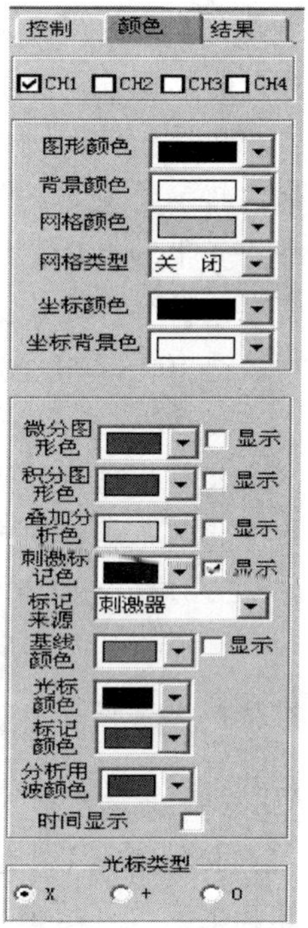

附图3-13 颜色选择

3.2.2 图形和各种标记显示的开关

在微分、积分、叠加、刺激标记线、基线、时间显示等后面，设有是否显示选择开关，用于控制是否显示相关图形和标记，包括基线是否显示、光标的类型、时间坐标是否显示等。

刺激标记线可以用于标记刺激器、外触发和信号触发等事件中的任意一种。每个通道的标记线一次只能用于一种目的的标记，不同通道可用于不同标记目的；如1通道用于刺激器状态标记，2通道用于信号触发标记(附图3-14)。

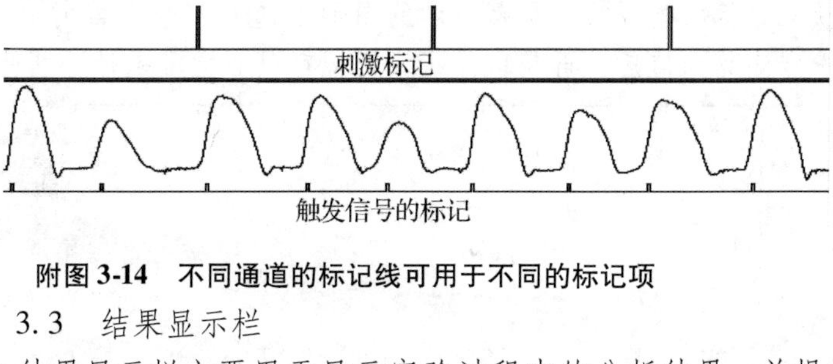

附图3-14 不同通道的标记线可用于不同的标记项

3.3 结果显示栏

结果显示栏主要用于显示实验过程中的分析结果，并提供了把结果转换成EXCEL文件的功能，以便对数据作进一步的分析和统计(附图3-15)。

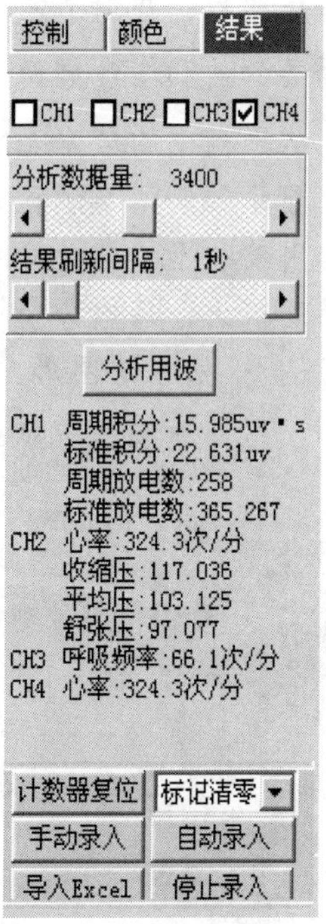

附图3-15 结果显示示意

3.3.1 分析数据量

指每次分析的数据量，量越多结果越稳定。数据量太少，会导致结果不稳定。一次分析的数据量中必须至少含有2个周期波形，否则将无法分析。分析的数据量在100～8 000之间选择，单位用点表示(分析数据的个数)。通常一个屏幕上显示的数据量约700个，可以根据屏幕上显示的周期波形的个数来选择数据量；如横向压缩1∶1时，屏幕上只有1个波形，则分析的数据量至少要选1 400(含2个波)。

如果分析用的数据量少，结果的瞬时反应快(被平均的程度低，如1次数据包含2个周期，频率就是2个周期平均值的倒数)；分析用的数据量大时，结果的瞬时反应差，实际上是平均变化(如1次数据包含了30个波，频率就是30个波周期平均值的倒数)。所以应该根据需要选择分析的数据量，实验结果很快发生变化的数据量以包括约10个周期波为宜；慢反应的可选100～200个周期波。

3.3.2 结果刷新间隔

指分析结果每隔多长时间显示1次，范围是1～60 s。4个通道的结果刷新间隔相同。每次分析都是根据选定的数据量来分析的，即每隔一个刷新间隔计算1次结果并显示出来。

3.3.3 分析用波

把原始波形用特殊的方法进行处理，便于分析。软件是根据分析用波来分析频率的，只有使用方法正确，软件才能正确分析出结果。点击[分析用波]，在图形通道会出现一个用于分析的波，称为分析用波。并弹出[分析用波设置]对话框，每个通道可独立选择分析用波的点数：初始值为1，选择合适值，让分析用波明显可辨。基本原则是屏幕上的波形个数越多，选择的点数就越少。附图3-16中的上图为原始波，下图为处理用波。选择完成后，在通道左侧坐标栏的位置点右键，在分析用波栏选[测算阈值]，上下移动横线，让需要的波和横线有两个交点。注意只要有两个交点就算一个波，根据该原则来选择测算阈值。结果栏中的频率会同时显示。如测算阈值不在分析用波的范围(无交点)，结果栏中的频率会显示------，表示检测不到波，如交点多，波的个数就多，因而要选择合适的测算阈值，让有用波和干扰波分开以得到正确的分析结果。由于分析的数据种类繁多，完全依靠自动分析难度很大，每次分析前如能获取分析的模板会使分析的准确性大大提高。获取分析模板的方法是：先冻结图形，点右键选获取分析的模板，在屏幕显示的图形上选取一个完整的分析周期，软件提示成功获取模板。选定测算阈值后，再获取分析模板就可以非常准确地分析出频率。

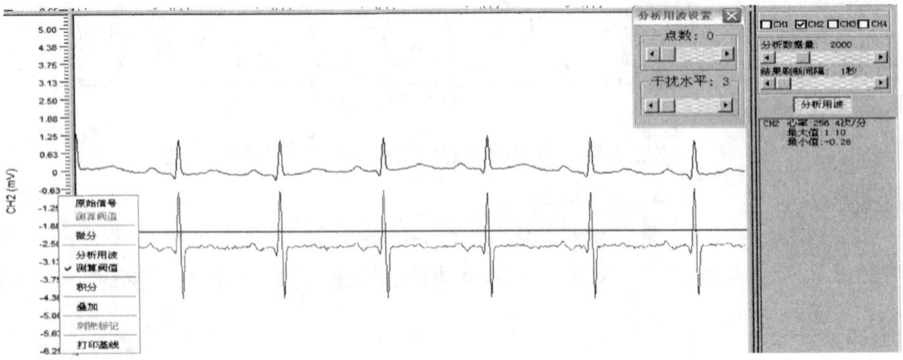

附图3-16 分析用波示意

为简化操作，分析的数据量、分析用波的点数和测算阈值(每个DIV 25个点)等参数的初值可用“信号输入内容.txt”文件来自动完成设定(见第六章　信号输入内容.txt　文件中的内容和标准格式)。

3.3.4　打实验标记

点击打实验标记后可以把选中的标记内容打在选定通道上的指定位置。先在打实验标记按钮的右侧选定标记的名称，点击打实验标记按钮，将鼠标移至通道图形的要标记的位置，然后点左键完成一次标记(附图3-17)。

附图3-17　打实验标记

将鼠标移到图形显示区，按F4键可将实验标记快速打在鼠标的光标位置，如再按F4键可将下一个实验标记快速打在鼠标的光标位置。

标记栏中的内容由主菜单实验标记功能中标记库中的内容决定，在打标记前应先从标记库目录中选好要标记的项目和标记的方式(见主菜单实验标记功能，附图3-18)。

附图3-18　实验标记菜单

3.3.5　计数器复位(清零)

在信号分析的结果选择项中，如果选择了计数器，则结果栏会显示计数器和计数器总和，用来计数外触发的次数。当外触发输入口被用来记数时(如尿滴、动物的活动等)，计数器会累计触发的次数。计数器复位功能可以使计数器和计数器总和回到零，而计数器可以用定时的方式回零(如每隔15 s清零1次)，也可以用打实验标记的方式来清零。清零的方式可在计数器复位栏进行选择。

外触发除可以被计数器计数外，还可以同时在刺激标记线上显示外触发的时间位置，这时需要把颜色栏中的标记来源选为外触发/计数。

4. 主菜单

包括文件、定标设置、显示方式、实验模块、刺激器、实验记录、图形冻结、信号分析、资料储存、资料重显、查看及编辑等功能(附图3-19)。

4.1　文件

从上到下包括失调电压、打印、一般项目设置及退出等。

4.1.1　失调电压

用于校正传感器的失调电压，全自动完成，对用户不开放。

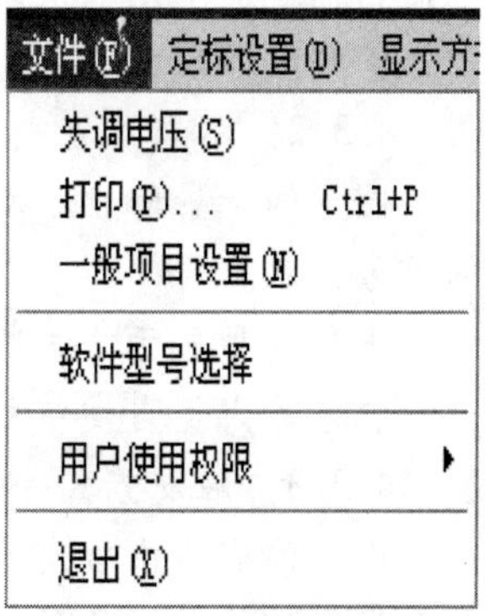

附图3-19　主菜单

4.1.2 打印

4个通道图形根据需要分别选择是否打印。

4.2 定标设置栏

定标的种类与记录的信号有关，每类信号都必须有自己的定标，每个传感器要有自己的定标。

4.3 显示方式

指屏幕上刷新图形的方式。计算机显示器与传统的示波器不同，不是靠余辉来显示图形的，屏幕上的图形有记忆功能，旧的图形由新的图形来刷新(更换)。图形在屏幕上的描记方式仿传统仪器的描记方式分为记录仪方式(图形由右向左连续不断)和示波器方式(图形从左向右扫描)(附图3-20)。当有触发信号时，示波器的扫描可以与触发信号同步，称为触发方式。

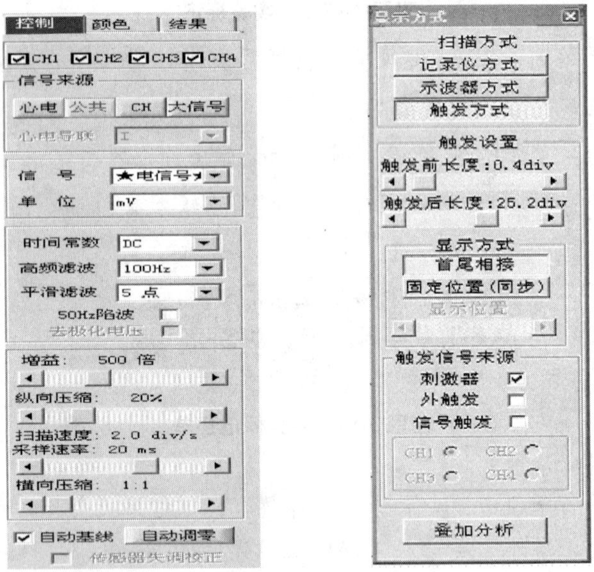

附图3-20 显示方式设置

4.3.1 记录仪方式

图形的背景和图形均从右向左连续不断地移动，如同记录仪的走纸一样，常用于连续信号而扫描速度不是很快的信号记录，如动物的脑电、血压、呼吸、心电、蛙心跳、肠管收缩和血管收缩等信号。

4.3.2 示波器方式

图形的背景静止不动，图形从左向右连续不断地刷新，常用于连续信号而扫描速度很快的信号记录。

上述两种显示方式都是连续显示，数据的显示是无间隙不间断的，所以心电、血压、呼吸、脑电等大量自发信号的记录只能用连续记录方式。

4.3.3 触发方式(触发显示)

图形的刷新由触发信号启动，无触发信号时图形不刷新。触发信号的来源可以是刺激器、外触发和信号触发3种。用触发方式记录的信号必须具有如下特点：

(1)没有触发信号就不会产生记录信号，如骨骼肌收缩，不给刺激肌肉不会收缩。

(2)记录信号的出现是可以预见的，肯定在触发信号出现后的某个时刻出现，并且会慢慢消失。

上述两个特点使得记录触发信号可以不用连续记录方式，而只要把从触发信号开始到记录信号结束这段时间的数据记录下来，就可以完整记录有用信号。这样做的优点是只记录有用的信号，少记录无用信号。

4.4　实验模块

在做一个具体实验时，为了获得好的图形和正确的分析结果，必须认真选择涉及的众多软件参数，如果对仪器不熟悉，会感到无从下手，实验模块帮助解决这样的麻烦。实验模块实际上是帮助把整个软件的参数预置好，做法是先实验涉及的参数，然后把这些参数存入指名文件，文件的名称使用我们熟悉的实验名称。点击实验模块读取选定实验名称后，软件会自动将实验使用的参数调入并运行。

神经干阈刺激实验需要设置的参数(附图 3-21)如下：

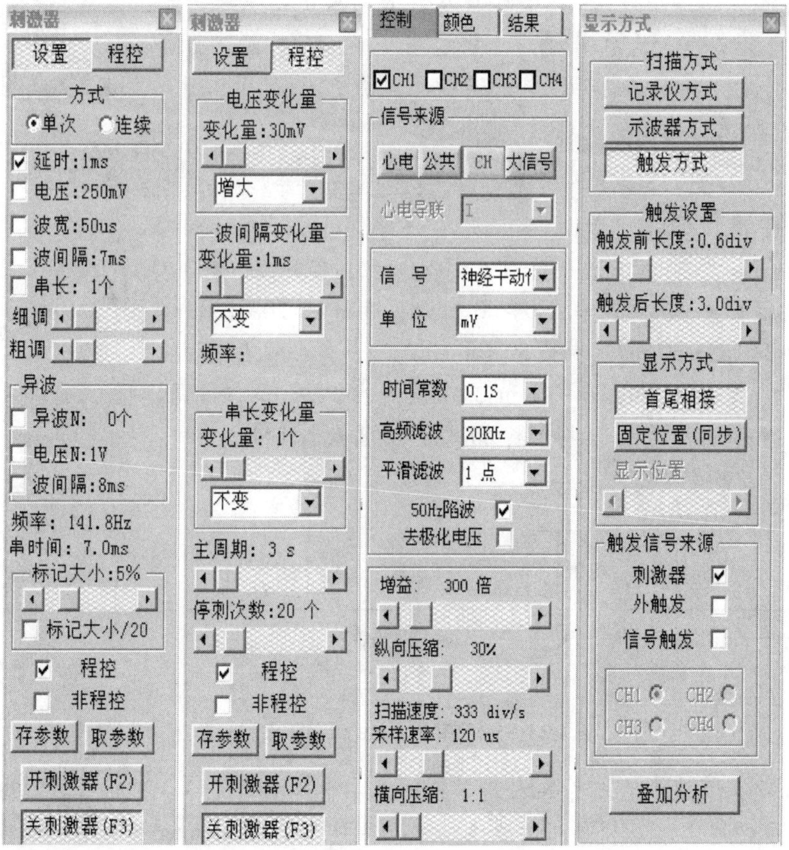

附图 3-21　实验参数设置

4.4.1　保存实验模块

先根据实验要求把 4 个通道控制面板上的参数、颜色栏中的参数、结果栏中的参数、刺激器的参数、显示方式的参数和打印的选择等参数调节好，然后保存在文件中，文件的目录和名称自己指定，通常使用实验的名称命名，如减压神经放电。

4.4.2 获取实验模块

就是获取上述保存的参数。打开上述文件，如减压神经放电，有关减压神经放电实验的参数会自动预置好。

4.5 刺激器

MS 4000 刺激器输出的是经过高性能光电隔离的刺激器方波，刺激器的设置见附图 3-22。参数的调节方法是先选中要调的参数(打√)，然后用粗调或细调进行调节。

4.5.1 非程控方式

(1)方式 单次或连续，刺激波的基本单元是一个串刺激，如附图 3-23。单次方式时按 开刺激器 F2，启动输出一串后自动停止刺激输出，连续方式时 开刺激器 F2，启动输出一串后又重复输出直至按 关刺激器 F3 停止。刺激器的输出基本单位是串，不是单个刺激波。单次刺激实际上是单串刺激，只是当串长 =1 时，就是通常所说的单次刺激；连续方式实际上是连续串刺激，只是当串长 = 1 时，就是通常所说的连续单次刺激。

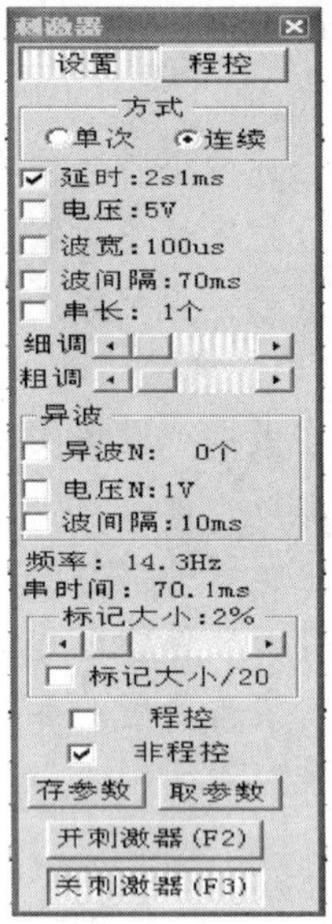

附图 3-22 刺激器参数设置

(2)刺激输出延时 刺激延时是指从按 开刺激器 F2 到第 1 个刺激波出现的时间，从 1 ms 至 30 s 可选，粗调 1~30 s，步长 1 s；细调 1~999 ms，步长 1 ms。

(3)输出电压 指刺激方波的高度，0~100 V，其中 MS 4000U-1A 或 MS 4000U-1B 型为 0~20 V；粗调步长 1 V、细调步长 0~20 V 时为 5 mV，20~100 V 时为 25 mV。

(4)波宽 50 μs~30 ms，步长 50 μs。

(5)波间隔 1~500 ms，步长 1 ms；粗调的步长 20 ms，细调步长 1 ms。

(6)串长 1~1 000 个；粗调步长 20 个，细调步长 1 个。

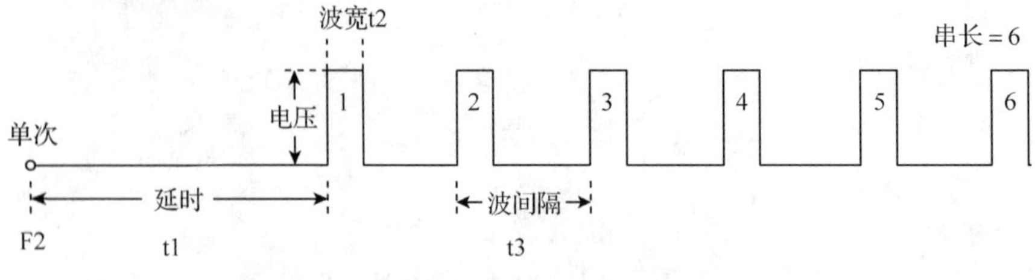

图 3-23 一个串长 =6 的单次(串)刺激

上述 1~6 项是通用刺激器的基本调节参数，一个刺激输出串中波的大小(电压值)和波间隔相同，可满足常用实验对刺激器的要求。但如果需要一个刺激输出串中波的大小(电压值)或(和)波间隔不同，如输出一个 7:1 的刺激波(用来诱发心率失常，如附图 3-24)，又如输出 2 个波的高度不同(做绝对不应期实验)，上述刺激器就不能满足要求。为此，MS 4000U 刺激器提出异波概念。

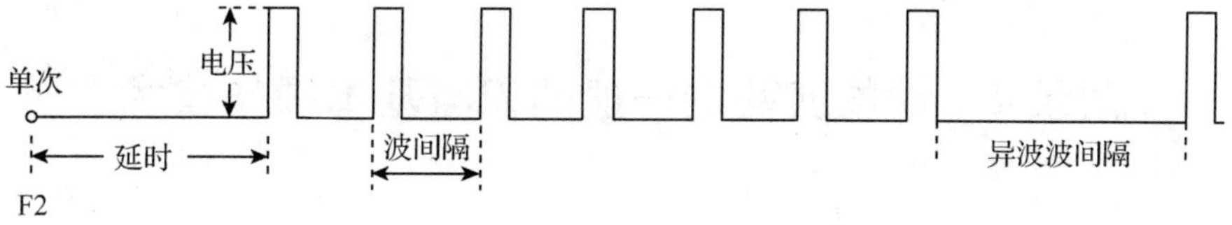

串长为9个，7:1输出的刺激波，前7个波的波间隔相同，第8个波的波间隔不同

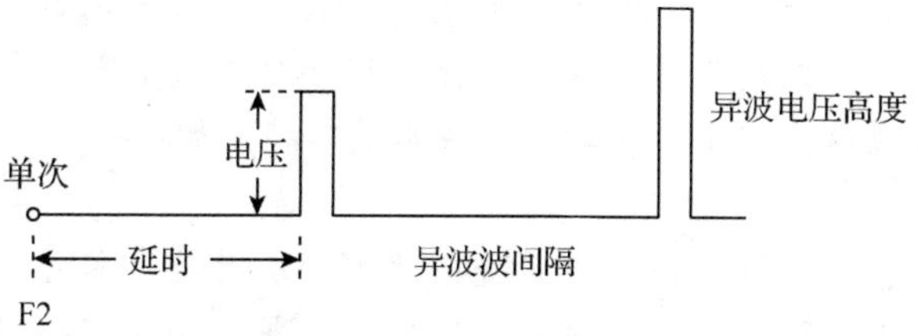

串长2个，第2个波的电压与第1个波电压不同

附图 3-24　不同刺激波示意

(7)异波N　0～(串长－1)。异波是相对于普通刺激波而言，通常一串刺激波内每个方波的波间隔和高度都是相同的(附图3-23)，但在某种特殊情况，希望在一串正常波中插入1个特别的刺激波，我们把这个波称为异波(附图3-25)。这个异波的高度和波间隔均可不同，当异波N＝0时表示为普通刺激输出，异波功能被关闭。当N不为0时，N的值表示异波出现的位置，如附图3-25的N＝3，表示异波出现在第3个刺激波的后面。细调步长1个。

(8)电压N　异波电压N为0～100 V。其中MS 4000U-1A或MS 4000U-1B型为0～20 V；粗调的步长1 V，细调步长0～20 V时为5 mV，20～100 V时为25 mV。

(9)波间隔N　异波波间隔N为50 μs～2 000 ms。0～30 ms粗调的步长1 ms，细调步长50 μs；30～2 000 ms粗调的步长20 ms，细调步长1 ms。

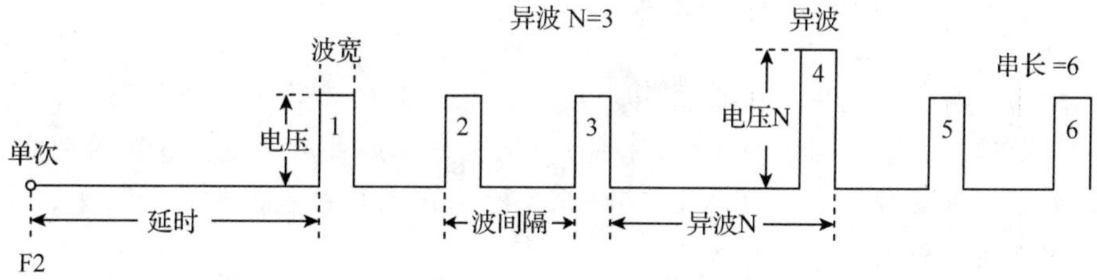

附图 3-25　异波＝3，串长＝6个时的一个单次(串)刺激

附录4 动物实验的一般知识与基本操作技术

1. 实验动物的一般知识

1.1 实验动物的种类

“实验动物”是指供生物医学实验而科学育种、繁殖和饲养的动物。高质量的实验动物是指通过遗传学与微生物学的控制培育出来的个体，这些个体具有较好的遗传均一性、对外来刺激的敏感性和实验再现性。常用实验动物的种类及其特点如下：

1.1.1 青蛙和蟾蜍

两者均属于两栖纲、无尾目，是教学实验中常用的小动物。其心脏在离体情况下仍可有节奏地搏动很久，常用于心脏生理、病理和药理实验。其坐骨神经—腓肠肌标本可用来观察各种刺激或药物对周围神经、横纹肌或神经肌接头的作用。蛙舌和肠系膜是观察炎症反应和微循环变化的良好标本。此外，蛙类还能用于水肿和肾功能不全实验。

1.1.2 小白鼠

哺乳纲、啮齿目、鼠科。是医学实验中用途最广泛的动物。因其繁殖周期短，产仔多，生长快，饲养消耗少，温顺易捉，操作方便，又能复制出多种疾病模型，适用于药物的筛选、半数致死量或半数有效量的测定等需大量动物的实验，也适用于避孕药、缺氧、抗肿瘤药等方面的研究。

1.1.3 大白鼠

鼠科。性情不如小白鼠温顺，受惊时表现凶恶，易咬人。雄性大白鼠间常发生斗殴和咬伤现象。具有小白鼠的其他优点。用途广泛，如用于胃酸分泌、胃排空、水肿、炎症、休克、心功能不全、黄疸和肾功能不全等的研究。观察药物抗炎作用时，常利用大白鼠的踝关节进行实验。

1.1.4 家兔

属哺乳纲、啮齿目、兔科。品种很多，常用的有：①青紫蓝兔，体质强壮，适应性强，易于饲养，生长较快。②中国本地兔(白家兔)，抵抗力不如青紫蓝兔。③新西兰白兔，是近年来引进的大型优良品种，成熟兔体重在4~5.5 kg。④大耳白兔，耳朵长、大，血管清晰，皮肤白色，但抵抗力较差。

家兔性情温顺，是本课程实验中最常用的动物。可用于血压、呼吸、尿生成等多种实验，还可用于钾代谢障碍、酸碱平衡紊乱、水肿、炎症、缺氧、发热、DIC、休克和心功能不全等研究。兔体温变化较敏感，也常用于体温实验和热原检查。

1.1.5 猫

哺乳纲、食肉目、猫科。猫的血压比较稳定，而兔的血压波动较大，因此观察血压反应猫比兔好。猫也用于心血管药和镇咳药的实验。

1.1.6 狗

哺乳纲、食肉目、犬科。嗅觉灵敏，对外环境适应力强；血液、循环、消化和神经系统均很发达，与人类较接近，易于驯养，经过训练能很好地配合实验。适用于许多急、慢性尤其是慢性实验，是最常用的大动物。但价格较昂贵，常用于血压、酸碱平衡、DIC和休克等大实验。

1.2 捉拿与固定

1.2.1 实验动物的捉拿方法

(1)蛙和蟾蜍 用左手握持动物，以食指和中指夹住双侧前肢。捣毁脑和脊髓时，左手食指和中指夹持蛙或蟾蜍的头部，右手将探针经枕骨大孔向前刺入颅腔，左右摆动探针捣毁脑组织。然后退回探针，向后刺入椎管内破坏脊髓。固定方法根据实验要求选择。

(2)小鼠 捉拿方法有两种：一种是用右手提起尾部，放在鼠笼盖或其他粗糙面上，向后上方轻拉，此时小鼠前肢紧紧抓住粗糙面，迅速用左手拇指和食指捏住小鼠颈背部皮肤并用小指和手掌尺侧夹持尾根部固定手中；另一种抓法是只用左手，先用拇指和食指抓住小鼠尾部，再用手掌尺侧和小指夹住尾根，然后用拇指和食指捏住颈部皮肤。前一方法简单易学；后一个方法较难，但捉拿快速，给药速度快(附图4-1)。

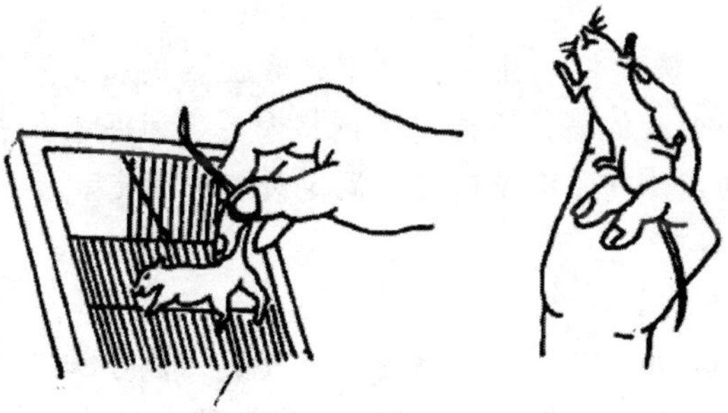

附图4-1 小鼠的捉拿及固定法

(3)大鼠 捉拿和固定方法基本同小鼠。捉拿时右手抓住鼠尾，将大鼠放在粗糙面上。左手戴上防护手套或用厚布盖住大鼠。抓住整个身体并固定其头部以防咬伤，在捉拿时应注意不要用力过大过猛，不要捏其颈部，以免引起窒息。大鼠在惊恐或激怒时易将实验操作者咬伤(附图4-2)。附图4-3为豚鼠抓取方法示意。

附图4-2 大白鼠抓取方法

附图4-3 豚鼠抓取方法

(4)家兔 一手抓住颈背部皮肤，轻轻将兔提起，另一手托住臀部(附图4-4)。

附图 4-4 抓兔方法

1、2、3 均为不正确的捉取方法(1. 可伤两肾；2. 可造成皮下出血；3. 可伤两耳)，
4、5 为正确的捉取方法，颈后部的皮厚可以抓，并用手托住兔体

(5)猫 先轻声呼唤，慢慢将手伸入猫笼中，轻抚猫的头、颈及背部，抓住颈背部皮肤并以另一手抓背部。如遇凶暴的猫，不让接触或捉拿时，可用套网捉拿。操作时注意猫的利爪和牙齿，不要被其抓伤或咬伤，必要时可用固定袋将猫固定。

1.2.2 实验动物的固定

1.2.2.1 狗的固定方法

(1)狗的捆绑 在麻醉和固定狗时，为避免其咬人，应事先将嘴捆绑。用一根粗绳兜住下颌，在上颌打一个结(打结时不要激怒动物，此处也可不打结)，然后将两绳端绕向下颌再作一个结，最后将两绳端引至耳后部，在颈项上打第三个结，在该结上再打一个活结(附图 4-5)。捆绑狗嘴的目的是避免其咬人，待动物进入麻醉状态后应立即解绑。用乙醚麻醉时更应特别注意。因为狗的嘴被捆绑后，只能用鼻呼吸，如果此时鼻腔有多量黏液填积，就可能造成窒息。有些麻醉药可引起呕吐，尤其应注意。

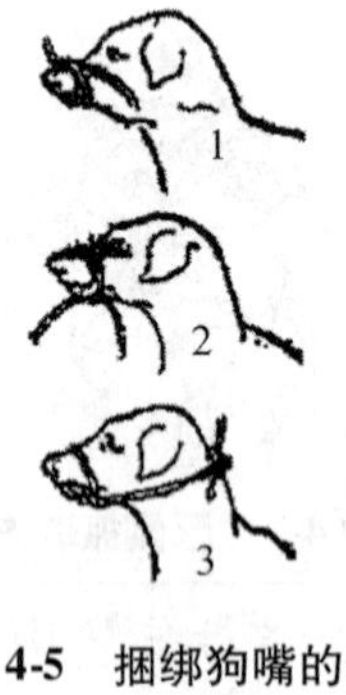

附图 4-5 捆绑狗嘴的步骤

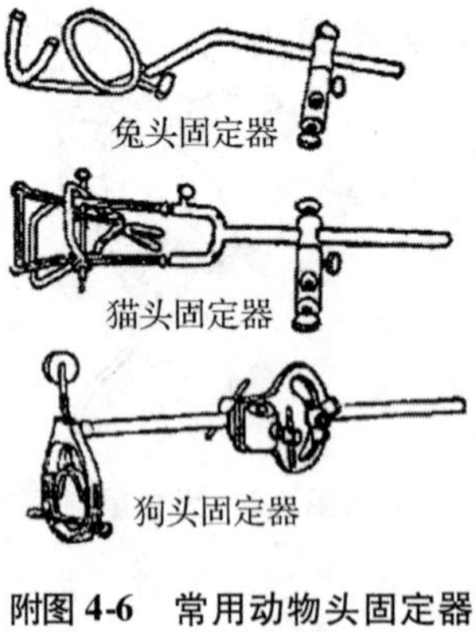

附图 4-6 常用动物头固定器

(2)头部的固定 麻醉完毕后，将动物固定在手术台或实验台上。固定的姿势依手术或实验种类而定，一般多采取仰卧位或俯卧位。前者便于进行颈、胸、腹、股等部位的实验，后者便于脑和脊髓实验。固定狗头用特别的狗头夹。狗头夹(附图 4-6)为一圆铁圈，圈的中央横有两根铁条，上面的一根略呈弯曲，与螺旋铁棒相连；下面的一根平直，可抽出。固定

时先将狗舌拽出，将狗嘴伸入铁圈，再将平直铁条插入上下颌之间，然后下旋螺旋铁棒，使弯形铁条压在鼻梁(俯卧位固定时)或下颌上(仰卧位固定时)。铁圈附有铁柄，用以将狗头夹固定在实验台上。

(3)四肢的固定 一般在固定头部后，再固定四肢。先用粗棉绳的一端缚扎于踝关节的上方。若动物取仰卧位，可将两后肢左右分开，将棉绳的另一端分别缚在手术台两侧的木钩上，而前肢须平直放在躯干两侧。为此可将绑缚左右前肢的两根棉绳从狗背后交叉穿过，压住对侧前肢小腿，分别缚在手术台两侧的木钩上。缚扎四肢的扣结见附图4-7。

附图4-7 绑扎动物四肢的扣结

1.2.2.2 猫和兔的固定方法

(1)头部的固定 固定猫头和兔头可用特制的猫头夹和兔头夹。兔头夹为附有铁柄的半圆形铁甲和一可调铁圈。固定时，先将麻醉好的兔颈部放在半圆形的铁圈上，再把嘴伸入可调铁圈内，最后将兔头夹的铁柄固定在实验台上。或用一根粗棉绳，一端栓动物的两只上门齿，另一端栓在实验台的铁柱上。做颈部手术时，可将一个粗注射器筒垫于动物的项下，以抬高颈部，便于操作。以上方法较适于仰卧位固定。动物取俯卧位特别是头颅部实验时，常用马蹄形头固定器固定。

(2)四肢的固定 猫和兔取仰卧位时，方法与狗仰卧位四肢固定方法相同。若动物取俯卧位，前肢缚绳不必左右交叉，将四肢缚绳直接固定在实验台两侧前后固定钩上即可。

1.3 实验动物的给药方法

1.3.1 经口给药法

1.3.1.1 灌胃法

(1)小鼠灌胃法 左手拇指和食指捏住小鼠颈背部皮肤，无名指或小指将尾部紧压在手掌上，使小鼠腹部向上。右手持灌胃管(1~2 mL注射器上连接以由7号注射针头尖端磨钝后稍加弯曲制成或玻璃制成的灌胃管)，灌胃管长4~5 cm，直径约1 mm。操作时，经口角将灌胃管插入口腔。用胃管轻压小鼠头部，使口腔和食道成一条直线，再将胃管前端插入约到达膈肌水平(体重20 g左右的小鼠)，此时可稍感有抵抗。如果此时动物无呼吸异常，即可将药注入；如果遇阻力或动物憋气，则应抽出重插。如果误插入气管，可引起动物立即死亡。药液注完后轻轻退出胃管。操作时宜轻柔、细致，切忌粗暴，以防损伤食道和膈肌(附图4-8)。

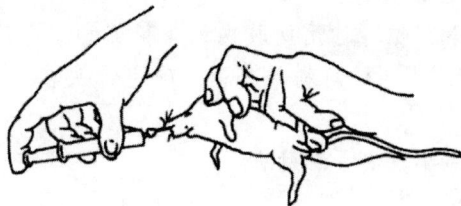

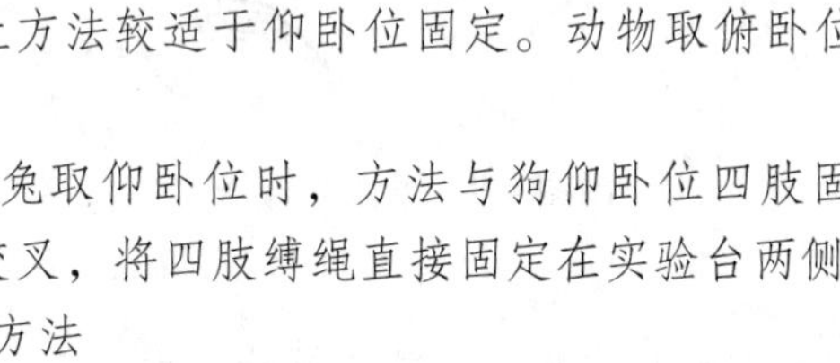

附图4-8 小鼠灌胃法

(2) 大鼠灌胃法　一只手的拇指和中指分别放到大鼠的左右腋上，食指放于颈部，使大鼠伸开两前肢，握住动物。灌胃法与小鼠相似。采用的灌胃管长6~8 cm，直径约为1.2 mm，尖端呈球状。插管时，为防止插入气管，应先抽回注射器针栓，无空气抽回说明不在气管内，即可注药。一次药量可注射1 mL/100 g体重。

(3) 兔灌胃法　用兔固定箱，可一人操作。右手将开口器固定于兔口中，左手将导尿管经开口器中央小孔插入。如无固定箱，则需两人协作进行。一人坐好，腿上垫好围裙，将兔的后肢夹于两腿间，左手抓住双耳，固定头部，右手抓住两前肢。另一人将开口器横放于兔口中，将兔舌压在开口器下面。此时一人的双手应将兔耳、开口器和两前肢同时固定好，另一人将导尿管自开口器中央的小孔插入，慢慢沿兔口腔上腭壁插入食道15~18 cm。插管完毕后，将胃管的外口端放入水杯中，切忌伸入水过深。如有气泡从胃管逸出，说明不在食道而在气管内，应拔出重插。如果无气泡逸出，则可将药推入，并以少量清水冲洗胃管，胃管最后的拔出同豚鼠(附图4-9)。

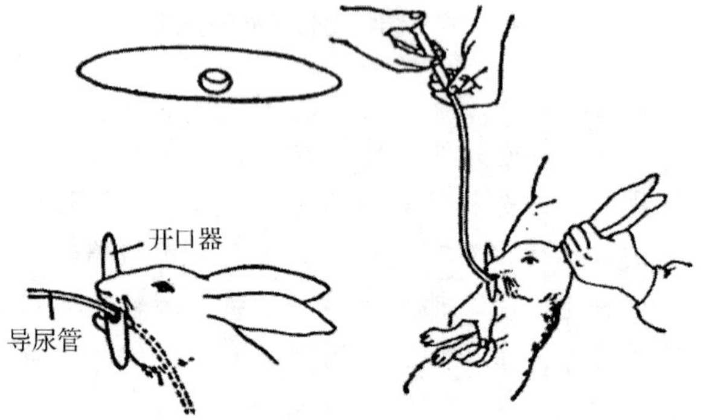

附图4-9　家兔灌胃法

1.3.1.2　口服法

如果药物为固体剂型，可直接将药物放入某些动物口中，令其口服咽下。

1.3.2　注射给药法

1.3.2.1　皮下注射

(1) 小鼠皮下注射　通常在背部皮下注射。注射时以左手拇指和中指将小鼠颈背部皮肤轻轻提起，食指轻按皮肤，使其形成一个三角形小窝，右手持注射器从三角窝下部刺入皮下，轻轻摆动针头，如易摆动则表明针尖在皮下，此刻可将药液注入。拔出针头后，以左手在针刺部位轻轻捏住皮肤片刻，以防药液流出。大批动物注射时，可将小鼠放在鼠笼盖或粗糙平面上，左手拉住尾部，小鼠自然向前爬动，此时右手持针迅速刺入背部皮下，推注药液。

(2) 大鼠皮下注射　注射部位可在背部或后肢外侧皮下。操作时轻轻提起注射部位皮肤，将注射针头刺入皮下，一次注射量为少于1 mL/100 g。

(3) 豚鼠皮下注射　注射部位可选用两肢内侧、背部和肩部等皮下脂肪少的部位。通常在大腿内侧注射，针头与皮肤呈45°角刺入皮下，确定针头在皮下推入药液，拔出针头后，拇指轻压注药部位片刻。

(4) 兔皮下注射法　参照小鼠皮下注射法。

1.3.2.2　腹腔注射法

(1)小鼠腹腔注射　左手固定动物，使腹部向上，头呈低位。右手持注射器，在小鼠右侧下腹部刺入皮下，沿皮下向前推进3～5 mm，然后刺入腹腔。此时有抵抗力消失的感觉，这时保持针头不动，推入药液。一次可注射量为0.1～0.2 mL/10 g体重。应注意切勿使针头向上注射，以防针头刺伤内脏。

(2)大鼠、豚鼠、兔和猫等的腹腔注射　可参照小鼠腹腔注射法。但应注意家兔和猫在腹白线两侧注射，离腹白线约1 cm处进针。

1.3.2.3　肌肉注射法

(1)小鼠、大鼠和豚鼠肌肉注射　一般因肌肉少，不作肌肉注射，需要时可将动物固定后，一手拉直动物左或右侧后肢，将针头刺入后肢大腿外侧肌肉内，用5～7号针头。小鼠一次注射量不超过0.1 mL/只。

(2)兔肌肉注射　固定动物，右手持注射器，令其与肌肉成60°角一次刺入肌肉中，先抽回针栓，视无回血时将药液注入。注射后轻按摩注射部位，帮助药液吸收。

1.3.2.4　静脉注射法

(1)小鼠和大鼠　多采用尾静脉注射，先将动物固定在固定器内(可采用筒底有小口的玻璃筒、金属或铁丝网笼)。将全部尾巴露在外面，以右手食指轻轻弹尾尖部，必要时可用45 ℃～50 ℃的温水浸泡尾部或用75%乙醇擦尾部，使全部血管扩张充血、表皮角质软化。以拇指和食指捏住尾部两侧，尾静脉充盈更明显。以无名指和小指夹持尾尖部，中指从下托起尾巴固定。用4号针头，令针头与尾部呈30°角刺入静脉，推动药液无阻力且可见沿静脉血管出现一条白线说明在血管内，可注药。如遇到阻力较大、皮下发白且有隆起，说明不在静脉内，需拔出针头重新穿刺。注射完毕后，拔出针头，轻按注射部止血。一般选择尾两侧静脉，并宜从尾尖端开始，渐向尾根部移动，以备反复应用。一次注射量为0.05～0.1 mL/10 g体重。大鼠也可舌下静脉注射或把大鼠麻醉后，切开大腿内侧皮肤进行股静脉注射，也可颈外静脉注射。

(2)家兔　家兔静脉注射一般采用耳缘静脉。耳缘静脉沿耳背后缘走行，较粗。剪除表面皮肤上的毛并用水湿润局部，血管即显现出来。注射前可轻弹或揉擦耳尖部并用手指轻压耳根部，刺入静脉(第一次进针点要尽可能靠远心端，以便为以后的进针留有余地)后顺着血管平行方向深入1 cm，放松对耳根处血管的压迫，左手拇指和食指移至针头刺入部位，将针头和兔耳固定，进行药物注射。若注射阻力较大或出现局部肿胀，说明针头没有刺入静脉，应立即拔出针头，在原注射点的近心端重新刺入。注射完毕，拔出针头，用棉球压住针刺孔以免出血。若实验过程中需补充麻药或静脉给药，也可不拔出针头，而用动脉夹将针头和兔耳固定，只拔下注射器筒，用一根与针头内径吻合且长短适宜的针芯(可用针灸针代替)插入针头小管内，防止血液流失，以备下次注射时使用(附图4-10)。

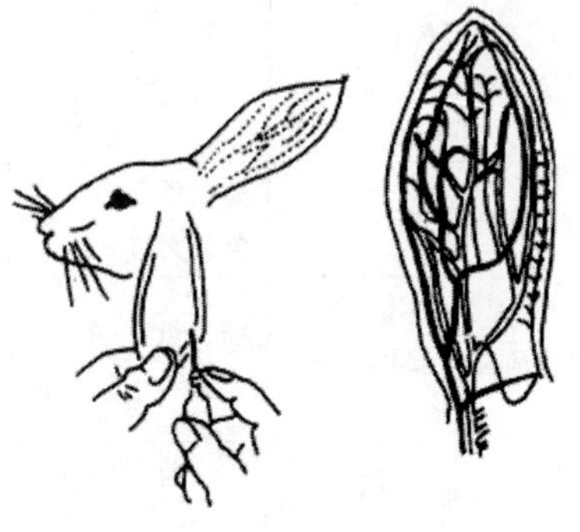

附图4-10　兔耳静脉注射

(3)狗　抓取狗时，要用特制的钳式长柄夹夹住狗颈将其压倒在地，由助手固定好，剪去前肢或后肢皮下静脉部位的被毛（前肢多取内侧的头静脉，后肢多取外侧面的小隐静脉），静脉注射麻药或实验药物（附图4-11）。

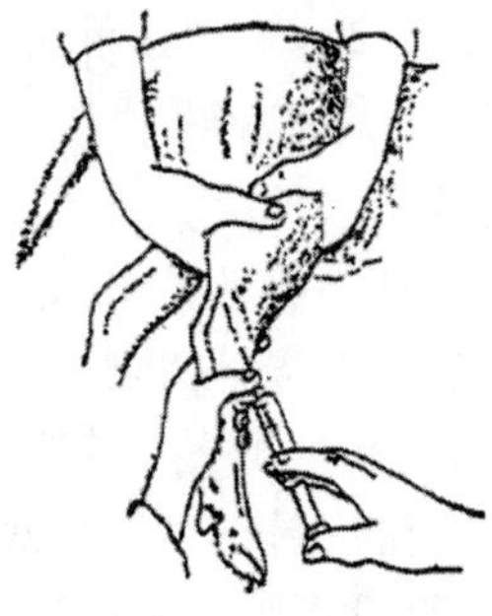
附图 4-11 狗后肢静脉注射给药法

1.4 实验动物的麻醉

1.4.1 麻醉药的种类 进行在体动物实验时，宜用清醒状态的动物，这样更接近生理状态，有的实验则必须用清醒动物。但在进行手术或实验时，为了消除疼痛或减少动物挣扎避免影响实验结果，必须使用麻醉药。麻醉动物时，应根据不同实验要求和动物选择麻醉药。

（1）局部麻醉 如以0.5%~2%普鲁卡因给兔颈部皮下作浸润麻醉，可进行局部手术。

（2）全身麻醉

①吸入麻醉：用棉球蘸取乙醚放入玻璃罩内，利用其挥发的性质，经呼吸道进入肺泡，对动物进行麻醉。可用于各种动物。适用于时间短的手术过程或实验，吸入后15~20 min开始发挥作用。采用乙醚麻醉的优点是：麻醉的深度易于掌握，比较安全，麻醉后苏醒快。缺点是：需要专人管理；在麻醉初期常出现强烈兴奋现象，对呼吸道有较强的刺激作用。对于经验不足的操作者，用乙醚麻醉动物时容易因麻醉过深而致动物死亡。另外，乙醚易燃、易爆，使用时应避火、通风。

②注射麻醉：常用药物和给药途径见附表4-1。

附表 4-1 注射麻醉药的剂量和给药途径

药物（常用浓度）	动物	给药法	剂量（mg/kg）	维持时间（h）	备注
戊巴比妥钠（1%~5%）	犬、猫、兔	I. V. I. P.	30	1~2	
		I. H.	50	1~2	
	豚鼠	I. P.	45	1~2	
	大鼠	I. P.	45	1~2	
	小鼠	I. P.	45	1~2	
硫喷妥钠（5%）	犬、猫、	IV. I. P.	20~30	0.25~0.5	抑制呼吸，I. V. 宜慢，应临用时配
	兔、大鼠	IV. I. P.	30~50	0.25~0.5	
乌拉坦（20%）	猫、兔、大鼠、小鼠、蛙	IV. I. P.	900~1 000	2~4	毒性小，较安全
		I. M.	1 300	2~4	
		淋巴囊	2 000	2~4	
氯醛糖（2%）	猫、兔	IV. I. P.	80	5~6	安全，肌松不全
	大鼠	IV. I. P.	80	5~6	
氯乌合剂*	猫、兔	IV. I. P.	氯75，乌750	5~6	

I. V. 静脉注射 I. P. 腹腔注射 I. M. 肌肉注射 I. H. 皮下注射

*氯：氯醛糖 乌：乌拉坦

a. 巴比妥类：各种巴比妥类药物的吸收和代谢速度不同，作用时间长短也有差别。戊巴比妥钠（sodium pentobarbital；nembutal）作用时间为1~2 h，属中效巴比妥类，实验中最为常用。常配成1%~5%的水溶液，由静脉或腹腔给药。环己烯巴比妥类(sodium hexobarbital; sodium evipan)作用时间为15~20 min，硫喷妥钠(sodium thiopental; sodium pentothal)作用时间仅10~15 min，属短效或超短效巴比妥类，适用于较短时程的实验。

巴比妥类对呼吸中枢有较强的抑制作用，麻醉过深时呼吸活动可完全停止，应注意防止给药过多过快。这类药物对心血管系统也有复杂的影响，因此不适宜用于研究心血管机能的实验动物麻醉。

b. 氯醛糖：本药溶解度较小，常配成1%水溶液。使用前需在水浴锅中加热，使其溶解，但加热温度不宜过高，以免降低药效。本药的安全度大，能导致持久的浅麻醉，对植物性神经中枢的机能无明显抑制作用，对痛觉的影响也极微，因此特别适用于研究要求保留生理反射(如心血管反射)或神经系统反应的实验。

c. 乌拉坦：又名氨甲乙酸乙酯(urethane)，与氯醛糖类似，可导致较持久的浅麻醉，对呼吸无明显影响。乌拉坦对兔的麻醉作用较强，是家兔急性实验常用的麻醉药。对猫和狗则奏效较慢，在大鼠和兔中能诱发肿瘤，最好不要用来麻醉需长期存活的慢性实验动物。本药易溶于水，使用时配成10%~25%的溶液。

实验生理科学实验中常将氯醛糖与乌拉坦混合使用。以加温法将氯醛糖溶于25%的乌拉坦溶液内，使氯醛糖的浓度为5%。狗和猫静脉注射剂量为每千克体重用1.5~2 mL混合液，其中氯醛糖剂量为75~100 mg/kg体重。兔也可用此剂量作静脉注射。

与乙醚比较，巴比妥类、氯醛糖和乌拉坦等非挥发性麻醉药的优点是：使用方法简便；一次给药(硫喷妥钠和环已烯巴比妥钠除外)可维持较长时间的麻醉状态；手术和实验过程中不需要专人管理麻醉；麻醉过程比较平稳，动物无明显挣扎现象。缺点是苏醒较慢。

1.4.2 各种动物的麻醉方法

(1)小白鼠 根据需要选用吸入麻醉或注射麻醉。注射麻醉时多采用腹腔注射法。

(2)大白鼠 多采用腹腔麻醉。也可用吸入麻醉。

(3)豚鼠 可进行腹腔麻醉，也可将药液注入背部皮下。

(4)猫 多用腹腔麻醉，也可用前肢或后肢皮下静脉注射法。

(5)兔 多采用耳缘静脉麻醉。注射麻药时前2/3量注射应快，后1/3量要慢，并密切注意兔子的呼吸和角膜反射等的变化。在用巴比妥类麻药时，特别要注意呼吸的变化，当呼吸由浅而快转为深而慢时，表明麻醉深度已足够，应停止继续注射。

(6)狗 多用前肢或后肢皮下静脉注射。

1.4.3 麻醉时的注意事项

①不同动物个体对麻醉药的耐受性不同，因此在麻醉过程中，除参照上述一般药物用量标准外，还必须密切注意动物的状态，以决定麻药的用量。麻醉的深浅，可根据呼吸的深度和快慢、角膜反射的灵敏度、四肢及腹壁肌肉的紧张性以及皮肤夹捏反应等进行判断。当呼吸突然变深变慢、角膜反射的灵敏度明显下降或消失，四肢和腹壁肌肉松弛，皮肤夹捏无明显疼痛反应时，应立即停止给药。静脉注药时应坚持先快后慢的原则，避免动物因麻醉过深而死亡。

②麻醉过深时，最易观察到的是呼吸极慢甚至停止，但仍有心跳。此时首要的处理措施是立即进行人工呼吸，可用手有节奏地压迫和放松胸廓，或推压腹腔脏器使膈上下移动，以

保证肺通气。同时，迅速作气管切开并插入气管套管，连接人工呼吸机以代替徒手人工呼吸，直至主动呼吸恢复。还可给予苏醒剂以促进恢复。常用的苏醒剂有咖啡因(1 mg/kg 体重)、尼可刹米(2~5 mg/kg 体重)和山梗茶碱(0.3~1 mg/kg 体重)等。心跳停止时应进行心脏按摩，注射温热生理盐水和肾上腺素。

实验过程中如麻醉过浅，可临时补充麻醉药，但一次注射剂量不宜超过总量的1/5。

2. 动物实验的基本操作技术

2.1 一般实验方法

2.1.1 急性实验

就是用活体解剖的方法，把失去知觉的动物(全麻或局麻下)某一功能系统、器官或组织，暴露于直视之下，或置于实验仪器的准确控制下(活体解剖实验方法)；或用适当的方法把所需器官或组织从动物体内取出，置于人工环境中，给予人工处置(离体器官实验方法)，然后观察其活动与反应，以研究其功能或对某种外加因素的反应及其机制的一类动物实验的总称。本书介绍的实验基本都属于急性实验。

急性实验的优点是：通过对实验条件的严格控制，可排除一些复杂因素的影响，在较短时间内获得较多有价值的分析材料。其缺点是：由于动物处于失常状态，如麻醉、创伤、失血等，实验结果不能完全反映整体动物在生理条件下功能活动的规律。

2.1.2 慢性实验

是指在无菌条件下，给动物施行一定的实验外科手术(如各种造瘘术、脏器的切除或移植)，待其恢复健康后再行实验和观察；或者将一定的物理性、化学性和生物性等致病因素作用于动物，复制成各种疾病模型，详细研究和观察疾病发生、发展的规律或各种实验性治疗措施的效果。

慢性实验的最大优点是保持了实验动物机体的完整及其与外界环境的统一性，动物处于比较接近自然的生活状态，因此所观察到的实验结果比较符合客观实际，也比较正确可靠，但由于观察时间长，对实验设备和技术要求高，影响因素较多，需要人力较多等，因此难度较大，在基础课教学中较少采用，广泛应用于研究工作中。

2.1.3 实验前动物的准备

一般动物在实验前禁食12 h，但饮水不限。进行慢性实验，在手术前数天便应对动物进行训练，以了解该动物是否适合做此实验，并使其熟悉环境和实验者；同时应加强营养的补充。手术前一天要给动物剃毛，必要时洗澡，以便于消毒处理。动物手术后，宜由实验者亲自护理和喂养，以进一步熟悉动物。

2.2 急性动物实验的基本操作技术

2.2.1 动物基本操作技术

2.2.1.1 切口和止血

用哺乳动物进行实验时，在做皮肤切口之前，应将预定部位及其周围的长毛剪去。然后选好确切的切口部位和范围，必要时进行标志。切口的大小要适当，既要便于实验操作，也不可过大。术者先用左手拇指和另外四指将预定切口上端两侧的皮肤绷紧固定，右手持手术刀，以适当的力量一次全线切开皮肤和皮下组织，直至肌层表面。若肌纤维走行方向与切口方向一致，可剪开肌膜，用手术刀柄或手指将肌纤维钝性分离至所需长度，否则便需将肌肉横行切断。切口由外向内，应外大内小，以便观察和止血。

在手术过程中，必须注意及时止血。微血管渗血，用温热盐水纱布轻压即可止血。干纱布只用于吸血，不可用以揩擦组织，以防组织损伤和血凝块脱落。较大血管出血，需先用止血钳将出血点及其周围的少许组织一并夹住，然后用线结扎。更大血管出血，或血管虽不很大，但出血点较多且比较集中(如肌肉的横断面)，最好用针线缝过局部组织，进行贯穿结扎，以免结线松脱。大动脉破裂出血时，切不可用有齿的镊子或血管钳直接夹住管壁，而应先用纱布压住出血部位，吸干血后，小心打开纱布，观察出血点位置，迅速用手指捏住动脉破裂处，用动脉夹夹住血管近心端，再作进一步处理。

开颅过程中如果颅骨出血，可用湿纱布吸去血液后，迅速用骨蜡涂抹止血。如遇硬脑膜上的血管出血，可结扎血管断头，或用烧灼器封口。如果是软脑膜出血，应该轻轻压上止血海绵。

在实验间歇期间，应将创口暂时闭合，或用温盐水纱布盖好，以防止组织干燥和体内热量散失。

2.2.1.2　肌肉、神经与血管的分离

分离肌肉时，应该用止血钳在整块肌肉与其他组织之间，顺着肌纤维方向，将肌肉一块块地分离。切忌在一块肌肉的肌纤维间任意穿插。如果在肌肉纤维间操作，不仅容易损伤肌纤维而引起出血，并且也很难将肌肉分离。若必须将肌肉切断，应先用两把止血钳夹住肌肉(小块或薄片肌肉也可用两道丝线结扎)，然后在两止血钳间切断肌肉。

神经和血管都是比较娇嫩的组织，因此在剥离过程中要耐心、仔细、动作轻柔。切不可用带齿的镊子进行剥离，也不可用止血钳或镊子夹持，以免其结构或机能受损。在剥离粗大的神经和血管时，应先用蚊式止血钳将神经或血管周围的结缔组织稍加分离，然后用大小适宜的止血钳将其从周围的结缔组织中游离出来。游离段的长短视需要而定。在剥离细小的神经或血管时，要特别注意保持局部的自然解剖位置，不要把结构关系弄乱，同时需要用眼科小镊子或玻璃针轻轻地进行分离。

剥离完毕后，在神经或血管的下方穿以浸透生理盐水的缚线(根据需要穿一根或两根)，以备刺激时提起或结扎之用。然后盖上一块浸以生理盐水的棉絮或纱布，以防止组织干燥，或在创口内滴加适量温热(37℃左右)石蜡油，使神经浸泡其中。

2.2.2　动物常用离体标本的制备

2.2.2.1　坐骨神经—腓神经

所用动物多为蟾蜍或蛙。

(1)破坏脑脊髓　常用金属探针插入枕骨大孔破坏脑和脊髓的方法处死。左手握蛙，用拇指按压背部，食指按压头部前端，使头前俯；用右手食指的指甲由头端沿正中线向下滑动，至耳鼓膜后缘连线前约3 mm处可触及一条横沟，其中点相当于枕骨大孔位置(附图4-12)。用探针由此处垂直刺入枕骨大孔，折入颅腔，左右捻转探针，以破坏脑组织；随后将探针退至枕骨大孔，将针头转向后，刺入椎管，以破坏脊髓。此时如果蛙四肢松软，

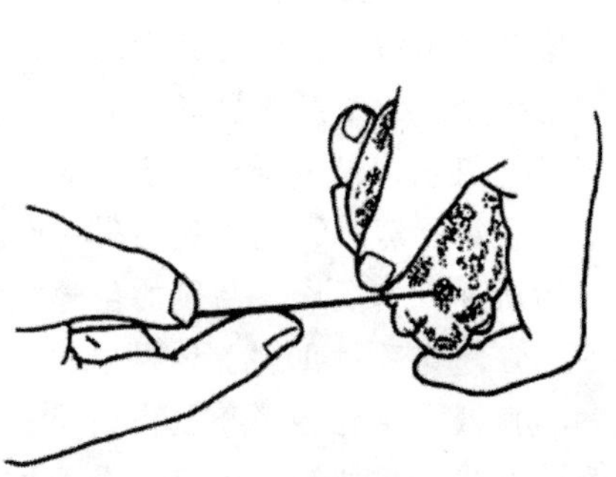

附图4-12　蛙脑脊髓破坏方法

呼吸消失，表明脑和脊髓已完全破坏。

(2)除去躯干上部和内脏　用粗剪刀在骶髂关节水平以上1 cm处剪断脊柱，左手捏住脊柱下方断端，注意不要损伤腹侧面两侧的坐骨神经干，使蛙头和内脏自然下垂，右手持粗剪刀沿脊柱两侧剪除一切内脏和头胸部，留下后肢、骶骨、部分脊柱及紧贴于脊柱两侧的坐骨神经。

(3)剥皮、分离两腿　先剪去肛周一圈皮肤，然后一手捏住脊柱断端，另一只手捏住断端边缘皮肤，向下剥掉全部后肢皮肤。再用粗剪刀将脊柱沿正中线剪开分为两半，标本放在盛有任氏液的培养皿中。洗净手和用过的器械。

(4)游离坐骨神经—腓神经　将一腿标本腹面朝上置于蛙板上，用玻璃分针沿脊柱旁游离坐骨神经，并于近脊柱处穿线结扎。再将标本背面朝上放置，把梨状肌和附近的结缔组织剪去。循神经沟找出坐骨神经的大腿部分(附图4-13)，用玻璃分针仔细剥离，然后从脊柱根部将坐骨神经剪断。手持结扎线将神经轻轻提起，剪断坐骨神经的所有分支，游离神经至腘窝处。坐骨神经在月国窝上方分为胫神经和腓神经两支。在分叉下剪断内侧的胫神经。腓神经于腓肠肌沟内下行至足部；在踝关节水平用线结扎腓神经，并剪断。也可剪断腓神经而分离胫神经，制成坐骨神经—胫神经标本。

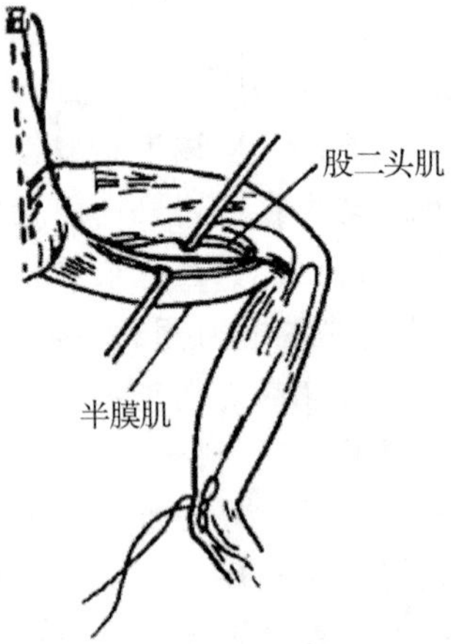

附图4-13　坐骨神经标本背面示意图

标本制成后，浸于任氏液中10～20 min，使其兴奋性相对稳定后即可用于实验。

注意事项：①制备坐骨神经干标本时应作钝性分离，避免过度牵拉或用金属器械、手捏碰神经干；②制备标本时应随时对神经干滴加任氏液，以保持神经湿润，并将暂时不用的神经置于任氏液培养皿中保存。

2.2.2.2　离体骨骼肌标本

常用蛙类离体骨骼肌标本。

(1)坐骨神经—腓肠肌　从破坏脑脊髓至游离坐骨神经等步骤同坐骨神经—腓神经标本的制备。将游离干净的坐骨神经搭于腓肠肌上，在膝关节周围剪掉全部大腿肌肉并用粗剪刀将股骨刮干净，然后在股骨中上部剪断股骨。用镊子将腓肠肌跟腱分离并穿线结扎，结扎后剪断跟腱。左手执线提取腓肠肌，以细剪刀剪去其周围相联的组织，仅保留腓肠肌起始点与骨的联系，在膝关节下将小腿剪去，这样就制得一个具有附着在股骨上的腓肠肌并带有支配腓肠肌的坐骨神经标本(附图4-14)。

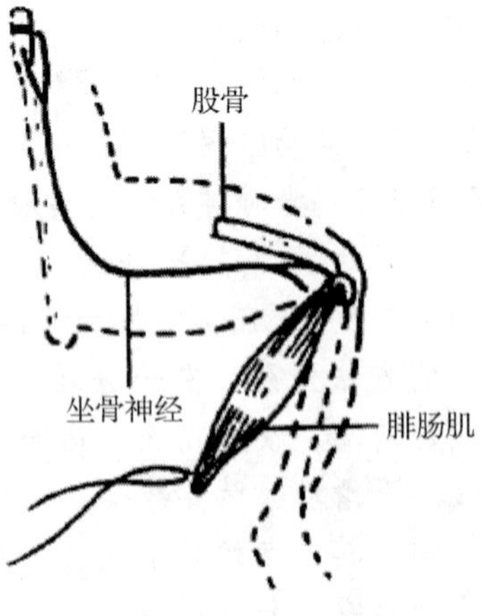

附图4-14　坐骨神经腓肠肌标本制备法

注意事项：①制备过程中，不能使动物的皮肤分泌物和血液等玷污神经和肌肉，但也不能用水冲洗，以免影响组织的机能；②避免金属器械、手捏碰支配腓肠肌的神经分支；③剪断股骨时，应尽量保留一段较长的股骨，以作固定用。

(2)离体蛙腹直肌 破坏蟾蜍脑脊髓，将其仰卧位固定于蛙板上。沿腹正中线剪开皮肤，暴露出自剑突至耻骨联合处的左右两条腹直肌，中间隔有腹白线。用剪刀沿腹白线将两条腹直肌分开，并与两侧腹斜肌分离，在每条腹直肌(宽0.5 cm、长2~2.5 cm)的两端穿线结扎，剪断后浸于任氏液中进行休整备用。

2.2.2.3 离体蛙心脏

用于离体心脏实验的动物分为冷血动物和温血动物，实验生理科学中较常用冷血动物蛙类的心脏。这里介绍两种方法。

(1)斯氏(Straub)法的操作步骤 取蟾蜍或青蛙一只，破坏其脑脊髓后仰卧位固定于蛙板上，剪开胸前区皮肤，剪去胸骨，暴露心脏。用眼科镊提起心包膜，再用眼科剪在心脏收缩时小心将其剪破，使心脏完全暴露出来。结扎右主动脉，在左主动脉下穿一条细线，打一个虚结备用。用眼科镊轻提左主动脉，向心方向剪一“V”形切口，右手将装有任氏液的蛙心插管从切口插入主动脉(附图4-15)，然后向右主动脉方向移动插管，使插管长轴与心脏一致。当插到主动脉圆锥时，再将插管稍向后退，即转向左后方，左手用眼科镊轻提房室沟周围的组织，使插管插入心室，切忌用力过大和插管过深。此时可见插管内任氏液面随蛙心舒缩而上下波动，立即将预先准备好的虚结扎紧，并固定于插管的侧钩上。用吸管吸去蛙心插管内任氏液和血液，以任氏液冲洗1~2次，然后剪断两主动脉弓，轻提蛙心插管，以抬高心脏，在心脏背面静脉窦与腔静脉交界处用线结扎，注意勿结扎静脉窦。在结扎线外侧剪断血管，使心脏与蛙体分离。再用滴管吸取任氏液，将蛙心插管内血液冲洗数次，直到灌流液无色为止。然后将蛙心插管固定在铁支架上，以备实验用。

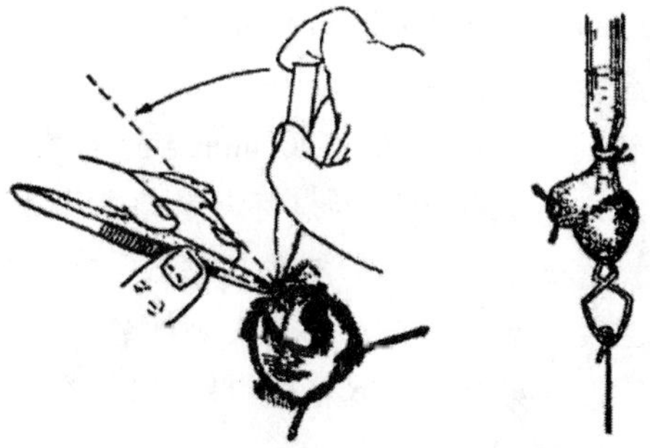

附图4-15 斯氏蛙心插管法及装置

注意事项：①在左主动脉剪口前，应先用蛙心插管的细端置动脉球处与动脉平行来选择适宜的剪口，以免剪口过高或过低；②插好插管的蛙心存放在冰箱内，可供数日使用；③保持离体心脏外部湿润。

(2)八木氏法的操作步骤 斯氏法打开蛙类胸腔暴露心脏。用眼科镊将已浸湿任氏液的一条线穿过主动脉下面，用另一条线穿过主动脉下面并尽量向远端结扎。结扎除主动脉和腔静脉外的全部血管，用镊子提起后腔静脉，在后腔静脉下用眼科剪剪一切口，把预先装有任氏液的八木氏静脉套管从此口插入(附图4-16)。用另一条线结扎固定，冲洗心脏，洗净余血，再翻正心脏，绕主动脉干穿一条线备用。在左侧主动脉上剪一小口，将蛙心动脉套管插入，用线结扎固定，观察心脏每次收缩有无液体从动脉套管内流出。如果能顺利滴出液体，则剪断前后腔静脉和主动脉，使心脏脱离蛙体。

将动脉套管与静脉套管合起来，让由动脉流出的液体流入有刻度的静脉套管内，如此形成离体循环系统。用任氏液反复洗换静脉套管内的灌流液，直到将残留的血液洗出、灌流液呈无色透明为止。将灌流装置固定在铁支架上，以备实验用。

注意事项：①不要损伤静脉窦；②保持离体心脏外部湿润；③静脉套管内任氏液液面高

度应始终保持恒定；④血管不可扭曲，以免阻断血流。

2.2.2.4 离体主动脉条

实验对象多为兔或大鼠。

取兔或大鼠一只，猛击其头致死，立即剖开胸腔，分离胸主动脉，尽可能近心脏处把其切断。迅速置于盛有克氏液并通以95%氧气和5%二氧化碳的培养皿中，剔除血管外结缔组织和脂肪。洗去凝血块，轻轻套在较主动脉稍小的玻璃棒上。然后用眼科剪把主动脉作螺旋形剪开，制成宽约3 mm、长1.5~2 cm的主动脉条，两端分别用线结扎，置于盛有克氏液并通以95%氧气和5%二氧化碳的恒温37℃麦氏浴管内，平行90~120 min后进行实验。也可把胸主动脉剪成一个宽2mm的动脉环代替血管条做实验。

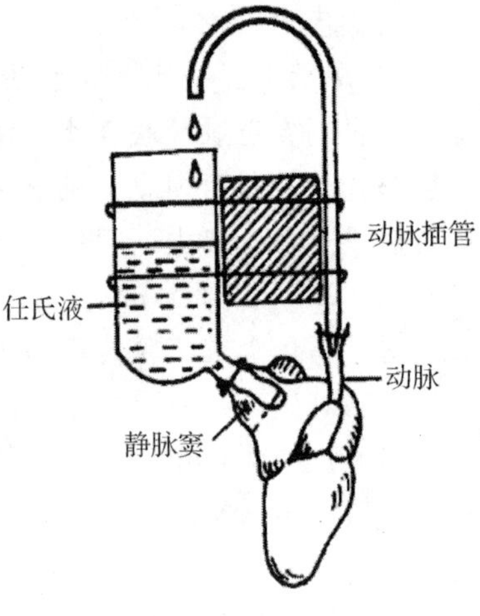

附图4-16 八木氏蛙心灌流装置

注意事项：①本标本勿用手拿，应用镊子取用，不可在空气中暴露过久，以免失去敏感性；②克氏液必须用新鲜蒸馏水配制；③余下的动脉条连同克氏液置于413冰箱中，1~2d内仍可用作实验；④采用大白鼠主动脉条时，可制成宽2~2.5 mm，长2~3 cm。

2.2.2.5 离体肠管

实验对象为兔、豚鼠和大白鼠等哺乳类动物。

取禁食数小时的动物，用木棰猛击动物头枕部使其昏迷，立即剖开腹腔，找出胃幽门与十二指肠交界处，以此处为起点取长20~30 cm的肠管；或找出回盲瓣，以此处找出回肠，取长20~30 cm的肠管。将与该肠管相连的肠系膜沿肠缘剪去，剪取所需肠管，迅速将标本放在4℃左右的台氏液中，去除附着的脂肪组织和肠系膜，用台氏液冲洗肠腔内容物。待基本冲洗干净后，用4℃左右的台氏液浸泡，并将肠管分剪成2~3 cm长的数段。也可根据实验要求把肠段制成纵肌或环肌标本。

注意事项：①冲洗肠管时，动作要轻柔，不宜高压冲洗以免组织挛缩。②余下的肠段连同台氏液置于4℃冰箱中，12 h内仍可使用。

2.2.3 头部手术

实验生理科学中常有神经系统实验，如去大脑僵直、大脑皮层功能定位及诱发电位等。这里以兔为代表，介绍脑的结构与头部手术操作。

2.2.3.1 脑结构

兔脑结构分为5个部分。

(1)大脑 兔大脑较发达，但表面平滑，很少有脑沟和脑回。大脑半球前方发出很大的椭圆形嗅叶，从嗅叶发出嗅神经。两大脑半球之间有一个深的纵沟，将此沟轻轻剥开，在沟底部可见联络两半球的纤维束，叫胼胝体。

(2)间脑 背面为大脑半球所遮盖。在大脑两半球之间的后缘处，有一个具长柄的松果体，一般不易观察到。在腹面有一对白色的视神经交叉，其后方为脑漏斗，漏斗末端是圆形的脑垂体。

(3)中脑 背面也被大脑半球遮盖，小心地将两大脑半球的后缘分开，可以看到4个圆形突出，叫四叠体。腹面可以看到一对大脑脚，它是大脑梨状叶后方两侧的突起。

(4)小脑　小脑也较发达，有5个部分。背面中间是蚓部，其上有横的皱襞。蚓部两侧是一对小脑半球，侧面有一对向外突出的小脑副鬈。小脑腹面可见到横行的神经纤维束，叫脑桥。

(5)延脑　位于小脑的后面，其背面前半部为小脑的蚓部所遮盖。延脑之后接脊髓(附图4-17)。

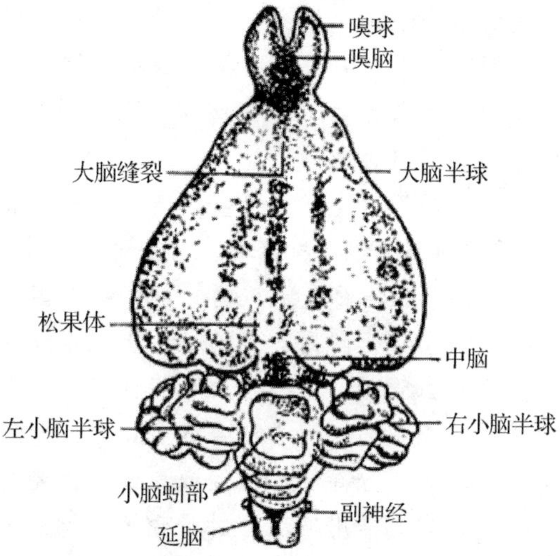

附图4-17　兔脑背面示意

2.2.3.2　兔大脑皮层分离术

将麻醉后的兔腹位固定于兔台上。用手术刀沿头部眉间至枕部将头皮纵行切开，以刀柄剥离肌肉与骨膜，在距正中线1 cm左右的颅骨处用骨钻开孔，勿伤硬脑膜。再以骨钳将创口向前扩大，暴露大脑前端，向后扩展到枕骨结节，暴露双侧大脑半球的后缘。若有出血可用骨蜡止血。在接近头骨中线和枕骨时，要特别注意防止伤及矢状窦和横窦，以免大量出血。硬脑膜紧贴在颅骨内面骨膜上，有时易与颅骨同时被取下。用小镊子夹起硬脑膜，仔细剪去，暴露出大脑皮层，即可按实验要求进行操作、观察。

注意事项：暴露皮层后，将37℃左右的液体石蜡滴在皮层表面，以防止干燥。

2.2.4　颈部手术

颈部手术主要以兔、狗、猫、大白鼠和豚鼠为实验对象。将动物仰卧位固定于手术台上，然后进行实验。

2.2.4.1　颈部切开

剪去颈前皮肤上的毛。用手术刀在喉头与胸骨上缘之间沿颈腹正中线作一切口。切口的长度：大白鼠或豚鼠为2.5~4 cm，兔、猫为5~7 cm，狗为10 cm。用止血钳分离皮下结缔组织，然后将切开的皮肤向两侧拉开，可见到颈部有3条浅层肌肉。

(1)胸骨乳突肌　起自胸骨，斜向外侧方头部颞骨的乳突处，在狗中称为胸头肌。左右胸骨乳突肌呈“V”字形斜向分布。

(2)胸骨舌骨肌　起自胸骨，止于舌骨体，位于颈腹正中线，左右两条平行排列，覆盖于气管腹侧面。

(3)胸骨甲状肌　起自胸骨和第一肋软骨，止于甲状软骨后缘正中处。

2.2.4.2　气管切开及气管插管术

气管切开术是哺乳类动物急性实验中常作的手术。一方面，切开气管和插入气管插管可保证呼吸通畅；另一方面是为实验要求做准备。气管位于颈部正中位，全部被胸骨舌骨肌与胸骨甲状肌所覆盖。用止血钳分开左右胸骨舌骨肌，在正中线沿其中缝插入并向前后两端扩张创口。注意止血钳不能插入过深，以免损伤气管或其他小血管。也可用两食指沿左右胸骨舌骨肌中缝轻轻向上下拉开，此时即可见到气管。在喉头以下气管处，分离一段气管与食管之间的结缔组织，并穿一根浸过生理盐水的棉线备用。于甲状软骨下1~2 cm处的两个软骨环之间，用手术刀或剪刀将气管横向切开，再向头端作一小纵向切口，使呈“⊥”形。将口径适当的气管插管由切口向胸端插入气管腔内，用备用线结扎，再在插管的侧管上打结固定，以防插管滑出。

插入插管后需仔细检查，若管内有血液，必须拔出插管，经止血处理后再插入。

2.2.4.3 颈部神经和血管分离的基本方法

神经和血管都是比较娇嫩的组织，因此在剥离的过程中应细心，动作要轻柔，切不可用带齿的镊子进行剥离，也不可用止血钳或镊子夹持，以免其结构和机能受损。剥离颈部较粗大神经和血管时，先用止血钳将神经或血管周围的结缔组织稍加分离，然后在神经或血管附近结缔组织中插入大小适合的止血钳，顺着神经或血管走行方向扩张止血钳，逐渐使周围结缔组织剥离。分离细小神经或血管时，要特别注意保持局部的自然解剖位置，不要把结构关系弄乱，同时需用玻璃分针轻轻地进行分离。剥离组织时的用力方向应与神经或血管的走行方向一致。分离完毕，在神经或血管的下面穿过浸有生理盐水的细线(根据需要穿一根或两根)，以备刺激时提起或结扎之用。然后用一块浸有温热生理盐水的纱布或棉花盖在切口组织上，经常保持组织湿润(附图4-18)。

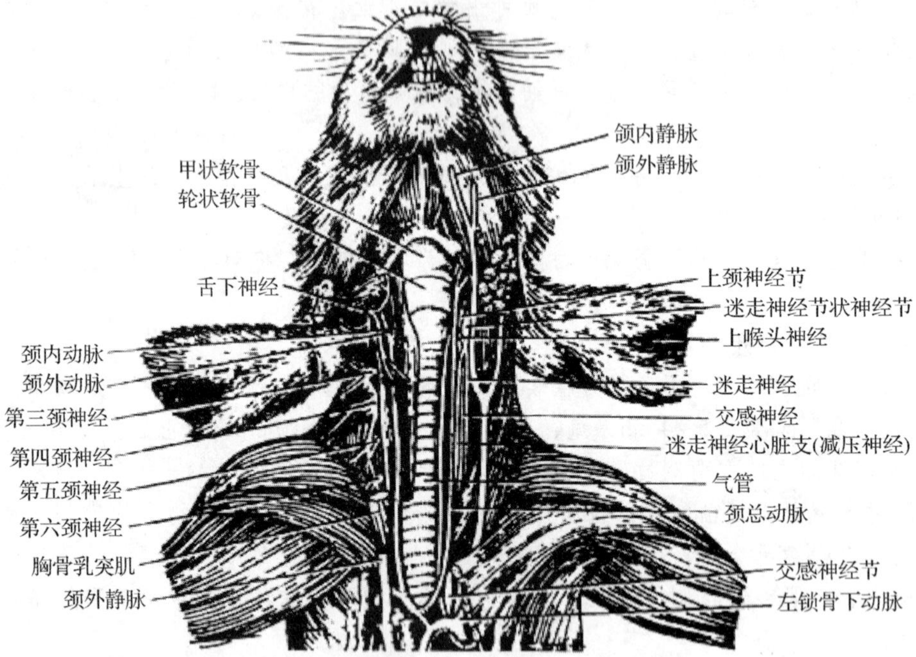

附图4-18 兔颈、胸部的神经和血管示意

2.2.4.4 颈外静脉的分离与插管

在急性实验中，颈外静脉插管常用于注射各种药物、取血、输液和测量中心静脉。兔和狗的颈外静脉很粗大，是头颈部的静脉主干。颈外静脉分布很浅，在颈部皮下胸骨乳突肌的外缘。分离时，将一侧切开的皮肤，用手指在颈皮肤外面向上顶起，即可看到呈暗紫红色的颈外静脉。用钝头止血钳或玻璃分针沿血管走行方向，将静脉周围的结缔组织轻轻分离。颈外静脉插管前，首先准备长短适当、内径为0.1~0.2 cm的塑料管或硅胶管，插入端塑料管头要剪成斜面，另一端连接输液或静脉压测量装置。插管时先用动脉夹夹住静脉近心端，待静脉充盈后再结扎远心端。用眼科剪在静脉上靠远心端结扎线处，呈45°角剪一个马蹄形小口，约为管径的1/3或1/2，插入导管。将备用线打一个结，取下动脉夹，把导管慢慢向右心房方向送至所需长度。测量中心静脉压时，兔需插入约5 cm，狗插入约15 cm，此时导管口在上腔静脉近右心房入口处，可从中心静脉压计中观察到液面停止下降并随呼吸明显波动，结扎固定导管。如果颈外静脉用作注射、输液等，导管一般送入2~3 cm即可。兔选用颈外静脉较好，狗则多用股静脉。

2.2.4.5 颈总动脉的分离与插管

在急性实验中，颈总动脉插管作测量动脉血压或放血用。颈总动脉位于气管外侧，腹面被胸骨舌骨肌和胸骨甲状肌覆盖。分离两条肌肉之间的结缔组织，可找到呈粉红色较粗大的血管，用手指触之有搏动感，即为颈总动脉。颈总动脉与颈部神经被结缔组织膜束在一起，称颈部血管神经束。用左手拇指和食指抓住颈皮和颈肌，以中指顶起外翻，右手持蚊式止血钳或玻璃分针，顺血管神经的走行方向分离出颈总动脉。应注意：颈总动脉在甲状腺附近有一较大的侧支，为甲状腺前动脉，分离时勿将其切断。分离过程中，应不时用生理盐水湿润手术剪，并拭去附近的血液。为了便于插管或作颈总动脉加压反射等操作，颈总动脉应尽量分离得长些：大白鼠、豚鼠2~3 cm，兔3~4 cm，狗4~5 cm。颈总动脉插管用导管同颈外静脉导管，其内充满肝素生理盐水溶液。分离的颈总动脉下置两根备用线，用一根结扎动脉远心端，将动脉夹夹住近心端，另一根线打一活结于动脉夹与远心端结扎线之间。血管切口同颈外静脉。导管插入动脉管腔1~2 cm，然后用线打结，其松紧以放开动脉夹后不致出血为度。结扎固定后再围绕导管打结固定，以免导管滑脱。未测量前暂勿放开动脉夹。

2.2.4.6 颈部神经的分离

(1)颈部迷走、交感和减压神经的分布情况　颈部神经的分布因动物种类而异。

①兔：管外侧，颈总动脉与3根粗细不同的神经在结缔组织的包绕下形成血管神经束。其中最粗的呈白色，为迷走神经；较细的呈灰白色，为颈部交感神经干，交感神经干有到心脏的分支；最细的为减压神经，属于传入性神经(附图4-19)。其神经末梢分布在主动脉弓血管壁内。减压神经一般介于迷走和交感神经之间，但位置常有变异，且变异率很大。

②猫：神经与交感神经并列而行，粗大的为迷走神经，较细的为交感神经，减压神经并入迷走神经中移行。

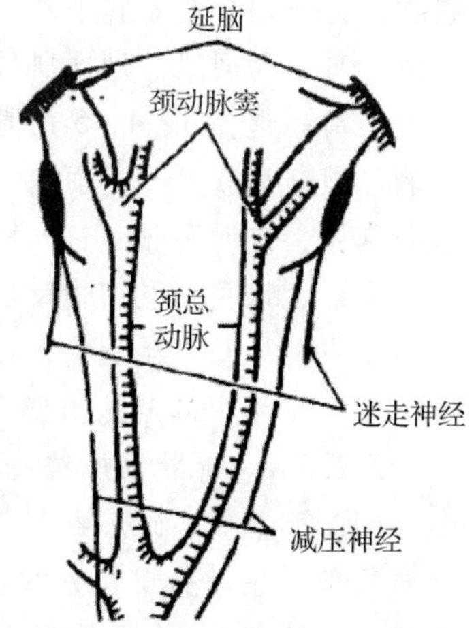

附图4-19　兔减压神经分布示意

③狗：总动脉背侧仅见一粗大的神经干，称为迷走交感神经干。迷走神经的结状神经节与交感神经的颈前神经节相邻。迷走神经于第一颈椎下面进入颈部，与交感神经干紧靠而行，并被一总鞘所包，联合而成迷走交感神经干。但进入胸腔后，迷走神经与交感神经即分开移行。

(2)颈部迷走、交感的减压神经的分离方法 方法同颈总动脉。可根据神经的形态、位置和行走方向等特点来辨认。迷走神经和交感神经很容易辨认。而减压神经仅在兔中为一条独立的神经(在人、马、猪和狗等动物中，此神经并不单独走行，而是行走于迷走交感干或迷走神经中)。辨认时可将颈血管神经束附近的结缔组织膜捏住，轻轻拉向外侧，或在颈总动脉下穿一根线，轻轻提起，即可看到血管和神经自上而下排列在结缔组织膜上。减压神经极易受损伤，应先用玻璃分针将其周围组织分离，然后再分离其他神经，一般分离2~3 cm长的一段即可。分离后，分别把经生理盐水湿润的细线置于各条神经下面，各打一个虚结备用。

(3)颈部膈神经的分离方法 切开并分离颈部皮肤，可见气管和胸骨乳突肌，胸骨乳突肌的外侧有紧贴于皮下的颈外静脉。用止血钳在颈外静脉和胸骨乳突肌之间向深处分离，当分离到气管边缘时，即见较粗的臂丛神经从后外方行走，在臂丛神经内侧有一条较细的膈神经，约在颈部下1/5处横跨臂丛并与之交叉，向内、后走行。辨清膈神经后，用玻璃分针小心地将膈神经分出1~2 cm，并在神经下置一条线备用。为使电位记录幅度较大，可小心剥去神经干周围的结缔组织膜。

2.2.5 胸部手术

2.2.5.1 胸部切开

将兔麻醉后仰卧固定于兔床上，剪毛，沿胸骨正中线切开皮肤直至剑突上，可见胸部肌肉和胸骨。在胸腔的外侧和腹侧壁覆盖着胸肌。该肌分为浅、深两层。

(1)胸浅肌 胸浅肌很发达，包括两部分；胸大肌位于后部；胸薄肌位于前部。它们起自胸骨柄，向下至侧面，止于肱骨的内侧面。

(2)胸深肌 比胸浅肌厚，也分为两部分，它们直接起自胸骨，向前上方，一部分止于锁骨，另一部分至锁骨下肱骨上缘。在正中线左缘1~2 mm处上自第二肋骨下至剑突上切开胸肌，可见肋间肌。肋间肌位于肋骨间隙处，分成内、外两层，都是短的肌束，参与吸气和呼气运动。选择3、4、5肋骨附着点，用手术刀刀刃向上挑断肋软骨，或用骨剪自肋间斜插入胸腔剪断肋软骨，进而向上至第2肋向下至第7、8肋剪断肋骨。然后用小拉钩或小开胸器牵开胸壁，这时可见心包和跳动的心脏。注意事项：①为做好开胸切口，首先要求距正中线不要太远，以免伤及胸内动脉；②当向下剪断肋骨时，不要伤及膈肌；③放置拉钩时，在胸壁切口左侧缘垫湿生理盐水纱布，防止造成气胸；④肋间动脉分支走行于肋间肌、肋骨和胸膜之间，手术中应避免损伤它；⑤分离神经需用玻璃分针，避免金属器械碰触神经。

2.2.5.2 冠状动脉结扎术

(1)兔心脏的血液供应 兔心脏本身所需要的血液来自左右冠状动脉。冠状动脉起自主动脉根部，主动脉瓣前方的左右两壁处。其中左冠状动脉主干位于动脉圆锥和左心耳之间，长度一般不超过3 mm。左冠状动脉下行至冠状沟后即分为两个主要分支。①前降支：下行至心脏腹侧面、左右心室之间的前纵沟。降支较短，止于前纵沟上1/3处占61%；到达中1/3

处者占34%。根据降支发出分支的差异，又分为两型。其中先发出圆锥支为第一型，先发出左室支为第二型。前者前降支细小，而左室前支粗大。左室前支下行至心尖附近。②左旋支：在冠状沟内转向心脏背侧，至心脏背面变细，然后离开冠状沟向下沿前纵沟下行。除发出数个短的左室前支和左室后支及左心房支外，在前面还发出一个粗大的左室支，此支起点在相当于左心耳中1/3处，以单支或双支呈反"S"字形走向心尖，供应范围包括左心室前后壁和乳头肌。这是兔冠状动脉的一个特点。

(2)手术方法　用镊子仔细提起心包膜，用眼科剪小心将其前部剪开，找到前降支和左室支。有的兔前降支明显；有的前降支不明显，左室支粗大。用包裹湿纱布的左手食指，轻轻将心脏向右方翻动一个角度，此时可见一穿行于浅层心肌下、纵行到心尖的较粗大的反"S"字形血管，即为冠状动脉左室支。用止血钳将左心耳轻轻提起，用小号持针器持眼科圆形弯针，在冠状动脉前降支根部下约1 cm处左侧(或左室支管壁下)刺入，结扎动脉。为减少侧支循环，增加心肌缺血和心肌梗死范围，可在结扎线下约0.5 cm处再穿线进行第二次冠脉结扎。结扎完毕后可迅速见到心室前壁和心尖区心肌颜色出现变化，心肌收缩减弱。注意事项：剪心包膜时不要弄破胸膜。

2.2.6　腹部手术

麻醉动物，仰卧位固定于手术台上。

2.2.6.1　胆总管插管

沿剑突下正中切开长约10 cm的切口，打开腹腔，沿胃幽门端找到十二指肠，于十二指肠上端背面可见一个黄绿色较粗的肌性管道，为胆总管。在近十二指肠处仔细分离胆总管，并在其下方置一条棉线，于靠近十二指肠处的胆总管上剪一个小口，向胆囊方向插入细塑料管结扎固定。塑料管插入胆总管后，立即可见绿色胆汁从插管流出。如不见胆汁流出，则可能是未插入胆总管内，应取出重插。注意事项：插管应基本与胆总管平行，才能使其引流通畅。

2.2.6.2　膀胱与输尿管插管

常用狗、兔等作膀胱或输尿管插管手术。

(1)膀胱插管　于耻骨联合上方沿正中线作4~5 cm长切口，再沿腹白线切开腹腔。暴露膀胱，将其上翻，结扎尿道。在膀胱顶部血管较少的部位剪一个小口，插入膀胱插管，用线将切口处的膀胱壁结扎固定于插管上。注意事项：膀胱插管的另一端尿液出口处应低于膀胱水平。

(2)输尿管插管　动物手术基本同膀胱插管。

将膀胱翻至体外后，在膀胱底两侧辨认输尿管，在输尿管靠近膀胱处轻轻分离周围组织，从两侧输尿管下方穿线打一个松结。用眼科剪于输尿管上剪一小口，将充满生理盐水的细塑料插管向肾脏方向插入，扎紧松结。两侧输尿管均同样插入插管，连接一"Y"字形管引出体外。此时可见尿液从插管中慢慢逐滴流出。注意事项：①插管要插入输尿管管腔内，不要插入管壁肌层与黏膜之间；②插管方向应与输尿管方向一致，勿使输尿管扭转，以妨碍尿液的流出；③辨认输尿管，与输精管加以区别。

附录5 常用生理溶液的名称和成分

名称	等张氯化钠液	任氏液 (Ringersol)	拜氏液 (Baylisssol)	洛氏液 (Lockesol)	台氏液 (Tyrodesol)	豚鼠支气管液 (Thorotonsol)	大白鼠子宫液 (Dalesol)	克氏液 (Krebssol)
NaCl (g)	冷血动物 6.0~6.5 温血动物 8.5~9.0	6.5	6.5	9.2	8.0	5.59	9.0	6.9
KCl(mL) 10%		2.0	1.4	4.2	2.0	4.6	4.2	3.5
$CaCl_2$(mL) 5%		2.0	2.4	2.4	2.0	1.5	0.6	5.6
$NaHCO_3$(mL) 5%		4.0	4.0	3.0	20.0	10.4	10.0	4.2
$MgCl_2$(mL) 5%					2.0	0.45		
NaH_2PO_4(mL) 5%				0.2		2.0		
Glucose (g)			2.0	1.0	1.0		0.5	2.0
pH				7.5	8.0			
用途	蛙、龟、蛇、狗、兔、鼠	离体神经	离体蛙心	哺乳动物	兔肠	豚鼠支气管	大白鼠子宫	哺乳动物

附录6　动物生理学设计性实验

完善的实验设计是提高研究和实验效率，减少误差，获取可靠资料的基本保证。动物生理学实验设计的基本程序包括立题、实验设计、实验及观察、实验结果的处理分析及研究结论等环节。

1. 立题及选题原则

立题就是确定所研究的课题，是实验设计的前提，并决定着研究的方向和总体内容。它包括选题和建立假说。选题正确与否直接关系到实验结果的准确性和结论的可靠性及实验的成败，因此在选题时一定要注意选题的基本原则和要求。

(1)目的性　具体、明确地提出通过实验需要解决的问题。选题必须具有明确的理论或实践意义。要求题目简练，内容不宜繁杂、过多。一个实验只需解决1~2个主要问题。

(2)创新性和前瞻性　科学研究是创新性工作，所研究的问题必须是别人没有研究过的，或虽有人研究过但还不能得出结论的问题。因此，必需检索国内外有关文献和科研资料，以便在选题时考虑到通过实验研究能否(或拟)提出新规律、新见解、新技术和新方法。要使研究具有前瞻性，还必须紧密结合专业实践进行选题。

(3)科学性　所研究的问题必须先有一个设想，再设计实验进一步证明设想是否正确。因此选题应有充分的科学依据，与已证实的科学理论和科学规律相符，而不是毫无根据的凭空瞎想。

(4)可行性　选题应切合实验者的知识水平、技术水平和进行该课题研究所需要的实验条件；所观察的指标应明确可靠，易观察、易客观记录；得出的结果重复性好，结论能说明问题，实验能顺利实施。

2. 假说的建立

假说就是对拟研究的问题预先提出实验假设的基本原理、步骤和假定性答案或试探性解释，也是实验研究的预期结果。研究前提出的假说能够引导研究展开；在研究有了结果后，还可根据研究中的发现对假说进行修正，才能提出对某一问题的观点。要建立科学的假说，查阅文献资料是必不可少的工作。对于已掌握的知识和资料需要运用对立统一的观点进行类比，归纳和演绎等一系列逻辑推理过程，明确研究(实验)目的和途径，才能进入实验设计。

3. 实验设计

实验设计是实验研究的计划和方案的制订，必须根据实验研究的目的和预期结果，结合专业和统计学要求，对实验的具体内容和方法做出周密完整的计划安排，使之在实验过程中有所依据，并能够提高实验研究的质量。

3.1　实验设计的内容

实验设计的内容主要包括以下几个方面：

①实验的方案计划及技术路线；

②实验方法与实验步骤；

③所需要的动物、仪器、器材及药品。

3.2 实验设计的要素

(1)处理因素 实验中根据研究目的，由实验者人为地施加给受试对象的因素称为处理因素，如药物、某种手术和某种护理等。在设置处理因素时注意：

①抓住实验的主要因素：由于因素不同和同一因素不同水平造成因素的多样性，因此在实验设计时有单因素和多因素之分。一次实验只观察一个因素的效应称为单因素。一次实验中同时观察多种因素的效应称为多因素。一次实验的处理因素不宜过多，否则会使分组过多，方法繁杂，受试对象增多，实验时难以控制。而处理因素过少又难以提高实验的广度、深度及效率，同时所需时间较长，费用也很高。因此需根据研究目的确定几个主要的、关键性的因素。

②处理因素的强度：处理因素的强度就是因素量的大小，如电刺激的强度、药物的剂量等。处理的强度应适当。同一因素有时可以设置几个不同的强度，如一个试验药设几个剂量(高、中、低)，即有几个水平，但处理因素的水平也不要过多。

③处理因素的标准化：处理因素在整个实验过程中应保持不变，即应标准化，否则会影响实验结果的评价。如电刺激的强度(电压、持续时间、频率等)、药物质量(来源、成分、纯度、生产厂、批号、配制方法等)、仪器的参数等应作出统一的规定，并在试验过程中严格按照这一规定实施，研究结果才有可比性。实行处理因素标准化的有效方法是建立和实施每一类实验的标准操作规程，这将保证每个实验都能够按照统一的标准进行，减少因标准不一造成的失败或误差。

④重视非处理因素的控制：非处理因素(干扰因素)会影响实验结果，应加以控制，如离体实验时的恒温、恒压和供氧等非处理因素。

(2)受试对象 每项科学实验都有其最适宜的受试对象，应该根据对处理因素的敏感程度和反应的稳定性等来选择合适的实验对象。还要考虑动物饲养和繁殖的难易、价格和生长周期等因素。通常采用廉价易得的动物。如需用大动物来完成实验，可选用狗、羊和猪；一般经常选择的实验动物为家兔、大鼠和小鼠等，只在某些关键性的实验中才考虑使用昂贵、难得的动物。

(3)实验效应 实验效应主要指选用什么样的标志或指标，来表达处理因素对受试对象产生的有、无、大、小的影响。这些指标包括计数指标(定性指标)和计量指标(定量指标)、主观指标和客观指标等。

①特异性：观察指标应能特异性地反映某一特定的现象，而不至于与其他现象混淆。如研究高血压病时，应以动脉压(尤其是舒张压)作特异性指标。

②客观性：所观察的指标应避免受主观因素干扰造成较大误差。最好选用易于量化的、经过仪器测量和检验而获得的指标，如心电图、脑电图、血压、心率、呼吸、血气分析、血液生化指标以及细菌学培养结果等。由于主观指标如疼痛、饥饿、疲倦、全身不适、咳嗽等感觉性指标易受个体差异的影响，客观性、准确性较差，难定性，更不易定量。

③重复性：即在相同条件下，指标可以重复出现。为提高重现性，须注意仪器的稳定性，减少操作误差，控制动物的机能状态和实验环境条件。如果在上述条件的基础上，重现性仍然很小，说明这个指标不稳定，不宜采用。

④精确度：精确度包括精密度和准确度。精密度指重复观察时各观察值与其平均值的接

近程度，其差值属于随机误差。准确度指观察值与其真值的接近程度，主要受系统误差的影响。实验指标要求既精密又准确。

⑤灵敏度：灵敏度高的指标能使处理因素引起的微小效应显示出来。灵敏度低的指标会使本应出现的变化不易出现，造成“假阴性”的结果。指标的灵敏度受测试技术、测量方法和仪器精密度影响。

⑥可行性和认可性：可行性是指研究者的技术水平和实验室设备的实际条件能够完成本实验指标的测定。认可性是指经典的(公认的)实验测定方法，必须有文献依据。自己创立的指标测定方法必须与经典方法作系统比较并有优越性，方可获得学术界的认可。

在选择指标时，还应注意以下关系：客观指标优于主观指标；计量指标优于计数指标；变异小的指标优于变异大的指标；动态指标优于静态指标，如体温、体内激素水平变化等，可按时、日、年龄等作动态观察；所选的指标要便于统计分析。

3.3 实验设计的原则

为了确保实验设计的科学性，除对实验对象、处理因素和实验效应做出合理的安排外，还必须遵循实验设计的3个原则，即对照、随机和重复。这些原则是为了避免和减少实验误差，取得实验可靠结论所必需的，是实验过程中应始终遵循的。

(1)对照原则 即设立参照物，使处理因素和非处理因素的差异有一个科学的对比，通常实验分组为处理组和对照组。在比较的各组之间，除处理因素不同外，其他非处理因素尽量保持相同，从而根据处理与不处理之间的差异，了解处理因素带来的特殊效应。为此要求受试对象的基本特点、实验动物品系、性别和年龄相同，体重相近；采用的仪器设备、各种试剂和材料、实验的季节、时间、实验环境(温度、湿度、光照、噪声等)、实验方法、操作过程、采用的观察指标等也要一致；研究全过程都要按照统一的标准进行，或者由同一个人做试验的一部分或观察一种指标，使得掌握条件或标准相同。只有这样，才能消除非处理因素带来的误差，实验结果才能说明问题。根据实验研究目的和要求的不同，可选用不同的对照形式：

①空白对照(又称正常对照)：在不加任何处理的空白条件下或给予安慰剂和安慰措施进行观察对照。安慰剂是一种形状、颜色和气味均与药物相同，不含有生物活性的主药制剂。如观察生长激素对动物生长作用的实验，就要设立与实验组动物同属、年龄、性别和体重的空白对照组，以排除动物本身自然生长的可能影响。

②实验对照组(或假处理对照)：指在某种有关的实验条件下进行观察对照。动物经过相同的麻醉、注射甚至进行假手术、做切开、分离，但不用药或不进行关键处理，以此作为手术对照，以排除手术本身的影响。假处理所用的液体pH值、渗透压和溶媒等均与处理组相同，因而可比性好。如要研究切断迷走神经对胃酸分泌的影响，除设空白对照外，假手术组就是实验对照。

③标准对照：指用标准值或正常值作为对照，以及在所谓的标准条件下进行对照。如要判断某个体血细胞的数量是否在正常范围内，则需要通过计数红细胞、白细胞和血小板的数量，将测得的结果与正常值进行对照比较，根据其是否偏离正常值的范围做出判断。此时所用的正常值就是标准对照。

④自身对照：指将同一受试对象实验后的结果与实验前的资料进行比较，如用药前、后

的对比。

⑤相互对照(又称组间对照)：指不专门设立对照组，而是几个实验组或几种处理方法之间互为对照。如几种药物治疗某种疾病时，可观察几种药物的疗效，各给药组间互为对照。

(2) 随机原则 随机原则是指在实验研究中，使每一个个体都有均等机会被分配到任何一个组中，分组结果不受人为因素的干扰。并按照机遇的次序来安排操作的顺序。通过随机化的处理，可使抽取的样本能够代表总体，减少抽样误差；还可使各组样本的条件尽量一致，消除或减小组间人为的误差，从而使处理因素产生的效应更加客观，便于得出正确的实验结果。这是对资料分析时进行统计推断的前提。

通常在随机分组前对可能显著影响实验的一些因素，如性别、年龄、病情等，先加以控制，这就是分层随机(均衡随机)。如将30只动物(雌雄各半)分为3组，可先把动物分为雌15只、雄15只，再分别把不同性别各随机分为3组，这样比把30只动物不管性别随机分在3组为好。如果在动物分组时，先抓到的是不活泼者，后抓到的是活泼者，而后几组动物会比前几组动物的耐受力强，这样实验得出的结论是不可靠的。为了避免各种因素引起实验结果的偏性，随机化是一个重要手段。

(3) 重复原则 重复是指可靠的实验应能在相同条件下重复(重现性好)，这要求各处理组和对照组的例数(或实验次数)有一定的数量。假如样本量过少，仅在一次实验或一个样本上获得的结果往往由于个体差异和实验误差的影响而不准确，其结论的可靠性也差。假如样本过多，不仅增加工作难度，而且造成不必要的人力、财力和物力的浪费。因此，应在保证实验结果具有一定可靠性的条件下，确定最少的样本例数，以节省人力和经费。

正确决定实验动物的数量或样本的大小，在生理学实验中一是根据生物统计学原理，二是根据文献资料和预实验结果，结合以往的经验来确定。如要研究侧脑室注射组胺对胃酸分泌的影响，设对照组(脑室注射人工脑脊液)，实验组又分为组胺组、H1和H2受体阻断剂组及H1受体阻断剂+组胺组和H2受体阻断剂+组胺组等，共6组，每组10只动物，那么完成这项实验就要60只动物。

重复的第二个含义是指重复实验或平行实验。由于实验动物的个体差异等原因，一次实验结果往往不够可靠，需要多次重复实验才能获得可靠的结果。通过重复实验，可以估计抽样误差的大小，因为抽样误差(即标准误差)的大小与重复次数成反比；还可以保证实验的可重现性。实验需重复的次数(即实验样本的大小)，对于动物实验而说(指实验动物的数量)取决于实验的性质、内容及实验资料的离散度。一般计量资料的样本数每组不少于5例，以2~10例为好。计数资料的样本数则需每组不少于30例。

除上述3个原则外，实验设计还应尽可能从多方面进行同样的实验以加以论证。如检查一个神经因素的作用，可用刺激、切断、药物拮抗(模拟)和受体阻断等方法，如果得到相同的结论，则结论可信且具有普遍意义。又如鱼类等水产动物生理活动的影响因子较多，因此在设计时还需要按照统计学要求在分因子和机体整体、器官、组织细胞等不同水平进行设计。

4. 筛选与预备性实验

4.1 初步筛选

初步筛选是正式实验研究前的初步试探性工作。定向筛选是用同样的实验指标同时对多种药物进行筛选。

普筛是对某药物或方剂进行多种实验，目的是初步发现被测试对象可能具有的药理作用，如麻醉动物血液实验、血流动力学实验和离体器官试验等。普筛要求有一定的覆盖面，以便用较短的时间、较少的人力和物力，发现样品可能具有的药理活性。

4.2 预备实验

预备试验是在上述设计基本完成以后对实验的预演(初步实验)。其目的在于检查各项准备工作是否完善，实验方法和步骤是否切实可行，测试指标是否稳定可靠，同时初步了解试验结果与预期结果的差别，为选题和实验设计提供依据，从而为正式实验提供补充、修正的意见和宝贵经验，是完善实验设计和保证实验成功的重要环节。一般预备实验要着重解决以下几个问题：

①确定正式实验样本的种类和例数；

②检查实验的观察指标是否客观、灵敏和可靠；

③改进实验方法和熟悉实验技术；

④调整处理因素的强度，探索药物剂量大小和反应的关系，确定最适合的用药剂量；

⑤发现值得进一步研究的线索。

5. 实验设计参考课题

根据学生目前已掌握的生理知识和实验手段，适当提出一些难度不太大，比较切实可行的实验题目，让学生逐步参与、学习实验设计。参考课题如下：

①麻醉药对动物血压的影响。

②用测定神经干动作电位的方法，测定时值公式的适用范围。

③影响骨骼肌兴奋—收缩耦联的因素。

④动脉血压对尿量的影响。

⑤影响神经干动作电位传导速度的因素。

⑥同时记录分析减压神经放电和膈神经放电。

⑦化学感受器在调节呼吸运动中的作用。

⑧心肌细胞动作电位与骨骼肌细胞动作电位的比较。

⑨抗利尿激素对尿量的影响。

⑩消化道平滑肌基本电节律的观察。

6. 动物生理学实验报告模板

实验研究论文的书写与一般实验报告不同，要求按正式论文的格式。具体要求如下：

(1)题目 要求反映实验的基本要素。

(2)作者 作者与班级，并注明指导教师姓名。

(3)实验目的 能概括实验的主要内容和主旨。

(4)实验原理 简要说明本实验的基本理论和宗旨。

(5)实验对象与方法 包括动物、药品、仪器、实验分组、实验模型、实验步骤、观察指标和数据处理等。

(6)实验结果 用文字和图表表示。

(7)讨论与结论 根据结果，结合有关理论和文献资料进行分析，并得出结论。

附录7 细胞培养无菌环境的建立和所需仪器

1. 无菌室

细胞培养中一个关键性的技术就是无菌技术。在细胞培养中需要一个相对无菌的环境，因而要建立无菌室。无菌室是相对密封、防潮、防菌的工作空间，在结构和消毒方面有基本要求。无菌室的结构一般由更衣间、缓冲间和操作间三部分组成。为了保持无菌室的无菌状态，必须经常消毒，常采用每天(使用前)紫外照射1~2 h，每周甲醛、乳酸或过氧乙酸熏蒸2 h，每月新洁尔灭擦拭地面和墙壁。

2. 仪器设备

(1)超净工作台

①工作原理：鼓风机驱动空气通过高效过滤器得以净化，净化的空气被徐徐吹过台面空间而将其中的尘埃、细菌甚至病毒颗粒带走，使工作区构成无菌环境。根据气流在超净工作台面空间的流动方向不同，将超净工作台分为侧流式、直流式和外流式。

②无菌处理：使用超净工作台前将台内的紫外灯照射10~30 min，然后让超净工作台预工作10~15 min，以除去臭氧和使工作台面空间呈净化状态。使用前后要用70%酒精擦拭台面，保证无菌。

(2)双纯水蒸馏器 打开电源开关前一定要打开冷凝水，使用完毕后，先切断电源让冷凝水持续一段时间后才关闭。

(3)压力蒸汽消毒器 高压消毒可在5磅，10磅和15磅的压力下进行。一般的消毒为15磅20 min。通常115℃，15 min，几乎可杀死所有已知的微生物。

使用压力蒸汽消毒器时，当压力上升到一定时打开放气阀，将压力蒸汽消毒器中的冷空气排出，然后重新关上放气阀。灭菌结束，冷却一定时间后，先打开安全阀再打开放气阀，等气体排放完毕再打开压力蒸汽消毒器。

(4)电热干燥箱 用于烘干和干热消毒玻璃器皿。

(5)二氧化碳培养箱 能按要求恒定地供给CO_2，可保持稳定的温度和湿度。不同厂家生产的CO_2培养箱的安装、调试、使用和保养等要求有一定差异。培养箱使用一段时间后应用70%的酒精擦拭。

(6)液氮生物容器 用于细胞、组织块等活生物材料的长期冻存。

(7)倒置显微镜 主要目的是观察活体生物标本(如各类细胞)，而这类标本通常放在培养瓶或培养皿中，因此用常规的正置显微镜(主要用于切片类标本的观察)无法观察。倒置显微镜的物镜的工作状态是向上并处于标本的下方，光源处于标本的上方，结构正好与我们所说的常规显微镜(严格上说应为正置显微镜)相反，因此称为倒置显微镜。

(8)离心机 在分离、传代和处理培养细胞时，常用离心方法收集细胞。

(9)无菌过滤器 有一次性定型产品和可反复使用的Zeiss滤器，玻璃滤器及微孔滤膜滤器。

附录 8　清洁液的配制和器皿的清洗消毒

1. 清洁液的配制

1.1　配方

成　分	强酸清洁液	次强酸清洁液	弱酸清洁液
重铬酸钾(g)	63	120	100
H_2SO_4(mL)	1 000	200	100
蒸馏水(mL)	200	200	1 000

1.2　步骤

(1)按配方称量好重铬酸钾和蒸馏水，将重铬酸钾完全溶于蒸馏水中。重铬酸钾难溶于水，需加热溶解。

(2)按配方将浓硫酸加入 1 中，边加边搅拌。注意应往水中加硫酸。

(3)自然冷却备用　盛装清洁液的容器应防酸，耐热和散热好，一般用瓷缸、玻璃制品或耐酸塑料制品。新配制的清洁液呈棕红色，使用时间过久颜色变绿或浑浊时应弃去(深埋地下或稀释倒弃)。

2. 器皿的清洗与消毒

(1)玻璃器皿的清洗　新的或用过的玻璃器皿都需要先用清水浸泡，以软化和溶解附着物。新的玻璃器皿使用前先用自来水简单涮洗，然后用5%的盐酸浸泡过夜。用过的玻璃器皿往往附有大量的蛋白质和油脂，干涸后不易洗刷，用后应立即浸泡于清水中。将浸泡的玻璃器皿洗刷(不能用洗衣粉等)。洗刷干净的器皿晾干后泡酸(即泡清洁剂)，器皿要完全浸没在清洁剂中，泡酸的时间不少于6 h，一般要过夜或更长时间。将器皿从清洁剂中取出，沥干清洁剂，用水冲洗器皿，每件器皿至少要重复“注满水—倒空”15 次以上。最后用双蒸水涮洗 2～3 次，晾干或烘干备用。

(2)橡胶制品的清洗　新购置的橡胶制品用 0.5 mol/L NaOH 煮沸 15 min，流水冲洗 0.5 mol/L HCl 煮沸 15 min，流水冲洗，自来水煮沸 2 次，蒸馏水煮沸 20 min，烤干备用。用过的橡胶制品洗刷后用自来水煮 2 次，再用蒸馏水煮，时间同前。

(3)不锈钢器械的清洗　浸泡后刷洗干净，过 2～3 遍双蒸馏水，烘干备用。

(4)包装　对细胞培养用品进行消毒前要进行严密的包装。常用牛皮纸、铝饭盒和锡箔纸等。

(5)消毒

①高压消毒：玻璃制品、器械和橡胶制品一般高压消毒 20 min，纱布、棉球和液体需要 40 min。液体不能把瓶装满，至少要留 1/3 的空隙。用橡皮塞盖好，并用纱布把瓶口包扎起来，再在橡皮塞上插上针头，注意针头要与液面保持一定距离。消毒后的器械和器皿应放入烤箱中烘干，冷却后放入冰箱 4℃保存。

②干烤消毒：包装好的器皿在烤箱中加热到 160℃以上，并保持 90～120 min，杀死细菌

和芽孢。灭菌结束后要关掉开关使物品逐渐冷却，切忌立刻打开，以免温度骤变，使箱内的玻璃器皿破裂。烤箱内放置的物品间要有空隙，物品不要靠近加热装置。

③过滤除菌：用于遇热易发生变性而失效的试剂或培养液。

附录9 实验人员的无菌准备和细胞培养用液的配制

1. 实验人员的无菌准备

(1)用肥皂洗手。

(2)穿好隔离衣，带好隔离帽、口罩，放好拖鞋。

(3)用75%酒精棉球擦净双手。

2. 无菌操作的演示

(1)凡是带入超净工作台内装有酒精、PBS、培养基和胰蛋白酶的瓶子，均要用75%酒精擦拭瓶子的外表面。

(2)靠近酒精灯火焰操作。

(3)器皿使用前必须过火灭菌。

(4)继续使用的器皿(如瓶盖、滴管)要放在高处，使用时仍要过火。

(5)各种操作要靠近酒精灯，动作要轻、准确，不能乱碰。如吸管不能碰到废液缸。

(6)吸取两种以上的使用液时要注意更换吸管，防止交叉污染。

3. 细胞培养试剂的配制

3.1 水的制备

细胞培养用水必须非常纯净，不含有离子和其他杂质。需要用新鲜的双蒸水、三蒸水或纯净水。

3.2 PBS的制备与消毒(也可用于其他BSS，如Hanks、D-Hanks液的配制)

(1)溶解定容 将药品(NaCl 8.0 g，KCl 0.2 g，$Na_2HPO_4 \cdot H_2O$ 1.56 g，$KH_2PO_4$0.2 g)倒入盛有双蒸水的烧杯中，用玻璃棒搅动使充分溶解，然后把溶液倒入容量瓶中准确定容至1 L，摇匀即成新配制的PBS溶液。

(2)移入溶液瓶内待消毒 将PBS倒入溶液瓶(大的吊针瓶)内，盖上胶帽，并插上针头，放入高压锅内消毒40 min。注意高压消毒后要用灭菌蒸馏水补充蒸发掉的水分。

(3)胰蛋白酶溶液的配制与消毒 胰蛋白酶的作用是使细胞间的蛋白质水解，从而使细胞离散。不同的组织或者细胞对胰酶的作用反应不一样。胰酶分散细胞的活性还与其浓度、温度和作用时间有关，在pH为8.0、温度为37℃时，胰酶溶液的作用能力最强。使用胰酶时，应把握好浓度、温度和时间，以免消化过度造成细胞损伤。因Ca^{2+}、Mg^{2+}和血清、蛋白质可降低胰酶的活性，所以配制胰酶溶液时应选用不含Ca^{2+}、Mg^{2+}的平衡盐溶液(BSS)，如D-Hanks液。终止消化时，可用含有血清培养液或胰酶抑制剂终止胰酶对细胞的作用。

①称取胰蛋白酶：按胰蛋白酶液浓度为0.25%，用电子天平准确称取粉剂，溶入小烧杯中的双蒸水(若用双蒸水，需要调pH至7.2左右)或PBS(D-hanks)液中。搅拌混匀，置于4℃过夜。

②用注射滤器抽滤消毒：配好的胰酶溶液要在超净台内用注射滤器(0.22 μm微孔滤膜)抽滤除菌。然后分装成小瓶，在-20℃保存备用。

(4)青霉素和链霉素溶液的配制和消毒

①所用纯净水(双蒸水)需要15磅高压灭菌40 min。

②具体操作均在超净台内完成。青霉素是80万单位/瓶，用注射器加4 mL灭菌双蒸水，每1 L培养液中加0.5 mL，最终浓度为100 U/mL。链霉素是100万单位/瓶，加5 mL灭菌双蒸水，每1 L培养液中加0.5 mL，最终浓度为100 U/mL。

(5)DMEM的制备与消毒

①溶解、调pH值、定容：先将培养基粉剂加入培养液体积2/3的双蒸水中，并用双蒸水冲洗包装袋2~3次(冲洗液一并加入培养基中)，充分搅拌至粉剂全部溶解，并按照包装说明添加一定的药品。然后用注射器向培养基中加入配制好的青、链霉素液各0.5 mL，使青、链霉素的最终浓度各为100单位/mL。然后用一个当量的盐酸和NaOH调pH到7.2左右。最后定容至1 L，摇匀。

②配好上述溶液以后，用过滤法消毒除菌。采用0.22 μm和0.45 μm滤膜各一张。

③分装：将过滤好的培养液分装入小瓶内，置于4℃冰箱内待用。

(6)血清的灭活 一般外购的血清只进行过灭菌，在使用前需要进行灭活处理。加温到56℃ 30 min，以消除补体活性，未灭活血清应保存在-20℃冰箱中。将灭活后的血清分装。

4. 注意事项

(1)配制溶液时必须用新鲜的蒸馏水。

(2)安装滤器时通常使用孔径为0.45 μm和0.22 μm的滤膜各一张，放置位置为0.45 μm的位于0.22 μm的滤膜上方，并且要特别注意滤膜光面朝上。

(3)培养液配好后，先抽取少许放入培养瓶内，在37℃温箱内放置24~48 h，以检测培养液是否有污染，然后才可用于实验。

附录10　常用试剂和缓冲液的配制

1. 各种 pH 值的 Tris 缓冲液的配制

附表 10-1　Tris 缓冲液

所需 pH 值(25℃)	0. 1 mol/L HCl 的体积(mL)	所需 pH 值(25℃)	0. 1 mol/L HCl 的体积(mL)
7. 1	45. 7	8. 1	26. 2
7. 2	44. 7	8. 2	22. 9
7. 3	43. 4	8. 3	19. 9
7. 4	42. 0	8. 4	17. 2
7. 5	40. 3	8. 5	14. 7
7. 6	38. 5	8. 6	12. 4
7. 7	36. 6	8. 7	10. 3
7. 8	34. 5	8. 8	8. 5
7. 9	32. 0	8. 9	7
8. 0	29. 2		

某一特定 pH 值的 0. 05 mol/L Tris 缓冲液的配制：将 50 mL 0. 1 mol/L Tris 碱溶液与上述相应体积(单位：mL)的 0. 1mol/L HCl 混合，加水将体积调至 10 mL。

2. 常用电泳缓冲液

附表 10-2　电泳缓冲液

缓冲液	使用液	浓贮存液(L)
Tris-乙酸(TAE)	1 ×：0. 04 mol/L Tris-乙酸 0. 001 mol/L EDTA	50 ×：242 g Tris 碱 57. 1 mL 冰乙酸 100 mL 0. 5 mol/L EDTA(pH 8. 0)
Tris-硼酸(TBE)	0. 5 ×：0. 04 mol/L Tris-硼酸 0. 001 mol/L EDTA	5 ×：54 g Tris 碱 27. 5 g 硼酸 20 mL 0. 5 mol/L EDTA(pH 8. 0)

TBE 浓溶液长时间存放后会形成沉淀物，为避免这一问题，可在室温下用玻璃瓶保存5 × 溶液，出现沉淀后则予以废弃。

3. 凝胶加样缓冲液

附表 10-3　凝胶加样缓冲液

缓冲液类型	6 × 缓冲液	贮存温度(℃)
Ⅰ	0. 25% 溴酚蓝 0. 25% 二甲苯青 FF 40% (m/V) 糖水溶液	4

（续）

缓冲液类型	6×缓冲液	贮存温度(℃)
Ⅱ	0.25%溴酚蓝 0.25%二甲苯青FF 15%葡聚糖(Ficoll400)	室温
Ⅲ	0.25%溴酚蓝 0.25%二甲苯青FF 30%甘油水溶液	4
Ⅳ	0.25%溴酚蓝 40%(m/V)糖水溶液	4
Ⅴ	0.15%溴甲酚绿 0.25%二甲苯青FF 18%葡聚糖(Ficoll400)	4

4. 常用贮存液的配制

0.1 mol/L腺苷三磷酸(ATP)：在0.8 mL水中溶解60 mg ATP，用0.1 mol/L NaOH调pH至7.0，用蒸馏水定容至，分装成小份保存于-70℃。

10 mol/L乙酸铵：把770 g乙酸铵溶解于800 mL水中，加水定容至1 L后过滤除菌。

10%过硫酸铵：把1 g过硫酸铵溶解于10 mL水溶液中，该溶液可在4℃内保存数周。

1 mol/L $CaCl_2$：在20 mL纯水中溶解54 g $CaCl_2 \cdot 6H_2O$，用0.22 μm滤器过滤除菌，分装成1 mL小份贮存于-20℃。

说明：制备感受态细胞时，取出一小份用纯水稀释至100 mL，用Nalgene滤器(孔径0.45 μm)过滤，然后骤冷至0℃。

2.5 mol/L $CaCl_2$：在20 mL蒸馏水中溶解13.5 g $CaCl_2 \cdot 6H_2O$，用0.22 μm滤器过滤除菌，分装成1 mL小份贮存于-20℃。

0.5 mol/L EDTA(pH 8.0)：在800 mL水中加入二钠二水二乙胺四乙酸二钠(EDTA-盐需加入$NaOH \cdot 2H_2O$)，在磁力搅拌器上剧烈搅拌。用NaOH调节溶液pH值至8.0(约需20 g NaOH)，然后定容至1 L，分装后高压灭菌，备用。

溴化乙啶(10 mg/mL)：在100 mL水中加入1 g溴化乙啶，磁力搅拌数小时以确保其完全溶解，然后用铝箔包裹容器或转移至棕色瓶中，室温保存(注意：由于溴化乙啶是强诱变剂，并有中度毒性，使用含有这种染料的溶液时务必戴上手套，称量染料时要戴面具)。

IPTG：为异丙基硫代-β-L半乳糖苷(相对分子质量为238.3)，在8 mL蒸馏水中溶解2 g IPTG，用蒸馏水定容至10 mL，用滤器过滤除菌，分装成5 mL小份，贮存于-20℃。

酚/氯仿：把酚/氯仿等体积混合后，用0.1 mol/L Tris-HCl(pH 7.6)抽提几次以平衡混合物，置于棕色试剂瓶中，上面覆盖等体积的0.1 mol/L Tris-HCl(pH 7.6)液层。于4℃保存(注：酚腐蚀性很强，并引起严重烧伤，操作时应戴手套和防护镜，在化学通风橱内操作，与酚接触过的部位应用大量水清洗，不能用乙醇)。

10%十二烷基硫酸钠(SDS)：在900 mL水中溶解100 g电泳级SDS，加热至68℃助溶，加入几滴浓盐酸调节溶液的pH至7.2，加水定容至1 L，分装备用(注：SDS的微细晶粒易于扩散，因此称量时要戴面具，称量完毕后要清除残留在工作区和天平上的SDS，10%溶液无须灭菌)。

20×SSC：在800 mL水中溶解175.3 g NaCl 88.2 g柠檬酸钠，加入数滴10 mol/L NaOH溶液调pH至7.0，加水定容至1 L，分装后高压灭菌。

X-gal：X-gal为5-溴-4-氯-3-吲哚-β-D-半乳糖，用二甲基甲酰胺溶解X-gal配制成20 mg/mL的贮存液，保存于玻璃或聚丙烯管中。装有X-gal溶液的试管须用铝箔封好，以防因受光照而被破坏，并贮存于－20℃。X-gal溶液无需过滤除菌。

1 mol/L Tris：在800 mL水中溶解121.2 g Tris碱，加入浓HCl调pH至所需值。如果1 mol/L溶液呈现黄色，应丢弃并制备新的Tris。

pH	HCl
7.4	70 mL
7.6	60 mL
8.0	42 mL

应使溶液冷至室温后调节pH值，加水定容至1 L，分装后高压灭菌(注：尽管多种类型的电极均不能准确测量Tris的pH值，但仍可向大多数厂商购得合适的电极。Tris溶液的pH值因温度而异，温度每升高1℃，pH值大约降低0.03个单位)。

Tris缓冲盐溶液(TBS 25 mmol/L Tris)：在800 mL蒸馏水中溶解8 g NaCl、0.2 g KCl和3g Tris碱，并用HCl调pH至7.4，用蒸馏水定容至1 L，分装后在高压下蒸汽灭菌20 min。室温保存。

Denhardt试剂：50×贮存液，含5 g Ficoll、5 g聚乙烯吡咯烷酮和5 g牛血清蛋白，加水至终体积为500 mL。过滤后贮存于－20℃。

5. 抗生素

附表10-4　抗生素

抗生素	贮存浓度(mg/mL)	保存条件(℃)	工作浓度(μg/mL)(严紧型质粒)	工作浓度(μg/mL)(松弛型质粒)
氨苄青霉素	50(溶于水)	－20	20	60
羧苄青霉素	50(溶于水)	－20	20	60
氯霉素	34(溶于乙醇)	－20	25	170
卡拉霉素	10(溶于水)	－20	10	50
链霉素	10(溶于水)	－20	10	50
四环素	5(溶于乙醇)	－20	10	50

注：以水为溶剂的抗生素贮存液应通过0.22 μm滤器过滤除菌，以乙醇为溶剂的抗生素溶液无须除菌处理。所有抗生素均应放于不透光的容器中保存。

镁离子是四环素的拮抗剂，四环素抗菌的筛选应使用不含镁盐的培养基(如LB培养基)。

附录 11 DNA 相对分子质量标准

附表 11-1

λDNA/EcoR Ⅰ 片段	碱基对数目(kb)	相对分子质量
1	21.226	13.7×10^6
2	7.421	4.74×10^6
3	5.804	3.73×10^6
4	5.643	3.48×10^6
5	4.878	3.02×10^6
6	2.53	2.13×10^6

附表 11-2

λDNA/Hind Ⅲ 片段	碱基对数目(kb)	相对分子质量
1	23.13	1.5×10^6
2	9.149	6.12×10^6
3	6.557	4.26×10^6
4	4.371	2.84×10^6
5	2.322	1.51×10^6
6	2.028	1.32×10^6
7	0.564	0.37×10^6
8	0.125	0.08×10^6

附表 11-3

λDNA/ EcoR Ⅰ ~ Hind 片段	碱基对数目(kb)	λDNA/ EcoR Ⅰ ~ Hind 片段	碱基对数目(kb)
1	21.226	8	1.584
2	5.148	9	1.330
3	4.973	10	0.983
4	4.227	11	0.831
5	3.530	12	0.564
6	2.027	13	0.125
7	1.904		

附录 12 Motic 数码生物显微摄影操作指南

1. 数码生物显微镜的组成

生物显微镜、CCD 摄像系统、图像采集卡、计算机、MOTIC IMAGINES ADVANCE 3.0 软件。

2. 数码生物显微镜的操作

2.1 打开显微镜电源开关。

2.2 按显微镜常规操作方法，将显微镜调整至正常工作状态。

2.3 将显微镜光路转换拉杆拉出，显微镜处于既可目视观察，又可进行 CCD 摄像状态。

2.4 双击计算机桌面上的 MOTIC IMAGINES ADVANCE 3.0 图标，在 MOTIC IMAGINES ADVANCE 3.0 界面选择“附加模块”菜单下的“MOTICTEK”。

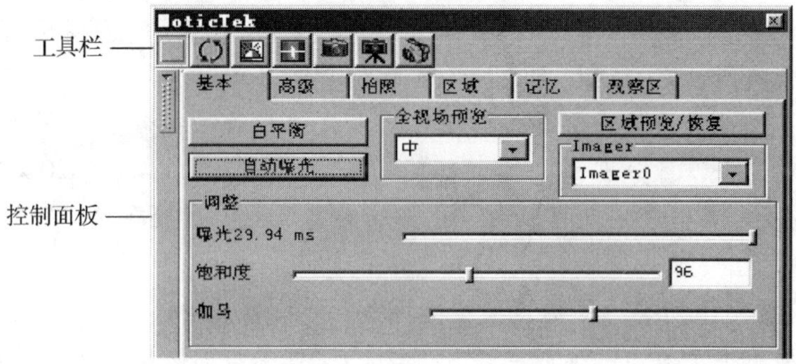

2.5 在“MOTICTEK”界面中将显示被观察切片的图像，该图像与从显微镜观察目镜观察的一致。

2.6 被观察的图像调整

2.6.1 选定 4× 物镜，用显微镜目镜观察。

a. 调整粗、微调焦手轮使被观察切片位于焦平面上，保证成像清晰。

b. 移动载物台上的被观察切片，使切片上被观察部分位于视场中央。此时在捕捉视窗中的图像与从显微镜目镜观察到的图像中心位置及清晰度基本相同。

2.6.2 将物镜转换到 40× 观察，调整微调手轮保证被观察切片位于焦平面上，适当微调切片的位置，使切片上被观察部分位于视场中央。此时，若转换到 10×、4× 观察，则 10×、4× 在显示屏上的图像也是齐焦的，且图像基本位于显示屏中心。

2.6.3 按照拍摄要求调整好物镜倍数和焦距后，可以通过 MoticTek 面板中的调节设置来调整图像效果、大小、色彩等。

a. 图像控制窗口的设置　点击控制面板左边的展卷条将隐藏该控制面板。要重新显示该控制面板，请再次点击展卷条。

b. 工具栏　有改变窗口样式按钮、自动曝光按钮、白平衡按钮、拍照按钮和自动拍照按钮。

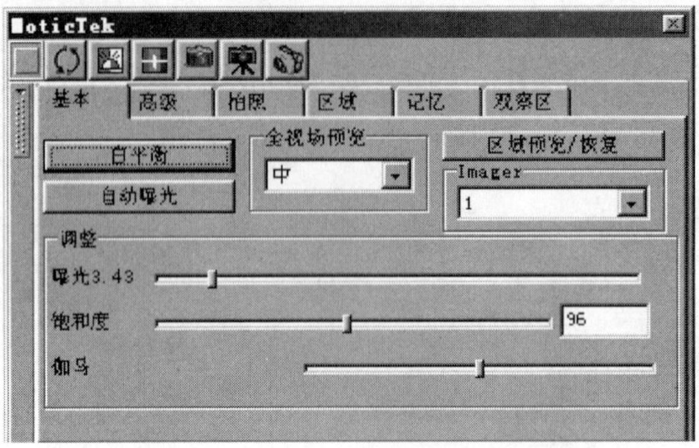

c. 控制面板　由基本、高级、拍照、区域、记忆和观察区 6 个选项卡构成。

点击控制面板左边展卷条将隐藏控制面板，再次点击该展卷条将重新显示控制面板。

点击“基本”标签将得到如下选项卡：

白平衡：使用白平衡可以将图像的背景色转为白色，以加强对比。

自动曝光：使用自动曝光时，程序将自动设置曝光时间，以便达到最佳图像效果。自动曝光的计算结果将随所设定的曝光系数的不同而改变。

全视场预览：该设置用于预览全视场图像。点击该设置中的箭头将得到一个列表，共提供大、中、小三种选择，可分别预览尺寸为 1280×1024、640×512 及 320×256 的图像。

区域预览/恢复：点击该按钮可以预览已经选定的区域。直接在预览窗口中单击并拖动鼠标即可定义选区。

Imager：该设置用于切换不同的图像捕捉设备，可调整。

曝光：该滑动条用于显示曝光时间，在“曝光”字样旁边的数值即为当前的曝光时间。

饱和度：该滑动条用于调节预览图像的饱和度。滑动条右边的数值即为当前的饱和度值。

伽马：该滑动条用于调节预览和拍摄的图像的伽马值。伽马值的设置将影响自动曝光的计算结果。

点击高级标签将得到如下选项卡：

增益(色彩)：色彩增益调节由 RGB 滑动条构成，可以对红色值、绿色值和蓝色值进行调节。滑动条右边的数字表明当前的色值，其变化范围为 0~62。

点击拍照标签将得到如下选项卡：

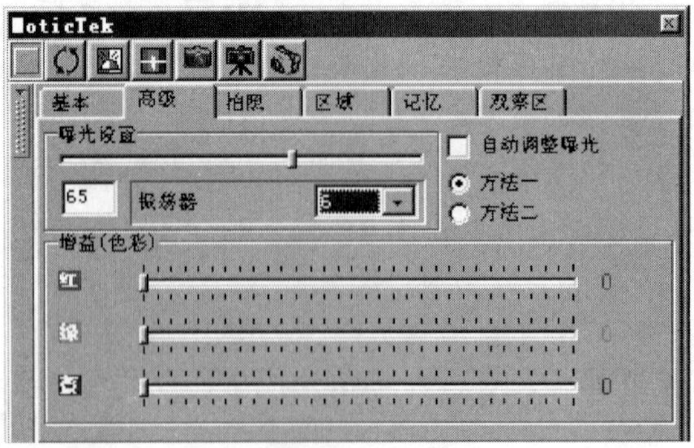

曝光设置：用于对曝光系数进行设置，曝光系数的变化范围为 1 ~ 100。曝光系数的变化将影响曝光时间的计算结果。

自动调整曝光：点选该选项后，程序将依据硬件的设置变化自动进行曝光计算和调节，以获得较高画质的图像。

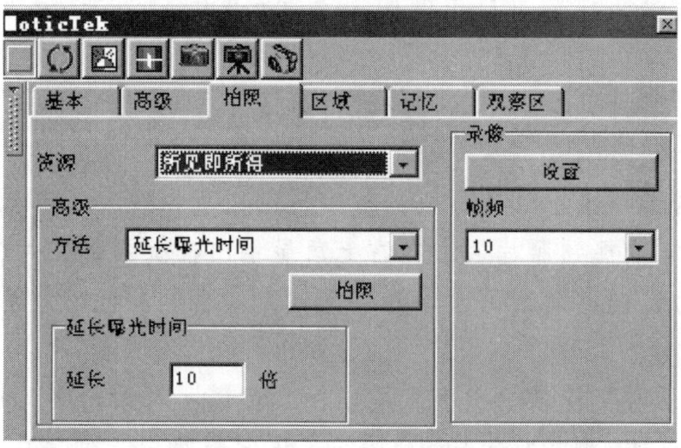

资源：用于调节捕捉到的图像的质量。提供所见即所得和最高分辨率两种选择。

点击观察区标签将得到如下选项卡：

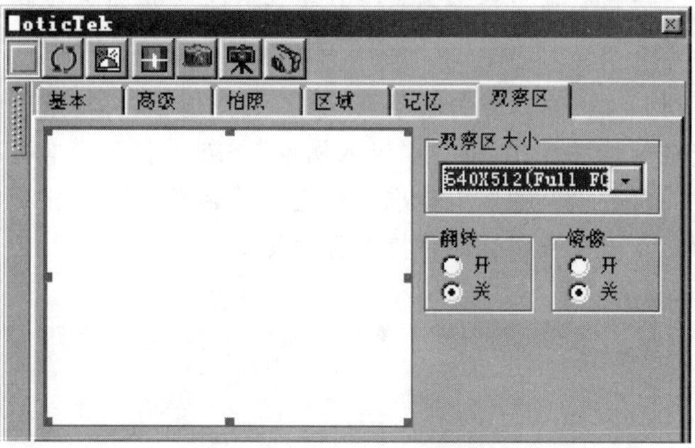

通过以下操作可以选择显示在预览窗口中的图像区域。

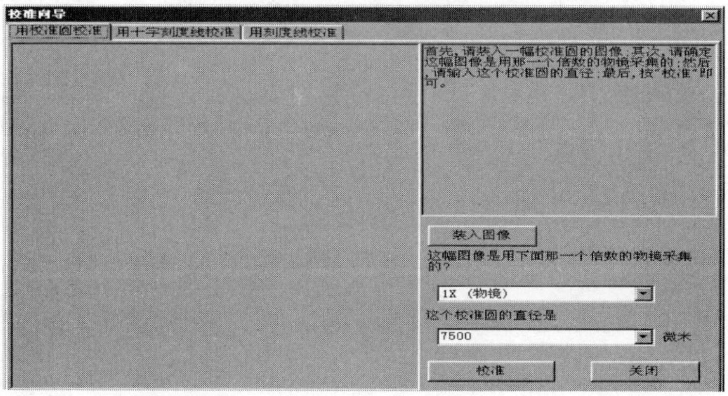

观察区大小：该设置可用于设定预览窗口中显示的图像的尺寸。共有 8 种尺寸可供选择：

320×240、640×480、800×600、1 024×768、1 280×960、1 280×1 024、640×512(Full FOV)和320×256(Full FOV)。

点击该设置中的箭头即可得到图像尺寸的列表，然后点选所需的尺寸就可用该尺寸预览图像。

翻转：该设置用于翻转预览窗口中的图像。点选“开”或“关”选项即可使用或关闭翻转功能。

镜像：该设置用于对预览窗口中的图像进行镜像处理。点选“开”或“关”选项即可使用或关闭镜像功能。

点击并拖动观察区选项卡中红色方框的伸缩控制钮可以改变视频区域的大小。

2.7 按下拍照按钮捕捉到照片后，在右上角显示出捕捉到的图片，单击选中图片，再选择文件菜单中的存储为，弹出对话框，输入存储的文件名和图像格式后，点击保存。

3. 图像校准

3.1 将校准片置于显微镜载物台上。按操作步骤说明调校清晰显微镜图像。

3.2 单击工具栏上的“测量标定向导”按钮，该向导将引导你完成显微镜的校准。

为了保证测量工作准确无误，每次在使用软件测量前都必须进行校准工作。

图像校准步骤为：

点击菜单栏中的设置栏，选择校准向导，校准向导命令提供3种校准方式：用校准圆校准、用十字刻度线校准和用刻度线校准。它们都是根据预先制作的具有固定尺寸的标准片，在一定倍数下显微镜所拍摄的图片作为校准图来进行校准。采用校准圆进行校准，打开校准向导窗口，点击用校准圆校准标签。点击“装入图像”按钮，打开带有校准圆的图像，选择采集该图像所用的物镜的倍数以及图像中校准圆的直径，点击“校准”按钮进行校准，并保存校准结果。校准结束后，点击关闭按钮，将校准窗口关闭。

附录13 Motic数码体视显微摄影

1. 数码体视显微镜的组成

体视显微镜、CCD摄像系统、计算机、Motic Images Plus 2.0软件。

2. 数码体视显微镜的操作

(1)打开体视显微镜的电源。

(2)按体视显微镜的常规操作方法，调整至正常工作状态。

(3)运行MOTIC数码图像采集程序：Motic Images Plus 2.0。

(4)通过“采集窗”捕捉图像。

(5)将捕捉的图片存盘。

(6)使用完毕后，关闭显微镜电源和计算机。

3. 校准

(1)将校准片置于显微镜载物台板上。按操作步骤说明调校清晰显微镜图像，然后关闭“Motic”数码显微镜按钮。

(2)单击工具栏上的“设置”按钮，在设置面板上中把捕捉图像大小的值设为320×240dpi。

(3)在测量面板上单击“校准”按钮。

(4)单击“立即捕捉”按钮，对校准切片上的黑色圆点进行捕捉。如果此前已存储过该校准切片的图像，请单击“装入图片”按钮载入该图像，然后执行下面的3.7、3.8、3.9、3.10步骤。

(5)在弹出的捕捉窗口中，先在设备菜单下选择捕捉设备类型。

(6)单击“捕捉当前帧”按钮，捕捉切片图像，图像将出现在校准向导左边的窗口中。关闭捕捉窗口。

(7)在物镜倍率框中选择你捕捉图片时所用的物镜倍率，一台显微镜只需选定一种倍率的物镜校准即可。

(8)按校准切片标贴上所注切片上圆点的直径，在第二个数字框中填入该圆点的直径大小。

(9)单击“校准”按钮。

(10)单击OK，则校准完毕。

附录 14 Nikon 50i 荧光显微摄影

1. 荧光显微镜的组成

由荧光显微镜、CCD 摄像系统、计算机和图像采集软件 ACT－2U 等组成。

2. 荧光显微镜的操作步骤

(1)将各附件接入电源。

(2)按显微镜常规操作方法将荧光显微镜左侧底座上的电源开关打开，将显微镜调整至正常工作状态，物镜为 10 倍。

(3)将目镜下面的 SHUTTERG 开关调至 C(CLOSE)。

(4)根据实验的需要旋动右侧上部的 CUBE 旋钮选择滤光镜，如经常使用的紫外光为 UB-2A，旋钮上的刻度位置标识在内。

(5)将左侧上部的 ND 滤光片(三片)全部推入显微镜内部，对光源不进行滤光处理，在后面的实际观测过程中，可根据实际图像亮度的要求调节滤光片。

(6)打开汞灯供电附件电源 POWER 键，此时附件面板上的绿灯亮，待稳定 5～10 s 后按下 IGNITIONQ 键，使汞灯进入工作准备状态，此时橙色显示灯点亮。

(7)将被染色剂染色处理后的压片材料置于载物台上，并将被观察部分位于视场中央，调整粗、微调焦手轮使被观察压片位于焦平面上，保证成像清晰，此时观察到的是在明场下的图像(并非荧光图像)。再选定合适的物镜倍数使所观察到的图片达到实验的要求。

(8)关掉显微镜的明场电源，打开 SHUTTER 旋钮至 O(OPEN)，此时即可见到产生有荧光的图像。

(9)拉出目镜右侧的拉杆，为 PHOTO 状态，打开视频采集附件电源开关。

(10)打开电脑，点击电脑桌面上的 ACT－2U 图标，启动软件后点击工具栏上的 connect camera 按钮。在软件的图像采集窗口即可看见所拍摄的图像，如果需要调整图像的位置和焦距，必须通过上部的拉杆进行切换，即拉杆拉出后只能在电脑图像采集窗口中看到图像，拉杆推入后则只能在显微镜的目镜中观察。

(11)待调整图像至最佳，通过图像控制面板对图像文件的命名、存储位置、图像的分辨率等进行设置后，点击软件界面右下角的 CAPT(CAPTURE)捕捉图像。

(12)关掉电源，将操作台和显微镜清理干净，盖上防尘罩。

注意事项：①汞灯关闭后必须等待 30 min 才能被再次打开。②每次换压片材料前须将 SHUTTERQ 调至 C(CLOSE)，以免紫外光对人体造成伤害。③每次汞灯使用时间不得低于 15 min，避免频繁开关汞灯。④在明场灯源关闭的情况下才可以见到荧光图像。5) 在进行荧光观察时关掉室内灯光，最好在较暗的室内观察，以减少外界光源对实际观察的影响。

附录15 常用药品配方

1. 固定液配方

(1)纳瓦兴氏原液

甲液 10%铬酸15 mL，冰醋酸10 mL，蒸馏水75 mL。

乙液 福尔马林40 mL，蒸馏水60 mL。

使用前将甲、乙两液等量混合，两液混合后1 h溶液的颜色逐渐改变，数天后铬酸还原成绿色的氧化铬，在这种情况发生之前，固定的作用已完成。这种性质改变的溶液对材料的硬化和保存仍有作用。固定时间为24~48 h，固定后直接放入70%酒精中。

(2)福尔马林-醋酸-酒精(FAA)固定液 50%或70%酒精90 mL，冰醋酸5 mL，福尔马林5 mL。

(3)卡诺固定液

配方Ⅰ 无水酒精3份+冰醋酸1份。

配方Ⅱ 无水酒精6份+冰醋酸1份+氯仿3份。

2. 染色液配方

(1)10%苏木精酒精保藏液 95%酒精100 mL，苏木精10 g。

配制时，将苏木精溶于95%酒精中静置，用棉塞轻塞瓶口，使空气流通，使之充分氧化成深红色，需一至数月才能氧化成熟。使用时取此液5 mL，加入蒸馏水100 mL稀释成0.5%备用。

(2)1%苯胺蓝的95%酒精染液 苯胺蓝1 g，95%酒精100 mL。

(3)1%番红染液

① 水溶液：番红1 g，蒸馏水100 mL。

②酒精溶液：番红1 g，50%酒精100 mL。

(4)0.5%真曙红酒精染液 真曙红0.5g，95%酒精100 mL。

(5)0.5%固绿染液 固绿0.5g，95%酒精100 mL。

(6)醋酸洋红 45%醋酸100 mL，加洋红1 g，煮沸(沸腾时间不超过30 s)，冷却后过滤即成。也可以再加1%~2%铁明矾水溶液5~10滴，色更暗红。

(7)改良苯酚品红染色液 取0.3 g碱性品红溶于10 mL 70%酒精中，加入90 mL 5%苯酚水溶液，再加入10.9 mL冰醋酸和10.9 mL 38%的甲醛，配成原液(可长期保存)，取原液10~20 mL，加入90~80 mL 45%醋酸和1.5 g山梨醇，即成染色液。放置2 w后使用，染色效果显著，可普遍用于植物组织的压片法和涂片法，使用2~3年不变质。山梨醇为助渗剂，兼有稳定染色液的作用。

附录16 坚硬材料切片前的软化处理技术

在软化过程中一般要经过抽除空气和软化处理两个阶段。

1. 抽除空气

少数材料比重较大，放入溶液中会下沉。但大多数材料比重轻而浮在液面上，使各种处理不彻底，因此必须设法排除空气使材料下沉。通常采用以下两个方法：

(1)冷热法 这种方法多适用于制作木材切片时的木材抽除空气兼有软化作用的方法。将木材切成小块，放入水中煮沸约0.5 h，取出立即投入冷水中浸约0.5 h，放入沸水中煮约30 min后再立即投入冷水中。如此反复多次，一般便可将材料中的空气排除，使材料下沉。

(2)抽气法 如材料为较大的木块，可用抽气机抽气，使材料中无气泡逸出为止。如果材料是一般的枝条，用抽气机可能会出现组织变形，可改用医用注射器，将材料内的空气抽除。方法是：将材料放入注射器内，并将内筒套入，然后吸入液体，使之浸没材料，然后用左手食指堵住注射器小孔，用右手向外拉注射器内筒，使之减压，空气便可随之排出。

2. 木材的软化方法

(1)甘油酒精软化法 配方：纯甘油和50%酒精等量混合。甘油酒精软化液适用于新鲜材料或采下一段时间但尚未干燥的材料。将材料抽气后，切成小块，浸入该液中一段时间，取出用徒手切片法试切，如仍感到困难，仍放回原液中继续软化，直至适于切片为止。它不仅能使木材变软，又不致使木材变脆，但久浸渍过的材料染色困难。

(2)氢氟酸软化法 适用于已经干燥或质地较硬的木材。如用甘油酒精长时间处理均不能软化的木材，用该法处理可使之软化，步骤如下：

①抽气处理：将木材切成小块，用冷热法或抽气法除去空气。

②氢氟酸软化处理：将木材煮过约12 h后浸入氢氟酸10%水溶液中(若硬度大，也可用氢氟酸30%~40%水溶液)，一般处理1~2 w，以软化为准，但时间不能过长，否则会损伤材料。对特别坚硬的木材，则需软化数月。

③甘油酒精进一步处理：材料经氢氟酸处理后，取出用流水冲洗2~4 h后，如不易切片，仍放回氢氟酸液中处理。若已能切片，应用水冲洗2 d以上，再将材料放入甘油酒精混合液处理1~2月后，即可切片。

(3)醋酸纤维素软化法 极硬的材料(如槲树、榉树等)，久浸在氢氟酸中往往会损伤材料，改用该法能收到较好效果，步骤如下：

①将材料切成小块后浸入95%酒精中1~2 d。

②移入丙酮2~6 h，以除去酒精。

③移入12%醋酸纤维素丙酮液中(醋酸纤维素12 g，加入100 mL丙酮中)。

在醋酸纤维素丙酮液浸泡的时间视木材硬度而定，质较软的木材约处理2 d左右，极硬材料处理1 w左右，如将此溶液加温到40℃，则可缩短软化时间。软化后的材料可移入丙酮中去除溶解醋酸纤维素，然后移入酒精中，并下降至水，进行染色等一系列程序。

注：如将材料先放入水中煮沸，再用冷热法将空气抽除后，按醋酸纤维素软化法软化效果会更好。